世界科学
技术通史

（第三版）

詹姆斯·E·麦克莱伦第三

哈罗德·多恩　　　　著

王鸣阳　陈多雨　译

上海科技教育出版社

内容提要

　　本书是当代职业科学史家为非专业的读者和大学生们编写的一本世界科学技术通史读物，旨在提供一幅"全景图"，以满足那些受过良好教育的人士的需要。

　　通过考察从文明之初到21世纪早期科学与技术之间的关系，本书阐明：科学和技术的关系是一个历史过程，而非总是一成不变地结合在一起的。作者循着科学和技术的沿革，从史前期直到当前，查找出说明两者有时结合、有时分离的那些史实，检讨了那种技术即应用科学的流行观点。而且证明：事实上，在19世纪以前的大多数历史条件下，科学和技术一直是在彼此要么部分分离要么完全分离的状况下向前发展的，而且在智识上和社会学上都是如此。技术作为"应用科学"出现是相对晚近的事情，是随着工业界和政府开始资助那些能够直接转化为新技术或改良技术的科学研究才出现的。

　　本书的一大特色是：摒弃了"欧洲中心论"的编史学观点，以全球视角详述了两个伟大的科学传统：自古以来各个社会都在资助的有用科学传统，以及起源于古希腊的对自然本身进行无功利探求的传统。麦克莱伦和多恩还考察了植根于中国、印度和中南美洲，以及古典时代晚期和中世纪时期一系列近东帝国的科学传统。

通过这种比较视野，两位作者阐释了西方世界、17世纪科学革命、工业革命，以及现代科学技术联姻的兴起。作者在描绘当今世界科学技术发展的同时，也尖锐地质疑了当今工业文明的可持续性。

第三版《世界科学技术通史》提供了一个扩展的"开篇语"，并大大拓展了其对工业文明，以及基于现代电网的技术超级系统的论述；互联网和社交媒体受到了更多的关注；一些事实和数据作了更新。本书还列出了一个全面的"进一步的读物"，包括主要的出版文献，以及为学生和非专业读者提供的经过审查的网站和互联网资源列表。

本书获得2000年度美国世界史协会图书奖，除中文版外，还被译为德文、土耳其文、韩文出版。

中文版序

　　现代科学与技术以不可阻挡之势塑造了今天的世界。作为人类智力和实践的创造物,这两者都代表着人类集体成就的最高峰,理所当然会引起我们的极大关注,想要追根溯源。

　　只要思考一会儿,你就会确信,我们今天所知道的科学与技术乃是丰富多彩、变化万千的历史进程的产物,并且已经成为每一个存在过的社会中不可缺少的组成部分。说到科学的历史和技术的历史,这里涉及的当然就既不会仅仅是今天才被称为科学的那个单一的对象,也不会只局限于今天才被叫做技术的那种完全独自进行的活动。事实上,它们的历史是关于科学和技术在过去不同时期所呈现的种种不同传统的一连串沿革。那些传统体现了不同的社会、经济和文化形态,实际上,就代表了全部历史时期的特征。大体说来,就在不久以前,人类知识和技术的这些不同传统还一直是沿着各自的轨迹独立发展的,无论在时间上还是空间上都是如此。例如,巴比伦天文学所代表的那种科学研究传统就与其后发展起来的任何一种天文学少有联系,尽管前者对后者多少有些影响。同样,中华文明中的科学和技术活动与过去在美洲进行的任何同类活动也毫不相干,曾经一直是独立发展的。

倘若这种看法不错，自然就应该以一种全球的观点来审视科学和技术的历史，然而，这方面的研究长期以来一直没有脱离一种狭隘的欧洲框架。有少数学术研究，例如李约瑟（Joseph Needham）的鸿篇巨制《中国科学技术史》，已经开始扭转这种偏见，不过全方位的研究仍然很少，还十分不够。有鉴于此，我们才有了从一种全球视角来审视科学与技术发展的想法，尽管着眼点是放在大学生和非专业读者身上。

但是，科学与技术的发展过程毕竟不单是关于各种各样独立传统的历史。当代科学的一个突出特征就是它的世界主义，尽管任何微小的区域差异也不该忽视。北京学生学习的物理学与波士顿学生学习的物理学没有两样，资本家与共产主义者使用的是同样的化学原理。在技术方面，区域差异要更大一些，然而技术也有其普遍性，今天世界各地都在使用着差不多相同的技术。例如，不同国家的铁道轨距或许不同，但铁路却在世界各地都能见到；世界各地的网吧也都提供上网服务。科学和技术已经成为全人类世袭财产的一部分。这一切究竟是如何出现的呢？

在古希腊文明崛起以前的那些古代王国，法老们都支持过实用技艺和有用知识的发展，但对抽象研究毫无兴趣。后来，随着希腊自然哲学——非功利性的探索、理论，或者说"纯科学"——的一步步渗入，终于在伊斯兰世界和欧洲形成了那种"西方"传统。从16和17世纪开始，伊斯兰世界和欧洲的科学知识分子把他们继承得到的知识加以改造，发展出一种日心宇宙学说，以及一种与之相适应的采用了崭新方法论和新型架构的解释性物理学，从而奠定了现代科学乃至我们今天的科学世界观的基础。公元1500年以后欧洲的殖民主义扩张和英国工业革命的必然影响形成了一种天赐良机，欧洲的科学和技术趁势就在世界范围传播开来。

变化就如此地发生了，现代科学与技术不再为欧洲所垄断，时至今日，它们已经成为世界文化的有机组成部分。在20世纪，随着非殖民化运动的兴起，一些非西方强国逐步崛起，它们也有能力在研究与开发的前沿进行科学与技术的创造，这时,科学与技术才终于变成为一种世界性的活动。不过,关于现代科学与技术在上个世纪是怎样获得这种更为突出的世界主义特征的解释,目前仍缺乏充分的论述。我们希望这本书能够引起人们对这个问题的重视,并能够为更完满的答案起到抛砖引玉的作用。

欣悉上海科技教育出版社将出版本书的中文版,使我们的工作能够为中国读者所知,我们二人深感荣幸,并在此表示感谢。

詹姆斯·E·麦克莱伦第三

哈罗德·多恩

目录

插图目录

前　言

本书最初是为普通读者和大学生们编写的一本世界科学技术史导论,旨在提供一幅"全景图",以满足那些受过良好教育的人士的需要。本书不是写给学者或专家的,它作为教科书的性质是不言而喻的。其风格和形式源于我们在大学从事有关教学时所积累的丰富经验。课堂上面对面的交流使我们知道这门课程的重要性,而且明白用哪些材料和举哪些例子才会取得预期效果。

本书首版出版于1999年,第二版出版于2006年。在着手本次第三版的修订工作时,我们想,也许我们写了一本比我们设想中更严肃的书。本书考察了从史前到现在的科技史。从这个总体的观点来看,对于如此漫长的科技史,本书要讲授一些奠基性的史实。这些史实要么被人忽视,要么很难在一些过于颗粒化的学术作品中见到。在接下来的介绍("开篇语")中,我们列举了这些史实和一些关于科技的主题。我们将看到这些史实和主题在数千年的历史中发挥着重要作用。由于这种重新评估,相较于之前诸版本,本书已大幅修订。

本书更早版本的成功超出了我们的预期。该书在大学科技史课程,以及讲授世界文明和现代化的课程中被广泛使用。从我们收到的信件来看,本书还深受象牙塔外普通公众的欢迎,这显然是因为本书广博的主题。而且,令我们惊讶的是,它还被翻译成中文、德文、土耳其文和韩文。毫无疑问,吸引外国出版商和读者的要点已经预先印在了本书的标题及我们对这本书的愿景中:"世界科学技术通史"。我们仍然感到自豪的是,本书第一版获得了世界史协会图书奖。

viii

本书广受欢迎,我们很欣慰,并且很高兴有机会打磨出本次改进后的第三版。我们纠正了之前版本中出现的几个小错误,并且引入了一些风格上的变化,我们希望这些变化能让叙述及文本更为清晰明了。我们同样试图在后面的章节中提供最新的事实和数据。

除了重写"开篇语"之外,本版本的主要变化还涉及第十七章("工具制造者掌控全局")。在第二版中,我们重写了这一章,对于构成当今工业文明的主要技术系统,我们表达了更全面的看法。在第三版修订时,我们原本只想调整一下该章,可竟然出了个可怕的特殊状况:2012年10月29日至30日晚上,超级风暴桑迪(Sandy)和19英尺(约5.8米)的风暴潮袭击了纽约—新泽西地区。在曼哈顿中城的哈得孙河对面,超级风暴桑迪淹没了新泽西州的霍博肯,本书作者之一麦克莱伦就住在那里。风暴切断了电力、手机和互联网服务等,就像它把纽约大都会地区的整个社区与文明社会切断了一样。我们在电视上,但我们无法看电视。麦克莱伦很幸运,在他担任教职并且情况跟霍博肯一样糟糕的史蒂文斯理工学院,人们就超级风暴桑迪的影响以及该事件对技术和现代世界的影响展开了激烈的讨论。在电力恢复之前的10个黑暗且寒冷的日子里,以及在之后的会议和小组中,一个由洪灾受害者和其他受到影响的人们共同组成的社群,不仅在身体上,而且在智力上,跟发生在他们周围的事情展开搏斗:居民、学生、史蒂文斯理工学院的教授和科学家们、其他专业人士、社区活动家以及当地政界人士都试图搞清楚发生了什么。麦克莱伦的好运扩展到让罗素(Andrew L. Russell)、文塞尔(Lee Jared Vinsel)和霍根(John Horgan)教授成为他在STS(科学和技术研究)的专家同事。他们的讨论融合了当今工业文明的技术超级系统概念。在超级风暴桑迪中,这种超级系统的脆弱性以及我们对它的完全依赖变得非常明显。不是所有的技术系统都同等重要,这个想法也变得清晰,电力是使工业文明成为可能的基础系统。在修订的第十七章中可以进一步看出这种思维如何发挥作用。

本书之前的版本对帮助我们的人和机构表达了谢意,在此没有必要重复这些感谢。对于本版本,我们尤其特别要感谢南卡罗来纳大学科学史家诺文伯(Joseph November)教授。他和他的同事在教学中使用过本书之前的版本。为了帮助我们准备这个版本,他花了很多时间仔细阅读和注释第二版,对此我们非常感激。他还提出许多重要的修订建议,我们希望对他的付出作出了充分的回应。我们还要感谢前面提到的史蒂文斯理工学院同事罗素、文塞尔和霍根,他们阅读并评论了呈现在本版本中的新材料的初稿。史蒂文斯理工学院物理系的同事惠特克(Edward A. Whittaker)教授在处理现代物理学方面,不止一次使我们免于失误。

史蒂文斯理工学院的学生们再次提供了帮助,他们提出了许多改进表达的建议,我们深表感谢。几个学生研究项目的同学也参与了进来,我们特别感谢曼扎里(Jovanna Manzari)、马利克(Muhammad Abd Malik)和罗德里格斯(Emanuel Rodriguez)。我们感谢亚历克斯·麦克莱伦(Alex McClellan)和朱利安·麦克莱伦(Julian McClellan)对智能手机和社交媒体的见解。博达吉亚(Tamar Boodaghians)做了很好的工作,并且慷慨地帮助我们更新了本书末尾提供的网络资源。我们的史蒂文斯同事鲁本费尔德(Andrew Rubenfeld)教授编制了索引,我们热烈感谢他的友好、付出和能力。再次衷心地赞扬雅姬·麦克莱伦(Jackie McClellan),感谢她此生的陪伴和她的编辑专长。

我们特别感谢约翰斯·霍普金斯大学出版社的布鲁格(Robert J. Brugger)博士及其同事。二十多年前,布鲁格在巴尔的摩与本书作者多恩和麦克莱伦共进午餐,开启了本书的创作和出版。从很多方面来讲,这是我们和他共同的书。约翰斯·霍普金斯大学出版社每个人的专业性和高效性再次体现在手头的这本书中。我们要特别感谢麦卡锡(Juliana McCarthy)、马尔盖(Kathryn Marguy)、雅克曼(Hilary Jacqmin)。尤其是肯尼(Mary Lou Kenney),作为一名真正的编辑,她的工作让本书有了很大改进。

ix

令人遗憾的是,本书作者之一哈罗德·多恩于2011年去世。他对本书的影响仍然很大,特别是通过他的代表作《科学地理学》(*The Geography of Science*,1991年)。跟前两版一样,本版仍然是二人合著。

开 篇 语

本书考察从旧石器时代——回溯数万年甚至数十万年——到现在的科学技术史,其中特别关注在如此漫长的时期里科学和技术的关系。然而在探讨该主题之前,我们首先要阐明我们所说的科学和技术的含义。

定义科学和技术不是简单的事,简单的字典定义不管用。部分问题在于我们今天使用这两个术语的方式是相对现代的。科学(science)这个词起源于拉丁语 *scientia*,意思是知识(knowledge)。从中世纪开始,这个词在英语中使用,涵盖了多种跟知识相关的含义,经常用在哲学上,或正式的技能上。直到 19 世纪,科学这个词才开始有自然科学或物理科学等较为严格的现代含义,或者说这个词开始跟这些学科有关,比如物理学、化学、生物学等。众所周知,在此语境下英语单词 scientist(科学家)直到 1840 年才创造出来。这是说 1840 年以前科学家不存在吗? 显然不是,但在使用科学或科学家这两个叫法时,我们要尤其小心,比如提到古希腊或中世纪中国时。同样,技术(technology)这个词起源于希腊语 *techné*(*τέχνη*),与实用工艺、技艺和技术有关。其大部分含义在我们这个词"技术"中保留了下来,可 17 世纪以前,英语中这个词并没有出现。一直到 19 世纪中叶,"技术"一词才带着它更为现代的含义重新进入我们的词汇表,意思是对实用工艺及其改良的科学研究和系统追求。

　　科学和技术都有其历史，但是，由于它们的含义已经随着时间推移改变很大，不加辨别地使用这两个术语的做法变得愈加有害，尤其在不同的历史情境中。在定义科学和技术这个工作中，时代误置（anachronism）即把我们的想法投射到过去，其危害日益凸显。相反，始终置身时代情境并设法像同代人那样来思考问题，我们就能辨认出是哪些机构、个人和活动触及了对自然界的研究（科学）或寻求对自然界实用层面的控制（技术）。简洁起见，在接下来古代埃及、希腊、中国和其他地方的叙述中，我们也说科学和技术。偶尔我们免不了会使用科学家一词，但始终会牢记确切的语境。

　　我们的定义问题是复杂的，因为科学和技术显然不是单一的事物。在不断变化的历史情境中，即使今天，它们也难以简化。亚里士多德（Aristotle）的科学跟当代欧洲核子研究中心或美国国家科学基金会的研究，这两者我们能混为一谈吗？能认为罗马战车的技术是一辆时髦新汽车的标准吗？不仅如此，我们所知的科技日益进步，并且随着众多领域的发展拥有了特定的含义。所以一开始我们就要摒弃任何关于科技本质的静态理解。然而该困境反倒给出了它自己的解决方案，我们可以通过如下方式来定义科学和技术，这也是本书的主题：我们觉察到一些活动，它们千丝万缕地连接着每一次对自然/技艺的探究，我们来考查这些活动究竟是如何演进的。一旦这样思考，我们就要探究更深入的问题：应用科学以及科学和技术两者的历史关联。

什么是科学？

　　本书囊括全面的历史回顾，从中获得的长远眼光有助于我们阐明科学的含义。很明显，"科学"从来不是孤立的事情。这说起来容易，但该说法包括至少3种不同类型的关注点。第一种关注科学作为自然界知识的集合；第二种关注科学作为一种社会建制，并探讨其社会地位；第三种关注科学活动自身及其从业者行为。我们来逐个审视。

在内容上，科学以其文化和智识上的巨大威望给我们提供了现代科学世界观。关于宇宙和我们周围的世界，科学给出了很多令人惊叹且无比细致的描述。细节只有专家们才能通晓；而谁来确定科学的诸多边界，这本身就是科学要解决的问题。跟某些原教旨主义或新时代的信仰一样，科学中也有很多相互冲突的知识。这就意味着，某些基本的科学理念仍然塑造着我们的世界观：我们生活在绕轴自转且绕日公转的行星地球上，引力导致物体下落，桌上的盐由钠和氯构成，卵子和精子结合孕育生命，更不用说大爆炸宇宙学说、黑洞理论和生命的进化观念这些更深远的成就了。跟古代祭司和神学家一道，科学家和自然哲学家们一直提供着关于自然和我们周围物理世界的基本理念。我们在哪儿？世界由什么构成？我们是谁？世界是怎么运行的？我们的自然观念有个变动的历程，当然，本书的目的之一就是要给出一个概述，看看我们是如何形成现代自然观的。这样一来，我们立即意识到科学思想史的短暂停顿是由于世界观的彻底转变和自然基本特征的再阐释，比如从地心体系到日心体系。我们希望能悉数历次科学革命并能敏锐捕捉到世界观是如何随时间彻底转变的。

第二种关注科学的社会地位。科学在不同的社会环境中显现，通过研究这些不同的社会环境，我们能辨认出那些在本质上似乎是科学的活动。比如，想想一个由国家资助的天文学家，或者一个仰望星空的天文学家；再比如，想想一个自由的长于漫步的希腊自然哲学家，或者一个身着实验服参与大规模复杂研究的现代科学家。"科学"存在于不同的社会环境和体制环境中，不用说也存在于个人扮演的不同社会角色中。这种对多变社会环境的洞察同样适用于现代科学实践，并且在科学出现的不同场所也能明显看到，比如大学、政府或企业。这种社会环境的多样性在更大的历史和文化框架下是更显而易见的，比如从古埃及法老时期，到古希腊城邦，或伊斯兰世界、印度、中国或文艺复兴时期意大利的宫廷。一个更狭义的科学社会学同样适用于把科学看成是在更大的社会背景中的一种或另一种展开的活动。所以，当问到什么是科学时，相关章节会追溯这个动态的社会史，直到现代科学家和当今科学活动的出现。

　　然而,不管是作为思想史意义上的事业,还是作为社会史意义上的制度,如果科学不是一个单一的、静态的实体,那么就其从业者(科学家)行为来看,科学也同样不会是一个单一的活动。科学的核心是认识我们周围的自然界,但在追求这个终极目标时,个人和学术共同体的行为始终差异巨大。换句话说,从事科学活动时,科学家们做着不同的工作:经验操作、理论反思、破解难题、哲学追问、使用仪器开展实验研究、更倾向于独立研究或成为大型科学家团队的一员参与大科学事业、应用研究与开发、秘密/军事/"国土安全"事业、创业活动等,更不用说教学工作了。不管你是研究生、博士后、教授或研究员,还是蛰伏在某个创业公司的员工,其差异都很大。在此,科学社会学阐明了科学的这些实践活动。巨大的差异也存在于学科之间,它们有着不同的传统和演练方式(比如,对比一下物理学和植物学)。

　　漫长的历史回顾让我们看到这些不同的活动和方法是如何产生的,从而带给我们今天所知道的科学。换句话说,在探究自然的方式及其本质上,不同的观念层出不穷。因此,随后的章节概述了一些新奇的事物。它们起源于简单的自然观察,然后过渡到记录的保存、天空规律的掌握、在理论指导下——或不用指导——开展的研究、自然哲学中的数学、日新月异的知识生产方法,等等。例如,像望远镜或气压计这样的科学仪器,在17世纪才作为科学研究的标配出现。在科学活动及其仪器和方法论方面,其日益增长的复杂性在历史背景中展现得尤为明显。随着时间的推移,越来越多的复杂性纳入了多样的科学传统中。因此,在问什么是科学时,我们可以指出一段历史来展示在不同的时代和情境下,科学得以理解和实践的方式,包括现代科学。然而,在此我们还要强调:本质上,如果我们还把科学仅仅看成自然知识,那么我们就被带回到第一批人类以及他们对周围自然界的认知水平上了。因此,跟大多数科学史的脉络不同,我们从旧石器时代开始,从那里开始讲述科学和技术的起源。

关于技术一词

　　看看你周围,观察你看到的各种东西。它们大部分都是人工制造的,不是吗?

想想你住的地方。大概想想那些房屋、办公室、道路、全球定位系统或者那些载着人和物四处奔走、装备精良的车辆。想想互联网和你的手机。想想电视、流媒体视频和社交媒体。想想就在你阅读本书的此时,空中和海上有着数以千计的飞机和船只。想想翻转开关和各种通电的东西,包括灯。想想今天你要吃的食物,或者你周围的小东西……牙签……口袋里的钱,诸如此类。停下来想想这些事情,这明确地表明我们完全依赖于工业文明的支持技术和技术系统,我们如今生活在一个复杂而惊人的世界。

5

我们看到和体验到的所有这些东西都不是自然的,也不是自然的一部分,而是我们为维持自身而创造的人造技术。正如我们看到的,人类一直躲在技术的蚕茧中,但一系列连锁技术构造了当代工业文明,其大爆发凸显了在构建现代世界的诸多要素中技术的中心地位和总体重要性。我们是怎样开启这种生活方式的? 这是本书试图回答的最重大的问题。

有不同的方法来思考技术。我们大多数时候将技术视为人工制品:插座上的灯泡、汽车瘪了的车胎、X 射线、电脑或智能手机,等等。然而数十年以来,技术史家及其学生们已经更多地从技术系统的角度将之概念化,也就是把技术看作更复杂的组件集合,它们共同对某些终端起作用,如房屋照明技术。这种系统思考问题的方式此时让我们明白了对待技术及其历史的方式:只有将技术概念化为系统时,我们才会对技术有更丰富和更清晰的理解。例如,我们将在第十七章("工具制造者掌控全局")中看到,电力照明包括一套复杂且相互影响的组件,从发电厂到灯泡等,从电线中运行的电子到投资电力公司的股东。该观点的必然结果是,即使是最早最简单的技术,比如石器或火的控制,也需要在技术系统方面认真思考。例如,为了生火,我们可能会问燧石从哪儿来,又是怎样到使用者手里的。哪些是可燃物,它是如何收集、处理和存储的? 一个人如何掌握敲击燧石或生火的技巧? 燃料呢? 一个简单却要素完备的系统使得原始人有能力组织火的生产。

我们也必须认识到,无形的技术和诀窍应视为我们所说的技术的一部分。铁匠和电脑程序员拥有复杂的技能;他们知道如何做事,那些实用技能——甚至是非语言或非动作的——也必须融入我们对技术的理解之中。除此之外,我们还要牢记:技术不在某个抽象层面上,技术总是处于历史和文化情境之中。文化和社会总是会形成适应其经济、生活方式和环境的技术。从这个有利的角度来看,那些特定的技术——无论是作为人工制品还是作为系统——都应予考虑。

技术还有其他几个特点,将它与科学很明显地区分开来。一个是地理区域。技术无处不在:不仅在繁华的城市或港口,也在农村乃至偏远的地区,因为人类没有技术就无法生存。另一方面,科学并非如此普及。虽然有一些小例外,研究有时在偏远的地方进行,但绝大部分有组织的科学不在农村,而在城市。另一个区别是传统技术在某种意义上有更多的平等主义,因为至少近来还有无数工匠和工艺专家在分散的本地场馆进行交易。纵观大多数历史,鞋匠、泥瓦匠、屠夫等在各地服务并维持着本地社区。相比之下,只有相对较少的人参与科学研究,还是在特定的研究中心。然而在同一时期,与传统工匠不同,那些对科学感兴趣的人成为了跨越时空的社会共同体的一部分。人们可以将关于传统技术局限性的本地知识甚至私人知识(比如行会里的)跟科学共同体的普遍主张作个对比。最后,就此而言,技术典型的代际传递方式,也不同于科学活动复制自身的方式。如上所述,扫除文盲和学校教育是主要区别。从历史上看,技术从业人员至少大部分都是文盲,他们通过学徒制度和实践经验了解他们的行业,他们的做法在很大程度上是没有理论的。进入科学界也需要学徒制度,可由于学校教育、扫盲以及理论和科学研究的作用,这跟技术界的学徒制不是一个类型。

社会分工和职业分级将技术世界碎片化。关于这个,人们想到的是阶级或种姓的差别和一场大分工:农民,有能力制作镶嵌桌的高水平工匠,城镇聘请来建造大教堂的建筑大师,或者为法老建造金字塔的工程师和项目经理。在最后一个层次,技术跟科学在历史中相遇,然后才在一些实际问题中应用专门知识。社会金字塔的顶端有一批有文化的高级工程师和建筑师,如罗马工程师和建筑师维特鲁威(Vitruvius,卒于公元15年)或擅长记述水渠和供水系统的罗马参议员弗龙蒂努斯(Frontinus,公元40—130年)。这些人以与当代自然哲学家相同的方式和相似的社会环境来处理军事、民用及军用工程中的问题并撰写相关文章。这些有文化的工程师当然重要,但跟大量从事传统行业和手工劳作的人相比,他们仍是个例。那些行业和劳作可是维系了人类19世纪之前好多个世纪的发展。

工业文明的到来重塑了技术世界的社会学和实践,形成了科学和技术的新联结。今天,工程师、建筑师和技术创新者的训练方式跟科学家类似,他们在社会学上跟科学或其他专业人员无异。新技术迅速诞生;它们通常是由复杂计划和团队努力共同造就的;它们今天比以往任何时候都更紧密地与工业及金钱和权力的中心联结起来;并且它们通常需要以这样或那样的方式应用科学知识。对传统技术的理解,以及它们是如何转变从而进入现代世界的,即为贯串本书始终的所要表达的基本主题。

技术是应用科学?

科学通常被认为是当今技术奇迹涌现的源泉。许多我们这个时代最激动人心的技术——互联网、医学的进步或最新的热门应用程序或电子产品——似乎都以某种方式与科学联系在一起,更不用说原子弹或计算机芯片这些经典例子了。因此,我们通常认为技术(仅仅)是应用科学。确实,科学跟实际利益结合得如此紧密,以至于技术对科学的依赖通常被认为是永恒的关系和确定的事情。科学和技术,研究和开发——这些被认为是几乎不可分割的双胞胎,它们位于我们这个时代的神圣语词之列。科学和技术合二为一的信条已经体现在了科学和技术的字典定义中,即技术是应用科学。报刊中"科学新闻"标题下的报道,实际上往往是工程技术,而不是科学成就。在新技术的最前沿,工程师和其他技术人员接受着科学训练,人们甚至都无须提到这个事实来强化技术确实是应用科学的观念。确实,在当今世界,我们被一系列令人惊叹的技术包围着、支撑着,而这些技术看起来显然以多种方式涉及科学。所以不难想象:是的,技术就是应用科学。

本书的主旨的确在关注科学和技术的历史关系问题。事实上,我们写这本书的最初动机就是要打破"技术是应用科学"这种陈词滥调。我们想表明这种认识并没有历史事实根据,不过是当今文化特性的人为产物。诚然,有历史记载表明,在那些最早的文明中,在法老和国王的资助下,或者更一般而言,只要有中央集权的国家出现,人们都曾以某种方式应用过或出于实用的目的去探索有关自然界的知识,但那也不能说明科学和技术在大多数历史时期都是系统而紧密地联系在一起的。在古希腊(理论科学的发祥地),在中世纪经院哲学家当中,在伽利略·伽利雷(Galileo Galilei)和艾萨克·牛顿(Isaac Newton)时代,甚至对于19世纪的查尔斯·达尔文(Charles Darwin)及其同时代的人,科学都只是一种学术追求,其成果仅记载在科学书刊上;至于技术,则被看成未受过学校教育的工匠们练就的手艺。在进入19世纪下半叶以前,不仅工匠,即使工程人员,都几乎没有人上过大学,在多数情况下,他们根本就没有受过正规的学校教育。相反,大学里的科学课程,基本上只有纯粹数学和习称的自然哲学——关于自然界的哲学,而且,这些课程全用专门术语(也常用专门语言)写成,工匠们和工程人员根本无法看懂。

尤其是19世纪以来,科学无疑为人类造福不小,这就产生了一种希望:研究终将改善人类状况。但是,若要更符合实际地来了解科学,则必须摒弃我们这个时代的文化偏见,借助历史的放大镜来审视科学。这时,我们将会看到科学的辉煌成就,同时也会看到它的毛病和社会制约因素,于是科学活动不再是一种囿于我们这个时代文化的偏见,而成为一种多维的现实。同时,对于技术,我们也会有一份恰如其分的历史尊重,适当重视技术工匠们的独立传统,正是他们的一双双巧手,自人类出现以来一直在制造各种日常必需品和便利设施。通过这样一种从历史角度重新进行的审视,我们还将发现,在许多场合,正是技术在引导科学的发展,而不是相反——望远镜和蒸汽机提供了经典的例子。

为了阐明我们称之为科学的活动和技术的关系是一个历史过程,而非总是一成不变地结合在一起的,我们将循着科学和技术的沿革,从史前期直到当前,查找出说明两者有时结合、有时分离的那些史实。我们首先想检讨那种技术即应用科学的流行观点,而且要证明,事实上,在19世纪以前的大多数历史条件下,科学和技术一直是在彼此要么部分分离要么完全分离的状况下向前发展的,而且在智识上和社会学上都是如此。最后,对这一历史进程的了解,必将使科学和技术在过去两百年中的确逐渐融合在一起的那些环境因素更为明晰。

即使在当今许多情况下,技术已经是或正在是应用科学,但问题依然存在,即科学如何实际应用于各种技术。有很多种应用科学吗? 例如,从新研究最前沿获得的科学知识是一回事;查阅表格的工程师又是另一回事。过去和现在,科学究竟是以何种方式,在何种确切的情境中变得"能应用"的? 这个问题会在第十九章更具体地解决。

9

科学史上的巴比伦、希腊与希腊化模式

理解科学(及作为应用科学时的技术)的历史的关键在于认识到,在不同的社会中,科学并不总是以相同的方式存在或运行。我们上面提到了科学的社会历史以及在关注科技史时牢记区域环境的必要性,但是在目前的观察中,我们还有更多的想法:我们可以确定至少3种,现在可能有4种**一般路径**。沿着这些路径,科学得以社会化地建构,并在特定的社会中运行。识别这些模式有助于我们进行分析,因为这为跨文化比较打开了方便之门,并为西方科学传统研究提供了更深刻的见解。这就是为什么这些模式一开始就值得关注。第一类我们称之为巴比伦模式。

如果科学和技术在历史的大多数时间里主要是分开的,那么这个事实并不意味着它们是(或者总是)完全隔绝的。我们不应极端地认为技术只在19世纪变成了应用科学,而之前一丁点儿都没有。因此,下面我们不仅要说明科学和技术之间的关系**不是什么**,而且要说明随着时间的推移两者的关系**是什么**。关于社会活动、技术活动和我们称为科学技术的智识活动之间的历史关系,其真实状况更微妙、更有趣、更具启发性。科学与技术的普遍历史分离绝不能掩盖将科学或专门知识应用于技术以达成某些实用目标的关键事例。两者历史交叉的关键部分远早于19世纪。它可以追溯到公元前3000年(在公元纪年以前),事实上,甚至是文明的开端。它与计算、记录和统治的需求一同出现。我们反复看到的这种应用科学模式始于古巴比伦和古埃及,包括专门知识的国家资助体系以及这些知识的制度化安

排。当然，这些都是统治的需要。在此，扫盲是一个明确特征，并且这种国家资助的目的是培养各种专家，包括我们认为是科学家的人：文吏、税务人员和会计师、医生和治疗师、天文学家/占星师、金丹术士和化学家、工程师、官僚和各种管理人员、律师、祭司等。在这个意义上说，科学专业知识（无论在特定情况下它可能意味着什么）是运行一个国家所需的更大范围的专业知识的一个子集。法老无法仅凭一己之力统治埃及。可以这么说，至此之后，在历史的长河里，在各种文化情境中，我们发现那些被资助的专家拥有读写能力、受过教育并受聘于各种机构。通常是匿名地，他们运用专业知识来达成统治当局的目标，使资助人获益。"巴比伦模式"就是国家支持的应用科学模式。该模式反复出现在中央集权的国家需要专家来运行政府和军队、修订历法，或管理政府的时候。古代近东、印度、中国、美洲和其他地区出现的文明一次又一次地将这种应用科学用于政权统治。科学，以及作为应用科学时的技术，两者历史上的这个关键方面以如上叙述方式蜿蜒前行。但是，巴比伦模式之外，直到最近还是这样，更广阔的技术世界还是由工匠和文盲强有力地掌控着。

除了"巴比伦模式"，还存在另外两种极富启发性的组织科学工作、开展科学研究的模式：希腊模式和希腊化模式。"希腊"这个术语，当然要重回古典希腊的巅峰时期，即公元前5世纪和公元前4世纪的"希腊奇迹"时期，还要重回哲学和科学理论诞生的时期。前苏格拉底时代，以及柏拉图（Plato）或亚里士多德时代，正如我们将在第四章中进一步看到的那样，以发明我们通常所说的纯科学或者无功利地追求知识本身而著称。更重要的是，希腊自然哲学家拒绝接受知识应用于实践，并提出科学应该跟技术、工艺或人类状况的改善等毫不相干。帮助管理国家事务，像在巴比伦那样，同样不是希腊时代科学探索观念的一部分。相较于多次独立出现的巴比伦科学模式，没有机构或资助人的支持，只为知识自身而求知的希腊模式似乎是独一无二的历史事件，与城邦制和希腊古典时期的经济情况一并出现。希腊古典时期从公元前5世纪和前4世纪一直延续到公元前323年亚历山大大帝（Alexander the Great）去世。追求纯粹的科学、无功利地探索自然、从不考虑把知识应用于

实际目的,该现象仅及希腊灭亡之后不久从事科学的知识分子。但是希腊传统的
延续主要基于个体,大部分是私人性质的,在志同道合但通常分散的科学知识分子
间展开,并在空间和时间上形成学术共同体。除了个别情况,这种无功利的"纯科
学",即以理论为导向的传统,浮游于无制度和无资助的环境中,从社会学角度来
讲,脱离了社会的核心或支持它发展的经济。

　　我们的第三个模式,即希腊化模式,结合了巴比伦模式和希腊模式中科学组织
及科学研究的特色。希腊化时期紧挨着希腊时期和亚历山大大帝的征服(公元前
356—前323年)。正如在亚历山大博物馆和图书馆看到的那样(详见第五章),希
腊化科学模式结合了巴比伦式国家对实用科学的支持和对希腊式纯科学研究的资
助。通过这种方式,那种无功利的、仅为了知识和见解而探索自然的纯理论研究找
到了自己合适的位置。它与近东希腊化社会的实用性和应用型科学并立。

　　在科学的组织、实践和资助方面,这3种不同的历史风格随时间的推移以不同
且富于启发性的方式展现出来。至少,这些区别在研究不同社会和年代背景下的
科学或类科学活动方面是很有价值的。不仅如此,以这种方式剥离出这3种方案,
无论多粗糙,都可以在世界文化中形成一种比较的科学史(a comparative history
of science)。换句话说,再一次地,在世界范围内,只要国家主导型社会或近乎这
样的社会出现时,我们都能反复地发现巴比伦模式。我们将在本书关于早期文明
的章节中看到这一点,并进一步涉及中世纪中国、印度和美洲。我们聚焦于边缘却
有说服力的美国西南部查科峡谷及其周围的阿纳萨兹印第安人(Anasazi Indian)
案例,将之作为检验。

　　在这3种模式中,希腊化模式结合了对非功利和功利知识的资助,分析起来特
别有价值。不同于影响力模糊不清,而且很大程度上脱离社会的希腊模式,希腊化
模式确实在古代世界有限的一些社会中正式地重现,这个我们将在第六章中看
到。我们通常将西方文明和西方科学传统追溯到埃及和美索不达米亚,更不用说
在希腊其理论诞生了。然而,对纯科学和应用科学进行外部支持的希腊化传统却
成为西方科学史的特征。也就是说,因其理论性和实用性的双重根源,希腊化风格

的科学传给了后来的近东文明、伊斯兰国家以及最终的西欧。而未深受其影响的文明模式,本质上仍然主要是巴比伦模式。以这种方式延续希腊化模式有助于澄清当我们在谈论西方传统和西方科学史时,我们究竟在说什么。观察希腊化模式随时间推移是怎样延续的,这同样有助于我们更好地理解现代科学和应用科学的多面性。第四种可能性直到最近才出现:以**政府**支持科学及其专家为核心的希腊化模式已经演变成嵌入工业和生产并与政府联姻的全新科学模式。

欧洲问题

从总体世界历史的角度来看,历史学家不得不面对两个相关的,有时令人不舒服的问题:为什么欧洲列强从15和16世纪开始在世界范围内变得如此有影响力?为什么科学革命和现代日心说世界观起源于欧洲?打个比方,我们如何解释哥伦布(Christopher Columbus,1492年)和哥白尼(Nicholas Copernicus,1543年)?

这个"欧洲问题"有时与相关的"中国问题"成对出现。"中国问题"追问:为什么科学革命没有出现在中国?中国在16世纪之前可比欧洲更发达。然而后者是一个假问题,正如我们在第七章中所讨论的那样,因为科学和技术在中世纪中国运作良好。历史学家被要求解释欧洲发生了什么,而不是中国没发生什么。不舒服的原因是不想以某种方式支持欧洲,但同时需要解释这两个重大的世界历史现象,即现代科学的出现和欧洲的扩张。也就是说,在持续千年(从约公元500年到1500年)的中世纪时期,世界范围内的大多数文明都存在着一种相互冲突却相对平衡的力量来维持其自身。(我们在本书第二编中研究了其中一些最重要的文明及其科学传统。)接下来引人注目的是,1500年之后,西班牙、葡萄牙、荷兰、法国和英国通过欧洲对外殖民以及后来的帝国扩张,改变了世界历史的方向。并非巧合的是,与此同时,哥白尼提出日心说宇宙模型,科学革命和现代科学遵循着牛顿的《原理》(Principia,1687年),并发展到更高的水平。

本书第三编("欧洲与太阳系")聚焦于科学革命和欧洲扩张的技术条件。欧洲如何从文化和技术的穷乡僻壤转变为世界历史舞台的前沿之地;欧洲的一些国家如何凭其坚船利炮决意在世界范围内爆发,从而改变历史的进程。关于这些内容,第十章会提供一个叙述,尽管不是完全原创的。第三编的其他章节介绍了16和17世纪的科学革命以及我们现代世界观的形成。我们还将这场科学革命视为科学上的样板革命和研究科学变革方式的典范。考虑这些发展时,我们尝试提供这样一些解释:我们并不以任何固有的方式给予欧洲特权,而只是将其视为地理、技术和特定历史环境的幸运儿。

同样道理,尽管欧洲的扩张和现代科学及欧洲现代科学事业的发端是公元1500年以来现代世界历史的主要特征,但在本书结尾,我们的观点是:除了其历史根源,我们不能再认为科学是专属欧洲或西方的,因为当今科学和科学活动已经在制度层面扩展到了世界水平。世界科学完胜西方科学。

工业文明与资本主义

从全球角度来看,3次伟大的社会技术革命依次彻底地改变了人类的生活方式:新石器时代革命(始于约公元前10世纪),城市青铜时代革命(始于约公元前3500年),工业革命(始于约1750年,也可以说是我们这个时代的革命)。正如在后面的章节会看到的那样,每一次革命都从根本上改变了人类历史的进程,并引发了生活方式和经济形态的根本改变。新石器时代革命隔开了旧石器时代迁徙式的食物搜集(狩猎和采集)与新石器时代定居式的村庄和食物生产(驯养动植物的畜牧业和园艺业)。城市青铜时代革命带来了城市和文明、真正的农业、显著的过剩、专业化和社会分层、不朽的建筑以及国王和统治者、国家暴力和政权。我们更熟悉近代的工业革命和工业文明:工厂生产的机械化、在工厂工作的新的工人阶级、新的运输系统、加速的城市化、日新月异的市场结构,以及非凡的新技术(如电报、铁路、电话或无线电)通过智能手机、社交媒体以及即时全球通信和连接,使我们今天所知的工业文明全面爆发。

从这个人类历史的鸟瞰图中可以得出两个重要的结论。第一,产生新石器时代、青铜时代或我们工业时代的革命都是彻底的技术革命。它们涉及全新的生产技术(比如园艺业、田间农业或工业生产)。它们导致了全新的社会组织形式(村庄,城市和政治组织,现代民族国家或公司)。这3种重大的社会技术变革发生的方式和原因需要历史学家作出解释,接下来还需要对可能性和参数作出解释。但无可否认的是,新石器时代、城市青铜时代和当代工业文明这3个历史转折点在任何技术史上都是最重要的3个篇章。

14

在这方面的另一个观察是,相对而言,始于18世纪中叶的工业革命仅发生在昨天。考虑到通常讲授的历史,两三百年可能看起来很久远,然而它却无法跟从城市青铜时代开端距今的5000年,或从新石器时代起源距今的12 000年,或旧石器时代距今的几万年时间相提并论。从18世纪的英格兰到今天是一眨眼的事。因此,在这里我们把工业化描述为一个相对近期且仍在发展的过程,它具有统一的历史,而不是一系列不同的革命(第一次、第二次、第三次工业革命等),它引出了计算机革命及互联网和信息时代的新数字世界。因此,我们将本书的最后一部分(第四编"科学、技术与工业文明")用于描述工业革命及当今工业文明的演变。似乎我们进入了人类历史的一个新阶段:那里,不同的国家和民族融合为一个在基础设施供给方面科技起奠基作用的全球体系。本书之前诸版本中的一个相关主题在此继续探讨,即将现代科技视为我们互联互通世界的独特要素,全球化借此得以展开。

在本书之前的版本中,我们并没有明确地把工业文明与资本主义联系在一起。回想起来,我们应该把资本主义的历史和商业的历史更紧密地融入我们的文本中。我们现在更清楚地看到,隐藏在"工业文明"这个四平八稳的术语之后的是资本主义及经济体系和意识形态,它们促使人们投资科技研发并获取利润。下文中,我们改进了表述,更多地展现了科技史与资本主义历史之间的联系。在第二十章"作为生产方式的科学"一节中,我们略微谈到了这一点,但我们还是让读者尽情思考。将工业文明与资本主义联系起来,有助于理解为什么工业文明不可持续。

前路漫漫

因此,我们为学生和普通读者编写了这本教科书。第一编("从起源到古代终

结"）追溯从旧石器时代到公元 500 年之间的科技史。第二编（"世界人民的思与
行"）巡礼中世纪主要世界文明的科技成就，该时期从公元 500 年持续到公元 1500
年。第三编"欧洲与太阳系"着重讨论上述"欧洲问题"和 16 与 17 世纪的科学革　　　15
命。最后，第四编（"科学、技术与工业文明"）考察工业革命及科学、技术与工业文
明的进一步发展。这些发展给了我们一个令人惊叹而又充满挑战的世界，我们正
身处其中。然而，正如这里所强调的，我们希望本书提供一些更本质的东西，而不
仅仅是一个概述、一本小型百科全书或一份掺了水的泛读指南。

第一编

从起源
到古代终结

　　技术的起源植根于生物学。且不说在动物世界中观察到的工具与技艺,石制工具所体现出来的技术,的的确确是随同人类一起出现的。200万年前,有一种灵长目物种进化出来。人类学家为它取了一个分类学名称——"能人",也就是"心灵手巧之人",表明其远超过其他任何灵长目动物的那种会打造工具的能力。在此后的200万年间,我们的祖先过着采集狩猎的生活,他们不断改进自己的工具,使之越来越精致复杂。保守估计,10万年前就出现了跟我们一样会使用高级工具的人类——现代智人。无论是当时,还是现在,我们都得靠技术生活。

　　人们常说,人类的历史始于大约5000年前第一批文明初期,那时出现了第一批文字记录。因此,在那之前的漫长岁月被称为人类史前史。它更像是考古学家和古生物学家的研究领域,而非历史学家的研究领域。历史/史前史虽然属于人为划分,但它帮助我们按年代定位自身,人类存在的时间仅能追溯至公元前10万年。很显然人类史前史规模宏大,占人类存在时间的约95%。在漫长的旧石器时代末期,人类技术和人类社会经历了两次革命性转变:一次是在史前史即将进入历史的当口;另一次是在公元前4000年的文字记录中。新石器时代革命始于12 000年前,一些群体放弃了外出寻找食物的生活方式,转而选择了园艺和畜牧,并开发出了全新的工具和技艺来谋生。城市青铜时代革命于公元前3500年左右在古代近东地区开展,并在技术史上写下了新的篇章。随之而来的是田野农业、大量盈余,以及有统治者的国家等新事物。古代世界出现了许多其他的重要技术创新:马的驯养、陶轮的发明、水泥的使用,以及各种专业手工艺的技术进展。但是,公元前3500年的城市青铜时代革命确立了人类社会、经济和技术化生存的持久模式:到目前为止,大多数人都是直接参与农业生产的农民,并且拿社会盈余来养活少部分统治者、军人或牧师。这种模式在大约5000年后仍然存在,直到第三次伟大的技术革命,即工业革命,才开始带来一些改变。

　　古代末期的科学史显然与技术史不一致。直到漫长的史前史时代结束时,人类才开始以类似于科学的方式系统地观察并记录自然界。即便他们建立了稳定的新石器时代社会,也只有很少的证据可以证明他们是在研究自然或是在资助研究。只有在历史时代开始之际,基于城市的文明帝国在古代近东地区出现之时,君主们才因为可以将其应用于复杂社会的管理而逐渐重视高深学问,并且出于同样的目的开始建立研究机构——这就是科学组织及开展的巴比伦模式。古希腊人——公元前5世纪和公元前4世纪的希腊人——随后加进了自然哲学;因此,抽象的理论科学才成为了知识的一个组成部分。这种不同的科学社会组织模式,我们称之为希腊模式。在希腊模式之后的一段时期——希腊化和希腊—罗马时代——我们发现国家既资助纯科学也资助应用科学。这是一种历史上的新事物,我们把它归结为科学组织和实践的希腊化模式。这些模式能帮助我们更好地理解古代及以后的科学史。

公元500年左右,古代世界行将结束之时,技术和科学都拥有重要的却截然不同的历史。这两段历史或它们的历史轨迹几乎没有重叠,但是那些极少的重叠却极其重要,具有更长远的历史重要性。从史前到古代终结的科技叙述构成了第一编的主题。

第一章
人类的出现：工具与工具制造者

学者们通常把历史明确区分为史前期和有史期。史前期是一个漫长的时期，从200万年以前人类的生物学发端，直到大约5000年前在近东地区最早一批城市中心出现文明。有史期一般是以文明和文字记载的出现为标志，它开始于苏美尔地区，在此之前的一切都是史前期。

由于史前期留下的人工遗迹主要是石器、骨器和陶器，全是一些实物，它当然就成为考古学家探索的领域；而有史期的历史，因为有文献记录可考，便是历史学家的指定研究领域。史前期/有史期的区分有它的问题，但它帮助我们在开始研究时及时定位时间。不过更重要的是，这一个所谓的"史前期"，其实包括了两个很不一样的阶段：一个是旧石器时代，持续了200万年左右，以用来采集和加工野生食物原料的粗糙石器为标志；接下来是新石器时代，在大约12 000年前开始于近东地区，留下有复杂得多的石器，十分适合当时在屋旁种植或畜牧，以粗放方式来生产食物的那种经济的需要。

史前期，尤其是旧石器时代的宏大规模需要特别强调。从埃及金字塔和文字记录算起，不过5000年，而人类这个物种出现在地球上约200万年，后者是前者的400倍。解剖学意义上的现代智人在世界上生活了10万年，仅就这个来说，史前期与我们所知的有史期，两者比例超过20比1。哪怕就是这个比例，如果把尺度缩减到24小时一天，那么有书面记录的历史将开始于晚上10点45分。数千年，尤其是成千上万年旧石器时代的浩瀚给我们留下了深刻印象。在如此不可思议的时间段内，竟有如此难以想象的连续性，令人不禁要问，我们旧石器时代的祖先对自己和自己在时间中的位置有何感想。

不论旧石器时代还是新石器时代,都留下有当时的技术所产生的丰富的人工遗物。与此相反,在那些尚无文字的社会中倘若也有科学兴趣的话,便只留下了少量极不可靠的实物,它们主要是用来观察天象的建筑物。由此可见,从一开始,在史前期的200万年间,科学和技术走的就是分离开来的两条道路。技术——手艺,无论对于旧石器社会需要四处漂泊采集食物的那种经济,还是对于新石器部落生产食物的活动,都是至关紧要的东西;而科学,作为对自然界的一种抽象的关注,其实并不存在,至少是没有留下多少痕迹。

能人出现

有大量研究表明,按照宇宙学、地质学或者进化论的时间标度来衡量,人类在地球上出现是非常晚近的事件。按照科学今天的认识,宇宙本身起源于一次"大爆炸",那大约发生在138亿年前。直到大约45亿年前,在一个普通大小的星系接近于边缘的地方,在一颗普通大小的恒星近旁,作为一系列行星中从内向外数列在第三位的地球,才得以形成;此后不久,就开始了自我复制的生命化学过程。在接下来的以百万年上十亿年计的漫长岁月里,生物进化逐步展开。按照一般人的想象,恐龙时代最能说明在过去那些年代里,生命的历史是如何变幻莫测。在6500万年前,一场突如其来的大灾变——多半是一颗彗星或一颗小行星撞击地球——结束了恐龙时代,这生动地说明生命在其曲折的进化过程中要遭遇到多少兴衰变化。接下来,则是所谓的哺乳动物时代,这些动物在恐龙之类的爬行动物退去以后占据空位,逐渐兴旺并不停地分化。到了400万年前左右,在非洲出现了一类"猿人"——南方古猿,那就是现今已经消失的我们的原型祖先。

图1.1绘出了在上个400万年出现过的几种类型的人类和前人类物种的进化位置。关于把它们连接起来的精确的进化路径,专家们之间尚有争论,每当有新化石发现,有关细节就会有所调整。不过,对这个总体轮廓,人们并无分歧。

此图表示,解剖学意义上的现代人(*Homo sapiens sapiens*),或者说"智人"的这个"聪明"变种,是从一系列人类和前人类祖先进化而来的。现代人的古代原型出

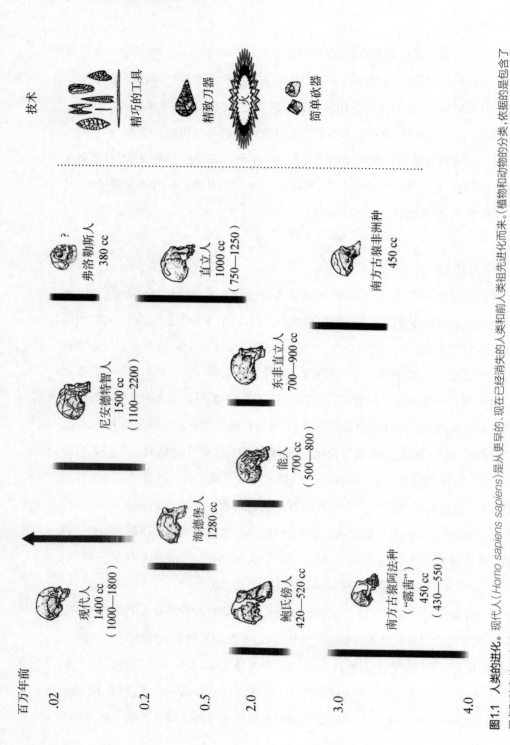

图1.1 人类的进化。现代人（*Homo sapiens sapiens*）是从更早的、现在已经消失的人类和前人类祖先进化而来。属名和种名的双名法：属是一大群相近种的集合，属是特定的杂交个体群，而 *sapiens* 代表种；第三个名称用来指亚种。一般说来，脑容量和技术成熟度随着时间的推移而增加，但物种和技术之间仍无严格的关联。例如，傍人和能人使用的砍器可能都很简陋，直立人和智人也无法根据两者的精巧刀器来加以区分。对这幅图景的好多方面仍存在着争议，尤其是早期原始人与现代人的关系。死的工技术对

20

现在大约20万年前。他们在几次浪潮中迁出非洲，最近一次发生在大约6万年前，那时，解剖学意义上的现代人——生理层面像你和我一样的人类——在世界上游荡。

尼安德特人是一个已经消失的人种，于大约20万到4万年前主要活动在欧洲的寒冷地区。对于尼安德特人是否真的如此现代，以及是否真会有一个古代人种如此出类拔萃，学者们尚有不同意见。许多科学家认为他们与我们十分类同，不过是我们这个物种的一个已经灭绝的变种或者说人种，因此把他们分类定名为尼安德特智人（*Homo sapiens neanderthalensis*）。另外一些科学家则认为，比起解剖学意义上的现代人来说，尼安德特人有太多的"兽性"，因而把他们视为单独一个物种，定名为尼安德特人（*Homo neanderthalensis*）。尼安德特人和现代人在文化和混种方面相互影响。最近的DNA证据表明：非洲以外的人携带的基因中约有5%是从尼安德特祖先遗传下来的。

智人（*Homo sapiens*）之前，有一个十分成功的物种叫直立人（*Homo erectus*），他们出现在大约200万年前，活动在旧大陆（指非洲、欧洲和亚洲各大陆）的广大地区。比直立人更早，出现过人类的第一个种型——能人（*Homo habilis*）；同时存在的，至少还有另外两个直立的原始人种，即傍人属（*Paranthropus*）内的一个粗壮型和一个纤细型。位于这个进化序列开端的，是最早的祖先南方古猿属（*Australopithecus*），其中包括了以化石"露茜"为代表的种型南方古猿阿法种（*Australopithecus afarensis*）。

这个序列清楚地表明了如下几点。首先，人类进化是一个事实，我们来自一些相当原始的祖先。这种进化的一个更为重要的指标是脑量的演进。它从前人类"露茜"的约450 cc（立方厘米）——仅比现代非洲黑猩猩大脑略大——增加到能人的平均750 cc，到直立人的约1000 cc，再到今天人类的约1400 cc。这种"演进"中的一件怪事，是尼安德特人反而具有比今天的人类稍大一些的大脑；对此科学界尚未给出合理解释。

这个进化序列的另一个标志性特征是两足的形成，即用两脚直立行走。专家们对于"露茜"及其同类是不是完全的两足动物意见不一,但她的后继者肯定如此。直立姿势可以腾出手和臂做更多的事情,用来抓住和携带物品。"露茜"及其同类多半有男女合作,至少会有临时的结合成对,通过一种"家庭"结构来养育后代。

不过,若从技术史的观点看,图1.1给我们的最重要启示,则是我们的那些祖先都在使用工具。通常的看法,是把使用工具——技术——看作人类独有的特征。最古老的人属化石能人之所以如此定名,不仅因为它具有"人"的骨骼特征,还因为随化石一起发掘到简单的石砍器。然而,这样一种旧观念不能继续持有了。要知道,技术的起源植根于生物性。有些非人属动物也在制造和使用工具,而且,技术作为一种代代相传的文化过程,在猴群和猿群中也能偶尔见到。野外生存的黑猩猩,有时会仔细整理一条细树枝,用来"钓"白蚁。它们把树枝插进蚁巢,抽取出来,舔食附着在上面的白蚁。既然这种行为不是本能,而是母猩猩教给小猩猩的,那就应该视其为文化行为,而非像蜜蜂筑巢那样的本能。有报告说,黑猩猩还有以文化方式传授的药用植物知识。如此看来,那或许就是人属之外医药技术的起源。说到动物世界中的技术创新和文化传承,有记载的最好例证是一只名叫"土豆"(Imo)的母猴显示的绝技,它是一群日本猕猴中的"天才"。真是难以置信,"土豆"竟做出了两项不同的技术"发现"。第一项发现是如何除去从海滩上捡拾起来的马铃薯上附着的沙子。它不是用手指去擦,而是拿到海水中去涮洗。另一项发现更能体现她的创造性。"土豆"发现,要把米饭从沙子中分离出来,并不必一粒一粒地费力挑拣;她把混合物浸入海水中,待沙子沉底,米饭浮起,便不难取食。两项技术都被猴群中的年轻伙伴学会,年长的母猴学会以后还把它们传给下一代。

最近的发现表明,石制工具在能人出现前70万年就已经出现,并且傍人属的一族可能已经会用火。而且,种型和不同类型的工具之间也未必有关联。例如,尼安德特人的工具,与先前的直立人的工具类型差别就不大。有证据表明,生物种型与所用工具类型之间的关联是很松散的。

尽管如此,那仍然表明,制造和使用工具,以及技术的文化传承,乃是人类生存模式的要素,而且为一切人类社会所实践。另外,人类似乎是能够造出工具来制造另一些工具的唯一生物。没有工具，人类就是一个十分脆弱的物种，也没有一种人类社会可以没有技术而得以维持。人类自身的进化成功，在很大程度上是有幸掌握了工具的制造和使用并使之传承下去。因此，人类进化史的基础是技术史。

控制火，对于人类是一项具有象征意义的非常关键的新技术。火能提供温暖，人类才得以迁徙到比较寒冷的地带，在地球上原来不宜人类栖息之处开辟出大片大片的新天地。用火技术还提供了人工照明，使人类在夜幕降临之后也能够继续活动，并能进入到如洞穴之类的暗黑场所。火可以使人类免受野生动物的侵袭。火还可以用来烧煮食物，使进食和消化肉类都比较容易，而且缩短了时间。有火才有通过火烤成形的木制工具。火还自然而然地成为人类进行社会和文化交往的纽带和中心，此种情形持续达百万年之久。关于火的实用知识，极大地加强了早期人类对自然的支配力。直立人曾是一类特别成功的动物，无论如何，他们曾遍及旧大陆，从非洲到欧洲，到亚洲，到东南亚，直至遥远的群岛。这种成功，很大程度上就是因为他们掌握了火。

24

图1.2　马特内斯（Jay H. Matternes）《直立人利用草原之火》（*H. erectus* Utilizing a Prairie Fire）。控制火成为人类冒险中的一项基本技术。无疑，人属的成员在学会控制野火之前首先使用了野火。

24

能够握持东西的手成为一种人类"工具",那是通过自然选择得到的;语言则成为另一种人类"工具"。语言的掌握,相对说来,估计是比较晚的事情,尽管对于它是在什么时候又是如何产生的,古生物学家尚未达成一致。语言可能是从动物的唱鸣或喊叫进化而来的,也可能与大脑中新的连接线的形成有关。然而,一旦掌握了语言,这种用词汇和句子来传达信息和进行交流的能力就必然成为一项了不起的技术,产生出对于人类具有重大意义的社会和文化影响。

一个转折点出现在大约40 000年前。起先,在中东和欧洲,尼安德特人和解剖学意义上的现代人同时存在了好几万年。大约在35 000年前,可能是在与新来的群体发生冲突中被消灭,也可能是通过杂交被同化到现代人的基因组中,总之,尼安德特人消失了。在这同一时间前后,文化也出现了间断现象。尼安德特人就地取材,生产的是一些一般化的多用途的简单工具;而我们——现代人,则开始生产五花八门的工具,其中许多都是专用工具(材料则有石头、骨头和鹿角等),如:针和缝制的衣物、绳和网、灯、乐器、带钩的武器、弓和箭、鱼钩、弩,以及比较复杂的带有壁炉的房舍。人类开始从事远距离贸易,跨越好几百英里交换贝壳和燧石。他们还产生了艺术,观察月亮运行,埋葬死者。可是,从他们生活的基本的社会和经济形态看,他们还继续走着同一条路径——仍然是漂泊的食物采集者。

采集为生

史前学家把距今200万年前至12 000年前左右的最近一次冰川期结束这一段时间划出来作为单独一个时代,称之为旧石器时代(Paleolithic,源自希腊语,paleo意为"古老的",lithos意为"石头")。采集食物是这一时代的本质特征,正式的说法是狩猎者—采集者社会。旧石器时代的工具,是用来捕猎或宰杀动物,搜集和处理动植物食物的。按今天的说法,旧石器时代的技术是为适应一种基本的食物采集经济而发展起来的。

旧石器时代以采集食物为主,必然是一种生存经济和公有社会。食物采集,受季节所限和漂泊之危,基本上不会有节余,因此也不会产生社会等级和支配权,更没有阶层社会所需的那类专司储存、课税和重新分配剩余食物的强制性机构(实际上没有任何机构)。有迹象表明,旧石器时代的社会基本上是平等的,尽管在群体内部也许存在着不同权力和地位的等级。人们生活在由若干家庭组成的小族群中,家庭数目通常不超过一百。根据大量旁证推测,当时存在着基于性别的分工,并由此决定了食物采集方式。虽然我们应该考虑到性别角色在当时还比较模糊,而且还有个别例外,但毕竟男性一般是捕猎和宰杀动物,而女性大多是采集植物、种子和鸟蛋来供给食用和治病。男人和女人一起维持着族群的生存,不过,人体需要的大部分热量常常是由女人干活提供的。有迹象表明,现代人的寿命比尼安德特人要长,这就意味着在他们的族群中有较多真正的年长者来积累经验和知识。旧石器时代的族群会按季节定时汇集成较大甚至很大的部落,来举行庆典、寻找伴侣或从事其他集体活动;他们也许还摄食致幻植物。除了少数能够全年狩猎或捕鱼的难得的定居点外,旧石器时代的食物采集者总是追随动物的迁徙和植物的季节性生长而四处漂泊。在有些情况下,旧石器时代的族群甚至进行过季节性大迁移,前往海边或山上。在旧石器时代后期(距今约 30 000 年前),人类的武器库中已经有了弩和弓箭,狗(狼)也得到了驯化,可能是用来帮助狩猎之用。

26

　　冰川期艺术是显示解剖学意义上的现代人登场之后文化如何繁荣起来的最鲜明的例证。早期的人类可能会用不耐久的材料来制作装饰品,然而,后来在欧洲好几处旧石器时代后期的文化(距今 30 000 年至 10 000 年前)中,产生了存留至今真正值得赞叹的绘画和石刻。它们是在几百个地点被发现的,常常位于难以到达的洞穴内的石壁上和壁龛里。那些古代艺术家和工匠们还制作出珠宝和其他饰品,以及许多装饰有动物形象和其他图案的小物件。洞穴画的目的何在,这个谜至今尚未完全解开。人类学家有过好多猜测,如狩猎仪式、接纳新成员仪式、巫术以及性象征等。旧石器时代留下的大量"维纳斯"小雕像,有着夸张的女性特征,学者们将其解释为用来祈求人丁兴旺和为别的什么事祈福。根据同样的理由,它们也许表达了对女性美的尊崇。在现有的许多不确定之外,冰川期艺术表明,在与世界的交往中,人类激发了符号表征能力。然后,我们千万不要忽略了冰川期艺术背后的

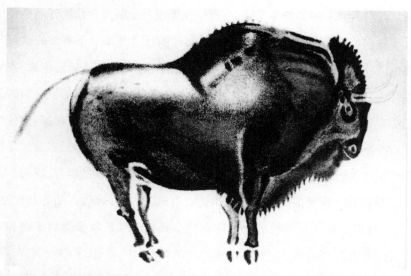

27　　　　　　　**图1.3　旧石器时代的艺术。**在旧石器时代后期，智人的食物采集种群在世界上的许多
地方都开始创作艺术。在西南欧，他们用以自然主义的风格描绘的动物装饰洞穴壁。

技术因素，从颜料和绘画技术到爬高用的梯子和脚手架。欧洲的那些美妙的洞穴
画已被很好地加以研究，可以毫不夸张地把它们比喻为旧石器时代的人在全世界
留下的艺术手印。

尼安德特人已经知道关心他们当中的老弱病残。到距今100 000年前，他们已
经会举行仪式来埋葬某些死者，可能已经有了用来停尸和举行葬礼的场所。刚跨
进旧石器时代中期（距今100 000年至50 000年前），他们就有了一种可以说是"对
死者的敬畏"。抱有某种意图埋葬死者，是非常明显的人类活动；而举行葬礼，则是
人类史前期的一块重要的文化界标。它们是自我意识和存在着有效的社会及群体
凝聚力的体现，还表明开始有了象征性思维（symbolic thought）。

推测一下旧石器时代人类的精神世界，也许能给我们许多启示。我们已经看
到和说到的关于旧石器时代葬礼和洞穴艺术的那些事情，明确地告示我们，最晚在
这个时代快结束前，旧石器时代的人类开始有了我们今天称之为宗教或精神皈依的
那种形态。他们可能坚信：自然界到处都有各种神灵；各种物体和各种场所，例如
石头或者树丛，都是有灵性的活物。宗教信仰和宗教活动——无论我们怎样想象

它们——可以说构成了一项社会技术，把各个群体编织在一起，加强了它们的活力。

　　解剖学意义上的现代人那种旧石器时代的生活方式持续了30 000年长盛不衰，基本上没有受到触动。这一时代持续时间之长，文化形态之稳定，尤其是与紧随其后的几个时期的快速变化相对照，实在令人称奇。旧石器时代的人类全盘继承他们自己的过去，无疑过着相对平稳的生活。他们有不错的饮食，肉食不缺，劳作也不太辛苦，又有毛皮御寒，还能在暖烘烘的火前享受，谁能否认我们旧石器时代的祖先大部分时候都过着美好的生活呢？

　　在整个旧石器时代的200万年间，从人属的第一个种开始，人口密度都始终出奇的低，恐怕每平方英里（约2.59平方千米）不会超过1人。人口增长率，即使在旧石器时代后期，大概也只有现代人在过去几个世纪人口增长率的1/500。如此低的人口增长率，缘于好几个可能的因素单独或者共同作用，从而制约了出生率，如过迟为婴儿断奶（因为哺乳有一定的避孕作用），人体缺少脂肪，流动的生活方式，以及杀婴等。尽管如此，人类还是缓慢而稳步地在全地球蔓延开来。只要找得到合适的采集食物的地方，人类就没有必要改变自己基本的生活方式。采集食物的人群仅仅是他们先辈种群的简单繁衍后再建立的新的部落。旧石器时代的人类散布在非洲、亚洲、欧洲和大洋洲，如果不是更早，最晚也是在距今12 000年前，又有捕猎者和采集者的人潮涌入北美洲，最终把旧石器时代的生存方式带至南美洲的最南端。再经过许多千年的缓慢扩张，旧石器时代的人类作为食物采集者才"挤满"了这个世界。看来，只是到了那时，人口才成为对可采集资源的一种压力，并触发了一场大变革：从食物采集转向从事简单园艺和畜牧的食物生产。

知识即科学？

　　旧石器时代的社会及生存方式具有异乎寻常的持久力，是由于当时的人类掌握有一批互相关联的技术和技艺。有人说，旧石器时代的人类需要并拥有"科学"，那是支撑他们实践活动的知识之源。例如可以随意地假定，在生火和用火中，石器时代的人类就至少在实践着一种原始的"化学"。然而事实上，尽管科学和技术都涉及"知识体系",却并不能把食物采集者掌握的知识合理地当成是从关于自然界的科学或理论推演或派生出来的知识。尽管在旧石器时代晚期的"天文学"中显露出某种类似科学的迹象,但在旧石器时代的手工实践中,没有超越经验积累的系统实验或探究自然的必要。为了搞清那种科学的起源和特性,我们需要了解它为什么没有影响到技术。

知识有很多种形式。体现在手艺中的实用知识,不同于对现象进行某种抽象了解而得到的知识。例如,更换一只汽车轮胎,驾车者需要的是直接指导或亲自动手的经验,而不是关于机械或材料强度的专业知识。一名侦察兵在野外取火,用力摩擦两根木棍或者击打燧石发出火星去点燃干燥的易燃物,他也用不着懂得涉及氧气的燃烧理论(或其他任何燃烧理论)。相反,光有理论知识,一个人还是无法取得火。看来十分清楚,旧石器时代的人类在他们从事手艺时,用到的是实用技能,而不是什么理论或科学知识。岂止如此,旧石器时代的人类也许对火有过什么解释,那多半是以为他们用火时是在与某个火神或火怪打交道,而绝无什么旧石器时代"化学"那层想法。所有这些,总结出关于旧石器时代技术的一个主要结论:我们也许无论如何谈不到旧石器时代的"科学",旧石器时代的技术显然早于并独立于任何这样的知识。

有迹象(宁愿没有)表明,旧石器时代的人类未曾自觉地从事过"科学"探索或者深入思索过自然界问题。尽管如此,旧石器时代能否提供关于科学史的任何有用的线索呢?在最粗浅的层面上,可以认为旧石器时代的人类掌握有广泛的"自然知识",而且是直接从经验得来的。他们必得观察敏锐,因为他们自身的存在就取决于他们对周围的植物和动物了解有多少。就像人类学家看到的今天仍然残存的食物采集者那样,他们可能发展出了分类学和博物学*,以对他们在自然界中发现的事物进行分类并给予合理解释。科学史显然发端于此。

更值得注意的是,一些关于开始于距今大约40 000年前的旧石器时代后期的

---

* 原文"natural history",意指"对生物和其他自然对象的研究和描述,尤其是它们的起源、发展和相互关系"。——译者

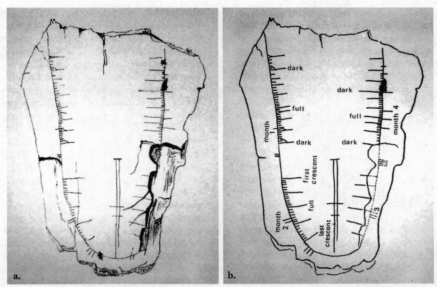

图1.4　**旧石器时代的月亮记录。**(a)在乌克兰贡茨发掘到的一颗有刻纹的猛犸牙，上面的刻
　　　　线被解释成月亮周期的记录。人们发现了几千块这样的人工遗物，时间跨越30 000年。这
　　　　块样品的制作时间是距今15 000年前左右。(b)对此样品所作的解读，表明那些标记短线记
　　　　录了4个太阴月周期。

29

　　考古资料，提供了很像是从事科学活动的惊人证据。那项证据是几千块雕刻过的
驯鹿和猛犸骨片，上面好像记录着对月亮的观察结果。这些雕刻过的骨片，时间跨
越几万年，连成了一条"不间断的线"。在乌克兰贡茨发掘到的那颗雕刻猛犸牙就
是刻有这种月亮记录的一个实例，可能在所有的主要定居点都有过这样的记录。
图1.4是那颗猛犸牙的描绘图，对应的时间是距今15 000年前左右。

　　我们当然只能推测，旧石器时代的人类生活接近自然，月亮的盈亏变化以其明
显的规律性和周期性，自然而然会成为他们关注的重要对象。我们也不难想象，我
们那些聪明的祖先会怎样连续观察那种规律，并以这样或那样的方式去记录下满
月和新月的交替和间隔。此外，在贡茨发现的骨片和其他类似的遗迹，可能还被用
来计算时间。虽然我们不能走得太远，武断地说旧石器时代的人类已经有了历法，
却可以推测有关月亮周期的知识对于计算时间会有用处。例如，分散的群体可能
会定期聚在一起，他们就需要留心这期间过了多少个月。我们不必在意这种月亮

记录的连续性,因为干这种事可以是千百次的发明和再发明:做这样一件简单事情
的记录人可以在几个月里就训练出来,他也可以停止,不再干下去。上述的那些人
工遗物只能证明,在旧石器时代人们曾长时间地连续观察和记录过自然现象。这
种活动只能表明当时的人类对理论知识有极肤浅的接触,而其成果好像比来自直
接经验的知识要抽象,似乎不同于旧石器时代的人类体现在他们手艺中的其他某
些知识。

30

离开伊甸园

上面描绘的这幅旧石器时代的图景是经过考古学家、人类学家和史前学家的
研究才浮现出来的,关于引起社会变化的原动力,至今仍然存在着好些疑团。食物
采集社会竟会长达200万年。在这样长一段时间里,我们自身这个物种就占据了
不止200 000年。那么,我们怎样来解释这样一种社会形态能够稳固地持续如此之
久呢? 怎样来说明技术创新的相对缺乏? 在旧石器时代距今40 000年至30 000
年前,解剖学意义上的现代人业已出现,有着繁荣的文化,他们为什么仍旧过着食
物采集生活,制造石器,四处漂泊呢? 为什么到了12 000年前,变化步伐又急剧加
快,食物采集的生活方式终于让位给食物生产方式? 在那以后,先是新石器时代在
屋旁种植(简单园艺)和豢养动物,接着是另一场技术革命,在政治国家的控制和管
理下从事集约化耕作(农业)。

对于在旧石器时代末发生的这种社会和经济转型,学者们曾提出过好些不同
的解释。一种看法,是把原因归结为在距今10 000—12 000年前,上一次冰期末的
冰川后退导致生存环境发生改变。那时,许多大型动物灭绝,食物来源减少;另一
些动物的迁徙方式也有变化,转移到了北方,而有些人群或许留了下来。人类自身
也可能过度捕猎大型动物,破坏性地改变了自己的生存条件。另一条思路,是不久
前提出的一种颇有说服力的假说:只要狩猎者和采集者的数量保持足够低,使得他
们居住地附近的资源能够满足他们适度的开发利用,那么,采集食物的生活方式就
不会改变。因为人口增长缓慢,因为从全球来看适宜居住的地方还不少,所以就可

以这样乐不思变地过上200万年，直至由于旧石器时代人口数量的增多和采集的巨量消耗而达到可采集环境"承载力"的极限。这样的说明还可以解释在旧石器时代后期以前技术创新为什么那样少：有丰富资源供给的少量人口，凭借他们那些技术和手艺，已经可以过得十分惬意。虽然旧石器时代的人类已经知道种子能够发芽生长，也许还会种植（很有可能偶尔还有实践），但是他们缺乏变革自己已有生活方式的迫切动机。只有当人口增长到密度相当大，漂泊流浪实在解决不了问题时，需求和资源之间的平衡被打破，在屋旁进行种植和豢养动物才开始成为一种新的生活方式。

31

　　我们的祖先放弃他们旧石器时代的生存方式并非出于自愿。他们是在生态退化的压力之下才放弃了原来四处流浪采集食物的生活方式，而采取了一种生产食物的生活方式，亦即从狩猎和采集"进步"到屋旁种植和豢养动物。非要到那时，他们才不得不离开伊甸园，掉进新石器时代。

第二章
农 民 时 代

在上一个冰期结束时，即在大约12 000年前，新石器革命揭开了序幕。那场革命，首先是一次社会经济和技术的转型，关键是从食物采集转至食物生产。它开始发生在少数区域，后来才铺开到全球。在适宜人类居住的地方，仅仅在草原，才有游牧，即放牧畜群；在其他地方，则进行农耕，过着定居的乡村生活。这就开始了新石器时代。

自力更生

史前期有一个奇怪而重要的事实：基于栽培植物和驯养动物的新石器时代部落，在公元前10 000年以后多次独立出现在世界的不同地区——近东、印度、非洲、北亚、东南亚和中南美。由于存在着两个半球——旧大陆和新大陆——的物理分隔，这就否决了那是新石器时代的技术单纯扩散的猜测，因而只能是在不同地区各自独立地栽培小麦、稻谷、玉米和马铃薯。按照史前期的时间标度，这一转型发生得似乎过于突然，实际上，它却是一个渐进的过程。这场新石器革命，无论从哪个方面看，都从根本上改变了它所影响到的人们的生活，而且还间接地影响到他们的居住环境。关于新石器革命的缘起有多种解释，但是，绝没有人怀疑它最后导致了世界的转型。

新石器时代是一连串事件和过程的产物。说到在屋旁种植———一种粗放型耕作，我们现在知道，在世界的不同地方，那时都已经有人群在一些固定的村落定居下来，他们在完成向新石器时代的生产方式转型之前还继续狩猎和采集，保存了某种程度的旧石器时代经济。这些定居下来的人群，在有限的区域内用各种办法寻找食物来求生。他们扩大了植物的采集范围,对次等乃至更差的食物资源,如坚果和海产等,也加以利用。他们住在房屋里,从这种意义上说,早期停止漂泊的人类乃是一个自我驯化的物种。(英文的"驯化"一词domestic源自拉丁语domus,意为"房屋"。看来,人类驯化自己,就好像他们栽培植物和驯养动物一样!)不过,人口压力终于使日渐衰微的可采集资源不堪重负,加之野生和栽培的谷类籽粒更富有营养,最后,他们越来越依靠耕作,终于过上一种比较完备的食物生产生活方式。

距今12 000年前新石器时代的定居点开始出现以后,在世界的大部分地方,人们仍然在按旧石器时代的方式生活。他们舒舒服服,没有受到压力非要采用新石器时代的食物生产方式不可。其实,作为一种生存的文化和经济模式,即使今天,也有少数族群仍沿袭着一种旧石器时代的生活方式。新石器时代是史前期的一个阶段,它目睹了从简单的园艺和畜牧到新石器时代后期复杂的"村镇"生活的过渡。追溯那段时间,特别是与旧石器时代的极其漫长相比较,史前期的新石器时代实在是非常短暂,紧接着就是在距今5000年前由美索不达米亚和埃及的文明宣告了下一轮转型的开始。不过,尽管相比而言时间短暂,新石器时代的生活方式却传播甚广,而且在某些地区从大约12 000年前到5000年前持续了数千年之久,直到新石器时代的生活方式开始让位于近东的文明。对于身临其境的当时的人类来说,新石器时代的生活想必是一季又一季,一年又一年,一代又一代,过得十分平静而安详。

从旧石器时代的食物采集转型到新石器时代的食物生产,有两条路径可以选择:一是从采集到谷物园艺(屋旁种植),进而到农耕;二是从狩猎到畜养动物,进而到游牧。到底选择哪一种转向新石器时代的路径,主要取决于地理环境。在气候适宜,有充沛降水或地表水的地方,出现园艺和定居村落;在贫瘠得不宜于耕种的草原,牧人和畜群保留了漂泊的生活方式。这两条很不一样的转型路径,一条历史性地发展至游牧社会,如蒙古人和贝都因人(Bedouins)即是如此;另一条,尤其是同时进行耕作和驯养动物的情形,则发展为伟大的农业文明,最终进入工业文明。

在进行食物生产的同时,仍有零星的甚至经常性的狩猎和采集。但是,在有新石器定居点的地方,毕竟出现了转向在清理出来的小块土地上种植农作物的基本经济。在房屋旁种植与集约型农业是不同的,后者利用了灌溉、耕具和畜力,那是后来在近东最早的文明地区才发展起来的。早期新石器时代的人还没有用犁,必要时,他们用大的石斧和石锛清理土地,用锄或掘地棒翻耕地块。在世界上许多地方,特别是热带和亚热带地区,发展出一种称为扫荡式(swidden)或者"刀耕火种"式的农业,在那里土地耕种几年后便被弃荒,待其自然恢复后再行耕种。新石器时代的工具中仍有较小的带缺口的石器,恐怕是当作割镰类农具使用,但当时的工具库已大大扩充,增加了一些较大的、常常被磨光了的器具,如石斧和研磨石器。在所有的新石器时代遗址中还发现了臼和杵。动物的角也被用作锄和掘地棒。谷物必须收集起来,脱粒、去糠、储存和研磨,这些都要求有一套比较复杂的技术和社会实践。

34

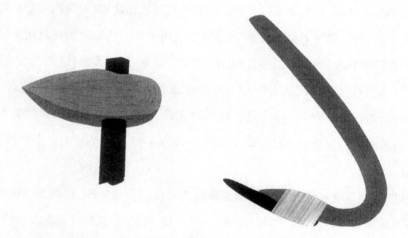

34   **图2.1 新石器时代的工具。**新石器时代的园艺需要用较大的工具来清理和翻耕土地,以及收割和加工粮食。

　　分布在世界各地的居民都独自栽培并开始种植各种各样的植物:在西南亚发现有几种小麦、大麦、黑麦、豌豆、扁豆和亚麻;在非洲有稷和高粱;在中国北方有稷和大豆;在东南亚有稻谷和蚕豆;在中美洲有玉蜀黍(玉米);在南美洲有马铃薯、奎藜、木薯和豌豆。栽培是一个过程(而非一次性行为),涉及改良、育种、遗传选择,有时还要把植物引入一个新的生态环境。以小麦为例,野生小麦极易掉粒,便于风和动物把种子带到其他地方,这在自然条件下是一个有利于繁殖的特性。栽培的小麦则不易掉粒,容易收割,但是这样一来,就要靠农民来播种。人类改变了这种植物的基因,这种植物也改变了人类。而且,人类一旦开始种植这种粮食作物,大鼠、小鼠和麻雀也都"自我驯化",同人类一起躲进了这个新石器方舟。

动物的驯化,是由人类与它们的野生种型长期亲密接触而来的。从逻辑上讲,从猎捕和跟踪兽群到圈养、放牧、驯化和繁殖,至少应该有一个比较清晰的过程。现存的例子是今天的拉普人,他们跟踪和利用半野生的驯鹿群的情形,就表明了也许曾经发生过的由狩猎演化为饲养和游牧的过程。同栽培植物一样,动物驯化也涉及对野生种型的人工选择、选择性宰杀、选择性饲养,以及在家禽和家畜中进行后来达尔文所说的"无意识选择"(unconscious selection)。旧大陆上的居民驯化了牛、山羊、绵羊、猪、鸡,后来还有马;在新大陆,安第斯部落只驯化了美洲驼和豚鼠,所以当时美洲人的食物中比较缺乏动物蛋白。

动物对于人类有多方面的价值。有些动物可以把不可食的植物转化为肉类,而肉类含有比植物更多的复杂蛋白质。动物还是长在蹄子上的食物,不怕腐败变质,随吃随取。动物能提供许多有用的副产品,旧大陆上的人类一进入新石器时代,就逐步对它们进行开发利用。牛、绵羊、猪及其他家畜,简直就是"动物工厂",它们能生产出更多的牛、绵羊和猪。鸡会下蛋,奶牛、绵羊、山羊和马可以产奶。加工得到的耐存放、易处理的奶制品,如酸奶酪、干奶酪和用奶酿制成的饮料,养活着亚洲各大畜牧社会和其他各地的牧人。粪便也成了有用的动物产品,可以用作肥料和燃料。动物的毛皮则成为皮革和许多其他制品的原材料;而绵羊当然还能生产羊毛。(在新石器时代的织机上,最先就是用羊毛来编织织物。)动物还被用于牵引和运输。新石器时代仍然极大地依赖植物和动物,那是继承了人类在前200万年中发展起来的传统。然而,利用动植物的技术和由这些技术支撑的社会形态,却发生了根本变化。

进入新石器时代几千年以后,在近东出现了一类把屋旁种植和动物饲养技术结合起来的混合型经济。旧大陆新石器时代后期的人类群体,显然饲养了用于牵引的动物,还用上了能在大路小径上行驶的轮车,过得可能比中世纪欧洲的居民还要惬意。这种混合型的新石器时代的农耕,就是通往集约型农业和文明社会的历史过渡。如果说我们人类在新石器时代初期出现的生存模式中的那些特征,在一定程度上是由生物学和进化的因素决定的话,那么,新石器革命则代表了一种历史方向的转变,那是人类自身为了应付变化的环境而主动进行的转型。

作为农耕和畜牧所涉及的许多技术和技能的补充,在向新石器时代转型过程中,同时也产生了好几种辅助技术。在这些新事物中,最重要的是编织,在新旧大陆的不同地区都各自有这种发明。前不久有发现表明,某些旧石器时代的族群偶尔也应用编织技术,可能是编筐编篮,但是只有在新石器时代,为了穿衣和储物的需要,编织技术才被发扬光大,发达起来。生产织物涉及好些环环相扣的步骤和技术实践:剪羊毛或者种植和收获亚麻或棉花,加工这些原料,纺线(直至 10 000 年以后的工业革命,那项工作一直是妇女生活的一部分),制造织机,染色,最后是织布。在谈到新石器时代纺织产品的出现时,当然不应该忘记当时人类对织物的设计,以及在一切社会中都会有的衣着的象征性和传达信息的作用。就像今天一样,人们如何着装传达出关于他们是谁和来自哪里的丰富信息。

陶器代表了新石器革命的另一项关键性的新技术,它也是在世界的多个居住中心独立发展起来的。如果说旧石器时代的人类只是在不经意中曾经造出过接近陶器的火烧泥一类东西的话,那么,在旧石器时代的经济中却没有任何因素去要求进一步发展那项技术。陶器几乎可以肯定是出于对储物技术的需要应运而生的:坛或者缸可用来储存和携带首批农耕社会的剩余产品。新石器时代的部落在建造房屋时已经使用到灰泥和砂浆,制陶技术恐怕就是将灰泥成型技术应用于制造盛物器皿发展而来的。最后,终于出现了一批"制造中心",还开始小规模地运输陶制品。制陶属于"火法技术"(pyrotechnology),其核心是通过"火烧"把水分从黏土中赶出来,* 将其变成人造石。新石器时代的火窑可以产生高达900℃的温度。新石

_____

* 这种解释过于简化,烧制陶器其实是一个复杂的物理、化学变化过程。——译者

器时代那种制陶的火法技术,到了后来的青铜时代和铁器时代,发展成冶金技术。

在新石器时代环境下,没有数千也有数百项大大小小的技巧和技术融合在一起,铸就了相应的新型生活模式。新石器时代的人们用木料、土坯和石块建造起永久性的建筑,这一切都体现出他们拥有熟练的技艺。他们能制绳,还掌握了各种精巧手艺。新石器时代的人们甚至还发展出一种冶金技术,原料是天然粗铜。那项金属冷加工技术产生了许多有用的工具。1991年发现的那个著名的"冰人",即在阿尔卑斯山一条冰川后退时暴露出来的那具极不寻常的冰冻干尸,由于他死前带有一柄相当精致的铜斧,人们起初以为他属于某个青铜时代的文化。后来才搞清楚,他生活在公元前3300年左右的欧洲,显然是新石器时代的一个富裕农民,携带的是一柄精心制作的冷锻金属工具。

新石器时代也代表了一场社会革命,导致了生活方式的根本改变。新石器时代部落的标准形式,是由十几到二十几所房舍构成的一个个分散的、自给自足的定居村落,每个村落里住着好几百人。与旧石器时代较小的群体相比,村落生活可以将许多家庭结合成部落。新石器时代的家庭无疑成为社会组织的中心,生产是以家庭为基础进行的。可以想象得到,住在房屋里面,新石器时代的人们不得不以新的方式去处理诸如公共空间、私密性以及待客等问题。新石器时代的人们可能使用过致幻药物,也开始试着酿造发酵饮料。新石器时代或许继承了男女分工的传统,但作为园艺社会,狩猎已很不重要,恐怕男女是相当平等的。比较稳定的生活,碳水化合物比例较高的饮食,加之较早停止哺乳,使得出生率逐渐得到提高。而且,免除了带着婴儿不停地从一个营地赶往另一个营地的奔波之苦,妇女们也能够生育和照看更多的小孩。有人认为,小孩的经济价值,比如说照管动物或者在园子里帮忙干些活,在新石器时代恐怕也比旧石器时代要高些。有些考古学家提出过很引人注目的观点,认为至少在欧洲,现今的某些迷信其实是沿袭了新石器时代的女性崇拜。当时肯定已经有萨满巫师,即能够治病的人,其中可能也有妇女。新石器社会仍有族长,但是男性绝没有文明来临以后才有的那种优势地位。

在新石器时代初期,还极少甚至没有由于劳动分工而分化出来的匠人,没有人可以仅凭自己的技艺特长谋生。这种情况到新石器时代晚些时候有了改变。随着更多剩余食品的出现，交换也更加频繁，从而产生了比较复杂、比较富裕的定居点。在那里开始有了专职的陶匠、编织匠、泥水匠、工具制作匠、祭司和头人。社会阶层的形成始终与剩余产品的增长同步。到了新石器时代后期，低级的阶级社会，基于宗族的头人统治，或者如考古学家所说的"酋长"社会也开始出现。这些社会均以血缘关系、等级关系以及积聚和重新分配财物的权力为基础建立起来，有时还会举行实质上是进行再分配的宏大盛筵。到这时头领已经能控制5000—20 000人的资源。但他们还不是国王，一方面因为他们留给自己的东西相对还比较少，另一方面因为新石器社会还没有能力生产出真正大量的财富。

与旧石器时代的经济和生活方式比较起来，在向新石器时代转型中，人们的生活水平恐怕实际上会有所降低。这是因为粗放型的种植需要更多的劳作，而生产出来的食物在品种和营养方面多有欠缺，闲暇时间也较少，这些都比不上旧石器时代鼎盛时期的狩猎采集生活。然而——这也是其最重要的优势——新石器经济生产出了更多的食物，因而能够养活更多的人和支持较大的人口密度[估计每平方英里（约2.59平方千米）达百人以上]，这便远强过旧石器时代的采集经济。

人口膨胀和新石器经济的迅速渗透，最终使得条件较好的地点都塞满了人。到公元前3000年，在近东散布着数千个农耕村落，村落之间通常相隔不到一天的路程。渐渐有了比较富裕、比较复杂的社会结构，出现了区域性的道路要津和贸易中心；到新石器时代后期，真正的市镇也已经出现。新石器时代城镇加泰土丘位于今土耳其境内，其历史可追溯至公元前6000年，但典型的例子是年代更早且特别富裕的新石器时代古城耶利哥。公元前9000年，中东约旦河沿岸就已经出现了新石器时代的定居点。耶利哥在公元前7350年便已经有了相当好的供水系统和砖砌的城墙，拥有2000人左右的居民，在周围的乡间，则有豢养的畜禽和生产粮食的耕地。耶利哥古城有一座塔形建筑，高9米，基底直径10米。它那著名的城墙厚3米，高4米，周径长700米。这堵城墙非要不可，因为城内储存的多余的产品会招引盗贼。之后的非洲大津巴布韦（约公元1300年）围墙也证明同样的原因在起作用。旧石器时代的人类,在千万年里相互之间肯定不断发生过类似战争的冲突,或为争夺领地,或为俘掠妇女,或为食人的习俗,或为某种祭祀仪式的需要。但只有到了新石器时代,人们才首次生产出值得偷盗的剩余的食物和财富,因而也值得加以保护。这时还留在旧石器时代的人群被迫要适应周围业已迅速崛起的新石器经济,那么,偷盗也算一种适应方法,而去过定居生活则是另一种方法。很长一段时

图2.2　**耶利哥古城**。新石器时代的农耕生产出来的剩余产品需要储存和保护。图中所示的是考古学家的发掘场所。即使在形成初期,耶利哥的新石器时代的定居点就有了环城的高墙和高塔。

间,新石器时代的人群一直排斥那些仍旧以狩猎和采集为生的人,这实际上是把他们逼上了绝路。在许多社会中都有关于"伊甸园"或者"戏猎场"一类传说,这不过是人们大脑深处对旧石器时代采集生活的美化和留恋。

不管对一种新型经济模式是应该祝福还是应该诅咒,总之,人类获得了对自然的更大支配,开始对他们的环境施加更大的影响。新石器时代的生态后果是教化代替了蛮荒,而且一旦出现了这种情况,新石器革命便证明是不可逆转的——回到旧石器时代绝无可能,因为旧石器时代的栖息地已经面目全非,而且旧石器时代的生活方式已不再能够维持。

朦胧月光

新石器革命是一个技术经济过程(techno-economic process),其发生没有任何独立"科学"的帮助或投入。谈到新石器时代技术和科学之间的联系,制陶技术就是一个与旧石器时代的取火非常相似的例子。陶匠制罐,只因为陶罐为有用之物,只因为他们掌握了必要的制造知识和技艺。新石器时代的陶匠们掌握了关于黏土和火的特性的实用知识。而且,虽然他们也许会对制作过程中发生的现象进行解释,但是,他们只专心劳作,没有任何系统的材料科学知识,也不曾自觉地把理论应用于实践,或者为了某些实用目的而使用任何高深的学问。硬说制陶技术只有在高深学问的帮助下才得以发展,其实是贬低了新石器时代的手工技艺。

那么,什么东西可以被认为是新石器时代的科学呢?在一个可被称为新石器时代天文学的领域,我们才可以有根有据地来谈属于一个科学领域的知识。确实,有相当多的证据显示,许多甚至大部分新石器时代的人们都会系统地观察天空,尤其是观察太阳和月亮的运行情况。他们经常会造出一些按天象校正方位的标志性建筑,用作判断季节变化的日历。只有在谈到新石器时代的天文学时,我们讨论的才不是科学的史前史,而是史前期的科学。

关于这个问题,英格兰西南部索尔兹伯里旷野上的史前期巨石阵遗址,提供了最引人注目、家喻户晓的例证。利用放射性碳测年业已查明,巨石阵是在公元前

3100年到公元前1500年长达1600年的一段时间内,由不同的人在不同的3个阶段断断续续建造起来的,到最后,索尔兹伯里平原已进入青铜时代。"巨石阵"的英语名称Stonehenge的意思是"悬石"(hanging stone)。搬运、加工和竖起这些巨大的石块,表明史前期英国的那些新石器时代的居民该有着何等令人起敬的技术成就!

建造巨石阵曾用了大量的人力,估计总共达3000万工时,相当于10 000人工作一年的劳动量。为了掘成一圈环形壕沟,建起直径达350英尺(约106米)的环形土墙,挖出的土石达3500立方码(约2700立方米)。在圆垣的外面,巨石阵的首批建设者们竖起的那块所谓"标石"(Heel Stone),估计重达35吨。还有82块"石料"(bluestone),每块重约5吨,是从150英里(约240千米)外的威尔士运来的(主要通过水路)。构成巨石阵外圈石环的30块竖立的长石,每块重25吨左右;横放在长石顶上连成一圈的那30块石梁,每块重7吨。给人印象更深的是在石圈内竖有5尊"三石塔",平均每尊重30吨,最大的那尊可能超过50吨。(对比一下,用来建造埃及金字塔的那些石块,每块重5吨左右。)那些巨大的石块要从25英里(约40千米)远的莫尔伯勒丘陵地(Marlborough Downs)经陆路运来。尽管有人认为,至少有一段路程,古代冰川也许减轻了把这些巨石运至巨石阵的艰辛。巨石阵的建筑师看来是把这座建筑设计成真正的圆形,为此,他们可能采用了某种实用的几何学和一种标准量尺,也就是所谓的巨石码(megalithic yard)。

建造巨石阵的工作多半是分期进行的,经过了若干代人的努力。这就需要储存食物来养活工人;还得有个相对集中的权威机构来收集和分配食物,并管理监督

40

图2.3 巨石阵。英国新石器时代和青铜时代早期的部落分多次建成的著名巨石建筑遗迹,它是该地区的祭祀中心,也是用来跟踪一年中季节变化的"天文台"。

40

工程建设。早在公元前4000年，索尔兹伯里平原上就已经出现了新石器时代从事农耕和放牧的部落，他们显然已经达到了所需要的那种生产力水平。新石器时代的农耕当然还达不到后来文明社会那样的集约化程度，然而巨石阵和其他一些巨石建筑却表明，即使集约化程度不太高的农业也能生产出足够的剩余产品来支持大规模的建造活动。

41 巨石阵是一座天文学建筑，这是在我们这个时代才考证确定的。多少世纪来，有好些有识之士访问过巨石阵，关于它是由谁建造和建造来干什么用，也有过无数奇思遐想。蒙茅斯郡的杰弗里（Geoffrey of Monmouth）早在12世纪他写的一本名为《大不列颠君王史》（*History of Kings of Britain*）的书中曾写到一个名叫默林（Merlin）的人，说他来自亚瑟王宫，用魔法从威尔士搬运来这些巨石。而另外一些书的作者又说巨石阵是古罗马人和古丹麦人建造的。至今仍在流传的一种虚构的说法，认为是德鲁伊特教徒建造了巨石阵，把它用作祭祀场所。（事实上，处在凯尔特人铁器时代的那些德鲁伊特巫师连同他们的文化，是在巨石阵竣工1000年后才出现的。）在20世纪50年代，甚至在终于搞清楚是索尔兹伯里平原上的新石器时代部落自己建造起巨石阵时，反对的人还不少，他们不相信"嚎叫的野蛮人"能有本事建造如此巨大的建筑，有人干脆说它是来自近东的流动包工队建造的。如今，所有的

42 学者都同意巨石阵是一个重要的仪式中心和祭祀场所，而且是由居住在索尔兹伯里平原上的人建造的。它的结构所体现出来的对天文学知识的运用，表明它的作用是一个仪式中心，围绕太阳和月亮的运动排列，是一种地区性日历（regional calendar）的基础。

1740年，英国的古物研究者斯塔克利（William Stuckeley，1687—1765年）在他的著作中提到了巨石阵对准太阳方向的结构。他是注意到这一特点的第一位近代人。每天早上，太阳从地平线上的不同方位点升起，一年中，太阳的升起点在地平线上左右移动。在每年夏至那一天，太阳从它的最南点升起，从巨石阵圆垣的中心处望去，正好是对着摆放标石的方位。巨石阵建筑基本上对准夏至日太阳升起点的这一天文学特征，每年都能够加以证实，自斯塔克利以来一直没有争议。

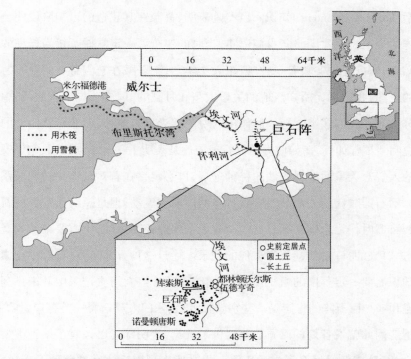

地图2.1　索尔兹伯里平原。 巨石阵位于许多新石器时代的居民点之中,表明这个地区相对说来比较富庶,资源丰富。建造巨石阵用到的那些较小的石块,有些是从150英里(约240千米)外的西威尔士用木辊和木筏运来的。一些最大的石块来自北面25英里(约40千米)的采石场。

41

然而,在20世纪60年代,有人对巨石阵是精巧的新石器时代"天文台"和"计算机"的看法提出了异议。争论持续到今天仍未停止,但也达成了比较一致的意见,即巨石阵至少有某种不小的天文学意义,尤其是,它可以用来跟踪太阳和月亮的周期性运动。看来,当初建造这座建筑是用来标记太阳和月亮做季节性运动时在地平线上升起和降落的极端位置。因为,巨石阵不仅能够标记夏至日太阳升起的位置,也能标记冬至日乃至秋分日和春分日太阳升起的位置。同样,它还能指明这4天太阳落下的位置,跟踪月亮沿地平线左右移动的更为复杂的运动,来标记月亮的4个不同的极端位置。

43

建造巨石阵要求有对太阳和月亮进行几十年长期观测的记录,还要掌握地平天文学(horizon astronomy)知识。巨石阵表明,甚至在其建造的最初阶段便已进行过这样的观测。这片废墟向我们证实,当时的建造者一定掌握了相当详细的天体运动知识,并广泛地实践着一种"祭祀天文学"。至于藏在它们背后的巨石时期欧洲人的意图,我们一无所知。他们关于太阳和月亮的"理论",如果有的话,想必一定十分古怪。我们多半会把他们作出的说明视为宗教诠释,而非自然主义的或科学的说明。尽管如此,诸如此类的巨石遗迹还是表明了一种科学探索,它们反映出当时的人们对天象运动规律性的种种理解,也必定存在着对自然的长期而系统的观察。旧石器时代的人们当然知道日月的周期性运动,但是想要建造像巨石阵这样的新石器时代纪念碑来记录这些沿着地平线的长期运动,则需要细致的观察和(可能是口头的)许多年甚至许多代的记录。通过这种方式,在巨石阵中积累并体现的知识需要一定程度的组织化和系统化,而这一点在历史记录中并未见到。尽管修建和守护巨石阵的肯定是一些宗教长者、正宗门人或祭司一类有知识的人,恐怕也不能因此就说各处的巨石遗迹提供了证据,表明那时已经有了某种类型的专业天文学家,或者已经有了在后来第一批文明出现以后才有的那种天文学研究。

图2.4　从巨石阵看夏至日太阳升起。在夏至日(6月21日)的早晨,太阳正好在巨石阵的主轴线方向升起,就像安放在标石的顶上。

毋宁说,巨石阵是一个巨大的天象仪或者时钟,当时人们用它来跟踪主要天体——可能还有一些恒星——的十分明显的运动。此外,巨石阵肯定还被用作反映季节更替的日历,其精确度和可靠性可以达到一天。作为日历,巨石阵可以用来标记太阳年,甚至把太阳的年运动与月亮的更为复杂的周期性运动协调起来。它甚至可能用以预言日月食,不过,真这样预言过的可能性并不太大。如果仅限于上述这些应用范围,亦即仅限于系统地观察天体,掌握太阳和月亮如时钟般的运动,取得对年月日的理性支配,那么,我们就可以谈论甚至必须谈到巨石阵的新石器时代的"天文学"。天文学的进一步发展,还有待于文字的出现,有待于在集权的官僚政府支持下聚集起一批专家来从事专职研究。不过,在达到那样的发展以前,长时期以来,一直是新石器时代的农民在系统地考察头顶上的这片天空。

在地球的另一侧,复活节岛(又叫拉帕努伊岛)上矗立着醒目的巨大石像,在为同样力量的辉煌默默作证。复活节岛非常小,也非常孤立:仅为46平方英里(约120平方千米)的弹丸之地,位于南美洲西面1400英里(约2250千米)处,距最近的有人居住的太平洋岛屿也有900英里(约1450千米)。波利尼西亚人于公元300年后的某个时候漂洋过海来到复活节岛,以种植甜薯、在亚热带棕榈树林中采集和在多产的海里捕鱼谋生,逐渐兴旺发达起来。他们的经济属于定居的旧石器时代经济或者简单的新石器时代经济。当地资源十分丰富,即使人口增长率很低,但经过1000多年的发展,基本人口仍然不可避免地膨胀了起来,到公元1200—1500年该文化的鼎盛时期,当地人口已达到7000—9000人。(有专家估计其人口超过20 000人。)

岛上的居民雕刻和竖起了250多尊纪念碑一样的摩阿仪石像,安放在巨大的石基座上,个个面向大海。值得注意的是,这些石基座安放的方位也隐含了某种天文学含义。看见它们,立即会使人联想到建造英国的巨石阵或者中美洲奥尔梅克巨石头雕的那些古人的伟大杰作。复活节岛上普通的一尊摩阿仪石像就有12英尺(约3.6米)高,重量接近14吨。它们须得在陆地上搬运6英里(约9.7千米),要有55—70个壮汉才能搬动。有少数巨大的雕像,高度近30英尺(约9米),重达90

45

图2.5　复活节岛上的新石器时代社会。那个以粗放型农业为基础的社会在此处繁荣
过好几百年,最后因生态被毁而消失。在其鼎盛期,这里建造起许多被称为"摩阿仪"的
巨石雕像,其规模与巨石阵及其他典型的新石器时代的标志性公共建筑相当。

吨。另有几百尊雕像——有些显然还要大得多——躺在采石场,尚未完工。从现
场看来,一切建造活动是在突然间被打断的。在这个偏僻的复活节岛上,树木全被
伐光,因为原来居住在这里的岛民需要大量烧柴,还需要树木来制造独木舟。没有
独木舟,他们就无法出海去捕捉他们的主食——海豚和金枪鱼。到1500年时,棕
榈树已被砍光,自然生长的鸟类也随之绝迹。那时,人口压力已极具毁灭性,岛民
们不得不大量养鸡,甚至食人肉、吃老鼠。人口数量一下子又锐减了下来,也许只
有以前的1/10。欧洲人在1722年"发现"的,就是这些可怜的幸存者。到1887年,
岛上仅存有100个活人。这个原始岛屿上的物产提供了丰富的资源,那里也曾经
进化出一种典型的新石器时代(或者定居的旧石器时代)的人类社会。然而,人们
45　的贪得无厌和小岛狭窄的生态环境,使得在那里原本进化起来的擅长石工、膜拜上
天和燃烧柴火的文化在劫难逃,终不得延续。

　　一般说来,通过观察太阳和月亮,世界各地的新石器时代的人们都建造过一些
标志物——通常为地平标志物,用来监测太阳和月亮在天空的周期性运动,据此计
算流逝的年时和季节,提供对于农民社会极有价值的信息。在某些情形,他们还建
造出非常精致而又代价高昂的用来推算一年中的时间和预告节气的装置,那当然

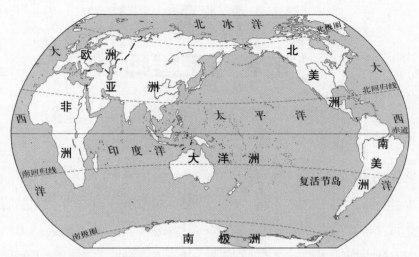

地图2.2 **复活节岛。**这块孤立的小岛位于南太平洋,距南美海岸1400英里(约2250千米),距西面最近的有人居住的岛屿900英里(约1450千米)。波利尼西亚航海家多半利用了星图导航,再凭着他们对风和洋流变化的了解,于大约公元300年到达这里。欧洲人在1722年才"发现"这个小岛。

44

只有在比较富庶的地方和有了更多的剩余财富后才有此可能。

在巨石阵建造之前,更在复活节岛上有人定居和遭受劫难很久以前,在某些环境不大好的地方,增长的人口甚至对新石器时代已经大为扩展的资源终于也构成了压力,从而在埃及、美索不达米亚和其他一些地区,为人类社会生活方式的一场伟大的技术变革——城市文明的到来——设置好了舞台。

第三章
法老与工程师

新石器时代的社会绝未达到过王国出现以后的社会那样复杂的程度。他们从未建立过大城市，亦无宫殿、寺庙一类的大型封闭建筑；他们不需要文字进行记录；他们也从未形成过较高的学问或制度化科学（institutionalized science）那样的传统。所有这些特征，都只有在若干新石器社会合并起来进入文明社会以后才开始出现。这是人类社会进化的第二次伟大变革。

这场革命常被称作城市革命或城市青铜时代革命。不论叫什么，总之，它是指大约距今6000年前在近东地区开始产生出第一批文明的那些变化的总和。这些文明继承了以往全部社会和历史的成果，体现为城市、密集的人口、集权的政治和经济权威、区域性国家的雏形和成形、复杂的分阶层社会的出现、宏伟的建筑，而且开始使用文字和有了较高的学问。这种转型是又一场技术经济革命，它发生在迫切需要进行集约化农业生产的关口，若非如此，便无法养活日渐增加、业已对居住地承载能力造成巨大压力的大量人口。作为一段人类史和技术史，直到18世纪欧洲工业革命扎根之前，城市革命引起的变化都是无与伦比的。

新型的集约化农业当然不同于新石器时代粗放的园艺和畜牧，它有力地支撑起第一批文明。这种新型农业替代了简单的屋旁种植的大田农业，它依赖大规模的灌溉网系，而这些网系是由征集来的劳力（徭役）在国家雇用的工程师的监督下建造起来并进行维护的。在旧大陆，牛拉爬犁取代了锄和掘地棒。只能勉强维持生存的低水平耕作终于被抛弃，被能够生产出大量剩余谷物（估计至少比新石器时代的生产水平高出50%）的高效生产所代替，于是课税、储存和再分配便成为可能。由法老或国王控制的一些集权政治机构开始出现，管理着这些复杂的农业生

产系统。只有在具有水利灌溉设施（通常是人工灌溉）的集约化农业和一个集权的 47
国家权威的支持下，城市革命才得以维系数量庞大得多的人口和中心城市，由军
队、税务官和警察组成的各种强制性机构，扩大的贸易，宫殿和寺庙，一个教士阶
层，宗教机构，以及较高的学问。在这样由官僚们组织的社会里，有学问的书写人
中间的那些精英才得以发展出数学、医学和天文学。

驯服河流

城市革命是在新旧大陆的好几个中心独立进行的。若干个具有明显相同特征
的新石器时代的居民区在集约化农业的基础上合并而成中央集权的王国，这种情
形在全世界6个不同地区至少发生过6次。它们是：公元前3500年后在美索不达
米亚，公元前3400年后在埃及，公元前2500年后在印度河流域，公元前1800年后
在中国，公元前500年左右在中美洲，以及公元前300年后在南美洲。这6处文明
的发生和发展基本上是独立进行的，而不是哪一个文明中心扩散的结果，因此它们
都被认为是原始文明。

文明为什么会在全世界范围内各自独立产生，而且是于公元前4000年后在上
述这些地区重复产生？学者们对这个问题曾提出过多种解释。关于人类跨入文明
的具体过程，一直是考古学家和人类学家研究的课题，至今尚无定论，不过许多学
者都强调了水文地理和生态因素的重要性。他们指出，依赖于大规模水利工程的
集约化农业乃是形成大型的、高度集权化的官僚国家的关键性要素。要知道，那些
原始文明都产生在水文环境恶劣的地区——也就是说，那里要么缺水，要么水太
多，要成功地实施集约化农业，必须要有水利工程——仅仅这一个事实便赋予那种
可称为"水利假说"的解释以很强的说服力，使人不能不相信文明的出现与建造大
规模水利网系的技术之间存在着联系。在热带或亚热带火一样太阳的照耀下，灌
溉农业不寻常的高产的确能够供养大量人口。含有大量泥沙的河流提供了灌溉用
水，尤其在它们受到人们控制的时候，总能使周围的土地变成肥沃的农田。农业灌
溉和防洪都需要水利工程，而水利工程必须要有一定程度的地区协力才能进行建

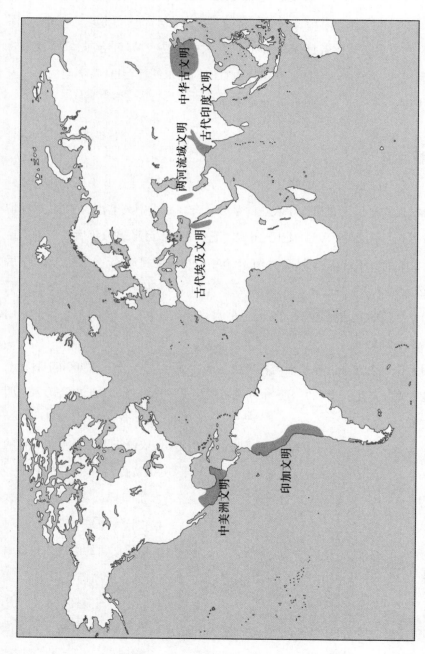

地图3.1　最早的文明。从新石器时代的简单园艺过渡到集约化农业，是在新旧两个大陆的多个地区独立发生的。在受到生态制约的那些人类栖息地，人口的增加迫使人们采用新的技术来增加食物生产。

48

造和得到维护,而且还需要因时因地分配水资源。沼泽地需要排水,大坝、泄洪道、主渠、水闸、支渠、梯田、水塘和拦水堤需要建造,沟渠还要经常疏浚以防堵塞。因用水发生争执,则需要权威来协调解决。过剩的农产品需要储藏起来,派人看护,重新进行分配。地理因素和灌溉农业技术共同作用,促成了专制国家的建立。

49

　　按照这样的思路,这种"环境决定论"就提供了如下重要的解释性推想:文明产生在史前期的河谷和冲积平原,那是一些受到环境限制的农业区;其他地方,集约化的农耕要么是不可能,要么是不切实际。在这些受到限制的定居地,如尼罗河流域,迅速增加的新石器时代的人口很快就达到被沙漠、洪水和大海所制约的极限,迫使人们不得不加紧食物生产。接二连三的战争也由单纯袭击变成征服和统治,因为当一处栖息地已经被人挤满时,失败者再也无法复兴,重新形成一个农业群体。在先前的旧石器时代和新石器时代,战败的部落通常是流浪到他处去谋生,而在底格里斯河或幼发拉底河附近为环境所限的地区,在尼罗河河谷及其他地方,战败的以农耕为生的人再也无其他地方可去。胜利者不仅抢占了土地和不多的灌溉工程,还将被征服的战败者置于其统治之下,留下他们的性命作为奴隶和农民,充当维持集约化农耕系统的劳力。这个过程一旦开始,历史的大潮便总是推动着合并和集权,再无逆转的可能。新石器时代的公有社会此时迅速分化出阶层,最终会出现一位君主,代表着地区强权对其治下的一个农业下层阶级发号施令。一个地区只要具备了这样的生态和人口条件,文明和国家或早或迟总会出现。

　　上述这幅图景还有待进一步研究加以确认。然而,在目前看来,存在着具有许多共同特征的一种共同模式,似乎是显而易见的。历史的确容易被看成一连串独一无二的事件——有人把这种看法讥为"一件接一件的该当如此的事情"。可是,既然在近东、远东和新大陆一再有文明产生,那就证明在历史进程中确实存在着必须重视的规律性。

　　上面描述的模型与人类第一个文明出现的情形就十分吻合。这一文明出现在位于今天伊拉克的底格里斯河和幼发拉底河之间的冲积平原上。在古代,那里叫美索不达米亚,意思是"两河之间"。到公元前4000年时,美索不达米亚平原上到处都是新石器时代的村落。当地的管理者排干了地势较低的三角洲沼泽地的积水,在河流上游经常遭到水淹的地方则构筑起密集的灌溉工程。公元前3500年后,那里出现了乌鲁克、乌尔和苏美尔这样一些有高大城墙防御的大城市,居民达50 000至200 000人。到公元前2500年,名副其实的苏美尔王朝文明已经形成。与埃及不同,统治两河流域的不是一个王国或王朝,在相继几千年间,是一系列的城邦和以这些城邦为基础的帝国的兴亡更替。这可能是底格里斯和幼发拉底两条河流时常发生变迁,经常出其不意地改道和泛滥的缘故。

50　　虽然那里是由来自美索不达米亚不同地区的一些不同的人在你去我来地轮流执掌文化、政治和军事大权,但两河流域的文明在长达数千年间从未间断过。美索不达米亚中部的巴比伦人在掌握统治权期间,吸取了苏美尔人的大量文化,还采用苏美尔人的文字来书写自己的语言。当亚述国(美索不达米亚北部的一个王国)开始控制整个地区时,它又大量吸取了巴比伦文化。

所有这些文明都以灌溉农业为基础。那里的主渠最宽达75英尺(约23米),绵延许多英里,还有与主渠连接的数百条支渠。所有两河流域的文明都建立了中央集权的政治机构和复杂的官僚体制,负责收集、储存和分配剩余农产品。它们全都建有显赫的大型建筑,包括非常宏伟的寺庙建筑群和今天称之为亚述—巴比伦宝塔的金字塔建筑。例如,乌尔第三王朝(约公元前2000年)的那座乌尔-纳姆宝塔,长400码(约365米),宽200码(约180米),而它却只是一座更大建筑群的一个组成部分。尼布加尼撒高塔(公元前600年)更是高达270英尺(约90米),它就是传说中巴别塔这一《圣经》故事的原型。美索不达米亚文明还孕育出书写、数学和相当复杂成熟的天文学。

古埃及是以同样方式进入文明社会的又一个例证。尼罗河河谷是被大沙漠包围着的一片狭长形绿洲。它像一条东西走向的带子,宽12—25英里(约25—40千米),长数百英里;南背群山,北临地中海。新石器时代的定居点沿着尼罗河河谷扩散,在公元前6000年前便已经出现了王国;截至公元前3400—前3200年,已经考证出的前王朝王国就有7个。(埃及古物学者一致同意有关事件出现的先后顺序,但是他们在确定世纪年代方面还不一致,尤其是关于那些早王朝时代和古王国时代的年代。)正是在那段时期的某个时候,美尼斯王(King Menes)统一了上下埃及两个王国,成为埃及第一王朝的第一位法老。美尼斯沿袭传统,也兴修水利,在底比斯城的尼罗河段修筑堤防。此后,埃及文明便突飞猛进,迅速发展。基于管理尼罗河一年一度泛滥的需要,古埃及已经表现出高度文明的一切特征,包括在吉萨大规模兴建大型金字塔,它们属于埃及文明的早期创造。与此相适应的是,这里很早就出现了集权统治。有 20 000 名士兵组成的埃及军队;法老成为埃及一切财富的合法继承人,并对治下的 2 500 000 臣民实行绝对统治。官僚机构、书写、数学、初级天文学、各种各样的技艺,以及文明社会所具有的种种其他的复杂事物,也一个一个地相继出现。

关于印度河流域的文明,人们所知较少,不过,对于它的历史演进的大致情况还是清楚的。新石器时代的定居点于公元前 7000 年出现在印度河流域。那里的文明可能是在当地独立发展起来的,它的某些早期特征也有可能是美索不达米亚的居民和商人带过去的。印度河流域的那片冲积平原,以这种或那种方式为印度文明的产生提供了不可缺少的地理环境,也为灌溉农业的发展提供了必要的条件。位于今天巴基斯坦的那两座城市摩亨佐达罗和哈拉帕,其历史可以追溯到公元前 2300 年。根据考证得知,哈拉帕文明自那以后便一面向内陆,一面在阿拉伯海沿岸传播开来。印度河流域的居民开垦贫瘠的平原,并构筑河堤来保护城市,用以抵挡捉摸不定的含有大量泥沙的洪水。作为存在着强大中央政府的明显证据,哈拉帕的城镇都是按照同一种周密设计用城墙围成的居住区,城内有整齐的街道和街区、高塔、粮仓、下水道,以及所有其他的文明设施。例如,在摩亨佐达罗城的中心矗立着一座城堡[200 码×400 码(约 180 米×365 米)],它的砖砌城墙高达 40 英尺(约 12 米)。城堡内有一个"大浴池",里面的一个人造水池长 12 米,宽 7 米,深 3 米。考古学家已考证出,"大浴池"可能是僧侣们居住的地方和集会的礼堂。摩亨佐达罗的人口估计有 40 000;哈拉帕有 20 000。哈拉帕的冶金师们已经在利用黄铜、青铜、金、银、锡等金属,陶匠们已制出釉陶,书写和较高的学问也得到发展。有

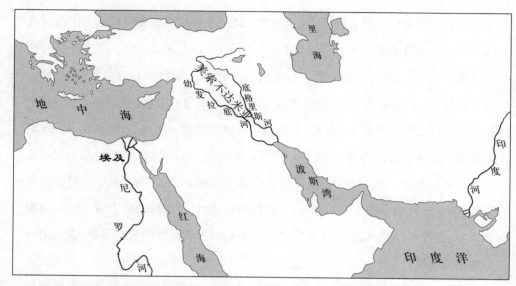

50　　地图3.2　水利文明。位于3个不同地方的第一批文明形成于位于幼发拉底和底格里斯两条河流之间冲积平原上的美索不达米亚(今伊拉克)、埃及的尼罗河两岸和印度河流域。受惠于一年一度河水泛滥的农业因兴修水利而得到加强。

限的证据显示,即使在文明初期,也已经有一个由强大的僧侣、官僚和军人阶级掌握的专制政体在发号施令。然而,自公元前1750年以后,印度原来的城市文化衰落了,原因可能是气候和生态因素,例如印度河的改道。

在中国,沿着黄河,是另一处以类似方式出现的文明。到公元前2500年时,数千个新石器时代后期的村落已在黄河两岸铺开,随着开始实行灌溉农业,也出现了王国。大禹,这位中国传说中的"治水"能手,被赋予了半神话色彩,据说是第一个

52　　王朝(夏)的创建人。商(殷)朝(公元前1520—前1030年)是中华文明有文献记载的开端,他们凭借发达的灌溉工程成为黄河平原的主人。后来,工程师们把灌溉技术带到了南方的长江流域;稻谷种植技术则从中国遥远的南方传播到了北方,而稻谷生产需要非凡的水利能力。在中国历史上,政府的功能之一就是兴建和维护水利工程。于是,全中国各地很快就有了许多河堤、水坝、水渠和人工湖[例如165英亩(约67公顷)的安丰塘*]。政府的蓄水和发展农业的政策十分周密,其中还包括

————————————
＊ 位于安徽省寿县,我国水利史上最早的大型陂塘灌溉工程。——译者

了排涝。为了保证这些水利设施发挥作用,政府从农民中强制征集来大量劳力参加劳动。

早期中国人建设的城市,总是有防御用的城墙、宫殿和举行典礼用的建筑。他们的社会等级森严:中国皇帝是天子,皇帝及其亲人和大臣们死后葬礼十分隆重,常会有数百人陪葬。中国在公元前221年首次实现统一,前所未有的权力集于皇帝一身。除了宫廷大臣,还有一个复杂而可畏的官僚制度帮助他进行统治。据估计,在基督纪年开始时,中国皇帝统治下的人口大约有6000万。中国早期的政府建有许多粮仓,设有常备军。那时也有了成熟的青铜冶炼技术,青铜鼎作为行政权力的一种象征常由皇帝授予其属下。当时由政府兴建的大型建筑很多,除了水利工程外,最著名的是中国长城,它被誉为人类历史上最宏伟的建筑工程。最早的一段长城长1250英里(约2000千米,为了把草原牧区与农业区分隔开来),开始兴建于公元前4世纪到公元前3世纪,结束于公元前221—前207年,正好是中国实现第一次统一的时间。[后来在不同历史时期,长城曾多次扩建,总长度超过3000英里(约4830千米)。]大运河是中华文明擅长大规模建设的又一个例证。它是一条内陆水道(初建于公元581—618年),从杭州直通北京,绵延1100英里(约1770千米)。投入这一浩大工程的劳力相当于5 500 000人,因劳累死去的可能有2 000 000人之多。与这些大型工程相比毫不逊色的是,中华文明还有发达的写作、数学和天文学。

沼泽与沙漠

相互隔离的新旧两大陆都各自独立地出现了文明,这可以看成是人类社会和文化发展的一项伟大实验。尽管新大陆远隔千山万水,特别是那里没有牛,也没有轮车和犁,但是那里的文明确实是独立出现的,而且与那些需要治水的地区发展起来的原始文明如此类似,这就支持了水利假说和从人类生存的物质和技术条件来寻找历史规律的那种历史观。

不久前有发现证实,人类进入美洲,一路狩猎和采集直到智利南部,时间绝不

53

会晚于距今 12 500 年前。在中美洲,到公元前 1500 年时,旧石器时代的狩猎—采集者已经被完全定居下来的新石器时代的村落所代替。新石器时代的定居点日渐复杂,越来越多,到公元前 1000 年时,已经遍布中美洲那些潮湿的低地和沿海地区。在靠近流入墨西哥湾的那些河流的内陆地区,从公元前 1150—前 600 年,曾出现过繁荣的奥尔梅克文化,有人也称它为美洲第一"文明"。其实,似乎应该把奥尔梅克文化看成是新石器时代的高级阶段,因为它与巨石阵的巨石文化有些类似。奥尔梅克"城"拥有人口不超过 1000。尽管如此,他们也建造了不少带陵墓的祭祀中心,还有一些著名的非常巨大的奥尔梅克巨石头雕。有一份研究报告说,有的巨石头雕重量超过 20 吨,需要搬运 100 英里(约 160 千米)。他们还有一种历法——让人想到真正文明的发轫——和象形文字。奥尔梅克文化自公元前 600 年后便衰落了,但是,它也成为其后终于成形的美洲文明的文化模型。

新大陆出现的第一座真正的城市是蒙特阿尔万(Monte Albán),它建于公元前 500 年前后,高踞山上俯视着墨西哥中部半干旱的瓦哈卡河谷。河谷地区有小规模的灌溉农业。蒙特阿尔万是一座规划得极好的城市,那倒是能够印证当时 3 个区域性政权在联盟或统一之后形成萨波特克(Zapotec)文明的一段历史。工程师们削平山顶,建起一座按照天象定位的卫城,还有一些石砌神庙、金字塔形建筑和一处球场。围绕蒙特阿尔万的城墙有 2 英里(约 3.2 千米)长。在公元前 200 年,里面住着 15 000 人;到公元 8 世纪,已达 25 000 人。在它衰落之前,萨波特克的书写人用象形文字书写,他们还掌握了一种复杂的历法。

当时与蒙特阿尔万同期存在的还有一座大得多的城市,那就是公元前 200 年后在靠近今天墨西哥城的干旱的特奥蒂瓦坎(Teotihuacán)河谷上兴起的特奥蒂瓦坎城。公元 300—700 年是它的鼎盛期,当时该城的人口估计有 125 000—200 000 人,这使它成为中美洲当时最大和最强盛的城市中心。公元 500 年时,它是世界上的第五大城市;在好几百年间,它一直是全世界最大的城市中心之一。特奥蒂瓦坎规划整齐,按照天象确定方位,占地 8 平方英里(约 20 平方千米),有一条长 3 英里(约 4.8 千米)以上的大街。该城最大的建筑是一座宏伟的太阳神庙。这一巨大的阶梯金字塔高约200英尺（约61米），体积达35 000 000立方英尺（约991 000立方米），在那高高的顶端有一座神殿。特奥蒂瓦坎城中另外还有大小不等的600座金字塔和神庙、数千所民居建筑。同其他早期文明一样，特奥蒂瓦坎的存在多亏了水利工程和灌溉农业。它不仅在河谷上游有季节性泛滥的农耕区，在河谷下游沿着桑胡安河也建有主水渠和能够浇灌大面积农田的永久性灌溉工程。城市自身的供水，因有桑胡安河、水渠和水库，可以确保无虞。该城还控制着发达的黑曜岩*贸易，因而愈加繁荣。考古学家已发现一处宏伟王宫的遗址和一个很大的官僚行政中心，这表明当时这里有着悬殊的社会和经济等级，权力高度集中于神化的王室。在鼎盛时期，特奥蒂瓦坎文明控制着整个墨西哥河谷。

　　与墨西哥中部干旱的河谷地区的文明属于同一时代，在尤卡坦的低矮湿地上

54

图3.1　**特奥蒂瓦坎古城。**城市和大型建筑是一切文明的特征。图中巨大的太阳神庙镇守着这座中美洲的古城——特奥蒂瓦坎。

54

---

　　*　一种玻璃质的火山喷出岩，有光泽和美丽的花纹，可用作手工艺品和装饰品材料。——译者

还形成过玛雅文明。从公元前100年到公元9世纪,玛雅文明繁荣昌盛了1000年。在20世纪70年代以前,研究玛雅文明的考古学家似乎并不相信文明与治水之间有什么联系,但是,由于在当今伯利兹的普尔特洛塞湿地(Pulltrouser Swamp)上发现了许多玛雅人的工程设施,灌溉面积达741英亩(约300公顷),研究玛雅文明的学者们在观念上才有了根本性转变。地处低地的玛雅农业面对的问题不是水太少(如埃及),而是水太多。玛雅人的解决办法是在抬高的田块[在普尔特洛塞,每一田块高3英尺(约0.9米),宽15—30英尺(约4.6—9.2米),长325英尺(约99米)]上种植,在田块之间挖出排水沟和泄水道。这些工程可以排除耕地里的积水,沉积在排水沟里的淤泥还可充作肥料。这套排涝系统表明,玛雅人有能力生产出足够的农产品来供养大量人口。这样的工程,当然需要许多人一起协力兴建和维护。玛雅人这种形式独特的集约型湿地农业,如今成为玛雅文明仍然是依靠水利支撑的有力证据。

最大的玛雅城市是蒂卡尔,在它于公元800年前后突然崩溃之前,大约有77 000人口。玛雅古典期的人口密度,据估计,要比今天中美洲保留地丛林能够支撑的人口密度大10—15倍。玛雅的所有城市都建有许多大型建筑,尤以台庙和大型阶梯金字塔(类似亚述—巴比伦宝塔)最多。阶梯金字塔上修有一条梯道,沿着它可以登至塔顶的神庙。此外,玛雅人还发展出比北美洲的其他文明都更为复杂的数学、历法和天文学体系。

南美洲各文明的兴起,都是按照这同一模式。秘鲁的灌溉系统的灌溉面积合计达数百万英亩,堪称西半球考古发现的最大的人工遗迹。许多条短河发源于安第斯山脉,途经干旱的沿海平原,流入太平洋。今天看来,它们的生态作用相当于尼罗河。这些沿海河谷极其干旱,早期的村落群就出现在其中至少60个河谷中。要在这些地方形成文明,就必须得到不断改进、有着良好工程设施的灌溉系统的支撑。例如,奇穆(Chimu)人的那些水渠,其中一条就绵延44英里(约70千米)。他们的首都昌昌(Chan-Chan)占地近7平方英里(约18平方千米)。摩切(Moche)文明正是凭借将已有的灌溉系统连接起来,在公元前100年后走出摩切河谷,占据了250

英里(约400千米)的荒芜海岸线,并深入内地50英里(约80千米)。摩切的中心城市在潘帕格兰德(Pampa Grande),拥有10 000人口。它的那座太阳庙(Huaca del Sol)金字塔由1.47亿块土坯砌成,高135英尺(约41米)。摩切文明前后持续了9个世纪。

在秘鲁南部的的喀喀湖周围的高地上,形成过另一个文明中心。那里以种植马铃薯为主,其发达的农业与玛雅湿地的耕作方式如出一辙,也在隆起的台田上种植,并孕育出一系列文明。有研究指出,那里有一座山城叫蒂瓦纳库(Tiwanaku),在公元375—675年间曾十分繁荣,拥有40 000—120 000人口。随后到来的印加人,也在那里兴建了许多灌溉工程。比起他们的前人来,印加人以更大的规模利用水利。而且,印加人通过武力首次使沿海平原和丘陵地区的生产资源连为一体。印加帝国在公元15世纪达到其鼎盛期,范围达2700英里(约4350千米),拥有人口600万—800万(另有估计为1000万)。印加首都库斯科有许多大型建筑,为雕刻精细、未用灰泥的石砌结构,还有完善的供水排水系统。在偏僻的马丘比丘,陡坡上修有梯田。此外,印加帝国还拥有不可思议的道路系统,把全国不同地区连接起来。主要的道路系统有两条:一条在沿海地区,一条在山区。每条长2200英里(约3540千米);整个帝国的大小道路总长达19 000英里(约30 580千米)。在没有金属工具的情况下构筑这样的道路系统,那当然是非常了不起的工程成就。帝国拥有完善的储粮系统和相应的分配机制。印加皇帝至高无上,备受尊崇。他对国家的专制绝不逊于古埃及的独裁制度。同埃及法老一样,秘鲁死去的印加皇帝也被制成木乃伊,永享供奉。

如上所述,城市革命一而再、再而三地发生,在各个地区都产生出依赖于大规模水利工程的文明,也不断使人类脱离新石器时代的生存方式。美洲的古文明与旧大陆的古文明如此惊人地相似,这一点常常被人提起,但有时却被归因于旧大陆文明向新大陆的扩散。其实,为了解释这种相似性,与其诉诸必须跨越空间和时间的外来联系,不如说相似的物质、历史和文化条件必定会产生相似的文明。那岂不是更加简单明了?

56

青铜与青铜时代

依靠新的灌溉技术和农业技术,城市文明在世界各地纷纷涌现,这标志着技术史和人类的一切活动正在发生一次意义深远、不可逆转的大转折。伴随着文明的兴起,陆陆续续出现了一系列其他技术。例如,至少在旧大陆,就有青铜冶炼技术。掌握该技术的铜石并用时代或铜器时代于公元前5000—前3500年首次出现。掌握青铜(铜锡合金)技术,甚至使相应的新文明有了"青铜时代"的名称。较之石头,用金属制造的工具和武器当然有许多优点,所以,经过不断努力,金属最终取代了石头。因为金属制造在原始文明中是首次付诸实践,所以它涉及一整套复杂的技术,如采矿、熔炼、锻打或铸造,直至得到有用的工具和器物。冶炼青铜还要用到熔炉和风箱,需要把温度升至1100℃。在新大陆,青铜未能取代掘地棒、石锤和石凿,也未能取代黑曜石小刀,但那里却有十分成熟的金、银加工技术,可以用来制作饰品。秘鲁的印第安人在哥伦布到达美洲之前便掌握了复杂的黄金加工技艺,这早已是人所共知的事实。奇穆人的冶金匠显然已在应用一种类似于化学电镀金的技术。早在公元前的第一个千年,撒哈拉沙漠以南的非洲就出现了复杂的金属制造;除了用于战争和贸易的熔锻技术,贝宁帝国(Benin Empire)的冶金学家还使用失蜡技术铸造精美的青铜纪念匾和其他物品。金属工具(首先是青铜器,然后是大约公元前1200年后的铁器)的优越性,特别是作为武器使用,改变了早期文明的面貌。

于是,对于这些早期文明,控制住矿产资源便十分重要。西奈的铜矿,对于埃及的法老必不可少。制青铜用到的锡,必得穿过近东从遥远的地方运来。如前面提到过的,在中美洲则有发达的黑曜石贸易。日渐发达的贸易和广泛的经济活动成为早期文明最突出的特征。同样,职业专门化和明确的劳动分工,从一开始便是文明生活的特点。手工艺生产已不再仅仅是间或从事的活动和一家一户的事情,而成为专门的手工艺行业。从事手工艺生产的人,主要就靠他们的技艺来换取自己的日常必需品。早期的城市中还划出一定的"工业"区,显然是为了把某些行业和相应的工匠集中起来进行生产。采石、采矿、黄金和金属加工、纺织品及其染色、纸莎草纸制作以及1000种其他新行当产生了,有助于维系当时形成的复杂社会。说到青铜时代的那些新技术,就不能不提到用面包酿造啤酒的技术。那可是美索不达米亚文明中的一项重要事情,著名的《汉穆拉比法典》(Hammurabi Code)上就镌刻有如何管理啤酒店的详细条款。同样,在印加秘鲁,举行庆典活动时会供应能够致醉的饮料,那其实就是对国家拥有的植物蛋白再进行重新分配。

作为建立了国家的那些文明的一个特点,人们会开始寻找能做工的新型能源和动力。阉牛(经阉割的公牛)的畜力被用于拉犁,马也被驯化为人所用。在公元前的第二个千年,安纳托利亚(Anatolia)*的赫梯人首先给马和驴套上挽具用它们拉车,于是就有了四轮战车,使近东地区的战争格局有了很大改变。早在公元前3000年,骆驼就可能在非洲被驯化,并开始成为重要的运输工具。南美洲的美洲驼,印度和南亚的大象,也派上了这样的用场。文明出现后,风力才首次成为新能源。尼罗河水滚滚北流,而那里却总有向南吹拂的逆水风,那条河自然便成为帆船的快速航道,而且也成为促进古埃及统一的一个因素。在美索不达米亚和印度河流域之间的那些水面上,也总能看到你来我往的船只。奴隶制度与文明同生,而劳役,尽管其强制性略逊于奴隶制度,也同样属于使役人的那一类行为。

金字塔

金字塔、神庙和宫殿一类大型建筑,不仅是高度文明的象征,在技术史上也具有重要意义。因为它们不仅代表了非凡的技术成就,还为我们研究有关文明的建筑风格和实践以及与工程相关的发达技艺和贸易提供了线索。埃及的金字塔就提供了早期文明如何兴建大型建筑的一个经典实例。研究埃及金字塔的文献很多,涉及甚广,联系到农业、文明和城市革命。

58

先来说那个庞然大物,位于吉萨的大金字塔。大金字塔坐落在尼罗河西岸,是

---

* 即小亚细亚。——译者

在公元前2789—前2767年(另一说为公元前2589—前2566年)由古埃及第四王朝的第一位法老胡夫[Khufu, 又称基奥普斯(Cheops)]建造的。它是迄今人类建造过的最大的立体石砌结构建筑,所用料石多达9400万立方英尺(约266万立方米)。料石总计有230万块,每块平均重2.5吨,总重量为600万吨。大金字塔基底面积13.5英亩(约5.5公顷),每边长763英尺(约233米);共砌石210层,高485英尺(约148米)。大金字塔内部有许多暗室、石柱和甬道。它的表面贴有磨光的石板。且不说大金字塔刚建成时是如何的富丽堂皇,单就建筑规模而言,自它建成近5000年来,人类历史上再也无其他任何建筑可与之媲美。

图3.2 吉萨的大金字塔。胡夫大金字塔堪称公元前3000年的工程奇迹,它使古埃及文明建造金字塔的传统达到顶峰。现代有人把它解释为一项出于政治目的的"国家建设"项目。胡夫大金字塔在图中右侧。

埃及人印何阗(Imhotep, 公元前2635—前2595年)因担任第三王朝君主左塞(Djoser)的工程师和首席建筑师而闻名于世。印何阗在塞加拉建造了阶梯金字塔作为左塞的陵墓。我们知道印何阗的名字,或者左塞在公元前第三个千年时竟有一席之地,这些都表明:文明的巩固、中央集权的发展以及对专业知识的需求正在发生深刻的变化,尤其是在纪念性建筑中。像印何阗一样,建造大金字塔和其他金字塔的建筑师和工程师们,肯定掌握了某些初级的甚至不一定初级的实用数学知

58

59

识。大金字塔的布局,保持了非常准确的南北和东西方位,只有掌握了数学,才能进行如此设计和准备材料。作为国家的卓越代表,古埃及的工程师和建筑师们懂得数学,知道怎样设计才能使金字塔外观宏伟壮丽,然而,埃及金字塔(以及其他大型建筑)让我们首先想到的,还是它们所体现的非凡的工程成就。

根据公元前5世纪的古希腊历史学家希罗多德(Herodotus)的说法,建造大金字塔动用了100 000人辛苦工作20年,工地上或许总有4000—5000名工匠在整年劳作。建造金字塔所使用的技术,今天已经比较清楚,除了可能使用过一种用来吊起大石块的悬梁机械外,从总体上说,与人们所知的新石器时代的建筑技术相比,并未采用新的建筑方法。当时仍然是依靠简单的工具和苦干来做到那一切的,不同的只是,文明积蓄了更大的力量——人;因而,比起新石器时代的建筑遗址,到这时已有可能动员和使用不知大多少倍的人力来以快得多的进度完成大型工程。

这样一个庞然大物,当然不是突然出现在埃及沙漠上的。事实上,随着埃及农业国的建立和扩张,金字塔就在一直不断地建造,大金字塔不过代表了这种长期进展的顶峰。

关于建造大金字塔以及在它之前和之后的那些金字塔的动机,学者们曾提出过各种各样希奇古怪的理论。然而,这些建筑是法老们的陵墓,对于这一点,似乎毋庸置疑,尽管这也许不是唯一的用途。不过对此也有无法解释的疑点:至少在某些时期,新建金字塔的数目超过了法老的人数;而且,一位法老会同时建造好几座金字塔。此外,大多数真正大型的金字塔都是在第三王朝末和第四王朝初这一个世纪多一点的时间内建成的。有研究指出,在公元前2834—前2722年这112年共4代人期间,有6位法老共建造过13座金字塔。显然,除了埋葬死去的法老,必还有别的动机,否则,无法解释埃及金字塔这一极不寻常的社会文化和技术现象。

有一种解释,想从工程本身的作用来说明在尼罗河西岸金字塔修建的鼎盛时期,为何建造活动几乎不曾间断过。按照这种解释,建造金字塔是一种国家政策推动的活动,为的是利用工程建设本身可以起到的那种作用。早先的那些金字塔,有意地连续建造,形成一个接一个的宏大公共工程项目,其目的是把农闲时期的民众动员起来,加强古埃及的国家观念和国家实力。同时兴建一座以上的金字塔,是因为劳力充裕,而且肯定有越来越多的劳力可供调用;还因为金字塔的几何结构决定了在修建接近顶端时,所需的劳力比修建下层时大为减少,这样就有可能把劳力调去修建附近新开工的金字塔。因此,大事兴建是早期埃及国家的一种制度,旨在锻炼民众的筋骨,是一种颇似当今军火业的公共事业和福利项目,或者类似于美国在20世纪50年代和60年代建立的州际公路系统。

对于上述观点,有两座特别的金字塔可以为之提供工程上的佐证。一座是位于迈杜姆的金字塔。它由公元前2837—前2814年在位24年的法老胡尼(Huni,又称乌尼)开始建造,由其儿子斯耐夫鲁(Sneferu)继续修建。迈杜姆金字塔高80英尺(约24米),每条底边长130英尺(约40米)。它是第一座真正呈角锥形的金字塔,具有纯粹的斜面,看不到阶梯。殊不料,迈杜姆金字塔结果成了一场工程灾难,是大型建筑的一次结构设计失误:作为装饰用的外层石板全部崩塌,成为塔体周围的一堆乱石。原来,它的斜坡设计明显过陡,达到了54°。今天的观光者还能看到它坍塌的废墟。

图3.3 迈杜姆金字塔。因为设计仰角过大,尚未竣工,外层石板就崩塌了。

第二座特别的金字塔是由斯耐夫鲁王随后在代赫舒尔(Dashur)建成的"弯曲"金字塔。这是一座更大的金字塔,高335英尺(约102米),每条底边长620英尺(约

图3.4 弯曲金字塔。这座金字塔的下半部分,坡度与迈杜姆金字塔相同,但是其上半部分的坡度,为了保证稳定性,被古埃及工程师在施工到一半时减小了。弯曲金字塔和迈杜姆金字塔显然是同时一起建造的。工程师们获知迈杜姆工地发生了事故,才中途减小了弯曲金字塔的坡度。

61

189米),总体积达5000万立方英尺(约140万立方米)。弯曲金字塔的特别之处,在于它的坡面真的是弯折的、有角度的。它的下半部分,同迈杜姆金字塔一样,坡度为54°;上半部分,则为43°。有学者指出,当弯曲金字塔建到一半时,迈杜姆金字塔发生了崩塌,为了安全起见,工程师中途减小了坡度。斯耐夫鲁继续建造的下一个红金字塔,就采用了比较安全的43°外坡。大金字塔和后来的金字塔又恢复了超过50°的大坡度,那是因为使用了改进后的内部支撑技术。

如果只从总体上了解上述论点,我们不一定要搞清楚其中的每一个细节。埃及金字塔是国家组织的大型建设工程。每年尼罗河泛滥期间,有3个月的农闲期,大量农民无事可干,从而为工程提供了充足的劳力。(农业生产力因而不会受到建造金字塔占用大量劳力的影响。)与曾经有过的普遍看法不同,金字塔并不是强迫奴隶们建造的,而是通过征集(就像今天的军事征集)劳力来组成一支劳动大军。建造金字塔的工人由国家粮库供应粮食,竣工的金字塔用作去世法老的陵墓。围绕着埋葬法老,不可避免地发展起了复杂的神学、宗教仪式和辅助技术(如制作木乃伊)。但是,建造金字塔,主要是因为它们属于巨大的公共建设工程,可以通过建

61

设活动来维持尼罗河河谷灌溉农业的经济活力,强化中央集权的政治和社会力量,特别是强化国家的力量。确实,大规模建造金字塔的时期,正好就是古埃及王国政治集权最厉害的时期。金字塔不仅是名副其实的国家建设活动,而且还是国力的象征。

书写

最早出现的那些文明的一个重要特征,如前面简单提到的,是较高的学问——书写、记录、文学和科学——的复杂化和制度化。在最早的文明中,全都产生过某种形式的算术、几何学和天文学,那是值得认真关注的现象。尤其是,这种情况表明,那些社会必定会给它们各自孕育的科学传统打上不同的标记。

知识在首批文明中的产生是出于功利的需要,为了进行记录、政治统治、经济交易、历法改进、建筑和工程企划、农业管理、医疗、宗教和占星预测。因为较高的学问在很大程度上偏重于有用的知识及其应用,所以,在社会学意义上,实践导向的科学或应用科学的出现要早于后来在希腊诞生的纯科学或者说抽象理论研究。

巴比伦模式的特色是早期的国家资助那些为统治服务的专业知识,并将其制度化。国家和寺庙当局都鼓励有学问的书写人掌握知识和应用知识。早期的国家全都设立有一些官位和一套文职机构,他们在一定程度上也探讨有关数学和自然界的知识。美索不达米亚那些城邦都有为数不少的官方机构,养着有学问的臣仆、宫廷占星家和专职历算家。同样,古埃及也有一个集中了各类专门人才的"世风院"(House of life),设置了一个缮写班子和学问中心,主要任务是处理有关宗教典制、传统惯例方面的事宜,但其中也囊括了不少法术、医学、天文学、数学等知识以及其他五花八门的学问。另外,古埃及还建有档案馆和寺院图书馆,其中某些保留下来的文献还提到了古埃及的大学者,以及其他一些不同等级的宫廷医师、法术师和有学问的祭司。

在早期的任何一种文明中,国家和寺庙当局总是支持那些有着实际用途的学问,把它们用来维持国家和国家的农业经济。知识受到在国家机构中供职的专家学者的关注,他们的工作要服从维系社会的需要,而不能有对发现的个人追求。这种官办科学模式的另一个特点,是那些留下了记录文字的原作者全都匿名。在第一批文明的好几百年间,有无数人为科学作出了贡献,可是,却没有给我们留下任何个人的传记。

早期科学传统还有一个有趣的现象,即人们把知识一条一条地记录下来,从不加以系统分析,把它们概括为定理。早期文明中的科学,显然缺少抽象性或者说普遍化,没有任何自然主义的理论,也就是说,没有像后来古希腊人所做的那样,把追求知识本身当作目的。

书写和计算是最早、最重要的实用技术,它们的真正起源,是为了满足早期文明的实际需要。集权当局和官员们为了重新分配大量的剩余产品,需要把口头的和定量的信息记录下来。所有的早期文明都形成有各自的算术体系和保存长期记录的体系。考古学家发现的经考证为古美索不达米亚的账单——刻印在黏土上的徽记——极有说服力地证明了书写和计算起源于经济需要和实用目的。在乌鲁克发现的楔形文字书板(公元前3000年),85%都属于经济方面的记录。古埃及寺庙和宫殿中的那些记录,也大抵如此。到最后,书写终于代替了身传口授,人们也不再依靠死记硬背。当早期的书写技术大量地用来记录有关经济、法律、商业、宗教和祭祀以及行政管理方面的事物时,其中便渐渐产生出有文学价值的成分。

书写技艺当时在各地都受到高度重视,会这门技艺的人有很高的社会地位。接受过教育的书写人构成了一个特权阶层,备受宫廷或寺庙的恩宠。而且,擅长书写还成为获取权力的敲门砖。书写人能够做官,常常还能进入政府的高层。有许多水利文明曾留下长达数千年不曾间断的文字记录。这些记录表明,在庞大的官僚体制中,存在着许多供低级和高级的文职人员任职的官职,还有一些专门机构设有一些专业职位,如会计、占星家、天文学家、数学家、医师、工程师和教师等。难怪学习书写的人多半是名门之子(偶尔也有女儿)。

随着文明的出现,第一批学校也应运而生,人们在那里正式传授书写技艺。美索不达米亚的书写学校叫"埃达巴"(é-dubba),即"书板屋"(tablet house),那里传授

63

书写、数学,后来还包括神话文学和格言。在美索不达米亚的许多书板上,记录着
学校一代又一代学生所做的数不清的书写和计算练习。那些练习表明,在这同一
个地方,1000多年来讲授的都是同样的课程。在埃及,书写也是书写学校及其他机
构的必修内容。在那些地方,有专门的缮写室和图书馆。学生们的书写练习构成
了保存至今的书写记录的相当大的一部分。

　　虽然书写和记录是一切文明的特征,但是书写体系需要被视为技术,且各体系
很不相同。最早的刻写在泥板上的楔形文字体系是随同古美索不达米亚的苏美尔
文明一起出现的。美索不达米亚文明在数千年中制作出数不清的楔形文字泥板,
它们经过晒干或烤干后分别保存在大的图书馆和档案馆中,留存至今的还有数万
块之多。之所以叫楔形文字,是因为它是由苏美尔的书写人用一种一端削成楔形
的芦苇秆在泥板上戳刻而成的。苏美尔的书写人在公元前第三个千年就有意识地
发明了一种包括有600—1000个符号的复杂的文字体系。这些符号(叫表意符
号)代表一个词或一件事的概念,譬如说"我♥我的狗"。后来,苏美尔的字符有所
减少,但掌握和使用起来仍然很困难,所以仅限于专业书写人范围。楔形字符在早

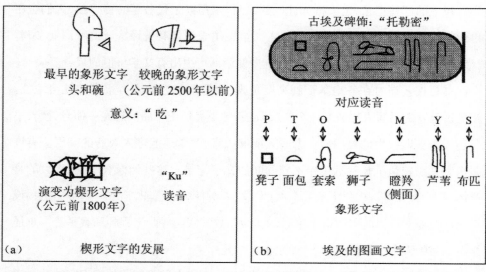

图3.5 巴比伦和古埃及的文字体系。不同的文明发展出不同的用文字记录信息的技术。它们大多开
始于一种被称为象形文字的表达方法。后来的许多文明使用了表达语音的符号。

期是以形附音（表音文字），按照苏美尔语言的发声音节书写。古巴比伦人（阿卡得人）虽然操不同于原来苏美尔人的语言，但他们也用苏美尔音节字符来书写。换句话说，象形文字本来是绘事，但后来的字符却变成了表示口语的音节。这种死掉的苏美尔语直到公元前18世纪以后还在埃达巴传授着，就像拉丁语在欧洲的大学里一直到公元19和20世纪还是一门课程一样。苏美尔语和巴比伦语有书写文法，还留存有许多书板，记录着词表、双语词典和双语文本。

象形文字在埃及据说是从前王朝时代流传下来的。大约在公元前3000年，古埃及的第一个王朝就在使用埃及象形文字（"神圣的雕刻"）。文字的概念恐怕是来自美索不达米亚，不过这种特定的埃及文字却是独立发展起来的。埃及的象形文字属表意文字，但是从很早开始，文字中就融进了代表埃及语言发音的表音元素。埃及正式的象形文字符号经确认有6000个，而法老的雕刻师和书写人在几千年间通常只使用700—800个。正式的象形文字显然难于书写，于是书写人们从中演变出了简化字体（称为僧侣体和世俗体），逐天延续着埃及的文明。（能够做到这一点，还多亏了一种制造纸草的技术。）最晚的埃及象形文字碑刻可以追溯到公元394年，那以后，古埃及的文字知识就被湮没了。1799年，拿破仑的士兵发现了轰动一时的罗塞塔石碑，后来在1824年被商博良（J. -F. Champollion）解读。罗塞塔石碑上面镌刻着象形文字、世俗体和希腊文，刻写时间为公元前196年。幸亏有了罗塞塔石碑，我们才能够重新欣赏到古埃及书写人的手迹。需要指出的是，纯粹的语音字母，即像希腊文和罗马文那样的只代表一个元音或辅音的字母，则是后来的二次文明历史发展的成果。它们是在公元前1100年以后随腓尼基人一起出现的。

65

计算

数学方法是随同书写一起发展起来的，而且是出自同样一些实际需要。例如，古希腊历史学家希罗多德认为几何学（或"测地学"）起源于埃及，因为在尼罗河泛滥过后需要重新丈量土地。按照这样的思路，在灌溉农业生产出多余的农产品以后，才开始有第一批货币（在古巴比伦和中国商朝）和第一批度量衡（在古埃及、印度河流域以及早期中国)。虽然纯粹数学后来成为数学家玩的抽象技巧,但我们仍可以从它的应用中看到产生早期数学的实用的、经济的和技艺的根源。

每一种早期文明都有自己的数学体系。古代苏美尔人和巴比伦人发明过一种六十进制,即一种以60为基数的计数制(我们现在用的是以10为基数的十进制)。那种计数制虽然还不完全自洽,而且起初还没有0,但它是第一个位值制系统,位数代表60的幂次。六十进制在今天还留有痕迹,如一小时等于60分钟,一分钟等于60秒,一个圆分为360°。与此不同,埃及的数同后来的罗马数字相似,每一个十进位数由不同的数字组成,没有位值。这样的数制相当麻烦,处理埃及文明所需要的计算,效率并不高。

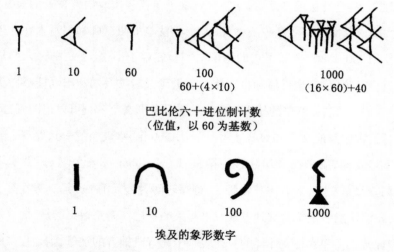

1   10   60   100   1000
            60+(4×10)   (16×60)+40

巴比伦六十进位制计数
(位值,以60为基数)

1   10   100   1000

埃及的象形数字

图3.6 巴比伦和埃及的数制。不同的文明发展出不同的数制和计算方法。巴比伦的数制是一种以60为基数的位值制,有代表数值1和10的数符。埃及的象形数符代表10的值,让人想起后来的罗马数字。没有一种文明没有记录数值信息的系统。

关于数学运算,巴比伦数学家用的是数表,如乘法、倒数、平方、立方、毕达哥拉斯三角形等,可以进行许多复杂计算;其中采用犹如配制药剂一样的步骤可以计算复利利息和求解二次、三次方程。在古埃及,有一种"加倍法",即采取对一个数二倍、再二倍的方法来进行乘法运算,若配合罗马式数字系统,运算起来特别快捷。古埃及的数学家得到了非常精确的π值(256/81或3.16,而巴比伦数学和《圣经》上才有一个粗略值3），而且发明了一些计算分数特别方便的数表。

在任何一种早期文明中，数学家关注的问题都反映了他们的实践和功利取向。工程和供应问题总是主要的，通常要提出数学方案，却几乎不会涉及对数的抽象理解。一般说来，求解结果是得到一个"配方"（"加2杯糖，1杯牛奶，等等"），颇像计算机程序处理一个方程（"a 的平方，$a×b$，将 a^2 和 ab 相加"）。虽然我们不知道"配方"是如何得到的，但他们在计算上是严谨的，而且能够得到正确结果。

抽象数学尚待希腊人去发明。不过也有不多的例证表明存在着一些非常艰深却又没有实用目的的"玩意儿"，它们显然属于早期书写人取得的成就。例如，在巴比伦，数学家计算2的平方根可以精确到相当于6位小数，当时的工程或实用计算无论如何也不需要这样高的精确度。同样，在中国，老练的数学家把 π 计算到毫无用处的、达到7位小数的高精确度。尽管如此，从他们研究的广泛内容看，这些导致抽象数学的工作仍然是瞄准了实用目标并且受到了某个政权的资助。在古美索不达米亚，指数函数表，就像2的平方根的过分精确的近似值一样抽象，事实上，它是用来计算复利的，而二次方程则是在解决别的问题时得出来的。求解线性方程是为了解决遗产分配和土地划分问题。建筑材料的系数表可能一直被用来快速计算承载能力。贵金属系数和货品系数也许另有实际应用。计算体积反映了几何学的迷人魅力，其实也应用于修筑水渠和其他基础设施。

时间、诸神和上天

所有的农业文明都发展有自己的基于天文观测的历法，但只是在一部分第一批文明中，我们才能看到名副其实的天文观测。精确历法对于农业社会的用途和必要性不言而喻，它不仅用于农业，也用于例行的仪式活动。历法在商业和经济活动中的作用也很明显，例如用来确定签约和以后履约的日期。

在美索不达米亚，有一种非常精确的历法从公元前1000年一直使用到公元前300年。美索不达米亚的历算家早就靠数学计算编制出了在好几百年后都一直有效的抽象历法。他们编制的是一种一年有12个太阴月即354天的历法，那当然与

一年有 $365\frac{1}{4}$ 天的太阳年不同步,所以,隔一段时间就要额外插入一个太阴月(即设置闰月),以使太阴月与(决定季节的)太阳年协调一致。巴比伦的天文学家是在19年中插入7个闰月。古埃及的僧侣/天文学家维护着两种不同的太阴历法,但是,埃及人日常生活中使用的却是第三种法定的民间/太阳历。这种历法一年包括12个有30天的月,另加5个节日。因此,每过一年,那种有365天的民间历就会偏离太阳年1/4天。于是,在埃及历史的长期进程中,民间历年慢慢滞后,每过1460年(4×365)竟会错位一个(决定农时的)太阳年回到原位。民间历与太阳历在公元前2770年相合一次,到公元前1310年又会再度相合。这种不准确的历法导致的混乱,直到有人突然想起埃及的一件大事——每年一次的极有规律的尼罗河泛滥——可以根据天狼星季节性地从地平线上升起来独立进行预测,才得到解决。

历法、天文学、占星术、气象学和法术构成了一种普遍模式的一部分,美索不达米亚、埃及、印度、中国以及美洲的文明,经历的都是这样一种模式。尽管我们现代人存有偏见,但是,在那些早期文明中,要把天文学与占星术,或者把天文学家与占星家及法术师区分开来,那是不可能,也是不公正的,因为那些探索形成了一个不可分离的整体。若要预测庄稼收成、军事行动的结果或者国王的未来,那么,占星术和神秘学问在当时是被普遍视为有用知识的。的确,一俟历法天文学(它毕竟能够预测季节)出现,它们就将自然知识模式转化成了国家支持的实际目的。

在所有的古代科学传统中,巴比伦的天文学最为发达,值得细加分析。在古巴比伦,占卜从检视动物的内脏演变到信仰星象,可能促进了对天空的研究。古巴比伦早在公元前2000年就有了天文观测记录,并一直延续到公元前747年。到公元前5世纪,巴比伦的天文学家已经能够不太准确地预测几个主要天体的未来位置。美索不达米亚的天文学家完全掌握了冬至、夏至、春分、秋分以及太阳和月亮的循环。尤其是,稍晚一些的巴比伦天文学家还了解了日食和月食及其食分,并能作出预测。天文学家可以计算和推断出几颗行星在什么时候升起、下落和可以被看见,尤其是那颗作为晨星和昏星的金星。巴比伦天文学和六十进制计数的遗产是非常伟大的,这不仅因为我们至今仍在用度数测圆,还因为是他们定下了一个星期有7天,并早就认出了行星。的确,巴比伦天文学的许多技术传统都传了下来,为后来希腊和希腊化的天文学家所采用。这里需要特别强调的是巴比伦天文学家所从事的研究活动。诚然,他们观测天空,肯定使用了观测仪器,而且做了精确记录;其实不止如此,他们还进行过系统的研究去解决某些非常具体的天文学问题。

关于这一点,作为一个例子,"新月问题"能给我们许多启示。出于历法和宗教的原因,巴比伦天文学家需要知道一个太阴月有多少天。两个满月或两个新月之间的间隔有29至30天(平均29.53天)。那么,某一个月到底应该是多少天呢? 有几个自变量在影响着这一结果:从地球上看到的天空中太阳和月亮之间的相对距离(图3.7中的AB),一年中的季节(α),还有较长时期里月亮来回移动的距离(CD)。由于这些自变量的影响,预测新月的再次出现显然就很困难。巴比伦天文学家研究并掌握了"新月问题",还能够编制出正确的天文表,可靠地预言什么时候可以看到新月。他们通过两种方式来获得这一能力,首先是观察和记录天空中的行星运动,然后是研究他们编制的数据表。他们以前所未有的方式使知识正式化和系统化。"新月问题"表明,古代的巴比伦天文学家就一个非常具体的问题(29还是30天?)进行过积极的科学研究。这项研究的基础是观测、数学分析和对现象的模型化,而且还是理论性的。值得我们更多注意的是其中隐藏着的抽象的数学循环模型,而不仅仅是他们看到了天上运动着的东西。

医学和医学社会组织也是国家支持有用知识这一官方模式的一个突出特点。在每一个早期国家中都出现过不少在政府任职的名医,他们关于解剖学、外科学和草药的实际的及经验的知识在国家支持医药研究的环境下不断增长。埃及新王国时期(约公元前1200年)的埃德温·史密斯(Edwin Smith)医学纸草书,就经常被引用为以"理性"和无神论态度处理病患的例证。

69

同样,在首批文明的早期,金丹术*和金丹术知识也开始备受青睐。金丹术无疑起源于古代的冶金实践,若说技术产生过科学的话,这就是一个例子。就像占星

＊ 主要研究金属嬗变的炼金术和主要研究药物制作的炼丹术,二者合称金丹术。——译者

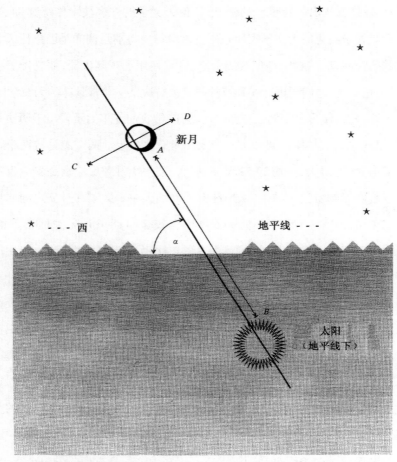

新月

D

A

C

西 地平线 - - -

α

B

太阳
（地平线下）

69 　**图3.7　最早的科学研究。** 古巴比伦天文学家系统地研究了那些决定着每一个太
阴月里新月第一次出现时间的变量。他们不单观测现象，还研究这些因素的变化，
反映出天文学已经成长为科学。

术一样，金丹术承诺有实用价值，在国家支持这一主基调下，许多世纪以来长盛不
衰，直到现代。我们在理性和伪科学之间所划的界线，还尚未被认识到。所有这些
研究似乎都属于有用知识的范畴。

说到最早期文明的宇宙观和世界观，必须谨慎。似乎可以保险地说，在所有那
些社会中，宗教都起着重要的作用。在很大程度上，他们的天是神圣不可侵犯的，
不可思议的，那里住着诸神；天体常常被赋予神性，天上有许多神话故事。例如在

埃及,天由女神努特(Nut)擎起,法老死后变成星星。在巴比伦,行星的运动代表了 **70** 天神的运动。在中美洲,按照玛雅人的说法,大地是由一只浮在水池里的巨龟托起。中国人则持一种比较有建制的、诸神间有领属关系的宇宙观。但是,从总体上说,没有一种早期文明形成过关于宇宙的理论模型,那时绝无抽象的、机械的或者自然主义的宇宙。在这些文化中,几乎看不到对自然界有过独立的自然主义探索,或者抽象地研究过"自然"的概念。

首批文明倾向于广泛接触知识,编制出许多无所不包的列表,里面罗列了一大堆的词、数、神、植物、动物、石头、城市、统治者、职业或者书写人,有时竟不加分类混杂在一起。仅仅认识和记录知识的这种做法——即所谓的"列表科学"——在社会尚未形成正式的逻辑和分析思想的时候,恐怕只能如此。那些编纂资料的人承担如此枯燥的苦差事而又隐姓埋名,也许只有在国家供养一大批读书人,把他们当作文职官员的地方,才有此可能。

总之,出于实际需要,科学随着文明一批一批地浮现。书写和算术作为新的技术被应用于解决许多实际问题。专家们无论处在体制内还是体制外,都得到国家保障,他们全都服务于同样的功利目的。存在着先进的历法、解决了复杂的天文学难题以及间或搞些数学"玩意儿",这些都明白无误地显示第一批文明的科学成就达到了相当高的水平。缺少的是理论抽象,那是我们所认定的科学的更进一步的标志。因此,真正需要作出解释的,其实是科学理论和按其自身价值对自然知识进行追求的起源,即所谓的自然哲学——关于自然界的哲学。如果说由数学和天文学所体现的科学是随着第一批文明多次地、独立地兴起的话,那么,自然哲学便是只随希腊人独一无二地脱颖而出。

第四章
得天独厚的希腊

古代历史向我们展示出一个引人注目的特色，有时它也被称为"希腊奇迹"。就在近东文明西面的爱琴海沿岸，那些讲希腊语的居民创造了这种独特的文明。

假如那个地方靠近埃及和美索不达米亚，那么希腊文明就会从它的老辈邻居那里学来一些特点。然而，希腊文明产生的地方全然不同于埃及和美索不达米亚的半干旱冲积平原，其特点自然也就不同。希腊文明没有中央集权的王国，它兴起于一批分散的城邦，一直保持一种松散的结构，直至亚历山大大帝（公元前356—前323年）在公元前4世纪统一希腊和更广大的世界。亚历山大大帝的出现标志着古代历史和时期的重大转折点。早期（公元前600—前323年）那一段没有皇帝的时期，叫做希腊时代（Hellenic era）；自亚历山大统治以后，叫做希腊化（Hellenistic）时代。希腊时代是一个本地化的希腊城邦时代；希腊化时代，或希腊式时代，是随后在近东地区出现的大国际性文化时代。

在希腊时代，希腊科学发生了一次前所未有的转折，自然哲学家在不能得到国家支持和未纳入有用知识范畴的情况下进行了一系列对自然界的抽象思索。其后，亚历山大统治了富足的东部地区，希腊科学因其理论精神得到官方支持而融入制度，进入了它的黄金时代。

希腊科学有好些独具的特点。最引人注目的是希腊人发明了科学理论，即"自然哲学"或者说"关于自然界的哲学"。古希腊人对宇宙的思索和对抽象知识的非功利追求，其努力是没有先例的。他们把一种新的基本要素加进科学的定义，使科学的历史改变了方向。在进行这种全新的智力探索的过程中，古希腊自然哲学家提出了许多基本的、意义深远的问题，对于这些问题我们至今仍在不停发问。

　　希腊科学的第二个重要特点，是它的运行体制。无论如何，至少在亚历山大大帝之前，国家不曾像近东文明那样支持过希腊科学，也没有科学机构。曾有一些非正式的"学校"（学派），它们对于交流思想当然非常重要，但不属于古典的希腊文化圈，多半属于私人社团或者说俱乐部，而不是教育机构。这些代表了较高学问的学派，还有图书馆和天文台，得不到公众的支持或资助，科学家或者说自然哲学家也没有担任公职。希腊的自然哲学家与他们在其他文明中得到国家惠顾的同行大不相同，他们是独自活动的。虽然我们对于他们的私人生活知之甚少，不过看起来，早期的自然哲学家要么自己拥有财产，要么是以担任私人教师、医师或工程师为生，因为不存在自然哲学家或科学家这一类职业。因此，希腊科学是空悬在社会学的真空之中，自然哲学家们进行的是毫无实用价值、似乎也毫无意义的个人研究，有时还要受到敌视和嘲笑。

　　在东方，知识以实用为归宿和目的。但是在希腊时代的希腊，有一个独特的模式（希腊模式）只为科学和社会科学而发展。它的理念十分强调知识的哲学内涵，脱离了任何社会或经济目标。例如，柏拉图在《理想国》（*Republic*，约公元前390年）中写过一段影响很大的话，讥讽了那种认为研究几何学或者天文学应该服从农业、军事、航海或编制历法需要的说法。柏拉图坚持认为，对自然知识的追求必须脱离琐屑的技艺和技术活动。由此看来，也许可以说希腊人是把自然哲学当作娱乐消遣，或者是为了实现有关理性人生和哲学思考的更高目标。与此不同，在那些古代水利文明的科学文化（scientific culture）中，绝难见到与之相似的枯燥的智力活动。在这方面还要指出的是，虽然功利模式出现在早期的每一种文明中，而希腊自然哲学却只在古希腊出现过一次，那是一组独特的历史环境造成的。总之，希腊自然知识代表了一类新型的科学和科学活动——有意识地对自然界进行理论探索。

　　最近的研究尽管不会有损于古希腊自然哲学的光辉，却倾向于把希腊的科学探索置于一个更大的多元化的文化背景中来加以分析。例如，人们习惯认为，科学和理性差不多是神奇般地从希腊时代以前宗教和神话盛行的黑暗世界涌现出来的。今天，历史学家强调指出，古希腊在文化上并非孤立于东方或者希腊外部的

"野蛮"世界之外。最近的学术解释特别强调了埃及文明对爱琴海周边希腊文化发展的影响。在希腊世界内部,人们长期普遍相信法术、怪异传说、金丹术、占星术和不止一种的宗教神秘主义,那些东西也在同相对说来比较世俗的科学知识进行竞争。

根源

希腊科学和自然哲学的出现本不足为奇,奇怪的是它们仅仅在那里唯一地出现,所以问题是该如何解释在古希腊会兴起自然哲学。希腊属于所谓的二次文明,兴起于埃及文明和美索不达米亚文明建立千年之后的周边地区,但是它的生态环境和经济状况与近东和其他地方极不相同(见地图4.1)。近东和其他地方原始文明的出现依靠的是水利农业,而希腊城邦的粮食生产和耕作差不多完全仰赖季节性的雨水和山上流下的雪水。研究表明,并非希腊人轻视水利,由于希腊没有大河和大面积富饶的冲积平原,因此水利工程的规模较小。而且,新石器时代滥伐森林和水土流失已经导致希腊的生态退化和生产能力下降,到了只能养活密度较低的人口的程度。在公元前8世纪至公元前6世纪,美索不达米亚各地不断有大量希腊移民成批涌入,那足以表明希腊当时处在怎样的生态和耕种压力之下。古希腊人养不活自己,只有靠从国外进口粮食。古希腊比较落后的农业经济要靠放牧山羊和绵羊,利用地下水在贫瘠的土地上种植油橄榄和葡萄来维持。葡萄酒和橄榄油这些二次产品可以用于交换,结果,古希腊文明善于航海和经商,眼界开阔。

就像希腊的群山把它的土地分割成许多隔离的谷地一样,希腊文明在政治上是分散的,由许多割据的小城邦组成。一个地区的城邦政府只有有限的被侵蚀的土地,能够集中的财富有限,不可能像埃及的法老那样有无孔不入的官僚机器让每一项社会和文化活动都服从国家的利益。

希腊人以其有关法律和正义的政治争论的水平而闻名,其关于王国、贵族制度、民主、暴政等的分析也广为人知。正如后来的科学史所表明的,理性地争论政治体制与探究自然界的结构,两者之间只相差一小步;反之亦然。这些政治争论实

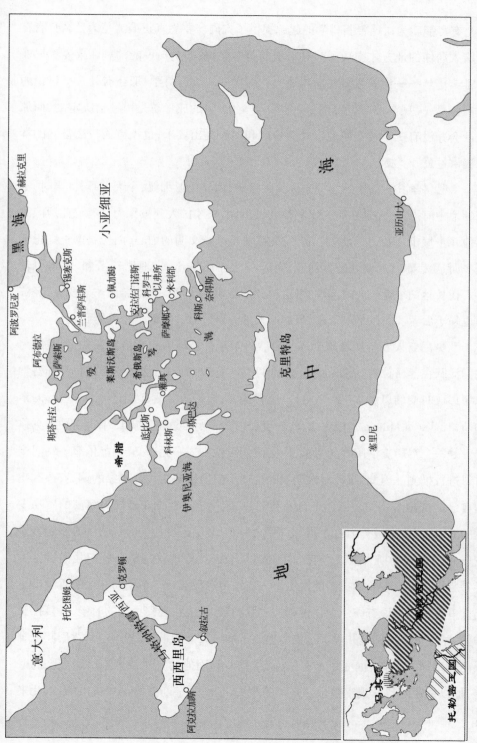

74　地图 4.1　古希腊世界。希腊文明起初是爱琴海沿岸的一组小城邦。希腊文明起初是爱琴海沿岸的一组小城邦。希腊科学首先出现在小亚细亚爱奥尼亚海滨诸城市。在亚历山大大帝于公元前 4 世纪实现统一以后，希腊世界不断扩张，从埃及直到中国边境，成为古代世界最大的帝国。亚历山大于公元前 323 年逝世以后，他的帝国瓦解成 3 个国家（小图）：马其顿希腊，托勒密埃及和美索不达米亚的塞琉西（叙利亚）王国。

际上有可能就为讨论希腊科学的起源提供了方向。要想真正搞清楚**为什么**只有在希腊人居住的地方才出现了一种新型的科学文化,那是不可能的。(如果爱奥尼亚和雅典仍然——比如像科林斯和斯巴达那样——没有科学,那还有什么可讨论的呢?)但是,一旦在古希腊出现了一种科学文化,它的成形总是由社会决定的,而那种社会并没有赋予科学研究以社会价值和向它提出要求,也没有为较高学问的学派提供过公开支持。

希腊科学其实并不是起源于今天的希腊,而是小亚细亚,今天土耳其(当时)富饶的地中海沿岸:先是在名为米利都的城市,后来才扩大到被称为爱奥尼亚地区的其他几个城市。在公元前7世纪,爱奥尼亚是希腊文明的中心,而希腊本土则肯定是乡野。爱奥尼亚地处爱琴海东海岸,比之希腊本土,土地比较富饶,雨水也较多。在长达两个世纪的时间里,爱奥尼亚的城市化程度一直比希腊本土要高,经济上也强于后者。所以毫不奇怪,最初的大部分自然哲学家都是爱奥尼亚人。

爱奥尼亚人和早期希腊全部的自然哲学家都被称为前苏格拉底人,那是因为他们活跃在苏格拉底(Socrates,公元前470?—前399年)之前,属于希腊哲学和科学思想形成时期的思想家(见表4.1)。通常认为,希腊的自然哲学起始于米利都的泰勒斯(Thales of Miletus),他生活在公元前约625年至公元前约545年。泰勒斯真称得上是一个对历史学阐释的考验,因为我们对他本人一无所知,只能依靠一些间接材料进行推测。因此,我们对泰勒斯的论述不仅会反映古代评论家的偏见,还有我们自己的推测。我们知道他来自米利都,一座位于小亚细亚爱琴海海滨的贸易发达的城市;他后来被誉为古希腊"七贤"之一,七贤中还有他同时代的法典制定者梭伦(Solon)。泰勒斯大概很富有,多半去过埃及,据说他就是从那里把几何学带到了希腊语世界。按照柏拉图的说法——或许带有敌意——泰勒斯和他的哲学以不问世事著称:"据说有一位女仆曾嘲笑过泰勒斯,说他在观察星星的时候,一直抬头仰望,竟一下子掉到了井里。这说明他急于知道天上的事情,却顾不到背后甚至脚跟前的事情。"同样,据亚里士多德说,泰勒斯利用他的自然知识来增加自己的财富,他以敏锐的科学观察来预测来年的收成,目的是垄断橄榄油榨机市场,以此来证明哲学家只要关心那些事情,他们也是能够致富的,因而是非常有用的。据传,泰勒斯在公元前547年的战争时期还用他丰富的科学知识帮助过克罗伊斯(Croesus)国王涉水渡过一条河流。总之,从承担的社会角色来看,说泰勒斯是聪明人或占星家比说他是"第一位科学家"更合适。虽然常有人称他为"科学家",但那容易让人误会他类似于现代的科学家。

表4.1 前苏格拉底自然哲学家

米利都学派	
泰勒斯(Thales)	盛年为公元前585年
阿那克西曼德(Anaximander)	盛年为公元前555年
阿那克西米尼(Anaximenes)	盛年为公元前535年
阿克拉加斯的恩培多克勒(Empedocles of Acragas)	盛年为公元前445年
毕达哥拉斯学派	
萨摩斯的毕达哥拉斯(Pythagoras of Samos)	盛年为公元前525年
变化哲学家	
以弗所的赫拉克利特(Heraclitus of Ephesus)	盛年为公元前500年
埃利亚的巴门尼德(Parmenides of Elea)	盛年为公元前480年
原子论者	
米利都的留基伯(Leucippus of Miletus)	盛年为公元前435年
阿布德拉的德谟克利特(Democritus of Abdera)	盛年为公元前410年
雅典的苏格拉底(Socrates of Athens)	公元前470?—前399年
雅典的柏拉图(Plato of Athens)	公元前428—前347年

我们知道泰勒斯的名字和他生活中的这些零星事情,倒也能窥见到他的自然哲学和在他之后科学发展的一些有意义的情况。泰勒斯关于自然的看法就是他凭借自己的威望作出的**他个人**的看法(或者有或者没有别人支持)。从另一方面看,按照希腊科学的传统,思想的知识产权属于提出者个人(少数情况属于一个联系紧密的团体),他们理当因自己的贡献获得荣誉(有时用他们的名字命名定律)。这种情况,与古代官僚王国甚至一切前希腊文明中科学家都默默无闻形成了鲜明对照。

泰勒斯提出过好些对自然界的看法,例如,他认为是每年吹来的地中海季风引起尼罗河水泛滥。他的另一个理论认为,大地像一段木头或一只船浮在水上,地震是浮托大地的水在作某种运动引起的。泰勒斯之后才一百年,希罗多德就对他的这些观点大加抨击。按照现代科学看,泰勒斯的这些观点当然是非常幼稚的。尽管如此,它们在好几个重要方面是极不寻常的。首先,泰勒斯提出的解释完全是普适的,他解释的是**一切**地震和**一切**尼罗河洪水,而不是个别情形。而且,他采用叙述的方式,在解释中没有涉及神或者超自然的东西;用句俗话说:"让神一边去!"譬如说,"冰雹毁坏了我的橄榄树",不是因为我得罪了宙斯或者赫拉而使我一人受到惩罚,大家都是如此;冰雹是自然过程,涉及大气中水的凝结。这里特别要提到的是希腊自然哲学的一个特点——"发现自然",它要求客观地、非神秘主义地看待自然,为的是有可能先就自然来提出理论。也就是说,必须把"自然"当作一个要加以研究的自在物。这种看法对于我们也许不言自明,对于我们的科学先辈们却未必如此。"自然主义的"解释首先要把探讨的现象看成是某个外部自然的一个正常部分,即自然现象,然后仍然用自然来说明那种现象。例如对于尼罗河的情形,是用自然产生的风来说明泛滥这种自然现象。最有意思的是地震,泰勒斯在他的解释中用到了我们在这个世界中常见的事物(船和漂浮的木头)来进行类比。然而,千万不要以为泰勒斯以及他的(大多数)追随者们是无神论者或者没有宗教信仰,事实上,泰勒斯还告诫人们,世界有神性,"神无所不在"。例如,磁石就有"灵魂"。其实这里并无矛盾。不管多么敬神,泰勒斯却让自然界既在一定程度上脱离神性,又认为那是可以凭借人的智慧力量加以理解的事物。

泰勒斯之所以有名,是因为他认为世界是由一种水一样的原初物质组成的。他的这种经不起深究的说法,其实是第一次说到构成我们周围世界的物质"材料"。这标志着物质理论的开端,是一条在正常领悟范围内对物理世界的构成进行科学理论思考的路线。泰勒斯早在公元前6世纪初就在探究事物的物质基础,这使他成为上面提到的诸多希腊自然哲学学派之首——米利都学派——的鼻祖。这个米利都学派及其物质理论传统是前苏格拉底思想路线的一个重要组成部分。然而,米利都学派思想活跃,这又显示出早期希腊科学探索的另一个特点:科学的兴起是理性争辩的结果。总之,米利都哲学家之间争论不休,他们运用理性、逻辑和观察来驳斥别人的思想，强化自己的主张。

　　泰勒斯关于水是元物质的观点有它难以解释的问题。最明显的是它无法解释水怎么能够产生它的对立物火。大家知道，水火不容：火可以烧干水，水可以浇灭火。米利都的阿那克西曼德(Anaximander of Miletus，公元前555年为其盛年)比泰勒斯晚了一代，他也想解决这个难题。他不同意水是基本介质，并提出了一个非常模糊的概念——某种"无界"或无形的初始态(Apeiron)；正是这种初始态生出二重性和我们的世界。因为阿那克西曼德允许由一生二，他的"无界"于是就解释了泰勒斯无法说明的热和冷。不过，"无界"这个概念实在过于抽象和太形而上学。另一位米利都人阿那克西米尼(Anaximenes)大约在公元前535年前后曾经思索过这个难题，也是想解决这个普遍问题。他提出气(即pneuma)是基本元素。这个假说要稳妥一些，但像泰勒斯的水理论那样似乎也遇到对立物问题的困扰。不同的是，阿那克西米尼假定宇宙中有两种相互冲突的力——稀释和凝聚，它们以各种不同的方式把气凝聚成液体和固体，也把气稀释为火。米利都学派的传统在一个世纪后由于恩培多克勒(Empedocles，公元前445年为其盛年)提出的思想而达到顶峰。恩培多克勒成年后一直住在希腊时代的意大利。恩培多克勒假定有4种基本元素——土、气、火和水，以及代表"爱"和"恨"(还有别的？)的吸力和斥力。他的这个理论保持其影响长达2000年之久。

　　早期希腊人的自然知识的这种多元化和抽象化特征，由另一个前苏格拉底学派——毕达哥拉斯学派——发挥得淋漓尽致。毕达哥拉斯学派的成员集中在意大利，形成了一个有组织的宗教兄弟会和教派。毕达哥拉斯(Pythagoras，公元前525年为其盛年)出生在邻近爱奥尼亚海岸的萨摩斯岛。毕达哥拉斯学派的成员把他们个人的聪明才智奉献给集体，把荣誉全归于他们的精神领袖毕达哥拉斯。他们体现出来的那种"效忠"，使人不由得想起公元前6世纪与毕达哥拉斯属于同一代的波斯人琐罗亚斯德(Zoroaster)。

　　毕达哥拉斯学派因把数学引入自然哲学而享有盛誉。他们的数学不是做买卖算账时用到的简单运算，也不是测量员或建筑师用到的那些实用的几何方法，甚至

78

也不是巴比伦天文学家使用的那些精确的数学工具。确切地说,毕达哥拉斯学派的成员把数学提升到抽象化和理论化的高度;他们热衷于以数的概念为核心来建构他们的自然观。正是以这种方式,数就成为探寻世界物质材料那个米利都问题的回答。在研究数时,毕达哥拉斯学派把许多理想主义的强有力的观念引入自然哲学和科学。他们认为,在我们看到的表面世界的背后深藏着可以凭借智慧力量加以理解的某种更为完美的存在物。简单说来,真实的世界没有完美的三角形,没有绝对的直线,没有数的抽象;这样的事物仅存在于纯粹数学王国。毕达哥拉斯学派及其思想继承者认为,正是这样的数学完美性以某种方式构成了世界(即使这样想也是好的);这开创了一条认识自然的全新思路,开始了自那以后一直强有力地影响到今天科学思考的数学理想主义的伟大传统。

据说,毕达哥拉斯是在研究琴弦和它们发出的音调之间的关系时产生了对宇宙中数学秩序的深奥见解。琴弦的长度减半,声音高一个八度音程;减至原来的2/3,声音升高为第五音,如此等等。基于发现了小整数与真实世界的这种出乎意料的联系,毕达哥拉斯及其追随者扩大了他们的数学研究领域。他们的某些结果,如对奇数和偶数的分类,倒也平常;然而另一些结果,比如代表1、2、3和4四个数之和(= 10)的神圣三角形(Tetratkys),又如把代表女性的2与代表男性的3相加,从而把数字5和婚配规矩联系起来,在我们看来,这简直就是命理学的胡说八道。

当然,毕达哥拉斯是由于发现以他的名字命名的几何学定理而享有很高的声誉。这个定理说,对于任何一个直角三角形(用代数公式来表示)都有 $a^2 + b^2 = c^2$;这里 c 是直角三角形的斜边,而 a 和 b 是两条直角边(见图4.1)。毕达哥拉斯定理中隐含着一个推论:并非一切线段的长度都可以用其他单位长度的比率或者说分数来表示。一些成对的线段(如一个正方形的一条边和对角线)是不可通约的,即不能表示成任何两个整数之比。在毕达哥拉斯看来,2的平方根是"无理的",无法用言语来表达。发现无理数对于毕达哥拉斯学派挚爱整数和倾心研究世界的数学和谐性是一个毁灭性的打击,大概毕达哥拉斯学派会把无理数知识当作内部秘密,讳莫如深的。

　　有关这些发现的更为重要的方面是数学证明在显示那些发现的必然性上所起到的作用。运用演绎推理和证明，即使最持怀疑态度的挑剔者也会被迫一步一步地同意，最后不得不承认"证讫"（"已如此证明过了"）。这种方法是数学、逻辑学和科学的历史上特别值得重视的发明。埃及人早就知道存在毕达哥拉斯三数组（遵从毕达哥拉斯定理的整数，如直角三角形三条边长的3–4–5关系），巴比伦人还编制出了相应的数表。但是，在毕达哥拉斯以前，没有人在这些数字中间看出有一个 **80** 需要证明的定理。毕达哥拉斯学派并没有创出完整严格的数学证明方法，使用公理和演绎的平面几何学是逐渐发展起来的，直至公元前300年左右欧几里得（Euclid）编写出《几何原本》（*Elements*）。尽管如此，早期的毕达哥拉斯学派还是有他们应得的荣誉：是他们把数学当作自然哲学来加以研究，使希腊数学从实用计算转进到纯粹的算术和几何学；而且，是他们发展了证明方法，使之成为说明知识见解正确有理的一种工具和模型。

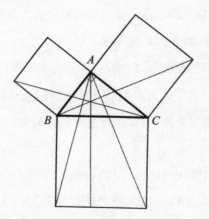

图4.1　毕达哥拉斯定理。 毕达哥拉斯三数组（如3–4–5）虽然记录在巴比伦的文献中，但毕达哥拉斯定理（$AB^2 + AC^2 = BC^2$）却是在欧几里得的《几何原本》中首次得到证明的。当19世纪的哲学家叔本华（Schopenhauer）看到这张图时，他说："那不是证明，简直是捕鼠器。"

79

　　米利都学派和毕达哥拉斯学派及他们的后继者代表了两种不同的传统，这表明前苏格拉底时期的希腊自然哲学没有一种基于共识的统一，而是分散为一些不同的思想派别。因此，这里至少还应该简单地提到另外两个主要的前苏格拉底自然哲学学派,即原子论者和被称为变化学派的哲学家。原子论者以米利都的留基伯(Leucippus of Miletus,公元前435年为其盛年)和阿布德拉的德谟克利特(Democritus of Abdera,公元前410年为其盛年)为代表,他们以自己的方式回应了早在一个世纪以前就提出的那个米利都挑战。他们把世界想象为由原子组成,而原子是物质最小的、不可再分的粒子。这些理论家假定,原子在虚空中所取形状、位置、运动和排列的不同是我们看到周围物体显示出差异的根本原因。古代原子论者要面对一个大难题:假如不承认无不受其影响的某种大因故,混乱的原子无论如何也形成不了自然界中的任何一种有序的或者恒定的模式。为此,原子论哲学得到了无神论的名声。原子论者曾经设计过一些演示来证明空气的真实有形(把一个空瓶倒扣压入水中),可以认为那就是早期的科学实验;当然,这些演示的目的是说明而非检验。原子论吸引了一小批追随者,其中较为知名的有罗马诗人卢克莱修(Lucretius)。但是可以肯定,那场运动只是一股小思潮,直到17世纪它才开始在欧洲复兴,19世纪出现了现代原子理论。人们通常对古代原子论比较关注,实际上是反映了我们自己的兴趣,而非古人的兴趣。

前苏格拉底学者们的研究领域并没有局限在他们周围的非生物世界,他们也开创了生命世界的自然哲学研究。例如,根据记载,克罗顿的阿尔克门(Alcmaeon of Croton,公元前500年为其盛年)曾进行过解剖学研究。他用刀解剖仅仅是为了获得知识。

以弗所的赫拉克利特(Heraclitus of Ephesus,公元前500年为其盛年)和埃利亚的巴门尼德(Parmenides of Elea,公元前480年为其盛年)人称"变化哲学家",因为他们在我们所体验到的事物的本质是否就是世界中的变化这个问题上展开过一场大辩论。赫拉克利特认为,变化是永恒的,一切都在流动之中:绝不可能两次渡过同一条河流。巴门尼德则进行了反驳。他的基本观点是:没有什么在变化;变化什么也不是,不过是幻觉,尽管我们的感官能感觉到那种表面上的证据。这场辩论之所以重要,是因为它把解释变化纳入了自然哲学的中心。米利都学派和毕达哥拉斯学派好像没有考虑过这个问题,可是在巴门尼德之后,却非考虑不可了:不单是世界,就连世界中的表观**流动**,也都是自然哲学必须加以说明的。赫拉克利特和巴门尼德之争还引出了关于感觉和我们该如何认识事物这样一些非常基本的问题。这些问题在一定程度上涉及感知心理学(例如,插入水中的直棍看起来像是弯折的,一只红苹果的红色等)和感觉是否普遍可靠。另一方面,这些问题还联系到一个更大的问题:知识是否能够以感觉为基础或者真的要有个基础,如果是这样的话,那么为什么如此? 那场争论对自然科学的影响是,自那以后,关于自然界知识的每一个论述,形式上不仅必须有其内部证据和论证的支持,而且还必须符合(要么不言自明,要么十分明确)另一条理性原则——说明它的**每一个证据**或**每一步推理**为什么支持那样的论述。

希波克拉底医学传统兴起于希腊时代,指的是应当归功于公元前5世纪的伟大医师科斯的希波克拉底(Hippocrates of Cos,公元前425年为其盛年)的全部医学文献。希波克拉底医学传统强调病因、细心观察、症候和自然疗法,从中可以看到蕴含的与自然哲学家的孜孜以求十分相似的许多自然知识和科学思维。例如有一个一直影响到19世纪的观念,希波克拉底学派的理论家把4个要素(土、气、火和水)同人的4种体液(血、痰、黄胆和黑胆)联系起来,断言健康代表这4种体液两两之间保持着平衡。通过这种方式,希波克拉底医学与亚里士多德的元素理论以及他的物理学和宇宙论联系在一起,而且如前面的数字所示,希波克拉底传统将这些概念扩展到解剖学、生理学和后来的人类性格研究中。当代医学的诊断或确定病因是第一位的,或至少要在治疗前。与之不同,对希波克拉底及其追随者来说,预测疾病的进程和后果是判断医生水平的重要手段,且此举也为患者恢复平衡提供了基础。出于同样的原因,对希波克拉底医学的怀疑态度,即怀疑其中是否真有什么知识,将它与自然哲学中的大部分思索割裂开来。古代医学比自然哲学更多地结合实践和技艺,这些"科学医生"始终在与许多医术"门派"和五花八门的江湖疗法——如巫术、念咒和梦疗——进行竞争。著名的希波克拉底誓言,即准医生们要承诺"不伤害病人",是希波克拉底医生脱颖而出的一种方式,也是今天的医生同样遵循的方式。

在希腊世界,有可以确认的医疗机构,较为知名的是在供奉医药神阿斯克勒庇俄斯[Asclepius,据称是阿波罗(Apollo)的后代]的寺院和神庙里设立的医疗机构。在科斯、埃匹道拉斯、雅典及其他地方都设有阿斯克勒庇俄斯神庙和医疗中心。行医在古代不是一种固定职业,医生常常游走四方。看病具有很高的专业性,从业者可以由此致富。城邦在战时要征召医生,不过,不论希波克拉底学派的医生还是其他医生,基本上都是独立行业,不受国家或其他政府机构的控制。

纯思想王国

早期的希腊自然哲学家虽然开创了对自然进行抽象性研究的先河,但是他们的工作没有整体性,在他们的传统中明显缺乏对一个问题追根究底、持之以恒的那种科学研究。这种情况到公元前4世纪有了改变,出现了柏拉图和亚里士多德两大思想体系。

在柏拉图之前,希腊没有大家都赞同的宇宙学和天文学理论。而前苏格拉底传统则以模型繁杂著称。在公元前6世纪,米利都的阿那克西曼德曾提出大地是一只自己飘浮在空间的碟盘,人类就住在它的平面上。天空中有许多火轮,我们看到的发光的天体其实是那些火轮上的孔洞。布满星星的那只火轮离大地较近,而太阳火轮离我们较远。出现日月食是因为那些孔洞被堵塞了。天上那些火轮的位置遵从一定的数学比例。这个宇宙学模型值得注意的地方恰好在于它是一个模型,是对真实事物的某种简化的模拟,一个我们可以建构的类似物。阿那克西曼德的观点比埃及人和美索不达米亚人的宇宙论要复杂一些,也比后来的阿那克西米尼模型(认为大地是一张由气托起的桌子)具体些。阿那克西曼德能够说明是什么在托起大地:大地本来就是处在"无处"(nowhere)之中。毕达哥拉斯学派的模型把大地从宇宙的中心移开,认为它(或许还有太阳)是在某个不知道的中心之火(central fire)和一个更为神秘的对立大地(counter-Earth)的周围移动。这些模型的机械论和含糊的数学特征清楚地表明它们是希腊发明,但是它们的支持者们却就此止步,不再深究下去。

提到雅典的柏拉图（公元前428—前347年）和他的几何天文学，上面介绍的前苏格拉底奠基时期就该结束了，我们可以基础扎实地转入公元前4世纪的古典希腊。柏拉图是苏格拉底的学生。苏格拉底是公元前5世纪的圣人，是他"把哲学从天上请到地下"。据传，苏格拉底青年时期就喜欢自然哲学，但是他又认为研究自然学不到什么确实的东西，于是就专注于思考人的体验和美好生活。苏格拉底由于冒犯了权贵被判处死刑。在他于公元前399年被处决以后，哲学上的衣钵传给了柏拉图。柏拉图似乎觉得，应该可以对自然界做直接陈述了。柏拉图建立起一个私立的学校，即在雅典的柏拉图学园（存在了800年之久），正式进行哲学和自然哲学研究。非常有意思的是，在学园大门的上方书有一条箴言："不懂几何学者莫入。"

几何学对于柏拉图和他的哲学非常重要，那既是一种智力训练的形式，又是对一切事物进行形而上学抽象化和完美化的模型。几何学还是了解柏拉图物质理论的钥匙。他认为有5种基本元素——土、气、火、水再加上一种以太，每一种取一种他所说的完美立体（perfect solids），即5种三维多面体：这样的多面体每一种所具有的各个正多边形侧面都完全相同。几何学家业已证明，符合这种要求的多面体只可能有5种。不过，柏拉图本人是哲学家，并不是严格意义上的几何学家或者数学家，也不是天文学家。他决不观测天体，他甚至瞧不起那些人。尽管如此，柏拉图在《蒂迈欧篇》（*Timaeus*）中却给出了一个相当复杂的天体模型。在这个模型中，地球位于中心，与之机械地联系着一系列绕着一根共同轴转动的壳层或球体，它们带动各个天体一起回转。柏拉图的宇宙说中包含了神秘性的部分，而且那也是影响了若干世纪的一种常见的哲学观点，即认为天体是活物，具有神性。这个宇宙说虽然影响不小，但是在多数方面其实还不及先前的那些前苏格拉底模型。然而，至关重要的一点是，柏拉图对天文学和科学史产生了深刻而持久的影响，是他促使了希腊天文学家去解决存在的难题。

柏拉图认为各个天体围绕着不动的地球作圆周运动。他持有这种观点并不是因为看到太阳、月亮、行星、恒星及天上的一切都在作圆弧运动，每24小时划过天空一次，那本来是感官得到的证据可以证实的；而且，他也不是根据文献上记载的前几代人的经验,认为天体基本上不会改变它们的运动。准确地说,柏拉图关于天体运动的观点是出自他的基本理念。由于天体所处的至高无上以及实际上的神圣地位,柏拉图认为天国代表着那个永恒不变、超越物质的完美的纯粹"理型"(Form)世界,是后者的一种体现。柏拉图的理型世界构成了一种不变的、理想的实在,我们这个世俗世界不过是它的一种苍白的、不完美的反映。因此,只有圆周运动才适合于天体,因为惟有圆是永恒的曲线,没有开端,也没有结尾。因为天体是理型世界完美性的忠实摹写,所以柏拉图断定天体肯定是作匀速运动,这样的运动才不会时而快、时而慢,从而摒弃了变化的不完美性,始终保持恒定而不越出正轨。从此,对于古人来说,天体作匀速圆周运动,那是不容置疑的。

天上的运动,大多像是圆周运动,但也有一些明显不是圆周运动,而且也明显不是匀速运动。星星每天的运动、太阳一年中在天上划出的轨迹和月亮每一个月周而复始的运动看起来明显都像圆,可是天上的其他运动却不是这样。最明显的是行星或者说"游星"的运动,跟踪观测数月便可发现这一点。若以恒星作背景观测,行星在运动中有时还会变慢,停止,后退,再停止,然后再向前,在天空中划出一个很大的不圆的环圈(loop)。这就是使柏拉图感到非常困惑的大难题,即行星的"留和逆行"。柏拉图对此十分重视,引用他的一句著名的话:他责成天文学家用圆和均匀完美的圆周运动来"拯救现象"。从柏拉图时代到公元16世纪的哥白尼之后,在这将近2000年间,如何解释行星的留和逆行,一直是天文学要解决的中心课题。

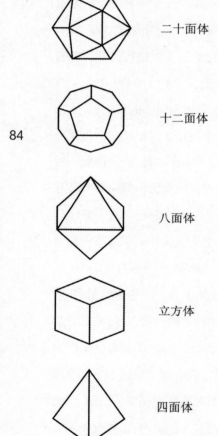

二十面体

十二面体

84

八面体

立方体

四面体

84　图4.2　柏拉图立体。柏拉图知道正多面体(每一种正多面体所具有的那些侧面都是相同的正多边形)只有图示的5种。他把这些形状与基本元素联系起来。

　　显而易见，一些新东西出现在柏拉图的召唤中，理论知识和观察到的信息在某种程度上系统化了，我们看到的是一种新的科学研究。行星运动成为难题，是因为柏拉图认定行星应该按照一种方式（圆形）运动，而观测结果却表明它们在按照另一种方式（环圈形）运动，两者明显矛盾，由此引出了一个研究领域。这件事情若从反面看会更有意思。我们可以不必如柏拉图及其追随者那样认为行星不应该像它们看起来的样子运动，即不必在这个例子中非要它们作匀速圆周运动不可，那么，观测到行星的留和逆行就根本不成其为难题。由柏拉图开创的这个天文学范式，说明的绝不只是人们针对不言而喻的现象进行直接"研究"，柏拉图关于理型和圆的那些先前的哲学（理论）信条已经清楚地告诉了人们要研究的现象。这样，柏拉图就在自然哲学中为一个难题的解决作出了界定，那是以前绝不曾有过的。柏拉图范式在天文学中的引入甚至还更进一步：他为理论家和天文学家预先规定了要得到怎样的结果才算是行星难题的合适的或者说可以接受的答案，也就是说，那个模型必须用匀速圆周运动来产生出表观的非均衡运动。除此之外，其他答案都不能算解决了这个难题。

　　公元前4世纪的天文学家接过这个难题，并在天文学和宇宙学中形成了一个不大却有明显特点的研究传统。柏拉图的学生尼多斯的欧多克斯（Eudoxus of Cnidus，公元前365年为其盛年）首先给出了回答。他提出的一个天体模型由27个嵌套（同心）的天球组成，每一个天球都围绕着位于中心的地球作不同的旋转。欧多克斯模型使宇宙像一个巨大无比的洋葱。其中一些天球被安排用来解释恒星、太阳和月亮的视运动（apparent motion）。每颗逆行的行星，要用到4个旋转天球组成的系统来解释：一个说明每日的运动；一个造成在天上的周期性运动；还有两个作反向运动，形成留和逆行的8字形路径，即所谓的"马蹄印"。模型是"造出来"了，可是问题也留下一大堆。观测到的四季不相等（春夏秋冬的天数不一样）就是一个问题。为了解释这种现象，比欧多克斯年轻的同时代人锡塞克斯的卡利普斯（Callipus of Cyzicus，公元前330年为其盛年）对这个模型作了改进。他为太阳加进一个额外的天球，并使天球总数增加到35个。但这个模型仍有缺陷。最明显的是，它

85

86

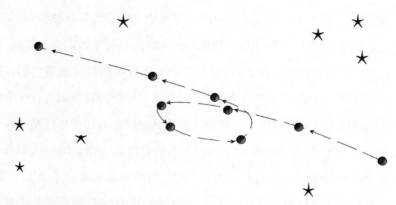

图4.3　**火星的逆行。**在地球上的观测者看来,在数月间,火星相对于恒星背景的运动会改变方向,随后又改变回原来的方向继续向前。如何用匀速圆周运动来说明行星的这种环圈形运动,成为困惑天文学家达2000年之久的关键性难题。

无法解释,带着这样多或在上或在下以不同速率和倾斜度旋转的天球,宇宙在机械上是如何运行的。到了下一代,亚里士多德(公元前384—前322年)企图用技术天文学解决这个问题,又添加了许多起抵消作用的天球,把天球总数增加到55个或者56个。

　　欧多克斯同心球模型和相应的小规模的研究传统几乎没有坚持到希腊时代结束,更称不上如何悠久。总之,欧多克斯方法在智识和概念上的先天不足,注定了它的短命。有关的那些问题在同心球模型中是非常难以解决的,包括如何解释四季的天数为什么不相同,金星为什么有亮度变化,金星、水星和太阳为什么总是靠得很近,等等。到公元前2世纪,天文学家就在考虑一些代替同心系统的模型。500年后,在作为古代天文学顶峰的托勒玫(Claudius Ptolemy,公元150年为其盛年)的工作中,只能看到与柏拉图、欧多克斯及其追随者所钟爱的旋转同心球模型有一点非常模糊的联系。

　　尽管如此,这个研究传统仍有好几个重要方面值得我们关注。首先,这个例子表明,科学研究会在多大程度上取决于研究人员中的舆论。换句话说,如果欧多克斯、卡利普斯和亚里士多德不是都认定柏拉图的观点从根本上说是正确的话,那么,他们进行上述的详细研究就毫无道理。这个例子再次表明,科学活动在本质上是一种群体行为,在这一点上希腊模式与科学活动的官办模式没有区别。从更广的意义上讲,从事科学实践的是群体,而非个人。最后,同没有留下姓名的从事其独特研究的巴比伦天文学家和占星家一样,欧多克斯、卡利普斯和亚里士多德不仅限于了解关于自然的事情,也不仅限于要操纵自然,甚至不仅限于把关于自然的事情理论化,他们是在具体地核查自然,标准则是基于他们建立的普遍的哲学、形而上学和理论信条。比起旧石器时代的第一批月亮刻痕符,与人类探索自然有关的方法库已经得到了相当大的扩充。

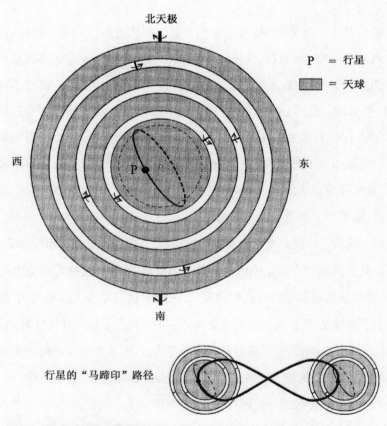

图4.4 欧多克斯的同心球系统。在欧多克斯的"洋葱"系统中,地球位于宇宙的中心静止不动,每一颗行星都蜗居在独立的一组天球里。他用这个模型来说明行星在天上每日的运动和其他的周期性运动。在地球上的观测者看来,两个这样的天球可以产生明显的"马蹄印"(或8字形)运动,这类似于行星的留和逆行。

86

进入亚里士多德

亚里士多德是科学史上耸立的又一座分水岭。他的工作涉及面甚广,包括逻辑学、物理学、宇宙学、心理学、博物学、解剖学、形而上学、伦理学和美学,这些工作既是希腊启蒙的巅峰,又代表了其后2000年的高水平学问的科学源头。亚里士多德创立的科学传统在晚古时期、中世纪伊斯兰世界和近代早期的欧洲都占据统治地位,他的科学和世界观直到几个世纪前还一直主导着科学的方法论和科学研究的方向。

亚里士多德于公元前384年出生在希腊北部色雷斯的一个小镇斯塔吉拉,其家庭背景显赫,父亲担任过马其顿国王的御医。还未成年,亚里士多德就前往雅典在柏拉图门下学习,此后他作为学园成员在雅典一共待了20年,直至柏拉图于公元前347年去世。然后,他就在爱琴海各地游历,直到公元前343年马其顿国王腓力二世(Philip II)召他去宫廷担任王子的教师。王子就是亚历山大,后来的亚历山大大帝。亚历山大于公元前336年加冕,开始他征服世界的大业;亚里士多德则回到雅典,建立他自己的学园——吕克昂学园(Lyceum)。亚历山大于公元前323年英年早逝,亚里士多德从政治上考虑,感到这时还是离开雅典为好。次年,他在62岁时逝世。我们公认的亚里士多德的著述很多,其中有些是他在世时编纂的,也有些是在他死后的头两个世纪中由他的弟子们编辑的。总之,有好些完整的书籍留了下来,不像他之前的那些自然哲学家们,只留下只言片语。其实,关于他以前的自然哲学家的情况,我们大半是通过亚里士多德对他们工作的评论才得到了解的。

从社会学的观点看,包括所有的希腊科学家在内,亚里士多德的研究不接受任何国家当局的监督,他与当权者无任何体制上的从属关系。他的书院——吕克昂学园——设在雅典郊区的一处园林里,他在那里讲学。他在世时,它还没有成为一所正式的学园。因此,亚里士多德在很大程度上是不受约束的教授,对谁都不在乎的知识分子。事实上,他的名气来自他的理论科学成就。他研究的内容反映了他的社会学立场,极其抽象,在工程、医疗或者国家事务中没有任何可能的应用。亚里士多德虽然知道理论知识和实践知识之间的区别,也明白"思索的哲学家"(speculative philosophers)和"[医疗]从业者"的不同,但是他仍然只按照自己个人的兴趣研究自然哲学。即使写到关于解剖学和生物学的内容,那本来是极容易涉及对于治病有些用处的领域,他也只限于研究他所关心的生命在一个理性宇宙说中的地位那样的论题。同样,他对运动理论的研究所产生的影响虽然一直延续到17世纪,但那只是他纯理论研究的一个组成部分,在技术和经济活动中没有任何实际用处。

亚里士多德毫不含糊地表述了他对于科学和技术之间关系的看法。他说,在人类掌握了必要的实用技能以后,有了闲暇时间的知识分子培植了纯科学:"当一切[实用的]东西都已经齐备时,人们就发现了那些既不涉及生活中的必需品也与享乐品无关的科学,这样的事情最早发生在人们有了闲暇时间的地区。"而且,是好奇心提供了发展纯科学的动机:"因为人们最初是被好奇心引向研究[自然]哲学的——今天仍是如此……所以,如果他们钻研哲学可以避免无知的话,那么,他们为求得知识本身,不考虑功利应用而从事科学活动,就是一种个人权利。"亚里士多德的观点与现代的考证结果十分相符,即在当时已知的希腊科学家当中,从事纯科学探索和应用探索的比例,大约为4:1。

在追随亚里士多德的历代自然哲学家看来,他的成就所显示的那种优雅和力量主要来自他的世界观的统一性和普适性。他提供了对自然界和人类在其中地位的一种全面的、一以贯之的而且十分理性的观察方法,而这种观察方法在视野和解释广度上至今尚无任何方法能与之匹敌。

亚里士多德的物理学,其实还包括亚里士多德的全部自然哲学,严格说来代表的是常识科学。不像柏拉图的先验论,亚里士多德认为感觉和观察是有效的,它们是通往知识的唯一途径。亚里士多德的观点总是与我们所知道的日常观察和生活中的常见现象相吻合(不像现代科学常常与日常观察相抵触,需要重新学习一下感觉才能接受)。亚里士多德强调事物的可感觉**本质**,这一点与毕达哥拉斯或者柏拉图的追随者们遵循的定量的和先验的方法正好相反。因此,亚里士多德的自然哲

89

学更符合常识,在科学上也更有希望。

亚里士多德的物质理论是全面了解他的宇宙观的一条捷径。他沿袭恩培多克勒和柏拉图的观点,也认为存在着土、气、火、水4种基本元素。但是与柏拉图认为这些元素呈抽象的多面体形不同,亚里士多德认为它们是由更为基本的几个属性——热、冷、湿、干——配对组成的。这些属性都由一种在理论上品质较差的"第一物质"即**原初材料**(prima materia)反映出来。因此,如图4.5所示,属性湿和冷构成元素水,热和干构成火,湿和热构成气,冷和干构成土。普通的土和其他一切合成物体都是这些纯元素的混合物,而纯元素是绝对看不到孤立态的。与柏拉图只有在理型的先验世界中才找到实在也不同,亚里士多德认为我们体验到的世界就

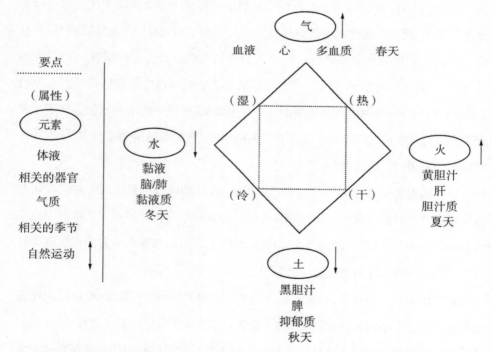

89　图4.5　**亚里士多德的元素**。在亚里士多德的物质理论中,4种属性(热和冷、湿和干)两两配对决定了4种基本元素——土、气、火、水——中的每一种元素。一种属性替换了另一种属性,元素就相应改变。每种元素都有趋向或远离宇宙中心的天然倾向。跟每种元素勾连在一起的是一系列精心设计的体液理论、气质和季节性特征等,这一切都把物质理论不仅与我们称为化学和物理学的领域连结起来,而且与2000年来西方传统中的生理学和医药以及医学实践连结起来。

是物质的真实,因为世界中的物体(如桌子和树木)就是由基本物质和理型结合而成的一个个不可分割的混合体。亚里士多德的物质理论极其理性,又同经验一致。例如,解释水的沸腾,是因为属性热替代了属性冷,所以水转变为"气"。在这个例子中,由于用了火,使空气的热和湿代替了水的冷和湿。需要指出的是,这样一种关于元素的定性理论正好为金丹术提供了理论基础:既然属性被反映在属性较为单一的**原初材料**即"第一物质"上,那么从理论上说就有可能除去比如铅原来具有的属性,而代之以金的属性。这个理论借助亚里士多德的权威,足以让金丹术活动理直气壮。

90

对于亚里士多德来说,运动——位置变化——的物理学,仅仅是诸如生长、发酵和腐败等等普遍存在的变化或更替的一个特例。他把某一种运动按照每一种元素的特性与之配合起来:土和水是重的,自然要向宇宙中心(也就是地球)运动;气和火是轻的,自然背离中心运动。此外不需要任何理由来说明这种固有的运动,就像现代物理学不需要理由来说明惯性运动一样。因此,每一种元素都要在宇宙中找到一个位置,即其所谓的自然位置(natural place):土位于中心,外面是分层的水、气和火的同心球层。因此,他的理论分析与我们在自然界中所看到的现象十分一致,如湖泊和海洋在大地的上面,水中的气泡会上升,大气在水和大地的上面,以及火好像在空气中上升和流星闪着亮光在天空一划而过,等等。诚然,土、水、气和火这些围绕着宇宙中心的同心球层不是完美的球形,从理论上讲,那是因为大地代表着充满了变化、暴虐、缺陷和腐败的场所。地上的万物杂乱无比,不像天区(celestial region),那里完美、稳定,也不存在腐败。为了支持这些猜想,亚里士多德曾提及可用实验来加以证实。如果想把一只充满空气的袋子或气囊浸入水中,你会感觉到把气从它的自然位置挪开进入水的王国所受到的阻力;如果强行把一只气囊浸入水中,一松手,它就会自然而然地回到空气中。

在亚里士多德提出的世界结构中,我们生活在其上的地球基本上是球形,而且整体处在宇宙中心保持不动。如果能设想出一种特别的实验,把地球从中心位置移开,它一定会自然地回到中心,重新处在那里,就像高处的石块要穿过空气、穿过水回到它的自然位置一样。于是,亚里士多德的地心宇宙说,即认为球形地球在宇宙中心保持不动的想法,就得到了物理学权威的支持,而且证实了我们感受到的大地静止而天体运动的那种经验。例如,亚里士多德曾以日食期间地球投射在月亮上的阴影来证实地球为球形。他还为驳斥地球在运动的说法提供了一些常识论据。比如,竖直向上抛掷一只球,它会回落到原来的地点,绝不会因下面的大地在运动而掉在靠后的地方。

91   因为在地球区发生的自然运动(向上或向下)和在天体区发生的自然运动(总是圆形)截然不同,亚里士多德的宇宙说严格区分了这两个区域的物理学。地上的物体如果作自然运动,那就是说,运动的开始和维持都不需要某个活的或者外部的推动者,它们的运动或向上或向下,也就是或背离或向着地球的中心,这取决于它们是轻还是重。地上王国或者说月下王国,指的是月球轨道下面的世界,在这里,4种元素都趋向它们的自然位置。月球上面的天空是一个第五元素的天国,那种第五元素是第五种基本物质,亚里士多德称它为以太。这第五元素与其他4种元素不同,它不与后者结合,不会腐败,仅以纯粹态存在,独自处在它自己的天体王国中。亚里士多德也把一种自然运动与以太联系起来,那不是趋向或背离中心的直线运动,而是围绕中心作完美的圆周运动。这种关于天区完美性的像是形而上学的信条其实也是基于自然主义的观察,因为天上的物体看起来就是球形,而它们也像是(至少每日的运动)在围绕着地球作完美的圆周运动。我们从自己这个始终流动和变化着的世界观察到天上恒定而不变的模样,是由于以太具有不变的特性。这种二重物理学对于地上王国和天上王国有着不同的运动定律,其实也同日常的经验和观察相一致,因而长期未被触动,一直要到17世纪才让位给关于运动和万有引力的牛顿定律,由单一的物理学来说明整个宇宙。

92   除了由土、水、火、气组成的物体所进行的向上或向下的自然运动,在我们周围的世界还能见到非自发的运动,如射出的箭矢的运动,那也需要加以解释。亚里士多德把一切这样的运动都视为强制运动或暴力(violent,反自然)运动。亚里士多德指出,这一类运动总是需要一个外来推动者,由某一个人或某个东西施加某种外

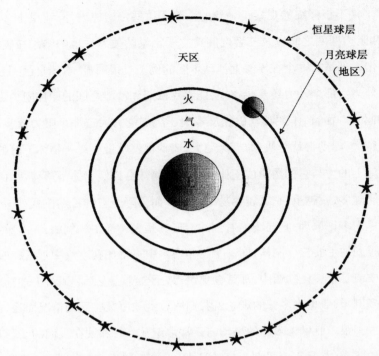

恒星球层

月亮球层
（地区）

天区

火

气

水

土

图4.6 **亚里士多德的宇宙**。按照亚里士多德的宇宙说，4种元素中的每一种在宇宙中都有各自的"自然位置"。在地区（一直到月球的高度），土和水"自然地"直线落向宇宙的中心（地球），气和火则"自然地"直线上升离开这个中心。月层把地区连同它的4种元素（包括炙热的流星和彗星）与天区分隔开来。天区是属于第五种元素"以太"的王国，它自然地作圆周运动。恒星和行星位于天区，靠它们嵌在其上的以太球层携带着作圆周运动。

91

力去引起有关的运动。不仅如此，那个推动者还必须始终与该物体保持接触。在绝大多数情形下，亚里士多德要求的推动者都不难找到，因而他的这条原理显然已得到证实，例如马拉车、风吹船帆和手握笔写字等等都是如此。不过，也有难以说清楚的情形。比如，射出的箭矢或掷出去的投枪会继续向前，已经不与射手或投手接触，这时的推动者又在哪里呢？（亚里士多德本人解释说，介质在以某种方式推进它们。）此外，关于动植物的那种看似不动的运动，亚里士多德认为，那是它们的灵魂在起作用，因为动物和植物都有它们的灵魂（对于人来说是理性）。

除了抛体运动的情形难以解释外，亚里士多德的理论似乎至少同我们在这个物理世界平常不很仔细的观察是一致的。除了这些普遍原理外，亚里士多德还在力、速度和阻力两两之间以及三者之间建立了定量的关系。他的结果在表面上并非不堪一击。他举了一个在沙滩上拖动木船的例子。很明显，木船自己不会移动，需要加上外力。那个外力还要足够大，能够克服船和沙滩之间的摩擦阻力，才会使木船移动起来。而且，木船移动的速度取决于施加的力大过那个阻力值多少。拉船人使劲越大，船动得就越快；摩擦力越大，船动得就越慢。对于物体下落的情形，作用在物体上的力与它的**重量**成正比，因此，重物体会比轻物体下落得快。(物体包含的土物质越多，就越重，它就越容易"分开气"而下降至它的自然位置。)这个观念就出自亚里士多德原理，它与我们看到的情形真是太一样了。例如，一本重书就比一张轻纸掉到地上要快。同样，同一个物体在水中下落比在空气中下落得慢；如果是在蜂蜜中或是在熔化的铅中，那就会更慢，甚至会浮在表面。通过上述这些例子和其他许多例子，亚里士多德的观念就我们所看到和所经验到的情况而言，便稳稳当当站住了脚跟。亚里士多德的科学与日常常识及当时和现在人们的实际观察有很大程度的匹配，并且很容易获得经验证据(无论是通过实验方式，还是通过其他方式)。由此不难理解，为什么亚里士多德的自然哲学会流行那么长时间。

从亚里士多德的运动定律还引出一个在历史上有过重大影响的原理，那就是，只有在有一定密度的介质中才会有运动。换句话说，在真空中不可能有运动。在真空中运动意味着没有阻力。但是阻力如果趋于零，那么运动物体的速度就会变成无穷大，而以无穷大速度运动的物体会在同一时间处于两个位置，这实在是荒谬绝伦，同我们所有的经验都相悖。亚里士多德排斥真空，那就意味着否定原子论，否定了假定原子在其中运动的空而无物的空间存在。在亚里士多德看来，空间必须被完全填满。亚里士多德的运动观以其说服力和普遍适用性击败了偶尔针对它提出的那些批评。当然，最终还是发生了一场深刻的科学革命，推翻了亚里士多德关于运动必须在介质中进行的那些观点，用一种替代的学说取代了它们的位置。在长达2000年的时间里，亚里士多德关于构成世界的要素的那些观点，他的关于位置的概念，还有他的那些运动原理和观察到的运动效应，曾是那么言之有理，因此一直被那些按照希腊传统研究自然哲学的人奉作经典并且广为流传。

在分析亚里士多德的思想时，如果过分偏重物理科学——尽管那是他的世界观中十分基本的内容——那也是错误的。在另一个领域，他还是一位影响巨大、非常熟练的观察型——几乎还能说是实验型——生物学家和分类学家。（我们必须要记住，在19世纪以前还没有**生物学**这个名词。）他进行经验研究，比如仔细观察鸡胚胎的发育情况。又如他的著述中有1/3的内容就涉及生物学问题。特别要指出的是，亚里士多德用来阐述他的关于变化的最重要论点的那个模型，并不是出自物理学，而是源于生物学。生物体的生长和发育为亚里士多德提供了一种说明变化的模型。在那种模型中，变化体现为一个转化和形成的过程，即事物中的"隐性得以现实化"（actualization of that which is potential）。他举出的一个经典例子，就是在现实的橡子中潜藏着一棵橡树。生长或变化只不过显露出原已潜藏着的那些特点而已，这样就避免了从无生有那样的巴门尼德式悖论。而且在亚里士多德看来，一种形式的消失意味着另一种形式的出现，因此宇宙必定是永恒的，在时间循环中它**永远重复着自身**。

亚里士多德在仔细考察生物时又是系统分类学的先驱。他把生物划分出主要的等级，把动物分为"无血的"无脊椎动物和有血的脊椎动物。他区分出3种"灵魂"类型（营养、感觉和理性），分别对应植物、动物和人类较高的感知功能，从而建立起解剖学和生理学的联系，或者说，提供了一种看待生物体运行方式的方法。亚里士多德肯定了自发繁殖概念，认为生殖过程是雄性向后代提供"形式"，雌性只提供"物质"。在很长一段时期内，如同物理科学一样，亚里士多德对生命科学也产生了很大影响。例如，希腊—罗马医师、同样也是有很大影响的理论家盖伦（Galen，公元130—200年），他就是在亚里士多德奠定的基本框架内开始其研究工作的。又如埃雷索斯的狄奥弗拉斯图（Theophrastus of Eresus，公元前371—前286年），即亚里士多德所创立的位于雅典的吕克昂学园的继任领袖，他把老师的研究范围扩大到植物学，在18世纪以前，其著作一直都是该领域的标准文献。

94

亚里士多德不是一位教条主义的哲学家，他的话并没有被奉作不变的真理。

确切地说,虽然其基本原理得到坚持,但是他的工作只是为在他以后若干世纪中进行的科学研究以及形成的探索传统提供了一个出发点。狄奥弗拉斯图就对亚里士多德关于火乃基本元素之一的说法提出过尖锐批评。关于局部的移位运动,继狄奥弗拉斯图之后于公元前286—前268年担任吕克昂学园第三任领袖的兰普萨库斯的斯特拉托(Strato of Lampsacus),则根据加速度现象批评过亚里士多德,指出他未能注意到物体在开始和停止运动时的加速和减速。拜占庭的一位自然哲学家菲罗波内斯(John Philoponus),在晚些时候也加入到关于亚里士多德运动理论的这场辩论中来。中世纪欧洲的思想家们为此争论得更加激烈,终于导致对亚里士多德学说的根本修正。这种批判传统坚持了2000年之久。

亚里士多德的著述为晚古时期、伊斯兰世界和中世纪欧洲文化中的较高学问提供了基础。他的宇宙,从根本上说,同柏拉图一样,仍然是神学宇宙,认为天体是活生灵,具有神性,是被不动的或者说原初的推动者(Unmoved, or Prime Mover)推动着运动。这样一来,亚里士多德的哲学就与犹太教、基督教和伊斯兰教的神学不谋而合,结果,持有这3种信仰的神学家便竭力使他们对宗教教义的诠释尽可能地符合亚里士多德的学说。同样,许多拜占庭、穆斯林和基督教的科学家也找到了理解自然的灵感:原来,他们相信的那些东西正是上帝的杰作。亚里士多德关于生命有等级系列的观念以及其他许许多多看法,得到后来基督教和统治当局的共鸣,那样的环境肯定也成为他的自然哲学长时期经久不衰的一种保障。

亚里士多德学说作为一份智识遗产,构成了继承希腊文化的那些文明中的一部科学思想史。他进行分析的透彻性和他的观点大至宇宙的广泛适用性,成为希腊启蒙时期以后科学文化的典范。亚里士多德和他的学生亚历山大大帝在一年不到的时间里相继逝世(分别于公元前322年和公元前323年),似乎带有某种寓意,他们两个人各自以不同的方式都曾改变过当时的世界。他们去世以后的世界,无论在科学方面还是在政治方面,都与他们生前的世界大为不同。

第五章
亚历山大及之后

古希腊文明经历了两个阶段。第一个阶段：**希腊时代**。各城邦在爱奥尼亚和希腊半岛兴起。他们是相对繁荣的国家，每个国家都有一个农业腹地（通常由进口食品）作支撑，而且它们都保持独立——没有支配一切的希腊国王。第二个阶段：**希腊化时代**。这个阶段于公元前4世纪开始形成，其标志依次是联盟、帝国和征服。结果是希腊文化和学问得到了极大扩张。

在希腊北部的马其顿，国王腓力二世积聚起骇人的力量，有装备了战马的步兵，还有抛石机，开始他征服希腊半岛的统一大业。腓力二世于公元前336年遭暗杀身亡，他的儿子亚历山大，也就是当时人称"常胜王"而我们称之为"大帝"的那位君主，继承了腓力二世的扩张主义事业，创建了堪称古代世界幅员最为辽阔的帝国。在其鼎盛时期，帝国的势力范围从古希腊、埃及伟大的河谷文明，经过底格里斯河和幼发拉底河之间冲积平原上第一批文明所在的美索不达米亚的中心地区，远达东方的印度河流域。亚历山大大帝的庞大帝国仅存在了11年，从他于公元前334年击败波斯人开始，到公元前323年他33岁时英年早逝为止。亚历山大去世后，印度复归印度人控制，帝国瓦解为3个王国，即马其顿（包括希腊半岛）、埃及和美索不达米亚的塞琉西帝国（见地图4.1）。这是改变世界的11年。

希腊化时代的开始还标志着古代科学的历史纪年的中断。希腊自然哲学连同它不依附于任何势力的个人主义让位给更为世界主义的希腊化世界——希腊科学的黄金时代——以及研究活动被组织起来并得到社会支持的一种新的模式。希腊化时代的科学代表了希腊自然哲学传统与源自东方王国得到国家支持的科学模式（我们的巴比伦模式）的历史性融合或杂交。国王和皇帝一直关怀着注重实际应用的官办科学,而原来的希腊科学却是一些沉浸于抽象思维的孤独的思想家们从事的工作。在古代近东那些地方的希腊化科学,则把全然不同的两种传统结合起来。国家支持、资助科学理论和抽象学问是希腊化文化中的新生事物,因此,它一直是后来继承希腊传统的所有社会中科学的历史模式的一部分。

新的科学文化植根于埃及,埃及此时由希腊统治阶级统治,他们迅速建立了自己的埃及王朝——埃及托勒密王朝。埃及的第一位希腊国王托勒密·索特尔(Ptolemaios Soter)开创了王室支持科学和学问的传统,而且这一传统还延续至他的继任者托勒密·菲拉德费(Ptolemaios Philadelphus)。他在亚历山大城建立了那座著名的博物馆。亚历山大大帝在世时,亚历山大城还是一座新建的小城,是尼罗河三角洲地中海海岸的一个港口。那座博物馆存在了700年,得到官方支持和提供经费的程度在不同时期也有所不同,并一直维持到公元5世纪。今天世界上资格最老的大学,其悠久历史也不过如此。希腊化科学和希腊—罗马科学的不同特征至少部分源于这种纯科学与自然哲学的制度化。

实际上,亚历山大博物馆是一所研究机构—— 一所古代的高级研究院。这所博物馆与现代的博物馆不同,并不陈列收藏品(那是直到欧洲文艺复兴时期博物馆才有的作用)。那里其实是一座寺院,供奉着神话中的9位文化女神缪斯(Muses),其中有历史学女神克利俄(Clio)和天文学女神乌拉妮娅(Urania)。博物馆里的人员享受俸禄,这就把希腊传统和巴比伦传统结合起来,完全靠国家提供经费从事着他们自己的研究。埃及托勒密王朝的国王们和他们的继任者都曾在王宫内为博物馆及其人员单辟出好几处豪华建筑,其中有不少工作室、讲演厅、解剖室、花园,还有一个动物园和一个天文台,以及其他研究设施。托勒密王朝的国王们另建起一座壮观的图书馆,不长时间,馆藏抄本就超过了500 000卷。在古代,国家对研究的支持往往不太稳定,要视国王或皇帝个人的喜好而定。不过,这座博物馆里任何时候都有不止100位科学家和人文学者在工作。他们从国家领取薪俸,还有博物馆的厨房供应膳食。另一方面,他们还被允许按照希腊方式自由地进行研究,甚至教什么东西也悉听尊便。不难理解,这些拿着国家薪俸的人当然要遭到妒忌,有人说他们是养在镀金鸟笼里的"金丝雀"。如此在文化上的模糊不清，是由国家支持纯科学造成的。埃及后来的历代罗马皇帝仍然保持了这种不寻常的由国家支持的传统，其程度一点也不亚于他们希腊化的前任。正是具有如此优越的条件，亚历山大城在希腊化和希腊—罗马时代一直都是最有影响的科学中心。

97

　　托勒密王朝的国王以及其他希腊化和希腊—罗马时代的君主如此恩宠科学和知识，不知动机是什么，不过可以肯定，他们是必有所图。这种制度化的做法至少能够间接地给博物馆的人员施加一些压力，促使他们研究些有用的东西。博物馆同意搞与医学有关的解剖研究，就说明这种猜测有些道理。国王打仗时用的战象，平时就放在博物馆的动物园里看养。图书馆大量收藏有关政府和当代"政治科学"的图书。研究人员还研究地理和绘制地图。博物馆里很可能还进行过应用军事学的研究。有材料显示，比起早先希腊时代的同行来，希腊化时代的科学家多少还是要实际一些。尽管如此，立竿见影的实际应用总不会太多。看来，施些小惠就可以因支持关在博物馆里的"金丝雀"而获得好名声来加以炫耀，才是主要的动机。托勒密王朝的国王和他们的罗马后继者，无论谁都会根据他们个人对研究工作的抽象成果和实际成果的相对价值的评价，权衡再三，才肯花钱的。

　　支持学问研究的这种希腊化模式并不仅限于亚历山大一处，晚古时期的许多城市都曾大事兴建博物馆和图书馆。在帕加马就有一座很大的图书馆；该城足以同亚历山大相匹敌，也是国家支持科学和学问发展的一个中心。至于雅典，柏拉图的学园和亚里士多德的吕克昂学园也显示了这样的倾向，两个学派都接受了希腊化的影响。我们知道，在希腊时代，学生们起初只是学习和研究他们祖师的思想，同老师仅仅有非正式的完全属于私人性质的联系。两个学园创立之初未曾得到过公众的支持，其合法地位主要是作为宗教团体获得的，而且一直是靠学者们自己维持的学派和团体。到公元2世纪，罗马皇帝安东尼·庇护（Antoninus Pius）和马可·奥勒留（Marcus Aurelius）按照亚历山大城的做法，在雅典和其他地方大封帝国教席（imperial chairs）称号，柏拉图学园和吕克昂学园的正式制度化的特点又得到加强。雅典的吕克昂学园跟亚历山大的博物馆已经有过接触和人员交往。吕克昂学园的活动至少延续到公元2世纪末；柏拉图学园则一直存在到公元6世纪，自它创立以来活动了将近1000年。而且，雅典的吕克昂学园和柏拉图学园基本上是学校，主要是传授知识的地方，研究工作是附带性质，不像亚历山大博物馆那样得天独厚，学者们有人供养，可以毫无顾虑地进行研究。

98　　　尽管在亚历山大城主要从事的是文学和文献学方面的研究，但是那里的科学活动也很活跃，在历史上堪称前所未有；尤其在博物馆成立后的头一个世纪，即在公元前3世纪，这里的科学研究更是十分繁荣。抽象的正规的数学传统一直是亚历山大人的特长，成就也最大。以欧几里得几何学为代表，希腊化时代的数学非常正规，早已不是什么算学一类工匠们用的东西，已名副其实地成为后来数学研究的源头。欧几里得以前大概在雅典的学园从事研究，后来才到亚历山大得到托勒密国王的恩宠。佩尔加的阿波罗尼奥斯（Apollonius of Perga，公元前220—前190年为其盛年）也是在那里完成了他的大部分工作，他以研究圆锥曲线而著名。[他的成果尘封了1800年，后来才在开普勒（Johannes Kepler）的天文学理论中第一次得到应用。]叙拉古的阿基米德（Archimedes of Syracuse，公元前287—前212年）也属于这种传统，他可能是古代最伟大的数学天才。阿基米德生活在意大利的叙拉古，后来也在那里辞世，但是他去过亚历山大，而且与该城图书馆的馆长昔兰尼的埃拉托色尼（Eratosthenes of Cyrene，公元前225年为其盛年）常有书信往来。埃拉托色尼本人是一位有广泛科学兴趣的人，他进行过一次非常著名的观测，通过计算确定了地球的周长。自那以后，接受希腊传统教育的人便再也不相信大地是平的。埃拉托色尼在地理学和绘图学方面也做出过非常出色的开创性工作。这两个领域的工作在亚历山大从未间断过，一直延续到400年后的天文学家托勒玫的时代。在亚历山大博物馆里还进行过富有创新精神的解剖学研究，其中最为出色的是卡尔西登的希罗菲卢斯（Herophilus of Chalcedon，公元前270年为其盛年）和希俄斯的埃拉西斯特拉图斯（Erasistratus of Chios，公元前260年为其盛年）的工作。亚历山大的解剖学家显然进行过人体解剖，还可能做过动物活体解剖。亚历山大的其他科学家开展的工作主要还有天文学、光学、和声学（harmonics）、声学及力学。

在天文学领域，欧多克斯那个以地球为中心的球层模型在希腊化时代早期就受到了挑战。读者应该还记得由前面提到过的传说中柏拉图的那个指示——"拯救现象"（尤其是行星的留和逆行难题）——而来的研究传统和欧多克斯用他那洋葱般的多层球壳宇宙模型来进行解释的地心说解决办法，该模型中有的球层正向转动，有的球层反向转动。但是，那个由层层同心球壳构成的模型即使已由亚里士多德加以改进，仍然面临无法克服的困难，尤其是不能精确重现行星的逆行。一年中4个季节的天数是不相等的，如果太阳与位于中心的地球距离保持不变作匀速运动，那么，要说明这种现象，对于欧多克斯学说又是一个不可克服的技术上的难题。其实，在公元前4世纪，也就是柏拉图和亚里士多德的那个世纪，本都的赫拉克利德斯（Heraclides of Pontus，公元前330年为其盛年）早就提出，每天所看到的天体的那种圆周式的运动，可以通过假定天体都保持不动，而地球每天绕自己的轴线旋转一次来加以说明。他的那种说法在当时被普遍认为是不可信的，因为大地稳稳当当一丝不动的直接感觉似乎与此矛盾。

当时天文学理论和宇宙学所提出的问题，在以后若干世纪激发起不知多少自然哲学家的好奇心。其中有一位是萨摩斯的阿利斯塔克（Aristarchus of Samos，公元前310——前230年）。他是一位出色的天文学家和数学家，大概是博物馆的非正式研究人员。根据阿基米德留下的文字介绍，阿利斯塔克采用了一种以太阳为中心的日心宇宙模型，它与2000年后哥白尼提出的系统并无多大不同。他把太阳放在中心，赋予地球两种运动：每天围绕自己的轴旋转一周（用来说明天体明显的每日循环）和每年围绕太阳运行一圈（用来说明太阳绕黄道的表观路径）。

阿利斯塔克的日心说当时就有人知道，不过在古代反对的人太多，这并非因为某些反智识的偏见，而是因为它实在难以让人相信。他的日心理论就其精华而言在今天看来应该肯定，然而在当时却要面对许多科学上的反对意见，只有狂热的支持者才会赞同这种观点。如果地球一面自转一面围着太阳飞快地绕圈，那么，地上的一切东西肯定不会钉死在这里，而会飞出地球，或者被甩在地球后面七零八落地拉成一条线。这样的结论与鸟儿无论朝哪个方向飞翔都一样轻松自如和上抛物体

99

总是仍然掉回原处的观察证据直接相悖。此外，阿利斯塔克日心说中关于地球运动的说法，更是赤裸裸地违背了亚里士多德的自然运动物理学。构成地球的土和水一类东西应当自然地趋向宇宙的中心，那么，要求地球或者像天体物质那样或者以别的方式穿行于空间，那就等于让它作亚里士多德和一切科学早就声明不可能的运动。即使把地球从中心挪开，它的各个部分也会径直返回，在原来的中心位置重新整合。有理性的科学家决不会接受一种不顾日常观察胡说八道的理论，更何况它还违背了长期形成的、业已成为当前卓有成效的研究工作基础的学说。就是在今天，我们对于提出违背物理学定律的学说的人也会大持怀疑态度的。

除此之外，还有一个非常技术性但在科学上更为有力的论点也在强烈地否定阿利斯塔克和他的日心理论，那就是如何解释恒星视差。这个问题简单说来如下：如果地球围绕太阳运动，那么，在间隔6个月的两个时间点，地上的观测者就是在相隔很远距离的两点在看天体，应当观测到恒星的相对位置有所变化。但是人们却未能观测到这样的变化，至少在公元19世纪以前一直没有观测到。(读者要看视差的话，可以把一根手指放在鼻前，轮流闭上和张开左眼和右眼观测手指的"运动"。)阿基米德让我们有机会知道阿利斯塔克对这个难题的解释：阿利斯塔克把地球轨道比作一粒沙子，也就是说，地球围绕太阳运动的轨道的直径比起离恒星的遥远距离来实在微不足道，因此恒星的位置变化极其微小，无法被观测到。这真是巧妙的解释，回答了为什么未能观测到恒星视差。(真有意思，后来哥白尼也是这样回答的。)然而，阿利斯塔克还要应付进一步的诘难，那就是，若日心说成立，宇宙的大小就不得不扩大到难以想象的程度，那样也太不成比例了。那些对日心假说的科学诘难是很厉害的，古代天文学家反对这种假说自有他们的充分理由。宗教方面也出来反对，反对日心说把腐败多变的地球置于同神圣不腐的天体同等的地位。难怪阿利斯塔克会受到威胁，被指责对神大为不敬。

欧多克斯和亚里士多德的天文学理论既然无法说明行星运动这样的难题，总会有别的学说来代替它。佩尔加的阿波罗尼奥斯，也就是前面提到过的研究圆锥曲线的那位亚历山大科学家，找到了一种既能够"拯救现象"，又可以保留地心说的方法。他研究出两种强有力的数学工具，天文学家可以用它们来构造模型，模拟所看到的天体运动，这两种数学工具就是**本轮**和**偏心圆**（见图5.1）。在本轮模型中，行星都沿着小圆运动，那些小圆又沿着大圆运动；偏心圆则只是一种偏离开中心的圆。利用本轮，可以轻而易举地精确模拟出行星的逆行和说明四季为什么长短不同。让这些本轮和偏心圆有不同的大小，以不同的速度朝不同的方向转动起来，希腊化天文学家搞出了一个比一个精确的说明天体运动的模型。

古代天文学在公元2世纪因托勒玫的工作而达到其巅峰。托勒玫生活和工作在罗马统治下的亚历山大城。在前人应用本轮和偏心圆的基础上，托勒玫编纂出一本厚厚的、高度专业化的天文学手册《数学汇编》（*Mathematical Syntaxis*），即通常所说的《天文学大成》（*Almagest*，这是后来穆斯林学者取的书名）。在《天文学大成》中，托勒玫以地心说和天体作圆周运动为前提，使用了大量数学和几何学方法。他除了应用本轮和偏心圆概念，还用到了第三个工具，即均衡点（equant point）概念，那是为了使行星理论和观测现象和谐一致——仍然十分勉强——而不得不添加进来的。站在均衡点望去，观测者会看到行星在作匀速圆周运动，而事实上它们相对于地球运动的速度是有变化的。其实，托勒玫的均衡点虽然在表面上没有违背柏拉图要用匀速圆周运动"拯救现象"的指示，却违背了这一指示的精神实质。不过，这种违背甚至对于天文学家也太深奥，因而一点没有影响到托勒玫对地心说的遵守。均衡点概念的确是非常有用的工具，托勒玫充分利用并加以发挥，搞出一些尽管非常抽象却十分精巧的数学结构——演示天体运动的"费里斯转轮"（Ferris Wheels）*；这些硕大无比的转轮威严地转动，带动着永恒不变的天体描出它们的路径。从理论上讲，对于**任何**观测到的轨道其实都可以用合适的本轮、偏心圆和均衡点设计出一个"托勒玫"体系来与之精确适配。托勒玫的《天文学大成》是一项重大的科学成就。在长达1500年的时间里，它一直是继承希腊化传统工作的每一位天文学家的《圣经》。

---

　　* 一种在垂直转动的巨轮上挂有座位的游乐设施，又叫摩天轮。——译者

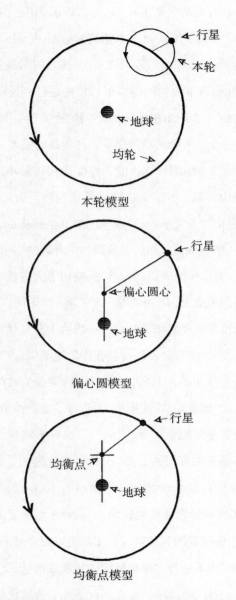

本轮模型

偏心圆模型

均衡点模型

图5.1 托勒玫的天文学技巧。为了使观测到的行星位置与匀速圆周运动的教条协调起来,托勒玫巧妙利用本轮、偏心圆和均衡点把它们适当配合。这种本轮模型是在圆上套圆;偏心圆则是偏离了中心的圆;而均衡点是空间中的一个假想点,从那里测出的将会是匀速圆周运动。

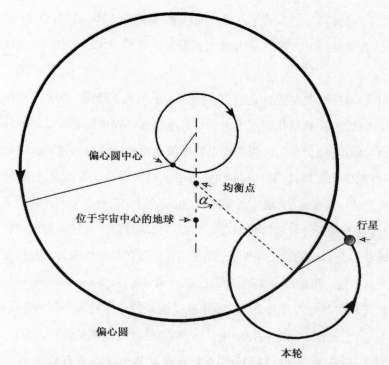

偏心圆中心

均衡点

位于宇宙中心的地球

α

行星

偏心圆

本轮

图5.2　**托勒玫的水星模型。**托勒玫把本轮、偏心圆和均衡点非常巧妙同时又经常令　102
人费解地结合起来,企图以此来解决行星运动难题。对于水星的情形(图中画出的行
星),行星轨道在一个本轮上,该本轮的中心沿着一个更大的偏心圆绕圈运行,大偏心
圆的中心又在它自己的一个本轮上作反方向运动。该行星运动所必需的那种均匀性
由连接均衡点和行星所在本轮中心的那条直线以不变的方式扫过的角α来体现。采
用这一套技巧可以说明任何一条观测到的轨道。托勒玫及其后继者搞出许多套如此
复杂的解决方案,设想了一些巨大的"费里斯转轮"机制来推动天体运动。

　　托勒玫对几何光学的希腊传统也有贡献,特别是他把实验数据结合进他对折　101
射——即当光线进入不同介质时的弯折现象——的研究中。在地理学和绘图学领
域,他的工作同样也产生过很大影响。但是,我们不要把托勒玫想象得过于现代
了。对于他来说,数学科学不过是哲学的一种形式,本质上属于一种道德和精神探
索。他相信天体具有神性,而且,甚至有生命活力。在托勒玫看来,天体的运动当
然要影响到世俗世界(例如,通过潮汐和季节变化)。因此,尽管托勒玫分得清占星
术(astrology)和天文学(astronomy),但他认为占星术有道理,相信那种对未来的预

测。事实上,他曾写过一本关于占星术的巨著,影响还不小,名叫《占星四书》(*Tet-rabiblos*)。在他的许多成就中,占星术方面的并不算少,所以,他也堪称古代最伟大的占星家。

在那同一时代,在占星术发达之时,金丹术也形成了热潮。那些东西结果成为一种半秘密传统,在希腊化的亚历山大和其他地方都曾被编纂成书。那样一种传统被称为"赫耳墨斯传统",因为那些书籍据说是由这一传统的神话式的创始人赫耳墨斯·特利斯墨吉斯忒斯(Hermes Trismegistus)撰写的。据传说,特利斯墨吉斯忒斯是埃及的一位祭司,大概生活在摩西(Moses)时代前后。那些神秘的著作艰涩难懂,内容是假托受神启示得到的有关宇宙运行的奥秘。虽然金丹术声称可以把贱金属转变为金和银的想法和做法,在古代肯定包含有欺诈成分,不过,金丹术却是源自当时随处可见的冶金实践。因此,金丹术科学(alchemical science)可以说是从青铜时代和铁器时代涉及金属的技术演变而来的。金丹术声称大有用处,从那种意义上说,它也是早期的一种应用科学,特别是统治者都支持它。但是,对于正派的金丹术士来说,他们寻找长生不老药或者某种能够点石成金的"哲人石"(philosopher's stone)总是要承担精神责任的,因此,金丹术士在希望纯化贱金属的同时也应该纯化自己。我们不应该把古代和中世纪的金丹术视为伪化学(pseudo-chemistry),而是需要按照它当时的实际情况把它看成具有技术基础以及理论基础的应用科学;当然,它还同时包含大量的神秘因素和精神因素。

金丹术产生的影响不是很大,事实上,从总体上看亚历山大及古代世界其他地方的希腊化科学都未曾被应用于技术,也就是说,它追求的并非实用目的。自然哲学历来偏见很深,早先在希腊时代就是如此。它总是孤芳自赏,从不直接触及当时主要的实际问题,更不用说去解决那样的问题。不仅如此,从柏拉图和前苏格拉底时期开始就形成了一种蔑视体力劳动的风气,排斥科学的任何实际的或经济上的应用;那种风气也流传至希腊化时代,当然会使**理论**和**实践**愈加分离。

不过,在希腊化科学家讨论机械和使用机械技巧的理论著作中,却有对力学本身的科学分析。阿基米德最早掌握了简单机械的力学原理,包括杠杆、楔子、螺钉、

杠杆　　　　　斜面

轮轴　　　　　滑轮

螺钉　　　　　楔子

图5.3　简单机械。古代世界依靠这些装置来提升、移动和处理材料。古代科学家，
特别是阿基米德（公元前287—前212年）和亚历山大的希罗（公元10—75年），已经
理解了简单机械在利用力时具有机械优势背后的科学原理。

103

滑轮和辘轳的原理。古代科学家通过分析平衡（包括流体静力学平衡），建立起理
论性的和数学化的重力科学。在亚历山大的克特西比乌斯（Ctesibius of Alexan-
dria，公元前270年为其盛年）、拜占庭的菲洛（Philo of Byzantium，公元前200年为
其盛年）和亚历山大的希罗（Hero of Alexandria，公元60年为其盛年）等人的著作
中，都体现了这种力学传统的实践倾向。凭借对重力和气动技术的了解，他们设计
出一些非常精巧的机械装置，都属于那类可以自动打开寺院大门或者自动向神祭
酒的"神奇机器"。不过，设计者的用意是显示能力和引起好奇，从未打算推动经济
进步。例如，希罗设计过一种机械，用火和蒸汽来推动一个球旋转，在古代却没有
人想到过可以根据它的原理来制造实用的蒸汽机。总之，亚历山大的力学研究及
其他类似的科学，几乎完全脱离了古代广阔的技术天地。

104

当然也有个别特殊的例子。例如,阿基米德螺旋就是一种提水机,据说它是在公元前3世纪由阿基米德亲自设计的,遵循的便是这种科学力学传统。阿基米德死于公元前212年。有一种传说,说是在他的故乡叙拉古人抵抗罗马人的时候,他的攻城机和其他战争机械发挥过神奇的技术威力。阿基米德发表的著作却是十分抽象和哲学化,即使不把颂扬他的传说太当真,大概他也确实曾把自己的知识应用于工程技术并取得过实际成就。阿基米德若设计过战时用的机械,论起资格来,那么他就是一位古代工程师,擅长领域为军事工程。

我们还知道古代有绞簧抛石机。在古代,研制武器并不是什么新鲜事,在工匠们和武器订货人之间也进行着某种军备技术竞争,都想要打造出最大的旗舰。马其顿的腓力二世和统治叙拉古岛、罗得岛及其他地方的希腊国王,都曾积极支持研制和改进抛石机与各式各样的抛掷机。在亚历山大,为进行这种复杂的工程研究还要按一定的步骤进行测试,检验影响绞簧抛石机性能的各种参数,为的是生产出威力最大又最便于使用的武器来。政府为这类研究拨款,亚历山大的科学家则搞其中的某些项目。虽然亚历山大的力学传统不如人们原以为的那样超凡脱俗,但是我们必须承认,绞簧抛石机研究代表了古代的应用科学。从总体上看,那些测试似乎完全依靠经验,也就是说,科学家也好工程师也好,或许只是依例行事,并没有用到什么科学理论或者采用了理论知识。经过几十年的不懈努力和数据积累,亚历山大的科学家—工程师搞出一个实用的、数学上也比较严谨的"抛石机公式",其中包括求立方根,利用这一公式可以确定任何一架抛掷机及与之配套的抛掷物的最佳尺寸。据记载,根据那个公式,阿基米德好像还亲自制造过一架当时最大的抛石机。不过,那个公式仅仅是把经验总结用数学语言来表达罢了。研制抛石机的事情,还是看成应用工程研究比较妥当。

古代还有一些科学仪器,其中给人印象深刻的是制作精巧的天文计时装置和某些观测器具。在这个领域科学和技术结合得很好,不是为战争,也不是为发展经济服务,只是为了科学探索自身。所有这些例子都很有意思,告诉了我们不少历史情况,但是它们并不能推翻从总体上说古代科学极少实用的那种观点。古代科学

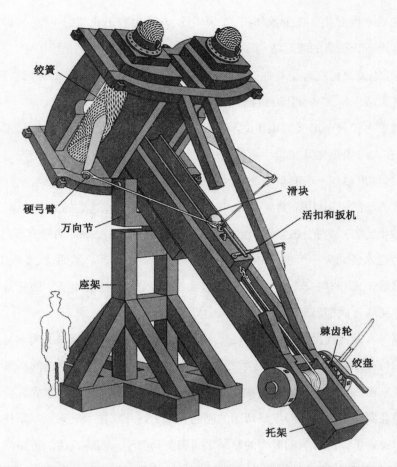

图5.4 抛石机。马其顿国王腓力统治时期,希腊开始使用犹如大炮的机械装置,它们能以很大的力量把重物抛射出去杀伤敌人。在有些结构中,是通过把一捆弹性材料绞紧,再突然松开,以此来产生弹射力。图中这架大型抛石机能抛出重达70磅(约32千克)的石头。希腊化时代的科学家和工程师通过实验来改进这种装置。 105

从未指导过实践,对古代工程也未产生过多大影响。 105

我们要把古代技术看成与古代科学并不相干的领域,一个由耕种、纺织、制陶、建筑、运输、医疗、统治以及类似的不计其数、大大小小的技艺和技术组成的粗俗世界,而希腊化时代和希腊—罗马文明正是由它们构成的,并得以长久维持。在希腊化和希腊—罗马文明存在的800年间,产生过成百上千项不大的新技术和小改小革(如在制陶转轮上装上脚踏轮),然而,从总体上说,这一时期生产的技术基础并未发生根本性变化。在少数部门,如采矿业,开始出现工业型的生产;人们携带货物经常进行长距离的贩运活动。但是,当时的大部分生产仍然是手工业,带有地域性,工匠们按照传统总是对他们的手艺严格保密,企图垄断自己的独门诀窍,他们的手艺也从未从文字、科学或自然哲学中得到过任何好处。

106   随着古代科学形成为城镇文明生活的一部分,古代世界到处都有技术和工程活动,在大城镇里尤其显得生机勃勃、井然有序。可以肯定,乡村的情况也不会太差,不过那里显然不会有科学和自然哲学活动。在古代,工程师得到社会的认可,不愁找不到活干,其中个别人还得到过古代工程领域所能达到的最高地位。例如,罗马的维特鲁威曾担任过第一位罗马皇帝奥古斯都(Augustus)的建筑师/工程师,在即将进入公元头一个世纪之际,他写出了一部工程专著。然而,大多数工程师,同大多数工匠一样,都默默无闻,只是埋头干活,无论在社会生活方面还是在智力和业务实践方面都远离亚历山大的科学界。

        罗马人是古代世界最伟大的技师和工程师,可以这样说,罗马文明本身就是一项辉煌的技术成就。在转入纪元之际前后相连的那两个世纪,罗马的军事和政治实力使它得以控制整个地中海盆地和在东方兴起的大部分希腊化世界。(美索不达米亚尚在罗马势力之外。)罗马帝国的崛起凭借了好几项技术成果。军事技术和航海技术铸就了训练有素的庞大的罗马军团和罗马海军。四通八达的道路网和输水系统提供了至关重要的基础设施。罗马的法律体系正规、周密而且十分成熟,也可以看成一项对于帝国机器的运转其重要性不可低估的社会技术。石灰水泥的发明,看似不起眼,其实是罗马人创造的一项关键性技术。它可以使石砌建筑变得比较容易建造,成本也较低,因而成为打造罗马文明的一枚不可缺少的砌块。可以毫不夸张地说,正是水泥支撑起了罗马帝国的扩张。罗马的拱架结构同样也给建筑风格带来了翻天覆地的变化。罗马帝国培育出了不少著名的工程师,其中有些人还有著述(这在古代工程师中是不多见的),如维特鲁威和弗朗梯努斯(Frontinus,35—103年),这也能说明工程和技术对于罗马文明的重要性,反之亦然。

        当罗马的工程欣欣向荣之时,罗马的科学却很不景气。希腊的科学著述翻译

图5.5　罗马建筑技术。罗马工程师在建造房屋、桥梁和高架输水渠时擅长使用拱架结构。图中是位 **107**
于西班牙塞哥维亚地区的罗马输水渠。石灰水泥的发明对于罗马建筑技术曾起到非常大的促进作用。

成拉丁文的也很少。只是沿袭惯例,罗马历代皇帝才维持着远在亚历山大的博物馆,但罗马人自己却并不重视——实际上是蔑视——科学、数学和希腊学问。有一些罗马的豪门子弟会学习希腊语,去希腊进修,但是罗马自己没有培养出任何一流甚至二流的罗马科学家或者自然哲学家。这种情况使认为科学和技术总是而且必须联系在一起的那些人大感困惑,他们禁不住会过分强调个别罗马人也写到过有关科学的东西。著名罗马诗人卢克莱修(卒于公元前55年)写过一部长诗《物性论》(*On the Nature of Things*),其中宣扬了原子论者的观点,就是一个例子。伟大

107 的罗马著作家大普林尼(Pliny the Elder, 24—79年)编纂过鸿篇巨制的多卷集《博物学》(*Natural History*),概述了他所能收集到的大量有关自然界的知识(数量惊人,收进了许多平庸小事),则又是一个例子。不管是好是坏,大普林尼的著作直到16世纪,都一直是人们研究博物学的入门书。他用了很大的篇幅叙述怎样利用动

108 物,他还把《博物学》献给罗马皇帝提图斯(Titus),那似乎表明罗马科学毕竟还是存在着,而且作为人们熟悉的社会力量在发挥作用。

　　许多来自希腊的学者在罗马讲学。希腊医师在罗马工作的更多,当然不是靠理论知识,而是凭借他们的医术。最著名的内科医师同时又是科学家的盖伦(约130—200年)就是希腊人。他的出生地,成长和接受训练的地方都是小亚细亚和亚历山大。但盖伦是在罗马一步步取得医学上的成功的,他进入争辩不休的宫廷,成为罗马皇帝马可·奥勒留的御医。在罗马和各地斗兽场上演的角斗士间的血腥搏斗给盖伦和其他人提供了研究人体内部构造及其功能的机会。在外科方面,盖伦医学不同于希波克拉底传统。盖伦写过大量很有影响的著作,包括解剖学、生理学和我们今天称为生物学的内容。他在亚里士多德和希波克拉底两人工作的基础上加以发展,根据详细的解剖学分析非常理性和全面地阐述了人体的生理机制,并且正是盖伦将人的气质概念引入医学和临床治疗。

　　盖伦的解剖学和生理学明显不同于后来欧洲文艺复兴时期和今天的观点,但是,我们不能不承认他对人体结构的描述具有很强的说服力。按照盖伦和他以后的许多医师的观点,人体内运行着3套不同的维持生命的系统和许多元液。他认

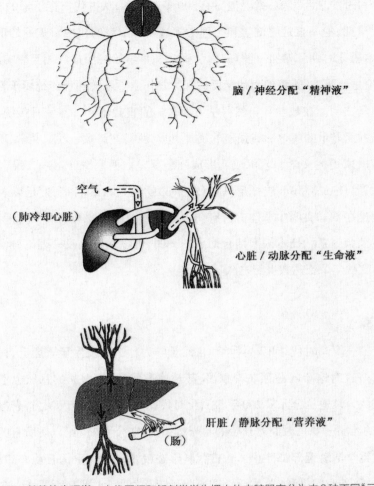

脑 / 神经分配"精神液"

空气 ←

（肺冷却心脏）

心脏 / 动脉分配"生命液"

肝脏 / 静脉分配"营养液"

（肠）

图5.6 盖伦的生理学。 古代医师和解剖学生把人体内脏器官分为由3种不同"元液" 109
控制的3个子系统,各自在人体内发挥作用。那3种元液分别是渗入大脑和神经的精神
液、心脏所产生的保证人体有生气的动脉液以及源自肝脏的提供营养物质的静脉液。

为肝和静脉系统吸收营养,把得到营养补充的血液运至全身。脑和神经分配一种
让人有思想的精神元液。心脏是产生内热之所,通过动脉分配第三种生命元液,使
人能够活动。肺司呼吸,并冷却心脏产生的内热。对于持盖伦观点的人来说,不可
能有血液循环,因为他们认为,除了心脏有一条很小的通道用来使带有营养的血液
向动脉液提供原料以外,静脉和动脉是两套互不相干的系统。

　　盖伦写过的东西很多,据说他写有500多篇文章,从古代留存下来的有83篇。直到近代早期,他一直是解剖学和生理学领域无可争辩的权威。盖伦的情况再次表明,在希腊化时期和希腊—罗马时代,医学和哲学始终保持着相互影响的局面。但是,盖伦是希腊人,养育他而他又反过来为之作出贡献的那种传统属于希腊化文明而非罗马文明。在数学和自然科学方面人们简直找不到一点罗马传统,这与罗马在工程方面显示的辉煌形成强烈的反差,也与罗马在诗歌、戏剧、文学、历史和美术等领域所取得的文学和艺术成就形成强烈反差。西塞罗(Cicero)、维吉尔(Virgil)、贺拉斯(Horace)和苏埃托尼乌斯(Suetonius)这些人的名字,便足以表明文学和学术文化在罗马文明中总体上占有何等显赫的地位。罗马的例子告诉我们,一种由许多社会因素和技术因素结合而成的文明,可以基本上没有理论科学或者自然哲学而欣欣向荣长达数世纪之久。

衰落

　　在希腊—罗马时代结束时科学和自然哲学为什么会发生显著衰退,科学史家长期以来一直对这个问题存在着争议,甚至连有些事实,大家的意见也不完全一致。有人认为衰退从公元前200年希腊化时代就开始了;另有人认为,衰退是在公元200年的希腊—罗马时期才开始的。当然,并非在公元2世纪以后所有的科学活动和自然哲学活动全部都停止了。古代科学在晚古时期似乎仍有动力向前推进。一般说来,随着时间推移,总体活力有所降低,科学创新水平有所下降。在那段时间,脑力劳动渐渐趋向墨守成规,而不是发现新知识。在那样一种背景下,一代又一代人只是热衷于进行编纂和注释。例如,君士坦丁堡的奥利巴苏斯(Oribasius)在公元4世纪中叶编纂的一部医学摘要就多达70卷,令人望而生畏。(虽然惊人,倒也不必奇怪,因为比起科学或自然哲学来,古代医学一直保持了很好的历史连续性。)积极进行科学探索的那种劲头似乎消失了。最终,甚至连保存过去知识的想法也没有了。不仅如此,人们甚至对有没有可靠的知识也怀疑起来,巫术和种种歪门邪道开始大行其道。希腊科学成就体现在它的希腊和希腊化模式中的那些主旨和精神,到了晚古时期便逐渐消隐不见。

关于为什么会发生这种衰落,人们提出过好几种解释。一种观点认为,科学和科学活动在社会生活中没有清楚地显示其作用是可能的原因。科学在古代世界与社会联系甚少,组织极其松散,因而几乎不存在得到社会支持的思想和物质基础。科学家或自然哲学家若凭他们个人的能力,会找不到工作谋生。在希腊化时代,科学和自然哲学与在希腊化时代发展的**哲学**本身的分离,更进一步使科学活动失去了任何社会作用。

另一种与上述看法有关的解释,把原因归于古代经济以及科学与技术在古代的长期分离。也就是说,在奴隶制社会,劳动力成本相对较低,人们会觉得用不着自然知识,不愿雇用科学家,也不愿寻求对自然抽象理解的具体应用。换句话说,自然知识没有得到可能的应用机会,科学发挥它的社会作用和得到社会支持当然就无从谈起。

历史学家还提出了一种很有说服力的观点,认为在晚古时期各种各样的宗教派别十分活跃,极大地削弱了古代科学传统的权威性和它在人们心中的重要性。晚古时期的许许多多宗教派别或多或少都在其活动中有反智识倾向,从而形成了与传统科学知识在智识和精神上相互竞争的局面。希腊供奉专司人旺物丰的女神得墨忒耳(Demeter)的教派和埃及供奉女神伊希斯(Isis)的教派,都是信徒如云。罗马皇帝的臣属中间流行密特拉教,那是一个供奉波斯光明之神密特拉神(Mithra)后来转向了神秘主义的教派,信徒中传播的是些秘不外传的、不可思议的占星术,以及与岁差有关的天文学知识。当然,最为成功的,还要算从相信救世主即将降临的犹太教演化出来的新教派基督教。

公元313年基督教得到官方认可,337年罗马皇帝君士坦丁(Constantine)改信基督教,391年罗马帝国宣布基督教为国教,所有这些都表明基督教会在社会化和体制化两方面都取得了极大成功。专家学者中有人在争论基督教对古代科学是否有过积极影响,不过,基督教的神学意味很浓,着重人的宗教生命,强调神的启示、死后的生命和基督二次降临救世,所以早期的教会和教会领导人在传教的时候,一

111

般说来,都会对异教文化流露出或多或少的敌意、怀疑、无可奈何抑或漠不关心,对于科学和研究自然当然更是如此。举例说,圣奥古斯丁(Saint Augustine,354—430年)就曾大骂自然哲学和"希腊人叫做物理学的那些鬼东西"。在更为世俗的层次上,教会在古代文明中组织严密,在社会的各个方面都显示出令人生畏的组织力量。教会各级领导和管理机构可以提供就职和晋升机会,那当然会吸引不少有才干的人,以前他们或许会投身亚历山大的博物馆,或者献身科学。

技术史家还提出过这样一个问题:古代为什么没有发生工业革命? 正如我们将进一步看到的那样,这个问题不是个好问题,但对于这个问题可以作这样的简单回答:没有那种需要,那个时代的生产模式和以奴隶劳动为基础的经济足以按照那时的现状继续维持。把利润当作合理追求目标的资本主义观念完全不符合那个时代人们的心态,这种观念在当时简直是不可理喻的。因此,为了那样的目标而可以或者应该去掌握大规模生产的技术,也是不可能有的想法。在古代,根本不可能想到要进行工业革命。

亚历山大的博物馆和图书馆的最终破坏是无法估量的损失。虽然细节仍然模糊不清,但亚历山大及其智识基础设施自公元前3世纪末以后遭受到多次沉重打击。在公元前270—前75年,叙利亚人和阿拉伯人侵入,暂时占领了亚历山大,罗马人进行反击,又夺回那座城市,在这个过程中城市大部分遭毁。基督教卫道士很可能在公元4世纪又大量焚烧过书籍,在415年甚至发生了基督教狂热信徒杀害异教徒希帕蒂娅(Hypatia)的严重事件。希帕蒂娅是亚历山大博物馆已知的第一位女数学家,也是该馆已知的最后一位拿薪俸的研究人员。后来尽管一个附属图书馆或许仍在开办,但存续数个世纪的博物馆本身也就此关门。公元642年,亚历山大城落入穆斯林之手。这些征服者又对这座古老图书馆的残存部分进行了洗掠。在其他地方,信仰基督教的拜占庭皇帝查士丁尼(Justinian)于公元529年下令关闭了雅典柏拉图学园。

罗马帝国在公元4世纪分裂为东西两个部分(见地图6.1中的拜占庭帝国)。公元330年,君士坦丁大帝把帝国的首都从罗马迁至君士坦丁堡,即今天的伊斯坦布尔。西部帝国不断地遭到来自欧洲的野蛮部落一次次的冲击。西哥特入侵者于公元410年第一次打劫了罗马。公元476年,另一批日耳曼人在意大利废黜了最后一位罗马皇帝,那个日子就标志着罗马帝国传统的结束。当拉丁化的西罗马帝国土崩瓦解之时,以君士坦丁堡为中心的希腊化的东罗马帝国,即讲希腊语的拜占庭帝国,则仍然坚持着,而且还颇为繁荣。但是,拜占庭也命运不济,它在公元7世纪就失去了昔日的光辉,粮食产地大为缩小,最终被更有优势的伊斯兰阿拉伯人的武力所征服。公元632年以后,先知穆罕默德(Prophet Mohammed)的信徒大量拥出阿拉伯,征服了叙利亚和美索不达米亚。他们于公元642年占领了埃及和亚历山大,到该世纪末终于冲进了君士坦丁堡。科学和文明在穆斯林的西班牙,在东部各个地区,以及在穆斯林世界的其他地方当然还会继续发展,但是,到公元7世纪,希腊科学时代和古代本身终于明确无误地走到了它的尽头。

西罗马包括了大部分欧洲地区,较之东部,它一直比较落后。到古代时期结束时,无论智识还是其他方面出现的衰落,西罗马所受到的损害都要比东罗马大,后者毕竟还继承了不少东西。的确,用到"**崩溃**"和"**中断**"这一类词,应该指的是古代希腊—罗马时代结束时的"西方文明"。例如,意大利的人口从公元200—600年一下子减少了50%。一个时代的结束,对于身临其境的人来说,当然并不意味着将来就一定能够重新振兴。罗马后期的作家也是元老院议员的波伊提乌(Boethius,480—524年)就清晰地意识到他正处在一个历史的十字路口,他本人的经历就是一个非常生动的写照。波伊提乌受过非常良好的教育,全面继承了古希腊和古埃及的古典传统,那是从1000年前的柏拉图、亚里士多德以及前苏格拉底时期流传下来的一种有着深厚根基的传统。他也做过官,可是没有陪侍过一位罗马皇帝,却辅佐了在罗马的东哥特王国国王狄奥多里克(Theodoric)。波伊提乌曾被狄奥多里克囚禁多年,他竭尽全力以其余年尽可能多地传播积累起来的古代知识。他写过不少面向普通人的手册一类的东西,内容包括算术、几何学、天文学、力学、物理学和音乐。此外,他还翻译了一些亚里士多德的逻辑学论文,欧几里得的论文,或许还有阿基米德和柏拉图的论文。在狱中,他还写出经过深思熟虑的不朽作品《论哲学的安慰》(*On the Consolation of Philosophy*)。的确,他沉重的心情该因此多少得到一些安慰了。狄奥多里克于524年处死了波伊提乌。

历史学家十分关注欧洲中世纪,而且在谈到中世纪的科学史时常常会提到波伊提乌之类的一些人,为的是说明古代的古典知识在多大程度上直接汇入了欧洲历史和文化的洪流。在这方面,经常被提到的还有与波伊提乌同为罗马人的卡西奥多鲁斯(Cassiodorus,488—575年),他对早期的禁欲运动有很大影响;此外还有稍晚一些的著名教士塞维利亚的伊西多尔(Isidore of Seville,560—636年)和圣徒比德(Venerable Bede,卒于735年)。这些人和他们所处的环境说起来都很有意思,不过西拉丁语地区最多只继承了希腊科学的皮毛。从世界范围看,真正需要注意的倒是中世纪早期在欧洲信仰基督教的不开化地区和西拉丁语地区的那种令人十分遗憾的学术状况。罗马帝国衰落以后,实际上再无人著书立说,希腊知识连同它所有的追求和目标均在西欧消失殆尽。塞维利亚的伊西多尔甚至认为是太阳照亮了星星。两位11世纪的欧洲学者,科洛涅的雷吉姆博尔德(Regimbold of Cologne)和列日的拉多尔夫(Radolf of Liège),可能根本就没有明白过几何学中的那个基本命题"三角形的三个内角等于两个直角"的含义。他们连"英尺"、"平方英尺"和"立方英尺"这样的术语也不明白。

那么,几个世纪以后,希腊的古老科学传统又是如何以及为什么在西欧得到复兴的呢? 回答这个问题需要另作说明,而且必须再回到世界舞台上来。

第二编

世界人民的思与行

在古代近东的制度化模式融合进古希腊的抽象智识方法而被希腊化以后,希腊化式科学传统就于晚古时期和中世纪在一系列近东帝国扎下根来。这些帝国包括:拜占庭、波斯萨珊王朝以及由伊斯兰教统治着的广大地区。与此同时,在中国、印度和中南美洲也各自独立地形成了自己的科学研究传统。在巴比伦模式中,控制着富饶农业土地的君主们慷慨资助专家,让他们研究历法天文学、占星术、数学和医学,以期这些研究领域能够产生出有用的知识。在此期间,科学和传统技艺在世界各地仍基本上处于彼此分离的状态。第二编就将专门讨论从公元500年至1500年这一千年间的这些发展。

第六章
永恒的东方

拜占庭正统

罗马帝国在公元476年崩溃以后,连同首都君士坦丁堡在内的帝国东部地区就渐渐归属了讲希腊语的拜占庭帝国(见地图6.1)。拜占庭是一个基督教国家,处于以一位皇帝为首的复杂而多层次的官僚制度的统治之下(这就是"拜占庭"名称的由来)。拜占庭帝国存在了1000年,直至1453年被奥斯曼土耳其人推翻。拜占庭帝国拥有埃及这一粮仓,十分繁荣,历代富有的皇帝一直维持着许多具有悠久历史的研究较高学问的机构。

关于拜占庭帝国的科学,历史学家一直比较关注,至今仍在进行详细研究。拜占庭文明常常被人说成是反智识的,受到强制推行的作为国教的基督教神学的扼制。拜占庭皇帝查士丁尼(在位时期为527—565年)在公元529年关闭了雅典仍有活动的柏拉图学园及其他学园,这件事被普遍认为是国家对科学研究采取镇压政策的证据。可是,倘若在研究科学史时忽略拜占庭,那就看不到希腊化传统的连续性,也了解不到东方专制文明的非常典型的做法,即把科学和有用的知识纳入社会总的体制之中。

甚至在查士丁尼关闭学园以后,国立学校和教会学校还在传授数学科学("四科":算术、几何、天文学和音乐)、物理科学和医学,而且图书馆作为学问中心也仍然存在。真正的医院,即一种可让病人住院治疗(也作为教会慈善事业)的机构,就是拜占庭人的著名创造。那种机构与今天的医院相似,基本上是医疗技术中心,而不是科学中心。当帝国各地在政府、教会和上流社会的慷慨捐助下都建立起医院时,医院在某种程度上也变成了医学研究中心。拜占庭的医学研究中心完全按照

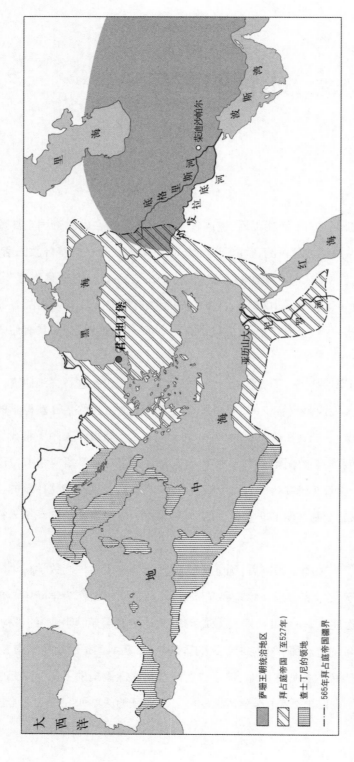

118 地图6.1 拜占庭和波斯萨珊王朝。 在晚古时期，有两个派生的文明在中东地区扎下根来，它们是以君士坦丁堡为中心的拜占庭帝国和处在古美索不达米亚中心地区的波斯萨珊王朝。两个文明都吸收了古希腊科学，从而成为学问中心。

盖伦和希波克拉底的医学和生理学进行教学,有的医院还设有图书馆,制定了教学大纲,甚至进行医学的创新研究和探寻新的技术。拜占庭的著名医师写出过一些有影响的关于医学和药理学的小册子,尽管里面不少都是照抄希腊知识。兽医学在拜占庭文明中是科学医学活动的一个突出方面,君王们都非常重视和支持;因为他们必须使战马始终保持良好状态,运用骑兵和用骑兵实施突击分别是拜占庭军队的基础和基本战术。因此,拜占庭的兽医编写过许多兽医手册,其中偶尔也能发现高水平的独创。

在精密科学方面,讲希腊语的拜占庭学者继承了古代希腊的大部分学问。他们知道自己的亚里士多德、欧几里得和托勒玫。拜占庭的天文学家和数学家根据早期希腊文献和同时代波斯人的文献,有时自己也搞出一些复杂的东西。拜占庭的天文学,除了历法,还有大量占星术方面的内容,这反映了长期存在着的一种想知道未来的不可遏制的愿望。专家们还研究音乐和音乐数学理论,那大概是为了祭祀仪式的需要。最后,还不要忘记拜占庭的金丹术和金丹矿物学,那既是一种值得注意的研究活动,又具有明显的实用目的。

拜占庭时代早期最著名的自然哲学家是菲罗波内斯。菲罗波内斯是名基督徒,于公元6世纪中叶生活和工作在拜占庭统治下的亚历山大。早在欧洲科学革命之前,他就对亚里士多德的物理学进行过相当彻底的抨击。在各种评注文章中,他延续了亚里士多德犀利的批判风格,也发展了亚里士多德物理学多方面的内容。例如,亚里士多德曾牵强地引入周围的空气来解释抛体运动所需的原动力;而菲罗波内斯经过仔细分析后认为,是投掷者赋予了投掷物能够自行运动的那种力量。菲罗波内斯的观点反过来又遭到其他评论者的批评,他不得不就亚里士多德自然哲学著作中的具体问题写出大量争辩性质的文章。所以,后来当伊斯兰和欧洲的自然哲学家评论亚里士多德的著作时,他们也受到菲罗波内斯不小的影响。菲罗波内斯研究的是希腊人的科学并且用希腊文写作,他的工作和他的成就是拜占庭科学传统的明显标志。

仅从思想史的视角来讨论拜占庭的科学,强调的是独创性和纯理论,然而,只

119

有放开眼光观察整个社会历史,才有可能更清楚地看清这一问题。采取这样一种社会史的视角,可以让我们也注意到在智识上水平不怎么高的医学小册子、拜占庭君王们的军中兽医所写的文章,以及在拜占庭统治下产生的大量耕种手册和植物志,此外还包括占星术和金丹术。在一个高度集中的专制社会中,的确只有那些就一些日常用得到的问题进行编汇、翻译和写作的人才有可能得到支持,而恰好是历史学家费力寻找的具有理论创新的那一类工作,会被社会所忽视。

拜占庭帝国在7世纪将埃及和尼罗河河谷丰富的资源丧失给了入侵的阿拉伯人,这使它的经济和社会发生了严重倒退。就是这样一个业已衰弱的拜占庭文明,也仍然维持着它的城市、各种机构和科学,并且坚持了几百年。如此坚持到公元1000年以后,大衰退终于不可避免,拜占庭受到了来自土耳其人、威尼斯人和正在进行宗教改革的友好或者不怎么友好的欧洲基督徒等各方面的挑战。1204年,东进的十字军把君士坦丁堡大肆洗劫一番,将其一直占领到1261年。最后,到1453年,这座城市和这个帝国终于崩溃,归土耳其人所有。奥斯曼土耳其帝国的科学传奇将由新成长起来的学者续写。

尽管拜占庭从没有成为过具有独创精神的科学中心,但是它也没有抛弃世俗的希腊学术传统。事实上,拜占庭虽然以基督教为官方所定的国教,却也态度宽容,甚至保留了那样一种学术传统。

重返美索不达米亚

在古美索不达米亚的中心地带,萨珊王朝建立起了一种典型的以水利农业为基础的近东经济,整修了古代的灌溉系统并加以很好地维护,与此同时,它还建立了一整套典型的近东科学机构。萨珊王朝建立于公元224年,有一个强有力的中央政府和一个由官员组成的特权阶级,这些官员中包括了书记员、占星家、医师、诗人和音乐家。到公元6世纪,在王宫所在地荣迪沙帕尔(Jundishapur),即位于今天巴士拉东北部的一处地方,形成了当时多种文化的一个交汇口。那里混杂在一起的各种学术传统分别来自波斯人、基督教徒、希腊人、印度人、犹太人和叙利亚人。

聂斯托墨派基督教徒在位于土耳其埃德萨的中心于489年被封锁以后,为躲避拜占庭人逃至这里,并带来了希腊学问,从而使波斯人的文化生活得到了丰富。波斯人曾进行过大量的翻译工作——主要集中在荣迪沙帕尔——把希腊文献翻译成当地的语言叙利亚文。他们通常总是挑选那些被认为包含了有用知识的文献进行翻译,主要是医疗技术,但也有科学文献,如亚里士多德的逻辑学论文、数学和天文学等。荣迪沙帕尔还有一家医院,同时也是医学院,那里聚集了不少有经验的印度医师。后来在阿拉伯—伊斯兰教的哈里发接管政权以后,荣迪沙帕尔的那所医学院仍然生气勃勃,一直维持到11世纪。波斯政府当局同样也支持天文学和占星术研究。前不久有人重新进行评价,降低了荣迪沙帕尔的地位,然而,无论如何,荣迪沙帕尔毕竟是一个对于各种文化都兼收并蓄的智识中心,而且是一个对科学支持了若干世纪的中心,直至公元642年波斯被阿拉伯人武力吞并。

121

萨珊文明向我们再一次显示出,管理着一种水利农业经济的中央集权统治者是怎样组织它的科学机构并促进其发展的。那种文化在一定程度上兼收并蓄了古老东方王国把智识活动纳入社会体制的传统和古典的希腊传统,从而产生出由国家管理的机构。在这样一些机构中,纯科学的希腊传统也找到了它的安乐窝。萨珊文明再一次证明,通过加强灌溉农业使之生产出大量剩余农产品从而积累起巨大财富,国家才有可能维持它对科学的制度性支持。这个例子还证实,在西欧出现近代科学以前,在东方一直是希腊科学传统起着主导作用。

在伊斯兰教旗帜下

在中东还产生过另一种科学文明,这一次是由伊斯兰教充当保护神。公元622年,先知穆罕默德从麦加出走,标志着穆斯林时代历史传统的开始。"**伊斯兰**"这个词,意思是服从真主的意志;"穆斯林"则指的是皈依真主的人。阿拉伯人居住在阿拉伯半岛上,公元7世纪,他们在阿拉伯沙漠周边的草原上放牧,形成了一个游牧社会。伊斯兰教渐渐向东向西扩散,后来成为许多不同民族的共同信仰。用了不到30年的时间,伊斯兰军队征服了阿拉伯、埃及和美索不达米亚,取代了波斯人的

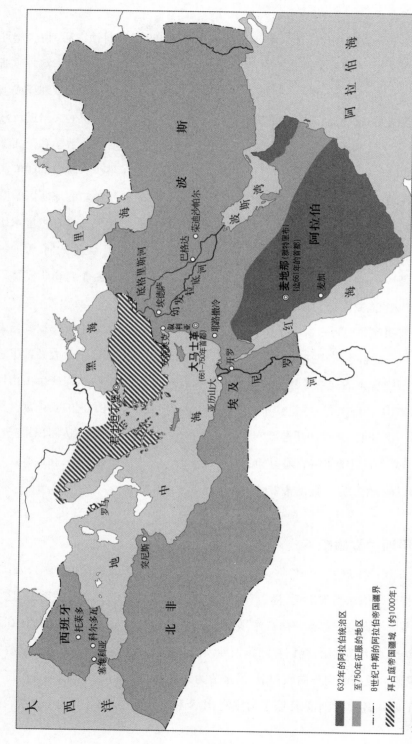

地图6.2 伊斯兰世界。公元7世纪诞生了伊斯兰教,自那以后,伊斯兰教便征服了从大西洋到几乎接近中国边界的广大地区。占领埃及得到尼罗河河谷的丰富资源之后,伊斯兰教的力量大为加强,严重打击了拜占庭文明。

632年的阿拉伯统治区

至750年征服的地区

8世纪中期的阿拉伯帝国疆界

拜占庭帝国疆域(约1000年)

势力,极大地削弱了拜占庭帝国。又只花了一个世纪多一点的时间,他们就建立起一个幅员辽阔的伊斯兰国家,一直从葡萄牙延伸至中亚。伊斯兰世界有着统一的社会文化形态,作为一种伟大的世界性文明曾经一度辉煌,它的科学文化至少繁荣了5个世纪。

伊斯兰的成功靠的是军队,也多亏了它诚实肯干的农民。它的农民接过美索不达米亚和埃及业已开垦的冲积平原,进行了一番类似农业革命的改造,种植了许多新的作物,把更加多样化的植物种类引入地中海地区的生态系统,如稻谷、甘蔗、棉花、各种瓜类、各种柑橘类水果,等等。他们重建并扩大了灌溉系统,延长了农作物种植期,增加了作物产量。伊斯兰科学家不断地写出许多关于农业和灌溉的论文,由此可以看出农民所作的那些贡献的重要性。此外还有不少专门讨论骆驼、马、蜜蜂和猎鹰的文章,它们全是对于伊斯兰农民和统治者十分重要的动物。

农业经过改造以后产量大增,效果十分明显:前所未有的人口增长,城市化程度提高,社会分层加剧,政治更加集中,而且,国家对较高学问的支持也得到加强。位于底格里斯河畔的巴格达于公元762年建城,到10世纪30年代,它就已经成为当时世界上最大的城市,人口达110万。西班牙西南部的科尔多瓦,在伊斯兰教统治时期也有将近100万人口;还有其他一些伊斯兰城市,人口从10万至50万不等。要知道,在当时,最大的欧洲城市的人口也不超过5万。

123

伊斯兰教徒读书识字,按照他们的圣典《古兰经》(Quran 或 Koran)行事。尽管政策时有摇摆,但总体看来,他们对基督教徒和犹太教徒那样的"读书人"还是比较宽容的。与欧洲尚处于原始状态的农民掠夺并破坏所遇到的更高文明不同,这些阿拉伯牧人通过保存和同化他们所遇到的较高文明来建立起自己进行统治的帝国。早期的伊斯兰统治者甚至鼓励民众掌握外来文化传统,包括著名的希腊哲学和科学。他们采取这样的政策,可能是因为面对那些更为成熟的宗教和喜好智识批判的传统,需要加强自己新宗教的逻辑力量和说服力。结果就形成了另一种混合型社会。伊斯兰世界富有的君主们以及他们的臣僚鼓励发展有用的知识,也捎带支持过自然哲学,并建立起名副其实的官办机构,从而导致伊斯兰文化的"希腊化"。

　　中世纪的伊斯兰文明是古希腊科学的主要继承者。至少在公元800—1300年那一段时间,伊斯兰文明几乎在一切科学领域都居于领先地位。只有科学活动非常活跃,才有可能做到这一点。在先知之后的4个世纪中,伊斯兰科学家的数量就与泰勒斯之后4个世纪中希腊科学家的数量相当。伊斯兰科学家建立起第一个真正的跨国群体,从伊比利亚到中亚,遍布各地。可是,尽管当代学者们也相当重视中世纪的伊斯兰科学,但有时还是将其贬低为把古希腊科学消极地"传送"至中世纪欧洲的一个中间驿站。稍微想一想就能看出,若把伊斯兰科学的历史仅仅或主要看作连接欧洲科学的一个纽带,或者把伊斯兰科学归入"西方传统",那该是如何没有历史根据。评价中世纪的伊斯兰文明及其科学,必须按照它的本来面貌作出判断;历史的实际情况是,伊斯兰的科学同时兼有西方传统和东方传统两者的特点。

　　伊斯兰的科学文献已经得到整理出版的非常少,其中大多尚未加以研究,仍然是手抄本。学者们所关注的一直是古典文本,是科学思想"内"史,是传记,是先驱者或者被认为其思想对后来的欧洲科学产生过重大影响的那些阿拉伯科学家。直到最近,才有人从学术上来认真研究伊斯兰科学组织机构方面的问题,至于全面研究伊斯兰的科学传统,则根本没有人做。

　　而且,这个领域的解释性研究还分成两个分歧很大的学派。一个学派属"边缘论",认为伊斯兰的那种世俗的理性科学来自希腊文明,在伊斯兰世界被称为"外来"(aw'il)科学,它从未融入伊斯兰文化,始终仅处在文化的边缘,最多也只是得到容忍而已,绝没有构成伊斯兰社会的一个基本部分。与之相对立的是"同化论"学派,他们坚信外来科学已经汇入伊斯兰世界的生活之中。两种观点都不完全符合事实,不过这里的介绍倾向于同化论观点,特别是当我们来分析伊斯兰科学的体制基础并认识到科学在伊斯兰文明中的社会功能与在其他东方文明中的功能是一样时,同化论似乎更有道理。

　　伊斯兰的科学文化是通过掌握比较成熟的文明的知识建立起来的,因此,首要的是把有关文献翻译成阿拉伯文。由于较早就占领了荣迪沙帕尔,在伊斯兰文明的早期阶段,波斯和印度的影响要大于希腊的影响。例如,到公元8世纪60年代,还有一个印度使团到巴格达传授印度科学和哲学,帮助把印度的天文学和数学文献从梵文翻译成阿拉伯文。后来,又有搞科学的穆斯林赴印度向印度专家学习。

但是,在接下来的一个世纪,翻译工作就逐渐集中于希腊的科学著作。公元832年,巴格达的政府首脑哈里发麦蒙(Al-Ma'mun)建立了"智慧宫"(Bayt al-Hikma),专门在那里从事翻译和掌握外来世俗科学的工作。麦蒙还派出使者去从拜占庭的大量文献中寻找和收集希腊科学手稿,供智慧宫的学者们使用。智慧宫出现了好几个从事研究和翻译工作的家族,例如伊沙克(Ishāq ibn Hunayn)及他的亲属,他们把希腊的哲学和科学典籍翻译成阿拉伯文;翻译量之大,简直令人难以置信。结果,希腊的有关自然科学、数学和医学的全部文献几乎都被翻译成了阿拉伯文,从而使阿拉伯文成为当时文明和科学的国际性语言。例如托勒玫的《天文学大成》,它的这个书名 al-Mageste 就是阿拉伯文"伟大之至"的意思,在公元9世纪初的巴格达可以看到好几种译本。此外,加以翻译的还有欧几里得的《几何原本》、阿基米德的几种著作,以及亚里士多德的从他的逻辑学论文开始翻译的许多著作。亚里士多德堪称伊斯兰理论科学的鼻祖,有了他,后来才出现了许多评论家和持批判态度的思想家。即使在今天,我们若要寻找亚里士多德的著述,包括亚里士多德本人的著作和希腊时期关于他的评论,从任何一种欧洲语言的文献中去寻找,也不会比在阿拉伯文文献中能够找到的更多,由此可见伊斯兰学者翻译希腊文献涉及面之广泛。

麦蒙支持翻译家和智慧宫并非只是喜好学问,而是出于那些东西对他这位君王确实有用的功利目的,尤其是医学、应用数学、天文学、占星术、金丹术和逻辑学这些领域。(最早介绍亚里士多德,就是因为他的逻辑学对于法律和政府具有实用价值,只是后来才开始把他的科学和哲学著作全部译成阿拉伯文。)伊斯兰翻译家首先注意到要引入的领域就是医学,据信,伊沙克一人就翻译了150部盖伦和希波克拉底的著作。到公元900年时,欧洲大概才只有3部盖伦的著作,可是在伊斯兰世界,学者们在政府的支持下埋头苦干,已经有了129部译本。所有这些,都为一种伟大的科学文明打下了基础。

在伊斯兰世界,通常并不重视世俗科学自身的价值,而只看重它们的实用功能。在一般情况下,不会有个人主义的自然哲学家为了知识本身而去追求世俗的知识,这一点与古希腊和后来的基督教欧洲都不一样。正是在这个意义上,"边缘论"观点才在一定程度上说中了纯科学在伊斯兰社会中所处的地位。尽管如此,"边缘论"观点仍然没有看到,科学在得到资助和制度化以后,便在伊斯兰文化中以各种形式找到了它的社会位置这件事所具有的意义。作为社会史,还是"同化论"比较恰当地描绘出科学和自然知识在伊斯兰社会中所起的作用及其制度化特征。

遍布各个地方的每一座清真寺当然主要是宗教中心,但也是一个进行读书识字和做学问的中心。不过,清真寺里有一位正式的计时员(muwaqqit),一到规定时间,就要提醒人们祈祷。这种在外人看来颇觉奇怪的严格规矩,若要认真执行,恐怕只有合格的天文学家或者至少是训练有素的专家才能够胜任。譬如说,当某个参照物的阴影等于它在中午时的影长加上该物自身的长度时,就是下午该进行祈祷的时间。决定那些祈祷时间要根据许多神秘的地理因素和季节因素,计时员需要依靠一些详细的时刻表,其中有的时刻表列出的项目多达 30 000 条,还要用到星盘和精致的日晷之类的仪器,这样才能够确定什么时候应该进行祈祷。(星盘后来发展成相当完善的仪器,可用来解决 300 种天文学、地理学和三角学难题。)不仅如此,祈祷时必须虔诚地面朝麦加的方向,因此,还需要掌握足够的地理知识才能在当地确定准确的方位。斋月的开始时间则由天文学家来确定,在那一个月中白天要实行斋戒,因此还要确定每日的破晓时刻。按照与上面那些做法同样的思路,每一个地方的伊斯兰社区都要设受过数学和法律训练的专家,人称"发拉蒂"(faradi),负责监管遗产分配。

伊斯兰的法律学院叫马德拉萨(madrasa),即"学馆",是一类传授较高学问的机构,里面要讲授一些"外来科学"。在伊斯兰世界各地都设有这样的学馆,这里主要是进行"伊斯兰科学"中的法律教育的高级学校。在伊斯兰世界,最卓越的科学不是神学,而是法律。我们不应将学馆与后来的欧洲大学相提并论,它们不是实行自我管理的法人(这在伊斯兰世界是被禁止的),没有固定课程,也不授予学位。按照法律规定,学馆可以接受慈善性质的捐赠,但有办学证书加以严格限制,绝不允许讲授与伊斯兰的基本教义有任何抵触的东西。学馆更像是独立的学者招收一些学生聚集起来进行个人教学,强调死记硬背,使用官方批准的教本。接受的捐款用来支付教师的薪酬,解决日常教学开支,修盖教室,免费向学生提供膳食。

126

世俗的科学就是在这些传授较高学问的机构中找到了不错的栖息之所。例如,逻辑学就是从希腊传统中拿过来的,讲授算术是为了培养处理遗产分配的"发拉蒂"或专家。同样,几何学、三角学和天文学也进入伊斯兰文明的学问研究范畴——尽管要受到严格的监管,那是因为伊斯兰教需要用它们来确定祈祷的合适时间和麦加的方向。专家们虽然不能公然张扬,却也能够在学馆的正式安排之外私下传授"外来科学"。世俗的科学和哲学书籍,在各地学馆和清真寺附属的对外

图6.1 星盘。这种有许多小分割面的器件是伊斯兰世界的一项发明,它被用来帮助进行天文观测和解决同计时、地理学及天文学有关的一些问题。

128

公开的图书馆里都能找到。总之，一位学生若想学习自然科学，他总可以在学馆和与之有关的场所得到高水平的指导。

图书馆是伊斯兰文明中的又一类重要机构，自然科学在那里得到了很好的滋养。图书馆常常附属于学馆或者清真寺，有专门人员照管，并对公众公开，在整个伊斯兰世界没有数千少说也有数百座。仅科尔多瓦一处就有70座图书馆，其中一座藏书达400 000—500 000卷。在13世纪的巴格达有30所学馆，每一所都有自己的图书馆。到1500年，大马士革有150所学馆，图书馆同样也有那么多。马里的廷巴克图位于伊斯兰化的非洲深处，其图书馆拥有30 000册图书。设在马拉盖的天文台也有一座图书馆，据考证，藏有400 000卷图书。在10世纪时，开罗也有一座智慧宫（Dār al-'ilm），藏有图书约200万册，其中约18 000册属于科学书籍。一位收藏家曾夸耀说，需要400峰骆驼才能把他的图书馆中的藏书运走。另一位富人的财产中包括有600箱图书，每一箱都要两个壮汉才能搬动。10世纪的一位波斯内科医师伊本·西拿（Ibn Sīnā，980—1037年），在西方人称阿维森纳（Avicenna），在他留下的阿拉伯文著作里有一段对地处亚洲伊斯兰世界边缘地带穆斯林居住地的布哈拉城中皇家图书馆规模的生动描写，摘引如下：

> 我在那里看到许多放满图书的房间，装有图书的书箱摞成一层又一层。有一个房间专门放阿拉伯哲学和诗歌类书籍，另一个房间放法律书籍，如此等等；各门类的科学图书也单独有一个房间。我翻阅了一下古希腊作者的著作目录，查找我需要的图书。在这里的收藏中，我看到了极少有人听见过书名的图书，我本人则是在那以前从未见到过，而以后也再没有在别处看到过。

可以转过头来看一看同一时期欧洲的情形。在中世纪的欧洲总共只有数百座图书馆。晚至14世纪，巴黎大学图书馆的藏书才只有2000部。再晚一个世纪，梵蒂冈图书馆的藏书也不过几百册。显然，仅靠说伊斯兰人爱读书，是说明不了为什么会有那么多伊斯兰图书馆的。大量藏书显然是哈里发们的意思，那需要巨款，还要有造纸技术。伊斯兰世界用到的一种新技术是在8世纪从中国传过去的。有了那种技术才可以大量造纸,降低图书的成本。现在知道,公元751年后在撒马尔罕、793年在巴格达、900年左右在开罗、1100年在摩洛哥,以及1150年在西班牙,都先后开办过造纸厂。仅在巴格达一个城市就有100家店铺出售纸质图书。具有讽刺意味的是,在15世纪刚出现印刷机时,伊斯兰当局竟禁止使用,惟恐亵渎了真主的名字,当然也是害怕不良思想得以大范围扩散。

尽管天文学家们早就在观测天体,但伊斯兰文明却建立了一种新型而又独特的科学机构——正式的天文观测台。得到了统治者哈里发和苏丹们的经济支持,天文台及其仪器设备以及所雇用的天文学家们免除了好些具体杂务,只需在那里编制一本比一本精确的用于历法和宗教目的的天文手册(zij),用来确定祈祷和进行其他宗教活动——如斋月——的时间。伊斯兰历法与古巴比伦历法一样,属于太阴历,一年有12个月,一个月有29天或30天,每过30年一个循环;需要由受过训练的观测者来确定每一个月新月开始的时刻。与天文学密切相关的还有地理学。穆斯林天文学家依据托勒玫的《地理学》(*Geography*)开发出一些导航技术和确定地理位置的技术,对于海员和沙漠里的旅行者很有用处。

伊斯兰当权者曾正式对天文学和占星术进行了区分,要求天文学研究天体,占星术搞清上天对人世的影响。这种划分或许有利于天文学与社会结合,但王室扶持天文学的真正动机还在于看中了占星术所许诺的能够预测未来的那种本事。宗教当局偶尔也曾经处罚过个别占星家误导人们相信天上的星星而不信真主的行为,但是占星术却一直是最流行的世俗科学,在宫廷里尤甚。宫廷中甚至有一套规章制度和考核办法,用来决定占星家的等级、职责和薪俸。在宫廷外,占星家可以从地方警察首脑那里拿到执照在市场上招徕顾客为人算命。穆斯林天文学家、占星家除了有托勒玫的《天文学大成》可读,还能看到他的占星术著作《占星四书》,许多人就是靠了那本书和类似的一些书籍为人占星算命,也有人当上了宫廷占星家享受俸禄。

穆斯林世界的许多地方都设有天文台。第一座天文台是麦蒙于公元828年前后在巴格达建立的。最著名的天文台坐落在周边地区十分富庶的靠近里海的城市

马拉盖,它建成于公元1259年。建造这座天文台的部分原因就是为了改进占星预
测。马拉盖天文台由政府提供费用,科学活动接受政府指导,还附设有一个颇具规
模的图书馆。在那里工作过一批出色的科学家,我们可以把他们恰当地称为马拉
盖学派,其中有图西(al-Tūsī,卒于1274年)和西拉兹(al-Shīrāzī,卒于1311年)以及
他们的后继者伊本·沙提尔(Ibn al-Shātir,卒于1375年)。他们的工作远远超越了
古代的天文学和天文学理论,尤其是完善了行星运动的非托勒玫模型(尽管仍然是
地心模型),而且还通过极其精确的天文观测来加以验证。不过,马拉盖天文台同
许多其他天文台一样,都不长久,至多维持了60年。马拉盖天文台和其他好些伊
斯兰天文台,尽管得到非伊斯兰的蒙古统治者的保护,但由于宗教当局反对搞对神
大不敬的占星术,最后还是不得不关闭。

再往东往北,撒马尔罕在15世纪曾是一座相当发达的城市,它拥有得到灌溉
之利的果园、菜园和粮田,著名的穆斯林王子学者乌鲁伯格(Ulugh Beg, 1393—
1449年)曾在那里兴建过一所学馆和一座很大的天文台。伊斯兰天文学家竭力提
高他们观测的精确性,其意义在于他们为此必须要用到一些非常大的仪器,如撒马
尔罕那台高三层的六分仪,直径就达132英尺(约40米)。这些大型仪器连同天文
台的建筑,还有在那里工作的天文学家和辅助人员,再加上附设的图书馆,开支当
然很大,因而不能不依靠政府资助来维持。正是通过这些天文台,中世纪的伊斯兰
文明才形成了一种观测和理论并重的天文学传统。那种传统,在16和17世纪欧洲
取得科学成就之前,一直都是独一无二的。

伊斯兰的数学也有很高的声誉,而且一贯侧重实用,重视的是算术和代数,而
不是希腊人的形式化的理论几何学。中世纪的伊斯兰数学家也发展了三角学,那
对于常要用到弧和角的天文学当然是非常有用的。他们采用了源自印度且使用方
便的"阿拉伯数字",更进一步反映了那种注重实用的倾向。尽管伊斯兰数学家也
会求解相当于高次方程的难题,但那是为了解决在日常生活中处理税收、慈善捐赠
和遗产分割等事情时遇到的不少那样的问题。例如,9世纪的伊斯兰数学家花拉子
米(al-Khwarizmi)写过一本实用数学手册,书名就叫 al-Jabr(还原与对消),后来在

西方以《代数学》(*Algebra*)这个书名而著称。花拉子米就是最早从印度引入"阿拉伯数字"的那位数学家。他工作在麦蒙的宫廷里,那当然不会是巧合。

伊斯兰医学和它独特的组织方式是值得我们加以特别关注的。阿拉伯人原来就有一套自己的医学,在《古兰经》中可以读到先知关于食疗、保健、各种疾病及其治疗方法的不少教诲。阿拉伯翻译运动使得伊斯兰医师能够阅读到阿拉伯文的希波克拉底医典和盖伦的著作;尤其在亚历山大,保存有许多古希腊的医学文献。伊斯兰医学也吸收了波斯和印度医学的不少内容,其中有的是通过接管荣迪沙帕尔的医学院得来的,有的是在同印度进行药材和香料贸易的过程中直接得到的。结果,伊斯兰医学是一种由许多不同传统结合在一起的医学,它已经彻底本土化,构成了伊斯兰社会的一个组成部分。

有一些学馆专门传授医学知识,而真正体现伊斯兰医学的地方当然还是医院。伊斯兰世界各地都有政府开办的医院。巴格达集中了一些非常著名的医学中心,荣迪沙帕尔、大马士革(从13至15世纪就建立了6所医院)和开罗也有医院,但都不及巴格达。许多医院都配备了齐全的医务人员,设有病房,还附设有图书馆和讲学厅(majlis)。所以,伊斯兰的医院不仅为患者治病(包括采用占星术),还发展成为医学教学和研究的中心。伊斯兰社会中未曾出现过行业协会一类的组织,但是政府通过地方安全官员为医师发放开业许可证。不少伊斯兰名医,如拉齐[al-Rāzī,即腊泽斯(Rhazes),854—925年]、马朱西[al-Majūsī,即阿巴斯(Haly Abbas),卒于995年]和阿维森纳等,他们热衷于医学实验,且对于疾病和治疗方法都提出过独到的见解,其深入程度超过了前人。

在伊斯兰科学中光学的成就特别大,那其实也是由于医学的需要。尤其是在埃及,沙漠环境使得居住在那里的人极易罹患眼疾。伊斯兰医学留下了大量眼科学文献,伊斯兰医师也特别擅长医治眼病,对视觉的解剖学和生理学有较深的认识。伟大的伊斯兰物理学家伊本·海赛姆[Ibn al-Haytham,即阿尔哈曾(Alhazen),965—1040年]就生活在埃及,他虽然不是医师,却写过不少关于眼病的东西。他最著名的著作是《光学》(*Optics*),这也是一系列伊斯兰科学著作中影响最大的一部,

130

书中内容涉及视觉、折射、暗匣针孔成像、凹面反射镜、凸透镜、彩虹及其他光学现象。

在伊斯兰世界,医师享有很高的社会地位,许多在科学和哲学上作出过贡献的穆斯林都是通过担任宫廷医师或者宫廷任命的行政官和法官谋生的。例如,人称亚里士多德"注释者"的阿威罗伊[Averroës,即伊本·路西德(Ibn Rushd),1126—1198年]就是西班牙的宫廷医师和宗教法学家。伊斯兰博学家阿维森纳被誉为"伊斯兰的盖伦",他曾接受过好几个宫廷的聘用担任医师,以进行他的哲学和科学研究。著名的犹太哲学家和学者迈莫尼德[Moses Maimonides,即穆萨·伊本·迈蒙(Musa ibn Maymun),1135—1204年]则是开罗的伊斯兰君主(苏丹)的医师。总之,来自宫廷的资助提供了有保障的已纳入体制的职位,医师—科学家在那样的位置上能有机会掌握世俗科学并加以发展,而且,有了那样的地位,多少可以免去一些来自占统治地位的宗教体制的干扰,还能少受管束着整个伊斯兰社会的宗教法律的限制及威胁。

伊斯兰金丹术更是与宫廷有着密切关系并得到统治者的支持,成为一种影响极大的传统,许多科学家都卷入其中。金丹术跻身科学,其根据是亚里士多德的物质理论。在寻找长生不老药的过程中,伊斯兰金丹术似乎还受到过中国金丹术的影响;而它同时还包含一部分矿物学方面的工作,显示出来自印度和伊朗的影响。金丹术是一种秘密技艺,金丹术士们认为一位叫哈央(Jābir ibn Hayyān)的9世纪人物——西方的拉丁译名是吉伯(Geber)——是伊斯兰金丹术的鼻祖,据称有大约3000篇关于金丹术的文章都是出自他手。当然,金丹术之所以得到资助人的极大重视,最主要是因为金丹术士许诺可以把贱金属变为金子,制造出长生不老药,那是它要追求的目标。然而,对于许多从事那项活动的人来说,伊斯兰金丹术是对智力的极大考验,主要是对金丹术士个人的精神磨炼。为了从事他们的科学,伊斯兰金丹术士们发明了新的设备,完善了新的技术,其中就包括蒸馏法。伊斯兰金丹术的不少痕迹还存留在来源于阿拉伯文的词语中,如金丹术(alchemy)一词本身、酒精(alcohol)、碱(alkali)和蒸馏器(alembic)等。此外,还有一些词,如代数学(algebra)、方位角(azimuth)、算法(algorithm)等等,也都表明今天正在使用着的科学语言保留了不少阿拉伯语和伊斯兰科学史的痕迹。

伊斯兰科学高度严密的组织结构是它取得某些成就并具有某些特点的重要因素。学者和科学家聚集在学校、图书馆、清真寺和医院,特别是天文台里,有成批的天文学家和数学家在同一场所一起工作。这些机构为在其中从事科学工作的人提供了机会和支持,从而极大地增进了科学活动的活力。以从事科学工作的人数衡量,在公元1100年以前,伊斯兰科学家的人数要比当时欧洲少量从事科学工作的人数高一个数量级。体制化的另一个结果是产生出伊斯兰科学研究的一个突出特点,它非常像古代官僚王国的科学,十分重视实用性,目的是为公众服务,为国家利益服务。

中世纪伊斯兰世界的技术和工业仍然同希腊—罗马世界一样,与科学领域甚少联系,既没有向科学贡献什么,也没有从科学得到什么。如我们所看到的,伊斯兰科学包容了许多古希腊的学问,而伊斯兰技术却更像罗马和东方王国的技术。在建筑方面,穆斯林多采用罗马式的拱形结构,而不是希腊建筑的立柱和横梁结构。在农业方面,伊斯兰文明则与罗马的那些省份和近东的所有文明一样,对水利工程的依赖性很大。实际上,伊斯兰版图上的地区正好是需要加强水利的地区,希腊和意大利的农业不怎么依靠人工灌溉,所以也没有被伊斯兰化;西班牙在穆斯林的统治下,水利技术则有非常大的发展。修筑大型水坝、建造水车和挖掘暗渠(坎儿井,一种敷设在地下的输水管,用来引出地下水),所有这一切,都构成了伊斯兰工程技术相当大的一部分。在非洲,筑有城墙的喀土穆和廷巴克图都有伊斯兰中心,它们都离水源不远。在伊朗,暗渠至少提供了灌溉用水和城市用水的一半。这些工程都是工匠们的功劳,同书卷气十足的神学和科学实在没有什么关系。

伊斯兰世界科学活动的活力究竟是在什么时候开始衰退的,学者们的意见尚不一致。有人认为,衰退开始于12世纪以后,尤其在西部地区;另有人提出,新的重要的科学探索活动在东部持续了很久,直到15和16世纪还在进行。然而,大家都不否认,伊斯兰的科学和医学在公元1000年前后的几个世纪曾达到它们历史上

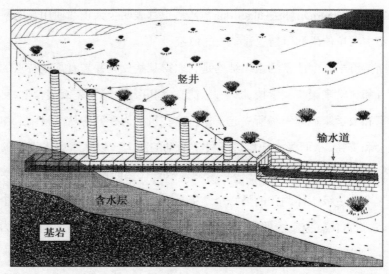

图6.2　暗渠技术。伊斯兰的农业和文明依靠人工灌溉来维持。伊斯兰工程师发明了许多复杂的水利技术，其中就有引出地下水的暗渠。

的黄金时代，那以后，原创工作的创造性便衰退了。不过必须指出的是，这种说法

忘记了一个事实：清真寺和学馆里的知识在随后的几个世纪中还继续在发挥作用，实在没有受到原创科学"衰退"的什么影响。尽管如此，学者们还是就伊斯兰科学传统最终衰退的原因提出了几种假设。这些假设涉及的全都是外部因素和社会因素，在伊斯兰科学的科学思想方面找不到任何内在的逻辑理由可以解释其活力的失落。

　　讨论的问题集中在伊斯兰内部宗教保守势力的最终得势上。作为一种宗教，伊斯兰教非常看重对真主安拉的神力和不可能为凡人所知的本质是否虔诚。因此，按照"边缘论"观点，伊斯兰的文化价值和教义不可能容忍总会在不同程度上与之相悖的世俗的哲学和学问，它们只能存在于伊斯兰社会主流文化的边缘。在这种情况下，比如说，随时都会有哪位执法者和宗教领袖发布几条宗教条令（fatwas），用来约束那些陷入世俗科学过深的人。伊斯兰教内部曾经形成过一些不同的派别，大家就寻求知识的过程中人和理性所起的作用进行辩论，可是，到头来这些争论全无用处，还是要听命于总是占上风的宗教保守势力。随着不容异说的风气愈

来愈甚,伊斯兰科学的创造精神终于被扼杀殆尽。至于伊斯兰科学为什么曾经一度繁荣,又为什么会在那一时间衰亡,边缘论都没有给出解释。

　　与此有关的另一种说法是,伊斯兰文明在其初始阶段是比较多元化的,但是,当伊斯兰世界在文化上渐渐走向一元化以后,科学就衰退了。在伊斯兰教统治的许多地区,起初只有少数人信仰宗教。伊斯兰文明是作为一种殖民势力出现的,特别是在伊斯兰帝国的边缘地区,起初盛行的是多元文化社会,内部混杂了不同的文化和不同的宗教,如波斯的、印度的、阿拉伯的、非洲的、希腊的、中国的、犹太人的和基督教的。随着时间的推移,交流的增加,伊斯兰世界在宗教上变得愈来愈强硬,文化上愈来愈排外。到14世纪时,许多地区就被完全伊斯兰化了。在这种情况下,具有创造性的科学思想家的文化"空间"大为缩小,伊斯兰文明的科学活力自然也就随之萎缩。然而,这种解释却回避了一个重要事实,即伊斯兰科学在其鼎盛期恰好常常是在最伊斯兰化的中心地区(如巴格达)最为发达。

　　战争和战争所导致的社会文化崩溃,同样也被用作说明伊斯兰科学衰退的因素。在西班牙,伊斯兰世界于11世纪最早受到来自基督教欧洲的压力,先是托莱多于1085年陷落,接着是塞维利亚于1248年被占领,到1492年,西班牙终于被完全征服。在东部,则有来自干旱草原的蒙古军队侵犯伊斯兰的疆土,他们得寸进尺,最后于1258年占领巴格达。帖木儿[Timur,即泰摩兰(Tamerlane)]率领的蒙古占领军于即将进入15世纪之际回到中东,于1402年毁掉了大马士革。虽然东部的伊斯兰文化和组织机构很快就从这些入侵破坏中恢复过来,可是受到入侵的总的后果,也许是宗教保守势力更加得势,原来进行科学探索的那些必需条件就被破坏了。

　　还有一些学者强调了伊斯兰文明在1492年以后发生的经济衰落,他们把这也归为伊斯兰科学出现文化衰退的一个因素。他们认为,随着欧洲人的远洋贸易于1497年扩张至印度洋,伊斯兰世界便失去了至关重要的对东亚香料和货物市场的垄断。经济环境恶化,按照持这种观点的学者的说法,科学就不能指望繁荣发展,更不用说对政府的依赖性非常大的伊斯兰科学。

上述的每一种解释无疑都有一定道理,但还需要作进一步的历史研究来澄清伊斯兰科学衰落的原因。除了伊斯兰科学的衰落,学者们还试图说明另外一个完全不同的问题,那就是近代科学为什么未能在伊斯兰文明的环境下出现。这个问题的常见提法是:既然伊斯兰科学曾经处于领先地位,那么为何没有在伊斯兰世界内部发生科学革命? 伊斯兰科学家为何没有抛弃古代的地心宇宙论而提出近代的日心说? 他们为何没有建立如牛顿那样的惯性物理学去同时说明天上的运动和地上的运动? 为了解释伊斯兰科学为何未能跃进到近代科学而"错失良机",已有人花费了不少的精力。历史上**没有**发生过的事情若要追究起来简直不计其数,历史学家企图说明**已经**发生过的事情都有些勉为其难,那么,再考虑那样的问题就更会

134 不知所措了。在本章中仅仅用事实说明了这样一点:伊斯兰科学曾经繁荣过几个世纪,而且已经渗入天文台、图书馆、学馆、医院和统治者居住的宫廷。伊斯兰科学家全都工作在被伊斯兰教包围的环境之中,而且,在伊斯兰科学经过其成就的巅峰期以后,仍然在这种环境下工作了若干世纪。说什么科学"应当"像在西方那样发展,这是对历史的误解,是在把一些无论就历史发展顺序还是就文化形态而言都全然不同的外部标准强加于一种生机勃勃的中世纪文明之上。

第七章

中央帝国

中国的历代皇帝统治着幅员辽阔而且人口众多的疆土,其疆域差不多有欧洲大小;当然,在不同时期,它的疆界和政治实体会有一些变化。即使是中国传统的固有地域也有欧洲面积的一半,相当于7个法国(见地图7.1)。中国自从公元前

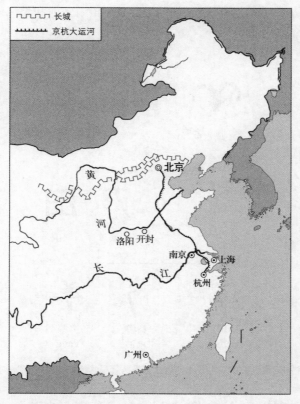

地图7.1 中国。 中华文明于公元前 2000 年左右发源于黄河流域。北部和西部的大山、沙漠和干旱草原切断了它与亚洲其他地方的联系。中国首次实现统一是在公元前 3 世纪,形成了世界上疆域最大、人口最多的政治实体。在此图上绘出了中华文明最伟大的两项工程——长城和大运河。

221年实现第一次统一起,就一直是世界上人口最多的国家。此后,除了在一个不长的时间里不如占有多块土地的罗马帝国外,连绵不绝的中华帝国就始终是矗立在世界上的最大的政治实体。中国的人口在公元1200年就达到了11 500万,2倍于当时欧洲的人口,人口密度则将近是欧洲的5倍。

中国在地理上与外界隔绝,其不受外来影响的程度超过了任何其他旧大陆上的文明。客观地说,中国的历史肯定受到过在它北部和西部的游牧民族的巨大影响,但是,它的西南部、西部和北部要么有高山,要么有沙漠,要么有不适宜人类生存的干旱草原,使它难以接触到西亚和欧洲的文化与历史发展。最早的中华文明产生在黄河流域,直到比较晚的历史时期,文明才渐渐铺开至长江流域及其冲积平原。中国代表了典型的水利文明,它的文化总是沿着黄河和长江以及相关的江河湖泊水系向东扩散。

137　　**图7.1　中国的象形文字**。中国的书写语言是从最早的象形文字演变而来的。它可以通过组合已有的字符来构成新字。有的字用某一部分来代表读音,用另一部分指明该字所指代事物的类属。与其他起源于象形文字的语言不同,中文没有简化为纯粹的语音文字或者以音节为基础的文字,中国人识字至少要掌握数百个不同的字符。这样的困难并没有妨碍中文逐渐形成它的技术和科学语汇。

中国独立发展有自己的书写技术。在商代(公元前1600—前1046年)的"甲骨文"上就可以看到复杂的表意文字。到公元前9世纪,中国文字就已经十分发达,有了多达5000个字符,中国统一以后更对文字进行了标准化。中国文字有数百个基本符号,用它们可以组成数千个(实际上有数万个)不同的中文字。由于中国文字非常复杂,还因为每一个写下来的词都既表音,又表形,所以掌握中国文字十分困难(今天仍是如此)。中国文字始终坚持了表意模式,没有像古埃及、苏美尔和古巴比伦文字那样简化成表音文字或者按音节书写的文字。但是,这并没有成为连续记录中国悠久文化传统的障碍,我们今天能够看到自公元前2000年开始留存下来的大量令人印象深刻的文学和科学文献。

中国体现的是一种数千年来延绵不断的文化。在历史上曾发生过许多纷繁的社会和政治变迁,不同的王朝相继兴起与衰亡(见表7.1);在这里不可能把它们都讲清楚。不过,对于宋朝(960—1279年)和随宋朝而起的"复兴"我们却不能不加以重视。宋朝统治的几百年曾经是中国科学和技术的黄金时代,把那一时期与同时代世界其他地方的发展进行比较是再合适不过的。

中国在宋代是相当繁荣的,那多亏了农业的变革,尤其是中国南部和长江流域于8世纪开始大规模种植稻谷。比起其他谷物来,稻谷的单位面积产量要高得多,因而仅引种稻谷一项就对社会和文化产生了极大影响。1012年以后,官府从印度支那引进稻谷的早熟和冬熟新品种,有计划地分配给农民种植。有的品种60天就能成熟,在条件好的地方一年可以收获两季乃至三季。还有一些品种不需要太多的水,那就意味着可以把更多的土地用于种植。在宋代,农民们主要通过排干沼泽地的积水、围湖造田、修筑梯田和改进灌溉等措施来增加稻谷生产,而所有这一切都是在官府的指导下进行的。由于采用了栽种水稻的新技术,农田不再需要休耕;使用了种植水稻的新型工具,如专门用来翻耕稻田的犁具和脚踏水车,更使生产效率和产量大幅度提升,从而生产出越来越多的富余产品。

所有这些努力的效果是非常明显的。中国的人口从公元800年的5000万增加到1200年的11 500万(另一个统计结果是12 300万),翻了一番还多。到1080年

138

表 7.1　中国历史朝代表*

早期中国	
夏	公元前 21 世纪—前 17 世纪
商	约公元前 1600—前 1046 年
周	
西周	公元前 1046—前 771 年
东周	公元前 770—前 256 年
战国时期	公元前 475—前 221 年
早期中华帝国	
秦	公元前 221—前 206 年
汉	公元前 206—220 年
三国	220—280 年
两晋	265—420 年
南北朝	
南朝	420—589 年
北朝	386—581 年
古典中华帝国	
隋	581—618 年
唐	618—907 年
五代	907—960 年
辽	907—1125 年
金	1115—1234 年
宋	
北宋	960—1127 年
南宋	1127—1279 年
晚期中华帝国	
元（蒙古人）	1279—1368 年
明	1368—1644 年
清（满人）	1644—1911 年

时,中华文明的重心已经南移,那时,居住在南方的人口是居住在北方的人口的 2 倍以上。城市化过程也急遽加快。有一份研究报告指出,宋代的中国已经有 5 个城市的人口超过了 100 万;据另一份报告估计,那时的城市人口已经占到了总人口的 20%。作为农业社会,这当然是一个非常高的比例,欧洲在 19 世纪以前还没有

---

* 此表按原书译出,部分时间与我国目前通行的朝代表有所出入。——译者

哪一个社会达到过如此高的城市化程度。帝国大道和驿站系统连接并组织起了这个巨大网络。随着可以用于交换的农产品的增多,贸易日益发达,制造业愈加兴旺,最后出现了一个闲暇时间很多的中产阶级。

在宋代,集权化水平达到了新的高度,皇帝集权力于一身,通过一个由达官贵人构成的官僚集团实行统治。中国皇帝"受命于天",在一个强化的文官系统的辅佐下直接统治着整个中国,渗透进中国人的日常生活。那个官僚集团十分庞大,上下垂直的隶属关系非常严密。据后来的明代文献显示,宋朝的文官人数达到10万,这还不包括武官的数目。凭借如此有效的国家机器,皇帝的权威直达村乡一级,没有任何中间或独立的势力可以挑战皇帝及其官僚集团的权威。有一些地区有不同的风俗习惯和使用不同的语言,这会造成一些麻烦,但是绝不存在可以不听命于皇帝的正式的权力中心。乡镇和城市不可能自治,更不会有独立的行政机构。如此排他性的集权行政系统不允许有独立机构存在,当然更不会有社团或者行会。古代中国这种无所不在的官僚制度,似乎也限制了在官方渠道之外进行科学或技术研究的不受管束的社会空间或思想空间。

中国把孔子(公元前551—前479年)尊奉为圣人,他的学说从根本上塑造了中国的上层文化。特别是宋代的一些注释者将其重新诠释形成的新儒家学说,更被官方确定为国家的意识形态。孔子关注的是家庭、人性和社会一类事情,而不涉及自然界或者人际关系以外的东西。儒家学说是一种实用哲学,强调修身养性规范个人的行为,追求的是齐家治国的方法,以达到社会的公正与和谐。因此,宋代的儒学标榜的是习俗、礼仪、伦理、孝道、长幼有序、服从、谨守本分以及公道(但不是法律)等等行为准则。儒家学说就是通过这几个方面维持着当时所实行的家长式和家族式社会,使之长期保持稳定而不变。

帝国官僚机器的权力和诱惑力把本来有可能用于科学的一切聪明才智全部吸引过去,让学者们不问旁事,只关心人文学科,钻研儒家经典,从而进一步加大了学术文化与生产技能的分离。在宋代,国家官僚体制真正做到了对知识界精英开放。国家招募公职人员不是根据政治上的考虑或者通过世袭,而是看所谓的才干以及在非常苛刻的科举考试中的表现;事实上,那几乎就是进入政治权力集团的唯一途径。其实早在汉代(公元前206—220年)就已经实行了这一套国家考试制度,它的一个作用是限制贵族们的政治权力。宋朝皇帝对这种制度进行了改革,使其在他们统治的时期达到顶峰;那以后,这种科举制度一直为统治者所采用,直至1904年才停止。

科举考试由一个官方考试机构主持,共分为3级(地方级、地区级和国家级),每2—3年举行一次。有的落榜生一次又一次地参加考试,就这样耗尽了他们毕生的精力。一个人哪怕是通过了最低一级的考试也能受到恩典,比如说可以免服劳役。如果通过了高级考试,好处更大,幸运者绝不会放弃好不容易得来的做官机会。考试的科目是格式化的,主要是儒家经典,是非常深奥的文学和人文知识,在宋代则还涉及行政管理难题。那样的考试全靠死记硬背,要背诵经典,做诗词,还得有一手好书法。这种科举制度强调道德文章,意在培养一批能够统治全国的绅士学者,从而在中国人的心目中形成了一种价值取向,在将近2000年的时间里,消耗了最杰出的中国人的一切聪明才智。除去少数例外,这样的考试制度是不可能产生出科学和技术的。

在官僚体制之外,再没有其他社会成分有能力和自主权去另行独立创造出任何新的科学传统。如果说科举制度可以有效地扼制贵族统治的话,那么,文官政府也会设法把军队和商人阶级置于其控制之下。从公元前3世纪起,中国就拥有一支庞大的军队,兵员以百万计。(宋朝的军队在1045年时有1 259 000人。)不过,军队要受文官的控制。军事力量被分散开来,层层分割,层层指挥。商人的活动也一样受到严密控制,不同于在欧洲,他们绝不可能成长为一种有影响的社会集团力量。按照儒家学说,商业活动、追求利润和积累私人财富是反社会的丑恶行为。商人们虽然间或也能够得意一时并聚敛起巨额财富,但是,却总免不了动辄得咎,受到惩罚和被查抄财产,他们只能是社会中的另类,是处于中国社会底层的阶级。同样,在佛教兴盛一时之后,宗教团体也在公元842—845年遭到打击,这表明不可能会有传教者来触动官僚集团的权威。

中国技术的繁荣

传统上中国的学术文化基本是与技术和技艺脱离的。历法天文学对于国家和社会都是有用的，数学则可以解决实际问题，但是经济、军事和医疗这些活动从总体上说全都仅仅依靠传统技术，没有理论知识，也不进行研究。工匠们普遍是文盲，社会地位极低。他们通过当学徒和积累经验来掌握相关的实用技能，凭手艺挣钱，用不着什么科学理论。另一方面，学者，以及"科学家"，则是一些学究，年复一年修身养性，社会地位极高，却远离工匠和工程师群体，不与他们交往。科举制度和官僚体制在制度上把官僚化了的学者与手艺人、工匠和工程师们隔离开来，加剧了科学和技术的分离。传统中国人的价值观与古希腊人相似，都鄙视"粗陋的"技术。文人墨客耻于动手，成天吟诗作赋，钻研书法、音乐和消闲文学一类更为高雅的东西。

在谈论中国的技术时，我们不要仅仅注意到中国人领先于其他文明的这种或那种发明，那的确不少，如独轮车、指南车、天然漆、火药、瓷器、雨伞、捕鱼用的拖网、播种机、旋转风扇车、弩、吊索桥等等。这一大批"第一"确实令世人瞩目，但对此进行深入的历史分析，其价值非常有限。研究中国技术史首先必须认识到，不管有没有那些创造或第一，中国历史上的先进技术在整体上就有很长一段时间一直居于世界领先地位，不止在宋代，那以后的一段时期也是如此。

141

政府控制诸产业是中国技术的一大特点。政府名义上拥有全国的一切资源，通过建立采矿、制铁、盐业、丝绸、陶瓷、造纸和造酒等官办作坊和工场来垄断这些关键部门的生产。通过这种官方垄断经营，国家本身就成为一个商品生产者，能够为它的庞大军队提供大部分所需物资。政府统领着为数众多的具有专门技能的工匠，凡具有一技之长者，至少在形式上都要为政府工作。瓷器制造工场数以百万计，丝绸产出亦达数百万匹。例如，元代皇帝曾征召过多达260 000名能工巧匠为其所用。明朝政府管辖着27 000名工匠师傅，每一名师傅又带有多名助手。1342年，在长江下游一带，由政府管辖的辛苦劳作的盐工多达17 000人。

在宋代,国家对技术和经济的管理达到了顶峰,当时政府的岁入主要来自商业活动和所征收的商品税,这两项收入加起来已经超过了农业税收。结果,全国的金融经济活动非常活跃。政府的铸币局造出的货币从997年的270 000贯(一贯为1000文)猛升至1073年的600万贯。由于货币量增长过快,宋朝政府于1024年开始发行纸币。到了12和13世纪,纸币就成为中国的主要流通货币。制造纸币的技术其重要性不在于那是世界历史上的"第一",而是因为它为促进中华文明的发展发挥了作用。

水利工程代表了支撑中华文明的又一项基本技术。前面在讨论中华文明于公元前2000年在黄河流域的兴起时,我们已经分析过灌溉农业在这一过程中所起的重要作用。中国在很早就有了许多运河和河堤。大约在公元70年,贯通帝国内地的一个运河网系的第一批河段就已出现。公元608年,工程师们建成了从洛阳通至北京的将近400英里(约650千米)长的运河;到12世纪,中国已经拥有总长约31 250英里(50 000千米)的可以通航的水道和运河。于公元1327年竣工的大运河把中国南部的杭州与北部的北京连接起来,全长1100英里(约1800千米),相当于从纽约至佛罗里达。明朝政权在建立以后,整修了40 987座水库,又大规模地植树造林,栽种了上10亿棵树木,以防治水土流失和提供造兵船所需的木料。当然,如果没有中央集权的政府组织施工,征收税款,对多余的农产品进行重新分配,要想建成如此大规模的工程项目是根本不可能的。有了那些运河,就可以把南方农业区生产的稻米用船运到北方的政治中心。据一份研究报告的估算,在11世纪,每年谷物的运输量总计达到400 000吨。在明代有11 770艘由人力直接操纵的船只在内陆水道穿梭行驶,总计有船工120 000人。那样多的水利设施当然需要经常维修和清淤,而这一切都需要征集大量劳役来完成;如果忽视了水利,则必然会引发饥荒并导致政权不稳。

制陶是一门古老的技艺,11世纪以后其制作水平达到了前所未有的高度。皇室拥有自己的接近工业规模的烧窑和作坊,雇用了数千名工匠,大量生产供日常使用和供奢侈装饰之用的器皿。中国人早在汉代末期就发明了瓷器,那是用一种细腻的黏土与某些矿物混合起来成型后再加以高温烧制而成的。到了12世纪,其技术已经相当完善,能够制作出非常精致的器皿。中国瓷器经久不衰的艺术魅力及其制作技术,是宋、明两代诸多伟大的文化成就之一。能够取得那样的成就,表明当时的社会既富裕又具有文化根基。事实上,陶瓷制品既是两个朝代进行国内和国际贸易的主要商品,又是国家税收的主要来源。中国瓷器走出国门经过伊斯兰世界远销至非洲。中世纪以后开始取得迅速进步的欧洲人十分钦羡中国瓷器,他们想方设法效仿中国的陶瓷技术;后来的事实证明,那种做法促进了欧洲18世纪工业革命时期陶瓷业的发展。

纺织业是传统中国的另一项重要产业。例如,12世纪的一位宋代皇帝总共收集过117万匹丝绸,或者购买或者作为税收。中国的纺织业之所以特别引人注目,是因为很早就使用了机械。有资料证明,中国从公元1035年开始就有了纺车。中国的能工巧匠还制造出了用水力推动,可以从蚕茧抽出丝来又可以把丝线缠绕在卷轴上以便织绸的精巧的缫丝机。造纸业有可能是从纺织业分化而来的,由它生产出来的产品有助于中华帝国实施它的行政管理。有确凿的证据表明,中国人早在公元2世纪的汉代末期就已经在使用纸张,至于造纸技术的发明,很可能还要早几个世纪。

中国官僚机构的运行一直依赖于文字、学术传统和图书馆。图书馆早在公元前2000年的商代就已出现。虽然纸张早就进入了中国社会,可是中国人在很长一段时期内可能一直在使用从碑刻上拓字的技术,直到公元7世纪的头十年出现了印刷术。印刷术——木版印刷——起初仅仅用来印制宗教咒符。完全用木刻板印制的第一本图书出现在公元868年。印刷技术很快就得到政府的重视,被用来印刷纸币、公告和手册,特别是还用于印制医典和药典。官方的印刷机构还印制了许多供文官考生阅读的典籍。总的来说,古代的中国政府为服务于其官僚统治,印刷的材料数量之大,给人留下了深刻的印象。例如,宋朝的第一位皇帝曾下令编纂佛教经书,那部巨著用了130 000块双页印版,总计5048卷。又如,1403年由官方主持编成的一部中国的大百科全书共有937卷;于1609年编成的另一部百科全书则有22 000卷,涉及2000名作者。印刷的大众文学读物亦在精英阶层传阅。

中国发明的活字印刷出现在1040年左右,最初用的是陶质字模。那项技术传到朝鲜后得到进一步发展,在1403年,朝鲜政府就有了100 000枚中文字模。不过,活字模用起来反而不如木印版方便,那是因为中国文字的特点是表意,因此需要使用数千枚刻有不同中国字的活字字模。比较起来,木版印刷不仅便宜高效,而且可以印制图画,一般还能多色套印。由于可以印制图片,这使得中国在印刷技术上就领先了西方许多,即使谷登堡(Gutenberg)在欧洲研制出活字以后也仍然如此。

中国先进的制铁技术同样也显示出中华文明的勃勃生机。有可能是铜和冶炼青铜所需要的锡比较稀少,中国的冶金专家们很早就转向了制铁。到公元前117年时,制铁生产就已成为一项国家事业,全国有48所炼铁场,每所炼铁场雇用着数千名工人。在宋代,铁的生产量直线上升,从公元806年的13 500吨陡升至1078年的125 000吨,这无疑是出于军事上的需要。(可以比较一下,英国在1788年的铁产量只有68 000吨,当时工业革命已经在欧洲兴起。)中国的制铁业有许多创新,也相当先进,它在11世纪就已经在使用水力鼓风机,使用焦炭(经过不完全燃烧的煤)来熔化矿石,这比欧洲出现相应的工艺要早大约700年。凭借如此先进的技术,宋朝的军工生产每年可以提供32 000副铠甲和1600万支箭镞,同时还要满足农业生产对铁的需要。

中国在9世纪中叶或10世纪早期发明了火药,其意义更加重大。火药于12世纪开始用于军事,从而改变了中国和世界历史的进程。火药大概起源于中国的金丹术传统,是应用科学的一个著名历史案例,或是发端于学术圈的一种新技术。火药当初发明出来制成烟火爆竹不过是用来驱逐鬼神,并没有用作战争工具。只是由于一再受到外来侵略的威胁,宋朝的军事工程师才改进了火药配方,把它制成火箭、炸雷、火炮以及铳和枪用于军事目的。

与纸不同,磁罗盘是一项中华文明本可以没有的技术,却与火药的案例一道成为传统中国科学与技术结合较好的少数例子之一。中国人早在公元前300年就已

图7.2 中国的堪舆。在筹划建设一座新城之时,必须要请堪舆家(即风水先生)使用一种罗盘一样的器具来探明当地能量流("气")的情况。堪舆家根据他在罗盘上的读数来确定人工建筑的方位,以确保同周围的自然环境保持协调。

144

经知道了天然磁石具有的神秘性质,即磁铁矿石的天然磁性,起初算命者把它们用作占卜的法器。公元前100年时,人们又发现了磁针会自动指向南北方向的特性,并很快就将其用于堪舆(即看风水),也就是为修建房屋、寺庙、坟墓、道路等设施选择合适的地理位置。后来,还出现了一种说明罗盘指针运动的颇为复杂的自然主义解释,推想这是由于一种能量流流进土地在其中流动造成的。从这个例子可以看出,与今天普遍持有的观点不同,有时候是技术促进了对自然的思考,而不是相反。

没有资料可以证明,在12世纪初的宋代以前,罗盘曾被用作一种海上导航的工具。中国成为海上大国虽然比较晚,但是从南宋至明初,也就是从12世纪到15世纪初叶,中国却发展起最强大的海军,成为当时世界上最大的海上强国。宋朝的海军拥有数百艘兵船和数千名水手。元朝的奠基人忽必烈曾于1281年派出一支拥有4400艘船只的海军,试图进攻日本。到1420年,明朝海军已拥有3800艘各类船只,其中有1300艘战船。明朝在1403—1419年实施过一项宏大的造船计划,在官办的造船厂共造出2100艘船只。那些船只配备了罗盘,舱室密封防水,有多达4层的甲板,四至六桅,还安装了刚发明出来的尾舵,堪称当时世界上最为宏伟、最适宜在海上航行的技术极其先进的船只。当时最大的船只长300英尺(约90米),排水量达1500吨,是同一时期欧洲船只排水量的4倍。那样的庞然大物,配上大炮,连同船上的1000名水手,威风凛凛地航行在大海之上,真使人望而生畏。

明朝曾经凭借其强大的海军在南亚和印度洋海域显示中国的实力。从1405年至1433年,政府接连7次派出它的海上探险队,均由其舰队统帅郑和统辖。郑和每次出海都率领数十艘船只和20 000多名水手。船队曾航行至东南亚的越南、泰国、爪哇和苏门答腊,到过斯里兰卡和印度,进入波斯湾和红海(抵达吉达和麦加),直至东非海岸,可能还到过莫桑比克。这几次由官方组织的大规模远洋探险看来有其政治目的,为的是确立明朝的权威和大国地位;而郑和至少有一次是通过武力显示了其大国使者的威仪。正是由于有过多次这样的出访,明朝结交了不少臣国,至少埃及人曾经两次派出外交使团长途跋涉来到中国。

接着,明朝的海上活动突然之间莫名其妙地戛然而止了。1419年官方停止了造船,1433年又公布法令不许中国人再出海探险。要是中国人一直留在印度洋,要是当葡萄牙人在15世纪末驾驶着他们那些微不足道的小船来到中国时就被中国人赶下海去,真不知道世界史又该是怎样一种写法。中国人的政策为何会突如其来地来个180度的大转弯,人们曾提出过好几种解释。一种观点认为,郑和是一位穆斯林,又是宦官,他勾起了人们对元代蒙古人的统治岁月挥之不去的苦难记忆,绝难容于民族主义思想浓厚的明代社会,因此中国人突然停止了海外探险。还有一种推测是,郑和的那些探险活动不过是两位明朝皇帝心血来潮作出的决定,并非当时中国的社会和经济发展导致的必然结果。此外还有一种纯粹从技术角度提出的看法。中国的大运河于1411—1415年开始重新整治,1417年还在大运河上修筑了许多深水船闸("围堰"),这使得长江和黄河两条大河之间全年都可以通航。因此,明朝政府就可以把南方的丰富物产从南京源源不断地运送到位于北方的北京。那样一来,恐怕就不再需要强大的海军和到异域去冒险了。

图7.3　中国和欧洲的船只。就在欧洲水手进入印度洋之前几十年,即15世纪初,中国人停止了远洋探险,放弃了这个地区。正如这幅想象的对比图所示,中国舰队统帅郑和所率领的船队的船只远大于欧洲人的小船。

不管怎样解释,总之,明代的中国转向了闭关自守,技术在一定程度上开始停滞不前。虽然中国仍是一个伟大而又强大的文明,但是,宋代所显示出来的那种活力和创新精神却不复存在了。直到中国人于17世纪开始与西方接触,中国的技术创新能力才再度得以激发。

作为一个有机整体的世界

我们在讨论传统中国的自然科学的时候,同已经谈论过的中国技术一样,也要避免过分着迷于它在科学发现上的那些"第一"所发出的炫目光辉。那些"第一"稍加列举就有:第一个认识到化石是什么,最早用墨卡托投影法绘制地图和星图,发现帕斯卡三角形和二项式数学,暗示了偶数调和音阶的存在,如果再牵强一点,还可以把阴阳交替当成今天量子物理学中"波动"理论的预言。这些说法其实是错误判断和一厢情愿,是以多元文化相对主义(multicultural relativism)的名义,在夸大中国科学成就的同时,却贬低了西方的科学成就。在本节中,我们关注的是中国科学的社会史,而不是给出一张发现年表。我们努力做的,是想说明传统中国的科学和技术之间的关系同旧大陆的其他主要文明一样,一般也都是有用的知识才能得到国家的资助,才会在国家政策和该种文明的支持下不断发展。

想要历史地评价中国的科学,必须先克服一些深层次的障碍。首先,西方关于科学或者自然哲学的概念在传统中国一直是陌生的。正如本书的一位作者所指出的:"中国有各种各样的学科(sciences),就是没有科学(science)。"意思是说,学者们从事着各种各样的科学活动,如在天文学、占星术、数学、气象学、绘图学、地震学、金丹术、医学等相关领域的研究,但是,却没有把所有这些分散进行的探索统一起来形成一种对自然界寻根究底的追求。事实上,在中国语言中就没有"科学"这个词。中国同埃及和其他专制文明一样,根本没有希腊意义上的自然哲学。可以想象,中国的思想家如果听到为科学而科学的纯科学的说法,一定会大惑不解。中国社会没有为从事研究的科学家留有位置,也不存在从事科学研究的独立的或明确的职业。相反,只有一些才智过人的爱好者和学识渊博的人在从事科学活动并乐此不疲,当他们被雇用在某个官方机构中收集和利用有用的知识时,常常还不得不偷偷摸摸地坚持自己个人的兴趣。

传统中国的自然观,比起西方来,更强调整体性和事物的有机联系。早在汉代,就有一种观念把宇宙看成一个巨大无比的有机整体,在这个宇宙中自然界和人类社会完全融合为一。天与地、人与自然相互和谐共存,上天通过皇帝这位天子与人相通。按照中国人的哲学观,存在着阴阳两种互补的力量,正是它们决定了自然界和人世间的变化。此外,还存在着构成世界的5种基本元素木、火、土、金、水,即"五行",由它们动态地构成整个世界。这种哲学观是定性的,强调周而复始的循环,当阴阳两者之一以及"五行"中的某一"行"压过其他时就会发生变化循环。值得注意的是,该五元素(五行)理论进一步与空间方位关系、气候和季节、主要的行

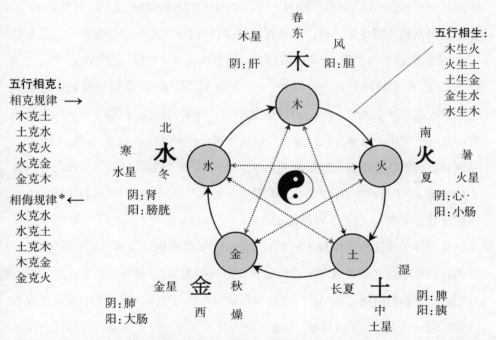

图7.4 五行——关于物质世界和变化动力的中国传统观念。阴阳循环使木、火、土、金和水等五元素不断地此消彼长。这些变化进一步与季节、占星术以及中医理论和实践相关。

148

* 相侮规律指五行之间正常的生克关系遭破坏后所出现的不正常的相克现象。——译者

星、身体部位及更多事项勾连在一起。医学维度也因此成为整个图景中的一部分,传统中医的诊断和治疗便源自这种世界观。五元素学说类似于我们之前看到的亚里士多德元素理论和希腊体液学说,但是如果认为这两套高度复杂的关于自然本性的概念化体系是相同或有因果联系的,则是错误的。由此可见,在讨论中国的科学思想时,我们务必要记住,中国知识分子生活在其中的世界与西方世界的差异比它们之间的地理间隔还要大。

在更现实的层面中,中国虽然有许多学校,可是中国的教育体制不包括也不提供科学教育。在中国的首都于公元 8 世纪就成立了一所皇家学院——国子监,那是传统中国的最高教育机构。学院内有一个核心的教育指导委员会,负责选定整个帝国的标准儒学课程。全国还有一大批私人学馆,也都讲授这些标准课程。与欧洲的大学不同,这些学校都没有允许办学的法律证书,因此既不能独立办学,其存在也得不到长期保证。它们的存在靠的是传统,凭的是皇帝的意愿。一道圣旨下来,它们或许就得关闭,也的确有过这样的事情发生。此外,这些学校,无论公立还是私立,办学目的只有一个,培养一心想向上爬的人,让他们能够通过科举考试。学校也不授予文凭。其实,国子监也只是一个政府机关,在那里供职的学者只有不多的时间用于教学;而且,整个中国也就这么一所学院。然而,仅晚一个世纪,欧洲就出现了数十所独立的学院和大学。公元 1100 年前后,官府当局也曾分别设立过法律、医学和数学方面的学校,但没有一所学校办得长久。在传统中国的教育体制或教育机构中,那些学科都无足轻重。

尽管存在着这些文化和体制上的缺陷,但是,政府出于管理上的实际需要,一开始就认定中国必须发展对于进行有效统治有用的知识,并搜罗技术人才为官方服务。比较典型的例子是,除了文字,应用数学也成为中华文明中一直在不断发展的领域之一。到公元前 4 世纪,中国人就发明了一种十进位位值计数系统。中国数学很早就在用算筹计数,从公元前 2 世纪开始使用算盘,从而极大地方便了算术运算。到公元前 3 世纪时,中国数学家发现了毕达哥拉斯定理。他们会用 10 的幂次来处理大数;掌握了算术运算、平方和立方;同巴比伦人一样,已经能够处理我们

中国数字
（以 10 为基数）

图7.5 **中国数字（以10为基数）**。中华文明在其历史早期就发明了十进位位值计数系统。配上算盘等辅助计算工具,中国的计数系统是中华文明的一种非常灵活方便的计数和计算工具。

今天要用到二次方程来解决的某些问题。到公元13世纪时,中国人就已经成为当时世界上最会进行代数计算的民族。

尽管有少数记载表明,中国数学家也在进行似乎只是游戏性质的数字探索,例如祖冲之（429—500年）把 π 计算到 7 位小数,但是,中国数学的主要成就仍然是在实用和应用方面。例如,公元1世纪的一部名叫《九章算术》的书中收集了246个数学问题的解法,内容涉及丈量农田、不同等级谷物的兑换率、建筑结构计算和分配计算等。为了求解这些问题,中国数学家用到了算术和代数技巧,其中包括求联立"方程"和求平方根及立方根。在8世纪的中国数学中可以看到印度数学的影响,后来还可以看到伊斯兰数学的影响。较为独特的是,中国数学家从没有搞出过形式几何学和逻辑证明,或者像欧几里得建立的那种类型的演绎数学体系。从中国数学发展的社会历史看,数学家从来没有从官方得到过回报。传统中国搞数学的人多半是一些分散在各地的小官吏,他们的特殊才能都被埋没在各自的公务之中。另一种情形,这些身怀绝技的人四处漂泊,没有任何机构会接受他们。例如,宋代当时最伟大的3位数学家(秦九韶、李冶和杨辉)每人都发表过著作,可是他们彼此互不相识,师承不同,而且各自所使用的方法也不同。在讨论中国数学的特点和社会作用时,我们还要注意到它有很强的偶然因素和玄秘性,正是这样的环境使得中国的数学研究十分分散,缺乏智力上的连续性。

政府支持有用知识发展的模式,作为集权社会的一个特点,在中国的天文学发展中体现得最为明显。在中国,公布历法从来就是皇帝的独有权力,估计这种传统早在夏朝(公元前21世纪—前17世纪)就已经确立。同美索不达米亚的同行一样,中国的历算家同时使用太阴历和太阳历,两者都十分精确。为了解决两者同步的问题,他们同巴比伦人一样用了添加太阴月的办法,即采用所谓的默冬章,每过19年共235个太阴月一循环。也就是说,这19年中,有12年是每年12个太阴月,有7年是每年13个太阴月。

中国人相信上天不和则帝位不稳,所以天文学从很早开始就是一项国家事业,很受官方的重视和支持。中国甚至在公元前221年实现第一次统一之前,就设有专门负责天文观测和编制历法的官职,不久,又设立了专门负责天文学的官方机构——太史令*。呈送给皇帝的天文学报告属于国家机密,因为其中会提到预兆、异象等涉及政治及宗教的事情。官方天文学家在整个官僚体系中具有特殊地位,办公地点就靠近皇帝的寝宫。中国天文学家的工作如此微妙,他们有时甚至会修改天文观测记录以适应政治需要。为了防止这一类出于政治目的的弄虚作假,没有皇帝的特许不得添置新设备和采用新技术;皇帝还发布命令,明文禁止私人拥有天文设备和私下阅读天文或占卜书籍。因此,传统中国的天文学墨守成规,难有进取。

意大利的一位探险家马可·波罗(Marco Polo,1254—1324年)到过中国,曾在蒙古人统治之下的元朝为臣17年。据他的书中记述,当时国家供养着5000名占星家和占卜师。国家并不按照标准的考试程序,而是另外举行特殊的考试为设立的

---

* 中国历史上掌管天象历法的官府机构分别为:秦汉有太史令;唐代始设太史局,后又改司天台;宋元有司天监;明清改名钦天监。——译者

技术官职招募数学家和天文学家。与其他官职不同,这些需要数学和天文学特殊才能的技术职位常常会为一个家族所独占,父子代代相传。那时有明确的规定,禁止天文学家的子孙从事别的职业,一旦进入司天监,就再也不能转入政府其他部门。

中国形成过好几种宇宙学说,其中就有一种认为各个天体都飘浮于无限的虚空之中,由一股"罡风"吹动着。从公元6世纪起,中国官方认可的宇宙说是认为地球静止不动,位于一个硕大无比的天球的中心。月亮一个月中每天在天上移动一个位置,据此把天空划分成"二十八宿",天球则绕着一根通过南北天极的巨轴转动,把天和地连结起来。皇帝是"天子",他是这种宇宙说的关键所在。中国人自己的国家的位置,是由罗盘的4个基点所确定的"中央帝国"。

传统中国天文学在理论上并不见长,不过,中国天文学家有监视上天示警的任务,因此他们观测天象是十分勤勉和在行的。中国保存有从公元前8世纪流传下来的可靠记录,很可能在几个世纪前的商代就已经有这种天文记录了。中国人天文观测的成就涉及范围之广,会给人留下深刻印象。有丰富的文献资料表明,早在公元前4世纪,中国天文学家就测出一个太阳年有$365\frac{1}{4}$天。在夜空中总是可以看到的北极星及拱极星曾得到中国天文学家的特殊关注,他们编制了系统的星图和星表。中国天文学家还留下了可以追溯至公元前720年的总共1600条观测日月食的记录,并具有一定的预测日月食的能力。他们记录了从公元前352年至公元1604年共计75次新星和超新星(即"客星")事件,其中就有1054年爆发的那颗恒星(即今天能够看到的蟹状星云)。那次超新星爆发甚至白昼也能看见,可是伊斯兰天文学家并没有注意到,欧洲的天文学家也没有注意到。彗星的出现被认为是不祥之兆,中国天文学家从公元前613年至公元1621年非常仔细地记录下了长达22个世纪的彗星观测情况,其中就有从公元前240年起每过76年可以看到的哈雷彗星。对太阳黑子的观测(在尘暴天可以观测到)则可以追溯至公元前28年。中国古代天文学家已经知道26 000年一个循环的岁差。与希腊人不同,但与其他东方文明的天文学家一样,他们没有提出解释行星运动的模型。他们不用推测行星有怎样的运动轨道就掌握了它们的运动周期。

政府官员也系统地收集天气资料——今天能够看到的最早的资料是公元前1216年的记录,据此他们能够提前组织整修水利设施。他们收集的气象资料涉及雨、风、雪、北极光和流星雨。他们还研究陨石的组成,并从公元9世纪开始编制潮汐表。这些研究对于社会的实用意义是不言而喻的。

152　历史上曾有过3次外来浪潮对中国的科学产生过冲击。第一次浪潮于公元600—750年到来,时值中国的唐代,这主要是受到来自佛教和印度的影响。中国的僧人于5世纪初叶历尽千辛万苦前往遥远的印度朝圣,为的是取得佛教真经。大规模的翻译工作随后展开,多年下来,有200批翻译家把大约1700卷梵文经书翻译成中文。这些翻译工作自然也把一部分印度的世俗科学如数学、占星术、天文学和医学等引入中国。

第二次外来浪潮(这一次是来自伊斯兰世界)的冲击更为强烈,它开始于忽必烈于13世纪率领蒙古大军征服中国之时。蒙古统治者自己虽然不是穆斯林,但他们在北京的司天监中雇用的是穆斯林天文学家,甚至在传统司天监之外又另建起一个回回司天监。后来的明朝皇帝沿袭传统,保留了回回司天监。穆斯林天文学家使用的是经过改进的天文仪器,如40英尺(约12米)高的日圭、望筒、浑仪及刻度环,后者按照中国人的习惯(不是西方人的习惯)调整为指向北天极。随着蒙古人的统治得到加强,中国在元代(1264—1368年)与波斯的接触日益增多,包括与马拉盖天文台的天文学家进行交往。这样的联系使中国天文学家也接触到了欧几里得和托勒玫的著作。不过,由于他们对抽象科学一贯漠视,也就没有翻译这些著作,更没有吸收这些后来成为西方科学支柱的巨大宝藏,直到第三次外来浪潮和欧洲人于17世纪来到之时。

在蒙古人到来前后,中国人一直在使用复杂的天文钟和被称为浑仪的天象仪。大约在公元725年,中国心灵手巧的工程师梁令瓒发明了机械擒纵机构,那是一切机械钟的核心控制部件。有了那种擒纵机构以后,中国就开始小规模地制造时钟和天象仪。这样的制造活动在11世纪末达到顶峰,当时宋朝的一位官员苏颂

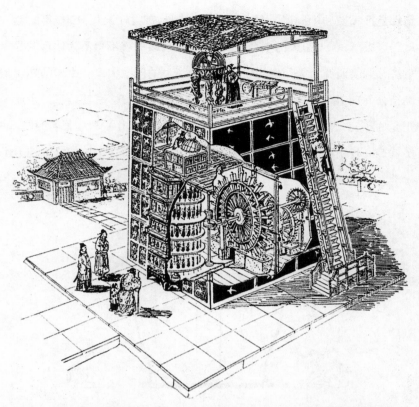

图7.6 苏颂的水运仪象台。苏颂的这座天文钟建造于1090年,堪称机械工程的杰作,在历史上是当时最复杂的计时装置。它被安放在高40英尺(约12米)的一座塔形建筑物内,由水轮推动,装有复杂的齿轮传动系统。苏颂的这台计时机器可以准确至小时,推动一个青铜浑仪和一个天球与天穹同步转动。

153

(1020—1101年)受命建造一台机械装置来演示天体的运动,并设法纠正当时正在使用的官定历法中存在的一些错误。金人攻入开封灭宋以后,于1129年搬走了苏颂建造的那座仪象台。1195年,这座水运仪象台被闪电击中,一些年后,当有人再想起来时,苏颂的那台伟大的机器已经彻底废弃了。中国制造钟表的技术就此衰落,以至于当西方钟表于17世纪进入中国时,官员们竟会惊讶不已。苏颂的计时装置及其他类似的仪器虽然未对中国天文机构的实际工作产生重大影响,但是,这件事情提供了又一个历史实例,说明技术不是源于自然界的抽象知识,而是相反,独立的技术被用来服务于科学和科学研究。

153　　　地震是严重威胁中国的一种自然灾害,例如,有文献记载,1303年的那一次灾难性地震夺去了800 000人的生命。发生了地震,政府就不得不为偏远的受灾地区提供救济,因此,研究地震便成为一件有实际意义的国家大事。中国的地震记录可以追溯至公元前780年,从汉代开始,太史令所辖的天文学家就负有记录地震的责任。正是为了完成这样的任务,公元2世纪,张衡制造出了非常著名的"地动仪",那其实就是一种精巧的地震仪或者说地震探测仪。在古代中国的许多地方都安放

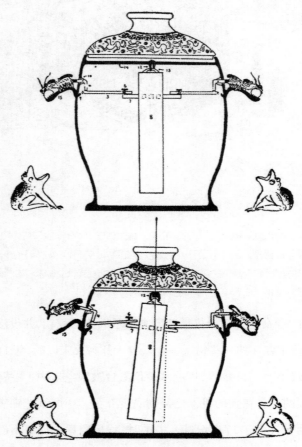

154　　　**图7.7　中国的地动仪。**地震频繁袭击中国,中央政府因而要为发生地震灾害的地区提供救济。早在公元2世纪,中国专家就造出了如图中所示的这种仪器。一旦发生地震,装在大铜壶内的一个悬挂的重物受到冲击,壶内的许多珠子中就会有一颗滚出来,由此指示发生地震的方位。

有这样的仪器。到了元代,这种仪器又流传到伊斯兰地区和马拉盖天文台。

绘图学,亦即绘制地图的学问,是中国科学知识服务于国家而得以发展的又一个值得关注的领域。中国的地图绘制者绘制出了许多非常精确的中华帝国地图。他们采用了各式各样的网格系统,其中就包括采用纬度线间距不均匀、在西方被称为墨卡托投影法的绘图技术。他们也制作过立体地图。在北宋时期的1027年,中国人设计出一种记里鼓车,利用它可以测出陆地上两处的距离。到了明代,在郑和进入印度洋进行海上探险以后,绘图学家又绘制了不少海图。

与高度集权的社会相适应,中国的医学受到国家的严格管理,行医被视为一种为公众服务的行为。中国在唐代(公元7—10世纪)就已经有了太医署,医师要通过严格的考试。宫廷医师报酬很高,同天文学领域相似,医术也是家族世代相传。中国的医院或者多少类似于医院的机构起源于佛教和道教的慈善组织,在公元845年宗教设施被取缔以后,那些组织就变成了国家机构。为了指导医师,中央政府出版了不少官方选定的医书,包括普通医学、药剂学、小儿科、法医、妇科等内容。有一部宋代药典大约是在公元990年编纂的,包括了16 835个不同的药方。这里还必须提到古代中国的数量众多的植物志和动物志,其中就有不少医学内容。一位政府官员李时珍编纂了一部《本草纲目》,书名的意思是"根和草药的分类目录",共52卷,列出了1892种药材。在中国的博物学著作中似乎特别重视昆虫,尤其是蚕,而且在中国历史上早就开始了人工养蚕,这又一次证明整个国家都在非常普遍地应用着有用的知识。

最后,我们还要提一下传统中国的法术、金丹术和一些神奇玄妙的科学。在中国的医学、天文学、地理学和数学中都包含有一些法术和占卜成分,如数学,中国人就认为某些数字代表了吉祥。金丹术是中国的玄秘知识中最为发达的一支,与道教哲学紧密相连。从汉代起,金丹术在东方就同西方一样流行,被归入实用科学,人们认为金丹术可以炼出长生不老药并能把贱金属变为银和金。不过,中国那些精通此道的人干这些事情并非是贪图钱财,而是有很深层次的精神动机,为的是达到精神上的超脱。至少有一些例子能够说明金丹术很得官方支持。例如北魏时期的一位皇帝,在公元389—404年曾拨款资助一个金丹术实验室。金丹术士想重现地下进行的那些自然过程。他们建造了精心设计的炼金炉,一次又一次地试验不同的炼金方案,正如我们所看到的,金丹术实验意外地得到了火药这种副产品。

同中国历史中的其他许多方面一样,到了公元14—15世纪的明代,中国的科学、医学和技术也开始停滞和衰落。衰落的原因多半是来自政治。中国的明朝,不同于宋朝的勇于开拓与创新,也改变了蒙古人的对外开放,而是转向墨守成规,政策渐趋保守,实行孤立主义。例如,中国的代数学在宋代发展到顶峰,繁荣了长达2个世纪,到了明代,数学家竟连早先的文献也读不懂了。造出那架巨大时钟的苏颂死后一个世纪,人们本来想复制一架,可是,连修复的人都找不到,何谈再造。待欧洲人于临近17世纪之际来到中国的时候,中国就要为从宋代的繁荣时代衰落下来付出长达几个世纪的沉重代价。

第三次影响中国科学的外来冲击波,其源头在西欧。利马窦(Matteo Ricci,1552—1610年)是耶稣会会士和传教士,也是一位科学家,他于1582年来到中国的沿海村镇澳门,最后于1601年才获准去北京。明朝皇帝、宫廷和中国社会对于利马窦的宗教和他企图改变人们信仰的作为普遍怀有敌意,但是,他们却对利马窦向他们介绍西方的数学、天文学、历法、水利技术、绘画、地图、钟表、大炮,以及他能够把西方的技术文献翻译成中文,抱有极大兴趣。事实上,利马窦本人还当上了宫廷的天文学家和数学家,中国的钟表匠都把他看作神人。有了利马窦开路,紧随其后的其他传教士也主要靠他们所掌握的较多的历法和天文学知识取得了成功。实际上,皇帝甚至索性把钦天监交给外国传教士管理。有意思的是,利马窦带给中国人的不是哥白尼、开普勒和伽利略的新的日心说,而是托勒玫天文学经过完善后的形式,后者其实是欧洲人从伊斯兰文献和其他古代文献那里贩来的东西。换句话说,在今天看来,利马窦带到中国的欧洲科学实在不怎么样,不过,那些东西可能更"适合"当时中国的科学。确切地说,利马窦的中国主人和老板评价利马窦带给他们的东西的唯一标准就是要感觉可信,同时更加精确、更加有用。

无论如何,利马窦来到中国,才使中国科学以后的历史终于基本上融入了普遍的世界科学。

不该问的问题

因为研究中国科学传统的学者在过去的几十年中才渐渐明白那是一种纷繁纠葛的历史传统,所以就引出了一个需要回答的基本问题:为什么在中国没有发生科学革命? 我们在后面第三编中将会详细分析,"科学革命"这个词组有丰富的蕴含,它指的是 16 和 17 世纪在欧洲形成近代科学和近代科学世界观的那种长期的历史积淀,其内容包括转向一个以太阳为中心的行星系,用一个普适的原理来解释天和地的运动,发展出新的方法来产生科学知识,以及在不同机构出现的科学制度化。由于中世纪的中国在科学和技术的许多领域的发展都领先于当时的欧洲,人们自然会感到奇怪,科学革命为什么不是发生在中国而是发生在欧洲。人们一次次提出这样的问题:中国是"什么阴差阳错了"? 是什么"妨碍了"中国科学? 或者说,是什么"阻止了"在那里发生科学革命?

迄今为止,历史学家已经提出过几种不同观点企图解释中国为什么会错失科学革命。但他们都忽略了一点,即科学与学术跟同时代中国的社会与文化结构是水乳交融的关系。他们也忽略了另一点,即历史学家的工作是解释什么事发生了,而不是解释什么事没有发生。

不管怎样,中国的语言文字十分复杂,可能不是一种表达或交流科学思想的理想媒介。也就是说,中国官话和相关方言是单音节语言,书写又使用象形文字,它们意思含糊,不适合用作精确的表述科学的技术语言。另有专家却对这种观点提出反驳,他们指出中文里有严谨的技术语汇。

中国人的"思维方式"或许不利于进行在西方发展起来的那种逻辑的、客观的科学推理。历史学家还真的在中国找到了一种根深蒂固的文化特征,有人称其为类推思维,也有人称其为相关思维或者"联想"思维。据说,这种思维方式总是企图根据阴阳两种基本力和金、木、水、火、土"五行"把纷繁的事物(如品德、颜色、方向、音调、数字、器官和植物)通过种种类比和隐喻两两对应起来解释世界。因此,

157

阴和阳体现了女和男、黑夜和白昼、湿和干、皇帝和上天;"木"则联系着"春天"和基本方向"东",如此等等。按照这种观点,中国著名的占卜著作《易经》对中国人的思维产生的其实是负面影响,它使类别划分变得僵化死板,使中国知识分子过分注重类比。

评论家还把中国科学缺少活力归咎于中国没有相应的科学方法。他们指出,中国两个早期的思想学派墨家和法家一贯受到压制,而他们的学说类似于西方的科学方法论,按照墨家和法家的求知方法,中国本有可能形成西方式的科学并出现科学革命。墨家学派是由墨翟(公元前5世纪)的思想发展而成的,主要讨论政治,但其门人同一批相关的逻辑学家结合起来,强调逻辑、经验以及演绎和归纳这些认识事物的方法,因此,墨家学说本来有可能产生出类似在西方形成的那种科学传统。另一个思想学派法家活跃于公元前4至前3世纪,他们追求建立普遍适用的法典。他们致力于分类和量化,倘若政治上能够成功,则也有可能为中国产生现代科学打下基础。然而,法家学者严厉的方法很少被人接受,到了公元前206年的汉代,法家和墨家两个学派都遭到排斥,终于被另两个主流学派道家和儒家所取代,而后两个学派却相对缺少严格的科学哲学。

传统的中国思想也缺乏"自然法则"的概念。与伊斯兰世界和基督教西方不同,中华文明在观念上没有一位发布不可动摇的戒律来同时制约人世和自然界的神圣的全能制法者。尤其在法家失败以后,中国社会总的来说就再无严格有效的法律和法典可循,更为灵活可变的公道和风俗习惯标准一直左右着中国的法律诉讼。结果,中国知识分子也没有那种探寻自然法则的意识,当然也就没有动因促使他们努力从事科学探索,去发现在至高无上的上帝的创造物中所体现的那种秩序。

还有一种观点把中国科学所谓的"失败"归咎于中国人的文化优越感。也就是说,中国是一个有着古老文明的泱泱大国,文化单一,内向,具有悠久的文字传统,特别强调传统知识。因此,中国没有理由要改变其传统的世界观,不必去研究和吸收外国"蛮夷"的科学知识。

长期居于统治地位的儒家和道家学说也受到责难,被认为阻碍了传统中国的科学探索。儒家学说中的确有好些观点是与以西方的方式从事科学探索相悖的，如注重社会和人际关系（没有独立的"自然"），蔑视实际技能，排斥"人为"行动（即实验）。道家学说则相信道——"道路"——和万物相辅相成的思想，要求其信徒无为，以免与自然相冲突或者矛盾。想要采取什么特殊的办法去探索"客观的"自然界绝对与道家无缘，更不用说去窥视自然的奥秘和用实验去干预自然了。有了这样一些思想，西方的自然观念和科学探索就始终与中国人的体验不能相容。

这里要介绍的最后一种解释，是认为商人阶级始终处在中华文明的边缘，所以传统中国不可能出现现代科学。这种看法认为，倘若企业家和自由市场资本主义在中国得到鼓励，而没有受到官僚制度的控制，那么，或许就会慢慢形成思想的自由市场，产生出类似大学那样的独立机构，从而产生现代科学。

以上介绍的对于为什么在中国没有发生科学革命这一问题的种种解释，诚然反映了在欧洲人到来之前中国社会的一些侧面，但是，如同前面讨论伊斯兰科学的情形一样，一再地从反面提出问题，想解释科学革命为什么没有发生在中国，那是对历史研究的不合理的苛求，因为那不属于历史事实，不属于历史分析的课题。这样的反面问题可以提出一大堆，实际上有无限多个。上面的那个问题，其实是回过头去预先莫名其妙地假定了中国**本该**出现科学革命，只是由于存在某些障碍或者由于中国缺乏某种说不清的必要条件，才**未能**如愿。用欧洲人的标准去评判中国科学那是大错特错，错在回过头去用后期的欧洲历史比对中国的科学历史，因而断言中国必然能够和应该走那条欧洲已然走过来的道路。实际上正好相反，传统中国的科学尽管具有相当的局限性，在它所在的官僚体制、国家和社会环境下其实运作良好，发挥了其应有的作用。这才是真正的历史，而不是对中国高度发达的古代文明进行道德评判。

所以，我们应该回答的问题是：科学革命为什么发生在欧洲而不是发生在别的地方？也许现在已不算太早，可以作这样的假定：在一种政府支持以及政府控制都不那么严密的社会生态环境下，个体思想者才会有更大的空间和自由去把批判的才能运用于抽象问题。

第八章
印度河、恒河及其他

南亚文化圈

当欧洲出现第一所大学时,在印度次大陆有一种城市文明至少已经繁荣昌盛了1500年。印度教、佛教和耆那教等伟大世界宗教在那里出现并蔓延到喜马拉雅山以南的陆地上。伟大的王国层出不穷。伟大的艺术和音乐在王宫里蓬勃发展。复杂的社会和独特的高级文化在中世纪印度发展起来。正如可以猜想到的,印度的专家在数学、天文学、医学及其他一些科学领域特别在行,取得过很高的成就。

最近几十年,对中国文明和科学的学术研究十分活跃,影响到历史学家也关注起印度的科学和技术史。但是,在这方面尚无任何比较全面的综合性研究工作可以比得上对中国的研究。历史学家查遍印度天文学家、数学家和医师们留下的文献,有时其实采取的就是我们已经太熟悉的做法,不过是把各种各样"第一"的荣耀赋予古代的印度科学家。尽管情况正在好转,关于古代印度的科学和技术还是有许多研究工作有待我们去做。关于印度,我们现在在这里只能说,它再一次体现了一种典型的专制文明所具有的特点:灌溉型农业,集权政治,社会阶层分化,城市文明,不朽的建筑,侧重于实用的学问。

同中国或伊斯兰世界比较起来,在印度并没有积极研究自然科学的传统。谈到原因,至少有一部分是印度那些玄妙深奥、只讲修来世的宗教影响巨大,反对直接研究自然。印度的主要宗教有印度教、佛教和耆那教,均以各种方式把日常世界想象为虚幻的梦境。它们使人们认为所看到的这个瞬息即逝的世界不过是一个深奥莫测的神灵世界真实的表象。在这些哲学中,不同于柏拉图传统或者后来的基督教传统,没有类似的需要借助于对一个更大的真实加以抽象化的更高层次的真理抽象王国来把人们看到的世界统一起来的动因。因此,真理是完全不可求的玄机,属于人们死后要去的另一个世界。这样一来,需要知识不是为了理解我们周围的平凡世界,而是为了超越这个世界,为了从这个世界的使人堕落的羯摩*中解脱出来,为了上升到一个更高的境界。这样一些观点,在精神方面倒是十分丰富,可是却不能使古代印度的思想家们去关注自然界本身,也就是说,不会使他们去探索深藏在自然界中的任何规律——自然法则。

早在公元前2000年前,在印度河流域就曾出现过文明(见第三章),但是到公元前1800年以后,那种文明却渐渐衰落了。衰落的原因还不清楚,可能是生态环境发生了变化,以及不稳定且遭到破坏的印度河河道。那以后的印度社会就不是城市文明了,而是由一些分散的农业居住区组成;每一个居住区就是一个部落,有一位国王或者一位领头的祭司。随着时间的推移,定居点从印度河流域逐渐向印度东部的恒河流域扩散。在早期的印度社会,人们分为4个等级或者说4个阶层,即祭司、武士、农民和商人以及奴仆。后来,那种社会分层进一步细化,才逐渐形成印度复杂的种姓制度。在这种由4个阶层组成的社会中,人们的地区认同感不强,倒是同一个“阶级”的人比较亲近。僧侣阶级(婆罗门)把持着知识和宗教仪式规则,没有这些似乎天就会塌下来。婆罗门垄断着教育,主持各种仪式,做国王的顾问,参与国家事务,还喝一种致幻饮料甘露(soma)**。

印度历史在公元前6世纪以前的情况至今仍然模糊不清,只有据认为是公元前1500—前1000年这段时期流传下来的统称为吠陀经的宗教文献作为文字根据供学者们考证,还有在此后500年间陆续编纂起来的一些婆罗门纪事可供参考。《梨俱吠陀》(*Rig Veda*)是吠陀文本的一个例子。它们均源自口传心记,而且全都是在公元前6世纪印度出现了文字以后才整理出来的。这些早期文献含糊其词且不说,其中所涉及的科学知识全属于旨在维持社会和宇宙秩序的内容。

如果这些宗教梵语文献记载完整,如果一代代的口述人均有“魔法”赋予他们

---

* 指命运,因果报应。——译者

** 用肉珊瑚汁制成的一种饮料,印度古代常以此祭神。——译者

惊人的背诵能力,那么,语言学和语法研究就应该是在印度发展起来的第一批"科学"。梵语和吠陀经是一切学问的基础,为此就需要制定出许多语法和语言学规则来帮助新老信徒走出迷津。例如,公元前5世纪的语言学家帕尼尼(Panini)编制的梵语语法以格言形式列出了3873条规则,涉及语法、语音、韵律和词源。口述吠陀经的价值还在于由此形成了研究声学和分析音调的传统。

此外,还有数量不多的一批次要的吠陀经和婆罗门教文献涉及天文学和数学。这些文献表明,在吠陀社会内部存在着一个包括僧侣、占星家、观星家和神算家在内的地位很高的阶级。专家们制定和维护历法,为的是确保在特定的年份、特定的月份、特定的日子举行婆罗门仪式和供奉牺牲。他们采用多种方法把一个太阳年划分为月,采用置闰月的办法来使他们的宗教历法与太阳年保持同步。对于占星家来说,月亮意义重大。早期印度的占星家与中国人一样,也把月亮一个月内在天空移动的路径划分为27(有时是28)个星座或者说"宿"。吠陀—婆罗门神算家则负责把月亮与太阳的运行周期统一起来。而祭坛的建造及其方位的确定也表明数学运算能力是必不可少的。在印度历史的早期阶段,印度数学家为了配合印度教和佛教关于宇宙大轮回的观念,还研究了非常大的数,给出的数字名称可以代表大至10^{140}的数。

印度次大陆对外来影响的开放程度高于中国,它的科学和技术传统也是如此。印度在公元前6世纪曾遭受过波斯人的入侵,后者占据印度河流域长达200年之久,也由此打开了印度天文学接受波斯和巴比伦影响的大门。同样,亚历山大大帝在公元前327—前326年的入侵,则使希腊科学开始渗入印度。反过来,印度的科学和技术成就也影响到伊斯兰世界、中国和欧洲的发展。

到公元前4世纪时,至少有一个相对强大的王国——孔雀王朝——在印度崛起;在此之前,尚未有过一个政治实体统一过印度。当亚历山大大帝侵犯印度之时,印度的投机家旃陀罗笈多·毛里亚(Chandragupta Maurya)借机在这个次大陆缔造了第一个统一的帝国,成为第一位孔雀王朝的国王,从公元前321年统治到前297年(见地图8.1)。他的孙子阿育王(Aśoka)于公元前272—前232年在位,使王

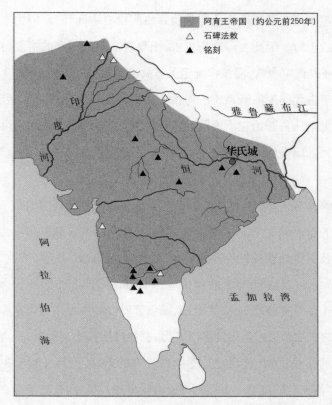

地图8.1 印度。印度文明作为世界几大主要文明之一,起源于印度河流域,向东发展
至恒河,再扩展至印度次大陆的南部。公元前3世纪,旃陀罗笈多·毛里亚统一印度。
图示为在他孙子阿育王统治下孔雀王朝的疆土。

国得到进一步扩张。有一份研究报告认为,这一时期的孔雀王朝以恒河流域为中
心,是当时世界上最大的帝国。

随着孔雀王朝时期的到来,印度的历史记载变得比较清晰起来。孔雀王朝首
先是一种伟大的水利文明。一位希腊旅行家麦加斯梯尼(Megasthenes)曾于公元前
300年前后在旃陀罗笈多的王宫里住过一段时间,他后来写道:一大半的可耕地都
得到灌溉,印度的农业因而一年可收获两季。国家有一个专门管理水利的部门,负
责建设和维护发达的灌溉系统,包括众多的水渠和水闸。这个部门还负责筹划和
指导向未开垦土地的移民工作。土地和水资源被视为国王的财产,孔雀王朝的民

163 众都有义务把水用于灌溉。农民和收税官之间没有中间环节,因为农民全都是租种国王一人的土地。因此在印度历史上,土地税一直是国家的主要财源。无论对于粮食生产还是国家收入,灌溉都是至关重要的因素,它同时也加强了政治上的中央集权。关于古代印度灌溉系统的考古学证据长期以来始终相当匮乏,大半是因为在印度历史上从一开始它境内的河流就频繁改道。但是,我们仍可以从文献资料中看出水利基础设施的重要地位:在孔雀王朝时期,破坏水坝塘堰属于重罪,可判处溺死。

孔雀王朝也不乏同水利文明相联系的其他特征。管理帝国的是一个有效的行政系统。除了专管河流、"疏浚"和灌溉的部门,还有一大批领取国王俸禄的地方官
164 员和城市官员负责处理各种各样的事务,如商业、度量衡、税收、铸币、出生死亡登记、监管外国人,以及监察纺织、食盐供应、采矿和制铁等国办工业。国家控制经济是孔雀王朝社会的突出特点,事实上,工匠们都要以某种形式为王室服务。孔雀王朝在政治上的成功来自它强大的军事实力,也依赖于它的军事实力。它有一个由6个部门组成的作战机构,统领着一支拥有近700 000名士兵和数千头战象的常备军,并负责筹备其后勤供应。士兵们可以得到报酬。另外,政府还设有一个组织严密的特务机构来保证孔雀王朝政府的独裁统治。

孔雀王朝时期城市的发展和财富的增加,体现了发展中文明的另一些特征。帝国的首都华氏城(今巴特那)坐落在恒河和宋河的汇合处,构筑有长达25英里(约40千米)的防御城墙,城墙上修有64座城门和570座塔楼。城内房屋多为二三层的小楼,城中矗立着一座雄伟的木结构宫殿。宫殿内贴金廊柱林立,还配有一个拥有若干水池和一个植物园的花园。孔雀王朝也修建有其他公共设施,包括一个通至帝国各地的道路网、许多公共水井、不少客栈和一个邮政系统。

关于孔雀王朝时期的专门知识,虽然细节方面还不很清楚,但肯定一直在发展。在这一时期,尽管阿育王转向信仰佛教,但婆罗门的社会地位连同他们的祭祀学问并未受到太大削弱。孔雀王朝的各个城市成为艺术、各种技艺、文学和教育的中心。帝国为进行有效的管理显然需要文字和计算知识。我们已经知道,比如说,

农业管理部门曾编纂过气象统计资料,还使用一种雨量计。帝国各地矗立着许多刻有阿育王法敕的石柱,其中一块上的铭文就提到他曾建立过为人和动物治病的诊所。在这一时期的印度也能感受到巴比伦和希腊化的影响,特别是占星术。例如,希腊—巴比伦的黄道十二宫以及每一宫的标志就能在印度天文学里找到,这曾促进印度天文学在星相占卜方面的应用。可以肯定,进一步的研究还会发现关于孔雀王朝的天文学家和占星家的更多细节,并会揭示出他们如何依赖政府的大力支持。

阿育王死后孔雀王朝就衰落了,印度分裂为一些小的王国和公国。在分裂了500多年以后,印度又再次统一起来,这一次是由公元4世纪崛起的笈多王朝统治印度。笈多王朝的奠基人旃陀罗笈多一世(Chandragupta,不是前面提到的那位旃陀罗笈多·毛里亚)从公元320年统治到330年,他的更著名的孙子旃陀罗笈多二世(Chandragupta Ⅱ)则从375年统治到415年。笈多王朝时期代表了古典印度文明的黄金时代,一直持续到公元650年左右发生动乱才中止。笈多王朝同孔雀王朝一样,也有强大的中央政权、公共设施和对贸易的管理,而且国家财源也依靠土地税。笈多王朝时期引人注目的特点,在于它的印度教艺术和文化的繁荣,王室随时随地慷慨拨款的传统,以及在天文学、数学、医学和语言学方面设立的奖学金制度。所有这些,都表明古典印度科学具有很高的水准。

同早先一样,笈多王朝统治下的天文学研究的也是一些非常实用的东西。经过训练的专门人员编制历法,确定举行宗教活动的时间,进行星占算命和星相学预测。他们不仅为个人算命,还为农事选择"吉日"。印度天文学不怎么注重观测和理论,也不关心天体运动的物理学,中心内容完全是星相预测和计算技巧。此外,由于受到古吠陀经根深蒂固的影响,印度天文学十分保守,因循守旧,绝不鼓励任何理论创新。天文学家从不过问印度的其他知识领域,他们的生活更像专职的僧侣,有关的专业技术知识全靠家族世代相传。与中国、伊斯兰世界以及欧洲的天文学不同,印度的6个区域性天文学—占星术学派之间从未达成过一致,从而形成为科学传统;各派都争相向统治者邀宠,想多争得一些物质资助。

165

　　印度天文学尽管有这些局限,而且分为不同派别,但在笈多王朝时期却发展为高度专业化和数学化的学问。从公元4世纪到7世纪,各种各样的天文学家编出过一系列高水平的教材(siddhānta,即"解"),涉及基础天文学的许多方面,如太阳年、二分点、二至点、月亮周期、默冬章、日月食、行星运动(采用希腊行星理论)、不同季节的星表,以及岁差。居住在华氏城的阿耶波多一世(Aryabhata Ⅰ,生于476年)编著了一部培养学生的教材,他主张一个新颖的观点,认为地球每日绕轴自转(尽管他知道托勒玫的《天文学大成》)。一个世纪以后,天文学家婆罗摩笈多(Brahma-gupta,生于598年)则在他自己的教材中批驳了阿耶波多的地动观,根据就是这种观点与常识不符,若地在动的话,雀鸟绝不会向无论哪个方向飞翔都一样自如。婆罗摩笈多对地球周长的估计值在古代天文学家中倒是属于最为准确的数值之一。

　　印度天文学家要依靠精确的算术计算,阿耶波多和婆罗摩笈多在数学领域的声望绝不亚于在天文学领域。印度数学家擅长代数和数值计算,这大体上反映了他们注重实用的倾向;他们不求一般解,而是喜欢"秘诀"。阿耶波多在他的著作中使用到一种位值系统和小数概念,采用了9个"阿拉伯"数字和0。(在印度数学中出现0很可能同印度宗教哲学中特有的概念"空"有关。)他把π值计算到4位小数,后来的印度数学家又把π值计算到小数点后9位。婆罗摩笈多在他的教材中扩展了前人的工作,内容涉及测量、代数学、三角学、负数和π那样的无理数。印度的数学工作主要是通过11世纪伊斯兰科学家比鲁尼(al-Bīrūnī)的著作《印度史》(History of India)里的有关介绍才为西方人所知。

　　同其他地方的文明一样,印度的医生和医学领域组织化程度很高,水平也相当发达。有钱人和达官贵人慷慨资助医师,宫廷医师则有很高的地位,其中一个原因是他们能够治疗不幸中毒和被蛇咬伤的患者。高水平的医师显然不同于江湖郎中,他们都经过培训并取得了行医执照。例如,有一部传统的医学教材《阇逻迦本集》(Charaka Samhitā),其中就讲到有经验的老医师如何培养学徒,以及医师要得到王室的许可才能够开业。位于那烂陀的宗教中心非常兴旺,它从公元5世纪到12世纪一直是一所医疗学校。在那一大片建筑物里有数千名(不同的研究所得的数字不同,从4000到10 000不等)学生在学习,教师则有数百名;整个地方占地1平方英里(约2.59平方千米),有300间教室,还有一座图书馆。学校不收学费,一切费用由国王和富人捐助。此外,在塔克西拉和贝拿勒斯也有类似的教学中心。我们在前面已经提到孔雀王朝的国王阿育王曾建立过诊所,在笈多王朝时期也有免费施舍医药的慈善机构。在印度,从公元前4世纪开始,专门治疗战马和战象的兽医就一直保持着很高水平,那当然是意料中的事情。

在印度历史上,医学理论和实践很早就相当发达。吠陀经的口诵材料中有解剖学方面的内容,主要是对供作牺牲的马匹进行解剖得来的知识,另外还有植物药材方面的内容和对疾病的描述。这种被称为阿瑜吠陀*——即"生命科学"——的传统到公元前6世纪时被整理成文字,其中包括了很复杂的医学和生理学理论以及通过保持人体内各种体液间的平衡来医治疾病的方法。阿瑜吠陀经医学以其认识和治疗疾病的理性方法而著称,事实上里面包含了自觉认识论的成分,主张通过医学推理来作出诊断。由医师恰拉卡(Charaka)编著的权威的《阇逻迦本集》出现在公元1世纪前后,这是一部代表性著作,书中按照印度人喜欢的取名和排列习惯区分出300块不同的骨头、500块肌肉、210个关节和70条"水道"(即血管)。书中涉及的疾病分类也相当细致。类似的"集子"还有医师苏斯鲁多(Susruta)的著作《妙闻本集》(*Susruta Samhitā*),它一直是印度外科医学的经典。可以说,同当时的任何其他文明相比,印度的内外科医学在其鼎盛时期都可能是最发达和最先进的。

金丹术是另一个被视为有用科学的领域,在印度也非常繁荣,它大概是从中国传过来的。印度的金丹术同医学和大乘佛教有密切联系,相关文献中非常关注汞的种种形态、如何保持人体健康以及如何保存人死后的躯体使之不会腐败。从事金丹术的人逐渐掌握了一大堆化学知识,通过炼制长生不老药、壮阳药和毒药而把这些知识应用于医学。

167

---

* 通常意译为"印度草医学"。——译者

　　印度的技术文明与上述科学成就严重脱离,但发展程度却相当高。实际上,印度社会虽然机械化程度还不是很高,在欧洲殖民主义进入这个次大陆并在那里搞起工业革命之前,却也称得上是"工业社会"。印度的主要工业是纺织业,当时处于世界领先地位。例如,从事纺织生产的人数已占到第二位,仅次于农业。纺织生产还带动了化学、染色和制衣等辅助行业的发展。造船业生产出对于印度海上贸易至关重要的远洋船只,同样也是传统印度的一个主要工业部门。印度造船工人用摸索出来的造船技术造出了特别适合于在印度洋季风条件下航行的船只。印度造船业在欧洲人进入该水域以后,其重要性更为增强。印度的炼铁生产虽然早在公元前1000年就已经开始,不过在伊斯兰教的莫卧儿帝国尚未建立和未曾制造枪炮之前,也就是在16世纪之前,生产规模一直不大。至于印度铸造工人的技术水平,从矗立在德里的那些高24英尺(约7.3米)的标志性铁柱便可见一斑,那是在公元4世纪旃陀罗笈多二世统治时期铸造的。(有研究指出,那些铁柱直到今天也无任何锈蚀的迹象。)印度工匠也制造陶器和玻璃器具,此外还掌握了各种各样其他的实用技艺,所有这些都促进了伟大的印度文明的发展。考虑到这些技术的复杂性,在英国人于19世纪对这一大片土地正式实行统治之前,印度实际上已经经历了令人惊讶的有限工业化。

　　印度的种姓等级制度在笈多王朝时期变得更加严格,共划分出大约3000个不同的世袭种姓。种姓制度对印度技术史的意义可能不如前面讲到的思想方面的影响大,但仍值得注意。这种种姓制度使多种多样的技术技能和技能传统分别为一个个单独的种姓所垄断,形成了像行会一样的组织。至少在名义上,一个种姓内的人禁止从事其他种姓的职业。尽管种姓所设的壁垒间或也会被突破,但是技术与科学的隔离一如中国和古希腊,十分明显。

　　匈奴人于公元455年对笈多帝国疆土的入侵,事实证明造成了极大的破坏,而且导致其后在480—490年的10年间帝国局部分裂。到了6世纪,印度的几位国王又重建帝国,但是,待到曷利沙国王(Harsha,戒日王)逝世后,因无后嗣,统一的古印度文明就于647年完全崩溃。此后,一个个的印度教小邦国相继建立,公元

1000年以后,在印度也已经开始能够看到伊斯兰教的影响和渗透。伊斯兰教得到 **169**
广泛的响应,有一部分原因就是它反对种姓隔离。一个独立的德里苏丹国在
1206—1526年统治着印度北部的印度河和恒河流域,从1526年开始,伊斯兰莫卧
儿帝国凭借其先进的大炮技术征服了整个北印度,并在名义上统治到1857年。穆
斯林统治者带来了更先进的灌溉和水利技术,其中包括修建人工湖,使印度北方的
农业广泛受益。莫卧儿大帝阿克巴(Akbar,1556—1605年)设立了一个专管运河的
政府部门,其地位在莫卧儿帝国其他部门之上,帝国1/3的灌溉用水都流经这些运
河。作为伊斯兰权力的一种体现,印度也全盘吸收了伊斯兰科学,这从到处都可以
看到伊斯兰天文台这一点上得到了最生动的体现。伊斯兰教在文化和组织上的成
功终于结束了印度的传统科学和学问,在伟大先知的教诲所达之处,再难见到印度
科学的踪影。

在未曾伊斯兰化的南方,各邦国内部仍然实行的是传统的印度文化,富裕的城
市继续依赖着集约化的农业。例如,繁荣的朱罗王国就从公元800年一直维持到
1300年。朱罗的工程师们大规模地修建灌溉工程,包括拦河筑坝和修建一个长16
英里(约26千米)的人工湖。修建过程显然有官员监管,一个专门委员会就负责修
建灌溉用的蓄水池。这些蓄水池储存雨季的季风雨水以便在旱季使用。到18世
纪,印度南方的迈索尔还留有38 000个蓄水池;19世纪,在马德拉斯则有50 000
个。非常有意思的是,集约化的农业、科学以及国家提供资助这些印度文明的主要
特征不仅充分体现在印度次大陆,而且还向海外扩散,远达斯里兰卡和东南亚。

泛印度

科学与水利文明的关联性在佛教占主导地位的斯里兰卡(古称锡兰)表现得同
样明显。这个岛国独具特色的水利文明是在公元前6世纪受到来自印度次大陆的
入侵以后才兴起的,据传说奠基人是几位"水王"。与众不同的僧伽罗文明在该地
区维持了1500年之久。僧伽罗人修建起数以千计的水塘,用它们来蓄积季风雨
水,这样一来,在该岛北部的干旱地区便也有了灌溉农业,可以生产谷物。水利农

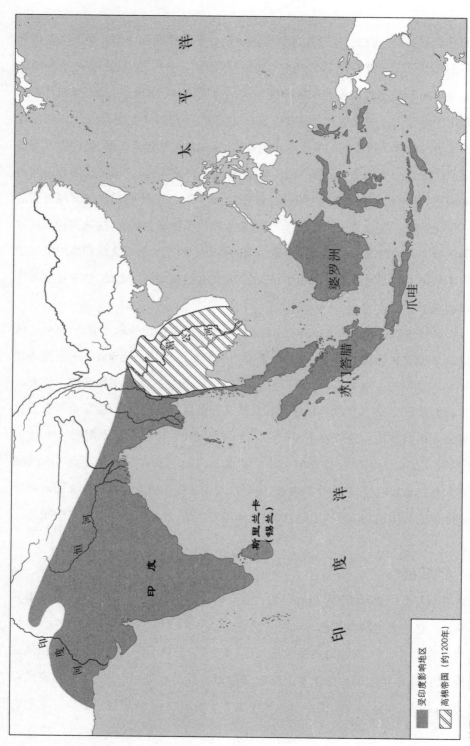

太　平　洋

印　度　洋

爪哇

婆罗洲

苏门答腊

湄公河

恒　河

印　度

斯里兰卡
（锡兰）

印
度
河

受印度影响地区

高棉帝国（约1200年）

地图8.2　泛印度。 一种由印度促成的文明在斯里兰卡（锡兰）兴起，一些受印度影响很深的文化也在东南亚地区发展起来；尤其是在大高棉帝国，它于公元前9世纪出现在湄公河沿岸。

业所具有的一切主要特征,斯里兰卡全都具备:中央集权、一个专管灌溉水利的政府部门、劳役、剩余的农产品、大型建筑物。斯里兰卡的大型建筑有神殿、寺庙和宫殿,使用了数千万块英尺见方的砌砖,整个规模可与埃及修建的金字塔相比。进行如此大规模的建设,人口自然向城市集中。有研究指出,斯里兰卡的主要城市波隆纳鲁瓦在公元12世纪曾是世界上人口最多的城市。

虽然细节还不大清楚,但已有资料表明,在古代斯里兰卡,皇家十分支持专门知识的研究,支持的领域有天文学、占星术、算术、医学、金丹术、地理学和声学。似乎也存在一个当官的种姓,主要就是寺庙里的那些有知识的人;还设有一位皇家首席御医——那可是一个重要官职。依照阿育王在印度建立起来的传统,斯里兰卡的统治者也把一笔可观的财富用于公共健康以及诸如医院、产房、施药所、大厨房和药房等医疗机构的建设。总之,斯里兰卡体现了一种典型的官方支持有用科学的模式。

从公元第一个千年初开始,印度的商人就向东越过印度洋到海外去经商。他们与苏门答腊、爪哇和印度尼西亚的巴厘岛有广泛的贸易往来,并建立起印度同那些地方的海上联系,与此同时,这些商人与在那些地方传教的斯里兰卡佛教僧人也有文化上的交流。凡此种种,最后促使在马来西亚等东南亚国家形成了一种泛印度文明。例如,据一位3世纪的中国旅行家所写的游记揭示,他在当时的扶南国(即今天的越南)曾看到一份印度的手稿、一些藏书和档案资料。中国从北部施加其文化影响是无疑的,但印度对该地区的影响居支配地位,且在4—5世纪有增无减。来自印度的婆罗门受到如当地首脑般的崇敬,他们带来印度的法律和行政管理程序。种姓制度也一并到来。梵语成为政府实行管理和学习宗教的正式语言。而且,印度教和佛教并行不悖地成为那些地方的两大主要宗教信仰。

大高棉帝国或称大柬埔寨帝国向我们提供了一个最能说明印度文化影响怎样扩散的实例。高棉帝国是一个独立的王国,它从802年至1431年繁荣昌盛了长达6个世纪,在国王阇耶跋摩七世(Jayavarman Ⅶ,1181—1215年在位)的统治下达到其顶峰,曾经是东南亚最大的政治实体,包括了今天的柬埔寨、泰国、老挝、缅甸、越南和马来半岛。

　　高棉帝国兴起于湄公河下游的冲积平原,其巨大的社会财富依赖于东南亚历史上最完善的灌溉基础设施。一年一度的季风为湄公河及其支流带来了丰沛的雨水,更有洞里萨湖提供了一个天然水库。高棉的工程师们凭借成熟的蓄水技术,修建起庞大的灌溉系统,包括人工湖、运河、水渠和一些用长堤(称为barays)围成的

　　地图8.3　高棉帝国。这个受印度很深影响的帝国有湄公河丰富的水资源,依靠种植稻谷而在12和13世纪保持了繁荣昌盛。高棉帝国凭借良好的灌溉基础设施和发达的蓄水技术,成了东南亚历史上最大的政治实体。它体现出高度文明的一切特征,有宏伟的建筑、文学、计数方法、天文学知识,以及国家对实用科学的支持。灌溉设施被毁坏以后,高棉文明也随之在15世纪初消失。

浅蓄水库,不仅控制住了河网,而且能够蓄水供干旱季节使用。到公元1150年时,已经有超过400 000英亩(约167 000公顷)的土地实行了人工灌溉。仅位于吴哥窟东面的一条长堤就长达3.75英里(约6.03千米),宽1.25英里(约2.01千米)。湄公河两岸的水文条件特别适合种植稻谷。如同我们在中国所看到的情形,这种农业生产能够提供大量的粮食,一旦引入,就会引起一连串重大变化。如此高的生产能力,能够养活大量稠密的人口,提供丰富的劳动力,并产生一个富裕的统治阶级。

在高棉帝国,社会和科学的发展都再次显示出同水利文明联系在一起的那些特征。一代代高棉国王一如埃及的法老被神化,拥有不容置疑的绝对权威。他们依靠一个主要由有学问的婆罗门和军官为首组成的复杂的官僚集团实行统治,处理帝国的日常事务,包括极为重要的水利基础设施的建设和维护。有一份资料甚至把这个官僚帝国称为福利国家,或许是因为据说阇耶跋摩七世曾修建过100所公共医院和其他公共工程。我们看到瓦索达拉普拉城中心的城市化。还有各式各样的图书馆和档案馆足以说明这个国家的专制本质和具有较高的学问。除了大量灌溉工程和一个把帝国各地连接起来的道路网(设有驿站)外,高棉王室还命令建造了许多宏伟建筑,其中最为著名的是都城吴哥的建筑群,经过300多年的时间才最终完成。吴哥作为一个中心城市,占地60平方英里(约15 000公顷),区域内按照严整的规划,沿着东西长19英里(约31千米)、南北宽12英里(约19千米)的坐标轴分布着一系列的市区。该地区有200座寺庙,每座寺庙都有自己的由蓄水池和水渠组成的水网,不仅有实用价值,也具有象征意义。位于吴哥窟的那片建筑群,是世界上最大的寺庙。这座寺庙,周围有宽约660英尺(约200米)的壕沟环绕,采用如埃及修建胡夫大金字塔那样的大石块砌成,建筑物表面几乎每平方英寸都刻着浅浮雕。此建筑群于公元1150年建成,此前共修建了近40年。吴哥窟占地近1平方英里(约259公顷),其实包括12座大寺庙,中心矗立的那座尖塔高200英尺(约60米)左右。位于吴哥城的那片同时用作政府机构和寺庙的建筑群更加庞大显赫,装饰得金碧辉煌,竣工于1187年,其中还包括一座差不多占地4平方英里(约1000公顷)的围绕着城墙的城池。这些宏伟的寺庙有多种用途,其中一个就是用作

172　　　图8.1　**吴哥窟。**吴哥窟宏伟且装饰精美的寺庙建筑群于公元1150年建成,是高棉帝国
的礼仪和行政中心,位于今柬埔寨。一条护城河和盆地将吴哥窟与附近的暹粒河以及其
他的区域供水系统和田地相连,稻米生产维持了该地区的大量人口。随着这些灌溉系统
在14世纪的崩溃,高棉帝国本身也崩溃了。吴哥窟在1444年被废弃,被周围的森林所
湮没,直到19世纪和20世纪才被重新列为世界遗产。

高棉国王的陵墓。

　　高棉宫廷吸引了印度的学者、艺术家和宗教教师,也有印度的天文学家和占星
家随他们一起来到柬埔寨和东南亚。在高棉王国除了贵族和军官,还有一个由教
师和普通僧侣构成的种姓,他们的职业是讲授梵文文本,培养新一代的占星家和宫
廷里负责各种典礼的礼仪官。这里的高棉"医院"表明帝国里的医学培训和医疗活
动具有很高的组织水平。吴哥窟的建筑显然需要综合天文学、历法计算、占星术、
命理学和建筑学等各方面的知识,并把它们协调起来;另外,还必须小心谨慎地按
照印度宇宙理论确定的各条基线的方向,精心设计壕沟和建起来的神山。在建筑
物上镌刻的数千幅浅浮雕揭示了当时对炼制长生不老药的关注。这片建筑群内部
还修建有许多条特殊的天文学视线,可用来记录太阳和月亮在地平线上的左右移
173　　动。春分那一天显然被选为历法年一年的开始,受到特别的重视。考虑到这处遗
迹内修有这些视线,那么,就有可能在吴哥窟用它们来预测日月食;可是,高棉的天

文学家是否真的预测过日月食,今天还只能是作些猜测。

过度地进行大规模的建设或许耗尽了这个国家的实力,对高棉文明造成了致命的后果。从14世纪开始,高棉帝国就一再受到邻近的泰国人和越南人的外来侵略。这些入侵毁坏了高棉文明赖以存在的灌溉基础设施:维修活动不能进行,战争造成破坏,征兵又减少了劳役来源。结果,人口骤减,高棉帝国本身也轰然崩溃。泰国人征服这个地区以后,梵语便不再是东南亚的学术语言,佛教使用的一种新的不大追求辞藻的语言开始流行;到了1444年,吴哥城也被废弃,最后终于渐渐为丛林所湮没。直到法国人于1861年"发现"这片吴哥废墟,这才引起世界的注意,人们才知道存在过高棉文明。虽然在4个世纪中湮没无闻,高棉文明还是向我们展现出那些我们已经熟悉的特征:集约化的农业,高度集中的政权,以及对有用的科学提供支持。

第九章
新　大　陆

大致在伊斯兰世界、中国和印度出现旧大陆科学文明的同一时期，在新大陆也兴起了一系列文明，即玛雅文明、阿兹特克文明和印加文明。在美洲发展起来的这些文明走的是另一条完全不同的技术道路，没有犁，没有牵引牲畜，也没有青铜和炼铁，所以，当发现它们与旧大陆的文明发展模式不谋而合时，人们感到特别惊奇。这些美洲文明同它们在地球另一侧相对应的古代文明一样，也有专门的科学人才和专门的知识维持着国家的运转。他们没有作为希腊化传统成果的自然哲学一类可有可无的东西，然而他们的确拥有高度的文明。

美洲豹出没的土地

玛雅文明以早期的美洲文化与一种通过开垦低洼湿地从而具有很高生产能力的集约化农业和玉米种植为基础，自从晚于公元前100年兴起以后，就在以今天的伯利兹为中心的一大片中美洲地区繁荣昌盛了1000年（见地图9.1）。玛雅人利用条理化的知识支撑起他们的社会，在这一点上既有特色，又超过了其他的美洲文明。

西班牙征服者曾经在这片新大陆上野蛮破坏，如今，残存下来的我们称之为"雕刻文字"（glyph）的文字记录已经非常有限。西班牙人毁坏了成千上万件古抄本——抄写在树皮和鹿皮上的书籍——只有4件玛雅样品留存至今。我们对玛雅文明的了解，凭借的主要是雕刻在石柱和其他建筑构件上的5000幅玛雅文字图案，有的图案上刻有数百个雕刻文字或者雕刻符号。最近，解读古玛雅文字的工作大有进展，翻译工作进行得越来越顺利，目前已经解读出超过90%的内容。现在已

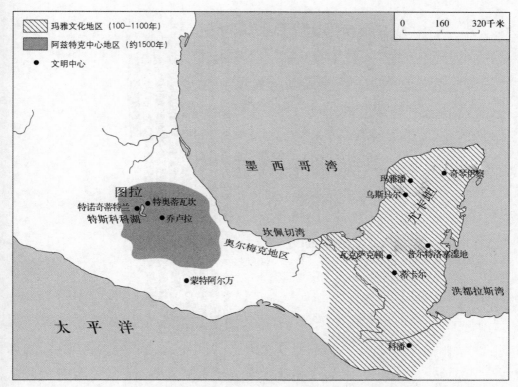

地图9.1　**中美洲文明。**在中美洲也形成过高度的文明。玛雅文明集中在靠近洪都拉斯湾的低洼湿地上,接着阿兹特克帝国又崛起在一个大湖周围的准沙漠上(今墨西哥城)。 175

经清楚,玛雅文字源自奥尔梅克文化,是同时使用表音和象形两种成分来记录的一种独特的玛雅语言符号。目前已经解读出来的287个象形符号——其中140个代 175
表读音——清楚地告诉我们,那些格式统一的雕刻文字记录的主要是历史事件,记述着历代国王、王朝和统治者家族的显赫与功业。在公开的雕刻建筑物上的雕刻,无疑会渲染夸大王朝的丰功伟业。如果在数百年间产生的那些文字记录未曾遭受破坏,那么,我们对玛雅社会的了解一定会更加切合当时的实际。

　　掌握玛雅文字是一件非常困难的事情,由此可以想到,玛雅社会中一定存在着一个专门从事书写的阶层,他们需要经过严格的训练才有可能从事这项工作。还有证据显示,书写工作是一种排他性的特殊职业,干这一行的人在一个等级分明的

176

图9.1　前玛雅石碑。玛雅文明所使用的复杂文字系统现在基本上已经被解读出来。
图中所示是玛雅人之前生活在大约2世纪的美洲人制作的石刻,玛雅书写方法即由它
发展而来,使用的是具有表音符号的雕刻文字。玛雅的碑文有炫耀的用意,通常记述着
政治大事、战事和重大盛典。(美国科学促进会特许重印)

社会中处在顶层,享有很高的地位和声誉。从事书写的人是从等级较高的玛雅贵
族中挑选出来的,常常会是尊贵的二王子。他们的职位也许可以世袭,处在那个位

176　置上的人会成为国王的近臣和亲信,与国王关系密切,有时显然也会觊觎政权。至
少在有些地方,比如说在后来玛雅文明的中心玛雅潘,存在着专门培养祭司和书写
人的"学院"。书写阶层有他们自己供奉的庇护神伊扎姆纳(Itzamná),传说中是一
位发明了文字和能够保佑学问的神明。书写人总是戴着特别的头饰以显示他们从
事的职业,他们还使用特别的器具,死后常常会用古抄本作陪葬物并会举行隆重的
葬礼。如果上述关于书写人的情况以及他们的成就分析得不错的话,那么我们就

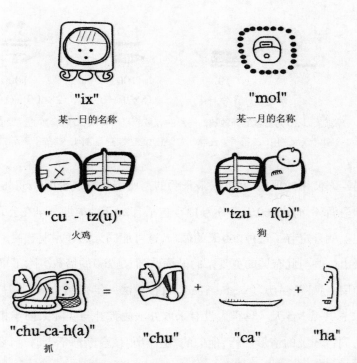

"ix"
某一日的名称

"mol"
某一月的名称

"cu - tz(u)"
火鸡

"tzu - f(u)"
狗

"chu-ca-h(a)"
抓

"chu"

"ca"

"ha"

图9.2 玛雅字符。最初属于象形文字的前玛雅文字和玛雅文字后来采用了表音符 177
号。图中这些符号可以组合起来表示其他的词和概念。

能够说玛雅人中存在着一个知识分子阶级。

　　玛雅人使用以20为基数的计数制,用点表示1,用短横划表示5。选择5为单
位和以20为基数的计数制,可能对应着人的5个手指和总共20个手指及脚趾。总
之,玛雅人创造了一种具有代表0的符号的位置值系统。他们用这种计数制可以 177
表示非常大的数。玛雅数学家没有办法表示分数,但他们像几千年前的巴比伦同
行那样编制出乘法表来帮助计算。玛雅人的数学技巧主要用于同数字命理学、祭
祀天文学和一种复杂的历法系统有关的工作。

　　继承先前瓦哈卡人的传统,玛雅人的历法和计日方法都非常复杂,不仅在美洲
属于最复杂的系统,可能在全世界也是如此。玛雅人混杂着同时使用4—5种计时
系统。早先的研究曾认为玛雅人对时间的往复循环感到非常困惑,近来通过解读
玛雅文字,对玛雅历史有了更多的了解以后,仍不能完全否定这种看法。

图9.3 **玛雅人以20为基数的计数制**。玛雅的计数制是一种以20为基数的位置值系统,包括了3个分别代表0、1和5的符号。注意,"位"是通过把数符逐层向上叠放来表示的。

在玛雅人使用的那些历法中,最重要的是所谓的**卓尔金历**(tzolkin),即260天的一个神圣循环,而这260天又分为13个包括有20天的周期。早在公元前200年,玛雅历史上就肯定有了这种260天的循环,这可能同人的妊娠期有关。后来,玛雅人又发展出一些与此有关的更复杂的循环,它们是260的倍数。除了卓尔金历,玛雅人还使用一种"圣年历"(Vague Year),这种历法一年有18个月,每月20天,加上5个忌日,总共是365天。玛雅人没有采取办法去弥补与实际太阳年相差的那1/4天,因此,同古埃及的情形一样,他们的"圣年历"便会渐渐不合时令,要过1460年才再与季节相符。为了把卓尔金历与"圣年历"两种历法协调起来,玛雅人搞出一

种被称为历轮(Calendar Round)的装置,非常巧妙地把365天的循环与260天的循环结合在一起。这种历轮转动起来,两个循环轮就犹如一台大时钟里的两个齿轮相互啮合转动,每过52年再回到原位置。转动的历轮就像一台能够预言未来的绝妙机器。大循环中的每一天都有一个名字,联系着各式各样的兆头;而专门的神职人员就用这种历轮来进行占卜,从事研究,预言来事。

玛雅的历算家和天文学家还另外使用着一种太阴历和第四种计时方法,那是一种连续计算天数的方法,叫做长计日法(Long Count)。那种长计日法采用了最少为1天、最多几乎为400年的6个时间单位来逐日计算天数。它的起始日,据计算是公元前1314年8月13日(另有资料给出的时间是公元前1313年);而世界的末日,根据长计日法的预测,是公元2012年12月21日。该日子在大街小巷的热议和电影《2012》的渲染中来了又走了,但这种世界末日情景完全误解了玛雅人的想法。对于玛雅人来说,整个机械将重新启动,类似于重新计时的里程表。在其他神

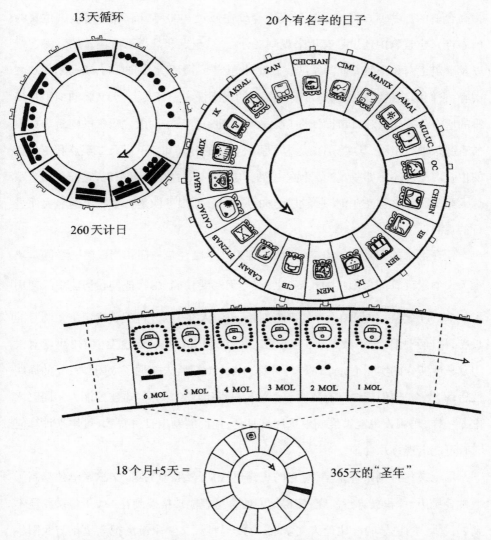

13天循环

20个有名字的日子

260天计日

18个月+5天 =

365天的"圣年"

图9.4 玛雅人的历轮。同所有其他文明中的天文学家一样,玛雅天文学家也研究出复杂而可靠的历法。那些历法中涉及好些以天、月和年为单位的复杂周期。图中的玛雅历轮每52年重复一周。

179

话雕刻中,玛雅计算时间的人所用到的时间甚至长达数百万年。

与这种历法密切相关的玛雅天文学其实是以宗教为目的的占星术活动的组成部分。一批工作在国家机构中的不知名的宫廷天文学家从事着观测天空的活动。那些机构就包括位于奇琴伊察的著名的"天文台"半旋梯建筑(Caracol)。这个建筑物高台上的那些窗口对准了地平线上金星在公元1000年升起和下落极端位置的标志点。建筑物内还设计有用来观测二分点、夏至点和月亮下落位置的观测视线以及确定正南和正西方向的基准线。此外,位于科潘、瓦哈克通和乌斯马尔的观测中心,它们的建筑结构也都显示出有类似的观测视线。事实上,天文朝向似乎是玛雅的所有公共建筑和城市设计都必须要考虑的一个基本因素。玛雅的建筑和城镇乍看起来轴线歪斜,其实,那正是为了反映金星的升起和落下以及二至点和二分点的位置。另外还有那些观测天顶经过的标志,其重要性也不可忽视,它们被用来跟踪太阳季节性地在正午时刻经过天空的最高点,那很可能是为了农事的需要而进行的观测。

残存下来的少量古抄本揭示出,玛雅天文学已经是一门相当成熟的学问。玛雅天文学家计算的太阳年的长度,比$365\frac{1}{4}$天还要精确,尽管他们在历法中只使用了365天的长度。根据帕伦克的碑刻判断,玛雅人在公元7世纪就确定了太阴月的长度,精确到相当于小数点后3位小数,即29.530天。(在科潘也发现了8世纪对太阴月长度所作的实际上完全一样的计算。)考虑到玛雅人掌握了太阳和月亮的周期性运动,那么,他们应该具有解决前面讨论过的巴比伦"新月"难题的能力。同巴比伦人一样,玛雅人也能够准确地预测日月食,他们编制出日月食表,可用来计算何时有可能出现日月食。

玛雅文化特别崇拜金星,对它的观测也特别仔细。玛雅天文学家单独编制了一种金星历,并积极进行研究,使得他们的金星表能够精确到在481年中误差还不到2小时。同更早的巴比伦天文学家一样,玛雅天文学家设法把金星年与太阳年两种循环协调起来,并搞出了一些更复杂的循环,其中有一种循环把104个太阳年、146个神圣卓尔金循环和65个金星年结合在一起。玛雅的专家很可能也为火星和水星编制过天文表。还有一些雕刻,表明了木星对占星术的重要性;另外某些恒星也有其特殊意义。总而言之,玛雅天文学家进行过非常专业的研究,无论在观测精度上还是在专业技能上,都达到过很高的水平。

玛雅天文学家进行如此深奥的研究是因为有许多的应用需要。掌握历法,作

图9.5　位于奇琴伊察的玛雅"天文台"。古代的玛雅天文学家站在这个半旋梯建筑的高
台上进行观测,视线开阔,不会被树木遮挡。高台上的建筑物开有若干个窗口,正对着地
平线上金星及其他天体升起和落下的位置。

180

为最简单的应用,可以使玛雅统治者知道时令和了解农事。稍微复杂些的,玛雅历
法被用来确定在什么时候进行规矩很多的宗教活动及其他典礼。在最复杂的应用
中,玛雅占星家依靠天文学的成果来推算魔数,为人算命,为各种各样的活动挑选
吉时良辰和避开凶时。再例如,金星周期被用来确定何时适宜采取军事行动,这也
说明了知识在政治上的应用。正是通过上述种种应用,玛雅的天文学和占星术得
以进入权力结构,并成为玛雅社会中占主导地位的意识形态。

181

　　玛雅高度发达的文化在公元800年前后受到了巨大压力,到公元900年左右,
玛雅文明中心地区的那些主要的居住地便全部被废弃。后来,玛雅人的势力在尤
卡坦半岛(尤其是在奇琴伊察)有所恢复,并持续到公元1200年。不过,从11世纪
开始,玛雅的长计日法便废止了,而且有资料表明,原来存在的对书写人和祭司的
严格培训也没有了。自那以后,玛雅高度发达的文明便成为历史。对于玛雅文明
为什么会逐渐消亡,学者们提出了种种解释,并有激烈争论。各个城邦联盟之间无
休止的武装冲突是一个可能的因素;人口增长给脆弱的食物生产系统造成的不可
避免的压力也会使人口数量有很大波动。所有这些因素综合作用,再加上玛雅的

那些低地在公元800—1000年遇上了一场持续长达200年的大干旱(为8000年间最为严重的干旱),玛雅文明无疑遭受到再也无法承受的沉重打击。最近研究人员还搞清楚了玛雅人为什么要砍伐森林,原来,他们需要大量木柴烧制建筑上使用的石灰,玛雅的那些大型建筑就是用石灰浆作为黏合材料砌成的。森林遭毁,可能会破坏降雨条件,至少在一部分地区造成土壤侵蚀,从而破坏了农业。玛雅文明终于逐渐衰亡,玛雅人所取得的那些认识自然的杰出的知识系统也随之而去。

仙人掌和苍鹰

在中美洲还兴起过托尔特克和阿兹特克两种文明。在公元900—1100年,托尔特克人借助灌溉农业,使他们的城市图拉的居民达到35 000—60 000人。他们还修建了从技术上说属于世界上最大的金字塔。那座金字塔坐落在乔卢拉,简直就是一座人造山:占地45英亩(约182 000平方米),底边长1000英尺(约300米),高170英尺(约50米),总体积13 300万立方英尺(约380万立方米)。

阿兹特克人起先是半游牧民族,在14至15世纪,他们在中美洲建立起最强大的帝国。1325年,他们在一个大湖旁,就是今天墨西哥城所在的位置,修筑了他们的城市特诺奇蒂特兰。根据传说,当时有一只苍鹰正栖息在一株仙人掌上,那可是一个好兆头,阿兹特克人就被它吸引到湖边来。结果表明,阿兹特克人是高明的水利工程师。那个名叫特斯科科的湖泊,本是一个盐水湖。阿兹特克的工程师横贯大湖修筑起一条长堤,把它的淡水部分(由泉水补充)与咸水部分隔离开来。他们还修建了好些水闸来调节湖水水位,并开挖出许多沟渠来把别处的淡水引入湖中。特斯科科湖每年能为阿兹特克人提供数百万条鱼和不计其数的野鸭,从湖里捞出的成团水藻也是极富营养的食物。阿兹特克人摸索出一种在湖滩地进行耕种的集约型农业。为此,他们大规模地修筑堤、坝、排水沟,还围湖造田。所有这些公共工程,都是在国家的组织下进行的。他们的农业生产可以说依靠的是名副其实的浮在水上的稻田,他们称之为"奇南姆"(chinampas)。每一块稻田宽16—33英尺,长328英尺(宽5—10米,长100米),用人粪尿和蝙蝠粪作为肥料。他们的这些耕种方法非常有效,一年可收获7次,从而生产出大量剩余农产品,支撑起了城市化的阿兹特克文明。在与欧洲人接触前夕,阿兹特克农民耕种着30 000英亩(超过12 000公顷)奇南姆。

阿兹特克人的最大城市特诺奇蒂特兰占地5平方英里(约1300公顷),征集来的劳役在城中修建了巨大的金字塔、宫殿、礼堂、球场、市场和道路。(各种球类运动和球场是许多中美洲城市社会学和建筑学研究的一部分。)专设的输水管道为城市引来淡水,每天有1000多名专职清洁人员对街道进行清扫和洒水。在被欧洲人征服前夕,特诺奇蒂特兰估计有200 000—300 000人口,是当时美洲最大的城市。

可以想象得到,阿兹特克的历代国王既是专职祭司,又是最高行政首脑和军事统帅,他们在哥伦布到达美洲以前统治着这个中美洲最强大的国家。他们对一个有着500万人口的帝国实行控制,这个数量可能是古埃及人口的2倍。有一个官僚系统负责帝国和地方的行政事务,收税和接受贡品,主持审判。官员的职位由具有贵族血统的家族世袭,培养平民子弟和培养贵族及神职人员各有不同的学校。阿兹特克社会极其凶残,大量地用人作为祭品,可能还有食人的残忍行为。阿兹特克祭司每年要把数万人当作牺牲敬神。不过,阿兹特克人也有发达的商业,形成了商人阶层。因此,阿兹特克社会同其他文明一样,需要数学和记事方法。可可豆就被用作一种货币单位。

阿兹特克人继承了先前中美洲社会的文字和计数系统,也有同样的天文学和宗教信仰。阿兹特克的文字系统不如玛雅人发达,更偏于象形,但也有一些表音元素。残留下来的阿兹特克书籍和古抄本,内容涉及宗教、历史、家谱、地理和行政事务,后者包括贡品清单、人口情况和土地情况等。有一些阿兹特克书籍是专供祭司使用的手册。阿兹特克人计数用的是一种简单的由点组成数字的系统。他们继承了玛雅人52年重复一周的历轮,连同它的260天和365天的两种循环。阿兹特克的建筑师和天文学家们在修建特诺奇蒂特兰城里的**主庙**(Templo Major)时,把它设计成对准日落的方位,城市里的其他建筑,则沿着昼夜平分线排列。历法中按季节顺序设定了许多节日和举行盛宴的日子,主要是供奉对阿兹特克人至关重要的太阳神特卡利菩卡（Tezcatlipoca）。他们的宗教信仰需要用血作祭品，为的是让太阳保持正轨，大地物产丰富。

183   阿兹特克人也积累了不少草药和医学知识。祭司的一个作用就是为人治病，有关知识总是父子相传。医学研究主要通过经验积累，因此阿兹特克医师们开出的药方相当复杂，而且显然非常有效，至少不比以后到来的西班牙征服者差。（阿兹特克人的预期寿命超过欧洲人10岁以上。）阿兹特克人的医学和天文学是通过一种信仰联系在一起的，他们相信上天和人体紧密相连。阿兹特克皇帝蒙特苏马一世（Montezuma Ⅰ）采用我们今天常见的国家扶持办法，于1467年建立了一座动物园，让有经验的专家在那里从事研究和传授知识。说到这里，或许有必要提一提阿兹特克人驯养胭脂虫的事情，那种红色小虫在整个墨西哥、中美洲以及在西班牙人征服这里以后的欧洲，一直被用来制造为织物染色的染料。

公元1519年，西班牙冒险家科尔特斯（Hernán Cortés）带领着500名全副武装的征服者从墨西哥海岸登陆。他们的船只上装载有大量马匹和大炮，这些都是之前一个半世纪欧洲军事改革的成果。科尔特斯还带来了文化习惯（比如更有效的沟通和更强的组织能力），使他和他的同胞登陆时发动的征服斗争处于优势地位。在反阿兹特克人的原住民联盟的帮助下，科尔特斯的散兵游勇横穿大西洋，在随后的两年中最终征服了阿兹特克人的伟大文明。

安第斯帝国

在南美洲也同样经历着类似的文化和科学发展过程（之后是厄运），那里独立兴起的一系列文明与全球的其他姊妹文明相互映照。南美洲的文化发展以伟大的印加文明达到其顶峰。印加文明出现在南美洲的太平洋和安第斯山脉之间，在13和14世纪沿着西海岸向北向南扩散，形成长2000多英里（约3200千米）的一个狭长地带。本书前面第三章中曾提到过印加帝国对水利的依赖，还有它那高度分层的专制社会以及宏伟的大型建筑。

关于哥伦布之前南美洲的科学和文明，我们所知道的要比对其他古代文明的

地图9.2　印加帝国(约1530年)。 沿着南美洲西海岸,印加人在先前1000年文化发展的基础上继续发展,在安第斯山脉和太平洋之间的狭长地带创造出高度的文明。印加的工程师们在山坡上修筑梯田,发展灌溉系统,从数量众多的短河里引水灌溉,以加强农业生产。

了解略少一些,尽管如此,已有的资料全都表明,在这里出现的仍旧是我们现在已经非常熟悉的有利于国家统治的那些科学和专门学问。古印加人没有发展出文字和正式的数学体系,但是,他们创造了自己的一套相互间都能明白的**结绳语**(quipu),即一种复杂的结绳记事方法,这使得他们设计出一种记录信息的有效方式。最新研究表明,结绳语可能蕴涵着一种书面语。在这方面,印加文明并非例外,仍属于第一批古老文明的数学和记事体系。印加帝国按照十进制方式把国民组织起来,组成10—10 000人的单位;另外,还设立了一套度量衡标准。用结绳语记录的事情有税收情况和人口数据,也有帝国的历史。在帝国庞大的官僚机构中,专门有一类世袭的类似于会计的官员负责记忆保存在绳结中的信息。

184

185

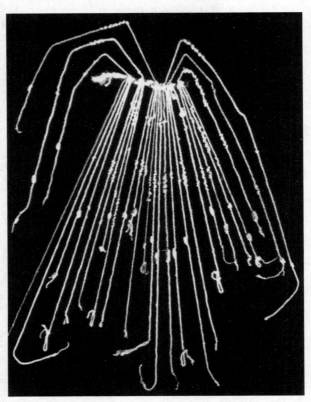

185　　　　图9.6　**印加人的记事方法。**所有的高度文明都形成有自己的一套记事方法,通常的形式是文字。印加人使用的是绳结,叫做结绳语,可以记数,也可以记录其他文明用文字表达的信息。

印加的天文学家—祭司按照南天上银河随季节而不同的倾斜方式把天空划分为若干部分。安第斯山脉被他们当作地平线上的天然标志,凭借那些标志,他们可以跟踪观测太阳、月亮、行星、星座的周期性运动,甚至跟踪其实什么也看不到的他们称之为"黑云"的周期性运动。印加人还在地平线上设置了许多石柱,用它们来标出夏至点和冬至点。在库斯科有一座叫做金宫(Coricancha)的寺庙,从它的祭坛中心向外辐射出41条观测视线(ceques),沿着它们看去,还有另外一些标志指示月亮的位置、水源和印加帝国属下的各个行政区。换句话说,印加人把他们的一种历法和帝国的地图全都设计在库斯科城的建设中,那其实也是一种建筑结绳语。其他印加地区也有类似的按天象定方位的建筑,如建在马丘比丘的夏至点标志建筑。

据研究,印加人同时使用太阴历和太阳历两种历法系统,但由于历法知识没有文字可以记录下来,各地贵族制定了五花八门的计时系统。在印加首都库斯科,政府当局使用的是能够反映季节变化的有365天的太阳历,一年包括12个月,一个月30天(分为3周,每周10天),另加5天节日。他们通过在夏至(在12月)重新设置日历的办法补上那1/4天的偏差,以保持与太阳年同步。印加人还观测太阳在天顶位置的移动。有资料还提到印加帝国有一些天文台,并设有一个国家占星家的官职。他们同时还采用一个一年包括12个月的太阴历,每年又分为41个包括8天的周,这样每一个太阴年就有328天。(还有其他资料提到过一种印加太阴历,一年有12或13个月。)328天的太阴年中存在的固有偏差,则通过观测昴星团于什么时候在夜空中第一次升起来进行更正。昴星团中那些恒星每年的首次出现,还被用来决定其他一些宗教活动和季节性活动的时间,比如征集劳役搞建设的时候。这样安排,可能是因为昴星团在夜空中出现时,正值8月雨季来临。

像阿兹特克人那样,印加人的医学和草药知识相当丰富。既有专业的"医生"和外科医师,还有国家指派的采集草药的人。印加医师曾进行过截肢手术,有过在紧急情况下为患者开颅(即在病人的头颅上开一个孔)的病例,大概是为了预防大脑肿胀的致命后果。同古埃及人一样,印加人已掌握了制作木乃伊的技术。

印加文明在1532年遭受到西班牙人皮萨罗(Francisco Pizarro)所带领的征讨

者的武力入侵而被毁灭,阿兹特克文明则在十多年前便已遭毁,从此,美洲的历史和美洲的科学技术史便被强行与远在欧洲的发展挂起钩来。

与此同时,最近的研究表明,人类对亚马孙河流域广大地区的影响比之前认为的更大。旧石器时代和新石器时代之后的人类慢慢塞满了大雨林,并将之改造成可供人类居住的处所。文化影响很可能从中美洲或安第斯山脉渗入了这个广阔的舞台或甚至是其他方面(例如,可可植物便是明证)。与这些发展同样有趣和有象征意义的,是它们具有推动人类历史的人口、生态和生产的伟大主题,亚马孙河流域没有发生向集约型农业生产和更复杂的社会的转变,直到该地区被外部的其他势力赶超。

太阳短剑

与中美洲和南美洲不同,在哥伦布到来以前的北美洲没有出现过辉煌的本土文明。这片大陆虽然有许多大河,但是在东部2/3的大片地区,河流泛滥会淹没广袤无边的繁茂森林和肥沃平原。那里的人口密度从来也未曾超出过环境的承载极限,在那里也没有出现过官僚集权社会。北美洲的狩猎者和采集者先前普遍过的是一种属于旧石器时代经济的生活。在某些地区,人们过上了一种集约型的旧石器时代的生活方式,开始有意识地开发利用驯鹿、禽鸟、野生谷类和坚果。接着,大约从公元前500年开始,有的族群开始种植豆类,而中美洲种植玉米和南瓜的习惯也渐渐传到那里,于是,北美洲出现了具有新石器时代特征的社会。正如人们预料的那样,新石器时代的生产方式使财富剧增,自然也就出现了有一定等级分化的社会,出现了永久性的定居点、市镇和祭祀场所,有商业网,也有大型建筑。今天,我们把创造那些文化——如霍普韦尔(Hopewell)文化和阿德纳(Adena)文化——的人们统称为土石丘建设者(Mound Builder)。那些文化维持了若干世纪,给我们留下了已成为其标志的许多土石工程。今天仍然趴卧在俄亥俄州的那座大蛇丘(Great Serpent Mound),就是一个非常有名的例子。它和许多其他的土石丘一样,是举行葬礼的场所,人们可能也在那里进行再分配。这些工程和产生这些工程的文化会使我们联想起新石器时代的巨石阵,想到当时社会的复杂性。从公元750年到进入17世纪的800多年间,在今天美国的中西部曾经存在过一种非常繁荣的所谓密西西比文化,它代表了哥伦布之前北美洲社会进步所达到的一个高峰。随着种植玉米的农业生产体系的逐步完善,古代密西西比人建起了一座名副其实的城市,即位于今天伊利诺伊州的卡霍克亚(Cahokia)。该城占地6平方英里(约1500公顷),有数百座土石丘和寺庙,公元1200年时,拥有人口30 000—40 000人。

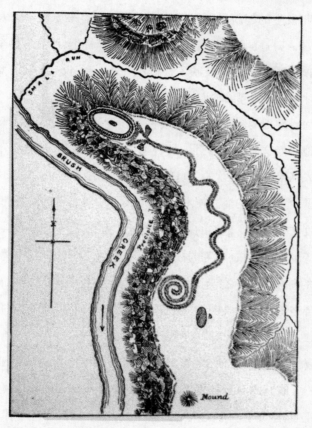

图9.7 大蛇丘。同世界其他地方的新石器社会一样,北美洲的原住民也有规律地建有许多大型建筑,通常也是按照天象确定方位。图中所示是一处被称为大蛇丘的考古地点(俄亥俄州亚当斯县)的早期描图。这座土石丘大概是阿德纳文化在公元前100年至公元700年之间兴建并使用的。站在布拉什溪对面的崖顶鸟瞰,可看清这座有4英尺(约1.22米)高的土石丘工程的全貌,它展开来有1/4英里(约0.4千米)长,就像一条正在吞咽一只蛋的蛇。这里很可能是整个地区的中心,好几个新石器族群都到这里来交易和祭祀。

　　由此可见,在北美洲发展起来的这种文化,形态上与在全世界其他地方发展起来的文化相似,其生产也是经过从旧石器、发达的旧石器到新石器、发达的新石器这样几个阶段。每一个阶段都有与之相适应的一套技术、知识体系和文化形态,可以养活当时的人口,而且常常会延续很长时间。正如可以预料的那样,北美洲的这些族群也发展有他们自己的实用天文学。土石丘建设者们的许多工程都按照二至点定向,有许多刻在岩壁上记录天文现象的图案(其中就记录有可能是对形成蟹状星云的于1054年发生的超新星爆发事件的观测),还有平原印第安人的那些被称为"药轮"(medicine wheels)的石圈连同他们的二至点标记,所有这些全都向我们揭示出一幅既新鲜又熟悉的图景,反映了狩猎者——采集者、牧人和新石器时代的农民曾经怎样去应对周围自然界给他们摆下的难题。

　　在今天美国西南部的沙漠地区,社会进一步发展,在生态、技术和科学之间同样出现了在其他早期文明中所看到的那种类似的相互作用,尽管还不很充分。一些美洲印第安人部落,如霍霍坎姆人(Hohokam)和阿纳萨兹人(Anasazi),他们已经在农业上采用了中等水平的灌溉技术,从而取得了中等水平的发展:其发展程度介

188　　于新石器和高度文明之间。他们的社会或许可称为"萌芽期水利社会",相应地,所产生的也是中等的政治集权、中等的社会分层、中等的人口密度、中等的大型建筑,以及中等水平的科学发展。在美国的这些早期社会中,我们同样也看到了前面已经考察过的世界各地的原始文明和其他高度文明在其萌芽阶段起着推动作用的那些力量和因素,以及在那样一个阶段所表现的特征。

　　霍霍坎姆人大约在公元前300年从墨西哥迁移至今天美国的亚利桑那州地区,同时也带来了他们的灌溉技术。霍霍坎姆工程师设法从希拉河取水,到公元800年时,他们已经建成了一个庞大的灌溉系统,主渠总长达50千米(有资料提到

189　　是"数百英里"),还有许多支渠(主要的支渠宽数米,长16千米)。无论修建还是维护这样一些灌溉工程,显然都需要许多人的协同努力。凭借灌溉技术,霍霍坎姆人使他们的30 000英亩(约12 000公顷)土地成为水浇地,从而一年可以收获两季。农业生产力的提高,自然会引起霍霍坎姆社会发生相应的变化:人口增加,政治集

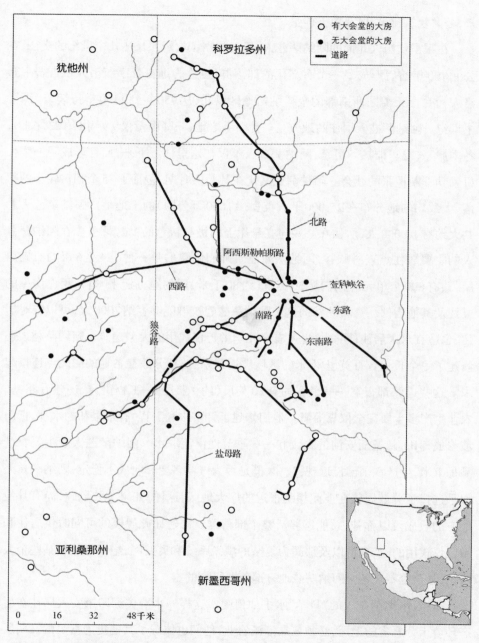

图例：
○ 有大会堂的大房
● 无大会堂的大房
▬ 道路

科罗拉多州

犹他州

北路

阿西斯勒帕斯路

西路

查科峡谷

东路

南路

东南路

狼谷路

盐母路

亚利桑那州

新墨西哥州

0　16　32　48千米

地图9.3　美国西南部的文明。 大约1500年以前，在墨西哥的北部形成了古文明。在今天美国的西南部，阿纳萨兹印第安人在公元1050年前后繁荣了200年之久。他们在许多地区建设起集约型的农业，从而形成了分散在不同地点的许多居民点，为此又修建了以位于今新墨西哥州的查科峡谷为中心的四通八达的道路网。

189

权,公共建筑建设,以及领土扩张。

190　　在霍霍坎姆人北面的阿纳萨兹人,经过与霍霍坎姆人长达几个世纪的交往,在公元700年前后形成了一个有文化的部落群(也称为远古普韦布洛人或古普韦布洛人),在今天美国西南部的福科纳斯地区以北,从950年到1150年持续繁荣了2个世纪。阿纳萨兹人居住的地方是一片不毛之地,年降雨量仅9英寸(约23厘米),冬季严寒,夏季酷热。可是,阿纳萨兹人不仅在这里住了下来,而且形成了一个生机勃勃不断扩张的社会。阿纳萨兹文化在其鼎盛时期,包括了75个相对较小的部落,大致均匀地分布在25 000平方英里(约650万公顷)的土地上。阿纳萨兹人总共大约有10 000人,居住在一些建在悬崖上的极具特色的"城寨"里。在阿纳萨兹人的主要居住点查科峡谷,阿纳萨兹建筑师们修建的是一种有4至5层的石砌房屋,共有800个单元。[他们从50英里(约80千米)远的地方运来木料,用作房屋的梁柱及其他构件。]查科峡谷的这个阿纳萨兹建筑群能够容纳7000人,可以临时居住,也适宜永久居住;同时这里还有好几座举行仪式用的大型建筑。阿纳萨兹人还修建了一个长达数百英里/千米的区域性道路系统,把分散在各地的居民点连接起来。这些道路都很宽——最宽的有30英尺(约9米)——工程讲究,还建有路基。农业生产多半要完全依靠灌溉。他们修建了许多水利工程,有水渠和拦水坝,把山坡修成梯田,从圣胡安河的支流和一些季节性溪流取水。阿纳萨兹人的主要农产品是玉米,生产水平已接近现代。大概是因为气候多变和收成不稳定,阿纳萨兹人似乎选择了分散居住在彼此相距很远的广大地区,这样,如果一处歉收,尚有其他地方的收成可以弥补,总能够养活整个部落群。修建如此规模的可同时供居住和举行仪式用的建筑群,以及那颇为复杂的灌溉系统和道路网,绝不可能是某些个人所为,甚至也不是各个阿纳萨兹地方部落办得到的。

　　那么,阿纳萨兹人的"科学"水平如何呢? 这样一小群美洲印第安人居住在生态环境十分恶劣的地区,必须依靠灌溉农业,他们也体现了其他更为富足的文明所表现出来的那些科学知识特征和专门知识特点吗? 1977年获得的一次重大考古发现,证明事实的确如此。考古学家发现了一个阿纳萨兹人用来确定季节的天文台,

图9.8 查科峡谷博尼托镇的大会堂。 阿纳萨兹人于公元8世纪在美国西南部定居。由于他们的定居地的生态环境多变,因此其社会的繁荣需要依赖于水利控制技术。他们在悬崖边上修建了可以容纳许多人口的住所,以及大型的祭祀中心,即所谓的会堂,用以储存剩余的谷物,举行祭祀活动。这些阿纳萨兹人的建筑也确实体现了其在建筑方面的知识水平。

可以精确地确定夏至及冬至和春分及秋分(见图9.9)。在这4个季节的分界点上,当太阳经过头顶时,由一块人造的岩层形成的一束太阳光,正好扫过朝向太阳的一面石壁上镌刻的一个螺旋图案。阿纳萨兹人的这座天文台叫"太阳短剑",修建在查科峡谷里高出谷底450英尺(约140米)的法伽达山(Fjada Butte)上。它与其他的考古天文学中的人造物品不同的是,它不是根据太阳在地平线上的位置,而是根

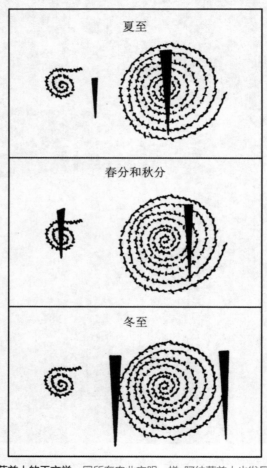

夏至

春分和秋分

冬至

图9.9 阿纳萨兹人的天文学。同所有农业文明一样,阿纳萨兹人也发展出可靠的历法系统。在新墨西哥州查科峡谷的法伽达山山顶,考古学家发现了一处奇特的阿纳萨兹天文标志,由于阿纳萨兹人采用了将大块岩石板抵着比尤特岩壁倾斜的方式,在二至点和二分点那天正午,太阳光在对面墙壁上照射出的"短剑"光影,以独特的方式切开螺旋状图案,如图所示,能够指示出二至点和二分点。

据太阳在天顶的位置来标示4个表明季节变化的关键时刻。法伽达山上的这座人
工建筑还能够记录月亮的18.6年周期的极大点和极小点。考古学家通过对查科峡
谷其他地点的研究,还发现阿纳萨兹人用来举行祭祀活动的会堂同样有按照天象
确定方位的结构,体现了一定的天文学知识。查科的那个大会堂(Great Kiva)建成 **191**
圆形,映照着天空,大门与北极星连成一线;在夏至那一天,太阳的光线会通过一个
窗口照射在一个特定的壁龛上。显然。阿纳萨兹人与比他们更早的那些古代部族
一样,也有掌握历法的需要,也逐渐积累起必要的知识,他们中的某些人还成为观
测天文学的行家里手。

由于受到居住地生态条件的限制,阿纳萨兹人的集约化农业的生产力水平、人
口密度、大型建筑的规模、政治集权程度和科学制度化程度都赶不上其他地方得到
充分发展的高度文明。尽管如此,阿纳萨兹人的文化成就所表现出来的能够说明 **192**
相似性的种种特点,仍然揭示出文化发展与专门科学知识之间的许多联系。非常
不幸的是,阿纳萨兹人生活的地区遭受到1276—1299年的一场旷日持久的严重旱
灾的袭击,先是把他们原有的生存方式推逼到难以为继,最后,终于毁灭了他们非
凡的文化成就。

小结

现在我们可以简单回顾一下在公元1000年前后科学和自然知识体系在世界
范围的状况。非常清楚,当时没有哪一个文化群体不掌握一些有关自然界的知
识。这一结论适用于大大小小的游牧部落,适用于由因循新石器时代的祖先行事
的农民所组成的村落,适用于伊斯兰世界、古印度、宋代中国、美索不达米亚和秘鲁
的那些城市文明中心,同样也适用于继续按照旧石器时代的规则生活、仍然靠四处
寻觅食物为生的一些人数很少的人群。属于城市文明的那种科学和科学文化之所
以与众不同,是因为人们已经将知识**体制化**,而且科学和科学技能的发展都能得到 **193**
国家的积极支持,从而再回过头来服务于相对说来要大得多的社会实体、政治实体
和经济实体,正是这三位一体构成了他们各自的复杂文明。对于更广大的世界而

言,或者对于回望中世纪早期欧洲的历史学家而言,公元1000年的欧洲并没有多少科学或技术成就。

在公元1000年时,全世界没有一个地方的人不把地球视作宇宙的中心。同样,除了伊斯兰世界——那里的情况越来越不稳定——没有一个地方的学者曾像独一无二的古希腊学者那样,如玩智力游戏一般去对自然界进行非功利的纯理论探索。

说到初跨入公元第二个千禧年时的技术,在全世界范围,无论是技术实质还是技术分布,在不同的文化群体中虽然显示出一定的联系,但却是各不相同的。这时再笼统地说什么没有一个社会没有技术,就显得毫无意义。"旧石器时代"的人有与他们的生活相适应的"旧石器时代"技术;"新石器时代"的人有与他们的生活相适应的"新石器时代"技术;而所有城市文明都表现出来的那种更加纷繁复杂的特征,依靠的则是数不清的专业技能和贸易,正是后者维持着城市和文明的机器得以正常运转。

仅仅在很少一部分学科领域,社会需要并支持那些专门知识,如占星术/天文学、书写、计数、某些方面的工程技术、医学、法律和某些祭祀知识等,才可以说存在着有限的科学身影和以实践为目的的专门知识。除此以外,技术界和搞学问的科学界,无论在社会学上还是在组织结构上,都是南辕北辙,彼此毫不搭界。一大堆技术并不源于科学界,那些技术是按照在社会学上截然不同的一些技能传统发展起来的。

在伊斯兰世界、中国、印度、泛印度以及同时代的美洲,我们所看到的文明都属于水利文明模式,为了充分认识形成这些水利文明的全部历史动力,为了充分评价随之而产生的科学文化,我们有必要把这些伟大文明与在欧洲依靠雨水灌溉所形成的二次文明进行一番比较。在欧洲,那里的生态条件不需要任何政府管理,也就是说,那里基本的农耕经济不需要集权控制。然而,一系列新奇事物将改变欧洲。它们裹挟着改变世界的力量,将欧洲带入世界舞台。

第三编

欧洲与太阳系

　　与东方和中世纪的伊斯兰世界比较起来,基督教欧洲在公元第一个千年即将结束之时还是一块名副其实的"真空地带"。在公元1000年时,拉丁语系基督教世界的全部人口才只有2200万,而同一时期,中国心脏地带的人口就已经有6000万,印度次大陆是7900万,伊斯兰统治的地区约有4000万。到公元1000年时,罗马的人口从它古时候最多时的450 000下降至35 000,巴黎的居民仅有20 000,居住在伦敦的人口仅有15 000。可是,在同一时期,伊斯兰西班牙的城市科尔多瓦的居民已达到450 000(有人估计高达100万),君士坦丁堡有300 000,中国的开封达到400 000,而当时世界上最大的城市巴格达则已接近1 000 000。当时的欧洲,在文化、智识水平、经济、技术和人口各方面都十分落后,同伊斯兰世界、拜占庭、印度、中国、美索不达米亚和南美洲的那些文明中心繁荣的科学和技术比较起来,简直就是穷乡僻壤。

　　在进入基督教时代后的头一个千年中,欧洲渐渐出现了零零散散的农村定居点,有了一点微不足道的文字文化。中世纪早期的西欧仅有一些不大的部落社会,基本上还属于新石器时代的经济,在9世纪以后,本来就十分脆弱的社会联系和组织结构又因为经常受到北欧海盗的骚扰而变得岌岌可危。在"12世纪文艺复兴"以前,欧洲阿尔卑斯山脉以北地区的文化状况还相当落后。当时的欧洲既没有大城市和像样的港口,也没有可以拨款捐钱的富有的王室或者贵族,以及高层次的文化机构,不论与同时代其他地方崛起的文明相比,还是与在那以前早就出现的那些文明相比,欧洲都是相形见绌。

　　在欧洲,文明的到来所走过的道路特殊,发展的自然条件和社会条件也与其他地方不同。在东方,首批文明出现在受到条件限制的半干旱的河谷地带,需要有集权的政府来管理作为文明基础的农业经济。然而,欧洲在春夏两季都有充沛的雨水,不需要这样的政府干预来使自身得到发展,在10世纪以前根本就没有出现过任何真正的城市文明。只是在那以后,出现了一种独特的农业集约化方式,才把欧洲带进一种城市化文明。一旦找到了加强农业发展的道路,欧洲的面貌便立即改观。从人口统计看,欧洲的人口迅速膨胀,很快就与印度和中国的人口不相上下。

从技术、经济和政治领域看,欧洲很快就在世界舞台上扮演了主要角色。从15世纪开始,欧洲人凭借他们所掌握的制造枪炮和远洋船只的技术,开始向外界扩张势力,建立起一个个使世界亦为之一变的海外帝国。那以后,西欧也变成了全世界科学探索和研究的中心。事实上,近代科学就是起源于16和17世纪时发生在欧洲的科学革命,而不是起源于其他任何地方。

　　欧洲在历史上竟然能够取得如此令世人瞩目的巨大进步,这就产生了好些需要回答的问题。首先,本来是什么也没有的"真空地带"的欧洲,何以能够以如此深刻而且具有深远历史意义的方式迅速崛起,很快便在物质和智识两个方面根本改变了面貌? 作为科学革命的一部分,欧洲的科学家怎么会提出和接受日心说,并认识到地球是一颗在空间旋转的行星? 如何定义现代科学活动,以及对于科学在近代早期历史中成为欧洲社会的一部分这个史实,我们又该如何解释? 针对这组问题,第三编提出了自己的看法。

第十章
犁、马镫、枪炮与黑死病

　　中世纪欧洲的历史是由相互有着密切关联的一系列技术创新组成的,其中包括一场农业革命、许多新型军事技术以及利用风力和水力作为动力的技术。通过分析这些技术所起的作用,我们就有可能来回答这样一些问题:欧洲原来的经济并不比传统的新石器社会好多少,相应地在文化上十分落后,它为什么竟能够自动地转型为一种富有生机的、无与伦比的尽管具有侵略性的高度文明,而且在科学和工业的发展上长期处于世界领先地位? 它又是怎样做到这一切的?

"种植燕麦、豌豆、大豆和大麦"

　　欧洲在中世纪发生的农业革命是被人口的不断增加和土地资源的不足逼出来的。从公元600年至1000年,欧洲的人口总共增加了38%。法国的人口增加更快,增幅接近45%,那里的土地形势自然更加窘迫。在中世纪欧洲,土地有许多用途,并不只是用作耕地来生产食物和纤维,还要用来饲养家畜提供肉奶,放牧牛马供作畜力,养羊剪取羊毛,与此同时,扩大的城市也要占去不少本来可以用于农业生产的土地。不仅如此,还必须留下大片大片的林地,为建筑和造船提供木料,为取暖和工业提供燃料。尤其是,炼铁业也使用木柴作为燃料,其消耗更是惊人,对土地的使用造成了沉重的压力。到9世纪时,欧洲人终于不得不面临早在数千年前就曾经迫使东方那些居住在河谷地带的新石器时代的人们去加强其农业生产的那种生态危机,而正是这样一种危机,导致东方先行转向了文明社会。

　　在古代东方,人们是用人工灌溉这种技术手段来强化农业生产的,而在欧洲,没有也不可能采用这样的办法。欧洲的春季和夏季都有充沛的雨水,农田已经得到天然灌溉。这里有一些地区，土壤板实，用原来很轻的地中海刮犁无法耕种，因此，欧洲的农民只要解决翻耕问题就能够增加生产。许许多多非常适合北欧独特生态条件的独一无二的技术创新，导致了欧洲的农业革命。

第一项创新是采用重犁或铧式犁。那是一种木铁结构的庞然大物，配有铁铧，安装在轮子上，可以从深处向上翻起土壤，走过之处会留下一道深深的犁沟，而且不会出现漏耕。重犁拉动起来阻力很大，需要8头犍牛牵引。相比之下，原来使用的地中海刮犁只适用于松软的土壤，其实就是一把拉动的锄头，只需要两三头牛牵引。重犁原本是罗马人的发明，但很少使用，现在被农民用于耕种欧洲那些湿润的低地，从而增加了农业生产。

第二项对增加农业生产作出重大贡献的创新是用马代替牛作为挽畜。马能够拉得更快，也更有耐力。传统的颈上挽具只适合于牛的短颈，不适合马，而中国人早在几个世纪前就开始使用一种驾驭马的项圈，欧洲人似乎把它借用了过来。这种挽具不会压迫马的气管，受力点移至肩部，可以使马的牵引力增加至4—5倍。这项创新与欧洲人的另一项创新马蹄铁相结合，终于使得马代替了牛成为主要的挽畜。

在中世纪发生的农业革命中，还有一项重要措施是实行三田轮作制。古代地中海地区原来实行的是典型的二田轮作制，通常的做法是耕种一块土地，让另一块土地休耕。这种新型的三田轮作制起源于欧洲平原地区，即把用于耕种的田地划分为3块，以3年一个循环轮流耕种。连续两季只耕种两块田地，冬季种小麦，春季种燕麦、豌豆、大豆、大麦和扁豆，第三块田地则休耕，让其恢复地力。

这些新技术立即产生了广泛的社会影响，其中既有积极的方面，也有消极的方面。深耕使得有可能开垦新土地，尤其是欧洲平原上那些肥沃的冲积土壤，这有助于说明中世纪欧洲的农业为什么能够逐渐北移。使用重犁，再加上用来牵引它的那一大群牛，花费巨大，一家一户的农民很难承担，于是，就渐渐出现了集体所有制，出现了共有性质的农业和家畜养殖模式。这些变化加强和巩固了至少到法国大革命都一直是欧洲社会基石的那种中世纪村庄和相应的庄园社会制度。

同样,改而使用马,对于较大的村庄也比较有利,因为马的活动"半径"较大,这多半会使得社会更加丰富多彩,乡村生活更加惬意。马还降低了货物运输的成本,这样一来,便能够有更多的村庄参与到区域性、全国性乃至世界性的经济中来。

三田轮作制也会带来许多重要的好处。春季收获蔬菜和燕麦极大地改善了普通欧洲人的饮食。正如古老的英国民歌所唱的那样:"种植燕麦、豌豆、大豆和大麦。"三田轮作制把欧洲农业的生产能力一下子提高了33%—50%,能够生产出比以前多得多的剩余粮食,足以支持欧洲的崛起并养活中世纪鼎盛时期的大量城市人口。

通过中世纪的农业革命,欧洲变得更加富裕,生产力大为提高,城市化程度大为提升。这样一个欧洲必然会产生出现代科学,也必然会引领世界的技术进步。然而,同样是这样一个欧洲,也为后来的种种问题播下了种子。这些问题包括土地不足、木材短缺、人口压力、帝国的残暴、毁灭性的瘟疫、世界战争,以及最后,作为欧洲技术成就的一个后果,出现了全球范围的生态恶化。

到公元1300年时,欧洲的人口已经犹如高耸的乌拉尔山脉,跃升至7900万人,那已是公元600年原有2600万人口的3倍。这一时期巴黎人口则增长了10倍以上,在1300年时达到228 000人,到1400年,又增加到280 000人。与城市化进程同步,人口的大量增加也促进了文化的繁荣,如大规模修建大教堂(1175年建坎特伯雷大教堂,1194年建沙特尔大教堂)和创办大学(1088年建博洛尼亚大学,1160年建巴黎大学),最后以形成一种形态完整的中世纪文化达到巅峰。我们今天谈论的骑士精神,还有那些描写深闺怨女和寻找圣杯的骑士的有着诗一般意境的感人故事,就是在这一时期形成的。从14世纪起,机械钟表就开始装饰大教堂和市政厅,并调节城镇居民的生活节奏。

农业并不是体现技术促成中世纪欧洲崛起的唯一方面。在军事方面的技术创新所取得的非凡成就,使得欧洲具有了封建主义的特征,这还可以说明为什么欧洲最终能够称霸全球。在最能反映欧洲封建制度特征的那些具体形象中,有一个形象就是骑士,他全身披挂甲胄,威风凛凛地跨骑在亦有铠甲防护的战马之上,这就要依靠一项不起眼的关键性技术——马镫。在8世纪前,欧洲的骑士们在抵达战场以前倒是一直骑在高头大马上,可是一旦临敌,他们就必须赶快下马,步行应战。那是因为,没有马镫,一般的人无法在马上坐稳,只有最熟练的骑手才有可能像真正的骑士那样战斗,可以在马上挥刀砍杀和拉弓放箭,而不至于摔下马来。马镫是中国人在公元5世纪的发明,以后才慢慢传到西方。马镫没有运动部件,看似一项最简单的技术,可是它能让骑手稳坐马上,在马背上战斗而不会摔下来。一位骑手在配备了马镫以后,他骑在马上,人马皆护以铠甲,手持长枪,便构成一个令人生畏的整体,奔跑起来就不再仅仅靠膂力,而能够产生一股强大的冲力,这就是战斗中的所谓"骑兵冲刺"。欧洲的骑兵简直就是中世纪的"坦克",那些披挂重甲的骑士连同他们的战马形成了战场上最具威力的武器。

　　骑兵冲刺这种新型的欧洲战争技术也顺利地融入了农业革命所产生的庄园制度。骑士代替了中世纪早期通常从农民中征召来的士兵;成为骑士,也就是一名职业军人。用华丽的甲胄装备一名标准的骑士,虽然花费不菲,但全由当地的贵族领主负担。这样一种制度,也产生了真正的封建关系:骑士就是家臣,他要誓死效忠他的上一级封建领主,并为主人去拼杀,以此来换取在主人领地的某个区域以其主人的名义发号施令,征收赋税。这样一种区域性的封建关系,特别适合中世纪欧洲社会的那种分散状况。那里不需要如同专制文明中那样的强有力的中央政府来管理农业经济,因为根本就不需要水利基础设施。这种庄园制度也与欧洲的生态环境非常适应。骑士和欧洲封建制度的出现,又反过来进一步强化了村民与统治他们的骑士和领主之间的区域性关系。这种骑士—村民关系形成了欧洲封建主义和庄园制度的一种特征,村民们都有义务向当地教堂和骑士老爷缴纳"保护费"。经过农业革命以后,村民们能够生产出剩余产品来供养他们的骑士老爷,而骑士则在当地负责维持治安、征税、主持公道。

　　由于实行长子继承制度,封建土地按照惯例只由最先出生的儿子一人继承,于是就渐渐出现了大量没有土地的骑士。他们的人数越来越多,以至于无法在欧洲对他们作出安排。结果,终于以多次十字军东征的形式掀起了欧洲人对外扩张的

200

第一次浪潮。首次十字军东征是由教皇乌尔班二世(Pope Urban Ⅱ)在1096年发动的。这一系列从欧洲出发的对外武力征讨持续了将近200年;第七次*也就是最后一次十字军东征开始于1270年。这一次,欧洲的这些侵略者终于遇上了在技术上与他们不相上下,而在文化上甚至比他们更加先进的劲敌——拜占庭和伊斯兰文明,因此他们几乎没有获胜的希望,最终无功而返。

在发生以上这些变化的同时,欧洲的工程师们发明了许多新奇的机器,也找到了新型的能源,而且还找出了获得这些新能源并利用它们来推动新机器的方法。事实上,欧洲成为世界第一的伟大文明,依靠的主要不是人的体力。这其中最突出的例子是那些用水力推动的机器,它们实际上已成为乡村生活乃至整个欧洲社会的一个有机组成部分。欧洲的许多地方都有不少水量丰富的小河,到处都能够见到运转的水车在利用它们的能量。水车获得的动力被用来推动各种各样的机器,如磨坊、锯木机、磨面机和锻打机等。至少按14世纪末乔叟(Chaucer)在《坎特伯雷故事》(*The Cantebury Tales*)中描写的磨工来看,磨坊通常由本地土豪拥有,由他厌恶的磨工来操作。在有些地方,还用风车来围海造田。如此大量使用水力驱动的机器,很可能是由于缺乏剩余劳力,而农业革命又大幅度地提高了生产水平。例如,谷物产量增加了,需要磨成粉,这时候,广泛使用水力和风力推动的磨面机就是唯一可行的解决办法。这种磨面机早在古代就已经存在,但很少使用,也许是因为那时有奴隶,不乏磨面的人力。因此,在西欧,奴隶制度在节省劳力的机器出现以后就随之消失,这绝非巧合。

那些没有留下姓名的中世纪的工程师还利用风力来驱动风车,利用潮汐水流来驱动潮汐水轮。他们为了造出这些机器,必须掌握旧式的齿轮机构和传动装置,还必须发明一些新型机件。欧洲人改进和完善了水车和风车、弩机(或者抛石机)及许许多多的其他机械,而且在此过程中找到了一些替代人力的动力源。可以说,欧洲人的文明实际上是靠相对更为强大的风力和水力"引擎"驱动的,比起世界其

---

* 原文有误,应为第八次。——译者

他地方来,他们更多地利用了不同类型的能源。中世纪的欧洲人常常被人说成"喜欢幻想",正是他们在中世纪对机器的那种迷恋,比起其他文明来,欧洲文明才会把自然界看成取之不尽的宝藏,认为只要通过技术开发就能够使之造福于人类。他们这种对待自然界的与众不同的态度,后来也产生了越来越严重的不良后果。

202

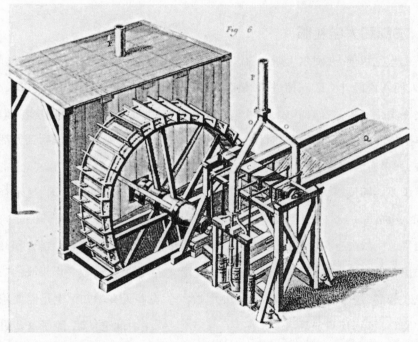

图10.1　水力机械。 欧洲人以前所未有的规模开始利用风和水作为动力。在欧洲的许多地方,沿着众多水流充沛的小溪建起一座座这样的由下面的流水带动的水车。

201

　　那一系列导致欧洲社会和文化转型的令人印象至深的技术创新同理论科学没有什么关系,主要是因为科学并没有为之作出过多少贡献。科学追根溯源继承的是古代希腊和中世纪伊斯兰世界的学问,它们在中世纪欧洲的应用甚至还不如早先的那些文明。有一些几何学知识(不包括定理的证明)和历算知识曾经发挥过作用,但是,它们从来未曾应用于设计机器和发展技术,而后者才是中世纪欧洲应该享有盛誉的成就。

　　不过,欧洲文明所取得的成就为科学和自然哲学创造了全新的外部条件,使得在欧洲出现的一种充满生机的新型学术文化有了较好的活动空间。在我们今天称之为"12世纪文艺复兴"的运动中,欧洲的学者接触到了古代和伊斯兰世界的哲学和科学传统,也在此基础上开始形成自己的传统。正如欧洲人在加强农业生产的方法和使用机器方面独树一帜,他们也独创了一种研究高级学问的机构——大学。

书籍和大学礼服

12世纪以前,在阿尔卑斯山脉以北的欧洲本来就不曾有过多少较高的学问,因此,人们常说的什么欧洲掉进了"黑暗时代",这甚为不确。自罗马时代以来,北欧的文字文化其实是徒有其表,虽然也有教会学校,偶尔也会出现个别学者,但人们基本上仍然过着属于新石器时代的乡村生活。欧洲在公元500年以后到处都有修道院,那里有缮写室和藏书室,修士们深居简出,就像小小的学问中心。天主教神父至少要能够读写,789年,法兰克王国国王、即后来的神圣罗马帝国*皇帝查理大帝(Charlemagne)颁布法令,要求每个教区都设立"教会学校",以便确保能向其他的文盲地区派去有文化的神父。可想而知,在中世纪早期,那些教会学校和修道院的知识层次和教学水平都非常低,基本上是沿袭古代的传统,教一点粗浅的"七艺"(文法、修辞、逻辑、算术、几何、音乐和天文学)。有些天文学知识倒是需要用于占卜和历算,特别是确定复活节是在哪一天。但是,在中世纪早期,除了这些最初步的对较高学问的追求,人们在知识上关注的仍然是神学和宗教事务,而不是科学。至于创造性的科学研究,则几乎无人问津。

说来也怪,在已经是欧洲边缘地带的爱尔兰,那里的修道院在神学研究和一般知识领域反而达到了较高的水平,其中就包括不少希腊知识,其他地方的欧洲人对于这些知识基本上是一无所知。据说,爱尔兰人就这样拯救了文明。当然,不时也会有一位真正的学者出现,如欧里亚克的热尔贝(Gerbert of Aurillac, 945—1003年)就是这样一位,他于999年加冕为教皇西尔维斯特二世(Sylvester Ⅱ)。他不仅

---

* 原文有误,应为查理曼帝国。神圣罗马帝国于1157年建立。——译者

精通《圣经》、教会神父们的著作和当时极少传到欧洲的古典异教徒的知识,还曾在西班牙北部的一些修道院研究过数学科学,那里已经有较多的伊斯兰学问流传过来。他把关于算盘和星盘的知识带回法国,这是观测星星和进行简单天文计算的两种十分便利的工具。尽管热尔贝由于个人的癖好掌握了范围其实很狭窄的数学科学,但欧洲在中世纪早期的智识活动还是比较原始,没有产生过什么社会影响。

中世纪早期的欧洲没有什么条理化的学问,然而在这样的背景下却于12世纪出现了欧洲的大学,而且迅速在全欧洲推广开来,从而成为历史上科学和知识走向组织规范化的一个转折点。最初是于公元9世纪在意大利萨勒诺的一个独立公国出现了医学教学机构,但是学生和教师行会于1088年在博洛尼亚成立,人们通常就把它视为欧洲的第一所大学。接着大约于1170年成立巴黎大学,1220年成立牛津大学,到1500年时,又新出现了大约8所大学。欧洲大学的兴起在时间上与随着农业革命才有可能出现的城市的兴起和财富的增加相吻合,因为大学机构肯定是要设在城市里,而不可能像修道院那样放在乡村,它们当时依赖于(今天依然如此)一大批喜好玩耍的学生,他们有能力支付上大学的费用,而他们的就业前景也证明了上大学是值得的。

值得注意的是,在印刷技术出现之前的时代,书籍是罕见且昂贵的物品,都是辛苦抄写的复本,有的装饰极其华美。书籍"囚禁"在中世纪的图书馆,很少有人能读到。出于同样的原因,一个人穷其一生有可能读完所有的书。

尽管有时也有相反的观点,但是人们通常都同意欧洲的大学是一种相当特殊的机构。大学效仿中世纪欧洲手艺人行会的规矩,演变成至少在名义上与宗教无关的学生和教师群体。或者是学生行会(例如在博洛尼亚)雇用教授,或者是教师行会(例如在巴黎)向学生收费。此外,大学还不需要依赖国家或个人的资助,这又不同于古时的书写学校和伊斯兰的**学馆**。大学不是国家机关,而是一种保持独立的典型的自治机构——作为经过批准的法人仅受教会和国家的松散管理,享有独特的法律特权。在这些特权中就有作为组织机构的授予学位权,以及不受当地市镇当局管辖的自由。欧洲的大学本质上是一种自治机构,自己管理自己,因此,它

204　图10.2　中世纪大学。大学是一种新型的机构,出现在欧洲的11世纪和12世纪,其数量在那之后爆发。作为教学和高等教育中心,大学是学者和学生的行会,很大程度上独立于王权与教权。取得硕士学位的教师要指导学习文科的大学生,法学、医学和神学这些科目的研究生院会授予专业学位。大学在培养和供给这些骨干方面发挥了重要的社会作用。这幅16世纪的版画原件描绘了中世纪法学家奥莫拉(Alexandre de Omola,1424—1477年)在博洛尼亚大学为学生讲授法律课程的情形。该校于1088年创建,是全球第一所大学。一千年来,授课形式似乎没有太大变化。

们既不像在庞大的帝国中那样要完全受官僚政府的控制,又不像希腊的科学传统那样具有彻底的个人主义色彩,而是介于两者之间。

　　早期的大学生机勃勃,为中世纪晚期的欧洲社会注入了新的活力。大学的主要作用是培养牧师、医生、律师、行政官员以及教师,这些都是国家、教会和私人企业越来越不可缺少的人才,从而确保了欧洲在中世纪的持续繁荣。神学、法学和医学这些高级科目的研究生院要指导和辅导遴选上来学习相应科目的学生,大学艺学院(arts faculty)*则要辅导所有刚跨进校门的低年级学生。自然科学在艺学院找到了安身之所,因为其主要课程有逻辑学,还有属于七艺中后四项的四门高级学

　　* 早期大学通常有四大学院:艺学院(教授基本之科,中国称本科学院),医学院,法学院和神学院(后三个为职业学院)。——译者

科——算术、几何学、天文学和音乐。取得学士学位的毕业生如果继续攻读神学、法学或者医学的高级学位，毕业后一般可以获得文科硕士学位，那么就肯定需要学习自然哲学这一主干课程。攻读硕士学位的研究生，通常是在自己学习的同时，还要为尚未毕业的大学生上课。这样一来，大学就成为某些学者专业生涯的一个打基础的初始阶段，他们在大学里就认真学习和研究过自然科学。与今天的大学不同，中世纪的大学主要不是研究机构，而且也没有把科学确定为他们追求的目标。

205

在希腊和伊斯兰科学还没有成为大学科学课程的基本内容时，大学所需要的知识是靠从外文辗转翻译成拉丁文。穆斯林的大城市托莱多于1085年落入基督教徒之手（这是欧洲文明扩张势力的又一个证据），此后，托莱多就变成了翻译活动中心，有一大批翻译家在那里把古典的科学和哲学文献从阿拉伯文翻译成拉丁文。住在西班牙的犹太知识分子在翻译活动中发挥了重要作用，他们把阿拉伯文文献翻译成他们本民族的文字希伯来文，也翻译成他们的基督教合作者和资助人使用的西班牙文，后者再把那些文献从西班牙文翻译成拉丁文。在意大利南部和西西里岛（在11世纪下半叶被诺曼底骑士"解放"）也有翻译活动，那里的学者不仅根据阿拉伯文本翻译，也直接从希腊文翻译成拉丁文。需要指出的是，进行如此大规模翻译活动的动机并不全是空洞的热爱知识，而主要是为了搜集那些被认为涉及有用科学知识的文献，如医学、天文学、占星术和金丹术等。

通过这些翻译活动，到1200年时，欧洲人就恢复了相当大一部分古代科学，还有伊斯兰世界在若干世纪积累起来的科学和哲学成就。巴斯的阿代拉尔（Adelard of Bath，1116—1142年为其盛年）在12世纪20年代翻译了欧几里得的《几何原本》（译自阿拉伯文）和其他一些阿拉伯文数学文献。最著名的翻译家克雷莫纳的杰拉尔德（Gerard of Cremona，1114—1187年）于1140年前后来到西班牙，找到了一本托勒玫的《天文学大成》，在那里一住就是40年，不仅在1175年翻译完成了《天文学大成》，而且还带领一个翻译班子从阿拉伯文本总共翻译了70—80套其他图书，其中包括许多重要的伊斯兰文献，还有阿基米德、盖伦、希波克拉底、亚里士多德的著作以及伊斯兰注释者对亚里士多德著作的注释。欧洲人原来仅仅从几本逻辑学小书中知道有亚里士多德。1200年以后,亚里士多德作为"哲人"(the Philosopher)的非凡价值才凸现出来。后来在文艺复兴时期,许多经典著作又有了更好的译本,依据的是更早也更为可靠的希腊原始文本,即使这样,到1200年时,所谓的"西方"传统便已经在西欧形成。

如果说12世纪是翻译时期,那么13世纪就属于消化吸收时期,在这一时期,欧洲的学者开始吸收古代和中世纪伊斯兰的科学和哲学传统。这种吸收过程其实就是想方设法让传统的基督教世界观与亚里士多德和其他一些异教徒的希腊传统协调一致。在很大程度上,这种消化吸收是由阿奎那(Thomas Aquinas,1224—1274年)完成的,他对两者进行了伟大的智识综合。阿奎那究竟是把亚里士多德基督教化了还是把基督教亚里士多德化了,或者两者兼有,这都无关紧要,重要的是,他使用了某种方式让亚里士多德的理论变成支持基督教教义的一种完备的智识体系,有了这个体系,中世纪的学究们才有可能作出关于上帝、人和自然的那一套理性思维解释。事实上,亚里士多德的逻辑和分析方法变成了研究任何问题都要使用的唯一的概念工具。阐释和捍卫亚里士多德的著作成为大学的一项神圣使命;最后得到的那个由基督教神学和亚里士多德科学结合起来的智识混血儿,则产生了关于世界和人在世界中所处地位的一种逻辑紧凑的、统一的世界观。

例如,中世纪的意大利诗人但丁(Dante Alighieri,1265—1321年)写过一首名诗《神曲》(*The Divine Comedy*),其中就涉及对宇宙的看法。在那首诗中,地球保持不动,固定在世界的中心。变化不定的世俗王国——由四元素及其自然运动和暴力运动构成的地球——则是人类上演的这出大戏的布景。在天上,有若干个天球带动行星和恒星各自沿着它们自己的路线运动。地狱就位于中心位置,中间是炼狱,外面则是天堂。一切东西都上下有序排成一条伟大的存在之链,因而一切生物都被组织在一个等级序列中,从最低等的毛虫到最尊贵的国王或教皇,再往上,经过一系列天使和大天使,直至上帝。物理法则就是亚里士多德的理论,而上天的法则则是由上帝制定的。整个安排只是暂时的,仅存在于过去和可以期盼得到的时间终结之间的一个特定的瞬间。这样一种世界观应该说很具有说服力而且也是统

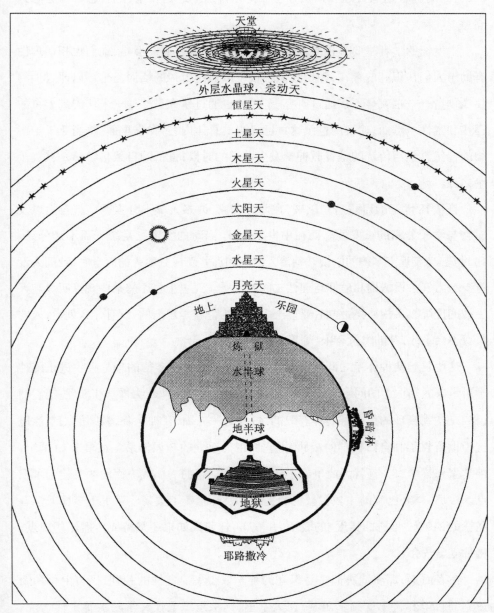

图10.3　**但丁的宇宙图。**在14世纪早期意大利诗人但丁的长诗《神曲》中,他把亚里士多德的宇宙模型改造成基督教可以接受的版本,发展了中世纪的宇宙图景。　**206**

一的,当时的普通老百姓和知识分子无论在智识上还是在精神上,想必都会感到满意。

中世纪的学者主要是按照神学的观点来解释世界的。但是,他们也相信理性有助于人们认识神的存在,相信我们不仅可以通过上帝的话而且也可以通过他的伟大创造——也就是不仅通过研究《圣经》,也通过研究自然——来认识到上帝的存在和本性。然而,检视中世纪这种世界观的总体内容,在它里面,每当亚里士多德的自然哲学与传统的基督教神学发生冲突的时候,世俗的自然科学总是被置于第二位。

自从18世纪的启蒙运动以来,在西方国家,许多人都十分强调宗教自由以及教会与学校分离的重要性。而在中世纪欧洲,当时的要求则是统一而不是分离。13世纪,当亚里士多德的学说开始渗入欧洲和那些新成立不久的大学时,欧洲人没有少花力气去设法调和信仰与理性之间的矛盾。亚里士多德的某些观点明显与天主教的传统教义相冲突,例如,亚里士多德认为世界是永恒的,没有什么创世,人的灵魂不会不死,神的力量有限,等等。

这些属于两种体系之间的结构性冲突,与把亚里士多德的理论吸收进正统神学所带来的知识上的问题混合在一起。一方面,文科教师鼓吹哲学和推理,把它们说成是达到真理的另一条同样有效的途径;另一方面,在神学院,教师们则本能地抗拒世俗哲学和自然科学的威胁,把它们视为对立的知识体系。在整个13世纪,神学家和哲学家一直就为此争论不休,并以1277年的一项裁决而使冲突达到了顶点。在那一年,巴黎的主教在教皇的支持下公开谴责了被某些亚里士多德派学者坚持的219条“可恶的错误”的教学,并宣布,任何人如果还坚持或传播那些观点,将被逐出教会。

208　　在表面上,那项裁决似乎是保守的神学取得了决定性的胜利,搞自由化和闹独立的哲学和科学受到了压制;在大学里,则从组织上让文学院隶属于神学院。然而,一些研究这段历史的学者只把1277年的那项裁决看成是一次小小的敌对冲突,最后的结果,两者之间并没有势不两立,而是和谐共处。别忘了,巴黎大学只有几十年是在执行那项裁决,牛津大学仅采取了几项限制措施,在其他大学,则根本没有执行。还有一些研究者甚至指出,1277年的那项裁决,从效果上看,反而使中世纪的思想家们不再过分拘泥于亚里士多德的教条,解放了思想,能够想出一些新的理论来解决长期困扰着亚里士多德科学和自然哲学的那些难题。按照这种观点,科学革命并不是像人们通常认为的那样始于16世纪的哥白尼,而应该始于在此之前250年的天主教科学知识分子,即始于他们对1277年那项裁决的回应。

关于中世纪晚期到近代早期的历史和科学的历史究竟是连续发展的还是发生过间断,长期以来一直存在着好些尚未澄清的问题,甚至在今天的学者中间也还远没有达成共识。分歧的焦点在于,中世纪晚期的科学是否已经具有近代科学的那些基本特征。到目前为止,对于1277年的那项裁决,我们只能持一种中间观点,那就是,教会裁决的作用既没有完全扑灭科学探索精神,也没有立即启动科学革命。裁决的作用十分微妙,它在使哲学屈从于神学的同时,也迫使人们不得不承认上帝也会以种种方式迎合世俗世界。假定上帝万能,那么就应该为艺学院里的那些不安分的人开一个口子,允许他们去思考有关科学的任何的和一切可能的结论,只要他们不干预神学,只要他们不声称自己的那些智力游戏与我们这个作为上帝创造物的世界有什么必然联系。结果,科学反而出现了一阵或许是"关起门来热闹"的异乎寻常的繁荣。那种书斋里的工作于神学无妨,学究式的自然哲学家所玩的科学可以有各种各样的科学结论,但仅仅是假说,其根据是"假定"或假想实验,仅仅是他们机灵的脑袋瓜想象出来的东西。例如,比里当(Jean Buridan, 1297—1358年)和奥雷姆(Nicole Oresme, 1320—1382年),此外还有其他一些中世纪科学家,曾经思考过地球每日绕自己的轴转动的可能性,两人都举出了似乎很有说服力的理由,认为这样的运动是自然发生的。他们两人也都认为,科学本身应该能够导出那个结论。可是,他们两人最后都放弃了地球在运动的观点。奥雷姆采取那种态度不是出于科学的理由,而是基于这种假说与《圣经》中的有关段落存在明显的冲突,因为他根深蒂固地相信只有神学才能够到达真理。

209   到14世纪时,欧洲中世纪的知识分子所面临的主要问题已经不再是简单地翻译新文献,或者如何把亚里士多德的自然哲学诠释得符合《圣经》中的词句,甚至也不是忙于筛除亚里士多德的那些与基督教教义相抵触的观点,他们已经是在亚里士多德学说的基础上设法开拓新的研究方向。学究式的自然哲学家们虽然使用的仍然是亚里士多德的总体概念框架,但是他们积极探索,以一种富有创造性的精神在非常广泛的领域展开科学研究。例如,1175年时,在西欧已经能够看到托勒玫的《天文学大成》的两种译本,与此同时也形成了西欧自己本土的观测和数学两者相结合的天文学传统。在大学之外由西班牙国王阿尔方斯十世(Alfonsine X)召集的天文学家编制的阿尔方斯天文表(约1275年),就是这种本土传统的一个成果。它虽然并没有解决当时所面临的历法改革问题,却是一项具有突破意义的成就。在14世纪的那些天文学著作中,乔叟(Geoffrey Chaucer)的《论星盘》(*Treatise on the Astrolabe*)也非常突出,不过乔叟的名气更多是来自他的诗作。12世纪30年代,托勒玫在占星术领域的一部伟大著作《占星四书》被翻译出版,这甚至比托勒玫的纯粹天文学著作的翻译还要早半个世纪。中世纪的欧洲,学者们在研究天文学的同时,也一直在进行着非常认真的占星术研究,而且还常常与医学和疾病治疗结合在一起。此外,继承强大的伊斯兰传统,同时受到与"光"相联系的宗教意识的推动,中世纪的欧洲学者也研究光学,从而增进了人们对视觉和彩虹的了解。在数学领域,比萨的莱昂纳多(Leonard of Pisa,约1170—1240年),即斐波那契(Fibonacci),于1220年出版了他的《算盘书》(*Liber abaci*),他不仅向欧洲人介绍了"阿拉伯"数字(实为印度数字),还引进了许多复杂的代数难题。13世纪的欧洲还出版过不少讨论力学问题的著作,它们都是内莫雷(Jordanus de Nemore,约1220年)的作品,涉及静力学和"重力科学"。盖伦是古代晚期的一位伟大的罗马医生,1200年以后,欧洲人翻译了他的医学著作并加以消化吸收,从而恢复和发扬了医学理论,改进了医疗实践,由此还使中世纪的大学里出现了医学院,与艺学院并列成为另一类科学活动中心。同中世纪医学的发展和亚里士多德的生物学及博物学传统密切相关,还出现了许多涉及生命科学的讨论范围比较狭窄的科学文献,尤其是在大阿尔伯特

(Albertus Magnus，1200 — 1280 年)* 的著作中，如他的《论植物》(*On Vegetables*) 和《论动物》(*On Animals*)。由于当时理性知识和秘术知识之间界线不清，这里就不能不提一下金丹术和自然法术(natural magic)，中世纪的金丹术士、哲学法术师和医师在这些方面曾经投入过极大的精力。在中世纪，妇女自然是不能进大学的，但是有一些妇女，如宾根的希尔德加德(Hildegard of Bingen，1098—1179 年)，身处女修道院院长的高位，收集了大批关于自然的有用知识来修身养性。

中世纪那些探索自然的人所使用的观察方法各式各样，并不拘泥于亚里士多德的模式。实际上，有资料表明，当时研究自然的各种观点和方法之间还常常彼此冲突。例如，在天主教多明我会(Dominicans)控制的巴黎大学，采用的是比较纯粹的亚里士多德的和自然主义的观察方法，而在方济各会(Franciscan)教士占优势的牛津大学，则倾向于柏拉图式的抽象方法，因此，他们对于数学在阐明自然方面所起的作用也有不同看法。对于实验和亲自动手在发现新知识中所起的作用，经院哲学家们也分成了两派。传统的"学究式的"研究方法是要先占有书本知识，而牛津大学的第一位校长格罗斯泰特(Robert Grosseteste，1168—1253 年)却主张积极主动地探索自然，因此，他有时被人们称为科学的实验方法之父。受到格罗斯泰特的深刻影响，罗杰·培根(Roger Bacon，约 1215—1292 年)［不是后来 17 世纪那位积极宣扬科学的哲学家弗朗西斯·培根(Francis Bacon，1561—1626 年)］提出，人类的聪明才智应当用于创造有用的机械装置，比如自行推动的车船。此外，佩雷格里努斯(Petrus Peregrinus)在他于 1269 年出版的《磁石信函》(*Letter on the Magnet*)中也强调了实验对于发现自然界中的新事实的价值。今天我们来重提这些人的观点，真是感慨不已，他们就像是已经预见到了科学后来的实验风格。不过，在当时的环境下，在中世纪的著名学者当中，他们仅属于少数。例如，方济各会当局就曾竭力限制罗杰·培根实验研究的扩散，大概是因为那些研究与法术有关。中世纪这些激进的实验主义者中，其实没有一个人怀疑过他们那个时代盛行的神学观，他们从未想

210

---

　　* 阿尔伯特·马格努斯，中世纪德意志经院哲学家、神学家，阿奎那之师，因学识渊博被尊称为大阿尔伯特(大有"博学"之意)。——译者

过要让自然科学离经叛道，只是把它当成神学听话的婢女。

历史上有两个重要的例子可以说明中世纪科学思潮的特点及其所取得的成就。第一个例子是对抛体运动的解释，那是由14世纪享有盛誉的巴黎大学文科硕士比里当提出的。读者或许还记得，按照亚里士多德的物理学，在任何一种强制运动的场合（非自然运动），必须要有一位推动者去接触运动的物体。对于抛体运动（如射出去的箭，投掷出去的标枪，扔向学生的粉笔）的情形则显然难以找到推动者，为解决这一问题，在亚里士多德的范式这一广阔领域内，还兴起了一个不太大的研究传统。比里当在中世纪早先的一些注释者和6世纪拜占庭的自然哲学家菲罗波内斯工作的基础上深入研究，最后提出，抛体内部被它的推动者植入了一种能代替自己的他称之为"原动力"（impetus）的东西，由它在抛体与一位已知的推动者脱离接触以后，为抛体提供一种运动属性。比里当认为，他所说的原动力不仅会施加在抛体上，而且也施加在自由落体上，连天球的永恒转动也是由于有原动力在起作用。由于比里当的原动力具有一种自我推动的属性，乍看起来非常类似于牛顿的惯性定律。惯性定律认为：一个物体如果不受外力的作用，就始终保持运动（或静止）。然而，比里当的原动力与后来的惯性概念仅仅是表面上的相似，这可能会掩盖比里当的观点（实际上也就是中世纪的物理学）与牛顿和科学革命在思想上的巨大鸿沟。我们在后面就会看到，即使在早期的近代物理学中，抛体也是在自主地运动，不需要寻找任何起因。按照牛顿的观点，需要加以说明的不是运动本身，而是运动的**变化**，即要说明一个抛体何以会开始或停止运动，或者何以会改变速度或改变方向。至于比里当，他对抛体运动的解释正好与牛顿的观点相反，他仍然墨守成规竭力要找出亚里士多德所说的那个外部**推动者**，寻找推动着飞行中的抛体运动的那个实实在在的**原因**。换句话说，比里当并没有作出什么根本性突破，他的原动力绝不像回过头去看时容易误解的那样就相当于惯性，他在进行他的创造性解释时，其实非常循规蹈矩，决没有逾越亚里士多德的科学传统，也没有摆脱亚里士多德的研究困境。

第二个有关中世纪科学成就的例子说的是欧洲中世纪的一位杰出的科学人

物,即伟大的巴黎哲学家和教会医师奥雷姆。他在1350年前后写过一本名叫《论运动属性的形态》(*On the Configuration of Qualities*)的著作,在那本书里,他画出一些意思清楚的图形——用几何方式来表示属性和属性的变化。图10.4所示的那幅有点接近现代的插图,表明了奥雷姆是如何描述匀加速运动的。这种运动被他称为"均匀变形"(uniformly difform),一个典型例子就是自由落体。图10.4中,水平轴代表时间,竖轴代表匀加速运动物体的速度,直线*AB*下方的面积(三角形*ABC*)代表该物体走过的总距离。这幅插图中包含了奥雷姆及其同时代学者完全搞清楚了的几条关于运动的数学定律。例如,一个作匀加速运动的物体所走过的距离等于另一个以该加速物体末速度一半的恒定速度走过的距离。(图中的水平直线*DE*可以代表匀速运动,因为三角形*ADF*等于三角形*FBE*,*DE*下方的面积就等于*AB*下方的面积,因而上述匀速运动和匀加速运动两者走过的距离相等。)这幅图还包含着一个清楚的结论:一个作匀加速运动的物体所走过的距离与该物体加速时间的平方成正比($s \propto t^2$)。

公式$s \propto t^2$就是关于自由落体的伽利略定律,是伽利略在奥雷姆之后250年才

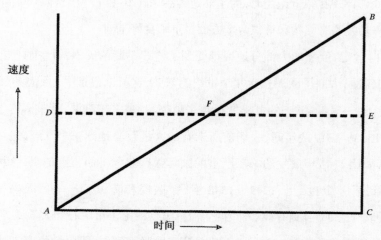

图10.4 均匀变形运动。中世纪学者奥雷姆把运动分为几种不同类型,他在此图中描述的是一种物体的速度随时间而增加的运动,他称之为均匀变形运动,而我们叫做匀加速运动。此图包含着一个结论,即一个加速运动的物体所走过的距离与所花时间的平方成正比。伽利略后来把奥雷姆的这些抽象规则变成了适用于自由落体的运动定律。

发现的一条定律。那么,这里就产生了一个明显的问题,为什么是伽利略而不是奥雷姆得到了发现这条自然界基本定律的荣誉。原来,奥雷姆探讨的是抽象的加速运动的特性——这已经是1277年那次教会裁决以后的事情——他根本就没有想到过要把它与真实世界中的任何运动联系起来。奥雷姆感兴趣的只是就事论事地搞清楚加速以及其他形式的运动及其性质,纯属抽象研究,简直就是在进行理论智识训练。换句话说,奥雷姆的均匀变形的确能够描述真实世界物体的下落运动,但是,他和他的同事们显然根本没有想到过这一层。奥雷姆的均匀变形体现了高超的科学想象力,是一项非凡的智识成就,可惜它也是早产儿,靠其自身不可能导出伽利略的结论和引发科学革命。

中世纪早期欧洲的科学环境,无论在组织结构方面还是在智识方面都十分薄弱,考虑到这样一种情况,应当说,中世纪后期的科学在对自然界进行理性探索和拓延亚里士多德自然哲学的局限性两个方面都获得了丰硕的成果。欧洲人在中世纪以创建欧洲的大学为科学奠定了新的组织结构基础,又通过对亚里士多德科学的批判性考察为科学奠定了智识基础。欧洲中世纪所取得的科学成就的历史意义并没有立即体现在中世纪当时,而主要是为后来在16和17世纪科学革命时期所出现的进一步发展在结构和智识两个方面打下了良好基础。

在14世纪,欧洲的大部分地区都受到了连续不断的灾祸的严重打击,生态恶化,人口锐减,中断了欧洲长达几个世纪的繁荣,这可以说是中世纪晚期的一个时代特征。这一时期,欧洲的气候变得越来越寒冷,越来越潮湿,严重影响了农业收成。在1315—1317两年间,一场前所未有的大饥荒蔓延到整个欧洲,造成经济持续衰退,并因1345年爆发的一场严重的国际银行业危机而雪上加霜,这种情况一直持续到下一个世纪。1347—1348年,腺鼠疫和肺鼠疫——黑死病——席卷整个欧洲,夺去了1/4到1/3欧洲人的生命。瘟疫冲击了市中心和大学城,给识字阶层带来了很高的死亡率。成千上万座村庄眼睁睁地消失,毁灭性的瘟疫直到18世纪还一再地卷土重来。有专家估计,总人口死亡率高达40%,人口数量直到1600年才有所恢复。还有一件事,看似不大,但也十分恼人,那就是在14世纪的大部分时间，教皇所在地从罗马迁移到了阿维尼翁，从而破坏了基督教世界的统一，导致天主教徒和其他教皇脉系分裂出去，不再效忠。于1338年爆发的英国和法国之间的百年战争，断断续续，直至15世纪50年代，毁坏了法国的心脏地带。在1400年前后的几十年，农民暴乱和社会动荡也频频出现。这种令人悲哀的情形对下层民众为害最深，并且直接（由于科学家大量死亡）和间接（由于机构关闭、教育被破坏）地影响到了科学。所有这一切综合起来，标志着欧洲物质文明发展的一个转折点，在回头审视中世纪和近代早期科学的历史发展时，我们就好似看到了一个不连续的断点。

欧洲在中世纪后期的破坏过去以后，它的农业和封建社会的基础还是建立在艰难恢复起来的生产制度之上。大学恢复了，并得到发展。进行科学活动的学者人数虽然在1350年以后减少了，但是，如图10.5所示，这一数量最终还是反弹上来，就像14世纪可怕的人口大量死亡根本没有发生过。欧洲文艺复兴时期所取得的艺术成就的光辉让我们倾倒，可能是这个缘故，我们容易以为历史进程在中世纪结束时发生了断裂，而不管有没有凭据。

大炮和帆船

到14世纪时，欧洲虽然同样出现过早期文明所具有的一些特征，但是并不完全。农业生产得到加强，人口增加，城市化进程加速，建筑（主要是高耸的大教堂）越来越雄伟，较高的学问得到体制化。但是，由于欧洲处在一个多雨的环境，那里不需要兴师动众搞大型工程去维持一个水利农业体系，自然也就未能形成集中的权力，也没有经常性的强征劳役。迟至16世纪初，后述的这些文明特征才姗姗来到欧洲这块土地。引发诸如此类的一个接一个变革的历史动力，是一场全面的军事革命，而那场军事革命同欧洲的农业体系、大教堂和大学一样，走的也是一条独特的发展道路。

火药技术起源于亚洲。中国人早在公元9世纪就发明了火药，并在1150年以前就把它用来制造烟火、爆竹和火箭。到13世纪中期，中国的军队已经装备了罗

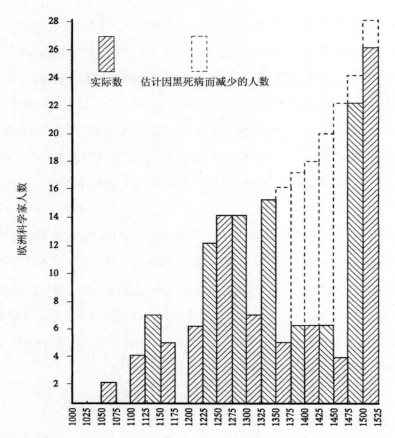

图10.5　瘟疫。 1347年肆虐欧洲的那场大瘟疫也叫黑死病,曾经使科学活动在数量
上大为减少。100多年以后,欧洲和欧洲科学才开始复苏。

214

214　马蜡烛式的"火枪",还有一种用弩机抛投的爆炸弹。到1288年,中国人又制成了
金属枪身的火枪。蒙古人从中国人那里得到火药技术是技术传播的一个早期例
子,也许就是在那以后,火药才经过中亚的干旱大草原传到了欧洲。伊斯兰世界得
到火药技术则可能是通过直接与中国工程师和技师的接触,他们用火药来对抗于
1249年来犯的欧洲十字军。欧洲人还有可能是从去过东方的旅行家那里学到这项
技术的,如马可·波罗就曾于1275—1292年在中国为那里的蒙古皇帝工作过。

虽然火药和早期的火器是中国人的发明,但是大炮看来却是在1310—1320这
10年当中由欧洲人制造出来的。此后,大炮技术很快就传回到中东和亚洲,14世

纪30年代又传到伊斯兰世界，到1356年时传到中国。到1500年，在旧大陆的那些文明中心，也就是中国、印度的莫卧儿帝国、奥斯曼帝国和欧洲，制造枪炮已经成为一项十分普遍的技术，而且这些帝国还把大炮技术传给它们各自的附属国，从而传遍整个旧大陆。

早期的大炮和臼炮（射石炮）非常笨重。例如，君士坦丁堡于1453年被围困期间土耳其人部署的那些大炮，因为又大又笨，没法搬动，于是干脆就在现场浇铸。又如1449年为勃艮第公国的公爵铸造的一尊大炮，昵称"星期一梅格"（Mons Meg），更是一个庞然大物，长度接近10英尺（约3米），重达17 000磅（约7700千克），射出的石弹每个直径近2英尺（约0.6米）。可能是大炮在激烈的军备竞赛中越来越抢手，欧洲的军事工程师和铸炮工匠们积极研究制炮技术，不久就以高超的设计压过了他们的亚洲同行，而他们起初却是从亚洲人那里学到这项技术的。后来，庞大的大炮——适用于轰垮要塞的城墙——被便于移动的比较小的青铜大炮所取代，不久又让位于成本比较低的铸铁大炮。特别是在1541年英国人掌握了铸铁大炮的技术以后，在国王亨利八世（King Henry Ⅷ）的推动下，铸炮技术发展更加迅速。较小的大炮不仅在陆地上机动性能更好，装备在船上使用起来当然也会更加灵活。

到15世纪，火药和火器已经开始在欧洲的战场上发挥决定性作用，到该世纪末，便已经能使战争时期的政治、社会和经济格局发生不同以往的变化。"火药革命"削弱了封建骑士和封建领主的军事作用，取而代之的是开支巨大的用火药装备起来的陆军和海军，只有中央政府才有可能承担如此高昂的军费。在有了新型武器以后，骑士们也没有失业，他们仍然有事可做，可以继续手持长枪身背弓箭担当侍从。然而，无论骑士还是贵族，再也不能控制战时的经济了，因为新型的武器装备是任何队长或领主之类的个人都无力承担的，只有皇室的财富才能够负担得起。在百年战争（1337—1453年）开始时，作战的基本手段还是长弓、石弩和长枪，以及骑坐在有铠甲防护的战马上身披甲胄的骑士，可是到战争快结束时，双方皆以火药大炮对阵。

　　圣女贞德(Joan of Arc, 1412—1431年)的战斗故事很能够说明军事和技术史的这种转折。贞德是一位不识字的农家姑娘,才17岁,她居然击败了经验丰富的英国军官,其中部分原因就是新型大炮武器的使用,使得原有的军事经验占不了多少便宜。这个例子说明,任何一项新技术都不可能靠经验积累和旧传统得来。贞德的战友们对她在战场上随机应变地布置大炮的能力备加称赞。(她布置大炮的阵法后来被取名为"贞德布阵"。由此可见,每当有一项新技术出现,比如说计算机,常常会是年轻人超过老年人,而且年轻人更有可能作出重大贡献。)

　　这种新型武器于15世纪出现在欧洲,必然要加大欧洲各国政府的财政预算。例如,在15世纪下半叶军事革命进行期间,西欧的税收实际增加了一倍。再如,从15世纪40年代到16世纪50年代,法国每年消耗于大炮的火药从20 000磅(约9000千克)增加到500 000磅(约225 000千克);同一时期,法国炮兵的人数则从40人增加到275人。西班牙的军费开支也大幅度增加,从1556年的不到200万达克特(ducat)*增加到16世纪90年代的1300万达克特。为了应付越来越庞大的军费,西班牙国王腓力二世(Philip Ⅱ)把卡斯蒂利亚的税收增加了2倍,即使是这样,他还不得不一再拖欠国债,而且从来没有及时支付过军饷。

　　滑膛枪的引入是在16世纪50年代,拿骚的毛瑟(Maurice Louis)和威廉·路易(William Louis)作了相应的战术改革,制定了一套放排枪战术:许多手持统一样式滑膛枪的枪手前后排成若干行,按照统一的战斗条令依次填药、开火。有了那样一些改革和标准化装备的炮兵,从1600年开始,出现了具有强大战斗力的新型军队。在滑膛枪和大炮面前,长弓、石弩、大刀、骑兵和长枪手这些作战手段就显得相形见绌,后来终于完全退出了战场。步兵,现在已经是手持滑膛枪随时准备投入战斗的格斗士,又成为战场上的主要兵种。结果,在紧接着的2个世纪,许多欧洲国家的常备军人数一下子骤增,兵员总数为10 000人到100 000人不等。在17世纪后70年,仅法国的军队,在太阳王路易十四(Louis ⅩⅣ)掌权时,就从150 000人增

------

* 旧时在欧洲许多国家通用的金币或银币名。——译者

216

图10.6　士兵操练。以两次发射之间的间隔时间来说，滑膛枪比弓箭慢，但是它的杀伤力更大。由于 **217**
发射程序复杂，需要对士兵进行操练。为适应组建、供应和训练用滑膛枪武装起来的大量士兵的需要，
政治权力变得越来越集中。

加到了 400 000 人。

有了大炮,同以前相比,中世纪的城堡和旧式城墙就抵御不了攻击了,必须要有更加坚固的新型防御工事。新的城墙花费更大,用土夯成,上面隔一段距离修建有许多砖石砌成的星形棱堡,被称为**监视塔**(trace italienne)。守城士兵凭借这样的工事,装备着枪支,可以方便地扫射进攻编队。欧洲各国政府投入了大量金钱来修建这些耗费巨大的新型防御工事,但即使最富裕的国家也会感到财力紧张。攻击和防御可谓道高一尺、魔高一丈,互相竞争着向上攀升,结果,战争费用越来越浩大,备战和作战变成了集权国家的主要活动。

在这种情况下,只有比较大的政治实体,特别是拥有巨大税源或其他商业财源的集权民族国家,才有可能担负这些新型武器装备和与之相抗衡的防御体系所需的浩大费用。这样一来,军事革命便把权力从地方封建势力移向了集权的王国和民族国家。例如法兰西王国,它就是在 15 世纪百年战争之后才出现的一个实体,同时也是欧洲早期的近代国家中最为强大的国家。1550 年以后滑膛枪和常备军的进一步发展,更加快了这种权力转移,结果,终于形成了各国集权的中央政府,而且只有这样的政府当局才有财力组建常备军,拥有相应的官僚机构来组织、装备和维持这样一支常备军。

欧洲历史上这样一种独一无二的军事技术,如果没有政府在物质上的支持和参与是不可能发展起来的;正是这种技术上的需要,才促使欧洲社会逐渐转型为中央集权的社会。军事革命引发了国家与推动技术进步的有力的社会机制之间的相互竞争。集权所产生的影响,无论对社会、政治还是经济,同我们以前所分析过的在那些伟大的水利文明中由灌溉农业所导致的变革,都基本相同。于是,欧洲就与数千年前的埃及和中国一样,开始展现出文明社会结构所特具的全部风华。自 15 世纪以后,建设国家陆军和皇家海军如同在古代和中世纪的东方建设水利工程一样,结果也不可避免地导致政治的集权。大事兴建兵工厂、造船厂和要塞,就如同水利文明兴建水坝和水渠一样,都是属于国家所有和由国家控制的公共工程。从 17 世纪古斯塔夫·阿道弗斯(Gustavus Adolphus)的瑞典军队开始,到后来法国大革

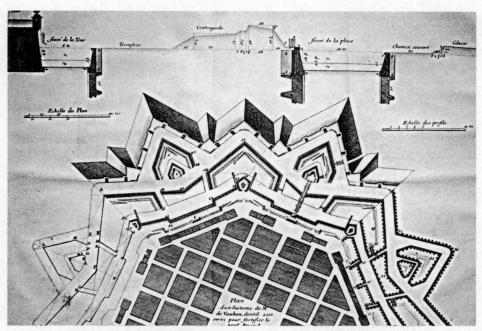

图10.7 **防御要塞**。旧式城堡抵挡不住大炮的轰击,渐渐被一种更复杂的构筑——建有被称为监视塔的棱堡的防御体系所取代。这种防御体系虽然有效,但所需费用惊人。

218

命时期将其确立为一项国家制度,普遍征兵制实际上就相当于古代强征劳役的近代版本。

虽然欧洲由于军事革命而变得日益集权化,但是,由于所处的生态环境和地理环境各不相同,欧洲并没有像中国、印度或伊斯兰世界那样形成一个联系紧密的欧洲帝国。东方的那些大型灌溉工程往往会覆盖整个地区,如整个尼罗河河谷和整个幼发拉底—底格里斯冲积平原,而欧洲典型的军事政治制度则不同,其基础是依靠雨水的农业,因而始终带有较强的地方性,是由各种各样的种族、语言和地理因素结合在一起来确定一个一个民族国家。因此,军事革命的主要后果,是在欧洲形成了相对比较集权而彼此始终进行着竞争的**一批**国家。这些国家受政治、军事和经济竞争的制约,没有一个国家能够强大到可以完全征服其他国家。那么,结果就不会是别的,而只能是在西班牙、葡萄牙、法国、英国、几个低地国家、普鲁士、瑞典和后来的俄罗斯这些国家,两国或多国之间争来斗去,使欧洲成为一个冲突不断的

219　地方;与此同时,这些冲突争斗却为欧洲日后在技术上发挥它的全球性历史作用作好了铺垫。

　　还有其他的证据也支持关于欧洲有限集权化这一论断。在军事革命发生以前,欧洲封建社会的那种分散化状况本来就与集权化格格不入。此外,新型军事技术本质上是一种全新的事物,它与作为水利文明特征的那些传统有根本的不同,任何一个国家倘若在欧洲各国争来斗去的环境中不能顺应形势,那将是十分危险的。一些较小的政治实体或国家(例如波兰),就因为没有或者不能顺应军事革命的潮流,干脆消失不见,被更大也更为强盛的邻国所吞并。在这方面,人们常说欧洲没有一种影响到全欧洲的泛欧组织机构,否则,欧洲也有可能形成一个统一的欧洲帝国。其实,教皇和神圣罗马帝国在名义上是西罗马帝国(从800年建立到1806年瓦解,存在了1000年之久)的残余,它们本来最有可能成为那种统一欧洲的力量。如果欧洲的生态环境需要一个集权政府的话,或者教皇,或者神圣罗马帝国,的确有可能成为那个超民族的权威统治机构。然而,事实上,两者都未能把欧洲统一起来;无论教皇还是神圣罗马帝国,同已经出现的民族国家比较起来,始终都只是弱小的组织机构。即使出现了某个强加到欧洲头上的霸权,那也一定是短命的。例如拿破仑帝国就是这样,它于1812年崩溃之前仅仅勉强支撑了10年。

　　除了使欧洲发生政治集权化以外,军事革命的第二个重要后果是欧洲殖民主义的兴起和欧洲人征服全球的开始。这一过程的技术基础是随着陆战的变革而出现的海战的革命性变化。出现海战革命,一部分原因是制造出了一种新型舰船,海上交战也使用了新技术。原来游弋在地中海的战船基本上是主要靠人力驱动的有桨划船,需要许多水手,后来葡萄牙人发明了操纵起来比较容易的风力驱动的多桅帆船,由它又演变出大帆船,并最终取代了老式的有桨划船。同样,针对有桨划船的那一套战术——例如在1571年的勒班陀海战中土耳其人和基督教徒使用的冲撞和强行登船技术,也出现了具有重型装备的新型炮舰,大炮可以在舷侧远距离开火,另外还采用了防止敌人登船的战术。有专家分析,在1588年西班牙无敌舰队与英国舰队发生的那场海战,西班牙舰队失败的部分原因就是英国人采用了舷侧

"齐射"炮轰的战术,而西班牙人却仍然墨守成规,一个劲地冲撞和强行登船,殊不知他们原来在地中海使用的那套战术已经不灵。

多桅帆船和大帆船的发展,向我们表明了技术变化一般来说是如何的错综复杂,一环套一环。我们应当记住,参与者,也就是"演员"事先是不会知道结果的。并不是有哪位造船的人一开始就明确要制造一种远洋炮舰。事实上,正是由于技术、社会、文化以及地球物理学的种种因素,它们一起交互作用,才逐渐产生了那种新型船只。例如,原来的船帆和索具不好使,要设法加以改进;炮舰窗太不灵活,应该把它们去掉,接着就发明和安装上了灵活机动的炮车。船长必须掌握罗盘(中国人的又一项发明)的使用,确定自己的船只在海上的纬度(即自己向北或向南航行了多远)。为了在赤道以南航行,有关的技术也是一点一点掌握的,直到15世纪80年代才比较成熟。当然,只使用这样的技术,无论哥伦布还是达·伽马(Vasco da Gama),都无法航行到非洲、印度洋或者美洲,他们的成功取决于返回欧洲的方法十分巧妙。在有关的航行中,他们采用的是所谓的**沃尔特**(volta)航海技术,即船只先沿着非洲西海岸向北航行,往回**西行**进入大西洋,直至寻找到顺风才再东行,回到伊比利亚半岛。技术的变革体现了复杂的社会进程,即使非常专业化的技术(例如造船中用到的技术),也是通过与各种各样的社会因素相互作用,才会产生出技术的和社会的效果,而那些效果在那以前是无法预见的。炮舰的情形同样表明,我们不能把一种技术孤立地看成在世界上自发产生的"技术",然后再去研究这种技术单独对社会的影响。

这项新的航海技术潜力惊人,最终产生了全球性的影响。葡萄牙人在1443年首次使用这项技术成功地实现沿着非洲次撒哈拉海岸的航行,以后又在1488年航行至好望角。达·伽马则在1497—1498年绕过好望角首次航行到印度洋,率领的船队由4艘小船组成,共有170名水手,20门大炮。当他回到葡萄牙时,船舱里装满了香料,那是他们用武力从穆斯林和印度教商人那里夺来的。哥伦布航行到西印度群岛,率领的是3艘轻便帆船。科尔特斯于1518—1519年征服了墨西哥,他率领的是一支全副武装的远征队,有500名士兵,17匹马,10门大炮。此后,欧洲人的远

220

洋舰队变得更为庞大,装备也更加精良,不过,哥伦布、达·伽马和科尔特斯他们只靠不大的舰队就完成了航行,而且为欧洲其后300年间的重商主义和殖民主义开辟了道路。

葡萄牙和西班牙较早进行这种冒险,接着法国、荷兰和英国也加入到这场竞赛当中。他们的殖民统治、争夺殖民地的争斗和重商主义的活动成为欧洲人18世纪在海外和欧洲不断你争我斗的基本内容。1797年,法国的殖民主义历史学家圣默里(Moreau de Saint-Méry)曾经写道,在他那个时候,一批又一批的大船把非洲奴隶运送到殖民地,再把殖民地的物产运回欧洲,那真是"人类智慧造出的最令人吃惊的机器"。欧洲的海军为西方提供的技术手段,使之闯入了更大的世界。有专家估计,到1800年时,欧洲列强已经统辖了全球35%的土地、人口和资源。

欧洲的发展产生了如此广泛而又深远的影响,科学思想在其中起到了什么作用呢? 答案是基本上没有什么作用。有些基本的发明(例如火药和罗盘),如我们所见,起源于中国,它们在中国产生时,也与任何理论思想无关。在欧洲,那里存在的是亚里士多德、欧几里得和托勒玫的传统,当时的自然哲学中并无任何知识可以用于研制新型兵器或发展什么大炮技术。回顾起来,理论弹道学应该是有用的,可是,当时还没有出现一门弹道科学;那是伽利略建立了自由落体定律以后的事情,甚至在进入17世纪以后是否曾经把该理论应用于实践,都还不能肯定。冶金化学对于铸造匠应该是有用的,但是在19世纪以前,有关的理论极不成熟;至于金丹术,也未见有过什么贡献。流体力学是可以应用于船体设计的,而这也要等到以后。后来成为一门关键性工程科学的材料力学,是伽利略最早从事相关研究,但直到19世纪才得到应用。科学绘图学或许在欧洲人早期的海外扩张中发挥过辅助作用,但是航海属于技艺,而不是科学。当时的炮兵、铸造匠、铁匠、造船工人、工程师和航海家在从事他们的工作的时候,在进行发明创造的时候,没有靠别的东西,凭借的只是他们的经验、技艺、直觉、大致的估计和勇气。

然而,因果之箭最终还是从技术界飞向了科学界,因为欧洲各国政府像东方那些文明国家的政府一样,也开始资助科学,为科学研究提供政府支持,希望能够在技术和经济方面得到回报。抱有这样的动机,欧洲各国政府中把科学纳入体制并由官方管理的做法最早出现在先进入近代的葡萄牙和西班牙,那就绝非偶然。提起葡萄牙的"航海家亨利"(Henry the Navigator, 1394—1460年)亲王,人们更多会把他看作一位中世纪晚期的改革家,而不大知道他还是一位积极资助科学探险的人文主义者,葡萄牙人在15世纪沿着西非海岸进行的那一系列历史性的探险航行就是在他的支持下完成的。亨利亲王积极支持航海活动,使葡萄牙成为一个海上帝国;在香料贸易的驱动下,里斯本很快就成为世界的航海和制图中心。葡萄牙宫廷聘用了各式各样的皇家数学家、宇宙志学家、数学及天文学教授,还设立了两个政府机关,负责管理葡萄牙的贸易和绘制地图。当时也有不少葡萄牙绘图专家在别的国家工作。

在西班牙,从1516年到1598年,神圣罗马皇帝查理五世(Charles V)和他的儿子腓力二世统治着当时欧洲最大的帝国。通过与其邻国葡萄牙不断地争夺殖民地,再加上需要处理帝国在全世界的疆域勘定这类技术问题,到16世纪,西班牙逐渐取代葡萄牙成为当时最重要的科学航海和地图绘制中心。在塞维利亚有一个政府主办的贸易厅(Casa de la Contratación, 1503年),那里一直在绘制和修订西班牙海外扩张势力图。在贸易厅里,领水长(1508年)负责培训海船上的领水员,皇家宇宙志家(1523年)负责研制航海仪器和绘制海图。1552年,腓力二世还在贸易厅设立了航海和宇宙志方面的皇家教席。为了弥补贸易厅的不足,1523年建立的"印度群岛审议会"(Council of the Indies)是一个专门管理殖民地事务的政府部门,它拥有自己的一批皇家宇宙志家和管理官员,承办同西班牙帝国的海外扩张有关的各种科学和实际事务。作为西班牙支持绘图学和航海学发展的顶峰,腓力二世甚至于1582年在马德里建立了一所数学学院,在那里传授宇宙志学、航海技术、军事工程,还有神秘学。这里顺便提一下能够说明那个时代特点的一件小事:讲授防御工事的工程教授的工资是讲授哲学的大学顶尖教授工资的2倍。

西班牙政府还组织过对西班牙和西印度群岛的地理和自然物产进行全面系统的调查。印度群岛审议会印发了许多调查表,以前所未有的规模收集有关信息。

腓力二世在16世纪70年代还派出过一支在历史上很有名气的科学探险队,由埃尔南德斯(Francisco Hernández)率领赴新大陆考察,收集有关地理、植物和医学方面的资料。西班牙和葡萄牙是最早把科学活动应用于殖民地开发的欧洲强国。以后的那些欧洲殖民列强,如荷兰、法国、英国和俄国,无一不是像西班牙和葡萄牙那样由国家支持科学活动并推动它们的殖民地开发的。由此可见,近代早期的欧洲是在军事革命的推动下才重复其他伟大文明的做法,开始把科学纳入国家体制之内。

第十一章
哥白尼掀起一场革命

时间是1543年,哥白尼躺在病床上,平静地等待那最后时刻的到来。这时,他收到了刚刚印好的第一本《天体运行论》(*De revolutionibus orbium coelestium*)。在这部开创性的著作中,哥白尼提出了一种以太阳为中心的宇宙理论,即日心宇宙学说。在他的这种理论中,地球在不停地运动,每天绕自己的轴旋转一周,同时每年围绕太阳运行一圈。要知道,在1543年,世界上无论哪一种文化都是把地球安置在宇宙的中心。哥白尼的理论是一项重大突破,它与地心说——当时的天文学观点——和《圣经》传统有着不可调和的矛盾,从而掀起了一场科学革命,朝着近代科学世界观的建立迈出了第一步。

那场科学革命代表了世界历史的一个转折点。到1700年时,欧洲的科学家业已完全抛弃了亚里士多德和托勒玫的科学体系和世界观。欧洲人在1700年时——其他地方的人也在此后不久——已经是生活在一个与他们的祖先(比如说在1500年)全然不同的智识世界上。人们对科学本身的看法也在科学革命中获得了不同于以前的全新认识,即科学是一种了解世界的方法,是一种能够用来改变世界的强有力的工具。

把16和17世纪发生的那些变化称为科学革命,是在20世纪才形成的一个历史概念。起初,人们仅仅把科学革命看成是我们对自然了解上的一种思想转变,一种因此而对宇宙所做的概念上的重新整理,一句话,仅仅是从一个封闭的世界走向一个无限的宇宙。学者们经过进一步的深入研究才发现,原以为那是一场单一的整体性的科学革命,结果却是错综复杂,森罗万象。那场科学革命其实是科学思想史上的一幕,过去时代的一段长时期的活动。例如,只要讨论科学革命,我们现在就不能只看到辉煌的天文学或者力学,也必须注意到法术、金丹术和占星术一类"神秘"科学。在观念上承认科学的社会效用应该是那场科学革命的一个基本特点,采用新的科学方法——主要是实验科学——似乎也应是16和17世纪"新科学"的一种最主要的特性。科学在那一时期的社会和组织结构中所处地位的变化,目前也被视为科学革命的决定性要素。当前正在进行的解释性研究所持的立场,全都反对把科学革命简单地看作单一的事件,认为不可能划出明确的年代界限或观念界限。历史学家现在倾向于把那场科学革命看成一种有用的概念工具,视人类的那段历史经历为一种具有许多侧面的复杂现象,从而把它放在一个更大的历史视野中使用各种各样的方法来加以研究。

欧洲文艺复兴的新世界

16和17世纪,科学在欧洲所处的社会环境发生了巨大变化,在许多方面都与中世纪时期完全不同。军事革命、欧洲人的航海探险和新世界的发现改变了科学所处的社会环境,科学革命就是在这样的背景下发生的。美洲的发现,从总体上推翻了中世纪后期那种以欧洲为中心的封闭宇宙的观念,这种使地理科学随之发生变革的动因其实也就是引发科学革命的一个重要因素。人们开始重视观测报告和亲身经历,新的地理发现一再向已有的权威看法提出挑战,绘制地图于是成为一个示范领域,向人们大体上展示出各种各样新颖的从总体上了解世界的方法,而使用那些新方法,显然要比因循守旧去掌握陈旧书本上的教条有用得多。由此不难理解,为什么科学革命时期的许多科学家似乎都基本上以这样或那样的方式参加过地理学或者绘图学的工作。

然而,印刷却不同。15世纪30年代后期,显然与亚洲的印刷术发明无关,谷登堡独立发明了活字印刷术。这项意义重大的新技术在1450年以后逐渐传播开来,同样也使近代早期欧洲的文化面貌为之一新。这种新型媒介导致了一场"交流革命",使人们能够获得大量十分准确的信息,也使得抄写图书成为过去。到1500年时,已经有大约13 000部著作印刷出版,在整个欧洲到处都可以见到印刷机。这种情形有助于打破大学对知识的垄断,并产生了一大批崭露头角的非专业知识分子。事实上,那些最早出现的印刷厂,其作用就犹如一个个智识凝聚中心,作者、出版者和工人在那里表现出从未有过的亲密无间,一起共同生产新知识。文艺复兴时期的人文主义运动,即强调人的价值和直接对希腊文和拉丁文的经典文献进行研究的哲学和文艺运动,倘若没有印刷技术来密切配合那些博学的人文学者的工作,简直就不可想象。在科学方面,正是由于印刷术的发展和人文学者的工作,才又掀起了一股恢复古典文献的热潮。诚然,欧洲人最早了解古希腊科学主要是在12世纪通过从阿拉伯文进行的翻译工作,但是,在15世纪下半叶,学者们又根据希腊原文翻译出版了新的版本,揭示了许多很有影响的新资料,其中最引人注目的是阿基米德的著作。与此同时,印刷术也把过去很少有人知道的不少关于技术诀窍和法术"秘法"之类的秘笈挖掘出来,而后来的事实证明,这些东西对于科学革命的形成也发挥过作用。值得注意的是,虽然印刷技术对当时的科学产生了巨大的推动力,然而,科学却没有反过来对印刷技术作出过贡献。

意大利的情况尤其突出,那里在14和15世纪出现了文化生活和艺术的复兴,即通常所谓的文艺复兴,我们也必须将其看成是近代早期科学的外部条件发生变化的一个因素。意大利的文艺复兴发生在城市,而且是一种相当世俗化的现象,有宫廷的参与并得到宫廷的支持(包括教会神职领袖的支持),但却不包括大学。谈到文艺复兴,人们当然会将那一时期灿烂辉煌的艺术活动与一批绘画天才联系起来,如多那太罗(Donatello, 1386—1466年)、达·芬奇(Leonardo da Vinci, 1452—1519年)、拉斐尔(Raphael, 1483—1520年)和米开朗琪罗(Michelangelo, 1475—1564年)。与中世纪的艺术不同,文艺复兴时期的绘画采用了透视画法,亦即一种投影方法,用它可以按写实风格把三维空间的实景描绘在二维的画布上。透视画法是文艺复兴时期绘画的一种典型的新风格。艺术家们通过阿尔贝蒂(Leon Battista Alberti, 1404—1472年)和丢勒(Albrecht Dürer, 1471—1528年)等人的工作,还学会了按照数学规则来把握透视。布鲁内莱斯基(Filippo Brunelleschi, 1377—1446年)对上述发展皆有贡献。他把文艺复兴的感知力和能量拓展到建筑领域,最著名的则是他建造了佛罗伦萨大教堂的穹顶。这方面所取得的成就如此瞩目，以至于历史学家甚至把文艺复兴时期的艺术家们也列为 15 和 16 世纪发现自然界新知识的先锋。我们且不论这种观点如何，但可以肯定，近代早期的画家们确实需要精确的人体肌肉解剖结构方面的知识，这样，他们才能够把人体表现得栩栩如生。文艺复兴时期解剖学研究突飞猛进，原因可能就是艺术家们有这方面的需求。

作为那一变革时代的又一个标志，伟大的文艺复兴时期的解剖学家维萨里（Andreas Vesalius，1514—1564 年）在 1543 年，也就是哥白尼出版《天体运行论》的同一年，出版了一本影响深远的解剖学著作《人体结构》（*De humani corporis fabrica*）。维萨里是一名军医，他的解剖学专长很可能与军事革命有关。由于火器的出现，使他有机会处理许多新型的创伤；当然，那也是因为文艺复兴时期的艺术有那种需要。维萨里的绘画旨在传达有关身体的信息，而不是描绘可能实际显现的身体。意大利的其他解剖学家不断磨砺他们的技能，也作出了许多解剖学发现。欧斯塔基（Bartolomeo Eustachi，卒于 1574 年）和法洛皮奥（Gabriel Fallopius，1523—1562 年）给人体内那些原来不为人知的管道取了名字；1559 年，科隆博（Realdo Colombo，1520—1560 年）提出血液从心脏流出经过肺脏的那种较小的循环即肺循环的概念。阿夸彭登特的法布里丘斯（Fabricius of Acquapendente，1537—1619 年）发现了静脉瓣膜。这些解剖学成就，最后由英国医生哈维（William Harvey，1578—1657 年）集其大成，发现了血液循环。哈维曾在意大利学习过，后当选为伦敦的皇家医师学院的院士，他在那里讲授解剖学。哈维仔细地观察过临死前动物心脏的缓慢跳动，估计了流出心脏的血液量，最后得出结论：动脉血管和静脉血管一起构成一个循环系统。他的发现于 1628 年出版，堪称文艺复兴时期硕果累累的解剖学传统的一项革命性成果。在解剖学领域对从盖伦和亚里士多德沿袭下来的教条所进行的这些修正，充分显示出欧洲在 16 和 17 世纪进行的那场科学革命所涉及的范围是如何广泛。

文艺复兴时期的法术和神秘学也是当时科学和自然哲学的一个组成部分。法

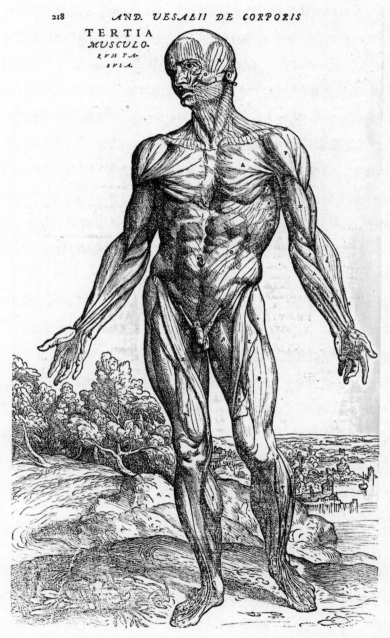

图11.1 新解剖学。 随着火器的出现,内外科医生便要处理更多严重的创伤和灼伤。军医维萨里于1543年编写出近代第一本人体解剖手册,那一年哥白尼也正好出版了他关于日心天文学的著作。

227

术的重要性在更早的科学史中被忽视了,然而,更近期的学者赋予法术在科学革命叙事中更核心的地位。文艺复兴时期的神秘学包括占星术、金丹术、鬼怪学、占卜、法术、新柏拉图主义神秘哲学、罗森克鲁茨哲学(Rosicrucianism,涉及秘密结社和神秘符号)*和希伯来神秘哲学(与《圣经》中玄妙的神奇故事有关)。在近代早期,法术活动的形式非常多,从巫术避邪到"自然"法术或者说"数学"法术,五花八门。所谓自然法术,是依靠一些神奇的机件或技术手段(比如取火镜或者磁石)来产生令人惊愕的效果。尽管我们会不赞成故弄玄虚的法术和种种神秘事物,认为那不过是些非理性的障眼法和欺骗,但是,文艺复兴时期的法术和相关知识体系,就其最高水平而言,属于严肃的精神和智识追求,体现了对自然界的深刻理解。其实,"神秘"这一概念本身就有两层意思,既指法术高手所保守的秘密,也指隐藏在自然界中的奥秘。

有着复杂名字的瑞士医生兼金丹术士帕拉塞尔苏斯(Philippus Aureolus Theophrastus Bombastus Von Hohenheim Paracelsus,1493—1541年)强烈挑战了医疗机构和统治学术的医疗传统。帕拉塞尔苏斯拒绝了大多数古代和伊斯兰医学,因此他触动了亚里士多德自然哲学的核心。他著名的格言"无毒不是药,无药不是毒,关键是剂量"(the dose makes the poison)摧毁了本性的概念。他对金属的了解和实践知识使他将金属运用于医学治疗,例如他使用汞治疗梅毒(当时是欧洲的新疾病)。帕拉塞尔苏斯的观念有影响力,因此,以他的方式,帕拉塞尔苏斯像他的同代人哥白尼一样,必须被视为科学革命的发起者。帕拉塞尔苏斯广泛游历,是个博学多才的人,曾当过军医,后在巴塞尔大学任教多年。

227

在15世纪的中叶,神秘学通过发掘和翻译所谓的法术秘笈(Hermetic corpus)获得了正当地位,也得到了发展动力。那些秘笈中所贯穿的神秘主义哲学的基本思想,是通过所谓"相生"(sympathy)和"相克"(antipathy)的一整套神秘的(或"隐藏的")对应关系和各种各样的关联,把人体的小宇宙(或"小世界")与外部世界的大

228

* 据传基督教徒罗森克鲁茨(Rosenkreuz)在1484年发现了通往神秘学问的规则,由此形成了一个搞神秘学问的派别。——译者

宇宙(或"大世界")连接起来。因此,世界不过是一种表象,它的下面其实隐藏着大量的意义、相互关联和神秘象征。神秘主义除了相信占星术,还声称一位绝顶高明的法术师或术士可以用他的法力改变自然的进程。(文艺复兴时期法术的这种思想,即高明的术士可以通过修炼掌握使宇宙悸动的"力量",流传到后来演变为牛顿所阐明的现代观念——万有引力。)按照这种思想,神秘主义相信自然界具有一种由许多基本的数学实在所构成的超物质世界的神圣秩序,并且持有一种乐观主义的态度,相信人类既能够了解自然,也可以通过一种法术技巧来影响自然,使之有利于人类自身。正是由于有这样一些特点,因而在文艺复兴时期,在那些推进科学革命的个人和历史力量中,有许多人也同时在搞法术。那些法术活动的反亚里士多德本质和背离大学传统的做法在当时应该不会不被人注意到,所以有关活动恐怕也不会有得到资助的机会。到17世纪后期,法术相对说来开始衰落,这种向更加"公开"的知识体系的过渡代表了科学革命中的一个重大跃升;同时,文艺复兴时期的法术也以这种方式为科学革命提供了有效的、实实在在的动力。

在16世纪的西方发生过一次历史性的大动乱,新教徒所发动的宗教改革打破了天主教会在精神和政治方面的统一。宗教改革者怀疑当时公认的宗教权威,将矛头直指梵蒂冈。现在看来,那次宗教改革的意义,在于把社会向着近代社会的世俗化推进了一大步,也就是说,管理社会的权力从教会的手中历史性地转移到了世俗文职政府的手中。那场宗教改革是由马丁·路德(Martin Luther)发起的。1517年,马丁·路德把他所写的"九十五条论纲"张贴在维腾贝格教堂的大门上,其中提出了许多引起极大争议的宗教改革建议,从而引发了一场旷日持久而且常常会导致流血的宗教斗争。正是那些宗教斗争把欧洲拖入了"三十年战争",并一直持续到1648年。科学革命就是在那次宗教改革的背景下展开的,其中的许多关键人物,如开普勒、伽利略、笛卡儿(René Descartes)和牛顿,都曾受到神学骚乱中所争论的那些宗教问题的深刻影响。

在讨论科学革命时期科学家所面临的外部条件的变化时,还不能不提到历法改革,那件事情虽然影响要小一些,但却越来越迫在眉睫。当时所使用的儒略历仍然是早在公元前45年由儒略·恺撒(Julius Caesar)决定使用的那种历法,一年有 $365\frac{1}{4}$ 天(每过4年在2月加一整天),比一个太阳年大约要长10分钟。到16世纪时,儒略历已经明显地与太阳年不同步,相差大约10天。确定复活节的日期本来就不容易,凡界所用时间和天界时间的这种差异则造成了更大的麻烦。1475年,教皇塞克斯都四世(Sextus Ⅳ)曾企图进行历法改革,但没有结果。教皇利奥十世(Leo Ⅹ)在1512年又重新提起这件事。哥白尼在被问到意见时表示,必须要有相应的天文学理论,历法改革才有可能真正成功。

229

胆怯的革命

哥白尼(1473—1543年)出生在波兰,他通过家庭关系谋得了一个教堂管理人的职位(教士),而他一生的大部分时间都生活在当时科学文明的边缘。他看起来十分胆怯,服从权贵,怎么也不像那种会发起什么革命的人。1491年,哥白尼进入克拉科夫大学学习。在1500年前后的10年间,他曾经在意大利的几所大学读书,除了正式学习法律和医学,还对天文学产生了兴趣,并受到意大利文艺复兴运动的文化熏陶。实际上,还在当学生时,他就有过从事典型的古典文化探索的实践,翻译过在那以前尚不大为人所知当然也不会引起争议的希腊诗人狄奥菲拉克图斯(Theophylactus)的作品。

若要真正了解哥白尼和他的工作,我们必须明白,他是最后一位古代天文学家,而不是第一位近代天文学家。哥白尼其实是一个很保守的人,他是回头盯住古希腊的天文学,而不是要向前开拓什么新传统。他是托勒玫的后人,而不是开普勒和牛顿的前辈。他至多是一位感情矛盾的革命者。他的目的并不是要推翻旧的希腊天文学体系,而是要恢复那个体系的本来面目。具体说来,哥白尼认真领受了将近2000年前发出的那条"拯救现象"的命令,设法要严格按照匀速圆周运动去说明天体的运动。哥白尼发现,根据托勒玫天文学无法满意地解释行星的留和逆行,但是它的几何构架非常优美,因此,托勒玫天文学对于他来说就像是一个天文学"怪物"。于是,哥白尼抛弃了托勒玫的均衡点概念,因为那其实是在空间任意设置的数学点,是假想天文学家站在那里可以观测天体的匀速圆周运动。依靠均衡点所得到的轨道运动的匀速性仅仅是一种虚构,事实上,只要天文学家求助于均衡点,那就意味着行星运动的速度其实并不一致。肯定还存在着更好的方法,能够使匀速圆周运动和古代传统更好地统一起来。

对于哥白尼来说,更好的方法就是转向日心说,也就是把太阳安放在(或者至少是接近)太阳系的中心,而让地球成为一颗行星。他先是把他的日心说写成匿名的小册子,即《要释》(*Commentariolus*),于1514年后在专业天文学家中间流传。但是,他却把他的伟大著作《天体运行论》压了下来,没有出版。他这样做,可能是因为他觉得那样的秘密不该揭示出来,他肯定感到有些害怕。正如他在敬献给教皇的题词中所写,他担心那样的"荒诞"理论"难登大雅之堂"。一位较年轻的德国天文学家也是哥白尼门徒的雷蒂库斯(Rheticus)看到了哥白尼的手稿,并做了一个摘要于1540年先行出版,书名就叫《摘要》(*Narratio prima*)。哥白尼是在他的观点事实上已经公开以后,才同意正式出版的。这样,在1543年,《天体运行论》在他临终前终于得以完整问世。

哥白尼建立他的天文学时没有利用任何新的观测资料作为依据。事实上,在《天体运行论》中,他根本就没有**证明**日心说。毋宁说,他仅仅把日心说当作一种假设,然后由它出发来展开他的天文学。采用欧几里得几何学的方式,哥白尼先用不多的几条公理假设了日心说,然后再在所假定的条件下推导出关于行星运动的定理。他硬性作出这些大胆的假设,本质上是出于审美和观念上的需要。对于哥白尼来说,日心体系比起他所看到的笨拙的托勒玫体系来,不过是在导出有关的命题时显得更加简单、更加和谐而已,它在智识上更加优雅——更加"赏心悦目"——而且更加经济。

日心体系更加直截了当的简单性首先表现在用它来说明行星的留和逆行,而这个问题用地心体系来解释一直是矛盾重重。在哥白尼的体系中,行星的这种运动只是一种视觉现象,是地球和所观测的行星在恒星背景上作相对运动的结果。也就是说,仅仅是因为我们是站在一个运动着的地球上观测,所以才会看到一颗运

230

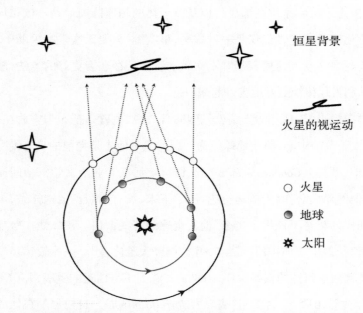

恒星背景

火星的视运动

○ 火星

● 地球

☀ 太阳

231   **图11.2　日心体系中行星的逆行。**哥白尼为行星的留和逆行这一古老的难题提供了一
　　　　　种简单解释。在日心体系中,我们所看到的恒星背景下的行星的环状运动不过是一种
　　　　　表面现象,是地球和有关行星(本图中是观测情况较好的火星)作相对运动的结果。

动着的行星像是会暂时停留、逆行和再向前移动,实际上,被观测的行星和我们在
上面进行观测的地球都在围绕太阳作圆周运动,根本没有什么逆行运动。根据日
心体系,行星仍然表现出表观的留和逆行,但是问题却得到了解决:由日心假说自
然而然就导出了行星的"逆行"。把哥白尼成就的革命性体现得再清楚不过的地方
也正是在这里:采用日心说以后,困扰了天文学达2000年之久的最大的理论难题
竟一下子迎刃而解。

　　哥白尼的假说既更加简单,又更具审美价值,这也体现在它对其他问题的解释
上。它非常直截了当地解释了水星和金星为什么绝不会离开太阳太远,即它们偏
离太阳的角距离各自绝不会超过28°和48°。在托勒玫体系中是把这种现象作为例
外,解释得十分勉强;而采用哥白尼体系,解释起来就非常自然:因为水星和金星的
运行轨道都在地球轨道的里面,所以它们在我们看起来就总是不离太阳左右。此
外,哥白尼体系还为行星安排了一定的排列次序(水星、金星、地球、火星、木星、土

星），而在托勒玫天文学中，这件事情是不确定的。利用哥白尼排列的行星次序，再根据观测到的各行星的位置，通过很简单的几何推理，天文学家就可以推算出各个行星到太阳的相对距离和太阳系的相对大小。

对于哥白尼和与他持相同观点的天文学家来说，太阳具有至高无上的地位。**231**在《天体运行论》里有一段经常被引用的话，即使不是太阳崇拜，也有新柏拉图主义神秘哲学的意味。哥白尼写道：

> 在所有的座次中，太阳宝座居于正中。在这座最为金碧辉煌的庙宇里，他难道还会有别的更好的位置能够从那里照亮一切？他确实是宇宙的明灯、心灵和统领；特利斯墨吉斯忒斯尊他为可见之神（Visible God），索福克勒斯的伊莱克特拉（Sophocles' Electra）崇他为无所不见（All-seeing）。因此，太阳在那个位置犹如坐在王座之上，统领着在他周围转圈的那些行星子民……地球亦因太阳才有孕育，一年一生而成为丰产之地。

在哥白尼的日心理论中，地球每天绕自己的轴旋转一周，这就解释了天上所见的一切表观的日运动；地球还每年环绕太阳运行一周，这又解释了太阳在天空中被观察到的周年运动。但哥白尼赋予地球的运动其实不止两种，而是三种，只有了解了哥白尼的"第三种运动"，我们才能够看到他的世界观的本质。简单说来，哥白尼认为，所有的行星并不是在虚空中或者说在自由空间中环绕太阳运行，它们其实是嵌埋在传统天文学所说的一些水晶球里。由此可见，哥白尼的伟大著作《天体运行论》书名中所说的"天体"（Heavenly Spheres），指的并不是地球、火星、金星等行星自身的球体，而是指携带着这些行星运动的那些水晶球！

哥白尼正是在这里遇到了大难题。如果地球是被一个固态的水晶球携带着环绕太阳运行的，那么，地球的南北轴线就不可能始终保持不变的倾角 $23\frac{1}{2}$°而对准北极星，而且，那样一来，也就不会有季节变化。哥白尼为了坚持地球是被它的天**232**球携带着运动这一观点，不得不再假定地球的轴线在作"圆锥"运动，这样，他才能够让地球始终对准天上的同一点，并以此来说明季节变化（见图 11.3）。不仅如此，

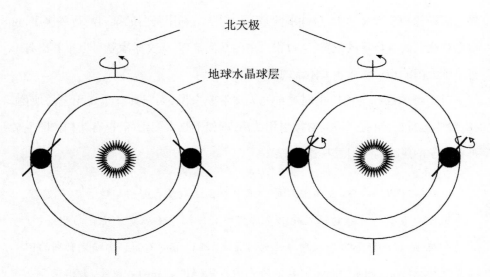

无哥白尼的"第三种"运动　　　　　　　有哥白尼的"第三种"运动

232　图11.3　哥白尼赋予地球的第三种("圆锥")运动。为了解释地球自转轴总是指向同一方向的事实,哥白尼在地球的日运动和年运动之外又加上了一个第三种运动。

哥白尼还让地球的第三种周年运动比地球环绕太阳运行的年运动周期稍微长一点,以此来解释另一种怪现象——二分点的岁差,亦即恒星所在天球以26 000年为一个周期的另一种运动。

当然,同他之前的阿利斯塔克遇到的情形一样,哥白尼也要准备应付来自传统思想对运动地球观念的反对。为此,他把标准的亚里士多德物理学略作修改,用以说明地球为什么会运动。哥白尼提出,圆运动是球的一种本性,因此,地球是在按照其本性旋转的;同时,地球和其他行星一样,因为各自所在的水晶球在按其本性作固有的圆运动,才被携带着环绕太阳运行。物质粒子会自然聚集为球体,所以物体不是向宇宙的中心飞去,而是向下落到地上,那不过是在向着地球中心运动而已。尽管地球同时在作日运动和年运动,地上的物体却不会飞离而去,那是因为地球上的物体都在随它们的大地"母亲"一起参加这两种圆运动。哥白尼在《天体运行论》第一卷头12页(24面)里先描述了他的体系的总体轮廓,不仅把有关问题定性地解释得十分透彻,而且处处给人一种绝妙的美感。

《天体运行论》另外5卷共195页的内容则是全然不同的另一种写作风格。人们可以从中发现数学天文学的一种技术性很强的革新,就像托勒玫的《天文学大成》一样深奥难懂。当然,作这样肤浅的比较是无法讲清楚这两部著作的区别的。哥白尼没有指望他的著作能被普通人看懂,他只是希望其他的专业天文学家能够对他的体系作出判断。实际上,他对他的读者明确写道,"数学是写给数学家看的";此外,在该书扉页的左页还印有柏拉图的名言:"不懂几何学者莫入。"

由于是要写成一本专业天文学的技术专著,《天体运行论》于是就基本上失去了它的美学魅力。正如书中所述,太阳只是处在接近太阳系的中心,而不是正中心。哥白尼虽然抛弃了讨厌的均衡点,然而却仍然拘泥于圆运动。他不得不继续使用本轮和偏心圆那样复杂的数学工具,仅仅是为了能够说明行星在围绕太阳运行时其视运动速度的仍然难以解释的一些不规则变化。这样一分析,说到底,哥白尼天文学由于堆砌了大量的技术细节,其实一点也不比托勒玫体系更精确、更简单。他虽然不必再使用大本轮来把一个一个的圆附着其上,却仍然用到了许多本轮,其数量恐怕比当时托勒玫的体系还要多一些。

哥白尼的天文学仍然留有好些难以解决的技术难题,它们极大地损害了它的说服力。最大的一个问题是恒星视差,正是这同一个问题难倒了古希腊时代的阿利斯塔克和日心说。我们在讨论阿利斯塔克的观点时曾经介绍过,如果地球在围绕太阳运行,那么,恒星就应该改变它们彼此之间的相对位置。然而,天文学家没有观测到这样的恒星视差。

原来,恒星视差是一种非常微妙的现象,在肉眼天文学的时代绝不可能被观测到,事实上,在1838年以前,从未有人真正证明过视差的存在。英国皇家天文学家布雷德利(James Bradley)在1729年发现了恒星的光行差,那已能说明地球存在着周年运动;不过,令人奇怪的是,直到1851年,才有物理学家傅科(J. B. L. Foucault)使用一个非常大的钟摆确凿无疑地证明了地球的周日自转。到18和19世纪时,几乎已经无人还相信托勒玫天文学了,那时的天文学家都普遍相信地球有周日运动,并相信日心说。有了如此确凿的证据,怎么还不足以把当时的科学推进到一种新科学呢?

　　事情很可能是因为哥白尼的学说遇到了与阿利斯塔克同样的障碍,即没有观测到视差。他假定恒星离我们非常遥远,因此视差太小,未能被观测到。然而作这样的假定又引出了其他问题。最难办的是宇宙的尺寸按比例说必须膨胀到大得不可思议,而恒星的大小(按它们的视大小推断)也要大得令人难以置信。托勒玫天文学是把恒星球层确定在20 000倍地球半径的距离,按照哥白尼的体系,则至少要把恒星的距离定在400 000倍地球半径之外,那在16世纪的天文学看来简直是荒诞不经。

　　地球按照日心说应该在运动,可是下落的物体并没有落在靠后的位置,这个事实也在相当大程度上妨碍了人们接受日心说。存在着上述这些障碍及其他一些技术上的困难说明,哥白尼的日心说并没有被当成一种不证自明的理论立即获得成功,当然也没有成为公认完善的天文学体系。它反倒引来了这样那样的非议,其中就有来自宗教方面的抨击,认为日心说似乎与《圣经》中的有关段落相抵触。哥白尼把他的《天体运行论》印上题词献给教皇保罗三世(Paul Ⅲ)或许就是想避开这样的非议。教皇克雷芒七世(Clement Ⅶ)早在16世纪30年代就知道了哥白尼的观点,他并没有表示反对的意思。天主教的天文学家和教士在16世纪的后半叶也没有把哥白尼的假说看成是反对神学的异端邪说。反而是一些著名的新教徒,如马丁·路德和丹麦天文学家第谷·布拉赫(Tycho Brahe),却表示了反对。只是在进入下一个世纪以后,由于伽利略挑起了一场神学争论,宗教人士才终于不能容忍,开始公开反对哥白尼学说。

　　《天体运行论》这本书附有一个并非由哥白尼所写的前言,这或许能够解释哥白尼学说为什么没有立即招来神学方面的激烈反对。一位路德派教士奥塞安德尔(Andreas Osiander)在印制的过程中看到了哥白尼的著作,他凭借自己的地位为它加上了一个没有署名的前言——"致对本书中的假说有兴趣的读者"。奥塞安德尔假哥白尼的语气所写的前言的意思是:书中论述的日心说未必是真实的情形,甚至未必有可能是那样,它只是提供了一种比较方便的有助于天文学家进行更精确计算的数学工具。哥白尼本人认为他的日心说是对物理世界的一种真实描绘,而在奥塞安德尔的前言里,则说哥白尼仅仅是制造了一幅有用的幻景。说来有趣,奥塞安德尔可能就是通过从表面上粉饰这本书的内容,从而为人们接受哥白尼的学说铺平了道路。

哥白尼死后,日心说思想在天文学家中渐渐传播开来。天文学家赖因霍尔德(Erasmus Reinhold)根据哥白尼的原理计算得到一套天文表,即通常所说的《普鲁士星表》,并于1551年发表。那套天文表就代表了从哥白尼著作直接引出的一项实际成果。正是根据这套新的天文表,1582年,权威当局终于实现了历法改革,制订出一套一直沿用至今的格列高利历。[以教皇格列高利十三世(Gregory XIII)的名字命名。格列高利历删除了对逢整数百年的置闰,但能被4整除的整数百年除外。]由于同样的原因,哥白尼的书虽然在1566年和1617年两次重印,仍然只有很少的专业天文学家读到过它。在16世纪后半叶,天文学革命还仅仅处于萌动阶段。那个时代的天文学或者世界观都没有突然一下子改观,哥白尼的革命至多是一场渐进式的革命。

轮到第谷

伟大的丹麦天文学家第谷·布拉赫(1546—1601年)后来也加入到了哥白尼不声不响发起的革命中来。第谷是一位贵族,桀骜不驯,目空一切,从16世纪70年代中期到90年代中期的20年间,他独自一人控制着丹麦的汶岛,那是丹麦国王腓特烈二世(Frederick II)赐给他的封地,连同岛上的村庄、农场和农民都归他所有。他在那里建造了两座豪华的大天文台,设备精良。一座叫乌拉尼堡(Uraniborg),即天堡;另一座叫斯特杰那堡(Stjerneborg),也就是星堡。两者合在一起,构成了一座当时最为宏大的科学城。第谷在那里还建有自己的印刷所、造纸作坊、藏书室和好几个金丹术实验室。作为一位活跃的金丹术士和占星家,他用占星术为他的赞助人和朋友算命,还向他们赠送金丹术药品。第谷在一次决斗中破相,失去了半边鼻子,装有一只非常显眼的假鼻。这位天堡的贵族随时带着逗乐的小丑和宠物,还经

235　图11.4　第谷和他的墙象限仪。16世纪的丹麦天文学家第谷和他的助手们之所以能够积累起大量非常精确的肉眼天文观测资料,是因为他们使用了一些大型仪器,如此图中画出的墙象限仪就是其中之一。在这幅著名版画中还可以看到第谷建造的其他研究设施,包括一个金丹术实验室。当时没有一所大学或者大学教授职位能够承担得起第谷从事的这些活动的费用。第谷依靠的是丹麦王室的巨额资助。

常有一批甘心当他助手的名流围着,因此一看就像是一位装模作样的新派法术师。第谷与继任的丹麦国王不合,于1597年离开丹麦接受了一个宫廷职位,在布拉格担任神圣罗马帝国皇帝鲁道夫二世(Rudolph Ⅱ)的御前数学家。开普勒说第谷死于膀胱破裂:有一次他在宴会桌上喝得太多,但又不好意思离席去方便一下。

第谷当然不会只有怪僻,他还是一位老练的天文学家,他知道自己的科学缺什么。在他科学生涯的早期,他确信完美的天文学有赖于对天空进行精确而持续的观测,就决心一生都要从事那样的观测工作。为此,他制造了许多刻度精细的供肉眼观测用的大型仪器,如墙象限仪和浑仪,在天堡和星堡总共大约有20架大型仪器。第谷的这种"大科学"搞法花费很大,他从政府得到的资助总共达到了王室岁入的大约1%。他还经常向人夸耀说,他的许多仪器单独一件的费用就比收入最高的大学教授一年的薪金还多。(同哥白尼一样,第谷的科学活动是在大学外进行的。)他的这些昂贵的大型仪器都有房屋遮蔽,不会受到风吹雨打,温度变化很小,固有误差得到精心测试和校正,而且还对大气折射进行了修正,第谷利用它们取得了从未有过的最精确的肉眼观测结果,精确度在某些情形甚至达到了5—10弧秒,常常能达到1—2弧分,而所有的观测都能达到4弧分。(1弧分是1°的1/60, 1弧秒是1弧分的1/60;360°正好对应一个圆。)这样小的误差,表明其精度已经比古代天文观测的精度高出一倍,即使与后一个世纪有了望远镜以后的观测相比也毫不逊色。而且,第谷的观测数据让人称道之处不仅在于其精确性,还在于观测的系统性。第谷和他的助手们进行的是系统化的观测,一夜又一夜地坚持许多年连续不漏地积累起大量的观测资料。

第谷观测到的两个天文事件可以进一步说明他的天文学的特点。一个事件发生在1572年11月11日夜,第谷在离开他的金丹术实验室时,注意到在仙后座里出现了一颗"新星"。现在的术语新星或超新星(意即爆发星)就源自他关于这颗"斯特拉新星"(stella nova)的记录。这颗新星闪耀了3个月。第谷通过严格测定它的视差,证明那不是一种发生在地球大气层内的现象,其位置也不在月亮以下的区域,而是在土星天球层之外。换句话说,那颗"新星"真的是一颗新的星星,尽管出现不久它又消失了。就这样,第谷以那项观测证明了天上也是变化不定的,从而向当时被广泛接受的西方宇宙论中最关键的一个信条提出了严重挑战。

237　　　第谷在1577年观测到彗星,同样也证明那个现象直接违背了传统的天文学理论。同样是通过观测视差,第谷不仅证明了那颗彗星是在月亮上方运动的,而且还指出,它很可能还穿过了原来理论认为是携带着行星的那些水晶球层。换句话说,那些水晶天球现在被证明并不存在。至迟从公元前4世纪以来就一直支撑着西方宇宙论和天体动力学的那根支柱,就这样轰然坍塌了。于是,自第谷之后,天上剩下球的便只有人们所观测到的那些球体,即太阳、月亮、地球和其他行星。

　　　第谷的工作虽然对当时人们普遍接受的教条提出了挑战,然而他却根据他坚实的经验论据坚决反对哥白尼和日心说。他的经验论据最主要有两条:一条是没有观测到恒星视差;另一条是,根据他的计算结果,如果日心体系是正确的,那么,不动的恒星就应该位于离中心遥远到不可思议的距离,即为地球半径的 7 850 000 倍。日心体系中地球的周日运动在第谷看来也十分荒谬。他为此提出的反对地球自转说的新论据显然受到了军事革命的启发,他论证道:倘若地球在自转,那么,大炮向西(地平线升起)开炮就应该比向东(地平线下沉)开炮发射得更远,而这完全不符合事实。就这样,第谷本来也是一位新教徒,却站在了宗教方面来反对日心体系。

　　　针对托勒玫天文学和哥白尼天文学都遇到的那些重大困难,第谷于1588年提出了自己的体系。在第谷提出的地心体系中,地球仍然静止位于宇宙的中心,各个行星都环绕太阳运行,而太阳则环绕地球运行。他的这个体系有几个优点:不用本轮就成功地说明了行星的留和逆行,排除了运动地球导致的荒谬,保持了宇宙的传统大小,抛弃了水晶天球,而且该体系在数学上与其他体系一样严密。除了让地球保持不动以外,第谷的体系与哥白尼的体系效果一样,却没有哥白尼体系的那些缺点。第谷的这个体系虽然保守,却代表了好的科学。不过,这样一来,到16世纪时就同时存在着3种互相竞争的体系和研究思路——托勒玫、哥白尼和第谷;天文学就要爆发一场危机了。

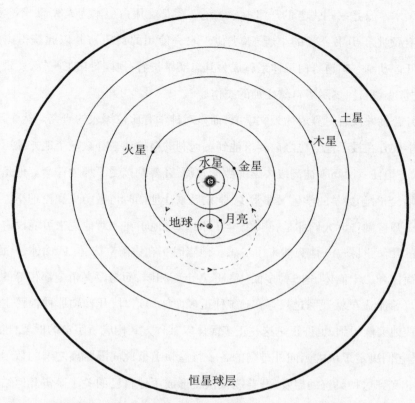

图11.5 第谷体系。 在第谷 1588 年提出的宇宙模型中，地球位于宇宙的中心保持不动。太阳围绕地球旋转，而其他行星又围绕太阳旋转。第谷体系是一种好科学，它解决了当时天文学面临的许多难题，但却没有被广泛接受。

238

天体音乐

人们常常以为用科学发现的内在逻辑就足以说明科学的变化，开普勒（1571—1630年）的例子却并非如此。开普勒在学术生涯的早期非常着迷于占星术和数字神秘主义，可是，恰好是他对这方面的着迷激励着他工作，并铸成了他的科学成就，改变了科学革命的进程。开普勒出身穷困，家庭环境也不正常。父亲是一名职业军人，长年在外；母亲后来练巫术，一心想当女巫。他先上的是路德教派的学校，后进入蒂宾根大学，学习优异，总能拿到奖学金。开普勒视力不好，身体还有别的许多毛病，他把自己比作一只长疥癣的狗。虽然他也鄙夷占星术的某些做法，但却认

238

为占星术本身是一门古老的严肃科学。他一生都在用占星术为人算命,不停地编写列有预兆和历书一类的小册子(类似于农夫使用的黄历),并以此获得固定收入。开普勒刚一知道哥白尼体系就成为其忠实维护者,他同哥白尼一样,发现日心体系"赏心悦目",揭示了自然之神的杰作。

开普勒并没有打算成为天文学家,而是对神学有比较深入的研究。然而,蒂宾根大学校方在授予他学位之前要求他到奥地利的格拉茨去补缺一个地方编历官的职位,并担任一所新教徒高级中学的数学教师,开普勒接受了那项任命。他是一位穷教师,当时学数学的学生又非常少,学校后来让他同时再教历史和伦理学。有一天——开普勒告诉人们那是在1595年7月19日,他正在上对他说来可能没有什么意思的几何学课——他突然来了灵感。他当时正在讲解立方体、四面体、八面体、十二面体和二十面体,这5种多面体都是各个面相同、面与面夹角全都相等的正多面体。(希腊人早就证明过只存在这5种正多面体。)这时,开普勒那种神秘主义的气质使他突然想到,也许正是这些正多面体以某种方式构成了宇宙的框架,也就是说,是它们决定了从太阳向外排列的各个行星轨道彼此间隔距离之间的数学比例关系。受到这种灵感的启发,开普勒很快就形成了他自己的关于宇宙几何结构的思想,并写成一本书叫《宇宙的神秘》(*Mysterium cosmographicum*),于1596年出版。自《天体运行论》在半个多世纪以前问世以来,开普勒的《宇宙的神秘》还是公开出版的第一本持哥白尼观点的著作。书中的思想来自课堂上的灵感,这也是违反在教室里不会获得什么重大科学发现那条历史规则的少数例外之一。

开普勒受到心灵的驱使,要发现神灵为宇宙安排的数学和谐,然而,他的肉体却因为他拒绝皈依天主教教义而于1600年被天主教反改革势力赶出了格拉茨。他设法前往布拉格寻找机会,在第谷死去的前两年担任第谷的助手。那位老资格的丹麦贵族把一大堆关于火星的观测资料交给看起来显得有些猥琐的年轻的开普勒,吩咐他把那些非常精确的观测数据整理出来以证实他第谷的理论。整理火星的数据可以说非常凑巧,因为火星的轨道在所有的行星中是最扁的,也就是说最不圆,偏离中心最远。开普勒接过这项困难的任务后却故意作

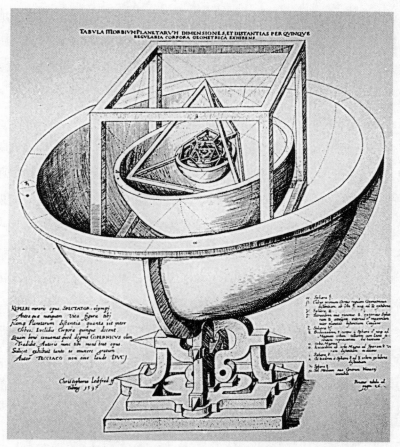

图11.6 **宇宙的神秘**。在《宇宙的神秘》中，开普勒设想可以通过把已知的6颗行星的轨道安置在5种正多面体之内或者周围，来说明轨道之间的间隔距离。

239

对，反而按照哥白尼的理论和他自己的天体运动应该和谐的直觉去设法"拯救"火星。那真是一项令人感叹的艰难的智识攻坚，开普勒为了解决那个难题整整埋头苦干了6个年头，留下来大约900页计算手稿，这足以说明那是怎样一件费力耗神的工作，而且要知道，他的那些曲线拟合工作全都是在没有机械计算器或电子计算器的帮助下完成的。在开普勒所发表的著作的行文中，读者能够看到他曲曲折折的艰辛研究过程。他曾经得到一个结果，为火星建立起一个圆模型，与观测数据相差不到8弧分，这已经是一个非常了不起的成果了，可是他知道第谷得到的数据更好,仅相差4弧分,于是他毫不犹豫地抛弃了自己的成果。他发现他的计算发生了错误,而在修改时又出现了错误。他得到了"正确"答案,后来又发现不对。终于,开普勒意识到似乎隐藏着一个关于角度的正割的数学关系,心中为之一亮。"我仿佛从昏睡中突然清醒,看到一缕新的曙光把我全身照亮。"他如此写道。的确,他醒来时看到了一个新世界。

开普勒得到的结论是:各行星围绕太阳运行的轨道并不是正圆,而是椭圆。这一发现当然是一个令人震惊的划时代事件。要知道,以圆为基础的那种物理学和形而上学支配了天体运动长达近2000年,至少自柏拉图以后就一直是人们未曾动摇过的一种宇宙观。在他于1609年出版的《新天文学》(Astronomia Nova)中,开普勒阐述了他那著名的行星运动三定律中的前两条定律:(1)各行星的轨道都是椭圆,太阳位于这些椭圆的一个焦点上;(2)每颗行星在相等的时间里其轨道半径所扫过的面积相等,这相当于一条关于行星运动速度的定律。开普勒的第二条定律同样也引起了很大震动,因为它表明行星的运动并不是**匀速**一致的。后来人们才知道,开普勒是先发现第二定律,后发现第一定律,而且他自己并没有特别看重他的那两条定律。尽管如此,现在行星是在按照开普勒所描述的那样运动,而太阳也无可争辩地位于中心位置,开普勒的《新天文学》确实是一种名副其实的"新天文学"。

开普勒留在布拉格担任鲁道夫二世的御前数学家,一直到后者于1612年逊位。那以后,他在奥地利的林茨任地方数学家,直到1626年,然后他又前往乌尔姆和萨干。在他生命的最后几年,那场"三十年战争"的灾难席卷整个德国,不止一次地威胁到他的生命。开普勒还写过一本《哥白尼天文学概要》(Epitome of Copernican Astronomy,1618—1621年),在那本书中,他没有完全拘泥于哥白尼的理论,而是以自己的椭圆概念描述了太阳系,同时还给出了一套《鲁道夫星表》。《鲁道夫星表》是一组新的天文表,精确度非常高,是开普勒根据第谷的观测资料和哥白尼—开普勒日心说编制的。

1619年,开普勒发表了《宇宙谐和论》(Harmonice mundi)。这部著作是他继出

版《宇宙的神秘》以后达到的又一个高峰,体现了他对于深藏在宇宙结构之下的那 **241**
种数学秩序的深思熟虑和研究成果。在《宇宙谐和论》中,开普勒推算出了各种各
样的占星术关联、各个行星与各种金属之间的对应关系和那些天球之音乐——开
普勒相信,各个行星在它们的运行过程中会发出听不见的音调——以及诸如此类
的联系。正是在这部著作中潜藏着开普勒第三定律:一颗行星围绕太阳运行一周
所需要的时间的平方与它轨道的平均半径的立方成正比,即 $t^2 \propto r^3$。在当时看来,
那不过是一条奇怪的经验定律。

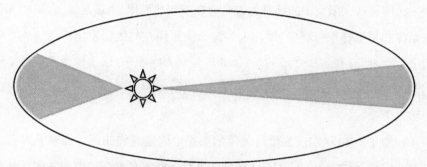

图11.7　开普勒的行星椭圆运动。开普勒根据第谷的观测数据突破了天体作圆运动的古老 **241**
观念。他用后来被称为开普勒三定律的理论来重新表述行星的运动:(1)行星围绕太阳运行
的轨道是椭圆,太阳位于椭圆的一个焦点上;(2)行星在相同的时间里扫过相等的面积;(3)
行星沿它的轨道运行一周所花时间的平方与该行星到太阳的平均距离的立方成正比,即
$t^2 \propto r^3$。开普勒得到这些结果完全是基于天文学观测和几何学模型,并没有对行星如此运
动的原因提供可信的物理解释。

　　开普勒以前的天文学家和物理学家,包括其中极少数持日心说观点的人,谈到
天体的运动时,接受的全都是一种传统的动力学:行星作匀速圆周运动,运动的原
因或说来自行星天生的本性,或说是被水晶球壳层所带动。开普勒既然说行星不
是作匀速圆周运动,那么,他就必须要提供一种动力学,用以说明行星为什么会在
空间作如他所描绘的那种运动。开普勒很清楚自己要面对这样的难题,所以他为
1609年出版的《新天文学》一书加了一个副标题,即《新天文学:及其起因即天体物
理学》(*The New Astronomy, Based on Causes, or Celestial Physics*)。一开始,开普勒
就相信太阳具有一种致动魂灵(anima motrix),即一种类似于圣灵那样的原动灵魂

或者幽灵,正是它推动行星沿着各自的路线移动。在后来比较成熟的表述中,他放弃了起初的活灵魂概念,代之以一种不怎么像活物的原动力(vis motrix),一种源于磁性的作用力。开普勒的后一种想法,是受到吉尔伯特(William Gilbert)于1600年出版的一本很有影响的著作《论磁体》(De Magnete)的启发,那本书证明了地球就是一块巨大的磁体。开普勒由此想到,当太阳磁体和地球磁体交替着吸引和排斥行星时,行星就会偏离圆周运动。开普勒的天体物理学提供了一种似乎可以相信的对于行星运动的解释,但是并不圆满,仍留下了不少说明不了的难题。例如,开普勒无法解释从太阳发出的那种力怎么会在横向起作用,也就是说,太阳的那种力应该是像扫帚那样把行星向外"扫走",怎么会作用在与太阳发出的力线成直角的方向上。此外,有些自相矛盾的是,他处理起动力问题来,远非像他确定行星轨道时用到的数学那样严格和严密。自开普勒以后,就留下了这个尚未解决的天体运动的动力学难题。

242　　　开普勒于1630年在前去催讨欠债的旅途中因发高烧病逝。开普勒对科学革命有着非常卓越的贡献,不过还没有把科学革命推向高潮。我们今天要从开普勒的著作里寻找开普勒三定律是件极其容易的事情,因为我们已经知道了三定律在历史上发挥的作用和它们对于后来科学发展的价值,可是与他同时代的人却未曾做到,也不可能做到。真正读过开普勒著作的天文学家极其有限,总而言之,开普勒并没有完成科学的转轨。事实上,即使在那些知道开普勒工作的科学家中间,大多数人,甚至包括同时代大名鼎鼎的伽利略,都不同意他的观点。开普勒被人看成是一个有偏执狂的怪人,他获得的名声不过是一位有点癫狂的过世的大天文学家。

第十二章
伽利略的罪与罚

    伽利略(1564—1642年)是科学革命过程中以及近代科学史上的一位关键性人物,这种看法是逐渐明确起来的。他在科学史上享有崇高的声望和极其重要的地位,那是由许多因素决定的,尤其是他本人所取得的杰出科学成就。他改进了望远镜,作出过许多天文学发现,并对运动和自由落体进行过深入的研究,这些成就使他成为享有国际盛誉的著名科学家,并在科学纪年表上永远占有重要位置。伽利略是文艺复兴时期的科学家,他一生的经历也同样令人瞩目,反映了科学的社会属性在16和17世纪所发生的深刻变化。天主教宗教裁判所凭借强权对他进行的永远受人诅咒的审判并强迫他放弃哥白尼的日心说,已经构成信仰和理性之间关系史上最丑恶的一章,它使人们逐渐认识到思想自由的重大价值。

伽利略、宫廷和望远镜

    伽利略的生活和事业可以明确地划分为几个阶段。他生于比萨,成长在佛罗伦萨,而他一生中总是说自己是托斯卡纳人。他的父亲在美第奇宫廷供职,担任专职乐师。伽利略在比萨上的大学,学的是医学,私下里却在研习数学,最后他的父亲只得同意儿子改学未来职业的社会地位不怎么高的数学。他做过短期的学徒,后来通过一些社会关系于1589年,也就是在他25岁时,在比萨大学争取到受聘一学期的教职。

    在这一阶段,伽利略循规蹈矩,按照大学里所沿袭的中世纪的数学和自然哲学传统教书。他在比萨工作勤勉认真,担任了3年的大学数学教授。此后,也是通过关系,伽利略于1592年转到威尼斯共和国的帕多瓦大学任教。在那里他不得不忍

244 受地位低下的状况。他任数学教授,而薪酬仅为神学教授的1/8。他在大学期间郁郁不乐,每日照例上各种各样的课程,包括天文学、数学、防御工程学和测量学。终于,他发现教书这一行妨碍了他从事研究工作的志向。"那简直是累赘,对我的工作毫无益处。"伽利略写道。为了实现自己的抱负,他开始收费为外国学生提供膳食,又招收学生进行私人教学。他还雇来一名工匠制造他发明的"几何和军用罗盘",出售给工程师和建筑师使用。他在帕多瓦长期供养着一个情妇,名叫玛丽娜·甘巴(Marina Gamba),并与她生了3个孩子。伽利略是个非常称职的父亲。他满头红发,易发脾气,善于辞令,具有在辩论中嘲弄对手的辩才,而且好饮酒。总之,在伽利略偶然发现望远镜之前,或者说得更准确些,在望远镜有幸遇到他之前,他的工作非常辛苦,收入也少,日子过得不怎么愉快,只不过是一所二流大学里的一名普通教授。他在1609年时已经45岁,就在那一年,他一下子出了名,而且是名留史册。

1608年,一位名叫汉斯·里佩(Hans Lipperhey)的荷兰人在荷兰发明了望远镜。住在帕多瓦的伽利略得知了这件事,他当然不用费太大劲就搞清楚了那种"玩具"望远镜的原理,而且自己也动手做了一个。他选择了威尼斯的玻璃来磨制自己的透镜。起初他制成的是一具8倍的望远镜,而后又对其进行了改进,制出了放大倍数为20和30倍的望远镜。伽利略出了名,就是因为他把自己改进的望远镜大胆地指向了天空,去搜寻那想象中的天上世界。1610年,他急急忙忙把自己写成的有40页的小册子《星空信使》(Sidereus nuncius)赶印出来,而且出于狡兔三窟的天性,把它题献给托斯卡纳大公科西莫二世·德·美第奇(Cosimo II de'Medici)。在《星空信使》中,伽利略宣称存在着许许多多以前从未有人看见过的星辰,正是它们构成了天上那条银河。他还指出,月亮远非完美的球体,那上面崎岖不平,有山脉,有火山口,有峡谷,很可能还有大气(见图12.1)。最令人惊奇的是,伽利略发现有4颗卫星在环绕着木星旋转。发现了前所未知的木星的卫星,表明在地球或者太阳之外还存在着其他的中心,它们的周围也可以有天体围绕着运行。伽利略当然明白那4颗卫星的重要性以及对他以后能够出人头地的意义,于是讨好地把木星的4颗卫星命名为美第奇星。

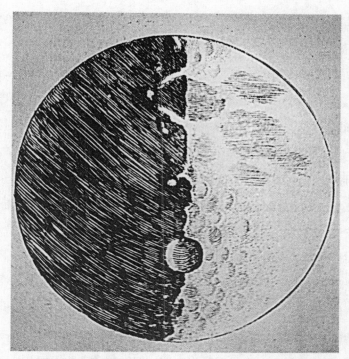

图12.1　伽利略的《星空信使》。在那本于1610年出版的著名的小册子里,伽利略把他用望远镜观测得到的结果绘成插图。他指出,同以前的教条相反,月亮并不是完全光滑的,那上面有山脉。

245

利用望远镜得出的首批发现,并不仅仅只是把望远镜对准了天空,以及伽利略所发表的他当时就立即看到的那些事物。我们绝不要小看了起初使用望远镜时所惹出的麻烦,例如,应该如何解释在望远镜里所看见的景象,如何去理解新发现的天文实体,该不该把望远镜当作一种合理的天文学工具,这些问题最初都曾引起过很大争议。要知道,伽利略声称"看见了"月球上的山脉,那只是他对连续几个星期所观察到的那些变化的阴影所作出的解释;他声称"看见了"木星的4颗卫星,也是因为他在长时间的仔细观察中发现它们的位置发生了变化。不过,没过多久,人们就不再怀疑伽利略的非凡发现了,这时人们该争议的是真实的世界体系究竟如何。

伽利略这时巧妙地利用他刚刚获得的国际声誉,设法把他的事业从帕多瓦大

245

学转回到家乡托斯卡纳,在佛罗伦萨的美第奇宫廷谋得了一个首席数学家兼哲学家的职位(报酬不菲)。他以前早就一直在竭力巴结美第奇家族,曾经一连好几个夏天单独为储君(即后来的大公科西莫二世)一人辅导。在那样一个位置上,受惠者和施惠者之间原来存在的距离就一下子缩小了。伽利略把望远镜赠送给威尼斯参议院,回报是薪酬的增加,并成为帕多瓦大学的终身教授。不过,伽利略还是下了决心离开威尼斯去佛罗伦萨接受那个宫廷职位。他非常需要那个更加显赫的地位,而且在那里他无须为大学生们上课,可以有时间从事自己喜爱的工作。美第奇宫廷方面自然也乐于如此,因为这不仅可以为在天上又添一颗以本家族姓氏命名的星星而炫耀,而且能为收下一位有工程技术天才名声的人而有所收益。伽利略的哲学家头衔抬高了他的地位,使其可以与他的教授对手们平起平坐。从帕多瓦

246   转向佛罗伦萨宫廷以后,他便能够以一位科学廷臣自居。

　　伽利略的科学生涯使我们看到了在跨入17世纪之际所出现的一种科学组织和科学活动的新型模式。伽利略作为一位文艺复兴时期的科学家,出现得虽然要迟一些,却是科学领域里与艺术界的米开朗琪罗对等的人物。同其他文艺复兴时期的大师一样,伽利略·伽利雷(Galileo Galilei)最广为人知的是他的名字而非姓氏。他离开传统的大学生活,正好说明这种新型的"文艺复兴"科学模式与他的先辈们基于大学的那种中世纪模式是多么的不同。当那些固守亚里士多德教条的反对者在智识和组织上仍然以大学为依托时,伽利略已经为自己的科学在公众当中、在宫廷里找到了更大的活动空间。

　　在科学革命中,大学不是适应变化的活跃场所,文艺复兴时期的宫廷和宫廷生活倒是为科学提供了十分重要的新的发展机会。在这里,我们需要把宫廷本身和功能完备的政府区分开来。宫廷是统治者及其属臣处理政务的地方,而政府后来则发展出比较正式的官办科学机构,宫廷对于官办科学机构的形成只起到了部分作用。一整套支持科学的制度的出现,尤其是在文艺复兴时期意大利的宫廷,提供了一种社会支持科学的新型途径,具有深远的历史意义。美第奇宫廷的支持促成了伽利略的事业,造就了他的科学。神圣罗马帝国皇帝鲁道夫二世的慷慨资助则

在布拉格先支持了第谷,后又支持了开普勒,两人都担任过他的御前数学家。欧洲当时的各国宫廷里供养着各种各样的人才,如艺术家、内科医师、外科医师、金丹术士、天文学家、占星家、数学家、工程师、建筑师、设计师、测量师和绘图师等。由宫廷来供养着这么一些人并支持他们各自的爱好,统治者当然是为了他们自己的统治,主要动机是希望得到有实用价值的成果。不过,文艺复兴时期对科学的财政支持已经形成为一种社会和文化惯例,其内容就不止是资助人"购买"有用的服务而已。这种内涵更丰富的交换关系,在盛行于贵族文化环境和需要在"受惠人"与捐资人之间分出等级的那样一种资助制度中也占有一小部分分量。例如,资助人支持有名望的受资助人,自己也觉得光彩,还能够获得更好的名声。资助人还会挑起争端,如伽利略卷入的几次争端就是缘自宫廷。作为一种社会性的惯例做法,宫廷资助制度使科学和科学家在17世纪得到了社会的公认,也有助于肯定两者的社会作用。从伽利略的科学活动所体现出来的那种文艺复兴时期的宫廷资助和宫廷科学模式,并没有随17世纪的结束而消失,而是延续到了18世纪。甚至连牛顿都卷入过一场是非之争(不限于他所在的时代),就因为他当过随侍汉诺威女王卡罗琳(Caroline)的廷臣。

除了宫廷,文艺复兴时期还有许许多多的科学研究会,它们也属于新型的科学机构。这类团体是在15世纪出现的,是当时古典文化运动和印刷术得到普及以后出现的一种产物。在此后的3个世纪中,在全欧洲,各式各样的文学艺术协会如雨后春笋般纷纷涌现,数目成百上千,凡是有知识分子聚集的地方就有那样的团体。业余爱好者之所以要搞私人沙龙,搞非正式的协会,当然不只是为了与大学里的亚里士多德传统唱对台戏,也因为大学能够提供的职位实在太少。那些文艺复兴式的研究会一般都有自己的正式章程,不过通常并没有从官方领取国家颁发的许可证。研究会的资助人常常会起到关键性作用。事实证明,许多文艺复兴时期的研究会,就因为得不到资助人的鼎力支持而未能维持长久。

文艺复兴时期的科学研究会,在古典文化运动促进文化团体建立的潮流中出现得较迟。比较早的两个反哥白尼的研究会,分别于1550年和1560年成立,名称

247

都是不运动研究会(Accademia degli Immobili),这可能就是明确规定自己的活动内容是科学和自然哲学的最早的研究会。那不勒斯是当时的一个搞神秘学问的中心。当地的一位法术师波尔塔(Giambattista Della Porta,1535—1615年)于16世纪60年代在那不勒斯组织起一个早期的实验学会,叫做"自然奥秘研究会"(Academia Secretorum Naturae 或 Accademia dei Secreti)。波尔塔于1558年出版、1589年再版的一部充满神奇怪异的著作《自然法术》(*Magia naturalis*),可能就反映了波尔塔研究会的兴趣和活动方向。(那部著作影响很大,在16和17世纪总共出现过50多种原文版本和译文版本。)波尔塔因为搞法术受到宗教裁判所的调查而被迫解散了他的研究会,然而他的学问名气却很大,得到过许多宫廷的资助。

接下来明确自己是搞科学的文艺复兴时期的研究会,要算山猫眼研究会(Accademia dei Lincei,1603—1630年)。山猫眼研究会于1603年出现在罗马,资助人是罗马贵族切西(Federico Cesi)。波尔塔就是这个研究会的早期成员;不过,1610年以后,山猫眼研究会在切西的主持下转向了伽利略比较开放的研究科学的方法和程序。伽利略在1611年那次英雄式的罗马之旅中,作为访问活动的组成部分,他也成为这个研究会的正式成员。他后来十分看重这个身份,总是自豪地把山猫眼研究会会员的头衔印在自己的书上。另一方面,切西和山猫眼研究会也出版了伽利略的许多著作,其中就包括他的《关于太阳黑子的书信》(*Letters on Sunspots*,1613年)和《试金者》(*Assayer*,1623年)。山猫眼研究会是除大学之外坚决支持伽利略的一个重要组织机构,伽利略依靠它树立起自己作为文艺复兴廷臣和科学家的威望。不幸的是,切西在1630年早逝,山猫眼研究会随即散伙。当伽利略于1633年遭受审判时,他失去了本来会有的重要支持。经过长期演变,以伽利略的科学活动为代表的那种文艺复兴式的社会资助科学的模式,最终还是让位于一种以国家为中心的资助模式,一种集中在国家科学院里进行科学研究的模式。在那以前,特别是在意大利,文艺复兴时期的宫廷的确为科学家们提供过可以安居乐业的颇为舒适的家园。

伽利略、哥白尼和教会

　　伽利略一直是一个容易招惹是非的人物,他从大学转移到宫廷不久,就卷入了与在佛罗伦萨的对手的争执之中。在他身上发生的争论,许多都同他的望远镜和他用望远镜看到的东西有关;他也与信奉亚里士多德理论的对手们就悬浮物体的物理学展开过激烈辩论。在这些争论中,大学的研究院是伽利略的主要对手,而争论的各项都跟科学和亚里士多德自然哲学有关。用望远镜得出的那些发现立即使哥白尼日心说问题突出起来,同时马上也招来了神学方面的反对;这次伽利略面对的是一类全新的敌人——神学家。在1611年,伽利略的名字就列入了宗教裁判所的黑名单。1614年,已经有一些多明我会修道士在讲道时公开攻击伽利略。1615年,更有一些狂热分子积极地向宗教裁判所举报他。宗教裁判所方面接到这些首批控告后并没有立即采取行动,但是已经为他立了一个案卷。事实上,在伽利略于1633年受审和被判有罪之前,他在某种意义上已经成为了宗教裁判所的一名案犯。

　　当伽利略这位明星开始在美第奇宫廷发出更加耀眼的光芒时,他已经在以极大的热情到处宣扬哥白尼的日心说了。伽利略早在《星空信使》里就已经预告,他将在以后论述世界体系的书中"证明地球是一个漂泊的天体"。在随后于1613年出版的《关于太阳黑子的书信》中,他则公布了更多用望远镜发现的新奇事物,如在太阳表面或接近表面的地方有黑子,金星的形状在它沿其轨道运动的过程中会发生变化,以及新发现的关于土星的一些奇怪现象。发现太阳有黑子引来的争议最大,那是对传统的太阳完美无瑕观念的直接挑战。伽利略随后不久就把金星的位相变化用作否定托勒玫体系的决定性证据。在《关于太阳黑子的书信》这本书中,伽利略正式断言,他的观测已经"证实了"哥白尼的《天体运行论》。1613年下半年,在美第奇宫廷的晚宴席上曾经发生过一场激烈的争论,话题是关于哥白尼学说的宗教含义,以及它与《圣经》字面解释的明显矛盾。正是那场争论导致伽利略给他的资助人的母亲写了一封谦恭有礼但却颇具煽动性的信——"致大公夫人克里斯蒂娜的信",内容是"关于如何使用《圣经》中涉及科学问题的引文"(1615年)。他在这封信里持有的立场是:信仰和理性不该对立,因为《圣经》是上帝的话,而自然是上帝的造物。但是,在好像出现了对立的场合,就所讨论的关于自然的问题而言,科学要代替神学,因为——伽利略这样认为——《圣经》是写来给普通大众阅读的,能够作不同的解释,而自然就是一个已然的实体,无法更改。在伽利略看来,如果科学家揭示出自然的某些真实情形似乎与《圣经》中可以找到的词句相冲突,那么,神学家就应该以此来重新诠释《圣经》文字的意思。(这基本上就是今天天主教会的立场。)伽利略的这种主张,即科学和人对自然的研究应该在传统神学之上,是认识上的一次飞跃,完全否定了科学是神学的婢女这种中世纪科学的作用。可以预料,这必然会招来神学家的仇恨。最让人受不了的,还有他那趾高气扬的态度,目中无人地叫神学家们管好自己的事。

伽利略积极地捍卫哥白尼学说,并发起了一场颇有声势的运动,想劝说教会当局接受哥白尼的日心说而放弃亚里士多德—托勒玫的世界观,然而正是靠了后者,宗教思想和科学思想长期以来才一直结合得很好。伽利略的这种立场在1616年就证明毫无用处,那一年,宗教裁判所裁定哥白尼学说是错误的,正式把它确定为异端邪说;天主教会负责编制禁书目录的红衣主教会议也把哥白尼的《天体运行论》列为教会禁书。担任宗教裁判所红衣主教的贝拉尔明(Robert Bellarmine, 1542—1621年)是一位年长的教义卫道者,他曾经写道,他十分理解(根据奥塞安德尔所写的前言)哥白尼提出的日心说原本是为了方便天文学计算而虚构出来的一种数学工具。他又说,因为上帝以其全能可以让天体按照1000种方式中他所喜欢的任何一种方式运动,所以,把人的理性置于神性和意思明确的《圣经》之上,这都不是什么危险,然而,那是指不存在明显想要证明《圣经》中有错误内容的情况。

表面上,伽利略设法成功地没有使他的名字也出现在1616年那份谴责哥白尼学说的公告上,而且,贝拉尔明和宗教裁判所还对他表示了一定的尊重,预先向他通报了决定的内容。实际上,在1616年2月26日伽利略同贝拉尔明会晤之时,宗教裁判所早已经准备好几种内容不同的公告文本,只待根据会晤的结果来决定到底散发哪一种文本。他们还私下设计了几种可以采取的方案(包括拘留伽利略),如果伽利略拒绝接受教会要求他不再坚持或支持哥白尼学说的决定,那么就要采取行动。事情很明显，伽利略除了默认，别无他法。然而，事情并未就此了结，伽利略仍在受到纠缠。就在1616年或者稍晚些时候，人们在宗教裁判所的档案中发现了一份不规范的也可能是伪造的公文，表明那是已经送达伽利略的一份人身限制令，命令他"不得以口头或书面等任何方式坚持、讲授或支持（哥白尼学说）"。在伽利略那里，他于1616年晚些时候拿到了贝拉尔明开具的一张证明，证明向他确认，他仅仅是不可以"坚持或支持"哥白尼学说，是否"讲授"那种有争议的学说，由他自己决定，只要他不是真正坚持或支持它即可。

伽利略在1616年失败了，但是日子还得过下去。他那时已经年过五十，仍然名声在外，仍然是美第奇的红人。哥白尼学说成了禁区，但其他一些科学课题又引起了他的兴趣，从而再次引发出其他的争论。1618年，因为那一年观测到3颗彗星而爆发的一场争论，又把伽利略卷入到一场艰难的智识斗争中去，这一次的对手是实力强大的耶稣会会士格拉西（Orazio Grassi）。两人之间散发小册子的宣传战在伽利略的《试金者》于1623年出版时达到了高潮，有时人们也将这本书视为伽利略为新科学发表的宣言。《试金者》出版的时机看来正合适，因为1623年老教皇格列高利十五世（Gregory XV）逝世，选出的新教皇乌尔班八世（Urban Ⅷ）加冕。新教皇原名马费奥·巴尔贝里尼（Maffeo Barberini），佛罗伦萨人，是与伽利略相交多年的朋友。对于伽利略来说，前景似乎不错，《试金者》正好可以成为在罗马上层找到庇护的一块敲门砖。山猫眼研究会在出版《试金者》时加上了一大段颂扬乌尔班的献词。新教皇在用餐时让人读给他听，听后十分高兴。教皇投桃报李，在伽利略于1624年到罗马作6星期短暂逗留期间邀请伽利略到梵蒂冈花园与他一起散步，亲切交谈。在那种融洽气氛下，伽利略显然请求过教皇允许他重新研究哥白尼日心说。然而，对于下一步的工作，乌尔班却要伽利略不偏不倚地看待托勒玫和哥白尼两个体系，而且强调，上帝能够以无数种方式推动天体运动，不管它们看起来是什么样子，因此，人类无法探究出观察到的现象的真实原因。谈话甚至还涉及伽利略正在酝酿的一本书的书名。伽利略原打算将其取名为《论潮汐》（*On the Tides*），以突出他的理论，即是地球的运动引起了潮汐，反过来，潮汐则证实了地球在运动。

250

乌尔班则建议了正式出版时所采用的流传至今的那个书名——《关于两大世界体系的对话》(*Dialogue on the Two Chief World Systems*),这个书名意味着对待两个行星理论持有的是一种不偏不倚的立场。

在那次谈话后过了8年,伽利略的《关于两大世界体系的对话》才在1632年得以出版。伽利略在写这本书时已经年过六十,而且大部分时间都在生病。书写成以后又为了获得出版许可证而耽搁了很长时间,罗马和佛罗伦萨的那些疑心很重的图书检查官吹毛求疵地仔细审阅了手稿。1632年2月下旬,伽利略的这本书终于出版了,由于种种原因,它不啻为向社会投下的一颗重磅炸弹。

首先,也是最重要的,《关于两大世界体系的对话》最清晰、最全面而且最有说服力地阐述了对哥白尼学说的支持,以及对亚里士多德—托勒玫传统天文学和自然哲学的反对。伽利略在意大利撰写这部著作时,尽量以最广大的读者为该书的写作对象。他在书中用文学手法以3个人物交谈的形式安排内容,这3个人物是萨尔维亚蒂(Salviati,其实是伽利略的代言人)、塞格雷多(Segredo,代表一位很有兴趣的聪明的外行人)和辛普利西奥(Simplicio,顽固坚持亚里士多德立场的傻瓜)。"交谈"进行了4"天",其形式活泼,深入浅出。第一天,伽利略假托萨尔维亚蒂之口,利用关于月球的证据和望远镜的其他新发现把传统的亚里士多德观点批判得体无完肤,批判的矛头对准了亚里士多德关于位置、运动和上下的看法,以及历史悠久的天地不同观。第二天,他介绍了地球绕自己轴线的周日自转,并解释了那些最常见的疑惑,如旋转地球上的物体为什么不会飞离地球,我们为什么感受不到地球旋转时按说会常刮不停的东风,鸟儿和蝴蝶为什么向西飞不会比向东飞困难,从塔顶自由落下的一只球在地球运动的情况下为什么还是会掉落在塔基,大炮无论向东还是向西开炮为什么炮弹总是落在相等的距离。他解释这些现象时依据的是一个基本思想,即束缚在地球上的物体都在同时共同运动,我们所看到的只是它们之间的相对运动。第三天,伽利略开始介绍日心体系和地球环绕太阳的周年运动。在一系列支持哥白尼和日心说的论证中,伽利略拿出了他驳斥托勒玫天文学的"重炮"——金星的位相。通过望远镜看金星,金星的形状会像地球的月亮那样变化,

图12.2 **伽利略的罪。** 伽利略在他《关于两大世界体系的对话》中极力为哥白尼学说辩护。此书写于
意大利（1632年），形式是无拘束的交谈，容易为没有受过天文学训练的普通读者接受。伽利略因此书
惹祸，被罗马宗教裁判所逮捕，接着被定罪并监禁。

由新金星变为1/4金星,再变为"长角的"金星。伽利略在做过这些专业论证以后得出的结论是,观测到金星的位相是托勒玫的地心体系根本无法解释的。其实,金星位相也不能证明哥白尼体系正确,那样的观测结果倒是与第谷体系一致,可是伽利略对第谷提也不提。最后,到对话的第四天,伽利略才提出他认为有利于哥白尼体系的最有力证据——他对潮汐现象的独特解释。他是这样说明的:一个既自转又公转的地球会引起海洋里海水的晃动,并由此引起了潮汐。为了说明潮汐的季节性变化,他用数学方法进行了漂亮的证明;此外,他还介绍了吉尔伯特关于地球是一个巨大磁体的工作。

在评价托勒玫和哥白尼这两个天文学体系时,伽利略按照乌尔班八世的意思至少在表面上采取了不偏不倚的态度,言不由衷地故意说得不太肯定:"有时这方有理,有时那方有理。"书中还不时插进几句好像害怕读者误解有偏袒的解释,一会儿说他还"没有确定",一会儿说他仅仅是戴着哥白尼的"面具"。然而,《对话》中明显的倾向性是无法否认的。书中人物无论谈到什么问题,哥白尼一方的观点总要压倒对方,而且伽利略还一再地批驳亚里士多德,使那位辛普利西奥一直表现得愚昧无知。更糟的是,伽利略虽然写进了教皇亲自对他讲的关于上帝无所不能和人的理性有限那些话,但是只把它放在了全书快要结束的位置,而且明显带有讥讽意味地出自辛普利西奥之口,说"是从一位最著名、最博学的高人那里听来的"。如果乌尔班在1624年对伽利略谈到要毫无偏袒地对待哥白尼和托勒玫两个世界体系时同时又向他暗示过什么的话,那么伽利略这样做就无妨。如果乌尔班当时或者后来真的是要搞平衡的话,那么伽利略就要倒大霉了。

《对话》刚一发行,就引起了强烈反应。1632年夏,根据教皇的命令,该书停止销售,已经发出的全部收回,在印刷厂的有关资料被没收。为了这件事情,乌尔班亲自采取了不同寻常的举动,不管是打算庇护伽利略还是干脆把他打下去,这位教皇召集起一个高级别的专门委员会来评估形势。案件后来还是正式转到了宗教裁判所,这对异议人士来说是危险甚至致命的。多明我会修道士布鲁诺(Giodarno Bruno,1548—1600年)因其异端观点(包括他的异端宇宙论)而被处以火刑。宗教裁判所对伽利略以礼相待,但还是于1632年秋传讯了伽利略,要他到罗马受审。起初,当时已经68岁的伽利略拒绝传讯,甚至可怜地开出"医生证明",说明他的身体状况不适宜旅行。然而,宗教裁判所态度强硬,并威胁说,必要时将强行押解。不得已,伽利略被抬上担架艰难地踏上了去罗马的行程。

关于伽利略遭受审判的基本事实,在一个多世纪以前就已经搞清楚了,然而,对那次审判的解释和看法却始终存在着几种截然不同的观点,直到今天仍然如此。一种早期观点——今天已经没有人再持这种观点——是把那场审判想象为科学和宗教之间的一场大较量,伽利略是科学家中的英雄,他因为发现了科学真理而受到宗教神学愚民政策的打击。另一种观点则反映了人们对20世纪政治体制的某种认识,着重揭示宗教裁判所这种专制机关对伽利略进行那场审判的本质。再有一种观点,认为伽利略不过是不肯屈从,冒犯了《圣经》的权威,然而时机不对,当时的教会正好被宗教改革运动弄得焦头烂额。在有关文献中还可以看到一种更倾向于把那次审判看成一个阴谋的观点,认为以伽利略宣传日心说为借口对他进行正式审判,是教会当局为了掩盖同耶稣会和其他更为严重的神学叛逆之间非常棘手的争端,而那些神学叛逆同伽利略的原子论有关,或者同那些借原子论在天主教教徒中鼓动种种离心倾向的越轨行为有关。也有历史学家指出,到1632年,乌尔班的教皇地位已经大不如前,在政治上遇到了很大麻烦。最近又有人提到,伽利略那时失去了庇护人,而且已经不是宫廷朝臣。伽利略审判事件就像一块写字板,历史学家们在上面写了又写,不断修改,其情形如同法学学者在回顾和研究昔日旧的法庭审判案例。

对伽利略的审判一波三折。伽利略先是住在美第奇驻罗马使馆里,但是在接受审判前也不得不像所有的犯人一样住进宗教裁判所的监狱,虽然待遇还算不错。他于1633年4月12日第一次受审,没有人告诉他罪名是什么。面对宗教裁判所的审问官,伽利略仍自信地侃侃而谈,为他的《对话》辩护。他申诉说,事实上,他并没有站在哥白尼一边反对托勒玫,反而指出过哥白尼的推理是"有毛病的和不能肯定的"。审问官手里掌握有1616年那份臭名昭著的公文,因此,他们决定抓住伽利略违反了对他的个人限制令，而避开谈哥白尼学说如何。伽利略看到那份文件，立即拿出红衣主教贝拉尔明给他开具的证明，证明上只说禁止他"坚持或支持"哥白尼学说，并没有禁止他讲授或讨论哥白尼学说。

宗教裁判所出示专家的意见，指出伽利略在他的书中其实是支持和坚持了哥白尼学说。然而，伽利略手里拿的是贝拉尔明签署的真实证明，那毕竟是宗教裁判所对这宗原以为比较清楚的案件作出判决的一个障碍。为了避免日后麻烦，宗教裁判所的一位官员以私人身份到囚室里与伽利略商量妥协办法。他劝说伽利略要识时务，如果承认犯了错误，可以得到从宽发落。在接下来的开庭中，伽利略知趣地承认自己疏忽大意，而且过于"骄傲自负"。带着耻辱，伽利略在审讯结束后，回到宗教裁判所的囚室，还得自愿为他的《对话》再补写"一天"，让内容真正摆平。

可怜的伽利略，即使妥协也毫无用处。乌尔班在得到伽利略的供词后否决了宗教裁判所的解决办法，坚持要正式判处伽利略异端罪。于是伽利略又被拖到宗教裁判所的审问官面前，此时他也不能再说什么。在酷刑威胁下，他只是说自己不是一个哥白尼主义者，他在1616年就放弃了那种观点。"至于其他问题，我现在在你们手中，你们爱怎么办就怎么办。"

宗教裁判所为伽利略定下的罪名是"最可疑的异教徒"，仅比确凿的异教徒低一个等级，若是后者，就要被判处捆在火刑柱上当场烧死。伽利略的《关于两大世界体系的对话》当然也立即成为禁书。1633年6月22日，这位一度被誉为意大利科学界的米开朗琪罗的著名人物，虽已是69岁的老者，却被强迫跪在大庭广众之下，身着悔罪人穿的白色长袍，手执蜡烛，"发誓、赌咒和詈骂"哥白尼异端邪说，并答应要永远谴责一切这样的异端。强迫悔罪以后，伽利略仍然是宗教裁判所的正式囚徒，被终身软禁。根据传说，伽利略在1633年7月被押解至锡耶纳的监狱，当他从囚车上慢慢跨下地时，他颤巍巍地弯下腰来用手指触地，喃喃地说："Eppur si Muove"——"唔，它还在动。"佛罗伦萨的科学史博物馆里就陈列着伽利略中指的骨头，那已经是一件科学文物，时至今日还在高傲地指着我们。

对伽利略的审判和惩罚，这件事常被人们用来证明科学在民主体制下才能发展得最好。这种看法稍作分析便知道立不住脚，因为某些最缺乏民主的社会在追求科学和技术进步方面也取得过而且一直在取得成就。其实，不管政治环境如何，关键在于要让科学共同体保持独立性。只要政治当局一干预，无论这种干预来自哪里，总是会阻碍科学的发展。好在政治当局极少会对理论科学那些抽象的东西发生兴趣。在基督教传统中，也只有地球的运动和物种起源曾使自然哲学威胁到《圣经》的权威。无论是在民主社会还是在非民主社会中，社会体制同科学的发展其实没有多少关系。

伽利略、自由落体和实验

　　伽利略于1633年12月被移送到佛罗伦萨附近他的家中，由他的女儿维吉尼亚（Virginia）照料。这时他已年届七十，却仍然是宗教裁判所的一名囚徒，受到过当众悔过的羞辱，而且已经是半盲。令人惊奇的是，他并没有就此消沉，反而时过不久就写出了被许多人评价为他的真正科学杰作的《关于两种新科学的谈话》（*Discourses on Two New Sciences*，1638年）。在《关于两种新科学的谈话》即通常所说的《谈话》中，伽利略披露了他的两项重要发现：一项是受荷梁即受力悬臂的数学分析，另一项是他的自由落体定律。这部著作是伽利略对物理科学和16、17世纪科学革命进程所作出的最伟大的贡献。《谈话》同时展示出伽利略才华的另一些侧面，说明他还是非常有才干的数学家和做实验的行家里手。

　　在撰写《关于两种新科学的谈话》时，伽利略没有一开始就从新的研究课题入手。不难想到，他回过头去查阅了他的旧笔记，回顾了他在1610年以前做过的科学工作，也就是回顾了在他制出他的第一架望远镜之前、在他获得国际科学声誉之前、在他涉足天文学并因此引起争论及获罪之前的那些事情。《谈话》中讨论的是深奥的技术性问题，如悬臂为什么会断裂，球体怎样沿斜面滚下等等，这些主题与政治无涉，在神学方面也不会引起争议。

　　《关于两种新科学的谈话》是1638年在新教徒占主导的荷兰埃尔塞维印刷厂印制出版的，这多少有点偷偷摸摸的意味。同该书的姊妹篇《关于两大世界体系的对话》一样，《谈话》也是写成对话的形式，内容也安排在4"天"。书中的交谈者仍然是出现在《对话》中的那3个人物：萨尔维亚蒂、塞格雷多和辛普利西奥。不过，在《谈话》中这3个人的观点没有那么对立，扮演的角色也有所不同。在原来的《对话》中，萨尔维亚蒂显然代表的是伽利略，辛普利西奥代表亚里士多德，而塞格雷多代表一位对科学感兴趣的外行；而在《谈话》中，这3个人物更有可能分别代表伽利略本人在研究力学并形成成熟观点的过程中的3个不同历史阶段。辛普利西奥代表他早期追随亚里士多德的阶段，塞格雷多代表他相信阿基米德理论的中期，萨尔维亚蒂代表他自己后来的观点。在《谈话》中，辛普利西奥一改顽固性格，显得比较随和开明，他甚至说："如果我能够重新开始研究的话，我会按照柏拉图的意见从数学开始。"

同以前的《对话》比较起来，《谈话》更像数学专著。书中有一个情节，萨尔维亚蒂正在阅读"我们的作者"所写的一篇拉丁文数学文献，而那个"我们的作者"就是伽利略本人。书里展开的萨尔维亚蒂同他的两位朋友的交谈，被安排在威尼斯兵工厂里。那是一处著名的技术中心，也是欧洲最大、最先进的工业基地，聚集了许多技师和工匠在那里建造船舶，铸造大炮，编织绳索，浇灌沥青，融化玻璃，并从事着其他上百种技术和工业活动，支持着威尼斯共和国的繁荣。伽利略把书中人物安排在威尼斯兵工厂这一环境里，显然是有意使用的一种文学手法，他想说明我们今天所称的企业就意味着科学和技术。那家兵工厂对于伽利略显然十分重要，象征着他的新科学是植根于大学之外的。不过，伽利略是否真的去过那家工厂，在那里教书或学习过，学者们意见不一。

着重思想意义的历史学家总是不大看重《关于两种新科学的谈话》中的头两"天"，在那一部分，伽利略讨论的是材料强度领域的非常具体的技术问题。历史学家关注的是第三和第四"天"。在这一部分，伽利略阐述了他比较抽象地研究运动所获得的新发现，这些发现对于牛顿和科学革命都具有重大意义。然而，材料强度直接同工程有关，而且正好体现了科学和技术之间的联系。

在《谈话》的第一和第二"天"，伽利略探讨了物体怎么才能聚集成形这一普遍

256

问题和材料的断裂强度问题。第一"天"，他列出了一大堆在技术和理论上令人困惑的问题，其中有老问题，也有新问题。例如，他思考过尺寸效应（缩放理论），想了解为什么无法建造一艘百万吨重的木船。他想知道是什么使大理石立柱结合为一体而不坍塌。他还提出了一种极不寻常的物质理论（涉及无穷多个无穷小）。在书中，伽利略极富创造性地探讨了各种各样的问题，例如物体的聚合、表面张力、液体的本性、凝聚和稀薄化、镀金、火药的爆炸、空气的重量、光的传播、关于圆柱体的几何命题、关于无限的数学悖论，此外还有他所发现的钟摆的等时摆动现象。（据说伽利略早在16世纪80年代在比萨时就发现了钟摆摆动的等时性。）这些讨论处处显示着伽利略的智慧和才气，读来颇为有趣。

图12.3　材料的强度。 1638年，伽利略已经74岁，仍处于软禁中，还出版了他的《关于两种新科学的谈话》。他在书中给出了自由落体的定律，推导出受荷悬臂的强度与其横截面高度的平方成正比。

在《谈话》的第二"天"，伽利略讨论了有荷载的悬臂，发展了古代的力学。他用数学方法计算了悬臂在外部荷载和自身重量作用下所产生的内应力效应。这个问题以前极少受到理论关注，或许只有建筑师、石匠、木匠、造木船的工匠、造水车的工匠和工程师才留意过。伽利略没有做实验，仅仅是把静力学理论应用于这个问题，虽然他对于悬臂的内应力分布所作的假定是错误的，然而他得到的结论却基本正确：悬臂的强度（挠曲强度）正比于其横截面高度（图12.3中的 AB）的**平方**。可是，技师和工匠们对伽利略得到的这些成果反应冷淡。当时的工程师们凭借他们的传统和好不容易积累起来的经验规则完全能够解决他们所遇到的问题，而不需要利用当时的科学所能向他们提供的那些尚显贫乏的理论原理。

在进行更加深入探讨的第三和第四"天"，伽利略展开了《关于两种新科学的谈话》的第二部分，开始讨论局部运动，也就是地球表面附近的运动。在这个问题上，伽利略推翻了他那个时代几乎所有的科学家都按照亚里士多德传统所持有的关于下落物体的速度与其**重量**成正比的概念。在亚里士多德的每一例解释中，下落物体穿过其中的介质都起了关键性作用，而实际上，那只是一种外来"阻碍"，使物体未能实现在真空中的理想下落。伽利略如此重新解释运动和物体的下落触动了亚里士多德物理学的核心部分，后来的事实表明，伽利略在这些方面的工作是击垮亚里士多德世界观的最主要的证据。

在今天回头去看伽利略思想的历史发展时，我们必须要认识到，伽利略是在穿过了层层迷宫之后才获得那些结果的，那是一个"发现的过程"，因为在运动和物体下落问题中包含了许许多多的因素。对于伽利略来说，如何查明这些因素，又如何去表述这些因素，在一开始时并不明确。当学生时，他本来学的是亚里士多德的观点。不过，他很早就确信刻板地用亚里士多德的观点去说明下落运动是行不通的，而且可能就是这种怀疑使他到比萨斜塔上去做关于下落物体的实验。伽利略的那些思想是经过一个长期而曲折的过程才形成的。他先是想到，物体下落时穿过的介质（比如空气）的密度可能是决定该物体下落有多快的关键因素。到1604年时，他已经认识到，在真空中，所有物体都应该是以同样的速度下落，而且一个自由落体下落的距离可以用时间的平方来量度。不过,伽利略在1604年得出这个正确的定律时使用的是一种错误的推理,他曾(错误地)以为下落的速度正比于下落的距离,而不是正比于所花的时间(他最后的结论)。只是到1633年伽利略重新再拣回他过去的工作以后,他的观点才成熟起来,认识到速度正比于所花的时间,而不是正比于下落的距离;这样,一个物体自由下落时下落的距离仍然是正比于下落时间的**平方**($s \propto t^2$)。这就是伽利略的自由落体定律。按照伽利略的观点,一切物体(与其重量无关)在真空中都以同样的加速度下落。

258

　　我们现在当然知道"正确"答案,这有可能使我们低估伽利略智识成果的意义。伽利略的观点与常识和日常经验相悖。诚如亚里士多德理论的预测,表面看来重物体确实好像比轻物体下落得要快些,例如,同时掉落的一本厚书和一张薄纸,书本会先落地。物体的下落运动涉及许多因素,如物体的重量,或者我们会说的"质量",再有物体的"动量",后者可以用几种方式来量度。此外,还要考虑到物体在其中运动的介质、一个物体的密度或特定的重量、介质的浮力、下落物体的形状、那种形状可能产生的阻力大小(同一形状可以产生不同大小的阻力)、下落的距离、下落的时间、初速度、平均速度、末速度以及各种各样的加速度。在这么多因素中,究竟哪<u>些</u>因素代表了问题的本质? 在自由落体问题上,伽利略必须克服许多非常重大的概念障碍才有可能把事情搞清楚。

　　关于伽利略对理论力学的重要贡献,还有必要进一步强调两点。首先,他的定律是**运动学**定律,也就是说,该定律是对运动的**描述**,而不是说明运动的原因。伽利略的定律**描述**的是物体**如何**下落,并没有**解释**物体**为什么**下落。它是预测性的,不是解释性的。在这个问题上,伽利略是有意识地避免去探讨**原因**。作为一种方法论上的策略,没有追究原因,仅仅从运动学的角度就能够得到结论,充分显示出这样做的干净利落和效用。这就好比伽利略在说:试试看,倘若仅仅对现象进行数学描述,且不去管那扯不清的现象的原因,看我们能够得到什么。

　　第二点要强调的是这样一个事实,即伽利略在《谈话》中所提出的所有运动学规则,包括其自由落体定律的思想萌芽,如本书的第十章已经提到过的,全都是在3

个世纪以前便先由奥雷姆而后由牛津大学被称为默顿学派（Mertonians）和计算学派（Calculators）的一批中世纪学者发现过和阐明过的。然而两者之间存在着差别。最重要的是，正如伽利略本人立即就指出的那样，默顿学派的学者是在猜测可能有的抽象的运动，而伽利略却相信他所发现的规则适用于真实的世界，适用于就在地球上实际发生的下落物体的运动。

《关于两种新科学的谈话》中的第三和第四"天"还谈到了实验在伽利略科学中的作用问题，以及伽利略是怎样才搞明白他的关于运动的数学表述反映的就是自然界中的运动，而默顿学派的类似思想却还只是停留在猜测阶段。人们常常把伽利略称为"实验科学之父"，的确，我们见惯了的关于伽利略的绘画不就是他在比萨斜塔上扔下手中的球做"实验"的形象吗？然而实在遗憾，把伽利略（错误地）塑造成"实验方法"之父也好，"科学方法"之父也好，其实都是把事情看得过于简单了。实验科学的出现是17世纪的科学取得重大进展的一个标志，伽利略也确实为之作出过卓越贡献。然而如果只是浮光掠影不加分析地阅读伽利略的著作，那么，就会无法摆正实验在他的科学中的位置，而且还会使人们对于科学实际运作方式的误解越来越深。伽利略在进行他的研究时绝对没有遵照某种老套的"科学方法"，也就是说，绝没有按照一种死板的程序：科学家按部就班地先是提出假说，接着用实验来验证，最后只根据实验结果来判断有关假说是正确还是错误。伽利略做实验的真实情形其实比这更有意思，更加复杂，也更具历史意义。

就拿比萨斜塔实验来说，那是在1589—1592年，伽利略还只是比萨大学的一名低级别教授的时候，据说他当着许多学生和教授的面进行演示，让一些球从塔上落下来，想以此证明亚里士多德关于重物比轻物下落得快的理论是错误的。我们首先要质疑是否真的进行过这个实验，因为最早记载伽利略在比萨做演示实验的文字资料其实是形成于1657年之后，而那时伽利略已经去世15年了。可以肯定，广为流传的伽利略想用实验证明自由落体定律的说法是没有的事。我们知道，在1604年以前，伽利略根本还没有得到关于他的定律的公式表述，那么他当然不可能在十多年前就用实验去"证明"它。他很可能只是做过一次演示来说明亚里士多德关于落体的分析是有问题的。

至于实验在伽利略的科学中具体起到什么作用，以及最后伽利略到底是怎么抛弃了亚里士多德，其真实情形要复杂得多，绝不会像广为流传的伽利略在比萨斜塔上做一次落球实验那样简单。伽利略能够得到他的自由落体定律和相关的运动学规则，在他的研究过程中当然不会没有大量的实验性工作，但那是指他在把握有关现象的过程中进行过的各种反反复复的尝试和检验。他所留下的厚厚的手稿就记录了这样的实验过程。伽利略是一位非常熟练的实验工作者，心灵手巧，善于设计装置，这从他制造望远镜就可以看出来。我们是从这种意义上来说实验在伽利略的研究方法中是具有突出地位的。但是必须明白，伽利略并没有如我们今天所想象的那样用实验去直接检验他得到的那些结论，他只是用实验来证实和说明他导出的结论所根据的那些原理。总之，伽利略的实验不是用来证实假说，而仅仅是用来演示他通过分析推理先前已经得到的结论。

在《关于两种新科学的谈话》的关键一节，伽利略在给出他关于运动的规则之后让辛普利西奥发问："我仍然怀疑那是否就是自然赋予自然界中下落重物运动时的那种加速度，［我希望你能给我看］一些实验……它们在各种不同的场合都与要显示的结论一致。"对此，萨尔维亚蒂这样回答："你真像是一位真正的科学家，你的这个要求合情合理，因为在那些通过数学演算推导出物理结论的科学中这是一种通常而必要的程序，在有关光学、天文学、力学、音乐和其他科学的著作中都能够见到这种情形，那些作者要**证实他们的原理与感官的经验是一致的**。"

260

接着，伽利略又转向了著名的斜面实验。他先介绍了他的实验装置，那是一块长 24 英尺（约 7.3 米）、厚 3 英寸（约 7.6 厘米）的木梁，其一侧开有光滑的沟槽，槽内贴着羊皮纸。木梁的沟槽朝上，一端抬高 2—4 英尺（0.6—1.2 米）放稳，让一只滚圆的铜球沿着沟槽向下滚动。伽利略又在书的接下来的两节中介绍了他的计时方法。他通过收集从一个容器里流出的水，并称出水的重量，以此来确定时间间隔。可以想见，不管贴有羊皮纸的沟槽多么光滑，只要铜球不是完美的球形，或者材质不均匀，从沟槽滚下时都不可能恰好得到预期的结果。在这个实验中，不确定的

"妨碍"因素真的是太多了。全凭人眼人手控制,不论伽利略设计的流水计时装置多么巧妙,总免不了会撒漏一两滴水,而且再好的称重仪器也会有误差,这些都有可能使他得不到预期的结果。可是,伽利略却敢声言:"重复进行了整整100次实验,发现距离总是与时间的平方相关……这样反反复复实验,从未见有任何显著的差别。"然而伽利略并没有给出实验数据,也没有说明"任何显著的差别"是什么意思。法国科学家后来曾经按照伽利略描述的方法试图重复他的实验,他们有资格怀疑伽利略所说的结果的合理性。然而伽利略却把他自己的实验报告视为充分的科学证据,认为它证实了前面用数学手段导出的结果是真实可靠的。伽利略的斜面实验已经超出仅用来说明实验在伽利略的科学中的独特作用,它的意义在于表明实验在实际的科学活动中所起的作用是如何复杂,远不是按照某种抽象的"科学方法"理论所规定的程序那样简单。

在《谈话》最后的第四"天",伽利略扩大了他对运动的研究范围,开始讨论抛体和抛体运动。图12.4是伽利略用来分析抛体运动的概念模型。伽利略认为,一个抛出或发射出去的物体同时在作两种不同的运动。一方面,抛出的物体在按照第三"天"讲述的自由落体定律向下掉落;另一方面,它还沿着一条水平线以**惯性**运动,这就意味着它是在没有受到任何推动者推动的情况下自己在运动。伽利略早在1613年他的《关于太阳黑子的书信》中就第一次提出了惯性概念,但是含义不大明确,而他在抛体运动的分析中所隐含的这个具有突破意义的概念,应当说意思就十分清楚了。我们还记得,对于"暴力"运动,亚里士多德认为需要有一个推动者。然而,对于抛体运动的情形,物体在脱离了它的投掷者以后,该如何确定它的那个推动者,竟难倒了亚里士多德力学长达2000年之久,成为一个无法解决的大难题。伽利略用一个革命性的新概念来表述这种运动,难题就一下子迎刃而解。对于伽利略来说——后来的笛卡儿和牛顿也是如此——不需要什么推动者,因为完全不需要任何东西去解释谁引起了自然惯性运动。这就是科学革命的本质所在。

不过,伽利略的惯性观点与后来笛卡儿和牛顿所持有的观点还是表现出一个

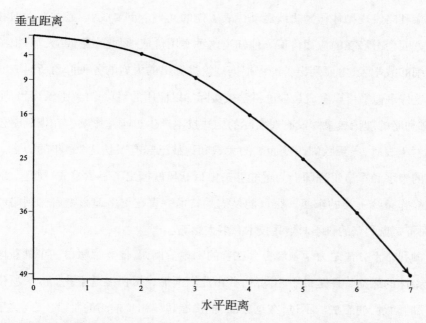

垂直距离

水平距离

图12.4　抛体的抛物线运动。通过把抛体运动分解成两种不同的运动，伽利略能够得出抛体的运动路径是一条抛物线。物体在竖轴方向下落作匀加速运动，在水平轴方向以恒定速度作匀速惯性运动。当这两种运动合成在一起时，该物体的运动轨迹就是一条抛物线。伽利略就这样用新的观念解决了多少世纪留存下来的抛体运动老大难问题，而且对这个问题的表述同现代表述相近。

261

重要区别。后者（也就是近代科学）所指的是**线性**或者直线惯性，而伽利略指的是水平或者所谓的**圆弧**惯性。他认为，以惯性运动的物体不是沿直线移动，而是沿水平方向作曲线移动，实际上是沿着围绕地球的圆弧移动。在伽利略那里，水平线不是直线，而是以地心为中心的一个圆的一小段，即"地平线"。伽利略革命性地"发现"（你也可以说是"发明"）了惯性，这就消除了反对哥白尼学说的一大诘难；因为，如果物体在作惯性运动的话，就不会看到它们掉落在移动地球的后面。惯性概念对于推翻亚里士多德学说和亚里士多德世界观起到了非常重大的作用。伽利略坚持圆弧惯性好像是历史上的一件怪事，其实，那不过是再一次反映了在科学家的头脑里对圆的偏爱迟至17世纪还是挥之不去。

　　伽利略还从他对抛体复合运动的分析得到一个推论，即抛体的运动路径是一条抛物线，至少在理论上是如此。（有意思的是，只有大地是平面该路径才会是抛物线。)伽利略发现抛体作抛物线运动代表了他的又一个重要成就,显然在大炮和弹道学方面会有潜在的应用价值。他知道这种实用价值,因此在第四"天"给出了一些详细的数学表,上面列出了纯粹根据理论推算出的大炮的各种仰角所对应的射程。这件事似乎可以看成是理论科学被实际加以应用的最典型的例子,可惜,事实上,伽利略的理论成果并没有对实际的炮兵技术产生过丝毫影响。在伽利略公开那些射程表时,导致欧洲改变面貌的大炮和炮战已经有了长达300年的历史。有经验的炮手和军事工程师们为了能够击中目标早就搞出了不少炮战"规则"、射程表和操作条令一类的东西。很可能是炮兵技术一直在更多地影响着伽利略的科学,而不是伽利略的科学对炮兵技术有多大影响。

伽利略十分清楚力学领域里存在着的困难。例如,他非常明白一个棉花球与一个铅球的运动特性是极不相同的,并由此渐渐形成了快接近于我们今天所说的"力"和"动量"的想法。不过,在这方面,他没能超越初步推测的阶段。在《关于两种新科学的谈话》的第四"天",有一处他简直就是在感叹来日无多,他说:"我真想能够找到一种方法来测量这种冲力。"那项工作,也就是测量力的大小,是在伽利略之后由牛顿完成的。伽利略后来双目完全失明,医生又夺走了他嗜之如命的葡萄酒。他死于1642年,那一年牛顿刚好出世。他昔日的朋友教皇乌尔班八世禁止为他树碑立传。

伽利略之后

对伽利略的审判和惩罚并没有中断17世纪下半叶意大利的科学活动,但是那宗案件严重影响到那个时代意大利科学的水准和质量。在意大利,研究氛围压抑,教会当局吹毛求疵。哥白尼学说和建立大宇宙学理论仍然是禁区,意大利科学家们都尽量回避,只限于搞一些不会惹来麻烦的严格的观测天文学。在伽利略去世100年后,比较开明的教皇本尼迪克十四世(Benedict XIV)才批准出版其著作的意大利文版,略微显示了宽容。此后,再迟至1822年,天主教会才允许讲授哥白尼学说;到1835年,哥白尼学说终于从教会禁书名单上被删除。至于伽利略,一直等到现代的20世纪90年代,教会当局才为他完全恢复了名誉。

　　在意大利始终没有能够形成一个伽利略学派,其原因部分在于伽利略本人和支持他的那种制度。特别是在17世纪头10年的几次论战中,伽利略有一批追随者,他也凭自己的影响安排了一些人,如卡斯泰利(Benedetto Castelli,1578—1643年)就是比萨大学的数学教授。但是,伽利略是一位廷臣,他没有学生。像维维亚尼(Vincenzio Viviani,1622—1703年)和托里拆利(Evangelista Torricelli,1608—1647年)这几个人虽然同老师站在一起,但他们仅仅是在他生命的最后几年才为他抄写手稿和当他的助手。年轻的数学家卡瓦列里(Francesco Bonaventura Cavalieri,1598—1647年)倒是他真正的学生;还有他的儿子文森佐·伽利雷(Vincenzio Galilei,1606—1649年)也继承了父亲的工作,特别是在研制摆钟方面。然而,除了维维亚尼以外,伽利略的少数几个直接的科学继承人全都在1650年之前相继死去。正是支持他的那种资助方式使得他后继无人。

　　在意大利科学于1633年失去活力以后,科学革命在那一时期的一个特点是科学活动在地理上向北转移,从意大利移到了几个大西洋国家,即法国、荷兰和英国。这一时期,法国出现了一个非常活跃的由独立的业余知识分子组成的科学群体,其中包括了一些非常耀眼的科学明星,如伽桑狄(Pierre Gassendi,1592—1655年)、费马(Pierre Fermat,1601—1665年)、帕斯卡(Blaise Pascal,1623—1662年)和笛卡儿(1596—1650年)等。他们虽然不受罗马教会的直接控制,但是宗教裁判所对伽利略的审判也在法国科学知识分子的心中蒙上了浓重的阴影。例如,笛卡儿就曾在1633年决定停止出版他的研究哥白尼学说的著作《世界体系》(Le Monde)。

　　笛卡儿接过了领导新科学的智识接力棒。他接受的是耶稣会的教育,是一位知识面很广的天才。他还是一位职业军人,于32岁时退役,此后便一心一意钻研哲学和科学。笛卡儿的名气,在很大程度上是由于他在代数学和解析几何学领域所取得的成就,其中就有他所引入的"笛卡儿坐标系"。他在光学和气象学方面也做出过创造性的工作,并且在他的名著《方法论》(Discourse on Method,1637年)中体现了他对于如何产生科学知识的特别关注。笛卡儿在神学和纯哲学方面同样也

263

有著述,常被人称为近代哲学之父。就我们讨论的主题而言,笛卡儿的重要性在于他建立起一套完整的宇宙学说和世界体系,从而取代了在17世纪头几十年仍然流行的亚里士多德理论及其他一些学说。

笛卡儿认真分析了他那个时代的科学和哲学状况,提出了一种完全机械论的世界观,而他这种把宇宙机械化的思想则是一种根本性的突破。对笛卡儿来说,世界和万物的运转就犹如一台宏大无比的机器,由许多力学定律和碰撞规律结合成一个整体并受它们支配。在这个意义上,笛卡儿为运动和宇宙功能提供了解释,而非像开普勒和伽利略一样只是提供了描述。在论述宇宙的尺度时,他认为宇宙中充满了一种被称为以太的物质,而这种物质中形成有许多巨大的旋涡,正是这些旋涡带动着卫星围绕行星运转,并带动行星围绕太阳运转。他在《哲学原理》(*Principles of Philosophy*, 1644年)一书中详尽地阐述了他的这种日心旋涡理论(见图12.5)。在生理学和医学领域,笛卡儿也提供了一种不同于亚里士多德—盖伦传统的富于理性的机械观。笛卡儿的体系尽管在数学上还不够严谨,而且也存在不少漏洞,但他的确当之无愧地站在了科学革命的最前列。他的自然哲学囊括了自哥白尼以来一个世纪中所有的相关争议,而且利用了新科学的一切重大发现。更重要的是,笛卡儿提出的是一种包容极其广泛的世界体系,并得以替代了亚里士多德的和其他所有的体系。笛卡儿究竟是否正确,那是在他于1650年去世以后才在科学界出现的争论话题。

笛卡儿在荷兰生活和工作了20年,那是一个新教徒占主导的共和国,以其在社会和智识两方面政策开明而著称。荷兰共和国生养了一大批对于科学革命作出过重大贡献的杰出人物,这也是科学革命北移的一个重要因素。那些杰出人物中包括了数学家兼工程师斯蒂文(Simon Stevin, 1548—1620年)、原子论学者比克曼(Isaac Beeckman, 1588—1637年)和极为出色的惠更斯(Christiaan Huygens, 1629—1695年)。最后提到的这位惠更斯,或许可以说是17世纪下半叶最重要的笛卡儿主义者和新力学的发言人。

这个低地国家还是最早利用显微镜进行开拓性工作的地方。先是卖布匹后来

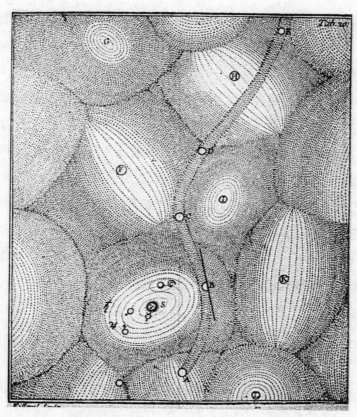

图12.5　笛卡儿的世界体系。宇宙具有怎样的结构是一个尚未解决的问题。伟大的17世纪法国哲学家和数学家笛卡儿对此给出了他的回答。他猜想宇宙中充满了一种以太流体，以太流动带动着行星和其他天体在旋涡里运动。此图中画出了一颗彗星正在穿过我们太阳系所在的那个旋涡。

264

才成为科学家的列文虎克（Anton van Leeuwenhoek，1632—1723年）世界闻名，就是因为他发现了一个隐藏着的前所未知的"极微小世界"。他所发现的新奇东西，包括血球和精子，还有其他许多微生物。惠更斯的同胞斯瓦默丹（Jan Swammerdam，1637—1680年）又把显微镜技术向前推进了一大步，他特别擅长解剖植物和昆虫并制作标本。除了这些荷兰开拓者，同时从事显微镜学研究的还有意大利人马尔皮基（Marcello Malpighi，1628—1694年）和英国人罗伯特·胡克（Robert Hooke，1635—1703年）。胡克于1665年在伦敦出版了《显微图集》（*Micrographia*）。这些早期显微镜学家所使用的显微镜全都只有一粒球珠透镜，可以想见，他们的成功，技术起

265

到了决定性作用。与显微镜相近的姐妹仪器是望远镜,望远镜一出现便很快被广泛接受,并成为天文学领域的一种基本工具。然而,显微镜却不是这样,它引起了更多的麻烦,使17世纪的显微镜使用者和理论研究者都备感困惑。当时,在显微镜下"看见"的东西其实是观察者的意象和观察对象的图像的混合物,看见的东西是否就一定是观察对象的图像,比如说,就是昆虫的解剖结构、毛细管循环或者胚胎,这并不是那么容易说清楚的事情。显微镜和望远镜在17世纪的不同境遇说明,仅仅有仪器是不够的,还需要有一些共同的智识框架才能够把新的研究传统建立起来。只有到了19世纪,当时的环境条件已经发生了很大变化,复合显微镜才成为实验室的标准配置。

英国在当时也是一个由新教徒控制的非常适合按照伽利略传统从事科学研究的海洋国家。前面我们已经提到过宫廷医师吉尔伯特(1544—1603年),就是他写出了一部影响很大的关于磁体的著作。我们还提到过英国医生哈维(1578—1657年),他在1618年发现的血液循环是一项革命性的突破。此外,这里还可以提到弗朗西斯·培根(1561—1626年),他是英国的大法官,在极力宣传新科学上能够也确实起到了很好的作用;玻意耳(Robert Boyle,1627—1691年),他是一位贵族,也是一位非常杰出的实验化学家;当然还有牛顿(1642—1727年)。他们仅仅是17世纪英国科学界升起的众多璀璨明星中的几位代表。英国当时有许多组织机构非常有利于科学的发展,其中最著名的有皇家医师学院(1518年)和格雷沙姆学院(于1598年建立的一种教授可以拿薪水的新机构),以及到17世纪后半叶才出现的伦敦皇家学会(1662年)和格林尼治皇家天文台(1675年)。那时皇室还拨款在牛津大学设立了新的科学教席(1619年设几何一天文学,1621年设自然哲学),后来在剑桥也设立了类似的皇家教席(1663年),这些都有助于解释英国科学为什么会在17世纪后期如此繁荣昌盛。

思想观念和实际应用

在17世纪,一种影响广泛的舆论开始出现——尽管以前并非从未有过这样的观点,即要求把科学应用于社会。人们普遍相信科学和科学活动能够为人类造福,因此应该积极支持科学的发展。这种思想生机勃勃,它与自然哲学不应过问实际的古希腊观点正好相反,与科学应是神学的婢女的中世纪观点也截然不同。

266

科学具有社会应用价值,这种思想有它的好几个历史根源。一条线索是文艺复兴时期的法术和神秘主义,它们相信人可以控制宇宙中那些无所不在的力量,因而由此产生了知识能够和应该加以利用的信念。金丹术就其制药和冶金活动而言,代表了把知识应用于实际的另一条线索。例如,新柏拉图主义哲学家和古典文化学者米兰多拉(Pico della Mirandola, 1463—1494年)干脆就把法术视为自然科学的实用部分。波尔塔在这方面虽然有点出格,但他也认为自然法术所掌握的那些法力对于王公贵族和政府是有用的。至于占星术和占卜一类超自然活动,那本来就是提供资助的达官贵人所要求的主要回报:第谷发布占星术预报,而开普勒的职业就是宫廷占星家。腓力二世,这位西班牙皇帝素以精明稳健著称,在1556—1598年也被深深地卷入这些玄奥的神秘活动之中。他资助过许多金丹术士,还建立了一个很大的金丹术实验室,可以大量制造金丹术药品。英格兰的查理二世(Charles Ⅱ)自己就有一个金丹术实验室。在整个17世纪,关于金丹能够制造出金子的传言甚多,许多人都相信神秘学问的这种实际用途。

视科学为有用知识这种观点由弗朗西斯·培根进行了最为有效的理论提升。培根举出火药、罗盘、丝绸、印刷机这些人人都看得见的例子,说明进行系统的研究和发现最终总能够引出具有实用价值的发明。(培根忘了说明他提到的这几项技术的出现恰好与自然哲学无关,尽管如此,后来的科学研究的确引出了类似有用的装置和技术。)关于实验室的人员组成,培根设想的是一个科学乌托邦,他认为不能要"来捞好处的人",尤其不能要那些一心只追求实际利益的人。关于实验的分类,培根也特别指出,"成果实验"(experiments of fruit)必须与"探索性实验"(experiments of light)结合起来才能够有所成就。培根对科学界的影响主要是在身后才表现出来的,即使这样,其思想影响之大,丝毫也不能低估。

笛卡儿也是一位因提倡他所说的"实用哲学"而产生过巨大影响的哲学家,他认为知识应该用来"为所有的人谋福利"。笛卡儿视医学为一个重要领域,他认为在那个领域必然能够看到理论的实用成果和实际应用。在17世纪后期,玻意耳也阐述过根据实验哲学寻找新的医疗技术的目标。然而,在那个时代,科学理论并没有产生过多少有效的医疗技术,两者之间至多只有微弱的联系,这种情况一直延续到20世纪。17世纪的那些提倡新科学的思想家太性急,过早地把他们的理论之车套在了医学实践这匹辕马上。

267

甚至牛顿也在他的《原理》(*Principia*)的第二卷里谈到了理论的应用。他在论述完一个关于流体力学和在流体中运动的物体具有最小阻力所应有的形状这一复杂问题之后,也干巴巴地写道:"我想这个命题或许在造船时有用处。"牛顿的理论属于纯科学成果,按说远离经济活动和任何实际应用,然而,这个例子却让我们清楚地看到上述新思想的主张与新思想所能够提供的东西之间的差距有多大。

作为17世纪思想家新的科学思想观念的一个组成部分,他们对于自然的态度和对自然的解释也都焕然一新。培根和笛卡儿各自都阐述过人应当是自然的主人和应当支配自然的观点。他们认为,应当积极地开发自然并利用世界上的自然资源造福于人类自己,也就是造福于那个拥有或者说控制了知识的自然的主人。自然要受人的支配这种思想损害了《圣经》的权威,虽然在中世纪就已经有过类似的想法。然而,在17世纪,这种思想里隐藏着作为科学实践的一个方面要对自然进行暴力掠夺和蹂躏的意思,却是大为不同。例如,培根就曾直言不讳地声称:"必须把自然锁住。"

科学有用,科学为大众造福,知识就是力量,这样的思想自17世纪以来就成为西方国家的文化主旋律,19世纪以后,又扩散到了世界各地。进一步分析可知,这种思想里包含着两层含义:一是科学和科学家应该得到支持,二是科学所产生的力量应该用于造福公众。自然哲学是自然哲学家的哲学或者自然哲学应该服从于神学的旧思想,其影响已经大为缩小。而且十分明显,新思想更符合在欧洲新出现的中央集权国家的利益,也更有利于商业资本主义的发展。

第十三章
"上帝说,'让牛顿出世!'"

科学革命是一个复杂的社会和思想过程,绝不仅仅是一些科学家个人的传记。但是,牛顿(1642—1727年)在17世纪后期和18世纪早期的思想舞台上是如此的光彩夺目,因此很有必要对他的生活和工作作详细介绍。牛顿的科学生涯代表了一个时代的结束和另一个时代的开始,检视牛顿一生的历史轨迹,我们同时还可以看到在前面几章已经谈到过的科学革命的各个方面。

牛顿的《自然哲学的数学原理》(*Principia Mathematica Philosophia Naturalis*,1687年)是一部集大成的伟大著作,它总结了过去时代人类探究宇宙哲学和隐藏在世界下面的物理学所积累起来的理论成果,其渊源可以追溯至笛卡儿、伽利略、开普勒和哥白尼,最终上达亚里士多德。牛顿的物理学凭借万有引力和他所发现的几条运动定律使自亚里士多德以来便一直被分离开来的天与地得以统一起来。他的工作不仅埋葬了已行将就木的亚里士多德世界,也宣告了比较新的笛卡儿机械宇宙体系的完结。牛顿还是公认的数学家,微积分的发明人之一[另一人是莱布尼茨(Leibniz)]。他在光学领域也做过基础性的工作。牛顿是一位少有的天才,他得到人们如此推崇是因为他在许多领域都取得过成就,而且对每一个领域都作出过突出贡献。

然而,牛顿在近代科学史上无与伦比的重要性不只是由于他对当时的科学所作出的那些贡献,还在于他在塑造后来所形成的科学传统上所起到的永不磨灭的作用。牛顿的工作代表了科学革命的顶峰,同时还为天文学、力学、光学以及其他一些科学领域确定了研究的方向。正因为如此,牛顿对他死后2个世纪的科学历史影响深远,打上了不可磨灭的印迹。

269　　　　虽然牛顿性格细腻敏感，在很大程度上令人不舒服，但他是一个无与伦比的科学天才，我们至今仍能感受到其影响力。牛顿的职业经历同样意义重大，值得我们仔细体会。牛顿先是在剑桥大学担任卢卡斯数学教授，不为多少人所知，接着从政为官，当上了皇家铸币厂总监，后又任伦敦皇家学会会长，最后被封为艾萨克爵士。他的社会地位不断升迁，不仅揭示出当时科学的社会历史状况，也大致反映出17世纪欧洲科学的社会作用和组织结构正在发生的快速变化。

　　　我们对于牛顿的故事真的是耳熟能详，有谁会不知道牛顿因苹果掉在他头上而发现万有引力的故事呢？牛顿是个有书呆子气的天才。不管在他活着的时候还是在他死去以后，牛顿和牛顿科学始终都是人们进行虚构杜撰的题材，也被人在政治上加以利用。在18世纪，人们为牛顿塑造的特别有影响的形象，是把他视为理性科学家的化身。最近的工作——一大批学术考证工作的产物——就已经不再把这位伟大人物仅仅描绘成一位杰出的自然科学家了，同时还把他描绘成一位法术师，说他迷恋金丹术，是宗教狂热分子，想要找出那些在自然界和历史上一直起作用的神秘力量。历史资料为我们描绘出如此不同的牛顿形象，这当然反映了长期存在着的人们对于历史真相的那种疑惑，然而不仅如此，它还表明，人们对于牛顿科学的文化意义以及对于牛顿科学在当时和此后的社会应用其实是持有不同看法的。

从林肯郡到剑桥

　　　牛顿于1642年圣诞节那一天出生在英格兰林肯郡伍尔索普村的一户农民家庭。他是个遗腹子，父亲在他出生前就去世了。（没有父亲，生日又恰好与耶稣在同一天，这大概足以让人相信牛顿的天分同上帝有着特殊的关系。）他父亲那一方的牛顿家族是英国农牧民当中一户正逐渐发达起来的自耕农家庭。牛顿与他母亲一方家庭的联系要紧密得多，那是乡村里一户比较富裕也比较有教养的乡村绅士和牧师家庭。牛顿是早产儿，体重不足，没有人认为这个婴儿能够活下来。据说，小家伙太柔弱，连头都立不起来，整个人刚好可以放进一个罐子里。

牛顿的孩童时代过得比较糟糕。母亲在他3岁时就改嫁了,把他留在伍尔索普与祖父母一起生活。所有关于牛顿的出版物现在都承认牛顿在幼年时有点神经质,不合群,郁郁寡欢,感情上受到过伤害。牛顿的母亲再次丧夫,在他满10岁时领着她的其他几个孩子回到了牛顿身旁。他在12岁时开始在格兰瑟姆附近的文法学校上学。牛顿于17岁离开格兰瑟姆中学,这位青年这时已经立志绝不留在乡村做一名农夫,守住产业就此度过不幸的一生,看来,摆脱那种命运的唯一出路就是到外面去上大学。于是,通过一位亲戚的帮助,他在回到格兰瑟姆复习了一段时间功课以后,于1661年考上了剑桥大学。

就在这前一年,英格兰在结束了20年的政治和宗教纷争之后,在查理二世的统治下恢复了君主制,英国进入了一个新的历史时期。牛顿虽然没有受到那场动乱的直接影响,但他在林肯郡的少年时期正值英格兰国内战争(1642—1649年),接着就是推翻了君主制和国教圣公会以后的共和国时期(1649—1660年)。查理二世于1660年和平登基当上了英格兰信奉圣公会的国王以后,立即着手建立君主制和国教,但是较之以前,他比较尊重宪法,在宗教和政治方面也比较宽容。牛顿刚进入剑桥时,有些事情还正待进一步发生变化,王政复辟的英格兰的形势一时还比较紧张。

牛顿被剑桥大学录取,以减费生的身份进入三一学院,头一年还要遭受高年级学生的欺负,被迫为他们做事。(牛顿一直抱怨自己的农民出身,却又一直未摆脱出身的印迹。)剑桥当时是一所死气沉沉的大学,甚至在17世纪60年代还仍然死抱住亚里士多德不放。好在剑桥的控制不严,对学生管理很松,牛顿可以学习自己喜欢的东西。不久,他就接触到了当时数学、力学和自然哲学中最先进的内容。到17世纪后期,科学的状况正在出现变化的征兆,在那样一种氛围下,牛顿有可能在学习欧几里得之前就掌握了笛卡儿的理论。1665年,牛顿拿到了剑桥大学的文学学士学位,而且留在三一学院,不久以后就被聘为学院的固定教师。1669年,巴罗(Isaac Barrow,牛顿的教授)退休,这时的牛顿刚满26岁,已经是文学硕士,并成了剑桥大学的第二任卢卡斯数学教授。卢卡斯数学教授是在1663年设立的一个科学教席,为的是激励剑桥的科学活动。牛顿这时已来到剑桥8年,他只是按照保持了4个世纪之久的传统规规矩矩做事,不料却成了大学的名教授。

1665年,当牛顿还是学生时,一场瘟疫波及到了剑桥。为此,大学停课了差不多2年。这期间,牛顿曾回到伍尔索普。早期的一些传记把紧接着的1666年称为奇迹年,着墨甚多。据说,就在那一年,牛顿发现了万有引力,发明了微积分,又形成了他关于光和颜色的理论。今天的历史学家在看待牛顿这一阶段所取得的成就时观点略有不同,认为不能割断在那以前牛顿对科学和数学的那些艰苦紧张的学习和研究工作,只是1666年在伍尔索普这段时间他比较放松,有可能静下心来独自好好思考一下有关的问题。尽管当时还不为世人所知,牛顿在1666年其实已经是世界上最优秀的数学家,对科学或者说自然哲学(不论新旧)的了解不比任何人差。他思考重力问题,并大致地计算过重力对远在天上的月球的影响。他利用棱镜研究光和颜色,发现了许多新的现象,并尝试进行新的解释。他还通过分析曲线的切线和曲线下方的面积(我们现在称它们为导数和积分)之间的关系得到了对微积分的基本认识。牛顿在1666年所取得的成果表述得并不充分,工作也尚未完成,并非如有的传说那样是一蹴而就的。事实上,牛顿产生的对力学、光学和数学的那些初步思想是在他于1667年回到剑桥以后才进一步发展和成熟起来的,那些课题其实占据了牛顿一生科学工作的大部分时光。

牛顿发表的第一篇论文,内容是关于光学的。在1672年发表的那篇论文中,牛顿提出了他的一系列观点:光是由许多光线组成的,不同的光线在通过透镜或棱镜时会折射不同的角度,每一条光线对应着不同的颜色,而白光其实是所有光线和所有颜色的混合物。对于他的这些观点,牛顿举出了精心设计的实验来加以证实。例如,在他的一个非常著名的"判决性实验"中,牛顿让一束光线通过一块棱镜来产生光谱。然后,他再从已经过折射的光谱中选出一部分光线继续通过第二块棱镜,这时,就没有再产生光谱,也没有再发生变化。这样,他就证明了颜色是光的特性,而并不是由折射所产生。牛顿得到的这些结论代表了关于光和颜色本质的一种全新观念,与此前的亚里士多德和笛卡儿的理论完全不同,而牛顿却觉得他不过是把自然界里存在着的事实直截了当地揭示出来而已。牛顿也注意到了他的发现在实际中派生出来的一项技术应用：为了避免光线通过透镜因发生折射而产生色差，他利用凹面镜会聚光线的原理制成了一具**反射**望远镜。牛顿把那具反射望远镜送给伦敦皇家学会，皇家学会则于1672年选他为学会会员。

牛顿于1672年发表的那篇光学论文确实是一篇少有的科学杰作，然而它还是引起了一些争论。反对者是那些顽固抱住亚里士多德和笛卡儿观点不放的人。他们攻击牛顿的发现，把他硬拖入一场持续了几十年之久的论争之中，问题则集中在他的实验程序的一些细枝末节和对实验结果的解释上。这件事使牛顿后来总是尽量避开公开的科学活动。他有一些数学工作的手稿就只是在私下里流传。自他首次受到公众注意以后，他就尽可能地躲回他在剑桥的个人世界。在那里，由于教授职位的关系，他成了英国圣公会的一名神职人员，在17世纪70年代和80年代早期曾一度认真地研究过神学和《圣经》的预言。牛顿一生都热心于宗教，但他又不赞成基督教的正统教义。比如说，他认为基督教的三位一体不过是早期教会搞出来的骗人把戏。牛顿自己另有一套不合潮流的神学观（称为阿莱亚斯教派，有点像极端的唯一神教派），这使他严重地脱离周围的英国社会。牛顿的宗教狂热使他甚至相信存在着许多套关于宗教和科学的秘密的、原初的、不可思议的知识，上帝起初把它们告诉了诺亚（Noah），后又传给摩西（Moses）和毕达哥拉斯，传到他牛顿时代时，已经变成为一种极其深奥难懂的口头传统，只有一些先知和像他牛顿那样极少数被挑选出来的人才有幸得到真传，或者如他所相信的那样，只有像他那样的少数人才能够读懂隐藏在自然和《圣经》背后的那些密码。牛顿似乎非常认真地对待后来埃德蒙·哈雷（Edmond Halley）针对他所写下的诗句："无人能更亲近地接近众神。"不过，牛顿把他的这些肯定会冒犯正统教义的观点深藏在心。1675年，他采取了在别人看来似乎不可思议的举动，突然辞去了卢卡斯教授的职位，这样，他就可以不必再接受来自宗教方面的指令，从而使自己得到解脱。

从17世纪70年代中期到80年代中期，牛顿为了追求神秘知识耗费了大量的时间和精力，他主要是迷恋金丹术。他的金丹术研究其实是他对力学、光学和数学

272

所进行的自然哲学研究的继续和延伸。牛顿是一位非常认真、讲求实干的金丹术士，而不是那种蹩脚的化学家。他可以让他的炼金炉一点燃就数个星期不灭，而且他还掌握了非常难懂的秘笈文献。他并不是要把铅变成金子，他竭力想利用金丹术科学去搞清楚在自然界中发挥作用的那些力量和威势。牛顿与一群私下里从事金丹术活动的人交往密切，经常同玻意耳和洛克（John Locke）交流金丹术秘密。在牛顿的手稿和发表的文章中，金丹术内容所占的比例最大，而且在他发表的所有作品中都可以看到金丹术对他的影响。这样一个人可不像是那个启蒙运动中的牛顿。

重新组织的科学

牛顿于 1672 年发表的那篇光学论文刊登在皇家学会的《哲学学报》（*Philosophical Transactions*）上，这原是寄给学会秘书奥登伯格（Henry Oldenburg）的一封信。皇家学会是出现在英国社会的一个新型科学机构，专门为科学活动提供资助，全名为"伦敦皇家自然知识促进学会（the Royal Society of London for Improving Natural Knowledge）"。它成立于 1660 年，1662 年查理二世为其签发了皇家特许证。皇家学会为国家科学学会，一直依靠会员交纳的会费维持运作。

伦敦皇家学会（1662 年）和巴黎科学院（1666 年）是 17 世纪发生的那场科学组织革命中起标志作用的两大科学机构。它们为科学和科学家提供了新的组织基础，并预示了在紧随其后的一个世纪将出现一个以众多科学院为特征的科学组织形式的新纪元。在那两大科学机构出现以后不久，普鲁士、俄国和瑞典也相继建立起它们各自的大型国家科学院。这种国家科学院或者国家科学学会的模式很快就传遍欧洲，接着又传至欧洲在世界各地的殖民地。科学院或科学学会可以在不同层次上协调各种各样的科学活动，例如：提供付酬的科学职位，为某些科学项目和探险活动悬赏或提供资助，创办刊物和实施出版计划，组织和监督各种考察和探险活动，此外还能够以各种各样的方式为国家和社会提供种种特殊服务。这样一些组织机构，再加上社会上广泛存在着的那些关注科学的力量，就成为在一个多世纪里把科学组织起来的主要形式；此后一直到 19 世纪，才又出现了专业的科学学会，

图13.1 路易十四访问巴黎科学院。 这幅凭想象创作的17世纪的雕版画描绘了法国国王路易十四视察巴黎科学院的情景，表明在17世纪的欧洲，国家对科学的支持得到极大加强。

273

大学也才再度显示出它们的科学活力。

17和18世纪的这些新型学术机构,是文艺复兴时期出现的早期资助形式逐渐演变的结果,其前身是由宫廷资助科学;应该说,它们是民族国家和集权政府的一项创造。国家资助科学学会,较之在文艺复兴时期刚出现的那些资助形式来,更加稳定和可靠。它们取得了政府当局的批准,持有正式的官方特许证件,因而属于合法组织,是一种永久性社团。随着政府的运作逐渐同皇室分离,官办的国家科学学会也随之脱离宫廷活动,被纳入政府的组织机构之中。这时,学会成员的作用已经不怎么像科学廷臣,而更像是服务于国家的专家型公职人员。国家科学院和国家科学学会还被明确为专门从事自然科学研究的机构,它们不接受其他任务,能够基本上做到自己管理自己,而且这些机构还不同于大学,不必承担教学任务。国家科学院和科学学会能够在18世纪成长和成熟起来,这件事本身就是一个有力的证据,表明科学在科学革命之后已经在相当大程度上得到了社会的承认和包容。

在17和18世纪,上层女性们经常聚集在一起搞一些文学和智识**沙龙**活动,可是,在科学和学术社团领域还基本上是男人的世界。不过,法国的夏特莱侯爵夫人(Madame de Châtelet,1706—1749年)是一个明显的例外。她是好几个科学院的院士,在科学上有不少创新,而且曾经把牛顿的著作翻译成法文。她的翻译工作对于牛顿理论在法国的传播起到过很大作用,尽管人们对此有时会估计不足。此外,在意大利的几个设有大学和科学院的城市也产生过一系列女性科学明星,像巴茜(Laura Bassi,卒于1778年)就是其中之一。她在用实验证实牛顿理论方面取得了很大成功。巴茜和其他女性科学家所取得的成就,不仅在她们所在的城市,也在当时的整个学术界为她们自己以及全体女性争得了荣誉。

在17世纪还出现了其他一些有助于科学组织和科学交流的非大学渠道。那时,进行科学交流的主要形式已经包括个人访问、私人通信和出书。早在科学革命发生之时,那些关注新科学的人就频繁地彼此通信,以这样一种新的学术交流方式形成了一些非正式的学术圈子。接着,在17世纪下半叶,随着得到国家支持的新型学会的出现,又有了定期出版的学术期刊。自那时以来,这种定期出版的学术期刊一直就是发表科学研究成果的主要形式。1666年，伦敦皇家学会的《哲学学报》和法国的《科学通报》(*Journal de Scavans*)两种期刊同时创刊，随后就陆续出现了其他一些产生过很大影响的早期期刊。这些期刊为交流和传播科学知识和研究成果提供了新的手段。它们能够使科学成果得到迅速及时的发表，而期刊上刊载的一篇篇科学论文又成为科学界统计科学成果的计量单位。

为了更好地管理国内外的贸易，欧洲各国均仿效以前伊斯兰世界的做法，相继建立起皇家或国家的天文台，如法国（1667年）、英格兰（1675年）、普鲁士（1700年）、俄国（1724年）和瑞典（1747年）等。与此同时，国家还开始拨款设立和维持国家植物园，如于1635年成立的巴黎皇家花园和于1753年成立的坐落在英国基尤地区的皇家植物园。这些国家植物园和其他数百座类似的植物园，大多是根据法令或中央政府的特别批准由原来旧的大学药用植物园扩建而成的。它们是进行科学研究的中心，后来又在重商主义政策的推动下扩大成由荷兰、英国和法国的植物园组成的世界性植物园网络。

从16世纪起，欧洲的宫廷和政府开始出钱把科学活动组织起来，与此同时，科学专家也开始参与欧洲各国政府的事务。他们不仅在植物园、天文台、科学学会和大学里担任职务，事实上还能够在政府的一切部门发挥作用。例如，美第奇佛罗伦萨治河委员会属下就有一个由15名专家组成的技术班子，宫廷也经常就工程问题向伽利略提出咨询。牛顿后来则担任铸币厂总监，直接服务于王室。渐渐地，欧洲科学家便同先前水利文明国家里的科学家一样，变成了国家的公职人员。科学专家和他们所在的科学机构同时也在为国家作出实实在在的具体贡献。例如，巴黎科学院就要负责管理专利的使用，从而成为法国皇家政府的左膀右臂；与中国的钦天监一样，它还要监督官定天文表的出版。

在近代欧洲的早期，科学必须有用的思想使得科学和政府之间形成了一些新型关系。欧洲各国政府是以一种纯粹买卖的关系来对待科学和自然哲学的。科学和哲学要得到政府的重视、支持和获得自治，就必须提供有用的服务并显示出能力来进行交换。科学主动把自己出卖给政府，至少在一定程度上是如此；而国家——

首先是专制君王所把持的宫廷,其次是民族国家的官僚机构——则开始买进科学。在近代欧洲早期建立起来的这种科学和国家之间的新型买卖关系的历史意义在于,那些欧洲国家的政府终于还是仿效古代的水利文明,开始利用科学专家了。

我们当然不应夸大在科学革命结束时才在欧洲形成的那种政府支持科学的力度。在当时,数学家、科学家和技术专家并非普遍享有较高的社会地位。查理二世就曾经嘲笑过他自己的皇家学会,说他们利用抽气机实验去"称空气的重量"是在搞毫无用处的事情。受雇于宫廷或者国家的科学和技术人员要想拿到技术服务的报酬和早先许诺的薪金,也经常困难重重。就连巴黎科学院那样名气很大的科学机构,在最初的几十年里,能够得到的基金也少得可怜,远低于同它平级的艺术院。不错,路易十四曾经驾临过他的科学院,但也仅此一次而已,以后就再也请他不动了。欧洲的那些政府一直认为,科学是有用的,但也是廉价的。直到进入20世纪,他们才终于保证了满足第一个条件。至于第二个,他们只获得了部分的成功。

重建宇宙结构

1684年8月,埃德蒙·哈雷专程到剑桥大学向牛顿请教一个问题。那一年早些时候,在伦敦皇家学会,哈雷、胡克和雷恩(Christopher Wren)3人有一次聚在一起闲谈,说起关于行星椭圆运动的开普勒定律与太阳应该施加的一种吸引力之间的联系——当然,关于存在着这样一种力的想法在那时显然还没有形成定论。牛顿同皇家学会的实验总管胡克早在1679年和1680年就曾针对这种想法通过书信交换过意见。雷恩甚至还提出过赏金征求关于这种力的数学证明。哈雷这次拜访隐居的牛顿,就是要请教他对于行星在一种$1/r^2$的吸引力的作用下围绕太阳运动这种假设的看法。回想起自己在1666年做过的工作,牛顿立即回答说,行星的轨道是椭圆,他曾经计算过。哈雷听了敬佩不已。牛顿在他的手稿堆里翻找了一会,然后对哈雷说,他随后会把那些计算给哈雷寄去。3个月后,哈雷收到了一份共有9页的手稿,题目是"论物体的轨道运动"。那篇论文概括了天体力学的基本原理。任何读到那篇短文的人,都会立即看出牛顿那项工作的重要意义。

那时,《原理》还没有写完。当牛顿回过头去检查他在1666年所作的那些最初的计算时,他发现了错误,而且有些概念也不够清楚。1684年他回复哈雷的最初那份手稿,也仅仅是描绘出新物理学的大致轮廓。在随后的两年中,牛顿紧张地工作,克服了概念上、数学上和文字表达上的重重障碍,终于把他的思想理顺,得到了一个十分严格而完善的解决方案。哈雷负责了这部伟大著作的全部印制工作,但名义上是由皇家学会资助出版。《自然哲学的数学原理》一书于1687年正式出版,书上印有皇家学会的出版许可。

《原理》一书是一部高度数学化的著作,或者更好地说,是一部几何学著作,牛顿从一开始就给出了定义和公理。他先定义了他使用的术语(如质量、力),接着表述了著名的运动三定律:(1)惯性定律,即任何一个运动物体在不受外力作用时或保持静止,或保持匀速直线运动;(2)力的大小由运动的变化来量度(尽管他没有写出公式$F = ma$);(3)对于任何一个作用力都同时存在着一个大小相等而方向相反的反作用力。牛顿在论述他的运动三定律之前,先行介绍了他提出的关于绝对空间和绝对时间的概念;他还在书中以注释方式——实际上只是一个脚注——指出,伽利略好不容易得到的自由落体定律($s \propto t^2$)可以用他牛顿的三定律作为一个结论导出。事实上,从一开始就可以清楚地看出,牛顿用力来说明运动的动力学是对伽利略的描述性运动学的一种归纳和概括。

《原理》一书共有3卷。第一卷抽象地讨论了物体在自由空间里的运动。在这一卷的第一节里,牛顿其实是在继续前面引言部分的内容,介绍了《原理》后面部分将会用到的微积分学(积分和微分)的解析方法。在讨论微积分方法时,牛顿使用的是几何学语言,因为当时实际上只有他一人懂得微积分,而该书的所有潜在读者都只能读懂几何学。

在第一卷的第二节,牛顿给出了"确定向心力"的例证。在这里,他证明了一个在中心吸引力作用下作轨道运动的物体会遵从开普勒第二定律,在相等的时间里扫过相等的面积。也就是说,如图13.2中,如果一个位于点A的物体正在围绕一个中心S作轨道运动,它受到一个指向S的向心力或某种引力的作用,那么,连线AS

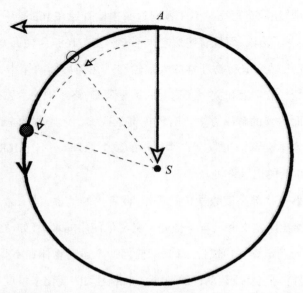

图13.2　牛顿的《原理》。在《自然哲学的数学原理》(1687年)一书第一卷中,牛顿把引力同开普勒的行星运动定律联系起来。在图示的这个命题里,牛顿证明了一个在引力作用下作惯性运动的物体会遵从开普勒第二定律,在相等的时间里扫过相等的面积。也就是说,如果开普勒第二定律成立,作轨道运动的物体就应该是在某种引力的作用下运动的。

在相等的时间里就一定会扫过相等的面积。牛顿还反过来进行了逆证:如果一个作轨道运动的物体遵从开普勒第二定律,那么,就一定能够发现有某种吸引力或者说引力在起作用。

接下来牛顿转向了一个较难懂的命题Ⅳ,即定理4。在这个命题里,他讨论的是一种经过简化的运动情形:一个物体在一个向心力(或者说吸引力)的作用下扫过一段弧线。如图13.3所示,一个物体 b 在一定的时间 t 里沿弧线 a 以一定速度 v 从点 A 运动到点 A',而它到引力中心 F 的距离始终保持为半径 r。在这个例子中,牛顿感兴趣的是这5个参量 a, r, F, t 和 v 之间所存在的抽象的数学关系。就在这个命题和紧接着给出的一个个推论中,牛顿逐个导出了这些关系。在第六推论中,牛顿得到的是这样一个关系:如果 $t^2 \propto r^3$,则有 $F \propto 1/r^2$。这个看似一般的命题里面隐藏着对自然界的一种非常深刻的见解,因为它等于牛顿在说:如果开普勒第三定律成

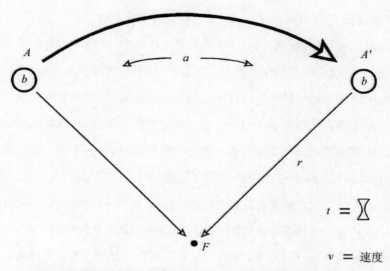

$$t = \bowtie$$

$$v = 速度$$

图13.3 联系万有引力定律和开普勒第三定律的命题。 在《原理》第一卷中的这个命题 里,牛顿分析了影响一个物体 b 在一个引力 F 作用下沿着一条弧线(a)从 A 运动到 A' 的 各种因素。他可以证明,如果该引力随距离的平方而减小,那么就一定有 $t^2 \propto r^3$,即开普 勒第三定律成立;反之亦然。换句话说,如果开普勒第三定律成立,就必然存在牛顿的 $1/r^2$ 的引力定律;如果存在牛顿的引力定律,那么开普勒的第三定律也肯定成立。牛顿就这样 提出了一种新物理学来说明天体的运动。

278

立,那么该物体就是被一个其大小随物体到力心距离的平方呈反比变化的引力维 持在它的轨道上;而这就是牛顿的万有引力定律。反过来,牛顿也证明了,在遵从 $1/r^2$ 万有引力定律的一个引力作用下作轨道运动的物体,必定遵从开普勒第三定 律。换句话说,开普勒第三定律证实了牛顿万有引力的存在,反之亦然。在一个脚 注里,牛顿自己直截了当地说出了他的这一工作的非凡意义,他写道:"第六推论的 这种情况已经在天体上得到证实。"

在第一卷的余下部分,牛顿则用来演绎出已经包含在前面那些命题中的全部 力学。牛顿把他的分析推广到了所有的圆锥曲线。他证明了,一个非常大的固态 物体(比如地球)的引力在数学上可以被化约为由它的中心作用的引力。通过讨论 摆的运动,牛顿还显示出了他的审美天赋。他极力挖掘万有引力在抽象数学方面 的价值。此外,他还提供了根据观测数据来确定轨道的数学工具,以及反过来如何

278

根据已知轨道来进行观测。

《原理》一书就好像一首包括有3个乐章的协奏曲,它的第二卷的节奏明显地慢了下来,不再像第一卷那样强调天文学含义,而是来讨论在非自由空间中,也就是在具有阻力的介质中的物体的运动。就其内容而言,在第二卷中牛顿讨论的其实是关于流体静力学和流体动力学的数学处理方法。乍一看,脱离基于引力的天体力学的主题而转到流体领域好像令人有些莫名其妙,其实不然。我们应该还记得,在笛卡儿的世界体系中,宇宙中充满了浓稠的以太,按照笛卡儿的说法,各个行星就是在不同的以太旋涡里被推动着运动。那么,求助于以太旋涡的那些体系,就应该属于流体动力学体系。牛顿在仔细检查这些体系的物理学时,发现笛卡儿的体系完全站不住脚,他在《原理》的第二卷中写下了一段给予笛卡儿体系致命一击的话作为结论:"因此十分清楚,行星不是浸没在物质旋涡里被裹挟着转动。……那就让哲学家去看看该怎样用旋涡来说明[开普勒第三定律]吧。"

《原理》的最终结论是在第三卷——"世界体系"。牛顿在这里第一次向人们展示了一个日心太阳系的"现象",在这个太阳系里所有作轨道运动的天体都遵从开普勒三定律。最重要的是,他还提供了非常可靠的观测数据,用以说明月球围绕地球的运动、行星围绕太阳的运动以及木星和土星各自的卫星分别围绕它们的运动全都符合开普勒第三定律($t^2 \propto r^3$)。地心说被证明是荒谬的,它与已知的事实不符。正是利用开普勒第三定律和他在《原理》第一卷里的论述,牛顿得出结论:把我们这个世界里的行星和卫星保持在它们各自轨道上的那种力就是按照$1/r^2$变化的吸引力,特别是,"月球所受到的作用就是指向地球的引力作用"。

牛顿的天体力学是否正确,关键在于它能不能够说明地球的卫星月球的运动。月球,还有1680年出现的那颗大彗星,是牛顿用来支持他的天体力学的仅有的两个实例,因为只有这两个实例,他掌握有足够的数据。关于月球,牛顿知道它与地球之间的大致距离(60个地球半径)。他当然也知道它沿轨道运动一周所花的时间(一个月)。据此他就可以计算出支持月球在轨道上运动所需要的力。利用伽利略自由落体定律进行简单而漂亮的计算,牛顿就令人信服地证明了在地球表面附近使物体下落的那种力——地球重力——就是使月球保持在它的轨道上运动的那同一种力,因而,地球的重力也与离开地球中心的距离的平方成反比。通过对这个实例的漂亮证明,牛顿把天体和地球统一起来,终于最后结束了自亚里士多德到哥白尼直到当时的那些无休止的宇宙学争论。当然,在证明了月球实例和彗星实例以后,牛顿同时也揭开了一个崭新的世界,在那里又存在着许多新的问题有待人们去加以解决。

第三卷的余下部分也指出了在《原理》之后的新纪元里需要进行研究的一些课题,如月球的精确轨道、天文摄动、地球的形状、引力和潮汐,特别还有彗星。对于彗星,牛顿拿出了他的又一个强有力的证据:他举出对1680年彗星的观测数据和计算结果,证明了该彗星的运动路线也是一条在太阳的$1/r^2$引力作用下的开普勒日心轨道。牛顿对1680年彗星的那种研究方法于是就成为后来处理一切彗星的典范。

在《原理》1687年的第一版里,我们已经能够看到金丹术的影子,其中谈到彗星蒸气会通过一种"缓热"(slow heat)转变为大地物质。25年以后,也就是在1713年——那段时间是牛顿一生中非常特殊的时期——《原理》出版了第二版,其中有作者加写的一个总附注。这个总附注的影响一点也不亚于该书的主题内容,那是牛顿对上帝的一个专题论述,他认为在"这个极其美丽的太阳、行星和彗星系统"中明显存在一个"智慧超群而且无所不能的上帝"。牛顿的自然哲学把他引向了自然神学,其结论是,上帝通过他在自然界里的设计能够为我们所感知。牛顿的上帝成了最伟大的钟表师,他在一旁密切注视着自己制造的这架硕大无比的机器,而机器则独自按照上帝为之安排的自然规律嘀嘀嗒嗒地正常走动。也是在那个总附注中,牛顿表白说他所采用的方法是只用数学处理引力,而不问引力的来由。关于引力的起因,牛顿有一句名言,他"不杜撰假说"(hypotheses non fingo)。在这种情况下,牛顿退回到伽利略提出的方法论切入点,即对现象的理解赋予我们预测能力,这对科学来说至关重要,即使不能完全解释例如物体为何下落以及力或引力的本质。总附注的最后一段同全文似乎很不协调,谈到了一种将光、热、凝聚力、电、生理学和感觉联系起来的"聪明的精灵"。这些问题诚如牛顿所说,"三言两语无法解释清楚"。

《原理》的出版几乎在一夜之间就使44岁的牛顿成为一位著名人物。不过,有一段时间,这也给牛顿在剑桥的隐居生活带来了一些干扰。《原理》出版以后,牛顿仍回到他冥思苦想的生活常轨,守在他的炼金炉旁。1693年,他患上了严重的精神疾病,有4个月他把自己幽闭起来不与旁人交往。他常常会一连好几天不睡觉,给熟人写妄想狂一样的信件,比如他曾写信骂洛克不该"用女人来纠缠我"。牛顿自己后来也提到过他在那段时间"脾气特别不好"。他处在那种状况至少有18个月,说得轻一些,是患上了精神抑郁症。1693年同时也成为牛顿一生科学创造时期结束的标志。

导致牛顿精神突然崩溃的原因很多。他在金丹术上耗尽了自己的精力,最后却可能发现原来是一场空。他也可能受到了重金属(比如水银蒸气)的毒害,因为有段时间他变得"发疯"了。那一时期,他与德国哲学家莱布尼茨关于微积分学发明优先权的争执也正好开始变得激烈起来,他原来以为在《原理》出版以后肯定能在伦敦得到一个任命的想法也落空了。最后还有历史学家们都不大愿意直接当作牛顿在1693年精神崩溃的原因来提起的一件事,那就是他与一位25岁的瑞士数学家杜伊勒(Nicolas Fatio de Duillier)之间的关系突然破裂。两人之间大概是很正当的交往在1693年6月被炒得沸沸扬扬,事后看来,那很可能就是引起牛顿精神崩溃的直接原因。

牛顿在1693年的精神崩溃,似乎证明了经常能够听到的关于创造力与癫狂两者难以分清的说法。最后把他终于从那种倒霉的状况下解脱出来的力量,竟然是怎么也想象不到的政治。英国在1688年发生的光荣革命推翻了天主教国王詹姆士二世(James Ⅱ),把奥兰治的新教徒威廉(William)和玛丽(Mary)拥上台当上了联合执政的国王和王后。在那场革命发生之前的一段时间,形势相当紧张,剑桥大学也受到了影响,詹姆士硬要在大学设立什么天主教特别研究员(Catholic Fellows),这当然侵犯了大学原来享有的权利和优待。这时候,牛顿倒是有些出人意料地公开站出来说话,于是剑桥大学把他选为去见国王讲理的代表之一。选他为代表恐怕有部分原因是看中了他的偏执性格,那会使他在詹姆士的政策实行有可能首当其冲,另一个原因肯定是他一贯讨厌假基督的天主教会。威廉和玛丽上台以后,牛顿继续代表剑桥大学参加国会,向新的国王和王后祝贺。在这个事件中,牛顿显示了他的政治勇气,而且是站在了胜利者一方,好处总该是有的。

经过一阵几乎失望的等待后,牛顿终于得到了一个任命。他于1696年离开剑桥来到伦敦长期居住,担任英国铸币厂的监管委员,1699年再晋升为铸币厂的最高官职总监。在铸币厂的位置上,牛顿尽心尽力,认真铸造钱币,严厉打击制假币者。他在金丹术方面的专业知识为铸币厂提供了必要的科学知识。他的大部分积蓄就是在铸币厂任职期间攒下的。他在那里一直工作到1727年逝世。

牛顿隐居在剑桥长达30年之久,最后从大学转到政府,由一名学者变成公职人员,这个变化并非不值一提的偶然事件。它生动地表明科学的社会环境在17世纪发生了重大变化。牛顿受雇于政府当上了文职官员,而且显然还是一个需要技术才能的职位,这再一次说明当时的大学并非活跃的科学中心,已经到处都能够找到搞科学的新位置。在整个17世纪,君主个人对科学的资助一直是越来越少,到了牛顿的时代,社会已经对科学作出了新的安排,有越来越多的科学家进入中央政府的管理机构和国家的专门科学机构。例如雷恩,他先是在牛顿之前担任皇家学会会长,后来成为国王的首席建筑师,在伦敦大火之后负责重建圣保罗大教堂。

牛顿担任伦敦皇家学会的会长一点也不令人惊奇,他与皇家学会早就有过长期的交往。不过,他是在他的宿敌胡克死去以后于1703年才得到那个位置的。此后,无人再与他竞争,牛顿在每年的选举中总是当选,所以他一直担任皇家学会的会长直至逝世。牛顿一只脚踩在铸币厂,另一只脚踩在皇家学会,这样,他就稳稳当当地立在了虽然不是很大然而却正在壮大起来的英国官方科学界的中心。(那个官方科学界还包括格林尼治天文台。)这时的牛顿扮演的是英国科学独裁者的新角色。在皇家学会,他把亲信提携为会员,把持着管理委员会。他还玩弄手腕控制了格林尼治天文台。在整个大英帝国,涉及科学领域的任命,他要提拔谁,无人敢有异议。那不是为了别的,就因为他是艾萨克爵士阁下,由女王安妮(Anne)在1705

年钦封的爵位。

　　牛顿在与莱布尼茨争夺微积分发明优先权的那场著名的争执中极不光彩地滥用了他在皇家学会的职权和地位。这两位奇才多半是各自独立地发现了微积分学的基本定理,牛顿是在1665—1666年做出的,莱布尼茨是在1676年左右完成的。可是,两人却为了谁应该获得发现的荣誉打得不可开交。按说,莱布尼茨发表成果在先(1684年),也首先得到承认。不过,要是他独享荣誉也不大公平,因为他于1676年访问伦敦时曾经知道了牛顿的数学工作。牛顿通常总是或多或少要对他的数学成果保密,然而这一次却有一篇论文可以作为旁证,于是,又是流言蜚语,又是公布材料,大造是牛顿最先发现微积分的舆论。那些溜须拍马之辈更是不指名地大骂莱布尼茨是小偷,是欺世盗名,是剽窃。到了1711年,莱布尼茨犯了一个错误,他正式请求伦敦皇家学会主持公道,这一下他就落到了牛顿的手中。牛顿在学会内部搞了一个袋鼠法庭*,由他本人起草了听证报告Commercium epistolicum,"裁定牛顿先生为第一发明人"。就这样牛顿还不放过莱布尼茨,又在1714年写了一篇长文"关于Commercium epistolicum的说明",匿名发表在皇家学会的刊物《哲学学报》上。甚至在莱布尼茨于1716年去世以后,牛顿还在卖力地兜售他应该独享荣誉的说法。那场不幸的官司倒是引发出关于牛顿和莱布尼茨两人世界观的颇有意思的哲学讨论,否则,那完全是一场无谓的灾难。微积分发明优先权之争,更多的是暴露了牛顿的性格,让人们注意到科学中存在着同时发现这一现象,了解到科学的现代社会规范在其萌芽时期的状况。这些规范就包括了究竟应该如何确定优先权和在怎样的情况下应该共享发现的荣誉。具有讽刺意味的是,牛顿的微积分版本早已绝迹,得以流传的反而是莱布尼茨的那些如d(微分)和∫(积分)那样的符号和概念。

282

　　牛顿刚一当上皇家学会的会长,就在1704年出版了他的《光学》的第一版(英文版)。《光学》同《原理》一样,是牛顿的另一部长篇巨著,也使牛顿和牛顿科学名声

---

　　* 指非法的或不按法律程序办案的非正规法庭。——译者

大振,不过,这部书中记述的却是牛顿先前完成的科学工作,最早可以追溯至1666年。比起《原理》来,《光学》一书比较好读,也容易读懂,书中描述的是实验方法,没有使用太复杂的数学。在《光学》中还体现出牛顿实验主义的一个突出特点,牛顿没有在其中像《原理》那样进行许多的演绎,而是只给出"实验证据"。他通过描述一系列实验来说明实验所揭示的现象。

　　牛顿所写的《光学》一共也有3卷。他先对从古代一直到他那个时代已经获得的光学知识进行了全面总结。接着,他用近200页的篇幅展开论述了他在1672年所写的一篇短文中曾经披露的内容,详细描述了关于光的折射、白光的不纯性、颜色的本质、有色物体和虹的实验,还探讨了改进望远镜的方法。在《光学》第一卷和其他一些地方都反映出了牛顿的毕达哥拉斯和新柏拉图倾向,他把虹里的7种颜色同西方音乐里的7个音阶及隐藏其中的数学比例关系联系起来。在第二卷里,牛顿又转而讨论了薄膜现象,比如在肥皂膜上和把一片透镜跟一块平板玻璃压在一起时会显示出的彩色花纹;现在我们把这种现象称为牛顿环。牛顿在设法使这种彩环现象与他提出的光的粒子理论统一起来时遇到了麻烦,为此,他作了一番牵强附会的论证,硬要让他的光线符合他的理论的需要。还是在第二卷里,牛顿探讨了物质理论和物质的原子结构,并表达了盼望显微镜继续改进以便能够看到原子的愿望。不过,他讲这层意思时使用的是金丹术语言,他担心"隐藏在粒子内部的更隐秘也更瑰丽的自然杰作"也许还是不能为我们所知。在《光学》第三卷里,牛顿讨论了刚发现不久的衍射现象,也就是光线经过物体边缘时发生弯曲和物体影子的边缘显现模糊的那一类现象。然而,才讲到一半,他就停止了讨论。他说,他在先前做这些实验的过程中曾被迫"停止,因此现在还不能进一步深入讨论这些事情"。

283

　　在《光学》一书中,牛顿没有像在《原理》的总附注里那样发表一番结论性质的理论宏论,而是列出了一系列带有普遍意义的有待进行科学研究的问题,即他著名的探询(Queries)。说是探询,不过是一种修辞笔法,每个问题虽然都是以问号结尾,表达的却是牛顿对于各种各样科学课题的观点。他明确表示,他提出那些问题是希望激发"其他人深入进行研究";确实,牛顿的探询也起到了那样的作用。《光学》先后共出版了3个不同版本,牛顿在其中总共提出了31个探询。在1704年的第一版里,牛顿提出了16个探询,涉及光、热、视觉和声音。在1706年出版的拉丁文版里,牛顿又增加了7个探询(在后来的版本中编号为25—31),内容涉及光的粒子说、光的偏振以及对惠更斯(还有笛卡儿)的波动说的抨击。在新加的这一组探询的最后两个探询中,牛顿居然毫无保留地冒险讨论起(金丹术)化学变化和生物变化来("同自然的进程十分一致,它们似乎喜欢变动"),他用了不少的篇幅大谈化学现象。在牛顿的这些探询中,他用来解释现象的模型是由许多"沉重、坚硬和不可入的"原子组成的,而这些原子则被赋予了具有在相互隔离的情况下施加吸引力和排斥力的性质。牛顿借助原子和他赋予原子的能力,一一解释了重力、惯性、电、磁、毛细管作用、凝聚、植物的活性、燃烧以及其他许多现象。10年以后,在1717年,《光学》的英文第二版问世,牛顿又在英文第一版的那些探询和拉丁文版的那些探询之间插入了8个探询。在这些探询里,他没有完全坚持原子具有主动属性的思想,而是退而求助于具有各种各样复杂性质而且自行互相排斥的以太,以这样的模型来解释光学现象、重力、电、磁、热和生理现象。牛顿的这些探询,合起来看,在知识的连贯性上可能并不强,但是,它们却建立起一种新的研究传统,就好像为研究工作撑起了一把通用的概念性的保护伞,这对于在尚不成熟的科学领域里进行探索具有特殊的意义。

同《原理》一样,牛顿也用了一个自然神学附注来结束《光学》。他在自然界中发现了上帝,而且声言上帝就显现为"现象中所体现出来的一种无形的、活生生的、有高度智慧的(和)无所不在的存在"。研究自然能够懂得上帝的意志或上帝对自然的设计,懂得"我们都必须服从他"。对于牛顿来说,自然哲学又一次被归结为自然神学。

需要着重指出的是,牛顿科学中的自然神学其实是牛顿所处文化环境的一种反映。他的自然神学的精神尤其适合1688年当时及其后的英国宗教和政治温和派(宗教自由主义者)的更大利益和主旨。追随牛顿的宗教自由主义者从他的科学

中提取出许多所需的宗教和社会政治观点，如上帝存在、上帝的意志、私有财产神
圣不可侵犯，以及社会等级、服从和开明的私利的合法性，等等。换句话说，牛顿的
宇宙观和自然哲学支持了在英国占主导地位的那股社会和政治思想潮流，实际上
它本身就是那种思想的中心。

　　这种把科学和意识形态结合起来的立场，通过从1692年开始举办的一系列著
名的玻意耳讲座表达得再清楚不过了，那个系列讲座的宗旨就是"坚持基督信仰，
反对异端邪说"。牛顿的追随者控制着这些讲座，精心挑选的演讲人都是牛顿学说
的信奉者。牛顿甚至亲自指定本特莱(Richard Bentley)为第一个演讲人，后者堂而
皇之地大讲什么"无神论之荒谬与无理"。牛顿在演讲前还同本特莱认真讨论了科
学与自然神学的有关观点。另一个并非没有代表性的例子是在1711—1712年举
办的由德勒姆(William Derham)所作的玻意耳讲座："物理学—神学：从这个被创造
的世界看上帝之存在及伟绩"。玻意耳讲座的确产生了很大影响，那些活动不仅宣
扬了上帝，同时也传播了牛顿的世界图景。玻意耳讲座这一案例可看成是科学知
识被社会加以利用的一个缩影，然而，它绝不是牛顿对科学之外的社会领域所产生
的巨大影响的全部。

　　牛顿毕竟老了，身体也变得十分肥胖。他要管理铸币厂，还要控制皇家学会。
他在较为年轻的弟子的协助下居然还能够顾得上继续出版他的两部巨著的新版
本。《光学》在1717年和1721年先后两次再版，《原理》也在1713年和1726年两次重
新出版。到了晚年，牛顿再次转向了神学和《圣经》预言。在离开剑桥后的几十年
来，他的那些异教观点依然如故，他也继续把它们隐而不露。(在他死后，出版了一
个他考察《圣经》预言的删去了冒犯内容的删节本。)晚年，他还由于同英国皇室的
关系而卷入到一场关于历史年代学体系的争论之中，这使得这位年老的科学巨匠
又与巴黎的法国金石与美文学院(Académie des Inscriptions et Belles-Lettres)的学
者们结了怨。牛顿就这个问题写过一本书，书名叫《古王国修正年表》(*Chronology
of Ancient Kingdoms Amended*)，先是以手稿的形式在私下里传阅，并在他死后的
1728年出版。在那本书中，牛顿提出了一个基于天文资料的确定年代的纪年体系，

可是法国的那些院士却嫉恨牛顿的博学，净挑他年表里的毛病。牛顿在生命的最后几年，变得越来越不能控制自己，于是干脆把自己关在装潢成深红色的房间里闭门不出。临死前，他忠实于自己的宗教信仰，嘱咐不让英国圣公会为他举行葬礼，最后他于1727年3月20日去世，享年85岁。

那个临死也不愿英国圣公会为他做安息礼的牛顿，绝不是葬在威斯敏斯特大教堂——英国圣公会统治的中心和灵魂——里的那个英格兰的牛顿。牛顿活着的时候是一个深藏不露的具有离经叛道思想的阿莱亚斯教派的忠实信徒，一位空前绝后的身怀奇术的法术师，一个在其一生中情感扭曲又备受折磨的灵魂，死后却仍遭利用，被树立成一位民族英雄、一个理性科学家的样板。蒲柏（Alexander Pope）把他推崇为不朽的圣人，为英格兰增添了无上的荣光：

285

大自然和自然律，隐匿在黑暗中。

上帝说，"让牛顿出世！"一切便都分明。

伏尔泰（Voltaire）去英国参加牛顿的葬礼，回到法国做了许多工作，才使法国人知道了英格兰的科学，知道除了笛卡儿的充满以太的宇宙之外，还有一个由什么也没有的牛顿空间构成的宇宙。到18世纪中期，通过伏尔泰和夏特莱夫人的工作，牛顿科学终于征服了法国，取代了原来在法国知识分子和科学家中间得到普遍认可的笛卡儿世界体系。

理论和实际

17世纪形成的这种新的思想观念加强了科学应该有用和应该被加以应用的观点。那么，在科学革命时期有什么东西体现了科学和技术的真正结合吗？总的来说，在16和17世纪的欧洲，在进行科学革命的同时并没有发生技术革命或者工业革命。那时尽管也有印刷机、大炮和炮舰一类的发明起到了划时代的影响，然而它们的发展并没有用到科学或者说自然哲学。除了绘图学可能是一个例外，没有任何一项科学的技术应用或科学成果曾在近代早期的经济、医学或者军事领域产生过比较大的影响。总之,欧洲的科学和技术在那时基本上仍然是互不相干,无论在智识上还是在社会学意义上,两者仍停留在自古以来的那种状况上。

炮术和弹道学再一次证明了这种情况。如前面已经指出的,在没有任何科学或理论的情况下,大炮技术就已经发展得相当完备了。政府开办过炮兵学校,那里教的几乎全部是实际操作。所有的科学史研究者都一致认为,当时的科学对于射击技术的发展没有起到什么作用,那时凭的全是经验。17世纪的防御工事和建筑技术可以说也是如此。理论并不重要。我们其实已经看到,伽利略的弹道理论和他发表的射程表反而是在射击技术已经成熟**以后**才出现的。在这个例子中,又是与应用科学的通常程序相反,是技术和工程向科学提出了要解决的问题,并由此形成了科学的历史。

绘图学是一门绘制地图的技艺和应用科学,它也许称得上是近代的第一项科学型技术(scientific technology)。在探险航海、印刷技术发展和古典文化挖掘出托勒玫的《地理学指南》这些活动的推动下,16世纪欧洲的绘图学家很快就超过了托勒玫以及一切古代和中世纪的先驱。绘图学和数学地理学肯定属于科学,有关人员必须懂得三角学、球面几何学、日晷测时、宇宙志,以及与大地测量、勘测和比例绘图有关的实用数学。墨卡托(Gerardus Mercator, 1512—1594年)是佛兰芒人,担任宇宙志教授和宫廷宇宙志大臣,墨卡托投影法显然必须用到数学才有可能建构出来。如前面已经提到过的,葡萄牙和西班牙很早就在支持绘图学发展。在法国,从1669年开始,则搞了一个宏大的工程,要用科学方法绘制出全王国的地图。那项工程由巴黎天文台和巴黎科学院的卡西尼(Cassini)一家负责,时断时续,后因缺乏资金而流产。然而,经过一个世纪的努力,法国绘图部门在法国海军的配合下终于还是绘制出了法国、欧洲及其海外殖民地的精确度极高的地图,其中的许多地图,在20世纪以前再无出其右者。精确的地图对于贸易以及民族国家和帝国的管理当然不是无足轻重的东西。地图和绘制地图的过程不仅涉及航海和勘测,还关系到资源考察和经济发展。在这些方面,绘图学作为一门应用科学的确在近代早期欧洲的发展和扩张中发挥了一定作用,而且预示了国家支持科学终将得到回报。

286

此外还有一些领域也曾开发或者说多少应用过科学,不过成果都不如绘图学大。航行在海上,一个非常实际的问题就是要知道自己所在的位置,这就是著名的经度难题。这个例子生动地说明近代早期的科学在理论上可以做到的同它在应用技术中实际起到的作用究竟有多远。在长达将近300年的时间里,欧洲人的海上活动一直受到这个未能解决的航海难题的困扰。如果只是确定**纬度**,在北半球相对说来不是太难,只需要测出北极星的仰角即可,即使船只在航行,测量起来也不会有太大问题。可是,确定**经度**就不好办了,它不仅让船长大伤脑筋,也是那些贸易公司和大西洋海上国家面临的巨大障碍,只有依靠经验和凭领航员来判断向东或向西航行了多远,那当然极不可靠。早在1598年,西班牙的腓力三世(Philip Ⅲ)就曾重金悬赏征求解决经度难题的实用方案。荷兰共和国在1626年提出的悬赏金额是25 000银币。而英国的格林尼治皇家天文台就是为了"完善航海"的特定任务才建立起来的。1714年,出于商业利益的需要,在英国还组成了一个大不列颠经度委员会,筹集到20 000英镑的巨款作为赏金,征求解决经度难题的办法。1716年,法国政府紧跟其后,也推出了数额巨大的赏金。

原则上说,当时的天文学已经有好几种现成的方法可以用来解决经度难题。解决问题的关键是确定一个已知地点如格林尼治或巴黎与未知地点之间的时间差。1612年,伽利略本人就曾指出,可以把他刚发现的木星的4颗卫星当作一种天文时钟使用,根据它们来测出所需要的时间。为此,他还试图为西班牙政府搞一个用这种办法测量时间的实际操作程序(未成功)。1668年,法国—意大利天文学家卡西尼(J. D. Cassini)发表了一组专门用来观测经度的木星卫星表,后来在18世纪又陆续出现了其他一些类似的天文表。天文学家还尝试过同时观测月球来确定经度。在陆地上通过观测月球确定经度取得了成功,而在海上,这种方法却行不通。

经度难题的最终解决,不是来自科学,而是来自技艺,即多亏了钟表制造技术的改进。在18世纪60年代初期,英国的一位钟表匠哈里森(John Harrison)改进了计时仪器,得到了一种非常精密的航海计时仪。在那种计时仪里,哈里森使用了平衡摆锤来抵消船只的颠簸和摇摆,再用均衡热电偶来补偿温度变化可能导致的误差。有了哈里森的航海计时仪,海员们就可以在航行中"携带着"格林尼治时间,把它与不难测出的当地时间两相比较,从而确定自己在大洋中所处的经度。在经过一番激烈辩论之后,哈里森这位钟表匠最终获得了经度委员会设立的奖金。不过,必须说,哈里森是与德国天文学家迈耶(Tobias Mayer)分享了这一奖项,因为迈耶的天文月球表至少在原理上可以达到相同的目的。科学和技术平分了该奖。

皇家学会在其成立之初就表现出它信奉培根哲学,并搞过一些实用研究,结果却表明应用科学在17世纪总体上的失败。皇家学会组成过一个委员会,专门从事同航海、造船、植树造林和贸易沿革有关的实际问题的研究,然而这样一种由集体泛泛地进行研究的做法实际效果甚微。例如,应皇家海军的要求,皇家学会曾经用实验来研究木梁的强度。研究人员测试过不同木料不同横截面的木梁样品,得到的结果却与用伽利略理论计算的结果不一致。10年以后,其中一位名叫佩蒂(William Petty)的研究人员才查明他们的错误所在,并弄清楚造船工匠该如何按照伽利略的结果下料。在这个例子中,从事实践的工程师们又是早就掌握了由经验总结出来的可靠的施工规则,根本用不着再由佩蒂来为他们做理论上的担保。

总的来说,科学仪器,特别是望远镜,情形稍许有些不同,它们是在17世纪开始出现的科学和技术有可能相互结合而产生效果的虽不那么引人注目但却十分生动的例子。科学仪器,特别是望远镜和显微镜,在17世纪的研究中已经应用得相当广泛。它们再一次表明了技术对当时的科学产生的历史性影响。然而,望远镜的发展毕竟显示了科学理论与技术实践之间随着时间的推移总是你来我往地交互着推进。第一架望远镜的诞生没有任何理论的帮助,完全是靠技艺做出来的,尽管伽利略并不这么看。在望远镜出现以后,马上就有了光学的新发现,尤其突出的是发现光束通过透镜后会产生色散、球面像差和畸变。这些发现接着就提出了改进望远镜的实际课题,并要求用光学的科学理论来解释这些现象。对此,处在实践前沿的科学家和磨制透镜的技师的反应是设法磨出非球面透镜。牛顿在他1672年那篇著名的光学论文里对色散像差提出过一个理论解释,而且根据这一发现,他改做了反射式望远镜以期进行矫正。色差问题的最后解决是用几种折射率不同的玻

288

璃互相补偿来制成复合透镜,而这已经是18世纪30年代以后的事情,而且方案是来自技术领域,是依靠玻璃制造工艺解决的。当然,欧洲的天文学家也一直在使用技术上不断有所改进的望远镜,得出了许多惊人的天文学发现。这再一次证实了科学常常是落后而非领先于技术这一规律。

基于同样的理由,望远镜的例子也非常突出地表明——当然也表现在光学和天文学中——在科学革命时期科学同技术总的来说相互影响并不是很大。当科学见解本来具有(至少是潜在的)实用价值时,自然哲学家和理论科学家却忽略了应该如何去支持掌握有丰富实践经验的工程师、营造技师、建筑师、各种工匠以及其他一些人。事实上,同一时代的技术似乎总是更多地影响着科学,而不是相反。因此,我们断不可轻易下结论,以为近代科学与技术的联姻是随着科学革命而出现的。只是在进入19世纪以后,思想观念的改变才结出了丰硕的果实。

物质和方法

在16和17世纪,欧洲的知识界分成了好几个不同的派别,他们各自有着对科学和自然的不同看法,彼此争论和竞争,如老式的亚里士多德观点、各种各样的神秘传统观点和"新科学"——这个新科学派又被称为机械论哲学或者实验哲学。新科学重新提起几乎已被人遗忘的早在古代就出现了的原子和粒子学说,在此基础上用力、物质和运动来机械地说明自然界的活动。这种新的自然哲学倾向于通过实验来证实科学主张,而且与神秘学说不同,它还积极拥护公开的知识交流。到1700年,这种新科学已经建立起自己的新型研究机构,从而压倒了在一个世纪前未曾被怀疑过的其他科学派别。这样一种"开放的"知识体系,更能得到君主和国家的广泛支持。这就有助于解释为什么"封闭的"法术或神秘学说在政治上常常会遭受打击,而且相对而言总是在走下坡路。

新科学的提倡者坚决捍卫原子学说和机械论哲学,主动地应对把它们加上无神论和决定论帽子的攻击。笛卡儿的应对办法是采取他著名的物质和精神二元论立场,这样就可以保留官方宗教的一切表述形式。同样,我们也已经看到在牛顿科

学里怎样把自然神学包括在内并成为其中的一个重要部分。那些新成立的科学院
和学会的典型做法，是完全避免讨论政治和宗教。科学研究只针对自然，绝不涉及
社会和神性。

　　17世纪是实验科学兴起和广泛传播的时期。吉尔伯特用磁体做实验；伽利略
让不同的球体沿斜面滚下；托里拆利摆弄装有水银的管子发现了关于空气压力的
原理；帕斯卡把一支气压计带上山顶，证实了他提出的大气构成了一个巨大的空气
海洋的猜测；哈维解剖了无数动物尸体和活体，为的是弄明白心脏的作用；牛顿则
让光束通过棱镜和透镜。一定程度的嬉戏贯穿于这个时代的实验科学。17世纪的
科学家们勤勉地做着实验，可是，他们采取的态度各有不同，并未就某一种"实验方
法"形成统一认识，也就是说，他们对于实验在产生新知识上究竟起什么作用看法
不一。特别是，人们通常认为的假说—演绎方法在17世纪的科学中体现得并不明
显。也就是说，人们很难找到后来的科学哲学家所主张的那种科学研究程序：先正
式提出假说，然后通过实验去检验它，最后根据实验结果来决定是应该接受还是应
该否定原来的假说。如我们已经看到的，伽利略曾经用实验去确认他已经形成的
观点。牛顿利用实验，既有他在1672年的论文中所描述的"判决性实验"这样一种
方式，也有他在《光学》一书中拿出"实验证据"的另一种方式。哈维在他的解剖活
动中采用的是系统实验的方法，然而，他也循着老掉牙的亚里士多德的思路，仅仅
关心"动物性"（animality）而已，并没有想用实验来证明血液循环。"思想实验"——
不可能实际进行的实验——也成为17世纪科学的一个组成部分，例如伽利略就设
想过从月球看地球会是怎样一种情形。既然对待实验的态度是如此的不同，也包
括假说—演绎程序在内，那么，就不能说实验是必然产物，也就是说，实验并不是科
学研究一定会用上的一种手段。毋宁说，实验是历史的偶然：冒出来的是各种各样
的对待实验和实验科学的态度，它们来自各不相同的根源。

　　金丹术无疑是形成近代实验科学的一个因素。随着印刷术的出现，本来是"秘
方"的小册子开始广为流传，它们也起到了这样的作用。在那些16和17世纪出版
的告诉人们"怎样做"的手册里面，包括有许多说明如何制造墨水、颜料、染料、合

金、葡萄酒、香料、肥皂和诸如此类用品的非常实用的经验公式和配方。波尔塔和他的朋友们在他们的秘密学院里做实验不是为了检验科学假说,而是为了证实他们听来的那些实用"秘密"的实效。文艺复兴时期的实验模式始终与一种对自然秘密的高尚"狩猎"紧密相连,成功的狩猎者有时能够从资助人那里得到巨额赏金。

290　　在弗朗西斯·培根的归纳法中,有一个内容,就是他所论证的实验有多方面的作用。在他所举的第一个例子中,他竭力说明实验可以人为地产生新现象——按他的说法是,可以"拧断狮子的尾巴"。那样的实验不是要检验什么,而是为以后的归纳分析增添一些事实和例证。培根式实验的一个经典例子是玻意耳长时间观察一块腐肉,直到它发红。培根自己的一个实验故事也是如此,他把雪塞进鸡的内膛,看结果会怎样。(他死于因此而染上的风寒。)不过,培根也想到了一个类似于检验理论的作用,因为他曾提到在归纳过程中的一个高级阶段要做的实验,即所谓的"探索性实验"。这样的实验主要设计用于比较特定的目的去探索自然,这就有些像我们通常所说的实验检验。此外,培根还在他的"成果实验"中把"探索性实验"同实际应用研究结合了起来。

另一方面,笛卡儿却不赞成培根的归纳法和培根对实验的看法。笛卡儿主张的是从最初那些机械原理出发并加以哲学化的演绎方法,这样一来,他自然就非常轻视实验的作用。他是要从原因推演出结果,而不是用实验通过结果来找出原因。在笛卡儿看来,其他人做的那些乱七八糟的实验于澄清事情无益,反而会造成混乱。他只承认实验在演绎的高级阶段有一定的作用,但那也不是用来检验一种理论,而是在两种或多种可能的理论中进行选择。

随着实验科学的日渐成熟和发展,实验终于开始被用作检验理论或假说的一种方便的工具,而且可以增强科学论述的力量。牛顿用"判决性实验"去证明光束是由折射角度不同的许多光线所组成,就具有这样的特点。胡克的应变和应力成正比的普遍结论,即胡克定律,就是通过测试弹簧得到的。玻意耳也被普遍认为在把实验当作一种有力的新手段上有很大贡献,推进了实验科学的发展。在17世纪,尽管存在着分歧,科学家们毕竟还是越来越重视实验,因此,科学活动自然也就更多地在使用仪器，更多地在依靠技术。一代又一代探索自然的业余科学家和专业科学家们一直在用各种仪器把自己装备起来，这些仪器包括望远镜、显微镜、温度计、烧杯、天平、气压计、计时仪、斜面、棱镜、透镜、反射镜，还有后来的静电起电器。(对实验仪器需求的增长也提供了越来越多的专门从事仪器制造的工作岗位。)有的技术仪器扩展了人类的感知范围，于是，仪器便成为许多科学领域不可或缺的获得知识的基本工具。

在结束本章之前，我们来介绍一个突出的实例，即玻意耳于1658—1659年在胡克的协助下发明的空气泵，也就是真空泵。玻意耳的空气泵能够抽出容器内的空气，从而产生一种新的"实验空间"，这样一来，他的空气泵就成为17世纪实验科学装备库中一件新添的精良仪器。玻意耳用他的仪器研究了"空气的弹性"，即可压缩性，最后发现了确定密闭气体的压强和体积之间关系的玻意耳定律。教科书上对这项发现的叙述，给人的印象似乎十分简单，好像就是直接从实验装置得到的结果。更新的科学史研究则揭示出，利用仪器和实验获得关于自然的新知识其实要涉及许多社会因素，仪器本身也会产生不少麻烦。例如，在玻意耳作出他的发明10年以后，真空泵仍然十分昂贵，仅在少数地点配置有不多的那么几台。而且这些真空泵全都漏气，很难使它们维持正常运转。重复实验和重复实验的结果难以预料。只有非常老练的操作者才能够得到预期的结果，而且那样的结果总会受到怀疑。就连伦敦皇家学会安排的公开的演示实验，也只敢放在人数不太多的场合，而且当场一连试过多次。在那种场合，公众的立场和态度会起到非常重要的作用。在当时的一些权威观察者撰写的科学报告里，通常会详细描述他们的实验，为的是让其他人克服时空的障碍也能够"亲眼目睹到"实验。这些因素全都曾在发现玻意耳定律的过程中起到过作用。这一发现的复杂经历说明，在确立事实这件事情上，社会习俗是十分微妙的。从这个实例中，我们清楚地看到产生新知识的过程基本上是一个社会性过程。

291

292

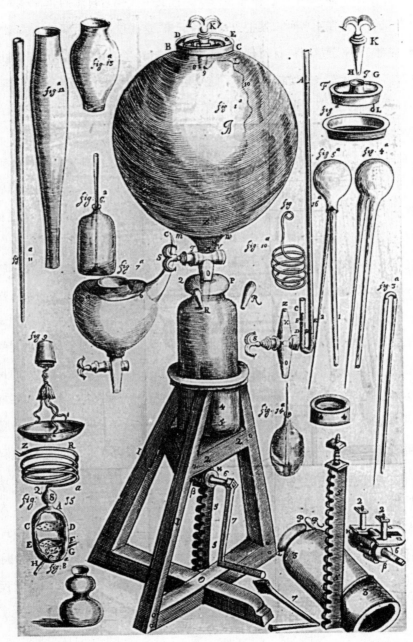

图13.4 空气泵。 有了此项发明就可以做许多实验,把物体放在接近真空的条件下进行观察。实际上完成这类实验相当复杂和困难,远不像所叙述的结果那样简单。

科学与启蒙

科学革命给当代欧美社会、文化和知识结构都带来了极为深远的影响。进入18世纪，西方世界逐步意识到了牛顿、笛卡儿及其先驱们所作的贡献。这些巨人们不仅创造了我们赖以生存的新世界，而且也为我们提供了认知世界的新方法。这些方法与传统的知识和权威截然不同。至少回想起来，当代人在牛顿和科学革命的无数英雄中看到了一种理性和产生知识的模式，它验证了人类的理性，并且可以扩展到超越科学和自然哲学界的一系列学科。换句话说，18世纪的启蒙运动源于对科学革命的颠覆式回应，以及人类和社会科学对自然科学在一个世纪以前取得如此令人瞩目的成就的延伸。

同培根和笛卡儿一样，牛顿实际上可以说是启蒙运动之父。的确，哈雷撰写的用作牛顿1687年出版的《原理》第一版前言的那首诗文，可以当之无愧地被看成是第一篇启蒙运动的文件。在那首诗里，哈雷写到如何去了解世界："在理性光芒的照耀下，愚昧无知的乌云/终将被科学驱散。"牛顿对洛克（1632—1704年）这位稍长于自己的同辈人的影响尤其值得一提。洛克是德高望重的英国哲学家，也是启蒙运动的奠基之作《政府论两篇》（*Two Treatises of Government*，1689年）、《人类理解论》（*Essay Concerning Human Understanding*，1690年）的作者。他有与牛顿相同的看法。经伟大的笛卡儿派物理学家惠更斯证实《原理》中所述数学是有理有据的之后，他将牛顿及牛顿的世界观铭记于心。他甚至在为《人类理解论》作序时，赞美"举世无双的牛顿先生"是一位"开拓性的大师，他对于推进科学发展的伟大设计将铸就不朽的丰碑，为万世景仰"。洛克，跟牛顿一样，塑造了英国自然神学及随之兴起的理性启蒙运动。

启蒙运动很大程度上是一场世俗运动。激进主义者痛斥他们所认为的迷信、蒙昧和非理性，尤其是天主教堂和传统社会分化所代表的糟粕。在启蒙运动中，科学和理性成为新的权威来源。而此前，传统和宗教牢牢控制着这种权威。启蒙运动从英国和法国传播至18世纪的欧洲和美洲。参与者组成了世界性的知识分子

293

联合体:文字共和国(Republic of Letters)。

一些很有影响的启蒙运动哲学家和思想家受到业已理想化的牛顿、牛顿的钟表师上帝和科学革命取得巨大成功的启发,竭力要把在上个世纪就已经体现在自然科学中的那些进步因素推广至社会科学和人文科学。洛克、伏尔泰、孟德斯鸠(Montesquieu)、休谟(David Hume)、亚当·斯密(Adam Smith)、康德(Immanuel Kant)等人采用新的方式进行批判性写作,给政治和政府、宗教、法律和司法、经济、心理学、认识论及道德理论带来了极为深远的影响。正如康德于1784年所述,启蒙运动意味着人性的成熟。

启蒙运动思想的核心理念是对进步的看法——即认为人性朝着更为美好的明天迈进。这种信念也是受到科学革命的鼓舞而萌发的。对当代人而言,像笛卡儿和牛顿这样的科学家展示了人类智慧可取得何种成就,而他们也成为了激励他人取得进步的楷模。例如,在其著作《人类精神进步史表纲要》(*Sketch of the Progress of the Human Mind*,1794年)中,已故启蒙运动哲学家、数学家和崇尚科学者孔多塞侯爵(the marquis de Condorcet,1743—1794年)以渐进的方式追溯了人类技术与智识方面的进步:从远古甚至是野蛮时代,经过农业、写作、印刷发明时代,一直到"科学和哲学冲破了权威桎梏的时期"。人类已取得显著进步。孔多塞在"第十个时代"——"人类精神未来的进步"中预测:奴隶制将被终结、各个民族和国家之间更加平等、自由程度更高、经济公平性提升、道德水准提高、全民教育得以实现、身体更加健康、寿命进一步延长、货物更加便宜、语言逐步完善、性别及种族愈加平等、战争被消除、社会更加和谐、科学领域不断取得进步、人类认知的未来广阔无垠且最终实现人类的完美。

同牛顿科学和欧洲启蒙运动站在一起的力量有自由主义者、普救论者、进步主义者、改革主义者,甚至还有革命党人,他们的影响延续至今。启蒙运动思想支撑了1776年美国独立战争和1787年美国宪法的政治理念。如果没有启蒙运动及在其之前出现的科学革命,1789年法国大革命是不可想象的。比如,《独立宣言》及其所宣告的"人人生而平等"的政治主张,就是牛顿体系的政治翻版:在一种政治万有引力和一种民主冲量的作用下，散乱的一个个政治平等的民众原子将按照定律* 一样的模式运动，最终趋于民众联合。

科学拥有极高威望。《百科全书》（*Encyclopédie*，26卷，1751—1772年）的联合主编狄德罗（Denis Diderot）和达朗贝尔（Jean le Rond d'Alembert）在这部影响深远的皇皇巨著中将科学与理性推崇备至。英国船长库克（James Cook）大胆远航太平洋，中途于1769年代表伦敦皇家学会停下脚步，在塔希提岛观测金星凌日。同样地，法国探险家拉普鲁斯（La Perouse）搭乘"星盘"和"罗盘"这两艘漂浮的科学实验室航行至太平洋。与此同时，欧洲的民众们焦急地等待着收到远征失败的消息。但他们成功了。库克和拉普鲁斯竟然以欧洲科学家的身份最广为人知。18世纪他们誉满全球，并得到了欧洲科学家们的高度赞扬和普遍关注。本杰明·富兰克林（Benjamin Franklin）在国内外皆被奉为英雄，尤其因其对电所进行的科学探索而闻名于世。富兰克林受到了巴黎科学院和世界其他地方的欢迎。第一个比空气轻的热气球于1783年从法国阿诺奈腾空，此后不久，在欧洲和美洲接二连三地出现了此类体现人类创造力的成功案例，受到了现场民众的热烈欢迎。科学和人类征服了天空。也有人对科学提出了抨击，但在此前漫长的历史过程中，科学活动从未如此成体系，也从未如此广泛地受到民众拥护。

在科学革命后，凭借后革命的牛顿世界观和一系列发人深省的研究问题，科学活动自身得到了发展。作为一种社会实体，科学在学术科学学会和当时的相关技术组织（如海军）中有了新的制度化基础。这些学会和组织大多受到政府直接或间接支持。对于大多数投身当代科学的个人而言，希腊化模式占主导地位，即国家支持专家供职于从事理论科学和应用研究的机构；其他醉心于科学和自然哲学的个人则采用希腊模式，即自我支持进行无私的探寻。正如启蒙运动表明的那样，科学已经证明自己在更为广阔的天地里具有强大的影响。科学知识有用的意识最终得到了培根和笛卡儿的清晰阐释，并且这一变革性的观念传遍了欧洲社会各个阶

---

* 法律、定律是同一个词：law。——译者

295 级。虽然经常受到因循守旧者和边缘论者的挑战,但是科学在18世纪所受到的公众关注和尊崇超出了历史上以往任何时期。

尽管科学很好地融入了社会,但在科学革命后的一个世纪中,当时的主要科学**未**能找到任何成规模的方式来改变更为广阔的技术世界。传统工匠在传统环境中使用的传统技术和手工艺一如既往地存在,与科学家及其支持者所在的更为精制的城市世界相隔甚远。横跨18和19世纪的工业革命并不直接起源于科学或是科学革命,而是范围更广的手工艺界和18世纪英格兰的经济和社会特性。第四编讲述了工业革命、工业文明的到来及科学最终是如何与作为今日之应用科学的技术相关联的。

第四编

科学、技术与工业文明

拨开史前时代的重重迷雾,我们发现有两次伟大的技术革命彻底改变了人类的生存方式:新石器时代革命(始于约 12 000 年前)和城市青铜时代革命(始于约6000 年前)——人类从原始的食物采集过渡到了食物生产,后来又进入了复杂的社会。第三次伟大的技术革命——工业革命——以及与此相伴的工业文明,不过是在最近 300 年发生的,也就一眨眼的工夫。可它却给世界历史带来了又一次转变,因为工业化不可逆地改变了历史进程,同时也从根本上改变了人类社会及其生活方式。在世界范围内,工业化的社会经济影响要远远高于新石器时代和城市青铜时代的两场革命。

工业革命是一场剧烈的技术与社会文化变革,于 18 世纪在英格兰悄然兴起。从本质上讲,工业化意味着从作为人类劳动的主要对象和创造财富的主要手段的农业活动转变为在工厂生产物品的机械化活动。于是,一种新的人类生存方式开始形成:工业文明。人类也随之进入了新的历史时期。我们今天生产粮食、养育子女、组织经济、计划并开展个人活动与社会活动,其方式与 18 世纪英格兰工业革命爆发前截然不同。我们很容易就能列出一个变化清单:生产变得机械化且由燃烧化石燃料的发动机提供动力;在很多地区,工业化带来了农业革命;社会的大规模重组带来了巨大的新财富和全新的有产者、工人、管理者、政治领袖和消费者。人口飙升。极其复杂的连锁技术系统融入了技术超级系统,从而奠定了当今的工业文明。工业化为我们打开了美丽新世界的大门,然而我们还没有完全理解或把握这个新世界。

298

与技术领域的进展同步,从 17 世纪开始,科学和自然哲学领域也展开了剧烈的知识和社会变革。从牛顿到爱因斯坦,从达尔文到 DNA,再到其他领域,伟大的科学工作者和伟大的科学成就呈指数增长,我们了解世界的方式也完全不同了,且比以往任何时候都更加复杂。在牛顿时代,科学活动在组织结构上与古代亚历山大大帝时期没多大区别。如今,在政府和登上历史舞台的新角色——跨国公司和高科技产业——前所未有的支持下,科学活动已经从社会的边缘变成经济的核心和工业文明的头等大事。

作为这一巨大的社会技术革命的一部分,科学与技术已经建立了新的联系。在当代,它们之间的全面整合也代表了当前工业文明的另一个决定性因素。我们已经论述过,在整个18世纪,科学与技术都是完全分离的。最新奇的现象就是科学与工业在19世纪的历史性结合,因为有点迟缓和不情不愿的政府及越来越多的产业开始认识到将科学研究应用于技术和工业是完全可能的。在20世纪和21世纪的今天,政府与工业界对理论科学研究和应用科学研究的支持都加速了。在基于科学的工业的引领下,科学在技术领域的应用迅速扩大。总之,从它们各自的起源和历史上的偶然合作,思想与工具制造——科学与技术——的结合造就了我们今天的世界。

工业化使发电、交通、军事设备、通信和娱乐等领域的新技术有效结合。这些新技术将触角伸向了全球,取代了很多传统技术,消除了使世界各国和人民隔绝的诸多障碍。现代科学,尤其是在20世纪和21世纪,已经从一个狭小的欧洲和"西方"制度变成了世界文化的一个动态决定性因素。与其他文化传统不同,今天的科学是普世性的,是世界文明遗产宝贵的组成部分,是全人类成就的证明。从这些方面来看,在现代化与全球化背景下的诸多历史变革中,科学与技术扮演了极其重要的角色。

第四编主要关注这些主题,并探究工业化带来的新世界秩序的演变。我们使用"工业文明"这一术语来描述与潜在社会技术革命同时出现的新的生存方式。虽然将工业化历史区分为不同阶段是有意义的,但我们更应该把工业化看成一个整体的世界历史现象。它起源于18世纪,拥有强劲的发展动力,并继续以意想不到的方式改变着世界。不然的话,这场革命就失去了本质上的统一性,在历史上就无法与新石器时代革命和城市青铜时代革命相提并论。因为我们仍然很接近它并在日常生活中感受它的活力,所以从人类历史视野来看,它显得有些支离破碎。而且从这个角度看,工业文明如何发展也是人类今天面临的一个基本问题。可是,如果我们想弄清楚并想理性地应对我们今天面临的工业化后果,这种宽广的视角却是必不可少的。

299

第十四章
纺织业、木材、煤与蒸汽

耶路撒冷是否曾建于此，

在那恶魔的黑暗工厂中？

——威廉·布莱克（William Blake，1804 年）

  工业革命与随之而来的工业文明都开始于 18 世纪的英国。但工业化并不是从那时突然开始的。实际情况远非如此，1750 年的世界显然不是一个完全没有工业化生产或大大小小机器的世界。例如，当时的国际羊毛贸易和成衣制造就是主要的技术复杂型经济活动。造船厂和兵工厂是繁忙的技术产业中心。整个欧洲的采矿业和采石场都具备工业规模。自文明起源和轮子的发明以来，人类掌握的技术在各方面、以各种巧妙的方式增多了。虽然那时人们取得了各种进步，掌握的技术也更加复杂，但他们的世界几乎在任何方面都仍是传统的。

  在 18 世纪初，当科学革命正在变成历史时，欧洲仍然是一片农业社会的景象。在欧洲的总人口中，超过 90% 的人居住在乡村，直接从事畜牧业和农业生产。即使城市居民，在我们所认为的工厂中劳动的人也非常少。虽然有些行业已变得繁荣而重要，但是工业化制造的规模还相当有限。制成品很大程度上是家庭、村舍或散工制的产品。这种生产体系非常适合农村社区。这种生产形式是分散的，以家庭为基础，商人会把原材料分包给工人，而工人通常在家里利用自己的工具兼职工作。当地的铁匠、泥瓦匠等工匠在各处提供必要的服务；在城市里，技艺娴熟的工匠在作坊里制造社会所需的其他商品。风力、水力和动物为这些传统社会提供了动力。厨房和铁匠铺都燃木取火。

  但之后，在这里或那里，在那些起初几乎不引人注意的地方，自然而然地，某种全新的东西开始出现了。这就是那场划时代的社会技术大变革,我们称之为工业革命,它始于18世纪的英国,催生出一种全新的人类生存方式——工业文明。工业文明的到来使人口从传统的农业和贸易领域转移至机械化的生产和精细化的集中工厂制。以前闻所未闻的机器带来各种不同动力,特别是蒸汽动力。一个新的工人阶级在工厂里劳动。同时,新的交通方式和现代金融机构也出现了,并为这些新变化提供支持。随之而来的大规模社会文化重组,使人类走上了一条崭新且不可预见的历史道路。铁、煤和蒸汽成为了标志性资源。

今天,工业化带来的一切转变均为我们所熟知且存在于我们生活的方方面面:基础设施、技术以及我们的生活方式。汽车、飞机、智能手机、我们的城市、牙线等等,不胜枚举。工业革命后,一切都不似从前。

工业革命所引起的变化的规模和大小是空前的。无论是在12 000年前发生的新石器革命使人类首次结束采集生活转向食物生产,还是在5000年前刚进入有文字记载的历史时期发生的城市革命使城市首次出现、人类过上真正的文明生活,都无法与之相比拟。在过去的250年间,主要是工业革命的结果,全世界几乎每一个地方的人们,其生活的技术基础、经济基础、政治基础和社会基础都发生了变革。这种情况不只是出现在真正的工业社会,也出现在传统的农业社会、仍在过游牧生活的人群和残存的狩猎—采集部落,一句话,全体人类都受到了工业文明到来的影响。这种从传统农业社会向如今以集约工业生产为特征的工业文明的转变,其规模是巨大的且具有世界历史意义。我们需要弄明白这期间发生了什么,以及为什么会发生这一切。

工厂

我们最先在18世纪英格兰的纺织业中发现机械化生产。机械化的现代含义是指由机器来生产,而不是人类利用机器作为工具来生产。随着工业化的发展,机器成了生产方式。这就意味着,在机械化情况下,人类成了照看机器的辅助人员(见图14.1)。英格兰的纺织业是最先以这种方式实现机械化的行业,早期的纺织

303

303　**图14.1　纺织工厂。** 这幅1819年的理想化的版画展现了"梳理、拉伸、粗纺"等准备棉线的过程。画中的机器由头上方的旋转轴带动,而旋转轴由蒸汽机驱动(未画出)。外面的光从右侧进来。妇女和年轻女孩照看着机器。工业革命和工厂带来了全新的生活方式和全新的工作方式,不同于传统的乡村生活。

工厂完全能体现这种机械化和工厂生产体系。

　　织布本质上是一个多阶段的过程。原料(羊毛、棉花、亚麻)必须收集、清洗,并作其他的处理以备纺织。(制丝仅有些许不同。)要先纺纱,再织布,之后还需要染色和修整。包含好几个生产阶段的纺织生产是一个典型的例子:生产瓶颈促进技术创新,最终推动了整个产业的机械化。纺纱机和织布机的技术革新促进了纺织业发展。1733年,约翰·凯(John Kay)——最初是一位钟表匠——发明了"飞梭",使织布工序的生产大为加快,相比之下,纺纱的速度就跟不上了。此后,在18世纪60年代和70年代,工匠和工程师们进行了许许多多的革新,利用多轴纺织机和走锭纺纱机,使纺纱实现了机械化。纺纱工序一改进,织布工序又成了瓶颈,特别是在1775年锭式疏纱机的发明,使纺纱效率进一步提高,两个工序就显得更加不平衡。

304　1785年出现了由机械带动的织布机,织布至此也实现了机械化。纺织生产成了从头到尾都由机械制作的过程。

在18世纪70年代和80年代,阿克赖特(Richard Arkwright)创建了一批动力织布机纺织厂,雇佣了数百名工人,标志着首批现代意义的工厂的出现。起初,这些工厂由水和水轮驱动。从中世纪起,欧洲就利用水力(风力)来碾磨谷物或锻造。但是,水利工程和水轮设计方面的技术进步为新式工厂带来了更多的动力。美国马萨诸塞州洛厄尔或新泽西州帕特森等地的早期纺织工厂,展示了利用水流和落水的机械能可以做什么。但是很快,新的蒸汽机就成为主要的独立发动机为工厂提供动力,蒸汽机使工厂不再必须建在水道上或水道附近了。1813年,英国有2400台动力织布机;到1833年,这一数字跃升至100 000台。(动力织布机不仅取代了人力织布机,还取代了使用人力织布机的工人。)毫不足怪,棉制品工业中工人的劳动生产率从1764年到1812年一下子提高了200倍。正是纺织生产的机械化和工业化宣告了英国工业文明的到来。

一种新的生产方式出现了。除了动力机械从事实际生产这一事实外,新的工厂体系在其他方面也脱颖而出。许多工厂出现在城市中,不仅是在伦敦,还在那些拥挤不堪、烟雾弥漫的新城市,例如曼彻斯特和伯明翰。生产变得集中化,不再分包。因此,原材料需要运送到工厂,成品需要送往市场。为了满足这些要求,新的更加完善的运输系统出现了:起初是运河,随后是铁路。英格兰正在变成世界上最繁忙的大工场,运输大宗货物的需求急剧增加。尽管那时已经在修筑比较好的"收费公路",但事实证明,在那种比较原始的道路网上用马拉车来搞运输,肯定满足不了需要,特别是在内地的道路上无法运送数量巨大的煤炭。起初,解决之道是利用天然河流和运河运输。1757年和1764年,通过默西河将煤田和曼彻斯特连接起来的头两条运河修好了。此后,运河的通航里数以及配套的船闸和交叉河口的数量便迅猛增加,之后几十年,运河一直是运输原材料和成品的主要渠道。直到19世纪30年代,铁路才开始发挥作用。

必须组建一支新的劳动力队伍来管理这些机器。居住在城市的工业劳动力形成为一个新的劳动阶级,它与乡村里传统的农民阶级构成了竞争关系。产业工人这个新的劳动阶级和工薪族被称为无产阶级,以区分他们和有产阶级以及其他在

305　新的工业体系中获利之人。工薪劳动力和货币经济取代了传统的以货物和服务彼此交换的经济。工厂在工人和其所生产的物品之间建立起一种新的关系。它迫使工人前所未有地疏远其产出的产品,这意味着他们对生产的物品毫无控制,更不用说有足够的工钱来购买这些产品。工厂也造成了对家庭和家庭生活的疏离。老板是个新事物。在工厂生活中有森严的等级制度,一级又一级的监工来管理工人。中世纪只用来报时的钟表则变成了工业老爷,既控制着时间,又控制着工作场所。在工厂里工作,与在户外播种和耕田完全不同。正式的流水线还需要相当一段时间才会出现,但工厂劳作是有时钟监管的室内苦差事,工人们不能像独立耕种者那样自由地劳动。工厂需要守时、冷静和可靠,这些都是必须灌输的价值观。在英格兰,工厂制度导致了对劳动力的严重剥削,工厂制度早期尤其如此。例如,在1789年,阿克赖特的1150名工人中,有2/3是儿童。1799年英国议会曾通过一项议会法案,认定工人组织为非法,任何企图通过有组织的行动争取改善工作条件的人,将被处以3个月的监禁。1825年的法案承认了工人的"联合会"(combinations),但仍严格限制工会活动。比较起来,对商业组织和定价的限制就要宽松得多。研究工业革命的传统课题中,有一个课题就是考察当时压榨工人劳动的阴暗面。同政治和道德因素完全无关,对劳动力的压榨剥削是工业化固有的组成部分。例如,在19世纪的第二个25年中,纺织生产增加了4倍,利润翻了一番,而工资却基本未变。

工业化开启了社会剧变、技术创新和经济发展的进程。人们从乡村涌入城市,城市里低薪工人越来越多;工厂劳动力增加,阶级冲突加剧;公立学校和有序的监狱等新的强制性机构出现,成为社会控制体系的代理人;家庭不再是生产中心,并且出现了新的劳动分工——通常是男人们去沉闷的工厂做工,女人们则主要留在家里做家务。伴随着工业化的深入,又出现了人口的大迁移,千百万的欧洲人或向西远渡大西洋,或向东前往正在扩张的俄罗斯帝国。工业化波涛汹涌,成为了席卷全球的浪潮,持续改变着世界的每一个角落,结果往往令人不安。

观察家们早就注意到了历史进程中的这种改变,且并不总是赞成这种变化。1804年,英国诗人威廉·布莱克(1757—1827年)猛烈抨击了在英格兰各地出现的

"恶魔的黑暗工厂"，我们很容易联想到，在浓烟滚滚的肮脏工厂里，备受压迫、收入微薄的妇女、女童和瘦弱的男孩，在危险的环境中长时间工作，照看那些永不停歇的机器。工厂周围拥挤又肮脏的社区也不难想象。布莱克为他在英格兰所目睹之新情境而悲叹，狄更斯（Charles Dickens）之后也会为此悲叹。布莱克谴责工业化给世界造成的幻灭。在他心中，这种幻灭也是牛顿和科学造成的！

生态激励，技术回应

　　我们如何解释这一非凡变革？自 10 世纪欧洲文明兴起以来，欧洲工业史就是一部长期的经济发展与技术创新并重的历史，用以克服环境的约束和压力。事实上，欧洲的工业化一直是随着人口的增长而进步，因为人口增加总会迫使人们设法找到解决匮乏的办法。在遭受黑死病持续近 100 年的多次袭击后，到 15 世纪中期，英格兰和威尔士的人口只有 200 万；17 世纪末，已增加到大约 550 万；此后，增长速度加快，到 18 世纪末就增加到了 900 万。（这种增长主要是死亡率降低的结果，多半是卫生状况有所改善，农业生产有了改进。）在那 350 年间，人口一下子就增加到起初的近 5 倍，对资源的压力可想而知，在某些情况下，形势还十分严峻。

　　也许，人口增长所造成的最严重的短缺，就在于土地本身。在英格兰，从许多方面看，当时还是典型的农业社会，土地有许多的用途，如用作种植粮食的农田，放牧牛、马和羊的草场，提供木材的森林；此外，新增加的人口为了在城市中找到非农业的谋生手段，城镇也要大力扩张，从而占去大量的土地。在 16 世纪和 17 世纪早期，英国的城镇、贸易和工业一直在迅速发展，但是到 17 世纪中期，发展突然减缓，形成了一个明显的低谷。原来，经济生活是由许多活动环环相扣连接成的一个过程，某一方面出现短缺或受到制约，会导致整个系统的崩溃。在 18 世纪，通过技术创新，人们成功地突破了好几个方面的制约，英国的经济又再度开始以前所未有的高速度增长。纺织、炼铁、采矿和运输这些行业全都在应用新技术以后得到很大改进。虽然大部分改进是逐步积累的，但许多新技术构思新颖，同传统方法完全不同。不过，这些技术创新的主要作用只是为了扩充经济，以应付有限的资源以及旧

的生产方式已无法满足的增加过快的人口压力。在工业化进程的背后,迅速增加

307　的人口始终对英国的经济和生态环境形成巨大压力。

　　很能够说明存在这些压力和制约的例子,是出现了一整套新型的农耕技术,即所谓的诺福克耕作制。凭借那种农业技术才生产出足够的农产品,支持了英格兰工业化的来临。那种新型的农业生产方法用一种四田轮作制代替了中世纪的三田轮作制。那样一来,就可以多生产一茬芜菁和苜蓿,能够让更多的牛顺利越冬,从而大大提高了肉类的产量和促进了农业生产。诺福克耕作制得以实施,部分原因是有过那么一场把共同耕种的公地圈围起来变成私有的运动。那场圈地运动增加了农业生产,也使为数众多的边远地区的农民失去了土地,使他们从此"自由",成为潜在的工业劳动大军。

　　考察英国的"木材紧缺",对于我们研究生态和经济之间的紧张关系如何促进了18世纪的英格兰发生变化,肯定会有助益。大不列颠群岛上从来就没有太多的森林,新石器时代到来以后,数千年积累下来的森林资源由于农田和牧场的侵占,已显枯竭。在近代早期,随着工业化程度的加强,军事和航海的需要,使得本来就日见萎缩的木材供应更加紧张。例如,作为海上大国主要工业之一的造船业,消耗的木材就数量惊人。到18世纪初,每建造一艘大型战船就要毁掉4000棵橡树。在美国独立战争前不久,英国有1/3的商船已经不得不在美洲殖民地建造,因为那里的木材当时还比较丰富。炼铁是英国的另一类主要工业,熔化铁矿石差不多毁掉了全部森林。每一座炼铁炉一年消耗的木材相当于毁掉4平方千米的林地。除了炼铁之外,烤面包、酿酒和制造玻璃同样要用木炭作燃料,依靠的也是木材。所有这些生产领域全都无法用煤作替代燃料,因为按照当时的生产技术,煤和煤烟会与产品直接接触,煤里含有的杂质(主要是硫),会严重损害产品质量。此外,建筑物内部的取暖和照明烧的也是木材,因为煤火会产生有害烟雾。随着木材越来越紧缺,价格也必然上升。从1500年到1700年,英格兰的物价总体上涨了5倍,而用作燃料的木柴价格却上涨了10倍。作为那场能源危机的一个后果,到18世纪初,英国的铁产量实际上下降了,直接原因就是缺少燃料。在这种情况下,囤积木材或寻

找木材的替代品就是对生活质量可能降低的一种反应。之所以出现这样的问题，根源在于过度消耗破坏了生态平衡，而人口增加和林地被改作他用更是加剧了这种情况。

308

木材严重匮乏使许多工业减产。炼铁工业极度消耗木材，然而，正是炼铁工业本身有可能利用丰富的煤来代替紧缺的木材。在17世纪，人们做过种种试验，希望能够用煤作为燃料来熔化铁矿石，结果都没有成功。如果在炼铁过程中也能像烹调那样，有类似锅一样的东西把产品与燃料隔离开来，那么，用煤代替木材就不会有什么问题。但是，传统的炼铁方法是把燃料与矿石混杂在一起，为的是让它们发生化学反应。早在11世纪，中国的铁匠们就已经发现了一种用煤作燃料替代木柴的熔炼方法，可是在欧洲，在18世纪以前还从未见到过类似的方法。1709年，一位名叫达比（Abraham Darby）的以炼铁为生的贵格会教徒，他在鼓风炉里用焦炭（焦化煤）代替木炭取得了成功。此后又过了近50年，那项新工艺才终于得到普遍使用。

达比作出他的发现，完全是利用当时已有的方法试试改改得到的。在他的那项工艺中，既没有科学理论的贡献，也看不到组织化或结构化科学的任何作用。在那时，还没有可以实际应用的冶金学原理，甚至连"碳"和"氧"这两个东西都还不知道是何物。达比是一位典型的工匠型工程师，他没有留下自己的实验记录，或者说没有记下他是怎样试凑出来的，我们对于他的方法只能作些猜测。很可能，传统的用来熔化铁矿石的鼓风炉体积逐渐增大，鼓风机的风量也提高了，可以达到更高的炉温，因而有可能把煤里含有的在早先的工艺中可能会损害铁质的杂质烧去。

1784年，英国发明家科特（Henry Cort）发明了利用煤把生铁（即铸铁）炼成熟铁的"搅炼"工艺，这项技术需要用铁棒搅动铁水，从而燃烧掉所有杂质。通过这两项革新，英国的炼铁生产不再需要森林提供燃料，从而在地理布局上也不再受森林的限制。炼铁生产的落后局面从此改观，世界进入了一个新的铁器时代。在整个18世纪，英国的铁产量从原来的不足25 000吨一下增加了10倍以上。从1788年到19世纪中期，在铁路建设的推动下，铁产量又增加了40倍。

工业革命时期的另一类关键工业是采煤业,它的发展过程与炼铁工业类似。采煤业也是随着人口的增加而快速发展的,也遇到了继续发展的难题。表面看来,好像是煤的储藏量枯竭,矿井要挖得越来越深,因此很快就会灌满地下水。从矿井中排出地下水的传统方法是使用各种各样的用畜力或矿坑入口的水力推动的抽水机。到17世纪末,事情已经十分明显,必须有一种更有效的动力来推动抽水机才能够解决积水问题。于是,"火机"(Fire Engine)便应运而生,那是一种通过烧火来提升水的机械装置。1712年,一位毫无名气的铁器商纽科门(Thomas Newcomen)发明了第一台实用的蒸汽机。

蒸汽机是一项改变了工业发展进程的技术创新。蒸汽机的最初出现甚至同传统技艺都没有太大关系,靠的是直觉和试试改改,还有一点运气。纽科门和他的管子工助手考利(John Cawley)偶然发现,把压缩蒸汽通入一个圆筒能够产生局部真空,于是大气压力就可以推动圆筒里的活塞。即使连大气压力是一种潜在动力的想法,在当时也可以说是不明确的,所以,蒸汽机的实际设计同科学毫无关系。原始蒸汽机里的阀门机构,把冷水引入汽缸中冷却蒸汽的技术,以及把活塞与抽水机连接起来的机械机构,所有这一切,都是通过试试改改弄出来的。那样的蒸汽机,要把一个大汽缸交替着加热、冷却,当然是效率极低,烧起煤来浪费非常大。但是,尽管如此,纽科门的蒸汽机起初是用于煤矿,那里的煤价甚低,使用起来还是合算的,所以很快便被广泛采用。不过,对煤的大量浪费毕竟是那种机器的严重缺点,特别是当用于别的地方时,成本就太高,因此迫切需要提高蒸汽机的效率。

大约在18世纪中期,英国的两位工匠斯米顿(John Smeaton)和瓦特(James Watt),各自按照完全不同的思路分别改进了纽科门的蒸汽机。他们两人的改进工作仍然基本上是在技艺传统内进行的,没有用到什么科学的抽象。斯米顿后来当上了土木工程师协会(1771年,斯米顿协会)的主席,他采用的纯粹是经验办法,有条不紊、一个一个地试验样机,不改动基本的设计,只是改变各个零部件的尺寸。就这样,他把纽科门蒸汽机的效率提高了一倍。另一方面,瓦特的思路从原理上讲非常新颖,效率提高也就十分惊人。瓦特是在1765年的一个星期日外出散心的时

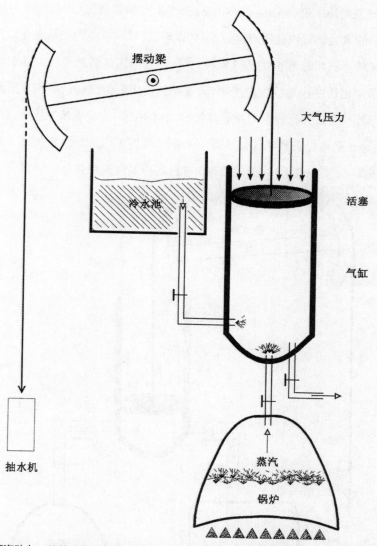

图14.2　蒸汽动力。随着矿井挖得越来越深,抽干井里的地下水就越来越困难。这个难题起初是用纽科门在1712年发明的大气压蒸汽机解决的。纽科门的机器要交替地加热和冷却汽缸,因此固有效率很低,只有用在燃料价格很低的煤矿附近才比较合算。

310

候突然想到他的解决办法的。他的想法是,如果把蒸汽压至汽缸外面的另一个容器中去冷却,那么,汽缸在整个循环过程中就可以始终保持是热的。避免了把汽缸交替着一会儿加热一会儿冷却,对燃煤的节约自然十分可观。通过与伯明翰的一位机器制造商博尔顿(Matthew Boulton)合作生产和销售(这一合作十分成功和著名),瓦特的蒸汽机很快被用户接受,不久以后,就被广泛应用于采煤业以外的其他工业。瓦特蒸汽机能够很快获得成功,有一部分原因是营销得法。他们把瓦特的蒸汽机采用租赁办法送给用户使用,只按照比使用旧的纽科门蒸汽机节约下来的燃煤费用的一定百分比收取租金。瓦特蒸汽机不必一定要安装在煤价极低的产煤场所,而是几乎可以安装在任何地方用来推动机器工作,因此,它促进了城市制造业的大发展。到1800年时,英国已有500台瓦特蒸汽机在各地咻咻冒汽,此后,其

310

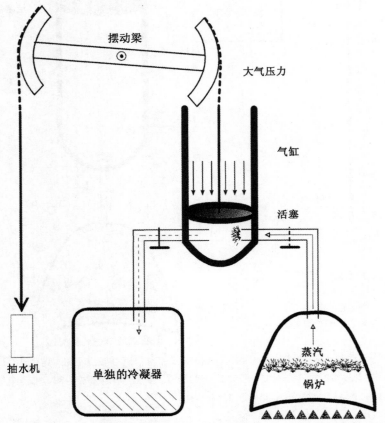

311 **图14.3 瓦特的蒸汽机。** 1765年,瓦特于偶然间想到了一种能够大幅度提高蒸汽机效率的方法:把蒸汽从主汽缸压至另一个独立的冷凝器中冷却。这样一来,汽缸在整个循环中就能够始终保持是热的,从而增加了效率,降低了运转成本。同瓦特的技术创新同样重要的是,他的蒸汽机能够获得成功很大程度上是由于他与早期的工业家博尔顿合作生产,而且他们制定了有效的营销策略。

数量更是增长迅猛。

早期的蒸汽机要依靠大气压力,因而必然是又大又重(有时就叫"固定机")。到18世纪末,那样的固定机通常被工厂用来推动机器;因为船体非常大,所以早期的汽船也能够用大气蒸汽机来推动。可是铁路机车就不行,非要有体积较小的高压机型不可。那种较小的蒸汽机是在1800年由另一位英国人特里维西克(Richard Trevithick)设计出来的。特里维西克的蒸汽机体积要小得多,可以安装在稍大一些的车体上。特里维西克本来是想用他的高压蒸汽机取代原来在矿井和工厂里使用的大气蒸汽机,但他发现矿主和工厂主们不愿把他们已有的大气蒸汽机报废而换上还不知道是否真正合算的新机器,特别是,他们还听说高压蒸汽机很不安全(那是瓦特造出的舆论,为的是抵御新机器的竞争)。于是,特里维西克把他的发明带到秘鲁,那里的矿场海拔较高,大气压力较小,他以为自己的机器应该具有较大的竞争优势。结果,他在那里也未能打开销路,便只好回到伦敦。这一次,他就像在他之前和之后的发明家常会做的那样,另辟蹊径,搞了一个新花样,把他的高压蒸汽机用来推动在一条环形轨道上开动的机车,招来喜欢新奇玩意儿的人乘坐,向他们收费。

可是,铁路终将派上用场,特里维西克的高压蒸汽机也通过铁路运输改变了运输经济的状况。1814年,英国工程师斯蒂芬森(George Stephenson)推出了他的第一台蒸汽机车。起初的铁路只用于从煤矿短途拉煤,直到1830年,才终于真正迎来了铁路时代,出现了第一条面向公众的把利物浦和曼彻斯特连接起来的铁路线。一时间,兴起了一股铁路热,在英国并且随后在全世界的陆地上开始渐渐布满了铁路网。1830年,英国运行铁路为95英里(约153千米)。这个数字在1840年上升到1500英里(约2414千米),到1850年上升到6600英里(约10 622千米),到1890年上升到20 000英里(约32 187千米)。随着铁路运输的发展,它与钢铁工业也开始互相依赖和互相促进:廉价的钢铁供应使铁路线的快速增长成为可能;反过来,铁路运输的需要,也促进了钢铁生产的迅速增长。

铁路彻底改变了交通方式,并改变了社会。无论它向何处扩展,都带来了经济发展。它大大缩短了旅行时间,并大大降低了货运成本。铁路以新的方式将农村与城市联系起来,并将城市延伸到铁路沿线的新社区。铁路催生了新型的旅游业和旅行方式,因此现在人们可以在温泉浴场或海边度假时享受一切。更进一步讲,在1869年完工的美国横贯大陆的铁路,或1916年完工的俄罗斯横贯西伯利亚的铁路这些案例中都能看到:铁路为工业文明的发展开辟了广阔的空间。

18世纪80年代,英国开始了经济史学家称之为"进入持续增长"的历史阶段,之所以会出现这种良性发展,是由于几种主要工业在它们各自的发展中互相促进,产生了相互加强效应。比如说,钢铁工业开始用煤熔化矿石,促进了煤炭工业的发展,接着,煤炭工业导致蒸汽机的发明为自己的发展扫清了障碍,这时,大量运输煤炭的需要又导致铁路的出现,铁路的发展返回来又促进了钢铁生产。就这样,不同工业的互相需要和促进产生了一个相辅相成的螺旋式上升过程。这个过程的结果,是改变了一个国家,最终改变了整个世界。农村的农业人口变成了城市工厂里的工业人口。蒸汽机车和铁路代替了马匹和崎岖不平的土路。铁渐渐取代木材和石料而被用作建筑结构材料。汽船代替了帆船。当局者迷,但是,同早先发生过的新石器革命和城市革命一样,这些根本性的变化过程一旦发生,人们就再也不可能回到原来的社会和经济生活方式中去了。

工业文明

我们在这里当然不可能讨论到导致工业文明兴起的每一个方面,但是,有几个方面是必须提到的:为工业革命提供动力的新型能源,为工业发展提供资金的新型融资手段,以及伴随工业化在思想观念上发生的变化。

在进入现代以前,社会的运转主要是依靠人和牲畜的肌力作为动力,也在一定程度上利用风力和水力。当时人们使用的燃料属于可再生资源,主要是木材。有了蒸汽机以后,人们开始使用不可再生的化石燃料,如煤和后来的石油,从而宣告了工业文明的到来,这使得可利用能源本身和消费能源的方式都发生了深刻变化。从18世纪以来,煤炭和后来的石油生产便一直呈指数级上升,在今天的工业

313

化社会，能源的人均消费量已经增加到工业化以前的传统文明社会能源消费量的5—10倍。随着能源消费的急剧增加，工业化就不止是改变了传统社会，而是产生了一种全新的新型社会，在这样一种社会中，能源密集型工业生产代表着主要的经济和人类活动。

跟劳动力一样，资本和新的融资手段对于实现工业化也同样重要。欧洲资本主义的历史可以追溯至中世纪晚期，而新型的工业资本主义则是18世纪在商业资本主义和海外商品贸易取得成功的基础上发展起来的。从英国殖民地的糖和奴隶贸易中获取的利润在很大程度上提供了投资工业发展所需的原始资本积累。虽然政府当局在1694年开办了英格兰银行，那家官办的国家银行对于促进工业发展实在没有起到多大作用，倒是在英国中部出现的成百上千的私人银行，满足了新兴工业对资本的需要。贷款利率在17和18世纪一直稳定下降，到1757年已下降至3%，以后尽管有升有降（如在美国战争时期），但始终保持在一个较低水平。低利率意味着可以得到大量低成本的资金，没有那样的条件，早期工厂所需要的资本就无法得到满足。在早先就存在着成批的商品经纪人和保险代理人的背景下，伦敦证券交易所在1773年开业，到1803年，该交易所公布了它的第一份股票清单。

工业化对思想观念的影响绝不能低估。原来时兴的是重商主义即国家控制经济的思想，主张限制自由贸易，为的是增加出口和增加国库里的金银。工业革命前，那样一种经济理论占据着统治地位，成为当时欧洲各国政府制定经济政策的依据。但是，工业革命摧毁了重商主义。随着工业革命的到来——当然不会是巧合——出现了主张开放市场和自由经营的新的经济思想，即所谓的"放任自由"的资本主义。亚当·斯密在1776年出版的划时代著作《国富论》(*The Wealth of Nations*)，就反映了这种新的利益和市场观念。然而，在工业革命从市场获得推动力的同时，自由市场经济所带来的无法预期的劳资冲突和社会成本也愈加明显，这时，则又开始出现了反对自由市场资本主义的声音。尤其是马克思(Karl Marx, 1818—1883年)的著作《资本论》(*Das Kapital*，共3卷，从1867年开始出版)，对这种新型的经济关系进行了深入的批判分析。马克思强调指出，对劳动力的剥削是不可避免的，因为工

314 厂主和这种生产关系本身都是逐利的。马克思认为,工人和工厂主之间的阶级斗争是资本主义社会的组织所固有的,必然会导致社会转向有利于无产阶级,正如拥有土地的贵族和商人资本家之间的冲突导致了从封建主义到资本主义的过渡。就这样,马克思不仅提供了对持续至今的资本主义的尖锐分析,而且还提供了作为政治学说的社会主义和共产主义的思想理论基础。马克思没有清晰预见到的是中产阶级——一个技术管理阶层——的崛起,中产阶级不是由无产阶级劳动者组成,也不是由生产资料的所有者组成,而是由具有知识和技能的中间阶级专家组成,由他们来运行机器。现代工业文明的这一组成部分在马克思逝世后才变得清楚明白。

　　18世纪末和19世纪还是浪漫主义运动(威廉·布莱克就是一位早期的代表)极其繁荣的一段时期。在诗歌、文学、音乐及其他艺术领域,艺术家们摆脱了前几十年的古典风格,拓宽了题材,开始关注自然的简洁和美,关注情感、家庭的价值和人的内心世界等主题。如此繁荣的浪漫主义,首先而且最重要的,必须视为对工业化丑恶面的一种逆反回应。

315　图14.4　工业时代。图中所示为水晶宫,于1851年为在伦敦举办万国博览会而建造。整座建筑金碧辉煌,全部采用钢铁和玻璃结构,象征着新的工业时代。

工业化进程在19世纪的英格兰仍然不乏前进的动力。工人的劳动生产率从1830年至1850年增加了一倍。钢铁产量从1830年的70万吨跃升至1860年的400万吨。煤炭产量从1830年的2400万吨上升至1870年的11 000万吨。在1850年，英格兰的城市人口第一次达到总人口的50%。而且，1851年还在伦敦举办了第一届"世界博览会"——万国博览会。在用钢铁和玻璃建造起来的金碧辉煌的"水晶宫"里展示的那些机器，生动地体现了工业化的威力和由此带来的改变世界的新技术。至少大英帝国比起一个世纪前已经是旧貌换新颜。

科学和早期工业革命

构成18世纪和19世纪上半叶工业革命基础的所有技术创新，准确地说都是由工匠、技师或工程师这一类人做出来的。他们中间没有多少人接受过大学教育，而且他们全都是在没有得益于科学理论的情况下取得成果的。尽管如此，考虑到那些发明的技术属性，总会有一些毫无根据的传说，认定最初的发明人一定是受到过科学革命时期的某个大人物的指点。18世纪，爱丁堡大学的一位教授罗比森（John Robison）就发表过一些虚构的故事。有一个故事说，纽科门曾经得到过胡克的指导，而前者是蒸汽机的发明人，后者是17世纪英国科学的一位大师级学者。又一个故事虚构说，瓦特是受到了约瑟夫·布莱克（Joseph Black）潜热理论的启发才想出了单独另设一个冷凝器。历史研究证明，这些说法全不可信。事实上，法国物理学家卡诺（Sadi Carnot）在1824年出版的《论火的原动力》（*Reflections on the Motive Power of Fire*）一书，首次对蒸汽机的工作原理作出了科学分析，而那时，蒸汽机早已被普遍应用多时。再如，瓦特设计的联杆平行运动十分巧妙，但在当时甚至还无法对其进行科学分析，因为运动学里包括分析平行运动在内的有关分析方法是在19世纪的最后25年才出现的。说什么18世纪的工程师曾得到科学理论的帮助，以及技术进步引起科学家的兴趣从而促进理论发展的虚构故事实在太多了，这里仅举出上述的两个例子。

不少人总是喜欢重复科学革命时期的理论创新推动了工业革命时期技术进步

315

的神话,之所以有这样的误解,是因为许多人都以为技术就是应用科学,尽管我们在前面的论述中早已一再地否定了这种观点。这样一种观点,即使在研究和开发确实已经联系相当紧密的今天,也只是部分地正确;而在18世纪和19世纪初期,则几乎毫无可信之处。这当然不是说科学在推动工业化方面没有发挥过社会和思想观念方面的作用。正相反,当工业革命在英格兰展开之际,科学也渗透到了欧洲文明社会和文化的方方面面。在欧洲的版图上,星罗棋布地分布着大量的学术团体
316 和科学院,比如著名的伯明翰月光社,科学家和受过教育的工程师有时也能够亲密交往。各地都在经常举办公开讲座,向大量非专业的普通听众介绍科学发现取得的成就和实验及科学方法的逻辑分析威力。自然神学,也就是认为研究自然就是一种虔诚表现的学说,加强了科学和宗教之间的沟通,而且使得开发利用自然的观念更加深入人心。科学提高了从事逻辑思考的地位,并被视为一种文化和智识活动而备受人们尊敬。理性的科学向人们提供了一种全新的观察方法和世界观。在这种意义上,科学文化不仅重要,恐怕还是工业革命必不可少的因素。不过,那时的科学活动,就其本身而言,仍然不离一种希腊模式或希腊化政府雇用的窠臼,相当脱离实际应用。技术行家和工程师也不主动去吸取科学知识的营养。

虽然技术是按照传统的路子发展而未能得益于科学理论,但是,在18世纪的欧洲却有一些杰出的技师同科学界有一定的社会联系,科学与技术的界限确实模糊了。在英格兰,工程师瓦特、斯米顿和制陶师韦奇伍德(Josiah Wedgwood)3人都成为伦敦皇家学会的成员,而且在学会的《哲学学报》上发表论文。然而,他们的文章其实与他们在工业上的贡献极少有或者根本没有关系。瓦特发表的通信和论文是关于水的组成和"人造气体的药用价值"(medicinal use of factitious airs)的,两者都是用燃素化学来论述,这些科学贡献与他的蒸汽技术毫无联系。韦奇伍德后来对化学很感兴趣,也做化学实验,他发现黏土加热后会收缩,而且在这个发现的基础上于1782年发明了高温计。这确实是技术作为应用科学的例子,并且它也预示了科学与工业更进一步的联系。韦奇伍德还经常与当时的一些杰出的化学家通信,包括普里斯特利(Joseph Priestley)和拉瓦锡(Antoine Lavoisier)等。然而他做的

那些新奇而精致的陶器,即以韦奇伍德的名字推出的产品,全是在他进入化学界**以前**做出来的。韦奇伍德的父亲和兄长都是制陶匠,他自己也从未上过学,而是先在他哥哥的工厂里当学徒才进入制陶这一行的。仅仅因为他的职业是陶匠,他才对化学产生了兴趣,而不是相反。至于斯米顿,他造出"**土木工程师**"(civil engineer)这个词组就是要表明,他们这些平民顾问同新建立不久的伍利奇皇家军事学院培养出来的军事工程师们有所不同,他自己则是一位颇有名气的承包大型公共工程的营造商。他曾因在《哲学学报》上发表的一篇文章而获得过皇家学会的科普利奖章。那篇文章的内容是他自己的经验总结,说明让水车转动起来,在上方冲水比在下方冲水会有更高的效率。那是一种敏锐的观察,他在自己承接的水利工程中总是采用上冲水水车。(其他工程师仍然沿用下冲水水车,因为这种水车建造成本较低。)

317

1742年,英国政府鉴于正规培养炮兵军官(不久以后还有工兵军官)的需要,在伍利奇建立了军事学院。学院里的候补军官除了学习其他课程,还要学习"流数术"(即牛顿的微积分学)和静力学基础。但是,毕业的学生就那么一点知识,加上缺乏实际经验,实难胜任实际的工程师工作。因此,在18世纪,工业化进程能够加以依靠的,还是那些没有接受过任何科学教育没有上过学的土木工程师。尽管如此,在工业革命时期,技术与技艺之间传统的亲密关系毕竟还是有了一些变化,从而有利于把技术和科学在社会学意义上结合起来:实验科学的那些获得知识的理性方法开始在工业上得到应用,某些第一流的工程师也被科学吸引而与科学界有了较为密切的社会交往。不过,实际应用和理论研究之间仍然有一道鸿沟,有待人们去填补。

瓦特职业生涯中的一个故事就反映了那道鸿沟的存在。在18世纪80年代,瓦特做了许多实验,希望能把可以漂白织物的氯化过程应用于商业领域,那个化学过程是由法国化学家贝托莱(C. L. Berthollet)发现的。贝托莱是以纯科学的态度进行这项研究的,他发表结果时根本没有去考虑商业应用前景或者说经济收益。瓦特的岳父麦格雷戈(James MacGregor)是一位漂白剂生产商,于是瓦特就想到,最好是由他们3人——瓦特、麦格雷戈和贝托莱——共同来保守住他们那些改革的秘密,一同申请专利,这样就能够获取丰厚的利润。然而,当瓦特把他的这个想法同贝托莱商量,抱怨贝托莱不该"把他的发现……公开",那样就无法申请专利时,贝托莱回答道,"一个人要是爱科学,就不需要财富"。虽然在18世纪的科学家中似乎只有贝托莱一人公开站出来呼吁维护纯科学的纯洁性,但是在其他科学家中,把理论研究应用于解决实际问题的事情,也几乎从未有过。

当然,说几乎没有,也不是绝对没有。在进入19世纪之际就出现过一个奇特的例子,当时的英国科学家被要求把他们的知识应用于工业。结果当然是希望落空,这充分表明了应用科学在当时仍然未能形成。事情是,伦敦港政府决定在泰晤士河上再修建一座桥梁,以满足首都日益发展的需要。政府当局公开征集方案。在送来的那些方案中有特尔福德(Thomas Telford,他后来成为土木工程师协会的第一任主席)提交的一份宏伟设计,计划建造一座跨度为600英尺(约180米)的单跨铸铁桥。因为铸铁桥在当时还是新鲜事物,此前仅仅修建过三四座,所以没有现

图14.5　特尔福德的跨越梅奈海峡的铁桥(1824年竣工)。在18世纪,铁已被应用于结构工程。这座采用铸铁桥拱的大桥是在早先已经建造过好些座锻铁悬拉桥和锻铁管式桥之后修建的。比起在技术上掌握铁这种建筑材料来,要建成这样一座大桥,组织管理能力同等重要。

成的规范或经验作为依据来检查那项设计。在当时，既没有任何应用科学可以用来指导那项工程，就连大学里也没有今天被称为工程学那样的专业。专门负责港口改进计划的议会专门委员会意识到了这件事的难度，决定要咨询"全大不列颠在这件事情上掌握有最丰富实践经验和理论知识的人"。

因为在1800年时还没有谁能够一人同时掌握理论和实践两方面的知识，所以议会决定成立两个委员会：一个由数学家和自然科学家组成，另一个由有经验的营造师组成。每一个人都被要求回答一份有关特尔福德设计的问卷，人们希望将两方面的答案结合在一起就能得到一些有用的要点。结果表明这种做法毫无效果。指望把不懂建筑的数学家和不懂数学及理论力学的营造师两方面的专业知识合在一起就能够产生实际效果，那不过是枉费心机而已。在"有实践经验的人"提出的那些方案中，有少数意见还值得考虑，但是工程师一方还是让人失望了，他们毕竟没有掌握任何关于结构的理论，更何况那项设计是那样复杂，即使放在今天也是不容易解决的理论难题。然而，当时的科学知识未能解决实际问题的表现更为突出的还是"理论家"一方的回答，这里所说的理论家就包括一位皇家天文学家和一位牛津大学的几何学教授。那位皇家天文学家关于力学工程的见解不久就被人当作笑柄，被说成是"高高坐在精密科学的裁判席上作出的判决，就连最无知识的工人也能看出它的错误"。这位天文学家的那份不合格的证词里净是他关于天体现象的知识，他建议，"大桥应该漆成白色，因此可以尽量少受到太阳光线的影响"，而且，"应该保证不会晃眼"。那位萨维利安几何学教授精心撰写的报告也同样暴露出他的愚蠢，他把大桥的长度计算至1英寸的百万分之十，而把桥的重量计算至1英两的千分之几。

理论家委员会的成员中间当然也有人比较清醒，他们承认，科学还没有准备好为技术提供帮助。剑桥大学的卢卡斯数学教授（就是原来牛顿担任过的那个教席）米尔内（Isaac Milner）意识到，理论在那样的应用中起不到什么作用，除非它与实践知识结合起来。他注意到，理论家"也许……看起来有学问，能够根据想象出来的假说进行冗长而复杂的计算，而且符号和数字也可能绝对正确，精确到了最小的小数,但是,**大桥仍然不安全**"。爱丁堡大学的数学教授普莱费尔(John Playfair)在他交出的那份报告的结尾处也指出,理论力学"凭借的都是更深奥的几何学,还未能进展到比确定一组光滑尖劈的平衡更有用的程度"。在19世纪初,像特尔福德提出的大跨度桥拱那样复杂的结构设计仍然要靠技师们的直觉和经验,而那些技师就是一些"在实践和经验的学校里每天跌打滚爬锻炼出来的人"。此后又过了半个世纪,才有兰金(John Rankine)的《应用力学手册》(*Manual of Applied Mechanics*)及其他类似的著作问世,指明了通向工程科学的道路。

科学革命不管对工业革命产生过什么文化影响,却终归未曾深入到能够把科学理论应用于技术发明的程度。欧洲各国政府虽然抱有培根式的理性主义观点,希望科学能够帮助社会,但是它们关注的还是局限于科学如何帮助进行国家管理,至于工业革命技术层面上的问题,则仍然留给没有受过学校教育的技师工匠和企业家们去解决,而他们却又未掌握理论知识或受过任何科学训练。那时,这样的理论知识还没有被编进教科书中,大学也没有工程科学方面的计划甚至课程。那时也还不存在职业的工程学会,直到1771年斯米顿土木工程师协会才成立。那时能够用来把抽象的数学原理转换成工程公式的物理学常数和参数表也没有确定下来,更没有编纂成册。同样,那时也没有任何一所工程研究实验室。要出现这些发展以及出现应用科学,还得再等待一些时日。

第十五章

革命的遗产：从牛顿到爱因斯坦

历史学家称之为科学革命和工业革命的运动在塑造现代世界方面是划时代的，但是对于其后果来说，无论单独来看，还是综合来看，都需要花费数十年的时间才能完全呈现。而对科学、技术和社会来说，要承认其完全现代的特征，也需要这么久的时间。现代科学并没有在科学革命中完全成熟，也没有从牛顿的工作和世界观中得到全面发展。工业革命之后，或者说由瓦特及蒸汽机引发的各种进展之后，全球工业文明也并没有在一夜之间出现。而且，尽管培根和笛卡儿在17世纪支持知识有用的观点，但是理论科学并没有立即在工业中得到应用。

工业革命紧随科学革命之后，这个密切的次序很容易让人误解历史。事实上，在18世纪和19世纪的大部分时间里，理论科学与技术（工艺品）在自己的传统上各行其道。当它们在19世纪开始合并时，制度因素，以及智识和技术的发展共同塑造了两者的伙伴关系。在本章中，我们将追溯从牛顿到爱因斯坦的物理科学的知识轨迹，我们同样遵循了19世纪的工业化进程。然后，我们将继续讲述：工程如何将自己转变为专业，并开始引导历史的方向。随着科学和工业形成了重要而崭新的关系（这种关系为当今应用科学建立了新范式），科学知识的应用最终可以在工具制造者的世界中清晰地看到。

321　　**培根和牛顿的遗产***

　　自17世纪以来,知识就一直在按照几何级数快速增长,这种现象为探讨科学革命以后的科学史提出了一个难题。自那时以来,科学活动的规模及产出(以公开出版物的形式)都增加了好几个数量级,想要全面彻底地考察过去300年间的科学,几乎是不可能的。有一个办法或许可以绕过这一困难,那就是把现象加以模型化,也就是说,选取那些起过重大作用的因素,把复杂的历史事实加以简化,从概念上把它们联系起来,看它们如何相互作用。

　　采用这种办法,我们就会发现,科学革命之后形成了两种不同的科学传统。一种传统是通常所说的"经典科学",包括天文学、力学、数学和光学。这些领域起源于古代,它们是在古代世界所从事的研究中就已经成熟,而在科学革命中又经受过革命性改造的那些科学。这些科学在近代早期得到改造以前,就已经高度理论化了,继续进行的研究是为了解决具体的难题。从总体上看,经典科学在研究方法上并不是实验性的,而是以数学和理论为基础,可以明显地感觉到它们那种规范严谨的学术气息。

　　另一类科学可以称之为"培根科学",它们虽然是在科学革命之中及其后同经典科学平行发展起来的,却与经典科学基本上没有什么关联。之所以叫培根科学,是因为它们正符合弗朗西斯·培根爵士竭力倡导的那一类科学研究风格。培根科学主要是指对电、磁和热的系统研究,它们没有古代经典科学的渊源,而是在科学革命的外围受到或多或少的熏陶,作为经验主义的研究领域冒升出来的。也就是说,经典科学在科学革命中得到了改造,而培根科学则是在那个时代智力普遍活跃的背景下形成的。同经典科学依靠理论和较多使用数学不同,培根科学通常在特

————————

　　* 英文原文为 In the Wake of Bacon and Newton,本节文题似不够一致。现代科学又称数理实验科学。数理科学(即本节的经典科学)又称笛卡儿科学传统,实验科学又称培根科学传统。牛顿集两大科学传统(数理+实验)于一身,本节所述《原理》与《光学》为其代表。因此,本节标题可为"笛卡儿和培根的遗产",或为"牛顿的遗产"。若按原文"培根和牛顿的遗产",易引起逻辑混乱。——译者

征上更为注重定性分析,在方法上更加看重实验。因此,培根科学依靠仪器的程度要比经典科学大得多。培根科学更偏于经验,需要的理论指导不多。

牛顿的《原理》提供了经典科学的一个范例,在这个范例中,我们可以看到在18世纪那个历史阶段作为经典科学的物理学的技术性细节、经典科学采用的普遍方法以及当时的数学科学家怎样去处理问题。例如,在1758—1759年哈雷彗星按照预言如期回归,就显示了牛顿数学科学具有何等巨大的威力。在另一个证实牛顿物理学的正确性及适用范围之广的例子中,有科学家测出了地球表面的曲率。在1761年和1769年先后两次,专门组成的国际观测小组都测出了罕见的金星越过太阳圆面的时间,并且第一次非常有说服力地计算得到了日地距离。在欧洲大陆,法国和瑞士的数学家成功地把理论力学的研究扩展到一些技术性更强的领域,如流体力学、振动弦的数学描述和弹性变形等。

这类技术性研究在进入19世纪以后仍然保持着活力。一个非常著名的例子是1846年海王星这颗行星的发现。在此之前的1781年,威廉·赫歇尔(William Herschel)发现了天王星,可是观察到它的运行轨道很不规则,根据这一点,英国和法国的理论天文学家预言了海王星的存在。柏林的德国天文学家在知道了那个预言的当夜,果然就观测到了那颗行星。经典科学传统在拉普拉斯(P. S. Laplace, 1749—1837年)的著作《天体力学》(*Celestial Mechanics*)问世之时恐怕就达到了它的顶峰,至少从概念体系看是如此。拉普拉斯的著作(共5卷,1799—1825年)完全用微积分语言写成,显出严谨规范的威仪,相比之下,牛顿的《原理》中插入了许多难解其意的几何图形,就显得有些怪诞而不合时宜了。另外,牛顿在他的物理学里看到了上帝存在的地方,拉普拉斯看到的恰好是上帝并不存在。在法国皇帝拿破仑(Napoleon Bonaparte)与拉普拉斯之间后来经常被人们提到的一次谈话中,法国皇帝谈到他发现拉普拉斯的著作里只字不提上帝。据说拉普拉斯回答道:“陛下,我不需要那种假设。”那时候,经典科学就已经发展到了如此先进的程度,拉普拉斯可以根据牛顿及其追随者们确立的基本力学定律来表述出一个在数学上十分完备的有序宇宙。

322

另一方面,牛顿的《光学》(1704年)为培根科学在18世纪的发展提供了一个现成的概念框架。牛顿这位巨匠在《光学》里所附的那组探询式的提问中,为了说明现象,一次就假想出有可能存在着一系列极其微小而自身又彼此排斥的物质。如牛顿问:倘若没有以太,温暖房间里的热量怎么能够进入到一个抽空了的玻璃烧杯里面去呢?同样,牛顿也求助于各种不可捉摸的以太和原子能来解释电现象、磁现象、某些光学现象乃至生理现象。

18世纪电力的发展说明了牛顿时代以来培根科学的特点。当然,静电现象至少在古代就已经为人们所知。(在1800年发明电池以前,科学领域根本就不存在流动的电。)科学家们研究静电是从18世纪开始的。他们研制出一些能够产生和储存静电的新仪器,并用这些仪器研究了同电的传导、绝缘、吸引和排斥等有关的大量新现象。本杰明·富兰克林用来证明闪电是一种电现象的风筝实验(第一次实验是在1752年做的),似乎就是那用用实验进行定性研究模式的典型。在理论上,跟《光学》的思想一样,富兰克林提出了一种单一电以太来解释电现象,但并不怎么成功。另外一些科学家不同意富兰克林的观点,提出的是一套有两种以太的理论。值得注意的是,这两者并无本质差别。在其他许多领域的研究中,情况也大抵如此,全都遵循的是《光学》一书中提出的思路。例如在磁学领域,当时在圣彼得堡帝国科学院工作的一位德国出生的俄国科学家埃皮努斯(F. U. T. Aepinus, 1724—1802年),也是提出一种以太理论来解释磁体的互相吸引和排斥。英国生理学家黑尔斯(Stephen Hales, 1677—1761年)做过许多植物实验,他又提出存在着一种"植物"以太。麦斯麦(Franz Anton Mesmer, 1734—1815年)关于"动物磁性"和早期催眠术的工作按说不会那么枯燥,也许能使今天的读者感兴趣。其实不然,因为他仍然是完全按照牛顿在《光学》里的权威观点在从事研究,遵循的也是基于以太的研究和科学解释传统。其实,麦斯麦如果说有错,并不在于他求助了一种磁性以太,来解释他给病人治病所产生的简直犹如奇迹的治疗效果,而在于他顽固地不让科学和医学界的其他人了解其发现的秘密,因此,他很不得人心,他的催眠以太也没有人承认。

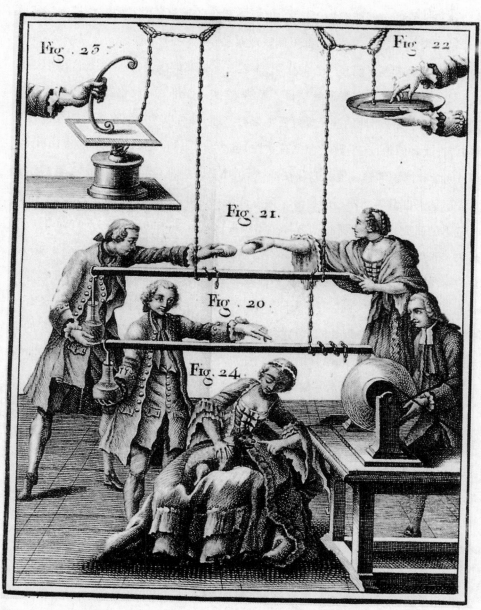

图15.1 早期电学设备。 18世纪对静电的科学研究十分活跃,主要是因为那时已经研制出许多新的实验仪器,如图中画出的玻璃球(或硫磺球)起电器即是其中之一。这幅版画引自诺莱(Abbé Nollet)的《实验物理学讲义》(*Lessons on Experimental Physics*,1765年)。图中的人好像在玩室内游戏,在18世纪常常就以这种方式来演示静电现象。

培根科学的范围能够加以扩大,也把18世纪关于气象学、博物学、植物学和地质学的研究包括进来,这一切都更偏重观察和经验,而不是理论。在气象学领域,各个科学学会起到了研究中心的作用,发表个人提交的报告,各自还独立组织过不少大规模收集气象资料的研究项目。显然,这些工作都要用到仪器(如温度计和气压计)。任何一位当地的业余爱好者如果有兴趣,都可以参加到收集天气资料的工作中来,就好像他(在少数场合也有女性)也参与了18世纪欧洲科学的宏伟事业。在植物学和博物学领域也普遍存在着类似的情况,基础工作是收集标本,有些标本常常还是来自世界最偏远的角落。标本被送到伦敦、巴黎或者瑞典的乌普萨拉这些城市的研究机构,在那些地方像布丰伯爵(Count de Buffon,1707—1788年)、约瑟夫·班克斯爵士(Sir Joseph Banks,1743—1820年)或林奈(Carolus Linnaeus,1707—1778年)这样的理论家则努力制定出合理的分类体系。采集植物标本甚至成为18世纪的一种时尚,一个人只需带上几本简单的植物鉴定手册(或许还有一瓶葡萄酒),就可以在野外同大自然一起享受一顿科学野餐。18世纪地质学的进步,同样也是得益于系统地收集资料。在上述所有这些领域的研究都不涉及复杂的理论,也不受以《原理》为基础的经典科学所特有的其他规范的约束。

在说到18世纪经典科学和培根科学这两种不同的传统时,化学科学或许有些特别。化学来自源远流长、根基深厚的金丹术,在16和17世纪的科学革命中没有受到根本性的触动,因此,18世纪的化学既不适合归入经验性的培根科学,也不像经典科学那样偏重进行针对具体问题的研究。当时的化学要进行很多的实验,自然离不开仪器。然而化学在18世纪的前几十年却形成了一种得到普遍承认的被称为燃素化学的理论架构,到该世纪末,则又独立发生了一次概念革命。

化学革命的历史同样符合前面我们看到的整体科学革命的模式。在整个18世纪70年代,流行的理论框架是燃素化学。燃素被设想为燃烧过程的源泉,它其实同古希腊"火"的概念差不多,在燃烧过程中起作用并被释放出来。例如,按照燃素说,一支点燃的蜡烛就在释放燃素。把蜡烛用烧瓶罩起来就会熄灭,那是因为瓶子里的空气被燃素浸满了,这样的环境阻止了继续燃烧。(请注意,这同化学革命以后对燃烧的看法正相反,化学革命以后的看法假定蜡烛是因为烧瓶中的空气耗尽而熄灭,而不是因空气饱和而熄灭)。如图15.2所示,燃素说在当时倒是统一解释了不少很不相同的现象,如燃烧、植物生长、消化、呼吸、熔炼等等,由此成为18世纪进行化学研究所依据的一个颇为牢固的理论框架。

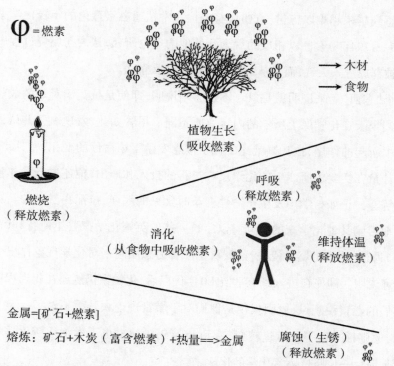

图15.2 **燃素化学**。燃素被认为是元素或火焰燃烧时遵循的原理。近代早期的化学家们有足够的证据支持燃素的存在。通过解释燃烧与植物生长、人体生理学和冶金现象之间的联系,燃素理论增加了它的权威。该理论认为在这些过程中,燃素以不同的方式被释放和吸收。法国化学家拉瓦锡通过提出这一观点发起了18世纪的化学革命:燃烧时,从空气中带走氧气,而不是释放出燃素。燃素作为一种实体就不再存在于这个世界了。

　　燃素化学最终被抛弃,取而代之的是拉瓦锡关于化学和燃烧的氧理论。实际上,这种转变是由好几个因素引起的。1756年,布莱克发现了"固定空气"(即二氧化碳),确证它是另一种不同的气体。这件事代表了化学发展史上一块重要的里程碑。"固定空气"有其独特的性质,从而打破了把"空气"当作单一元素或单一实体的传统观念。此后不久,化学家借助经过改进的设备又发现了一系列其他的新"空气"。新发现的一连串奇怪的事实,尽管起初还不大起眼,最后却终于构成了对燃素说的挑战。尤其是,水银居然会在燃烧中**获得**重量(在一定条件下),而按照燃素说,燃烧中释放出燃素,水银应该是**失去**重量才对。诸如此类的奇怪现象使理论化学家们感到越来越难以应付。这时,有一位非常精通燃素理论的年轻化学家拉瓦锡(1743—1794年)索性以相反的观念开始他的理论研究,认为在燃烧过程中不是有物质被释放进入大气,而是从大气中取走了什么东西。

那个"东西"后来证明就是氧。不过必须说明,即使是拉瓦锡对氧的成熟观点也与我们今天在化学课上所学的内容有所不同。尽管如此,发现氧气并认识到氧在燃烧中所起的作用,拉瓦锡就此使化学概念发生了革命性的变化;尤其是,通过细致地计量在实验中所产生的化学反应过程的投入和产出,他还进行了非常有说服力的解释。正如科学中发生革命性变革时常见的那样,拉瓦锡激进的新观点并没有立即得到其他化学家的认同。以年长一些的英国化学家普里斯特利(1733—1804年)为首,他们对燃素说进行修改,仍然竭力想用它来对化学现象作出令人满意的合理说明。即使在进入到18世纪80年代以后,化学家仍然还在相当程度上保留着他们的燃素说观点,原因仅仅是他们对于燃素理论太熟悉不过了。至于普里斯特利,他则根本就不曾有过转变,直到1804年进棺材也不肯承认新化学。他大概要算是最后一位坚持燃素化学的化学家。

如果不拿出无可辩驳的测试或者证据,欧洲的那些化学家怎么会转变观念而改信新化学呢? 在那场充满生机的化学革命中,辩才和说服力起到了关键作用。不止是拉瓦锡,还有一批与他志同道合的同行,也陆续作出了许多新发现,并将他们的令人激动的实验结果发表出来,在1787年,还编订出一套全新的化学专业名词。在拉瓦锡的那套新术语里,"易燃气体"是指氢,"农神糖"(sugar of Saturn)指醋酸铅,"维纳斯硫酸盐"(vitriol of Venus)指硫酸铜,如此等等。那套新术语的支持者希望化学语言能够恰当地反映化学的现实。然而,实际情况是,在学校学过那种新化学的学生仅仅是能够在嘴上挂几个新名词而已,燃素化学仍然保留了下来。不久,拉瓦锡亲自编写的一本教材《化学概要》(*Elementary Treatise of Chemistry*)于1789年出版,书中只教拉瓦锡的新化学,这时情况才大有改观。在拉瓦锡的教材里,燃素化学被完全删除。燃素曾经是化学理论的一个核心概念,经由拉瓦锡引发的一场革命,它作为一种实体就从这个世界上消失了,成为一个纯粹的历史怪胎。

这里,我们需要特别提到拉瓦锡教材的一个特点。翻开《化学概要》,一开始,拉瓦锡就用一节的篇幅仔细地把热现象与真正的化学现象区别开来。譬如说水,按照拉瓦锡的观点,水的物理状态可以改变,如从冰变为液态水,再变为水汽,但它仍然是化学上的水。为了说明物态变化以及其他热现象,拉瓦锡引入了一种新的以太——卡路里(caloric)。同其他以太一样,我们在这里看到的卡路里也是一种自身排斥的流体一样的物质,远比普通物质稀薄。因此,卡路里能够渗透进冰块内部,把其中的粒子彼此分开,从而把冰融化成水。加进去的卡路里再多一些,水就会变为水蒸气。通过引入卡路里,拉瓦锡就把化学纳入了牛顿在《光学》一书中所构造的那个智识框架之中。因此,化学最终纳入了我们此处探讨的经典科学—培根科学模型。

第二次科学革命

在18和19世纪之交,"第二次"科学革命又蓬勃展开。这场对于科学发展至关重要的历史性变革有两个联系紧密的趋势:一个是原来比较倾向定性的培根科学实现了**数学化**,另一个是经典科学和培根科学两者在理论和概念上都趋于**统一**。也就是说,原来的两个分离的科学传统结合成为一个新的科学整体,即我们今天所熟悉的"物理学"。随着第二次科学革命的展开和上述数学化和统一过程的深入,最后展现在人们面前的是一组统一的宇宙定律和一个十分统一协调的科学的世界图景。到19世纪的最后几十年,那样一个被称为经典世界观的世界图景似乎在一瞬之间就把物理科学的所有领域整合为一体,并且使科学家们对物理世界和物理学自身的目标有了一个完整的了解。

327

在19世纪科学的许多不同专业和研究领域都能够看到数学化和统一过程的进行。电学及其涉及磁学和化学的那些分支迅速发展,为我们展示了一个非常突出的例子。在整个18世纪,对电学现象的科学研究还只局限于静电。流动的电的偶然发现,一下就打开了通向一个全新研究领域的大门。在18世纪80年代用蛙腿所做的著名实验中,意大利科学家伽伐尼(Luigi Galvani, 1737—1798年)虽然没有立即扩大电学的研究范围,但是,依照《光学》传统,他着手认真地研究了很可能是在动物身体内"流动"的那种难以捉摸的"动物电"。他的同胞伏打(Alessandro Volta, 1745—1827年)在这些工作的基础上继续研究,于1800年宣布发明了能够产生流电的电池。伏打发明的电池,以及不久以后又出现的更大的电池,表明电和化学之间有着以前所不知道的深刻联系。伏打电池是把一些金属板和厚纸板层叠起来放在盐(后来是酸)溶液池里做成的,它本身就是一件化学仪器,因此,电流的产生显然同化学存在着某种基本的联系。不仅如此,通过电解,也就是利用电池使电通过化学溶液,科学家们——其中以戴维(Humphry Davy, 1778—1829年)最为突出——很快就发现了几种新的化学元素,如钠和钾,它们都是在电池的电极上发现

328

的。这样一来,在19世纪的前几十年就在化学中确立了化学化合的电理论——化学元素通过电荷结合在一起——的主流地位。

在电化学领域作出的这些发现,总体上支持了从19世纪一开始就打下了一定基础的化学原子论。拉瓦锡心甘情愿地追随玻意耳,只满足于把化学元素描述为化学分解的最后产物,只字不提这些元素的结构——不论原子结构还是其他结构。1803年,原来搞气象学和气体化学的道尔顿(John Dalton, 1766—1844年)注意到,参与反应的元素比例通常是小整数的比例,这表明化学元素实际上是离散的颗粒。于是他提出原子假说,从而成为第一位提出化学原子假说的近代科学家。道尔顿认为原子是真实存在的看不见的粒子,于是,原子就代替了相当模糊的化学元素概念。在前1/4世纪里,原子学说并没有立即被普遍接受,但是到了19世纪中期,原子学说就已成为当时化学的一个基本组成部分。在积极提倡化学原子论的过程中,道尔顿及其追随者还把它同"哲学"原子论联系起来,而后者曾是17世纪

那种新科学的一个突出特征。

科学家们一直猜想电和磁具有某种统一性,但直到1820年,才由丹麦自然哲学教授奥斯特(Hans Christian Oersted,1777—1851年)偶然发现了两者之间存在的联系。当时,奥斯特在一间教室里刚上完课,正在收拾演示用的仪器,其中有一个电回路和一枚指南针。他意外地发现,如果导线与指南针的磁针平行(而不是如原来以为的那样要垂直于磁针),这时接通或者断开电路,就会出现一种磁效应。通过进一步研究,奥斯特证明了电流的磁效应是运动。这样,他就发现了后来被应用于电动机的那个原理。此后又接着出现了一系列的新发现,其中包括电磁铁和通电导线的吸引及排斥。

这些进展在1831年时由于法拉第(Michael Faraday,1791—1867年)发现电磁感应(或者由磁产生电)而达到高潮。法拉第是英格兰皇家研究院(Royal Institution in England)的一位自学成才的实验高手,他在实验中把一块磁铁迅速插入一个闭合的螺旋线圈使之产生电流。法拉第的发现有可能被应用来制造发电机,而且同奥斯特发现电产生磁效应相对应的磁产生电效应,其重大意义不言而喻。不仅如此,法拉第的发现其实是在更深的哲学层面上揭示了电、磁和机械运动三者之间的相互联系。在法拉第之后,因为已经知道了自然界三种力中的两种,科学家们就不难再找到第三种力了。

法拉第对电磁现象的解释最初虽然具有很强的个人风格,但其影响是极其深远的。法拉第数学不行,他把电和磁的效应具体想象为空间发生的机械畸变。铁屑会在一个磁体周围排列成一定的花样,这一实验事实使法拉第相信,真实存在着从磁体和电流向外散发出来的电磁场和"力线"。于是,法拉第就把注意力从磁体和导线转向了它们周围的空间,从而创立了关于场的理论。随着关于电的新科学和各种新奇的电学装置的相互促进与发展,毫无疑问,在所有这些工作中,科学理论和技术应用已经初步融合在一起了。

光学在第二次科学革命时期使自己得到完善的那些发展,构成了那场革命的一项主要内容。在18世纪,牛顿的威望很高,科学家们虽然知道与牛顿同时代的

329

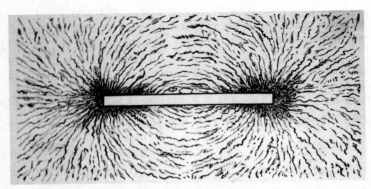

329 　**图15.3　法拉第的力线。**法拉第假定,在磁体周围的场中存在着许多力线。他仔细观察铁屑在一块磁铁周围的空间所形成的分布图案,用以阐明自己的观点。

惠更斯另外提出过一种关于光的波动说,但是占主导地位的还是牛顿的粒子说。在这种情况下,牛顿的影响反而造成了思想僵化,使得18世纪没有出现光学方面的重要工作。直到托马斯·杨(Thomas Young, 1773—1829年)和菲涅耳(Augustin Fresnel, 1788—1827年)的工作出现以后,情况才大为改观。杨不满意牛顿粒子说对衍射现象(即光线绕过物体边缘发生微小弯折的现象)的解释,于1800年提出了他的波动解释。他把光想象为一种像声波那样的压缩纵波。在法国,年轻的菲涅耳的工作又在科学界掀起了轩然大波,他提出,光是由横波组成,就像海洋里的波浪。菲涅耳的理论更好地解释了全部光学现象,包括只有当一组波和另一组波发生相互作用时才会出现的光的干涉现象。不久,菲涅耳理论更预言了一个非常奇特的现象,那就是,在合适的实验条件下,在一个圆盘遮挡光线所投下的阴影的中
330 心应当出现一个白色光点。在一个十分引人注目的实验中,菲涅耳证明了实际情形果真如此。1819年,菲涅耳获得了巴黎科学院设立的一个奖项。

　　随着光的波动说为越来越多的人所接受,科学家们开始重新考虑以前一直难以解释的那些老的光学问题,譬如说光的偏振。这样就开辟了许多新的研究领域,如确定光的波长和分析光束通过分光镜所形成的光谱,等等。(光谱研究还意外地揭示出光与化学之间未曾料到的联系,即每一种化学元素都发出它所特有的光谱。)波动说还使科学家面临着一个很大的理论难题:光波在什么介质中传播? 当

时的回答是：光是由弥漫在整个宇宙的以太中的波动构成。在第二次科学革命中，在18世纪的培根传统中被赋予了各自不同微妙性质的那些五花八门的流体全都遭到淘汰，惟有这样一种构成世界的以太留了下来。

　　在第二次科学革命中，导致科学概念发生变化从而改变了19世纪科学的智识面貌的因素，还有对热的研究。由于拉瓦锡把卡路里视为一种真实的物质，他就开创了一条测量热量的硕果累累的研究思路。傅里叶（Joseph Fourier, 1768—1830年）在他于1822年出版的《热的解析理论》（*Analytical Theory of Heat*）中，把微积分应用于研究各种各样的热流类型，但没有涉及热的本质是什么。1824年，年轻的法国理论物理学家卡诺（1796—1832年）出版了一本划时代的小册子，书名叫《论火的原动力》。在那本书中，卡诺分析了蒸汽机的工作过程，从中抽象出我们今天所说的卡诺循环，那是可以用来描述一切热机的一个理论模型。卡诺的小册子《论火的原动力》对于我们还有另一层意义，需要在这里强调一下。我们应该知道，卡诺的工作是对蒸汽机进行的最早的科学研究。在卡诺写他那本书的时候，蒸汽机已经使用了100多年，而且正如我们已经看到的，在很大程度上正是受到使用蒸汽动力的推动，工业革命才得以在欧洲蓬蓬勃勃地展开。这件事情又是直接否定了把技术当成应用科学的那种陈腐看法。事实是，正是技术向科学提出了需要加以研究的课题，卡诺对蒸汽机的分析就是一个很好的范例。

　　工业革命之后，浪漫主义和浪漫主义运动在科学和自然哲学中得到了不亚于艺术和感性的重视程度。自然哲学或浪漫科学是一种独特的思想体系，在19世纪盛行，并产生了显著的影响。英国艺术家威廉·布莱克不仅对工业化提出了批评，而且在他的艺术和诗歌中表达了他的感受，即牛顿、机械论及源自科学革命和启蒙运动的死气沉沉的理性重创了自然的核心和灵魂。例如，著名的德国诗人兼作家歌德（Goethe, 1749—1832年）还撰写了有关植物学、解剖学、尤其是色彩方面的文章，并写下了具有里程碑意义的著作《色彩理论》（*Theory of Colors*, 1810年）。他否认了牛顿主义和机械方法。同样，奥斯特对电与磁之间联系的感受来自他对自然力量的内在统一性的几乎属灵的信仰，而"力"或德语的"卡夫"（Kraft）这一概念被证明是导致19世纪40年代热力学发现的关键概念。

在关于热的研究中，甚至可以说在19世纪所有物理科学的研究中，最值得注意的成就要算是产生了一门全新的理论学科——热力学。这门学科使原来关于热和运动的两门科学实现了统一。在1847年以前的许多年里，不少科学家根据方方面面的事实早就已经意识到，自然界的那些力——热、光、化学、电、磁和运动——很可能不仅仅是彼此相互作用，也许还能够相互转化，是一些潜在力量的表现。在19世纪40年代，有不少科学家都独立提出过热力学第一定律，即能量守恒定律。这个定律说，自然界的各种力能够从一种形式转化成另一种形式，而且在转化过程中被称为能量的一种不可破坏的实体保持不变。例如对于蒸汽机车来说，储藏在煤炭里的化学能被释放出来，其中一部分会转化为热、光和机械运动，后者推动活塞，活塞驱动机车前进。热力学第一定律仅仅是一个抽象的原理（即使是关于自然界统一性的抽象原理，也可以使对自然界的表述更加简洁），要使它具体化，就需要定量化，其根据是能量在从一种形式转化为另一种形式中，转化率总是一定的。英国实验物理学家焦耳（James Prescott Joule，1818—1889年）以比较高的精确度测出了热功当量，证明一个标准重物下落一定高度总是正好能够升高给定重量的水的温度。德国物理学家克劳修斯（Rudolf Clausius，1822—1888年）在前人工作的基础上于19世纪50年代和60年代发表了一系列重要论文，提出了热力学第二定律。该定律涉及能量随时间的变化。具体说来，这个定律指出：在一个不受干扰的封闭系统中，能量高的地方和能量低的地方总在趋于平均化，直至系统中不再存在温度差。第二定律的意思是，能量就像水，要自发地从高处流向低处，而且若外界没有对它做功，绝不会自发地发生逆过程。

热力学是在19世纪产生的从根本上改变了人们对自然界看法的两个全新学科中的一个，另一个学科是进化论。能量概念和热力学原理在更深的层次上以前所未有的成功把各门物理科学统一起来，而且为在19世纪末最后定形的那种具有统一概念的世界观提供了科学基础。

就物理科学而言，19世纪下半叶的那种经典世界观（或者说经典综合）至少提供了一种对物理世界的全局认识,给出了一幅关于这个世界的统一的智识图景,而那是中世纪乃至亚里士多德全盛时期以来在历史上曾经出现过的几种世界观绝对无法比拟的。那种统一的经典世界观的核心是麦克斯韦(James Clerk Maxwell,1831—1879年)的工作。麦克斯韦把法拉第的比较定性的电磁场观念加以数学化,用非常漂亮的数学形式来表述自然世界,以波动方程(即麦克斯韦方程)来描述场。后来的事实表明,麦克斯韦的工作有两个方面在确立经典世界观上起到了关键性作用。首先,电磁波具有有限的速度,也就是出现在麦克斯韦方程中的那个常量 c;后来确认出那就是光速。在明白了这一点之后,似乎就可以肯定电磁学(靠法拉第和麦克斯韦的工作)和光学(靠菲涅耳的工作)之间存在着很深的联系。第二点,按照麦克斯韦方程所包含的物理含义,在一定条件下就应该有可能人为地产生并传输电磁波。在1887—1888年,赫兹(Heinrich Hertz,1854—1894年)果然用实验证实了这种电磁波的存在,我们平常称它为无线电波。如此一来,麦克斯韦方程以及把电、磁、光和辐射热四者看成一个统一体的观点似乎就有了坚实的基础而被确证。

　　基本思想来自牛顿和德国哲学家康德(Immanuel Kant,1724—1804年)的这种经典世界观,不难想见,其前提是绝对时空的观念——空间是均匀一致的欧几里得空间,而时间是绝不会停止的恒定流动的时间。于是,围绕着麦克斯韦的工作而形成的观点则是我们这个世界中存在着3种实在,那就是:物质、宇宙以太,以及能量。物质是由无内部结构的化学原子组成,同一种化学元素的原子完全相同,而不同元素的原子则不相同。按照这种观点,例如,所有的氧原子都是一样的,但与所有的氢原子则毫无共同之处。俄国化学家门捷列夫(D. I. Mendeleev,1834—1907年)把化学元素分类排列成一张化学表,表中给每一种元素附上一个原子序号并给出该种原子的重量(即原子量)。尽管原子可以进行化学结合,从而产生出世界上许许多多的化学物质,然而当时人们对于把原子结合在一起的化学键的本质仍然一无所知。原子、分子和更大的物体都具有机械能,在不停地运动,而且正是原子和分子的动力学运动决定了物体的冷热程度。对于气体,上述的这类运动,后来是

332

由一门新学科统计力学进行分析的。

世界上的一切物体，连同它们所包含的原子和分子，无一例外地都具有吸引力，而那种吸引力可以把分散的粒子聚积起来形成越来越大的物体。而且，正是那种万有引力提供了一座桥梁，把看不见的原子世界同力学和天文学所研究的这个已知的宏观世界连通了起来。（在19世纪末，科学家对引力的了解并不比牛顿时代或我们的时代更多一些，但是，所有的经验都证明确实存在着这样一种力。）科学家发现，在宇宙尺度上，如地球、月球、行星和彗星这样一些运动的天体全都遵从经典物理学定律，于是，经典世界观就把由牛顿提出并在随后两个世纪通过解决难题的研究而得到完善的经典科学传统囊括在内。

除了世界以太，还存在着普通物质。那种无所不在的以太，如前面所介绍的，是光、辐射热和电磁场这些辐射在其中传播的基质，而所有这些辐射都表现为能量。普通物质、以太和能量三者相互联系在一起，全都遵从热力学定律。因此，机械能、化学能、电能、磁能和光能能够彼此转化。尤其是热力学第二定律又规定了可称之为"时间箭头"的转化方向，成为支撑起经典世界观的稳固基石。在17世纪的力学中，譬如说碰撞定律，就是完全可逆的——理论上讲，无论在一个方向还是在相反的方向击打撞球，所做的功都是一样的。热力学第二定律就与此不同，它为时间和能量流动规定了一个不可逆的方向。这样一来，在第二定律的非常抽象和数学化的表述里面就隐藏着一个结论，即宇宙最终会走向"热寂"。到那时，所有的能量会均匀一致地弥散在整个宇宙之中，一切原子和分子便永远地只以刚高于绝对零度一点点的热度在作振动。

我们在这里勾勒出来的这种经典世界观是在19世纪80年代最后形成的。这样一种世界观具有内在的一致性，数学表述严谨，对于宇宙的物理面貌和各种自然现象之间相互联系的观察相当深刻。在那种经典世界观形成以后，早在古希腊时代就出现的那种有着悠久传统的自然哲学研究似乎就该寿终正寝了，至少，在物理科学领域，它应该是毫无立足之地的。然而，对于经典世界观在当时得到普遍接受的程度，或者说对于当时科学的那些复杂而深奥难懂的说明实际上有多少人完全同意，绝不可估计过高。事实上，在科学家和哲学家当中，关于经典世界观是否就真的反映了自然界深藏着的真实，一直是有争议的，而且有时争论还相当激烈。此后不久出现的一系列料想不到的发现，使人们再也不敢以为事情就此完结，于是，一场新的革命又在酝酿之中。进入 20 世纪，一场由爱因斯坦（Albert Einstein）发动的物理学革命又开始了。

　　我们在前面着重讨论的是物理科学，但也不应忽略生命科学的发展在 19 世纪科学史中的重要性。**生物学**（或者说生命科学）这个术语是在 1802 年才创造出来的，这件事情本身就意味着生物学在 19 世纪是一个多么活跃的领域。尤其重要的是，在 19 世纪，又开始了在实验室里对生命的化学过程和生理过程用实验方法来进行研究的传统。尽管胡克在 17 世纪就提出了"**细胞**"这个名词，但是细胞理论是到 19 世纪 30 年代才出现的。当时，德国的两位科学家施莱登（M. J. Schleiden，1804—1881 年）和施旺（Theodor Schwann，1810—1882 年）通过显微镜看见了细胞，并确认细胞是植物和动物组织及新陈代谢的基本单元。此后，又有贝纳尔（Claude Bernard）的《实验生理学教程》（*Lessons in Experimental Physiology*，1855 年）和《实验医学研究导论》（*Introduction to the Study of Experimental Medicine*，1865 年）的出版，成为体现新研究风格的代表。在此背景下出现了由德国医生科赫（Robert Koch，1843—1910 年）和伟大的法国化学家及实验师巴斯德（Louis Pasteur，1822—1895 年）阐述的疾病的细菌理论。科赫确定了导致炭疽、霍乱和结核病的细菌，并阐明了证明细菌病原体与疾病之间联系的关键规则。科赫在柏林担任学术和行政职务，最终担任新的传染病研究所主任；他被授予 1905 年诺贝尔生理学或医学奖。19 世纪 50 年代关于**微生物**的想法使巴斯德进行了他的发酵研究。作为一名微生物学家，巴斯德首先通过解决乳制品、葡萄酒、丝绸、醋和啤酒酿造行业的实际应用科学问题而获得了世界声誉。在解决这些问题时，他有时非常疯狂，但他的努力最终带来了巴氏杀菌法并改善了生产状况，提升了人们对细菌的理解。巴斯德凭借其精湛的实验技术，进一步开展医学工作，特别是研发针对炭疽病和狂犬病的疫苗，巩固了自己的知名度，并于 1888 年建立了第一家巴斯德研究所，接着促进了巴斯德研究所在全世界的传播。疾病的细菌理论以及科赫和巴斯德的工作标志着真正科学的医学的来临,并极大地强化了基于科学的医学与医学研究的主张和地位。这项工作一劳永逸地消除了体液病理学的古老观点,以及对疾病成因的各种环境解释。与其他许多当时的科学一样,实验医学和生物学在大不一样的组织机构和专业条件下发展。接下来,我们转向19世纪科学这种新的制度基础。

科学的再次重组

科学的专业化和职业化是走向今天之科学文化的一个重要标志。那么,哪些人是科学家和一个人怎样才能成为科学家呢? 在历史上,那些从事自然研究的人曾经承担过许多各式各样的社会角色:有首批文明中的祭师和不知名的书写人,有希腊的自然哲学家,有伊斯兰的医师和天文学家,有中国的达官贵人,有中世纪欧洲的大学教授,有文艺复兴时期的画家、工程师和法术师,有启蒙运动时期的科学院院士。需要着重说明的是,像今天的科学家这样的社会角色是在19世纪才开始出现的,而这正好是第二次科学革命发生的时期。

出现像今天这样可以明确辨别其社会身份的科学家的一个主要原因,是19世纪为科学奠定的一种新型的制度基础,而这第二次"组织结构革命"的意义,绝不逊于在头一次科学革命时期对科学组织的基本结构进行第一次调整时发生的那些变化。18世纪存在的组织科学的骨干机构,即国家支持的学术社团,虽然继续保持到了19世纪,但是它们已经不再是从事原创性科学研究的中心,而是作为对过去所取得的科学成就的奖赏,大多变成了荣誉性组织。代替它们的,是新出现的一批朝气蓬勃、彼此互为补充的科研机构。1794年在大革命后的法国成立的综合工科学校(École Polytechnique)就是一个非常重要的研究机构,在那里集中了法国第一流的科学家,他们向一代出类拔萃的学生传授先进的科学理论,而正是后者在19世纪30年代使法国变成了一个先进的科学大国,并使法语成为引领性的科学语言。(后来的西点军校和美国及其他国家的专科学院,也仿照了法国综合工科学校的模式。)

在英国,1799年成立的皇家研究院,为戴维和法拉第那样的著名人物提供了一个可以安心从事研究的场所。与此同时,作为那一时代的一个标志,在英国和北美还陆续出现了数百所机械学院。那样一种影响到后来的新型机构,在19世纪最兴旺的时候,在校学习科学的学生超过了10万人,他们有的来自工匠阶层,有的来自中产阶级的科学爱好者。

德国的大学体制改革最能体现19世纪科学的那种新组织结构的基本特点。柏林大学成立于1810年,从那以后,在讲德语的各州的大学里,自然科学就越来越得到重视。19世纪的德国大学属于世俗的国家机构,科学教育的目的是要服务于国家,为国家培养中学教师、医生、药剂师、政府官员及其他人才。

新形势下科学教育的最大特点,是前所未有地重视科学研究。也就是说,科学教授担当的任务已不仅仅是向学生传授已有的知识,还要带头生产和传播新知识。在教学形式上进行的许多改革也促进了大学内部的科学研究。在那些新出现的教学形式中,就有今天普遍存在的教学实验室[1826年在吉森(Geissen)成立的李比希化学实验室(Justus von Liebig's chemistry lab)是第一所这样的实验室]、研究生水平的科学研究班和讨论班,以及大学内部设立的专门从事高级研究的研究所。作为教学改革的内容之一,第一次有了进行科学教学的正式教材,而且,要想成为科学家,就必须拿到博士学位(Ph.D.)。德国的大学配置比较分散,这也促使讲德语的各州的大学之间彼此竞争,积极搜罗科学人才,从而提高了科学研究的水平。19世纪后期的德国出现了许多专科学校(Technische Hochschulen),进而大学的纯科学研究被提高到专科学校的应用科学培训之上,这种趋势愈演愈烈。德国高等教育这种比教学本身更看重科学和科学家的倾向,随着德国在19世纪下半叶技术和工业的发展,尤其是化学工业、电工技术和精密光学的发展,得到进一步加强。当时,德语是科学的国际通用语,想要学习科学的美国人得去德国。德国这种研究型大学的模式不久就传到国外,1876年成立的约翰斯·霍普金斯大学就将这种生产博士学位的研究型大学模式引入了美国。

第一次科学革命的一个特点是,社会和知识分子摆脱了中世纪以大学为科学先锋的模式。在这种情况下过了两个世纪以后,作为19世纪第二次科学革命的一部分,大学又再次成为自然科学的主导机构。在英格兰,尽管大学在从事科学研究方面跟进得迟了一些,但是在19世纪的最后25年,最古老的两所大学——牛津大学和剑桥大学,以及在伦敦新成立的那些大学(1826年)和英国其他地方的大学,也都设立了新的科学教授职位,专门从事研究工作,其中有的研究领域就同技术和工业有关。不过,19世纪的科学虽然得到了很大的发展,但科学活动中男性占据支配地位的局面并未发生根本性变化。同过去一样,只有极少数的女性直接从事科学研究,而且通常都是做辅助工作。当然也有极个别的例外,譬如美国天文学家米切尔(Maria Mitchell, 1818—1889年)和俄国数学家科瓦列夫斯卡娅(Sonya Kovalevsky, 1850—1891年),后者还于1874年获得了格丁根大学的哲学博士学位。美国地理学家塞普尔(Ellen Churchill Semple, 1863—1932年)成为美国地理学家协会会长,但在19世纪90年代她在莱比锡大学学习时不允许入学,并且在听讲座时,必须独自坐在隔壁教室。

在另一领域的进展中,医院同样被重组为医学科学研究和实践中心。特别是大型城市医院为系统临床试验、尸检和统计汇编提供了大量病例。自19世纪以来,医院在医学科学和科学研究方面起到了组织结构上的中流砥柱作用。

科学的职业化也导致研究机构的专业分工。传统的学术社团(如伦敦皇家学会或法国科学院)通常总是代表所有的科学门类,到了19世纪,专门只从事某一学科研究的专业组织逐渐取代了前者,成为科学家身份和研究成果展示的主要场所。英国在这方面走在了前面,相继成立了林奈学会(1788年)、伦敦地质学会(1807年)、伦敦动物学会(1826年)、英国皇家天文学会(1831年)和伦敦化学会(1841年)这类新型学术机构。出版方面也有变化,出现了许多新的专业性期刊,上面刊载的多是首次发表的原始科学论文,同原来传统的科学学会所出版的那些综合性期刊形成了竞争。在那些早期出现的专业性期刊中,比较著名的有克里尔(Lorenz Crell)的《化学期刊》(*Chemische Journal*, 1778年)、柯蒂斯(Curtis)的《植物学杂志》(*Botanical Magazine*, 1787年)、《化学年鉴》(*Annales de Chemie*, 1789年)和

《物理学年鉴》(*Annalen der Physik*，1790年)等；进入19世纪以后，更是新出版了大量类似的专业性期刊。最后还要提到在19世纪科学组织方面出现的一个新生事物，那就是代表科学家专业利益的团体，如德国自然科学家协会(1822年)、英国科学促进会(1831年)和美国科学促进会(1847年)。

英国哲学家和历史学家惠威尔(William Whewell，1794—1866年)在1840年创造了英语单词"科学家"，称其为"科学的培育人"(a cultivator of science)。他这样做，有力地反映了那个时代的社会对于科学和科学研究人员在看法上的深刻变化。现代科学专业、科学家的现代社会角色以及关于科学本质和效用的现代信念在19世纪完全出现，并且直到今天也依然被认可。诚然，科学以及从事科学研究的人至少从古美索不达米亚出现文明的曙光以来，就已经是学术界的一个组成部分，但是，19世纪科学被组织起来以后所导致的科学的社会环境所发生的那些变化告诉我们，只有到了那时，"科学家"才作为一种社会存在和独立的职业身份充分地展现在人们面前。

工业文明的扩散

19世纪，科学和自然哲学领域取得了长足发展，与此同时，工业化也加速了对人类生存现状的影响。18世纪，英格兰煤炭、钢铁以及纺织业取得的杂乱无章的发展结合成了一种新的强有力的生产、消费和社会组织模式。不过，19世纪伊始，工业化对英格兰的影响还非常有限，在其他国家，影响更是微乎其微。然而从那时开始，工业化进程开始从英格兰扩散，浪潮般席卷世界。在工业化的变革性影响之下，1900年的世界已经和1800年大有不同。但是，这种技术与社会的巨变进展不均衡，分为不同阶段，延续至今。与新石器时代和城市青铜时代的史前革命不同，工业化的进展速度无与伦比。

全球范围内的工业化大发展可以说是出现在1820年至1840年期间。比利时、德国、法国和美国是除英国以外第一批受工业化影响的国家。德国在1900年达到了城市化人口占50%的里程碑，法国和美国于1920年实现。虽然荷兰、斯堪的纳

维亚、西班牙部分地区以及意大利北部都加入了工业文明核心圈,但是工业化在欧
洲大陆和北美的扩散步调却并不一致。比如,东欧的大部分地区以及工业化国家
中的少数地区(如爱尔兰、美国南部和西南部)直到20世纪都仍以农业、田园为
主。世界上许多地方直到21世纪仍是如此。

338 **图 15.4 工业文明与污染。**从20世纪20年代以来就有的图中所示的这种景象在今天的发达国家是
越来越少见了,因为企业和政府都在开始注意控制污染物的排放,以保持一个健康的环境。相比之下,
正在发展中的地区对环境的关注往往还不够,主要是因为缺乏治理污染所必需的资金。工业文明能否
做到与地球生态取得持续平衡仍需拭目以待。

尽管工业化进程因国家和地区的不同而不同,但不管在哪种情况下,工业化都
主要是在纺织业、炼铁业、铁路和随后的电气化领域展开。随着工业化持续加剧,
建筑、食品加工、农业和家务劳作等方面都出现了新进展。19世纪末,全新的基于
科学的工业生产方式兴起,与此同时,电力和化学领域取得了新进展。服务业日益
扩展以支持核心产业。女性被聘作文员、教师、护士、秘书。1876年贝尔(Alexan-
der Graham Bell)发明电话后,女性也被聘为接线员。在工业化扎根的地方,高等

教育最终也有了进步。19世纪,随着大学里相应课程的设立,工程学、护理学、教学和建筑学成为了专业。以工程学为例,其课程非常(且日益)注重基础科学,即使有时候基础科学尚不能完全运用。今天的知识经济彼时就已开始。

到19世纪70年代,这些发展让欧洲和美国成为世界强国。殖民统治的新时期开始了,所谓的19世纪新帝国主义时代也随之而来:英国在印度的统治得以巩固,法国在东南亚和非洲创建起新殖民帝国,俄罗斯权势向东一路延伸至亚洲,西方国家入侵中国,1853—1854年日本被迫向美国开放,1870年之后欧洲列强"掠夺非洲",等等。值得强调的一点是,欧洲和美国之所以能大规模占领其他国家是因为它们垄断了工业化进程。其他国家或缺少资源,或缺少相应的技能,在武器生产、铁路修建、发电或者航运等领域都无法和欧洲或者美国相比。到19世纪,欧洲的全球影响力已经持续了3个世纪之久,但至少印度、中国、日本这3个古老的文明还没有屈服。然而,随着时间的推移,情况发生了改变。截至1914年,欧洲列强的全球帝国已经覆盖了世界上84%的地区。

可见,工业化的扩散与欧洲殖民主义、帝国主义息息相关。帝国主义刺激了欧洲的生产,保障了海外廉价原材料的供给,为工业产品开辟了新市场,因而促进了工业化发展。印度就是一个很贴切的例子。在欧洲工业革命及1858年英国政府正式接管印度之前,印度是世界上技术最先进的地区之一。之后,印度丧失了政治独立性,技术发达的传统经济随之崩塌。比如,1750年,印度的制造业产出量占世界产量的1/4,但到1900年,该数值下降至2%。简而言之,英国统治将西式工业化带入印度,却削弱并重组了印度的传统经济。修建铁路显然是英国加强对印度有效控制的关键,所以铁路建设在整个国家快速铺开。印度的第一条铁路于1853年开始使用。截至1870年,工程师已修建了超过4500英里(约7240千米)铁路线路;到1936年,总里程数已增至43 000英里(约69 200千米),印度铁路跃升为全球第四大铁路系统。距莫尔斯(Morse)的第一条电报线在美国开通不到10年,印度就建立了电报系统,与铁路的发展几乎同步进行。截至1857年,电线总长达4500英里(约7240千米);1865年,印度和英国实现电报电缆连接。但是,这些技术显然没有

促进印度自身的工业发展。相反,它们只是殖民统治的交通和通信工具,帮助掠夺
印度的原材料和商品,并将英国的制成品运送到印度市场。印度也因此从世界最
大的纺织品出口国沦为净进口国。19世纪,得益于欧洲的订单,印度的传统造船业
繁荣发展,后来却因蒸汽机的出现变得彻底过时。尽管之后在19世纪和20世纪,
印度本土的西式工业活动有所发展,但与工业化欧洲的早期往来却导致了技术错
位、失业、传统农业基础设施被忽略等一系列问题,印度因此日益穷困。欧洲在其
他非工业国家复制了印度的这种殖民帝国剥削模式。总之,西方工业国的成功和
强权阻碍了其他国家独立发展工业。贫困与欠发达国家面对西方的技术经济攻
击,几乎没有丝毫抵挡之力。随后,又遭受了美国的第二轮攻击。

　　19世纪与20世纪,一系列新技术进一步加强了欧洲霸权,让欧洲帝国主义在
全球更大范围内扩张,尤其是在非洲和亚洲。问题的核心是所谓的"战争的工业
化",也就是运用工业方式来生产战争物资。蒸汽船就是一个例子。蒸汽船诞生于
19世纪第一个10年,它能快速可靠地运输商品和人员,加剧了对全球水运系统的
入侵。作为军用船只,平底蒸汽船于1823年被引入皇家海军,助力英国军队在19
世纪40年代与中国的鸦片战争中获胜。烧煤的蒸汽船在鼎盛时期拥有钢制的船
身,装有上膛大炮和极高爆炸性的炮弹。这样一艘艘漂浮在水面的城堡,就像1906
年推出的英国皇家海军舰艇"无畏号"一样,让西方列强几乎可以攻击全球所有沿
海地区。利用15英寸(约380毫米)口径火炮精准的定位、射击和反冲,他们能够
击中20英里(约32千米)射程内的目标。取代铁弹,炮弹的使用结束了木制战舰
时代。只有那些拥有资源并掌握钢铁生产技术的国家才能成为这种新型战事的
玩家。

　　关于钢铁,还要简单说两句。尽管"钢铁"这个词在19世纪以前就已有零星使
用,但是钢——碳铁合金——作为材料第一次大规模生产使用是在19世纪40年
代,在一种廉价的熟铁锻造工艺发明之后。当时一种叫贝塞麦炼钢法的技术盛行,
被称作"最伟大的发明"。传统的熔炉生产的是生铁。生铁有着石头易碎的特性,
其优势是可以被铸成各种精致的形状。从化学角度讲,生铁的碳含量约为2%。要

340

341

生产熟铁，需要不停搅拌熔化的生铁，通过使生铁中的碳含量减少，一个100磅（约45千克）至200磅（约90千克）的熟铁"方坯"就制成了。铁匠们就用铁锤敲打延展的方式来制铁。这种费力耗时的制铁方法被一种出乎意料的方式取而代之。美国铸铁厂厂长凯利（Thomas Kelly）和英国实验企业家贝塞麦（Henry Bessemer）先后意外地发现，向熔炉内的生铁吹入空气，会发生强烈的爆炸反应，不到30分钟，一大缸的生铁就变成了熟铁。（生铁中的碳和空气中的氧结合，形成气体排出。）熟铁时代由此开始，标志性建筑成果有埃菲尔铁塔（1889年建成）和其他不计其数的建筑，包括纽约的自由女神像的支架。但很快，熟铁时代过去，钢铁时代取而代之。英国钢铁匠和化学家将碳的含量控制在生铁和熟铁的碳含量之间，由此生产出了真正的钢铁。这种新材料有着像熟铁一样的可锻性和远超熟铁，尤其优于生铁的拉伸延展性。如果说巴黎的埃菲尔铁塔是熟铁时代的标志，那么纽约1930年建成的帝国大厦则是钢铁时代的象征。

342

图15.5　战争的工业化。英国皇家海军舰艇"无畏号"建造于1906年，是当时最强大的装甲战舰。这艘革命性的船只配备了10门12英寸（约305毫米）口径的主火炮组，由一台涡轮发电机驱动，速度可达21节，超过了之前所有的战舰设计，证明了英国工业文明的威力。

341

钢铁为工业时代的战争军备提供了原材料。19世纪后半叶,英国、德国和法国之间的军备竞赛促使军事加快发展,导致了机械枪、高频栓式步枪、新型子弹、潜水艇、自导鱼雷、驱逐舰战斗团和现代战争全部军备的出现,包括西方与非西方关系中独特的"炮艇外交"。在19世纪60年代美国内战期间,铁路干线主要用于运输军事装备,预示着陆地战争工业化的来临;1898年美西战争中,美军的胜利也标志着新型炮艇的效力和美国在疆外的帝国主义霸权的开始。战争工业化在第一次世界大战中快速扩展:战士依赖重工业、潜水艇、坦克、铁路、新生的空军力量和毒气。而毒气也表明军事行动中有科学家、科学和化学工业的参与。实际上,一战也被称作"化学家之战"。除此以外,在两次世界大战间,军用飞机和军用汽车的快速发展让欧洲帝国主义和殖民势力拥有了新武器,以此加大了他们的统治力度,也激化了彼此之间的竞争。军事科技和工业发展在19世纪末相互刺激,就像在前一个世纪蒸汽发动机和铁路建设之间的相互影响方式一样。

俄罗斯的工业化从欧洲向东拓展了工业文明。俄罗斯只有部分疆土在欧洲,19世纪时它依然是一个传统的农业国。沙皇政府阻止外国势力对俄进行完全殖民统治,但是俄罗斯的工业化进程需要依赖外国技术和资本(大部分来自英国)。那时,铁路建设让俄罗斯本国的帝国主义在亚洲的扩张成为可能。莫斯科—圣彼得堡干线于1851年开通,总铁路干线从1860年的700英里(约1127千米)猛增至1878年的12 500英里(约20 117千米),并进一步延长至1894年的21 000英里(约33 796千米),到1900年已超过36 000英里(约57 936千米)。西伯利亚大铁路的第一条干线于1903年开始运营。截至1913年,铁路线总长已超过43 000英里(约69 200千米),俄罗斯已跃升为世界第五大工业经济体。

1917年俄国革命之后,苏联政府加速了工业化进程,在20世纪30年代实现了历史上最快的工业发展。到20世纪40年代,第二次世界大战让苏联损失惨重,尽管如此,苏联仍是世界第二大制造业大国(美国第一),拥有先进的煤、铁、钢材生产,化学、石油生产,发电行业以及一直在增长的城市化。政府官员通过笨拙烦琐的政府计划实现了苏联经济的转型,这种政府计划无比低效且人力成本巨大,但也

343

更加关注工人的问题,包括教育、医疗、儿童保育和娱乐。从工业化历史角度看,苏联的情况非常特别。和世界上其他国家不同,苏联的工业化进展是在西方敌对势力压迫下独立推进的,例如当时美国对苏联实施贸易禁令,直到1933年才取消。俄罗斯工业发展的前景如何,历史学家们也在迫切地寻找答案。

然而,无可避免的是,工业化的扩散不会局限于欧美本土。日本是如今工业经济发展的显著代表。1870年,工业发展还只在西方进行,日本是当时第一个打破欧洲工业控制局面的国家。日本和印度不同,它虽于1854年被迫向外开放,但它成功保持了独立的政治裁判权,没有完全屈服于外国的控制。1868年明治维新标志着日本封建政府统治的终结。传统商人阶层和进步的政府官员相互配合,开始推动工业发展。1870年成立的工业部为日本工业的政府规划和融资设定了稳定持久模式,首先投资建设铁路。第一条铁路干线于1872年开通,实现了东京—横滨全线通车。日本的船只建设也获得了政府支持,以促进贸易,弥补日本原材料不足的缺陷。丝绸生产贸易也是日本政府早期工业政策的一大领域。日本的人口从1868年的3000万增至1900年的4500万(1940年进一步增至7300万)。人口的激增为工薪阶层提供了人口基础。日本劳动力中大量的女性工人(超过50%)也是日本工业发展初期的独特特征,这点和欧洲形成明显反差。日本文化中的家长式统治和群体认同特性让日本顺利转型为工业经济,并且在这个过程中并没有出现像西方世界那样的社会政治冲突。在20世纪,日本也成为一大帝国势力:日本在1904—1905年的日俄战争中取得胜利,在20世纪30年代和40年代的东亚和太平洋战争中进一步扩张了势力。至于说推动日本工业发展的科学基础,在19世纪80年代,日本建立了第一所大学。

20世纪,日本一马当先,突破了欧美的工业垄断。尤其是在第二次工业革命之后,工业化在真正的多国和全球基础上推进。我们以后还会继续探讨这个话题。但与此同时,本章迄今为止所考察的科学和工业进展带来了另一次伟大历史时刻的转变:科学与技术两者在工业文明背景下的现代合并。

344

科学应用于工业

科学和工业以及科学文化和技术文化在历史上的融合,一般说来是从19世纪开始的。本书的主要观点,就是认为从历史上看,在19世纪以前,应用科学或侧重实践的科学是极其有限的。在最早的文明中以及其后在出现了国家的社会中,政府曾经支持过有用的知识和科学,把它们用于统治管理。在欧洲,国家对那些被认为有用的科学的支持,直到中世纪以后才姗姗出现,譬如说,先是支持绘图学,再晚一些,作为科学革命的一个成果,才有了国家主办的科学学会。在17世纪,人们已普遍认为自然哲学应该最终为公众造福。可是,纵观科学和技术的整个历史发展过程,更为普遍的现象还是科学活动和大量的技术活动两相分离,不仅在智识上如此,在社会学意义上也是如此。仅一项措施就说明了分离的程度——在欧洲,科学家受过大学教育,工程师和工匠则没有。在18世纪英国工业革命时期,科学界和技术界开始走到一起,但是,我们还是难以找到可以证明当时的技术就是应用科学的历史证据。然而,进入19世纪,好几项重要的新鲜事物的出现,才使从希腊时代沿袭下来的科学和技术分离的那种亘古就有的传统终于被打破。理论科学和登上舞台的关键新角色——大工业——开始紧密联系起来了。当然,在许多情况下,科学和技术仍然是分离的,但是,在工业化的背景下,19世纪出现的那些应用科学的新苗头却代表了历史的方向,其影响巨大,因而到20世纪和21世纪便在全球得到了发扬光大。

19世纪才出现的关于电流的新科学立即就产生出若干应用科学的工业,其中,电报就是最能说明问题的一个例子。在法拉第于1831年发现电磁感应现象以后才不过几年,科学家惠斯通(Charles Wheatstone)和他的一名合作者就在1837年研制出第一台电报机。其后,惠斯通同欧洲及美国的其他科学家和发明家一起努力,致力于创建电报工业,其推动力部分就来自铁路的发展所产生的对电报的需求。在莫尔斯(Samuel F. B. Morse)的电码编制方案取得专利以后,他们的工作突飞猛进,很快就获得成功。莫尔斯的电码是用点和划的组合来代表字母,于1837年编制出来，1844年通过了现场试验。伦敦和巴黎在1854年实现电报通信。第一条跨越大西洋的电报电缆在1857—1858年铺设成功。1861年，在北美又首次通过电报把大陆东西两侧的城市纽约和旧金山连接起来。再往后，电报就同铁路一起在全世界普及开来。最后的结果，就像是发生了一场通信革命。

电报技术用到了大量先前已有的科学知识，但是，这种新技术的不断发展肯定要面临许多需要解决的难题，其中有技术上的，有商业上的，也有一些社会问题。对于那样一些问题，当时的科学研究或者说理论就无能为力了。换句话说，一种基于科学的技术要想站住脚，通常会涉及一整套复杂技术系统的建立，而这样一套系统，当然就不会仅仅是"应用科学"。

电话是一种强大的新技术系统，它源于科学和工业的同一复合体。贝尔于1876年发明了电话，但是作为一种有效的通信媒介，电话经过了一段时间才挑战了电报的地位。电线、中央交换站、制造业务、电话接线员（主要是女性）和社会普遍的通话行为等基础设施必须同步发展。第一家商业交易所于1878年开业，电话线路于1884年将波士顿和纽约连接起来，贝尔本人在1915年拨出了第一个洲际电话。拨号电话的普及和1905年以后的自动切换是电话系统完善的关键。电话线扩展到农村地区，政府给予了补贴，这点也同等重要。

关于技术系统的基本相同的观点对于同样在19世纪最后25年兴起的电照明工业也基本适用。这一工业显然是在此前已有的新的电科学方面的工作基础上形成的。这就要提到在通常关于伟大发明家的传记中一定会介绍的两个人，他们是美国新泽西州的爱迪生（Thomas Alva Edison，1847—1931年）和英国的斯旺（Joseph Swan，1828—1914年），两人各自独立地在1879年完全通过经验性的多次试验制成了白炽灯泡。到19世纪80和90年代的时候，建立电照明工业所涉及的科学原理很难说是什么新东西。其中有一部分，譬如说关于绝缘体的知识，其实是18世纪的工作。这个例子清楚地说明，在谈论应用科学的时候，为了把事情搞明白，需要分清有关的科学究竟是（譬如说）"煮熟了的"（boiled down）科学抑或真的代表了较新的尖端理论的应用。更何况，光有灯泡本身也很难说就能建立起实际的电

346

图15.6 没有理论的发明。爱迪生是一位多产的发明家（获得过1000多项专利），他受过的教育很少，也没有多少理论知识。他的本事就是能够抓住"煮熟了的"科学，并善于把他设在新泽西州门罗公园实验室里的工作人员组织起来从事发明。事实证明，那是他成功的关键。

照明工业。正如我们将在第十七章进一步了解的，只有在建成了一个庞大复杂的技术系统之后，我们才能够说已经有了电照明工业，而这样一个系统却要涉及发电机、输电线路、电器、测量用电量的电表以及向用户收费的办法等等，这里简直不可能——列举。

346

把科学和新的科学理论应用于技术和工业的另一个早期的例子是无线电通信，那种应用是在理论创新之后紧跟着就出现的。为了证实麦克斯韦的电磁理论，赫兹在1887年用实验演示了电磁波的真实存在。赫兹的工作完全遵循的是19世纪理论和实验物理学的传统，但是，一位意大利的年轻人马可尼（Guglielmo Marconi,

1874—1937年)在1894年刚一获悉赫兹证实电磁波的消息,就立即着手研究把电磁波用于无线电报传输,并在翌年研制出一种技术装置,可以把电报传送1英里(约1.6千米)的距离。马可尼接着又搞出一个更大更有效的收发报系统,并在1896年首先申请到了英国专利,他还筹建了一家公司来开发他的发明的商业应用。1899年,他第一次把电报信号传过了英吉利海峡;接着在1901年的一次具有历史意义的演示中,他又成功地实现了跨越大西洋的第一次无线电报传输。这项新技术的产生不止是应用了科学理论而已,其本身就包括了理论,在这里,科学和技术的界线已很难分清。因此,尽管马可尼的贡献在本质上属于技术,他却能够以其在电报方面的工作获得1909年的诺贝尔**物理学**奖。这个例子的意义还在于,它说明科学研究最终会带来什么结果以及技术会怎样变化是无法预料的。马可尼从事他的研究,原来只是希望实现在海上航行的船只能够与陆地通信这一梦想。他从没有预先想到过收音机,更不会想到在20世纪20年代首次实现了无线电广播的商业性播出后,随之发生的那些简直令人瞠目结舌的社会变化。

19世纪应用科学的兴起不只局限于物理学或者仅与物理科学有关的那些工业。例如,在科学的医学领域,19世纪40年代,牙科和外科手术中麻醉的应用,以及李斯特(Joseph Lister,1827—1912年)在19世纪60年代开发的防腐措施都证明是人类的福音。如前所述,巴斯德的科学研究和医学研究对各种行业都具有实际和经济上的重要意义,他在开发疫苗方面的开拓性工作同样将应用科学带到了公益事业中。

化学也是其科学研究成果在19世纪的工业中得到重要实际应用的一个领域。在19世纪中期以前,欧洲的印染工业采用的仍然是传统工艺,与科学界没有任何往来。到1856年,在德国先进的有机化学研究的基础上,英国化学家珀金(William Perkin)发现了一种可以印染出紫色的人造染料。能够印染出漂亮织物的化学合成染料在经济上的巨大价值立即就为人们所认识,不久,染色和从煤焦油中提取染料的化学就成为纺织工业必须掌握的基本技术。在德国各州于1876年采用统一的专利法以前,公司之间的竞争主要表现为相互争抢化学专家。1876年以后,由于专利权问题得到解决,竞争的重点才转到研究和开发新的合成染料上来。结果,就出现了一种将科学和技术结合起来的新型研究机构——工业研究实验室。拜耳公司(拜耳阿司匹林的制造商)在1874年设立了一个研究部门,聘用了它的第一名有博士学位的化学家。到1896年,该公司的工资名册上列出的科学家雇员的人数就达到了104名。

拜耳公司研究实验室从事的应用研究很有特点,值得在这里作一点介绍。那里的工作反映了一个重要的事实,即德国的化学工业同德国的研究型大学有着密切的联系。工业界向大学提供从事化学前沿研究所必需的材料和设备,不仅如此,还送去学生,并随时提供大学在研究工作中所需要了解的情况。大学则反过来为工业领域输送训练有素的毕业生,而且乐意同公司搞合作项目研究。随着劳动分工的进一步细化,后来大学就偏重搞基础研究,而工业实验室则主要搞经验性研究,进行常规的工艺试验,在各种不同材料的织物上测试染料的效果和印染牢度,想方设法开发商业产品。例如,在1896年一年,拜耳公司进行过各种性能测试的染料就多达2378种,而推向市场的只有37种。这个例子说明,即使已经有了可以应用的理论,通常也还需要通过试试改改的原始办法作进一步的"研究",尽管那里有研究的氛围,也有科学家进行指导。不少人往往错误地以为,技术不过就是科学理论转化为实践,而应用科学的历史事实(也包括现实)却常常远不是那样一种情形。

上述那种研究实验室模式在19世纪后期和20世纪初期逐渐被工业界普遍采用。爱迪生于1876年在新泽西州门罗公园建立的那间实验室是一个早期的例子。其他设有这类实验室的公司包括标准石油公司(1880年)、通用电气公司(1901年)、杜邦公司(1902年)、帕克-戴维斯公司(1902年)、康宁玻璃公司(1908年)、贝尔实验室(1911年)、柯达公司(1913年)和通用汽车公司(1919年)。今天,仅仅在美国,这样的工业研究实验室就有成千上万个。工业研究的出现一直被人们誉为"发明之发明"。不过,这种说法有时也容易使人产生误解,因为那些实验室一般说来并不是新技术的发明者。在大多数情况下,工业研究实验室关心的是开发已有的技术并扩大它们的应用面。那些研究实验室的作用往往成为商业战略的一部分,为的是开发和控制专利,向竞争对手实行封锁。即使在今天——今后还会如此——一些尖端技术,譬如静电复印和个人计算机,恐怕大多仍然是发明家们的独立发明,而不是由工作在工业界的科学家或工程师搞出来的。

但是,在改变19世纪的欧洲科学和文化景观方面,这些理论和技术发展并不是唯一的因素。随着英国扩大其帝国并将其经济触角扩展到全球,它将船只运往世界各地,以绘制土地、追踪风和洋流、搜寻资源和市场,以及收集动植物标本。万万没想到,这些竟然导致了进化论的出现。

第十六章
生 命 自 身

　　科学的变化通常总是渐进式的，每一次的变化一般不会太大。不知什么时候，化学家们会发现一种新的分子；也许某一天，又有人找到了一块新的化石，或者发现了一颗新的恒星。这些一点一滴的发现不会损害一门科学原有的理论框架，实际上，通常反而会加强那个框架。但是，间或也会有剧变发生，当尘埃落定之时，就会有代替旧框架的一种新的理论框架出现。那样的剧变就是科学革命。它们不仅会因为引起概念上的更新而取代长期以来的旧思想，还会改变研究的领域，产生许多旧科学根本想象不到但确实又需要进行研究的新的疑难问题。哥白尼革命就属于在 16 和 17 世纪发生的这样一种革命，到了 19 和 20 世纪，达尔文革命同样也改变了科学的整个智识面貌。

　　达尔文在 1859 年出版了《物种起源》(The Origin of Species)一书。那一年和那部书就代表了科学史的另一个大转折。以达尔文著作的出版为界，在此之前是可称为传统基督教世界观的思想意识占据着统治地位。那种世界观得到了《圣经》权威的认可，似乎已经为常人见识和科学观测所证实，认为动植物物种是各自分别被创造出来的，而且自它们产生以来就从来不曾改变过。这样一种世界观基本是静态的，不承认有稍大一些的变化。它还包括了这样一些观点，即地球上的各个物种是在过去不太远的某个时间——可能仅仅是 6000 年前——分别被创造出来的；我们现在看到的这些地质和生物环境则被解释为是在过去曾发生过的许多次灾变——最著名的是诺亚洪水——遗留下来的结果；而且，在宇宙中占有特殊位置的人类，是由建造了世界上一切事物的上帝特别创造出来的，连世界的历史进程也是上帝预先就安排好了的。

在1859年的转折点之后，则是从达尔文的萌芽思想发展起来的完全对立的另一种世界观。它的基本观点是：物种并非固定不变，它们不是被分别创造的，我们在周围环境中看到的生命形式是通过自然选择过程进化而来的，在过去亿万年的时间里一直在不停地进行着生物进化和地质变化，人类不过是自然历史的一个产物，对自然的研究找不到任何存在着奇迹或者神赐计划的迹象。

哥白尼革命和达尔文革命，两者表现出许多类似的特点。哥白尼革命抛弃了一套其基本形态已存在了2000年之久，并一直得到天文学和宗教庇护的天文学信仰，在那之前，它们始终被当成似乎是不言而喻的真理——太阳围绕静止不动的地球运动。达尔文革命则抛弃了也是始终受到《圣经》传统保护的物种不变的古老信仰。哥白尼和达尔文两人都曾为是否发表他们的新观点迟疑再三，他们害怕的倒不是宗教或政治当局，而是因为他们的理论过于新奇，在当时他们又无法证明，因此害怕成为笑柄。两人的理论又都为尔后的研究所证实。两次革命的结果产生出了这样的科学世界观：天与地都遵从同样的物理定律，而人和兽也有着共同的生物学起源。

自然神学和产生达尔文学说的背景

伽利略早先的主意似乎不错，当今在科学界和大多数神学人士中就盛行着这么一种舆论，认为在研究自然时，对《圣经》权威词句的解读要顺应科学研究。科学史家早就不同意科学和宗教必定总会发生冲突这种想法。事实上，17世纪科学革命所引起的变化之一，正是加强了科学与传统基督教世界观之间的沟通。自然神学，或者说，认为一个人可以通过细心体察上帝在自然界里的宏伟杰作而领会到神的安排的这种思想，得到了相当多的人的认可，在英格兰尤其如此。那种信念是：研究能够在自然界中看到的那些巧妙安排，我们就会更好地了解那个伟大的设计师，更能体会到他对人类的仁慈和对人类需要的慷慨。这里可以举出均在1691年出版的两本书为证：一本是由约翰·雷（John Ray）撰写的博物学著作《上帝造物的智慧》(*Wisdom of God in the Creation*)，另一本是由伯内特（Thomas Burnet）撰写的地质学著作《地球圣史》(*Sacred History of the Earth*)。两本书都反映出,17世纪科学家的宗教情感如何激励着他们进行科学研究,为的是使《创世记》与地质学两者调和一致。

在18世纪,植物学、博物学和地质学领域的经验性研究特别火热,相关知识激增,到1800年时,科学家对于周围世界的了解已经比一个世纪前大为增加。然而,科学家的那种自然神学情结,即希望通过上帝的杰作去找到上帝的热情,并未因此而稍减,尤其是英国,在跨进19世纪之际,情况同17世纪时几乎没有两样。有一部专题论证把世界安排成现在这种模样的设计需要一位伟大设计师的著作,其第一版就是在1802年出版的。那本由佩利(William Paley)撰写的著作,书名叫《自然神学》(*Natural Theology*),也叫《从自然外表收集到的表明神存在及其属性的证据》(*Evidence of the Existence and Attributes of the Deity Collected from the Appearances of Nature*)。该书针对新一代的英国人,包括年轻的达尔文在内,向他们灌输自然科学和得到公认的宗教是一枚钱币的两面的思想。那种也被青年达尔文接受的思想是这样论证的:就像在路边见到一块怀表意味着肯定存在一位钟表匠一样,见到一只甲虫或蝴蝶,它们比怀表不知要复杂多少倍,构造的目的性也不知要强多少倍,那当然就意味着存在一位造物主。甚至到了19世纪30年代,自然神学的传统在英国仍然十分强大。当时有一位名叫布里奇沃特(Bridgewater)的伯爵,组织一些人根据科学知识搞出了被称为布里奇沃特论点(Bridgewater Treatises)的一共8篇文章,目的是要证明"在造物中所体现的上帝的威力、智慧和仁慈"。

在18世纪,面对有机王国如爆炸一般膨胀的大量知识,瑞典植物学家林奈(1707—1778年)按照他想象中上帝的设计图样设法把它们整理出秩序,他采用一种至今仍在使用的"双名法"(binomial)分类系统对已知的植物和动物进行了分类整理。(每一种植物或动物同时用两个拉丁名称命名,第一个名称是**属**,指明它所在的大类,第二个名称是**种**,指明它独有的特征。)林奈的严格的分类法好像确认了物种不变,但是,他到晚年还是对种和种内的变种之间是否真的有明确的界线开始怀疑起来,并有所流露,用他的话来说,两者也许都是"时间的女儿"。

在哥白尼之前早就有过行星系统是以太阳为中心的看法，与那种情形类似，在达尔文之前其实也有不少人提到过物种变化的观点。法国博物学家、巴黎皇家花园的监管人布丰（1707—1788年）就曾认为物种在发生演变。他不仅相信有进步的演变，而且认为，我们今天在周围所看到的这些动植物，它们在很早以前的祖先实际上更加强壮，现在已经退化了。但是，他没有指出引起那种变化的机制是什么，而且，在涉及地球究竟有多么古老的问题上受到来自宗教的批评以后，他又收回了自己的观点。

另一位法国博物学家拉马克（1744—1829年）甚至走得更远。他曾提出过一种有可能导致进化的**机制**，也就是后来所说的获得性状遗传。拉马克的观点实际上是认为，通过对身体部位的使用与否，一个有机体是通过努力适应它周围不断变化的环境而改变自身的。而且，这种改变可以被有机体的后代所继承，一代一代向下传，从而形成新的物种。例如，长颈鹿的脖子很长，因为它的祖先要不断地伸长脖子去够树上高高的叶子，越来越长的脖子就这样被遗传下来了。获得性状遗传的思想很有意思，也产生了很大影响。达尔文本人在说明物种内部引起变化的根源时，就采用了他的观点。那些顽固坚持进化包含有某种意图或目的性的人常常以拉马克的获得性状遗传作为最后一道防线，一直抓住它不放，他们不愿看到进化仅仅是随机事件、长期过程的结果，总希望至少还有环境（社会）因素的直接影响在起作用。拉马克学说与经验事实不符，因而声名狼藉，然而却幸存到了20世纪，尤其是在苏联农学家李森科（Trofim Lysenko）及其灾难性项目［该项目旨在改善苏联的农业生产，由斯大林（Joseph Stalin）领导］中扮演了不光彩的角色。

就在拉马克形成他那些思想的前后，达尔文的祖父伊拉兹马斯·达尔文（Erasmus Darwin，1731—1802年）在他的一系列科学诗篇中也表达过类似的观点。他相信，生物的有用特性能够通过生物遗传在一代传一代的过程中得到缓慢积累，从而演变出多种形式。甚至可以说，那个演变过程是始于从无生命物质生出生命：

是故无父无母，天然自生，
大地各处遂涌出生命。

那些新思想中,有一部分同旧观念是一致的。很早以来科学家中就流传着一种观点,认为自然界里存在着一条伟大的存在之链(Great Chain of Being),从最简单的生命小球直到最高级、最完美的生命形式;它们全都遵守一条连续性法则,也就是说,生物链上的每一个链环都无限小,链环与链环之间没有空缺跳变。那种流行的分别创造的理论和新的进化理论两者都接受了有机体连续排列的思想,不承认会有链环缺失而出现断点的情形。但是,除了有这样少数一些共同点之外,两种理论在博物学的证据面前注定会分道扬镳。在另一个重要问题上,即关于地球年龄的大小,传统信仰是心悦诚服地接受了《圣经》上的说法,认为即使再往前推,也不会十分久远。然而新观点似乎要求地球有更古老得多的历史,因为新理论假定每一次进化变化肯定都非常微小,而且只能是渐进式的,所以只有在非常长的时间跨度里才有可能进化出自然界所呈现出来的那种多样性。直到18世纪末,才逐渐有一些博物学家相信地球是非常古老的,它的年龄要远远大于《圣经》的权威说法和诺亚方舟及诺亚洪水的故事所定下的不过几千年的界限。

不断发现的化石记录和地质地层也提供了越来越多的证据,它们全与关于地球年龄的传统信仰不符。有一些化石是埋在显然非常古老的岩石之中,还有一些化石甚至是在十分奇特的地层里发现的。例如,在海拔很高的地方竟然发现了海洋生物化石,而那些地方又远离任何水体,这就意味着地球表面曾经经历过剧烈变动,显然,所需要的时间必然是极其漫长的。在传统观念中,化石被看成意外的地质事件,是"大自然的恶作剧",并非真的是过去的有机生物遗留下来的化石遗迹。然而,在1800年前后,由于发现了大型脊椎动物的化石("象骨"),而且得到确认,有关的争论才发生了戏剧性的变化。根据生物的比较解剖学方面最近的科学进展,那时的专家已经能够把新发现的化石残片重新拼合复原。那些工作揭示出令人难以置信的生物灭绝的事实,把一个已经消失的史前世界以人们不能不信的清晰图景呈现在世人面前。到1830年时,已经再没有人否认地球上一度存在过一些如今已经消失的怪异的大型动物了。

如何使这些新的证据不与《圣经》信仰和传统的地球年代理论相矛盾,许多博

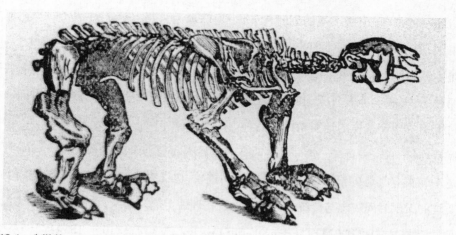

图16.1 大懒兽。 在19世纪头二三十年,一些已经灭绝的大型动物化石的发现和复原,揭示出一个
"消失了的史前世界"。那些发现,使得如何说明生物随时间而发生的变化显得更加紧迫。

物学家真是费尽了心思,发挥了最大的想象力。其中有一种还算谨慎的从理论上
把两者加以调和的企图是所谓的**灾变说**,该学说的基础是杰出的法国博物学家居
维叶(Baron Georges Cuvier, 1769—1832年)的工作。居维叶是巴黎自然博物馆继
布丰之后的馆长,他认为,在过去相对说来不太久远的时间里,似乎发生过若干次
灾变性事件,从而造成了巨大的变化。他就用那一系列的灾变(洪水、大火、火山喷
发)和新的生命形态来解释在地质和化石发现中所观察到的好似突然间断的现
象。另外,化石记录中显现出来的生命形态具有明显的先后顺序(鱼类和爬行动物
化石之后是鸟类和哺乳动物,已灭绝生物之后才是现有的生物),这似乎正好说明
了人类的出现。居维叶的理论就是以这种方式保留了传统观点所持有的世界历史
(相对)短暂的看法。同时,灾变说也不否认有过生物灭绝现象,并承认生物随时间
的累进变化,但是,却不承认有任何基本构造的质变,也就是说,没有触动物种不变
的原则。居维叶的理论是一个伟大的智识成就。

在18世纪末和19世纪初,"灾变说"在地质学领域受到了后来被称为**均变说**或
渐变论的另一种学说的挑战。均变说认为,今天正在地球表面进行着的这些物理
过程是均匀变化的,而不是灾变式的。这些过程是经过很长的时期才产生出地质
学记录所揭示出来的那些变化。1795年,苏格兰地质学家赫顿(James Hutton,

1726—1797年)出版了他的划时代著作《地球理论》(*Theory of the Earth*)。在那本书中,他把地球的地质特征归因于两种相反的力共同作用的结果。那两种力,一个是由重力所引起的夷平趋向,另一个是由地球内部的热量所引起的抬升趋向。那两种力,如我们今天所看到的,其效果的显现非常缓慢,需要极其漫长的时间才有可能形成现在这样的地质条件。两种力的作用就如同它们今天表现的那样,始终保持均匀一致,一直在一点一滴地改变着世界的面貌。而且,那个过程——赫顿有过一句很有气势的格言——"既无开端的迹象,也无终止的苗头"。再想把均变地质学的无限时间观念与传统的《圣经》说教在理性上协调起来,肯定会徒劳无功。

后来,在《地质学原理》(*Principles of Geology*,共3卷,1830—1833年)一书中,赖尔(Charles Lyell,1797—1875年)再次提到赫顿理论,并更加深入地阐述了赫顿的均变论点。书中指出,地球的物理面貌是我们今天所能观察到的那种缓慢而连续不停的地质过程在非常漫长的时间里累积变化的结果,而绝不是灾变引起的。灾变说虽然承认有过物种消失和生物变化,但是认为地质过程不需要多少时间。不过,均变地质学虽然接受了无限时间的观念,但在生物变化问题上却态度暧昧。赖尔是英国最杰出的地质学家,但他本人却至少在公开场合不同意存在物种转变的可能性。他写道:"存在着一定的限度,具有共同双亲的那些子孙的变化绝不可能相差到竟然不属于一个类型。"在那样的智识环境下,如何在均变原理下解释生物的变化就成为一个非常突出的问题,正等待着一位智者来作出回答。

达尔文

达尔文(1809—1882年)出生在英国乡村一个家道不错的绅士家庭。他的父亲,以及他的祖父伊拉兹马斯·达尔文,都是成功的乡村医师。达尔文的母亲是制陶商韦奇伍德的女儿,在达尔文8岁时就过早地去世了。达尔文基本上是由他的姐姐们照顾,在家人的宠爱中长大。少年时期的达尔文对读书没有兴趣,但这位未来的博物学家却特别喜欢户外活动,尽管常常会因此而受到误解。他喜欢狗,特别迷恋玩甲虫。他父亲就曾责备年轻的达尔文说:"你除了打猎、玩狗、抓兔子,什么也不顾,你会毁了你自己,而且给家庭丢脸。"

达尔文起先进入爱丁堡大学学习医学,但是他害怕见血,不久便退了学,这使他的父亲十分失望。随后他转入剑桥大学基督学院,打算学成以后成为一名圣公会牧师。在那里,达尔文的学习成绩中等,喜欢玩纸牌和狩猎。但是,他天生的博物学兴趣使他与剑桥的两位杰出的科学教授有所接触,他们是植物学家亨斯洛(John Henslow,1796—1861年)和地质学家塞奇威克(Adam Sedgwick,1785—1873年)。达尔文在1831年取得学位,那时他22岁,却拿不定主意是否真的就去当一名牧师。然而正是他这一时的犹豫决定了他一生的命运。毕业后没过多久,他被人推荐到一艘海军勘测船"贝格尔号"上去担任随船博物学家。那艘船计划去南美两年,任务是绘制地图。

结果,那次航行持续了5年,从1831年8月拖到1836年10月。正是那次航行改变了达尔文,也从根本上改变了科学世界。事实证明,达尔文观察敏锐,收集起植物和动物标本来干劲十足,而且擅长写作。他不断地给他以前的老师亨斯洛写信,而亨斯洛则把达尔文的发现介绍给英国更多的博物学家。

达尔文登上"贝格尔号"时随身就带有赖尔《地质学原理》的第一卷,以后在途中又收到了该书的后面两卷,他从书中汲取的均变说观点为日后思想的转变打下了基础。一方面达尔文接受的是基督教的学校教育,另一方面他又非常佩服赖尔的学说,在这种矛盾状态下,达尔文只有经过艰苦的思考并具有敏锐的洞察力才有可能最终形成他自己的信念:地球的物理面貌在不断地改变,原来在某个时间已经适应得很好的动植物会变得不能适应,除非它们也跟随地质变化的进程而改变自身。

达尔文在"贝格尔号"把他带到的每一个地方都看到了变化的证据。当他们沿着南美海岸行进和穿过潘帕斯大草原时,达尔文注意到了生物因地域不同而产生的随空间的变化,有一些同源的雀鸟物种在不同地方会突然为另一些雀鸟物种所代替。在他发现已消失的巨型犰狳化石的地方,当时他在周围看到的却是满地乱跑的体形很小的犰狳后代,这样,他就又遇到了生物随时间而变化的问题。然而,

355

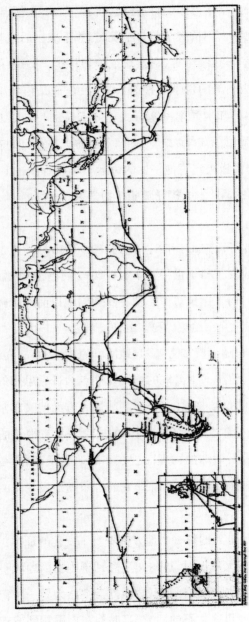

地图16.1 "贝格尔号"的航行路线。达尔文曾作为随船博物学家乘"贝格尔号""远航至南美海岸去完成绘制地图的任务,前后历时5年(1831—1836年)。达尔文以其敏锐的观察力注意到了所到之处的动植物分布情况,特别是邻近厄瓜多尔海岸的加拉帕戈斯群岛上的情形给他留下了深刻印象,那是他们航行的目的地。回到英国以后,尽管那里已经承认进化的存在,他却需要设法提出一种理论或机制来解释进化的原因。

关于生物的多样性和变化,最使达尔文感到不可思议的还是在大洋岛屿上看到的那些情景。在"贝格尔号"启程离开英国两个星期以后,他们到达邻近非洲西海岸的佛得角群岛。在那里,达尔文注意到当地的动物类似于附近大陆上的动物,但又不完全相同。后来,达尔文在南美西海岸外面的加拉帕戈斯群岛上进行勘察,他又吃惊地记录到了同样的情形:岛上的动物类似于厄瓜多尔海岸的动物,但也不完全相同。佛得角群岛和加拉帕戈斯群岛两处的自然环境十分相似,那么,为何两地的动物群不是彼此相似,而是与它们各自附近大陆上的动物相似呢? 达尔文在加拉帕戈斯群岛上还观察到一种鸣禽——因此被称为"达尔文燕雀"。他注意到,它们在不同的岛屿上会具有不同的特征。然而,当时的达尔文还没有成为达尔文主义者,他到后来才明白,他在"贝格尔号"航行过程中通常以为只是属于不同变种的那些动物原来就是不同的物种。一旦认识到这一点,达尔文就想到,如果变种之间的差别足够大,那"就会破坏物种的稳定性"。达尔文回到英国以后,就他收集到的标本征求了动物学家的意见,直到这时,他才意识到,他在加拉帕戈斯群岛上看到的那种在狭小的地域内所发生的尽管不大的变异,无法用神创教义来解释,而只能用

357

图16.2 达尔文燕雀。达尔文在加拉帕戈斯群岛收集到的这种雀鸟的鸟喙结构有多种变异,按照后来进化论的解释,它们都是由早先从南美西海岸到达该群岛的一个祖先群体进化而来的。达尔文看到,在不同的生态环境下这些鸟喙形状不同的燕雀各自都生活得很好。

某种进化过程来加以说明。

在"贝格尔号"航行期间,只要在海上,可怜的达尔文就会晕船。回到英国后,他就再也未曾远行过,也没有离开过英国。1837年,也就是"贝格尔号"完成环球航行几个月后,达尔文开始写作他的笔记"物种研究"(the species question)。这时,他已经确信生物进化是事实,但他还在思索推进进化过程的机制究竟是什么。意外地,他在一位英国牧师的著作里找到了。

马尔萨斯(Thomas Robert Malthus)牧师在《人口论》(*Essay on the Principle of Population*,1798—1803年)一书中发表了如下的研究结论:"人口在不加抑制的情况下以几何级数增加,而生活资料[食物]仅以算术级数增加。略知数字的人就会知道前者增长的势头比后者要快得多。"换句话说,人口必定比食物供应增加得更快,为争夺资源的竞争将会越来越激烈。在这种竞争中,谁更敏捷、更强壮、更顽强、更聪明,谁就最有可能活下来并繁衍后代。从马尔萨斯的人口对资源造成压力的观点,达尔文终于找到了解开令他困惑的难题的那把钥匙。马尔萨斯把它应用于分析社会变化,达尔文则把它应用于分析植物和动物。现在,也就是在1838年,达尔文终于建立起他的自然选择导致进化的理论:尽管生殖率非常高,由于物种内部个体对资源的竞争,死亡率同样也非常高,因而物种群体数量会受到抑制;最能适应生存环境的个体最有可能生存下来并繁殖后代。达尔文相信,只要时间足够长,那个过程就能够说明他在乘坐"贝格尔号"航行期间所观察到的那些变异模式,而且,他已经确信的生物进化也只有是从一个共同祖先代代相传下来才能够加以解释。

达尔文形成了他的进化理论,但他没有告诉任何人。1838年,他是世界上唯一掌握进化真相的人。只他一人意识到推动进化变革的机制,并且他是第一个面对现代进化思想深刻影响的人。达尔文负重前行。达尔文完全意识到了他的发现的重要性。像所有科学家一样,他要想法尽早发表,以确保他的优先权。1842年,他为自己的理论撰写了一个简短的大纲;1844年,又根据大纲完成了共有231个对折面的较详细的手稿。他还写下一封信,信中嘱咐说,倘若他过早死去,请立即将手

稿出版。即使这样，他对于是否公开发表他的著作还是犹豫不决。虽然他对自己
的理论有信心，但他也知道他还没有确切证据表明，按照他的理论一个物种肯定能
够转变为另一个物种。同哥白尼一样，达尔文对于公开发表自己的著作之所以犹
豫，是担心发表了自己尚未确证的理论"会被嘘声轰下台"。达尔文绝不愿发表一
种至少还不够充实的理论，何况他的那种理论又是那样地标新立异。

　　达尔文先在伦敦定居下来，以正在壮大的英国科学界晚辈的身份设法同林奈
学会和伦敦地质学会的那些大人物接触。1839年，他与表姐埃玛·韦奇伍德（Em-
ma Wedgwood）结婚，一起生养了10个孩子。达尔文的父亲足够富有，但表姐家也
很有钱。这桩婚事意味着达尔文无须工作亦可维持家用。他很不喜欢伦敦，说它
是一座"肮脏的多烟雾的讨厌城市"。1842年，他在肯特郡一个名叫唐（Down）的地
方买下一块18英亩（约7公顷）大的地皮，那里距离伦敦16英里（约26千米），不远
不近。住在自己的房屋里，达尔文按照自己的方式过起了维多利亚时代乡绅式的
生活。就在那些日子里，达尔文从一名不太认真的基督教信徒渐渐变成为一名坚
定的科学唯物论者，他认定自然界中的一切存在和一切变化都是自然过程的结果。

　　达尔文刚回到英国不久就患上了一种奇怪的慢性病，这种病以后一直使他备
受折磨。这种疾病的症状包括总感到疲劳，严重的肠胃不好，还有各种各样说不清
的皮肤病。学者们对于达尔文的病因有好多说法。有人猜测他可能在南美染上了
一种血液病。也有人认为，那很可能是心理压力造成的：他独自掌握了有机体进化
的秘密，而那个秘密又同他自己身在其中的那种日常的维多利亚文化绝不相容——
他被自己吓坏了。总之，达尔文经常整天地感到"身体不适"，在他住在唐从事科学
研究的那些日子里，他也只能在上午干上几个小时。

　　尽管如此，经过长达40多年的漫长岁月，再加上不用为任何琐事分心，能够专
心致志地工作，达尔文的科学成果还是非常丰硕。在19世纪40年代和50年代初
期，他出版了不下6本著作，已被公认为英国最杰出的博物学家之一。达尔文还花
了数年时间悉心研究一种附着在船底的海洋生物藤壶，他那样做，很大程度上是为
了建立科学声誉，要别人承认他是一位严格的分类学家，而不仅仅是一名野外博物

358

359

学家。

1844年,由钱伯斯(Robert Chambers)撰写的一本名为《创世的陈迹》(*Vestiges of Creation*)的著作首次出版,受到了舆论的强烈反对。这本匿名出版的著作通俗地阐述了物种蜕变的观点,认为蜕变是整个设计的组成部分,是上帝的预先安排;钱伯斯称之为"发展的法则"。这本书的舆论反应很坏,因为它激烈抨击了当时的科学、哲学和宗教的基础。此书的遭遇使达尔文变得更加谨慎起来。《创世的陈迹》一书后来又陆续几次再版,钱伯斯针对人们的批评作出反驳,引起过很长一段时间的争论,但这对于从科学的角度探讨进化和物种问题并没有多少促进作用,也没有使达尔文觉得要尽快出版自己的著作。达尔文继续仔细推敲自己的"发现",他希望自己最终出版的是一部有分量的巨著,书中的论点全都有不容置疑的确凿证据。然而,在1858年(距他首先酝酿出自然选择的进化论思想整整20年)发生了一件令任何科学家都会感到极度懊丧的事情:他被别人抢先了。达尔文感到再也不能迟疑了。那一年,达尔文收到从南太平洋寄来的一封信,也就是华莱士(Alfred Russel Wallace,1823—1913年)写给他的那封著名的信件,它表明华莱士也独立地形成了达尔文的那些思想。

华莱士也是同达尔文一样的科学上的离经叛道者,但阶级背景完全不同。华莱士仅仅受过初等教育,靠自学成才当上了博物学家,最后取得了大量研究成果,并出版了许多著作。他的那些成果和出版物,即使不算他独立发现的自然选择原理,也足以确立他作为19世纪最杰出的博物学家之一的地位。他的那些标本差不多是从他一开始从事研究工作就收集起来的,看了令人叹为观止、印象至深,体现出一种对物种起源的理论好奇心。在19世纪40年代,他曾远赴南美考察了亚马孙河流域,就在那时,他已经确信物种是自然发展的,而不是由于某种神力的介入,尽管同达尔文一样,起初他也未能想出任何引起进化的机制。10年后,他又考察了马来群岛,终于在那里独立发现了自然选择原理,找到了推动进化的动力。

华莱士的那封介绍自己关于进化想法的信于1858年6月寄到达尔文手中,达尔文担心自己可能会失去提出进化论的荣誉,便同意他的两位朋友赖尔和约瑟夫·

胡克(Joseph Hooker,1817—1911年)在他修改手稿的同时马上在林奈学会为他安
排一次消息发布会。由于这样一次消息发布会,达尔文才得以同华莱士一起被承
认是进化论的共同提出者。不过,可能是达尔文的社会地位和科学声誉都更高,华
莱士虽然独立发现了自然选择,但长期以来他却只被人们看成是陪衬。两个人后
来一直保持着亲密的关系,经常交换有关进化理论的观点,直至达尔文去世。达尔
文一直是一位坚定的自然选择论者,而华莱士在涉及人类起源问题时却退缩了,站
到了唯灵论者一方,相信存在某种神性力量,认为有某种"更高的智慧"在起作用。

物种起源

　　形势不允许达尔文再拖延下去,慢慢搞出一部让人无法挑剔的著作,让自然选
择引起进化的论断不容置疑。经过18个月的字斟句酌,他终于搞出了一个"摘
要",取名为《论通过自然选择的物种起源,或生存斗争中的适者生存》(*On the Ori-*
gin of Species by Means of Natural Selection, or the Preservation of Favoured Races in
the Struggle for Life),通常简称为《物种起源》。在那本书中,达尔文首先指出,**起源**
是"一个长期存在着争议的话题"。他举出令人印象深刻的大量证据,说明进化论
比特创论更为合情合理。该书让人读起来像部小说。他从读者角度,列举大量事
例,以增强其作品的可读性和说服力。该书的第一版共有14章,达尔文分为三大
部分展开论述,就像是在演出一部精彩的三幕传奇剧。

　　在第一幕,达尔文先勾勒出进化理论的总体轮廓。由于他无法为预计会引起
很大争议的理论提供直接证据,他便通过生动的类比,来讨论选择性育种的成就,
或动植物育种者在生产驯化品种方面所做的工作。达尔文创造了术语"人工选择"
来描述这一过程。他想以此说明,既然狗和鸽子一类动物可以在家养条件下形成
那么多的变种,那么,自然界产生的变种在比那长得多的时间里当然就足以最终形
成不同的物种,而不仅仅是形成一个物种的许多品种。

　　接着,达尔文列出了他的理论的几个基本要点:变异、生存斗争和自然选择导
致物种改变。他的指导思想是,每一个物种的不同个体都会在它的每一个性状上

表现出某种变异,那么,就同马尔萨斯理论所说的人口压力必然会引起竞争和生存斗争一样,同一物种内的个体竞争是最激烈的。在自然选择过程中,结构最优的个体便会以更高的生殖率繁殖,这样其后代与其祖先的血统已有所不同,经过长期的如此分化,最后就会导致物种改变。自然选择是选择育种的自然版本,人类在相对说来很短的时间里就能够通过人工饲养做到的事情,通过自然选择进行的"生存斗争"在"漫长的全部地质时期"里难道还不能做得更好吗?

361

在那部伟大智识戏剧的第二幕,也就是在全书中间的那些章节里,达尔文指出了自己的理论中存在的所谓"困难"。在这里,他以最严厉的批评家的身份在诘问自己,其实是就别人最有可能抨击他的观点的那些问题预先作出回答。没有设计,没有上帝的参与,仅靠一点一滴的渐变,如何能够造出如鹰眼那样完美的器官呢?怎样能够用自然选择来解释某些具有奇特习性或本能的动物的存在呢?譬如说,杜鹃会到其他雀鸟的巢里产卵,蜜蜂具有高超的构筑蜂巢的本领,蚂蚁群中存在着毫无意义的等级(sterile castes),甚至有的品种的蚂蚁竟会捉来其他蚂蚁为奴。达尔文不厌其烦地逐个例子进行分析,竭力论证一点一滴的变异积累起来,最终就有可能产生出我们在自然界里看到的那些古怪的行为和特性。在涉及地质和化石记录时,由于当时缺乏他的理论所需要的表明存在着物种之间过渡生物形式的证据,达尔文解释说,已有的地质资料极不完整,现在能够见到的仅仅是地球上漫长的生命历史中留存下来的零散样品。

在戏剧的第三幕,也就是全书后面那些章节,达尔文以列表方式一一举出用特创论非常难以解释,而用他的进化论却能够轻而易举地加以说明的问题。现有的化石资料还很不完整,为什么它们提供的证据却表明在过去的年代曾有过物种灭绝和物种改变?我们如何能够最为合理地解释动植物的地理分布?达尔文还进一步逼问,如果不承认在一代代的繁衍中出现的渐变,我们的分类学家怎么能够对我们在自然界里所看到的显然互有关联的亚种、物种和生命形态的序级进行分类呢?如果不根据进化原理,怎么能够解释差异非常大的不同物种,它们的胚胎却惊人地相似呢?达尔文又援引了许多已知的无用器官的例子,他称之为"退化的或萎缩的器官……不完全和无用的",例如"无尾动物残留的一小截尾突"。对于特创论来说,退化特性简直是一个无法克服的困难。无所不能的神怎么会造出一个动物王国却遗留下那些无用的器官呢？对于进化论者,胚胎相似和退化特性反而支持了他们的假说——这些特性正是从一个物种变为另一个物种时,机体组织发生变化以后遗留下来的"以前事物状态的记录"。达尔文写下了如下一段话:

> 按照这种变异代代相传的观点,我们可以得出结论,存在着退化的、发育不完全的和无用的也就是不起任何作用的器官,那虽然是旧的创世说肯定难以解释的奇怪现象,但根据这里介绍的观点,就不仅不是什么困难,反而是预料中的事情。

在近500页的《物种起源》一书中,达尔文不厌其烦地反复举例、反复论证,竭力向人们说明他的通过自然选择的进化论的优越之处。这本书在科学家和受过教育的业余爱好者中间十分畅销,结果,达尔文就让他的读者留下了一个很深的印象:思想观念得换一换了,《圣经》对物种起源的解释好像不大对,应该代之以自然主义的说明。

达尔文在他的书中,尽管从头至尾都在回避人类是否也在他的洞察范围之内,但是,在那本大部头专著结尾前的第三段,他还是就人类在自然界中的地位问题挑起了争论,其中的一句话可能是科学史上影响最为深远的一个论断:"人和人的历史的起源将被光明照亮。"达尔文希望由别人来探讨这个问题,但是又不满意他所看到的别人——甚至有他的支持者——用另一种光明来审视人类的做法,于是他只好自己上阵,出版了《人类的由来》(*The Descent of Man*,1871年)一书。在这部著作中,达尔文毫不含糊地把人同一种猿一样的祖先联系起来,甚至还强调指出,进化不仅产生出人类的身体特征,而且也在本能、行为、智力、情感和道德的形成上发挥了作用。应当说,达尔文的种族主义观点在这部著作中是显而易见的。在《人类的由来》中,他也讨论了动物世界中的性别差异,并提出了另一种选择(性选择或竞争配偶)作为解释性别差异的机制,尤其是达尔文坚持雌性的选择在性选择中

362

的作用。

达尔文的理论在今天早已得到证实,由此可以看出他的理论洞察力是何等地敏锐。他在当时不可能写到现代遗传学方面的内容,更不可能引用关于遗传的生物化学成果。在他那个时代,尚无令人信服的证据表明地球的年龄会超过几十万年。而且,那时也未曾发现似人的化石(尼安德特人的骨化石是最早被认为属于现代欧洲人的化石),因此,人和猿之间似乎还隔着一道需要填平的巨大鸿沟。只是在进入下一个世纪以后才有了系统化的和确实的证据,能够把理论变成公认的事实。在达尔文活着的时候,他的理论并未得到科学界的普遍承认。

达尔文看到了遗传是如何起作用的,看到了变异是如何产生并在后来的某一代群体中稳定下来的,但是他的那些认识,用他自己的话来说,还停留在"那些许许多多的、还不十分清楚的或者说只是隐约可见的变异规律",并没有在他的论证中形成逻辑十分严密的链条。他与同时代的人一样,也认为遗传是一个混合过程,就像把两种颜料混合在一起形成一种中间色。但是,如果遗传是通过混合产生的,那么,一个更能适应环境的个体怎么能够把它的那些优良特性传遍整个群落呢? 事实上,一种优良特性过不了几代就会被稀释,经过一代一代的混合还会彻底消失。达尔文也曾经想到过,新物种也许能够在岛屿上产生,或者在其他比较小的孤立的群落里形成,因为在那里混合效应能够减至最小,按照概率规律,一个特性优良的变种就有可能占据整个群落。但是,即使在很小的繁殖群落里,也可以证明,混合仍然会阻止新物种的形成。关于自然界中存在的拟态进化,由于同样的原因,也存在同样非常难以解释的问题:譬如说,两种属于不同物种的蝴蝶怎么会有相同的外貌呢?

对进化论的批评还来自未曾料到的一些人,他们是物理学家,批评所持的理由既权威,又无法反驳。达尔文理论的一个基本原则,是进化需要漫长的时间。在《物种起源》第一版中,达尔文曾经提到形成一个地层的时间是3亿年,那就意味着生命已经进化了若干亿年甚至几十亿年。但是,当时的物理学根据已知的地球辐射冷却和推测的太阳燃烧(那时以为太阳就像一个燃烧的大煤团)计算出来的地球年龄，绝对满足不了达尔文的纯定性理论所需要的出奇长的时间。要知道，达尔文把他的观点公之于世的时候，物理学这门学科主要由于热力学第一和第二定律的成功，在智识上已经达到了空前的协调一致，在科学界享有很高的权威；更何况，当时代表物理学站出来公开反对进化论的还是威廉·汤姆孙（William Thomson）［即开尔文勋爵（Lord Kelvin）］那样的大人物。

在接下来的20年里，达尔文针对那些批评尽量作了一些解释。然而，在达尔文的那些解释中，他表现得却不像一位彻底的达尔文主义者，倒有点像拉马克主义者了。他虽然仍然坚持自己钟爱的自然选择，但退了一步，承认自然选择或许不是引起物种改变的唯一机制。不过，在进化是否有足够时间的问题上他却没有屈服于物理学权威，他指出，我们并没有"充分了解宇宙的结构和我们这个星球内部的真实情形，由此去推断它过去所经历的时间不可能可靠"。他还提出，进化引起改变的**速度**在很早的时候或许会比现在要快得多。他甚至也同意了其实是拉马克的观点，认为造成进化的那些因素有可能同时影响到动植物的整个群落，包括导致群落中大批个体的改变，这样一来，个体变异的重要性就显得不那么重要了。达尔文在他于1867年出版的《动植物在家养条件下的变异》（*Variation of Animals and Plants under Domestication*）一书中还单辟一节，专门讨论了一种有可能使获得的特性得以遗传的机制，他把那种机制称为"泛生"（pangenesis）。他的解释涉及人体各器官在生殖器官中流通和收集的"胚芽"，这些胚芽将传送给下一代。就达尔文本人而言，在他的那部伟大著作首次出版时，他对自己学说的表达倒是观点明确，显得十分干脆利落，而在以后的版本中，反而暴露出了他在思想上的不少矛盾。

《物种起源》第一版刚一问世，立即就招来了保守的维多利亚时代卫道士的强烈反对，他们实在无法容忍达尔文离经叛道的进化观点。《物种起源》出版后没过几个月，1860年，在牛津召开的英国科学促进会的一次著名会议上，反对者就在那里你唱我和地大肆攻击达尔文。在会上挑起的争论中，牛津的圣公会主教威尔伯福斯（Samuel Wilberforce）攻击达尔文和他的进化论居然把人等同于猿猴。T·H·赫胥黎（T. H. Huxley）因为积极为进化论辩护，也大受讥讽，甚至被骂成"达尔文的斗

364

犬"(Darwin's Bulldog)。

　　就在达尔文的朋友和追随者在公开场合勇敢地捍卫进化论的时候,达尔文本人却已经退休,待在位于唐的家中继续自己的工作,照料自己的花园。在那些年里,他出版了好几本很有分量的著作,内容涉及动物的情感、植物的授粉和交叉授粉、食虫植物、攀缘植物以及蠕虫的行为。所有那些工作都体现了进化的思想,并以他的自然选择原理作为基本框架。但是,即使有那样多的工作,也未能完全说服当时的科学界以进化的观点去看待生命的历史。达尔文于1882年病逝。他的思想尽管威胁到了维多利亚时代社会秩序的基础,他也没有成为查尔斯·达尔文爵士,但这位慈祥的老人绝对是英国的一位不容置疑的科学和文化伟人。他的遗体被安葬在威斯敏斯特大教堂里,与艾萨克·牛顿爵士为伴。

　　具有讽刺意味的是,达尔文面临的最大困难之一,却在他的《物种起源》出版6年后由一位奥地利修道士孟德尔(Gregor Mendel, 1822—1884年)解决了。孟德尔做过许多植物杂交实验,他在详细介绍那些实验时曾指出,遗传不是一个混合过程,而是把各个性状保留在一个一个的单元里,并能够一代一代向下传。孟德尔所说的那种保留性状的单元,后来被称为**基因**。既然植物的性状不会在遗传中因混合而消失,那么,遗传就有可能把某一种优良性状一直保存下来,并最终传遍整个繁殖群落。达尔文可能已经读过孟德尔的论文,但这并没有影响到他。在更广阔的世界中,孟德尔的出版物几乎完全被忽视。直到1900年,达尔文的通过自然选择进化的理论仍远没有得到整个科学界的承认。实际上,在进入20世纪之前,还根本谈不上有像20世纪和今天这样引导科学思想和人类思想的达尔文革命。

第十七章
工具制造者掌控全局

　　科学、工业及工程在20世纪之交开始找到共同之处，企业高管、经理和工程师们在全球性的社会工业转型中掌控全局。一些典型的行业——最重要的电气业，然后汽车业、航空业、家电技术和娱乐业等——都很好地证明了新技术是如何形成那些错综复杂的连锁系统的，这些系统起源于欧洲和北美，然后扩张到世界各地。本章考察的这些极其复杂且给人深刻印象的新技术，彻底地改变了21世纪人们的生活方式。这一系列连锁技术系统共同成长为一个覆盖全球的技术超级系统，并给几乎所有21世纪的社会提供了基础设施的主要组成部分。

　　电气设备在19世纪后25年前尚不存在，但现在已经完全普及，并且融入了日常生活中的每一个需求和活动，从照明到通信、交通及娱乐。从实用角度看，航空业使世界越来越小，并影响着全球的互联互通。汽车工业推动了经济的发展，促进了郊区的扩张和移动化的生活方式。家庭生活也已经转型。现在人们的娱乐方式多种多样：点播电影、无限丰富的音乐、浩瀚的网络和社交媒体、电子游戏、无线广播、看电视或者看电影。

　　短短几个世纪，人类就开创了一个全新的时代——工业文明时代。这场关乎人类生存方式的革命性转变仅仅始于18世纪，其开端为工业革命。正如我们已看到的，它以意想不到且无法预料的方式，滚雪球般冲进我们所知道的今天。人类历史上只有两次更早的大飞跃可以与这场社会技术革命相提并论，即许多个世纪和千年之前的新石器时代文明和青铜时代文明。从早期的蒸汽机和第一条铁路算起，工业文明已经有了长足的发展。虽然工业文明极大地扩展了人类的潜能，同时也提升了世界上很多人（显然远非全部）的生活质量，但现代科学和技术的融合也有其黑暗且致命的一面,尤其体现在战争的工业化中。

电力与工业文明的超级系统

1882年9月4日下午3点整,位于下曼哈顿珍珠街255—257号的爱迪生照明公司,一位操作员打开了发电站的开关。同一时刻,在位于华尔街附近的金融家摩根(J. Pierpont Morgan)的办公室里,爱迪生亲手把屋子里的电灯打开了。就这样,爱迪生开启的不仅是第一台商用电器,更是一个全新的时代。

电能是一种用途极广的能源。发电和运送电能技术的发展尤为关键,我们几乎可以把它和许多个千年前人类征服火种相提并论。爱迪生在1882年开启的电力行业具有开创性,因为有许多其他的技术或技术体系后来开始靠电能运作,比如照明、取暖、制冷等等。当然,也有其他能源(如水、煤、石油、天然气、核能)也算是起到了这个作用,但是电力代表了现代工业文明所依靠的技术体系的根本,电力可以说就是整个工业文明的代名词。因为许多其他技术都要依靠电力系统,需要电流接通才能运作。例如,制冷消耗了全世界电能的15%,如果没有电能,我们也不会有空调或者冰箱。就这样,各类技术体系互相交融,形成一个靠电能支撑的超级系统,展现出工业文明的真实面貌。

1882年,爱迪生为珍珠街发电站举行落成典礼时,现代意义上电的历史还不足100年。很早以前,我们就注意到**静电**的存在。早在17和18世纪,以富兰克林为首的科学家就研究了静电及其性质,我们在第十五章也有提到。但是连续流动的**电流**又是另外一码事。可以毫不夸张地说,我们现代意义上的电在1800年之前都还不存在。1800年意大利科学家伏打制造了第一块电池并利用化学能源产生了不间断的电流,这才开始有了现代意义上的电。如我们所见,第一块电池的出现以及后来不断改进的电池产品在某个方向上促进了19世纪早期化学的发展,但在这一时期更重要的是基于科学的电报技术。这一令人惊叹的新技术出现在19世纪30年代后期和40年代早期,也是建立在电池和电路的发明之上。1831年,法拉第发现了电磁感应原理(发电机原理),通过给定的机械运动和磁场可以产生电流。但直

367

到1867年,德国发明家兼实业家西门子(Werner Siemens,1816—1892年)和英国科学家惠斯通(1802—1875年)才各自将他们的第一台电磁铁实用工业发电机公之于众。直到那时,这些由更先进和更高效的蒸汽机驱动的伟大发电机才将电力注入社会和工业的命脉。在19世纪70年代和80年代,这种涉及电流的新技术被应用于巴黎和纽约街道的弧光照明,但明亮的弧光灯不适合室内照明。

这种情况促使爱迪生和其他人开始寻找实用的白炽灯。经过1879年的大量实验,爱迪生申请了碳丝白炽灯泡专利。这种灯泡可以长时间发光,并且在商业推广上具有可行性。(英国物理学家、发明家斯旺在1878—1879年也独立开发了一款白炽灯泡。)示范照明项目很快就开始了,一些富人的私人住宅开始拥有设备齐全的电力系统。爱迪生于1882年建成的珍珠街中央发电站成为世界上第一座商业发电厂,是所有商业发电站的鼻祖,因此闻名遐迩。

在更早的历史阶段,当时技术史家关注的焦点更多的是人工制品,灯泡的发明被认作是一项里程碑式的成就。但是,灯泡其实干扰了我们对爱迪生成就的认知,因为爱迪生的真正成就在于他设计出的整套供电技术系统,首先用于照明,进而拓展至其他方面。自20世纪80年代以来,历史学家和技术专业学生已经认识到,理解技术需要“系统思维”,并且没有任何其他案例能够比电气照明更好地体现技术系统的概念。

在这一点上,爱迪生(1847—1931年)并不只是一个伟大的发明家,而是一个变革性系统的建设者。在珍珠街发电厂,他部署了6台200马力、110伏的发电机,重达27吨。这些大型发电机由燃煤蒸汽机驱动,被爱迪生称为“巨型发电机”(Jumbos),这原本是知名马戏团里一只大象的名字。爱迪生的工作人员在下曼哈顿区1平方英里(约2.59平方千米)的地方为客户蜿蜒穿过80 000英尺(约24千米)的地下干线。他从当时的燃气照明公司那里了解到地下电源的概念,但是,在他设计用于发电、分配和计量电力的系统时,几乎没有什么模型可供使用。他在发明自己的电气化系统这辆“推车”之前,先发明了一匹“马”,即灯泡;尽管他在尽其所能地利用现有的技术(特别是铜线行业),但他还是要自己开发许多关键部件。该系统的

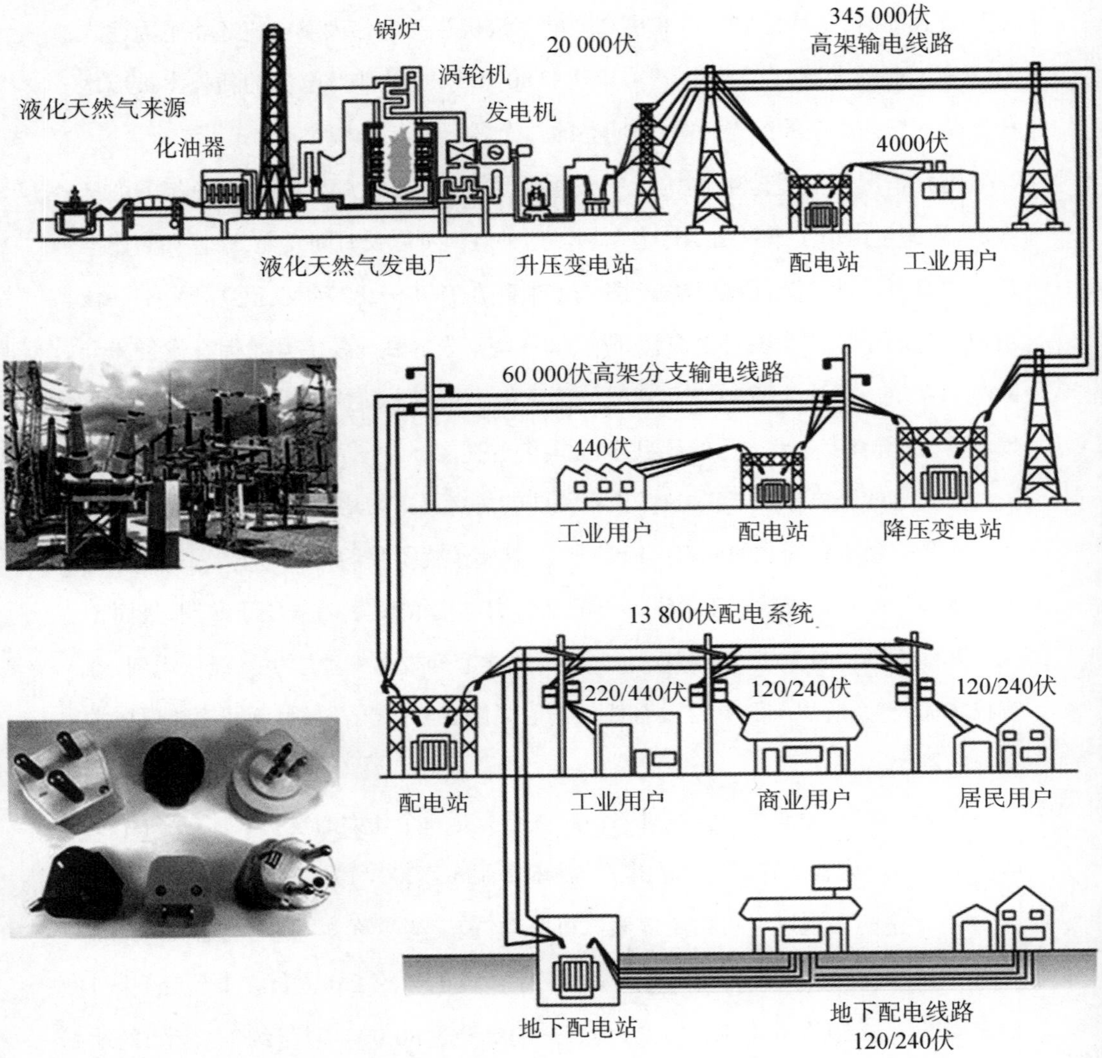

图17.1 电力与工业文明。 现代生活完全取决于电力的生产和分配。爱迪生于1882年在纽约市建立了第一个商业发电站。该图描绘了一个精心设计的系统,该系统始于发电厂(在这里用的是液化天然气,但也可能是水电、煤炭、石油、风能或核能)并通过强大的输电线路为家庭和企业带来电力。

电力部分包括发电机、为发电机供电的蒸汽机、电源和输电线路、电压调节器、仪表、开关、保险丝、标准化插座和固定装置，以及单独制造的灯泡本身。爱迪生不得不培养自己的工人队伍来管理和维护这个系统。

这家由爱迪生领导，并得到纽约实业家摩根和富有的范德比尔特（Vanderbilt）家族支持的爱迪生照明公司毕竟是一家销售电力的企业，因此，同样重要的商业要素都必须到位：法务、公司/管理以及后台等方面，以保持系统运行、招募付费用户以及最后回报投资者和股东。顺便提一下，作为爱迪生创造的电子照明系统孕育的必然结果，灯泡最初只是一个古怪的示范性项目，后来却成为了一种商品。

爱迪生的珍珠街发电站取得了巨大的成功。工厂开业后短短3个月内，客户数量增加到200个；一年后，客户超过500人，所使用的灯具数量约为10 000个。珍珠街站继续发电，照亮人们的房屋和办公室。直到1890年，一场大火摧毁了该设施。即便如此，因为珍珠街发电站已然成为电力工业、美国乃至整个世界快速电气化的原型，所以这种势不可当的技术力量得以在世界各地蔓延开来。到1900年，仅在纽约市就有大约30家不同的公司从事电力生产业务。从那时起，从事电力生产的公司呈指数增长。

爱迪生的技术系统产生的是直流电（DC），随后他和威斯汀豪斯（George Westinghouse，1846—1914年）在19世纪80年代和90年代发动了一场不甚体面的公开战争（"电流之战"），争论到底哪种系统更优，是爱迪生发明的直流电系统，还是威斯汀豪斯基于先锋型天才特斯拉（Nikola Tesla，1856—1943年）的专利设计的交流电（AC）系统。最终，由于在较长距离上传输电力的优势，威斯汀豪斯的交流电赢得了胜利。但是究竟在哪儿发电？是在离本地很近的小站点，还是更大的区域性发电厂，这两种不同的社会和技术方案其实都很有风险。交流电最终以巨大的前景获得胜利，到1917年，美国95%的电力来自交流电系统。交流电也成为当今世界大部分地区的主要供电方式。

电气化是令人振奋的，至少回想起来似乎是如此。公共电网和私人电网首先在城市迅速出现，到20世纪30年代，美国90%的城市居民都能获得电力。1935年，作为新政的一部分,罗斯福政府成立了农村电力管理局。作为联邦政府的一项倡议,它将电气化极大地扩展到了美国农村地区。出于同样的原因,必须创造用户需求,特别是当电力系统的负荷在一天中发生变化时,必须说服早期的消费者使用电力。正如我们后来看到的那样,人们住宅的电气化和家用电器的引入是一种机制,可以将公众最初对电的性质或需求的陌生感转变为日常生活的必需品。在美国全国和全世界范围内,发电厂形成了广阔的区域网络(偶尔也会导致停电和电力故障)。例如,在纽约的爱迪生联合电气公司(Consolidated Edison,即 Con Ed),作为爱迪生珍珠街发电站的继任者,现在雇佣了超过15 000名员工,并通过130 000英里(218 000千米)的电线和电缆为超过300万个可计费账户提供电力。电力的生产和消费与其他工业文明同步发展壮大。粗略统计的数字是惊人的:从1900年到1950年,世界电力产量翻了两番,到1975年又翻了两番,到2000年又翻了一番,到2014年又增加了50%。全球电力生产的增长速度已逐渐减少到今天的10%左右。

电气化的历史揭示了关于工业文明的两个重要事实。第一个是,跟之前的人类组织模式相比,工业文明在规模上急剧增加;第二个是,当今世界各国各民族的贫富差距极其巨大。上文刚刚提到的数字显示了规模的增加。当前,每年生产的能源比1850年多100倍,从简单的热力学角度来看,生活在经济发达社会的人们拥有和使用的人均能源比历史上任何人类群体都多。近年来的重大事件是亚洲的能源增长,尤其是在中国。从20世纪80年代开始,中国的电力生产和消费呈爆炸式增长。中国现在已经超过美国成为世界领先的电力生产国。预计中国电力将在未来几十年继续加速增长。

但是,这种总体增长模糊了世界能源不平衡现象。发达国家人口相对较少,却生产和消耗了世界的大部分能源,这极不成比例。例如在美国,这种扭曲的模式是显而易见的。到目前为止,美国依然是世界上主要的能源消耗国。西方国家仍然拥有大部分商用能源资源,前十大发达国家(特别是包含日本)消耗了全球近40%的能源。与此同时,约占全球人口15%的非洲大陆在2014年仅生产了世界电力的3%;如果将埃及和南非排除在外,这一数字将下降至1%,而占世界总人口13%的人口都生活在这片非洲大陆上。孟加拉国是世界上人口第七大国,2014年拥有1.57亿人口(占世界总人口的2%以上),是世界上最贫穷的国家之一,其发电量仅占世界电力的0.2%。目前,美国人均电力比孟加拉国人均多出35倍。随着工业文明继续在全球扩张,能源丰富和能源匮乏的国家将继续争夺能源。

电力是工业文明的基础,供电技术系统是工业文明的基础技术系统。确实,必须生产电力,同时还需要其他能源一起来发电。因此,设计用于生产和分配电力的系统并不是关键,因为这些系统在其他系统和其他工业文明之前就以某种方式到来了,或者独立于其他系统和其他工业文明之外。实际上,工业文明大量开发其他丰富的能源,特别是石油、煤炭和天然气。汽车、卡车和飞机使用了大量燃料,煤炭仍广泛用于各种工业,天然气也以各种方式为人们使用,包括家庭取暖和烹饪。而且,请注意,尽管这些其他能源通过复杂的商业技术系统来到我们身边,但是很多自然资源也用于发电!因此,不断增长的电力需求带来的反馈循环有助于推动天然气、石油、煤炭和核工业的大规模扩张。举例来说,美国2/3的电厂就是以煤或天然气为燃料的。另一个例子是水电——利用水的落差产生的机械能转化为电能。核电厂、太阳能和风能装置也是用于发电的。因此,输电网络是与其他基本技术系统相结合的。同样的道理,拔掉了电力的插头,我们所熟知的文明也将熄灭。

时至今日,电力在世界工业文明中发挥的核心作用使得上述技术超级系统的存在变得清晰可见。没有这种超级系统,我们就无法生存。简单举例说明:电气照明设施?地下室里的排水泵?吹风机?空中交通控制系统?需要充电的设备?无须继续列举即可明白,我们不仅应从技术系统的角度理解工业文明,而且应将其作为一个出现在20世纪世界舞台上的一体化技术超级系统加以理解。这一技术超级系统本身是不断发展的,它继续在原来的舞台上表现自我,也继续影响着我们的生活。

电气化和电力系统的历史抛出了一个有关技术决定论的陈腐问题,换句话说,技术系统是否强加于自身并影响社会变革,而不受人类意志或政治的影响。这些技术系统是历史舞台上的演员吗?人造产品有自主意志吗?技术代表着社会命运

371

吗？我们可以想一想中世纪早期的马镫或深犁技术，文艺复兴时期的大炮技术。但电气化直接展示了对新技术的必然需求是如何超越已有的社会和政治秩序的。一个能给我们带来启发的案例是美国和苏联时期的水电问题。

起初，美国的电力是在资本主义的传统庇护下生产的——电力生产和分配权归私人所有。第一次世界大战期间，为了在战时支持电力生产火药，美国国会授权**372**在亚拉巴马州的马斯尔肖尔斯兴建水电站——正如授权法所述，"仅由政府运营，不得与任何其他由私有资本运营的产业或企业产生关联"。然而，战争一结束，尚未完成的威尔逊大坝（Wilson Dam）成了政治斗争中的香饽饽；虽然它的产权方依然是政府，但是其电力输出可以与私营电力公司相竞争进行售卖。随着工程方面的工作继续开展，社会上的私营企业水电生产活动使得各方冲突的政治观点愈发明晰。私有电力生产商以及资本主义的放任主义维护者将政府对威尔逊大坝的所有权指控为"共产主义"。

1921年，汽车巨头福特（Henry Ford）向前迈出了一大步，提交了将其公司私有化的提案。他提出"收购"马斯尔肖尔斯城。对于福特的提案，爱迪生表示支持，而这两位赫赫有名的技术大佬在国会赢得了极大支持。然而在1924年，福特突然撤回了这一提案。技术实现过于复杂宏大，无法通过意识形态、政治或是金钱加以解决。不能仅仅为了生产与销售电力和照明营利便建造水电站。大型大坝必然影响到公众利益：海岸线被改变，土地被淹没。即使没有政府的干预，大坝也必须按照灌溉、防洪和开发休闲景点等不可能为私人投资者营利的用途来设计。

1933年，富兰克林·罗斯福（Franklin Roosevelt）接任总统后的首批行动之一就是通过国会成立了田纳西河流域管理局（TVA），以此拓展南部诸州在水能方面的巨大潜力。罗斯福的倡议并非受到任何社会偏见的激发。相反，它认为这是由水电生产的本质导致的技术运用。确实，罗斯福的政治保守倡议可通过"管理局"这个词一窥究竟，它意味着田纳西河流域管理局需每年向国会申请资金，由此限制了政府与私人电力利益的激烈竞争。

当大规模技术影响到公众利益时，它会击溃意识形态和政治。能证明这一点的另一件事就是列宁(Vladimir Lenin)在1917年俄国革命后不久发表的宣言："共产主义就是苏维埃政权加上电气化。"这并不仅仅是辞藻修饰。共产党领导人斯大林及其追随者甚为重视这一论断。在1927年至1932年的技术转让期间，世界上最大的水力发电站就是在美国工程师的监督下，用美国涡轮机和发电机，在俄罗斯第聂伯河上建造的。无论在美国资本主义还是在苏维埃共产主义水电技术的框架内，该水电站的建造都可谓青史留名了。在社会变革的平衡上，电力生产的技术和经济现实比意识形态和政治更重要。较为陈旧的技术可以被限制在私营企业里使用——的确，它们帮助制定了私营企业发展的原则。水力发电却无视这种限制。对于工程师、建造者及维护者来说，工具制造者确实掌控了全局。

373

"从你的雪佛兰轿车看美国"

　　直到19世纪末，在工业和运输系统——铁路运输和轮船运输——中使用的主要动力一直都是蒸汽机。19世纪80年代，德国工程师先后研制出效率更高的柴油内燃机和汽油内燃机，才又有了一种新型动力，把它们安装在四轮马车和犁上便成了汽车和拖拉机，取代了无所不在的马的地位。由内燃机驱动的汽车最早在19世纪80年代研制成功，这样一种"不用马拉的车"开始受到公众的青睐。1900年，美国的汽车销售量达到4000辆；到1911年，在美国公路上行驶的汽车已达到600 000辆；到1915年，增加到895 000辆；到1927年，更猛增至3 700 000辆。早期的汽车有一部分是用电力或者蒸汽驱动的，但是没过多久，人们就看出内燃机才是最好的汽车动力来源。

　　在美国的技术发展史上不乏史诗般的故事，其中福特(1863—1947年)个人为美国汽车工业的诞生显然立下了不朽的功勋。福特是一位自学成才的机械师，长期受到拥有大学学位的专家们的藐视。他在1893年亲手制成了自己的第一辆汽车，10年后，又开办了福特汽车公司。福特一心想生产出一种"大众化的汽车"，为此，他得想办法做到大批量生产，才能让广大公众购买得起。他虽然不是第一位使用通用零部件的制造商，也就是说，采用装配线进行生产并不是他的发明，但是，他为了生产出廉价的标准化产品,想方设法改进并完善了装配线生产技术,最终产生了惊人的效果。1908年,在他没有引入装配线时,福特公司当年生产出T型(Tin Lizzie)汽车共10 607辆,每辆售价850美元。1913年,他安装了一条装配线,年产量一下就上升到300 000辆。1916年,福特公司总共销售T型汽车730 041辆,每辆360美元。1924年,他总共生产出2 000 000辆汽车,零售价已降至290美元。在1927年福特停止生产T型汽车以前,从他的那些工厂开出的这种型号的汽车总共达1500万辆。在福特之前,组装一辆汽车需要12小时以上。然而,福特的第一条装配线一开始运转,就能够每93分钟组装好一辆T型汽车。到1927年,组装一辆T型汽车则只需要24秒! 那时,福特汽车公司已经不只是世界最大的汽车制造商,而且还是世界最大的工业企业。

374　　　　福特真的造出了大众化的汽车。到20世纪20年代,汽车就已经不再是玩家或者富人和闲人们的稀罕玩意儿,而逐步成为工业化社会的一种必需品和现代全球经济的重要支柱。在不到一个世纪的时间里,汽车工业使美国10%的国土变成了公路。由福特的T型汽车首创的为大众生产和由大众消费的观念后来又被应用于

374　　　　图17.2　**装配线**。经福特改进后的装配线极大地提高了生产效率。汽车工业最能够体现技术系统的本质,即由许多子系统结合起来的统一体。

现代生活的许多其他"必需品"领域。

　　福特当之无愧是一位伟大的发明家，显而易见，他一手改变了美国工业和文化的面貌。为了更好地理解他所取得的伟大成就，我们可以把他看成（就像爱迪生一样）是一种生产制度的总监造人：他成功地把成千上万其他人的聪明才智组织起来形成为一个和谐的整体，他及时预见到即将出现的会是一种涉及多方面工作的、能够自行维持生产的技术型混合物。在他公司内部，福特领导着一个庞大的团队，其中有才华横溢、富有进取心的年轻工程师，有铸造工，有工具制造者，大家紧密合作，一起建成了第一条组装生产线（此后不久，就有其他公司把其中一些人挖走）。福特还创造了一整套严密的组织架构，从原材料供应到汽车制造，再到把产品销售出去。研究技术史的学者在谈到技术系统时，常常会以汽车工业为例来说明问题。任何一项技术都不可能存在于社会真空之中，它必然要以复杂的方式与制造者、使用者和其他技术联系在一起。汽车本身就可以被看成一套技术系统，它由成千上万个零件组成，涉及燃料、发动机、动力传输和变速装置、制动装置、悬挂装置、电灯和电气装置等子系统，这里列举的只是最主要的部分。当把汽车看成是由许多子系统组成时，1912年发明的电启动装置和1921年开始使用的充气轮胎都极大地改进了汽车的性能。用电启动代替摇柄启动，还意外地把女性也吸引进汽车市场。

　　值得注意的是，技术的行政与管理代表了20世纪出现的许多新技术系统中虽然无形却必不可少的方面。毕业于史蒂文斯理工学院的机械工程师泰勒（Frederick Winslow Taylor, 1856—1915年）于19世纪末20世纪初开创了"科学管理"，对世界各地的工业发展和制造业产生了难以估量的影响。通过他的秒表和剪贴板，泰勒进行了精心设计的"时间与动作"研究，精确测量了车间工人的动作和活动，以确定"最佳方式"——工人应该用来执行任务的确切速度和确切动作。泰勒的著作《科学管理原理》（*Principles of Scientific Management*）于1911年出版。泰勒是第一位管理顾问。在他自己和众多门生的推广下，泰勒的工业效率理念和对制造业的理性分析开始在商业和技术领域被广泛采用。这些理念改变了商业惯例，重点关注员工培训和管理层的严密监督。不论好坏,这些特征成了现今制造业和工业生活的显著标志。泰勒另外两大重大成果包括运筹学和决策科学。苏联采纳了泰勒主义,当今世界制造业更是如此,这都再次证明工业文明具备超越其他障碍的自身动力。最后,20世纪的伟大技术成就,如福特的装配流水线或美国国家航空航天局实现的人类登月行动等,其管理上的成就与其纯粹技术上的成就一样伟大。如今,从狭义角度看,技术管理和系统工程已然成为创新和发展不可或缺的部分。

技术系统并非完全由上层决定,而是有一个动态发展过程:用户采用并适应新技术,同时反馈回路在各级代理间运行以塑造技术系统。这些群体包括生产商、经销商、销售人员、实际用户、可以视为系统改进者和维护者的用户,以及选择退出技术或技术上被排除在外的非用户群体。拿美国农场来说,美国农场的农民们很早就将福特汽车改造成了他们所需的拖拉机和农耕机器,而当时福特公司都还未生产出售这类机器;还有,家庭主妇们跟电话公司斗智斗勇,据理力争。

汽车是一个技术系统,围绕制造方法还出现了另一个新景象。汽车作为美国生活中的一种重要技术产品,必须有许多生产部门的配合才能够最后制造出来。例如,设在海兰帕克和里弗鲁日两处的福特工厂都使当地变成了庞大的工业基地,在那里聚集了好几家为主装配线服务的附属工厂,包括一家焦化厂、一家铸造厂、一家钢铁厂和一家水泥厂。福特本人还有自己的煤矿、玻璃制造厂、橡胶种植园、轮船和铁路。在如此错综复杂的制造活动中,劳动力是关键因素。在这方面,福特为他的工厂的工人付出极高的工资,还曾经造成不小的轰动。当通行的工资标准是每周11美元时,福特则公开宣布,他会付给他的工人每个8小时工作日5美元,但有附加条件,包括福特汽车公司的社会部门检查工人家庭以评估他们的家庭关系、道德水准、是否酗酒、卫生状况和厉行节约等情况。如果不这样,他就无法与参加了工会的工人建立起良好的关系。福特采取如此大胆的举措主要是为了稳定员工队伍,结果,福特工厂的工人开始成为他们自己生产的产品的消费者。

相关技术和社会实践是一个更大的网络,该网络对汽车这个有效的技术系统来说是必要的。汽车和汽车工厂本身只是这个网络的一部分。在某种程度上,传统技术结合在了一起——金属加工、玻璃制造和水泵技术。但汽车行业也孕育了技术创新——低压轮胎、化油器、密封光束前灯，以及作为辅助技术的定时交通信号。而且，在所有这些辅助行业中，技术和社会企业网络相互交汇，形成并蓬勃发展。例如，汽车要靠汽油或柴油燃料行驶。于是，汽车工业的快速增长就不仅推动了而且同时也离不开石油工业和把原油加以"裂解"以精炼汽油的技术，后者也必须有相应的发展和规模。各地的加油站成为这个更大技术系统的基本要素，停车库、修车铺和零配件供应也是这样。汽车行驶还需要良好的道路并使道路形成网络，两者也是相互推动，相互依赖。此外还要设置标准化的交通信号，制定行驶规则，采用驾照许可制度，推行汽车保险，进行公共道路和桥梁建设，设立国家机动车管理部门。甚至汽车的代理销售商和广告商也非常重要，没有他们，汽车工业至少会受到很大影响。在这个大系统里，还有在1915年引入的贷款购车以及以旧换新制度，它们是汽车销售策略的重大创新，与今天的汽车租赁一起，对于这个大系统的良好运转一直起着非常重要的作用。

汽车的大规模生产在很大程度上定义了20世纪的文化形态，并持续至今。汽车的发明振奋人心，汽车的生产推动了全世界的工业化和经济增长。同时，对于汽车这个技术系统的出现，社会生活相应地也在许多方面都作出了反应和变化，从郊区的发展到男女青年驾车兜风谈情说爱，真是应有尽有。

377

如今的汽车是技术奇迹与工业文明的象征。汽车是技术的组合，其复杂性通常被认为是理所当然的。汽车由复杂的计算机操控的内燃机、电动机或混合动力引擎提供动力。汽车具有"智能"制动、牵引和传动系统、动力转向以及高度复杂的电气、照明和悬架系统。汽车轮胎也是工程学和材料科学的奇迹。空调系统自动维持车内温度和新鲜空气供应。娱乐系统不仅包括AM、FM和卫星广播，还包括电视、电话和互联网连接，以及数字电子设备（可以播放音乐和电影，也可以逗乐后座的儿童）。发生事故时，保护性安全气囊立即展开。很多车辆装有声音卫星导航系统，能在彩色液晶显示屏上显示地图和方向。自动驾驶汽车已经问世。生产标准非常高，汽车内饰是几乎难以想象的奢侈品。在路上，汽车是庇护所，司机自由自在掌控全局。对不少司机来说,他们的汽车比家还舒适,从技术含量上说也更复杂。

以上所说都是客车。现在世界各地所有的机动车都能如此,无论是货运还是客运,路面驾驶还是海上航行。公交和卡车的复杂程度和效率都有提升。货运——现在由巨型油轮和集装箱运输做辅助——是支撑当代文明的另一个重要的工业和技术系统。

拖拉机和其他相关的机械化农耕设备推动了农业的工业化,这是工业化发展的另外一个领域。虽然农业生产机械化在19世纪就已经开始,但当时还只是马和人来提供动力。作为汽车工业的衍生物,拖拉机被用来耕田,它极大地改变了耕作模式;和其他机械农耕设备一道,它使得粮食产量有了显著增长。在20世纪20年代,福特制造的犁畅销全球。通过公路、铁路、飞机和轮船运输食物,增加使用改良化肥,以及20世纪后半叶,产量更高的农作物品种的引入,都让粮食生产能跟上不断增长的人口数量。的确,一个更加明显并值得一提的现代应用科学实例就是,在20世纪50年代和60年代的"绿色革命"中,科学在提升全球农业产量以及保障百万民众粮食安全方面作出了巨大贡献。农学家博洛格(Norman Borlaug, 1914—2009年)开发出了颗粒更饱满且更高产的小麦品种。其他一些人对大米也作出了同样的贡献。他们还特别将这些栽培品种引入亚洲。博洛格因其工作在1970年获得诺贝尔和平奖。

今天,我们谈到农业综合企业(agribusiness)就意味着由大型企业(通常是跨国公司)来进行巨大的、工业规模的粮食生产。自20世纪50年代以来,粮食生产的工业化发生了翻天覆地的转变。例如,在美国,3%的农场就占了整个农业产出的60%以上。人们俗称的美国粮食公司,一方面它在很多田地做单一栽培,培育转基因粮食以及种子,而且这些种子只能从孟山都公司(Monsanto Corporation)以及类似的企业购买;另一方面,它在大型牲口棚和工厂进行工业规模的鸡、猪和牛的饲养和加工。这一切都导致了直接从事农业和粮食生产的人口数量和百分比历史性剧烈地且前所未有地减少。在当今许多工业化国家,这一数字不到5%。大多数农业工人的薪水都很低,且受雇于大农场。在美国,这一数字已降至2%以下。在许多国家,小农保持良好的状态仅仅是由于政府的大量补贴。

美国汽车工业的巨大成功引发了"美国人民心灵手巧"和"美国技术诀窍"的神话。但后来的成就,主要是在第二次世界大战之后,揭示了美国成功的偶然性。苏联重工业可与美国生产相媲美;日本汽车工业在生产和创新方面都超过了美国;包括中国在内的东亚已成为一个工业重镇。世界各地的工具制造者,跟旧石器时代的祖先们一样,正在发展一种普世的工业文化。

在很多方面,汽车可以说是工业文明的代名词。数量估算有所不同,但就2014年来说,全世界上路的乘用车辆总数量为10亿辆,也就是说,不到7个人就拥有一辆车。美国领衔,其高速公路上行驶的车辆多达2.53亿辆,即每1.3个人拥有一辆车。中国已经超过了日本,现在是第二个拥有7800万辆车的国家,即每17个人拥有一辆车,其汽车保有量还在暴增。印度的车辆保有量也在快速攀升。如果再算上卡车和公交,机动车辆的总数量还要增加3亿—4亿辆。再算上普通摩托车和小型踏板摩托车,各种类型的机动车总数量接近20亿辆。各种各样的机动车辆在世界各地行驶了数万亿千米。人类是怎样为自己创造了一个机动辅助设备的,这真是个发人深省的问题。

在2012年,全球生产的机动车数量几乎达到8500万辆。自2008年以来,中国成为汽车和商务车的领先制造商,生产了2000万辆,几乎是美国和日本的两倍;德国、韩国和印度紧随其后,但是能制造汽车、卡车、摩托车的国家名单远不限于此。这些数字意味着,世界各地会有更多的工作岗位和就业,进一步强调了汽车及其制造和服务的重要价值。它是经济发展的引擎,推动了工业经济和社会的发展。

379

环球之翼

我们用涡轮驱动的发电机从河流中汲取能量,并由燃煤和燃油的蒸汽发电厂转化成电力;铁路、公路和汽车开始在陆地上纵横交错;与此同时,人类也征服了天空。天空被意想不到的飞行器入侵。比空气更重的飞机横空出世,翱翔蓝天。18

世纪,热气球在法国问世,但仅用于娱乐或观察哨所等有限的军事用途。虽然人类飞行是一个古老的梦想,但是直到人类发明出紧凑并且相对较轻型的热力发动机,尤其是内燃机之后,持续的动力飞行才得以实现。

　　1903年,奥维尔·莱特(Orville Wright)和威尔伯·莱特(Wilbur Wright)兄弟起航了第一架飞机。12月17日,在北卡罗来纳州奥特班克斯的基蒂霍克,它飞行了12秒,覆盖了120英尺(约37米)路程。当天他们共飞了4次,最远距离为852英尺(约260米)。这是人类首次进行的有动力、能控制的持续飞行。该飞机为木质纤维结构,仅体现了近期的一些技术发展——汽油、内燃机、借鉴自行车制造的一些技巧(令人惊讶的是,自行车在更复杂的机车发明之后很久才出现,但它问世之后仅25年飞机就诞生了)。莱特兄弟预测飞机只会在战事中使用,但很快事实证明,他们错了。飞机不仅用于战争,还更广泛地用于邮件运输和乘运服务。第一次世界大战期间,莱特兄弟的原始飞机诞生后还不到15年,携带机枪和炮弹的飞机就已经在欧洲使用。径向发动机的进展也让林白(Charles Lindbergh)在1927年驾机飞越大西洋。在20世纪20年代末,空运邮件成为一项基础服务;30年代早期,客运航线开通。光滑的铝皮DC-3及其加压舱成为这类系统的主力。不到半个世纪,莱特飞机就演变为商业飞机,结合了数百种新近发明的新技术和新材料。客乘用机在第二次世界大战之后快速发展,最终成为当今世界复杂的全球空运系统。

　　航空发展的社会效益与它的技术原创性不相上下。旅游业和娱乐业发生了革命性的变化,被早期工业革命绕过去的地区也被纳入主流社会。与电力行业一样,政府和私营企业纠缠在一起。必须由地方和中央政府建造客运码头。邮件传递(现在很大程度上通过航空邮件)通常是由政府运作;即使得到行业顾问和专业委员会的帮助,统一的运营和安全标准也由政府负责。军用飞机舰队当然归政府所有。此外,商业航空是一个全球性的行业;许多国家拥有自己的航空公司——全部或部分由政府所有,并且当然由政府监管。商用客机现在由不同国家制造的零件组装而成,客运服务也由不同国籍的人员承担。

　　借用阿姆斯特朗(Neil Armstrong)在登月时的表述:动力飞机的发明对莱特兄

图17.3 世纪飞行。世界上最大的客机——空中客车A380,于2005年4月27日首飞。插图(等比例)所示为:1903年12月17日,莱特兄弟在北卡罗来纳州基蒂霍克的第一次飞行。A380的翼展是莱特兄弟飞机的6倍,满载时重量是其两千多倍。

弟来说,只是他们的一小步,却是"人类的一大步"。仅仅一个世纪,人类就把120英尺(约37米)的首次飞行变成了一个庞大的空运技术系统,而该系统是今天工业文明的另一个重要组成部分。票务现在主要通过网络以电子方式处理。其他交通系统让人们能快速抵达机场。机场本身就像一个小城市。在那里,乘客和行李先是安检(跟工厂一样!),然后进入巨大的具有惊人技术规模和复杂性的飞行器中,而这些飞行器又是由系统中其他复杂组件来维护的。波音747是首架"巨型喷气式飞机",于1970年首飞。自此之后,人们就不断推出装备有越来越复杂电子制导和控制系统的越来越复杂的飞机。(1976年第一架SST超音速客机——英法协和式超音速喷射客机——的引进是航空业的一大转折点;但是SST技术太过昂贵且不环保,因此并没有广泛用于商业。协和式飞机于2003年停运。)欧洲空中客车A380客机是该系列的最新产品,有2个行李舱和4个过道,可以运送555—800名乘客和行李。

在任何时候都有数千架飞机在空中翱翔,仅在美国就有7000架。人们可以在35 000英尺(约10 668米)的高空品尝可乐或者冰镇鸡尾酒,这是一项最高级别的技术成就。以前很多飞机主要是在大西洋和太平洋航线穿梭,现如今,一日之内,人们可以从世界上几乎任何地方到达上千个目的地中的任何一个。雷达和空中交通管制系统将飞机引导至其目的地以及其他机场和中转枢纽的出口点。区域机场和二级航空公司将航空旅行网络扩展到几乎世界各地。如今,航空运输已经成为普通且相较而言廉价的服务,大量乘客通过这个庞大的航空运输系统出行。

381

下面这些数字非常震撼。2013年世界各地飞机运载乘客30亿,占世界人口的40%以上。航空交通每15年翻一番,估计到2030年乘客数量将达到40亿。每天有超过28 000架商业客机和大约87 000个航班在美国纵横交错。由于地处连接欧洲、南美洲和非洲以及美国国内交通的战略要道,位于佐治亚州亚特兰大的达美航空公司所在地哈茨菲尔德–杰克逊国际机场是世界上最繁忙的客运机场,2013年承运了9400万名乘客。自2010年以来,北京首都国际机场位列第二。作为中国国际航空的枢纽,该机场每年承运8300万名乘客。预计到2016年,中国的客运量将增长到惊人的4.15亿名乘客,并且毫不奇怪,2000年至2010年间,在全球前20名中,亚洲机场的数量从2个上升到8个;而美国本来在前20名中占了13个,在2010年只有6个。伦敦希思罗机场、东京羽田机场和芝加哥奥黑尔机场在2013年均位列前五大客运机场。总的来说,伦敦地区机场比任何其他机场接待的乘客量都更多(有1.35亿人),纽约其次(1.12亿人)。香港、孟菲斯市(美国田纳西州)、上海是处理货运交通量最多的前三大城市——孟菲斯市是包裹运输巨头联邦快递的主要交通枢纽,而其他机场则是东亚制造业中心。阿拉伯联合酋长国迪拜的国际机场位于连接中东、非洲、亚洲和欧洲的全球旅游中心,正在成为世界上最繁忙的机

382

场。2014年,该机场承运了6700多万名国际旅客,超过了伦敦希思罗机场和香港。阿联酋航空运载的国际乘客量已位于世界第三,迪拜机场目标是到2019年实现1亿乘客容量,并且第二个机场也在规划中,其设计客容量为1.2亿! 民用航空运输系统作为一个技术系统已变得相当复杂,它是人类成就的见证。它绝不会倒闭。它让世界变得更小。

不仅这些,我们一定不能忽视与此同时的军用航空交通系统。军事模式的航空业重写了战争法则。货物和邮件的空运是当今全球运输另一个极其复杂的方

面,美国联合包裹速递服务(UPS)和联邦快递(FedEx)等公司很好地说明了这一点。

给母亲用的机器

工业革命和工业文明的成熟还改变了做家务的方式。家政技术变革影响了几十亿人,尤其是女性。厨房变化了,整个家也重新构建。与工业化同时发生的家政技术变革跟其他特别值得注意的技术系统同等重要,有助于我们理解当今的工业文明。

1900年,即便在工业化国家,家务劳动的工具还是传统的搓衣板和手动榨汁机、扫帚、机械地毯清扫器和洗碗巾。在早期的工业革命中,用于烹饪和取暖的铸铁炉就已变得很普遍,使传统壁炉变得过时;1900年,依然需要有人去烧煤炭烧柴火。卖冰人也依然需要用马和马车到处兜售冰块。上层阶级的家庭依然会有仆人去料理烹饪、清洁、供暖等家务。到2000年,情况才发生了根本性的变化。简单的家电和传统家务设备由强大而耗电的机器所取代:洗衣机(1910年)和烘干机、冰箱和冰柜(可选配制冰机和过滤式饮水机)、洗碗机、真空吸尘器(1901年)、燃气和电烤箱及灶具、微波炉、烤面包机(1909年)、咖啡机、电饭煲、榨汁机、搅拌机、毛巾加热器、加热垫、垃圾处理器、按摩浴缸和一系列其他小工具都成了当今社会无数富裕家庭的典型家用器具。冷冻和预加工食品让我们想起食物准备和菜肴烹制方面的技术差异。现代中产阶级家庭得以诞生,并且不太需要仆人了。

383

这场家政革命不仅仅是解除了家务劳动的苦差事。技术创新在"女性解放"运动中也发挥了作用。在美国,随着教育机会和激进行动的增加,宪法第十九修正案在1920年颁布,赋予女性投票权。第二次世界大战期间,女性大量进入工作场所。这再次证实,全面的技术创新可能会导致社会变革。批评者们认为,通过对家务施加新的"需求"和让家庭主妇们维持那些不可能实现的秩序和清洁标准,由工业化带入家庭的省力设备可能实际上给母亲们带来了更多的工作,而非更少。但是,无论如何,对于今天的无数男人、女人和孩子们来说,如果没有来自家务技术库

384　图17.4　给妈妈找了更多要做的事？1919年美泰洗衣机和烘干机的广告宣传"花一小时来场有趣的体验吧……再也不用依赖那些不靠谱的仆人了"。新家电减轻了女性家务劳动的负担，但同时也用更多的家务和现代家庭更高的标准束缚了女性。

的支撑和支持,他们的现代生活方式,不仅仅是在家里,而且在整个世界,都是不可能的。

20世纪将房屋转变为技术陈列柜,充斥着做家务活的机器和产品,这些都是通过不断兜售新生活方式的广告推动的——相反,这也是消费者的需求。如今,家家户户都在用清洁液、喷雾、肥皂、洗衣粉等大量家用专业清洁用具来清洗房屋。无人再用房屋瓷砖,一个人说!另一个人说,抗菌擦拭巾可以清洁梳妆台了!男性剃须和女性卫生这些方面的新技术和先进技术也是其中一部分。另外,如何照顾并养育婴儿也能反映这场家庭革命的另一面。工业加工的婴儿食品、特殊的一次性尿布、婴儿车技术和其他随身用品——广告不遗余力地推广,父母倾尽全力地购买。

这样下去,我们所居住的房屋和公寓也应视为经工业化和现代经济重塑了的技术系统。即便是普通住宅,也体现了工业化之前罕见甚至难以想象的奇迹:新鲜的饮用水(冷热)、与公共污水系统相连的室内淋浴和冲水马桶、全自动燃气、允许集中供暖的电动或燃油炉、空调、安全系统、电气照明,当然,还有电话、电线和电缆。有的还有卫星连接,将个人住宅语音通信、电视、互联网、电力或天然气储存等和外部世界连接。房屋建筑还和必要的垃圾回收处理系统相通。电梯使城市办公楼和高层公寓楼成为可能。城郊房屋配有自己的辅助设备,如草坪修剪机、游泳池和烤肉架。家与车几乎无缝衔接,因为在很多情况下,人们离开家后第一件事就是上车。

创新的家用电器改变了家务和食物准备方式。20世纪和现在21世纪的许多新技术奇迹,比如包括冷冻和预加工食品,让吃饭、睡觉、安顿家人和个人生活等方面变得更舒适更有趣。然而,毋庸置疑,相对而言,家政技术的这场变革只影响了少数家庭。在世界上许多欠发达地区和世界各地的穷人中,容身之地即使不是危房,也相当原始。厨房设施极少。大多数女性仍然在厨房劳作不得脱身。

"让我愉悦你"

20世纪发展起来的一系列在社会学和经济学上都非常重要的新技术都以个人

385

和大众娱乐为中心。娱乐产业的兴起是现代的特征。首先是无线电,这是一种新的基于科学的技术。1887年赫兹确认了电磁波的存在,随后马可尼开发出无线电报。无线电技术的迅速诞生,或多或少是因为以上两个发明。创建无线电操作系统需要对信号的传输和接收进行大量的技术改进。20世纪初,众多发明者和无线电业余爱好者共同改进了无线电技术。标志性的改进就是1906年德福里斯特(Lee de Forest)发明且获得专利的扩音真空管。1920年秋季,在匹兹堡,一家100瓦的电视台(KDKA)开始定期播放商业广告;到1922年,564个许可站点遍布整个国家。1922年英国广播公司(BBC)开始使用无线电网络,美国全国广播公司(NBC)于1926年紧随其后。无线电台迅速成为家庭娱乐的一种新形式。无线电接收器成为早期的消费电子产品,它成了新的"家庭壁炉"。通过广告收入,广播电台变得切实可行且有利可图,在新的应用心理学理论辅助和支持下不断发展。多年来,无线电广播技术得到了改进,无线电本身从人们的业余爱好转变为消费对象。在20世纪30年代和40年代第一次全盛时期,无线电台成为大萧条和第二次世界大战的信息媒介。收音机销售量达到800万台;到1936年,3/4的美国家庭可在家中收听电台广播。像芝加哥WLS这样的大型清晰标杆型频道在美国各地播放着流行音乐和娱乐节目,并通过广播将更广阔的世界带到了小城镇和乡村腹地。

386

1949年,美国有超过2000个广播站,同年,6.28亿美金投入到广播广告。1950年,每家每户都拥有两台收音机。

在政治应用方面,广播的娱乐性低一些。专制政府当局把电台当作政治宣传的主要媒介。在战争中,它导致了一种新的发送和检测无线电信号间谍技术的出现。

现场音乐和录制音乐从早期开始就是电台广播的主要内容。在美国,运动节目快速受到青睐,尤其是棒球和拳击赛;在纽约地区,1921年那场登普西-卡彭铁尔(Dempsey-Carpentier)对决赛的收听观众数量就达到了30万(!),这还只是节目刚开始时的数目。电台广播成为新的"家庭壁炉",也变成新形式的大众文化。大萧条和二战期间,家人们都坐在收音机旁,听着罗斯福总统的"炉边谈话"。1938年威尔斯(Orson Welles)播放关于火星人入侵的广播剧,让美国听众惊慌失措。《孤独游侠》(*The Lone Ranger*)或《影子》(*The Shadow*)等节目激发了数百万年轻人的想象力。20世纪50年代早期推出的晶体管,让收音机变得可随身携带。它标志着真空管时代的终结,真空管不再是无线电的关键技术组件。工程师们在1939年就开发了FM(调频)无线电,实现"高保真"接收,但FM无线电技术却在20世纪50年代才传播开来。当然,收音机很快就用在汽车上,1935年已经有超过100万台收音机安装在汽车内。

留声机的发明和录制音乐技术的兴起代表了另一个强大的个人和家庭娱乐技术。(通过录音捕捉短暂的瞬间,这被比作是早期的写作技术。)爱迪生在1877年发明了圆筒录音机,但最初它只是用作办公室听写机器,几乎没有给世界带来任何改变。同样,必须在"唱片"[1896年贝利纳(Emile Berliner)获得专利]之前创建一个完整的技术系统,这样唱片播放器才渐渐成为美国和欧洲家庭的标配。但是录音过程并不十分稳定,直到1906年出现可以刻录乙烯光盘的"Victrola"唱片机之后,录制过程才变稳定。另一方面,录音设备和音乐唱片技术都在不断完善。广播电台和音乐行业明显具有协同作用,因为广播电台播放唱片,然后听众也买来唱片放进他们自己的唱片播放器,在家享受音乐。最初录音和播放唱片的速度是78转。"长时间播放"33⅓的唱片始于20世纪30年代,但它们直到20世纪50年代才开始占主导地位。1949年开始用45转格式,并且取得很大的成功,尤其是在播放流行音乐方面,它也让78转的唱片彻底被淘汰。立体录音机于1957年问世。不论好坏,留声机有效地终结了家庭制作音乐的历史,它所用的技术也改变了人们听音乐的社会体验和美学体验。除了一小部分爱好者外,唱片几乎已被淘汰,取而代之的是数字化变革带来的多种新设备和存储系统。

这就不得不提到"电影"。1888年能力惊人的爱迪生发明活动投影电影机(kinetograph)并获得专利。该投影机能够捕捉动作,通过活动电影放映机(kinetoscope)来播放影片。基索诺斯科普商店(Kisonoscope)提供机器供个人观看电影。这些电影是爱迪生在新泽西州西奥兰治的"黑玛丽亚"工作室拍摄的。1895年,法

387

国的奥古斯特（Auguste）和路易斯·吕米埃（Louis Lumière）兄弟与他们的电影摄影师首次成功地将必要的相机和投影技术相结合，制作出适合大众观看的影像，电影时代由此来临。观众付费观看，虽然内容有时甚至让人惊慌失措。比如，影片中火车似乎要冲出屏幕，开进放映厅，但是电影迅速成为一个非常成功的流行娱乐和行业。不甘示弱，爱迪生制造公司迅速采用了这项新技术，制作了371部电影，其中包括《火车大劫案》（*The Great Train Robbery*, 1903 年），直到该公司于 1918 年停产。1927 年乔尔森（Al Jolson）主演电影《爵士歌手》（*The Jazz Singer*），有声电影由此问世。在那之前，好莱坞已经是充满活力的电影业中心。各地的报摊都堆满了好莱坞"明星"封面杂志和其他电影杂志。第一部彩色电影于 1922 年制作。随着柯达公司在电影中的技术改进，20 世纪 30 年代《绿野仙踪》（*The Wizard of Oz*, 1939 年）等著名电影上映，彩色电影也由此登上银幕。（直到 20 世纪 60 年代，彩色影片才成为行业标准。）精心的影视制作、营销和分销系统将电影、新闻片和工业文明的魅力带入世界各地的大小城镇。地方电影院成为社区的文化和娱乐中心。20 世纪 60 年代，电视在某种程度上削弱了电影业，但很快，好莱坞就开始制作电视电影：限制级区分更明确同时具有戏剧性特效，例如《2001：太空漫游》（*2001: A Space Odyssey*, 1968 年）和《星球大战》（*Star Wars*, 1977 年）。1969 年推出低成本录像机，创造了电影租赁附属行业。运用光盘（CD）技术成功录制录像带和磁带，在一段时间内，这主导了电影和音乐传输系统。地方电影大片租赁店显然已成为过去，现在，CD 和 DVD 也被在线直播电影、电视、网络音乐所取代。这些趋势也使娱乐变成更为个人的活动。不同的民族传统在电影中引人注目，其中法国、意大利、日本和瑞典都是人们更为熟知的例子，而印度的电影业全球最大。电影院淘汰了传统的剧院和音乐厅，这些地方长期以来曾经一直是城市精英聚集地和流行娱乐中心，尤其是在 19 世纪。电影泯灭了农村地区最后一点纯正的音乐制作、舞蹈等流行文化。现如今，歌剧院也只不过是一种奇特的艺术博物馆。

无线电技术提供了一种自然模式，让电磁波传输图片这一设想成为现实。在多个系统同时开发的背景下，1927 年，先驱兹沃里金（Vladimir Zworykin, 1889—

1982年,一个农场男孩)和法恩斯沃思(Philo T. Farnsworth, 1906—1971年,一个大学生)首先开发了电子传输技术和动态图像接收技术,并获得专利。1930年,第一部商业电视播出。美国无线电公司(RCA)在1939年纽约世界博览会上极力推广其电视技术。第二次世界大战中断了电视业的发展,但电视业在战后又经历了爆炸式增长,并很快成为一个主要产业,而"电视机"也成为一种普通的家用电器。美国制造商在1949年生产了400万台电视机,同年有98家电视台将电视节目带入千家万户;1952年,美国的电视机总量达2100万台。彩色电视在1953年之后才出现,当时联邦通信委员会使用一种不兼容的技术,但由于技术原因,彩电使用量还非常有限,直到1966年美国全国广播公司成为第一个全彩色网络,状况才有所改变。从1962年的电星1号(Telstar)开始,通信卫星让全球电视广播成为现实,现在更是司空见惯。红外"远程"出现在20世纪80年代,它改变了观众观看电视的习惯和体验。高清电视(HDTV)始于1998年,并以多种方式取代了无线电视。

作为工业文明中重要新闻和娱乐的媒介,电视的力量和重要性不言而喻。无线电广播已经开始改变政治:出现了关于选举结果的报道和关于政治会议的广播,但电视能做的更多,特别是随着网络电视新闻的发展,从20世纪50年代开始,电视成为全球各地大众家庭的标配、广告业强大的传播途径和社会规范无所不在的传播者。特别是在20世纪50年代,电视传达了一整套社会价值观。直到20世纪70年代,美国的电视才更全面地反映出美国的种族、民族、性别和阶级多样性。

如今,无线电广播、电视、电影和各种录制音乐技术确实已经征服了世界。它们深深植根于人类文化的基石。广播、电视、电影、音乐产业,简而言之,整个现代电子媒体在相互重叠的经济利益群体阶层之间相互交织。当今的媒体无疑是世界各地文化同质化的有力工具。例如,众所周知,电视使整个美国减少了区域口音。再如,如果没有广播和电视,目前那样的专业体育节目就不会出现。然而,讽刺的是,虽然大型媒体集团变得更加全球化、中心化,也更加富有和强大,但各种媒体技术却允许甚至鼓励消费者的多样性和选择权。换句话说,现代媒体将市场和人群分解为较小的子群体,以便满足联邦法规、消费者、广告客户的需求。例如,无线电

389

广播无所不在,仅在美国就有超过15 000家许可经营的广播电台。如今,每个美国人平均每天收听两个多小时收音机。随着卫星广播和互联网广播的出现,收音机在我们生活中的影响还会再增加。听众可以收听各种专业音乐电台:乡村音乐、摇滚音乐、古典音乐、爵士乐、轻音乐等等;还有一些国家语言广播站或节目;一些节目专注于新闻、体育、天气和广播访谈,而另一些则致力于宗教广播。

电视也是如此。在其1964年出版的里程碑式著作《理解媒介》(*Understanding Media*)中,有先见之明的理论家麦克卢汉(Marshall McLuhan)阐述了以电视为主导媒介的"地球村"概念。如今的互联网和万维网构成了全新的媒介,这是麦克卢汉都无法想象的"地球村",这一点我们将会在第十九章进一步强调。目前来说,相比互联网,电视还是会触及更多的民众,不仅是在美国,在世界各地都是如此。无疑,在20世纪,电视拉近了人与人的距离,就这点而言,没有哪个媒介能超过电视。通过营造出"你就在身边"的感觉,电视将世界带到了观众身边。1969年的登月,2001年9月11日纽约世界贸易中心遭到破坏,这些报道一瞬间几乎让所有人聚焦。再举一个例子,很久以前的越南战争报道让人们在家能通过电视了解战况,这对后来的当代反战运动也起到了重要作用。

四年一度的世界杯足球锦标赛是世界上最受欢迎的体育赛事,它是当代工业文明的象征。收看锦标赛的观众场所不定,诸如家中、工作场所、酒吧或其他公共场所,因此观众人数很难确定,但收看2010年南非世界杯决赛的观众人数估计超过7亿人,观看过一场或多场2010年世界杯比赛的人数可能达到32亿人。2014年巴西世界杯打破了美国体育赛事的观看纪录,要知道美国可不是因为足球而闻名的国家。在很多其他国家,它也是有史以来最受瞩目的体育赛事。例如,4290万巴西人观看了巴西队和克罗地亚队之间的首场比赛;在遥远的日本,有3410万人观看了日本队和科特迪瓦队的对战;德国有3470万人庆祝德国国家队在2014年世界杯决赛中对阵阿根廷队赢得的胜利。更引人注目的是,一场比赛催生了脸书(Facebook)上的30亿个帖子和推特(Twitter)上的6.72亿条推文。

从本书探讨的出发点来看,世界杯例子中引人注目的是赛事广播的技术及全球影响力,以及它反映的当今世界状况。南非2010年的赛况通过245个不同的频道和数十种语言向214个国家和地区(包括北极和南极)播出。要实现这一目标,需要横跨全球的技术。巴西2014年比赛的高清广播由各个比赛场地的12个制作中心制作。相机、电缆线、传输装置、卫星,以及工作室和评论员等各项因素都考虑在内。接下来接入互联网,通过国家或商业频道,向世界其他地方广播或在线播放赛事。想想广播权和广告商。广告商投入15亿美元在广大受众面前推销自己品牌的产品。体育赛事具有实时性,它将世界聚集在一起,缩小了全球范围。世界杯足球赛,还有为实现这一切所需的所有一切,是一项令人惊叹的人类成就,也是当代世界文明规模和特征的见证。

另外,通信卫星、互联网和每晚的夜间新闻,让我们看到记者们在世界各地的热点地区当天拍摄的视频,甚至看到突发新闻的现场直播。然而,信息多样化和碎片化仍然是电视"酷"媒介的主要特征。目前在美国有1700多个全功率电视台可播出电视节目,随着有线电视和卫星电视的出现,有数百个频道可供选择,满足观众的各种口味。电视台播出的节目有新闻、电影、商业报道、体育、天气、卡通、儿童主题、音乐视频、爱好、宗教、情色节目等。在许多国家,除了有国家频道,还有私企运行的频道,不过所有电视频道都受到国家政府的监管。在美国,公共广播系统(PBS)创办于1967年,肩负各种使命,比如教育、文化和新闻报道。数字高清电视的到来提高了图像的质量,但没有提高电视内容的质量。

有线电视、录音设备和互联网彻底改变了电视业的状态。一家人不再像过去那样围坐在"电视机",还有,收音机周围。电视节目主持人也不再是国家的聪明大叔。如上所述,有线电视将付费电视频道数量增加到数百个,削弱了美国广播公司(ABC)、美国哥伦比亚广播公司(CBS)和美国全国广播公司等大型广播系统的功能,但它也开拓了表达多种观点的新渠道。有线电视频道在开始展示自己的原创节目方面也做了同样的事情。录播功能使观众不再受节目时间和电视播放时间安排的严格约束。互联网带来了更进一步的根本性变化,它不仅成为非同步电视节目的来源,还让用户自己也能制作节目。像在YouTube这类包罗万象的视频网站上，人们可以在个人闲暇时间点击浏览一个又一个网页消磨时间。

电影和音乐也代表了大规模的、融合式的产业和技术。人们通常在巨大的屏幕上并使用精致的音响系统，在多功能电影厅放映价值数百万美元的重磅电影，这些电影拥有引人注目的计算机驱动特效。一方面，同一部电影可在莫斯科、悉尼、多伦多等多个城市的影院同时上映。另一方面，低成本电影和文艺片仍然存在，至少在某些国家或地区是如此。比如在印度的宝莱坞，电影世界的多样性依然存在。但是电影也可以在家里的电视和个人移动设备上用各种格式播放或通过互联网下载。消费者可以自由地欣赏他们喜欢的电影类型，无论是功夫电影、犯罪剧还是最新的浪漫喜剧。

当今的录制音乐产业或许最能代表那种不是那么矛盾的悖论，即技术的同质化和企业的全球覆盖要面临的与日俱增的多样性、个体选择以及人们对群体的社会和文化的同步分离。录制音乐基本上不再在唱片上播放，唱片机爱好者也逐渐减少。通过各类磁带维生之后，如今的音乐技术已经转移到新的数字平台上。该行业价值数十亿美元。通过互联网上 iTunes 和其他服务，消费者可以下载各种可能的流派、种类和风格，更能在几千位歌手和表演中任意选择。互联网上还有诸如潘朵拉（Pandora）等各类音乐服务，为听众提供了无穷无尽的音乐选择。在网络上也能找到大量音乐。从音乐技术发展历史来看，最近，只出售音乐光盘的大型商店几乎全部消失了。在20世纪60年代，音乐由集体共享，也是社会动荡和社会变革的载体；如今，有了互联网和供存储与收听的个人设备，音乐更像是个人陈述，更能满足个人口味或心情。说到这儿，人们可能会想到视频游戏。视频游戏是由媒体巨头开发制作的娱乐形式，耗费数千万美元，是吸引世界各地年轻人的重要娱乐领域。数字音乐和视频游戏与计算机和数字世界密切相关，是世界历史性科学的技术发展。本书第十九章将围绕它进一步讨论。

不出所料，这些卓越的娱乐技术的分布是不均衡的，但是无线电广播、电视、电影、录制音乐技术不受工业世界本身限制，它能触及世界上最偏远的角落。20世纪的新媒体确实已成为一股强大的力量，推动工业文明的扩张和统一。如今在塑造地球村方面,它们仍继续发挥着强大的作用。

同一个全球系统

技术史,特别是20世纪的技术史,展示了我们所研究的伟大技术系统的兴起、它们共同构建当代工业文明的方式,以及它们如何扩张以提供全球化和全球文化的技术基础。继续席卷世界的全球化变革被连接技术和社会系统的超级系统维持着,而这些系统都不只是局限在某一个区域。汽车工业与航空业结合,成为另一大主要系统,它也和橡胶、玻璃制造、国内劳动关系、对外贸易、通信业、旅游业、娱乐设施和教育机构等息息相关。汽车现在在很多国家生产,不仅是在像西欧、北美这样技术超前的地区;你的日本车很可能是在美国制造。航空业同样也不受任何国家或地域限制。水力发电也不可能局限在资本主义国家,电力分配也没有边界。单一文化遍布全球各地。可口可乐或麦当劳汉堡包的味道,无论在世界何处,都非常相似。技术无论新旧,都以数不尽的方式融入社会和政治,在迈入第三个千年之际,融合成一种全球文化。

要大概了解20世纪形成并在今日继续扩大的全球社会工业体系的规模,可以将汽车工业与18世纪蒸汽机相关的小得多的系统进行比较。到19世纪初,蒸汽机为钢铁工业、煤炭开采、小规模制造以及更小规模的蒸汽船提供动力。但它只触及少数几个国家一小部分人的生活,也只扩张到了几个周边国家。相比之下,如今的汽车业直接改变了领先工业国家每个人的生活,间接改变了世界各地的每个人。一部汽车不同部位的零件在不同的国家生产,设计产品都要符合国际安全和环境法要求。汽车的道路系统都有国际统一的标志,包括无处不在的停车标志。丰田汽车公司曾在2013年销售了近千万辆汽车,现如今它的汽车销往世界各地,总销量超过了任何一家其他汽车制造商。

全球化是否始于史前期和有史期人类向全球所有宜居地方的分布过程? 当然是的! 从某种意义上说,人类文化早已意识到彼此之间的交流。在这方面,我们可以想想日本和中国之间的历史关系、中国丝绸在古罗马的出现,或香料贸易。但

393

是,我们今天意识到的全球化现象可以说是在公元15世纪伴随着葡萄牙和西班牙在欧洲之外的扩张开始的,并在接下来的几个世纪持续展开,其间有商人的活动——包括奴隶贩子——以及欧洲殖民者和帝国主义者的活动。本书之前也提到,欧洲的铁路技术、蒸汽船和电报技术发展是如何在19世纪推进欧洲扩张和全球化进程的。20世纪和21世纪,在全球媒体、市场和企业的推动下,这些趋势加速发展。全球化有其自身的发展势头,全球化已经远远超越了任何早期的西方化观念。

工业文明带来了前所未有且具有潜在破坏性的人口爆炸。到1750年,世界人口数量已达7.6亿,1800年左右,人类便突破了10亿人口大关。1900年飙升至16亿,之后在越来越短的时间里继续增加了几十亿,尤其是在1950年之后。1990—2010年期间又新增16亿。世界人口在2012年初突破了70亿,在2014年达到72.5亿,平均每年新增7000万,相当于每天增加20万,每分钟新增140人。

据统计,世界人口预计将在2024年达到80亿,2050年达到96亿,2100年很可能达到110亿。据联合国估计,到2050年,人口将达101亿。中国是当今人口最多的国家,差不多有14亿人。印度紧随其后,有近13亿人;中国和印度的人口数量比其他任何一个国家都高出一个数量级。中国和印度,特别是印度,都还是世界人口最稠密的国家之一。两国人口占世界总人口的近40%。如果将整个亚洲纳入其中,这个数字还会更高(60%)。美国人口排名第三,达3.2亿人,位列其后的是印度尼西亚和巴西。

亚洲也是世界人口增长最快的地区。在2025年将出现一个新的人口里程碑,届时印度总人口会超过中国。中国人口预计在2030年达到峰值,而亚洲人口增长率将在2050年达到顶峰。非洲的人口状况令人吃惊。在工业化落后的非洲,自1750年以来,人口增长了10倍以上。现在,非洲人口占全球人口的15%,预计将在未来几十年内爆发,到2050年翻一番,甚至可能在2100年前翻两番,届时将超过亚洲。2017年全球增长最快的20个经济体中,预计会有10个是非洲国家。特别是尼日利亚,2013年人口为1.74亿,到2050年有望增长至4.4亿,超过美国人口。这些统计数据反映出一个惊人且可能不祥的特征:所有人口增长都发生在欠发达国家。这无疑会加剧世界贫富差距的紧张局势。

相比之下，尽管较发达国家的人口消耗了世界上大部分资源，但它们的人口就算有增长，也只是缓慢地增长。在一些国家，比如日本和意大利，人口出生速度不足以维持现有的人口数量。再举个例子，西欧目前有7.4亿人口，占世界总人口的10%。这个数字预计会在未来几十年内下降至7%。预计到2030年，美国的3.2亿人口将增加到3.62亿。这个增长非常重要，主要归功于移民，但与世界其他地区的繁荣相比，增长幅度不大。

这些快速但不平衡的人口增长模式，与工业文明扩张同时发生。这些增长模式很好地映射出我们今天在发达国家、发展中国家和欠发达国家中已知的富国和穷国。人口压力以多种形式强烈地表现出来，特别是有关移民及对获得财富和自然社会资源的方式进行控制等方面。自然界和我们所知道的工业文明能否维持世界人口如此高水平的增长，依然不得而知。

探讨完自工业革命以来的人口指数增长情况，再看工业文明的另一大特征：城市化。在1800年，北京是世界唯一一座人口过百万的城市；到1900年，百万级人口城市达到16个。东京成为了第一个人口破千万大关的城市。而如今，人口过千万的城市达28个，遍布全球的灯火照亮了夜空。这种城市化相对较新，且伴随工业化同步进行。1900年，全球城市化比例仅为15%。1950年该数字翻了一番，达到30%，到1990年猛增至45%。2008年，整个人类跨过了50%的城市化率里程碑。2014年，城市化率升至54%，到2050年，可能会有2/3的全球人口生活在城市。德国在1900年时就已有50%的城市人口，法国和美国在1920年达到这一数值，到2000年，发达国家实现了75%的城市人口。现在，就居住在城市的人数而言，美国的城市化率已经超过80%。人口转移至城市，这一历史性和世界性转变是工业化带来的，也是当代工业文明的一个鲜明特征。

衡量这些事情的方式多少存在差异，但较大的东京仍是世界上排名第一的大都市，2014年其人口接近3800万。2014年印度德里跃升为世界第二大人口城市，拥有近2500万居民，自1990年以来人口翻了不止一番。上海人口下降至世界第三,有2300万人口。紧随其后的是墨西哥城、圣保罗和孟买,每个城市大约有2100万人。北京是世界第八大特大城市,纽约位列第九。前十名中没有一个是欧洲城市。尼日利亚拉各斯市在2014年人口超过1700万,跻身世界十大城市之列,是非洲最大的城市。实际上,未来30年到50年的所有人口增长都是城市的人口增长。预计到2050年,仅印度、中国和尼日利亚这3个国家的人口城市增长将占全球人口城市增长的1/3以上。大多数新兴大城市在欠发达国家崛起,该现象再一次指向当今世界舞台上的关键力量。交通拥堵泛滥成灾,如何让日益拥挤的城市变得宜居,这是工业文明面临的一大挑战。相关挑战与内部和外部的迁徙活动有关,即在国家内部,人们从农村迁移到城市;在世界范围,人们从人口稠密和贫穷地区迁移到更富裕更城市化的国家。

由于城市的显著增长和粮食生产的工业化,世界各地的农村人口也相应下降,并且还将继续下降。在亚洲,农村人口很快会降至50%以下。中国目前的目标是在2020年前将1亿农村人口转移到城市。自20世纪70年代以来,拉丁美洲的城市化发展迅猛,并将继续超过占20%的且不断下降的农村人口。高度城市化的欧洲的城市化率也只会变得更高。在1950年,大约12%的美国劳动力参与农业,在1990年,作为农村生活的代表性指标,该比例下降到了2.6%。今天,据统计,该数字徘徊在略超出1%的比例。这是自文明曙光诞生以来,历史发展中的一大显著转折。文明之初,城市和城市居民还只是小部分群体,大部分人都是培育植物或饲养动物的农民。

日本和苏联在20世纪的快速工业化发展,以及中国自20世纪80年代以来的快速工业化进程都表明,工业化可以依附于任何制度和意识形态。工业革命于18世纪在英国开始,并在后来的两个世纪中扩张至欧洲人口占主导地位的地方,这个现象引发了误解,好像工业革命与欧洲文化和资产阶级社会有着内在的联系。现在日本、中国、韩国、印度和巴西的快速的工业发展表明,工业化尽管在很多方面都带有欧洲的痕迹,但它正在世界范围内展开,其展开方式与全球资本主义和工业文明的物质条件密切相关。

但是,创新不仅会带来技术进步,也会导致技术衰退,有时还会助长一种怀旧情绪而止步不前。汽车取代的不仅仅是马。无论汽车文明在哪里扎根,它都会导致小城镇的衰落。在19世纪和20世纪,铁路工业让地球表面铺满了轨道,培养了人们悠闲而优雅的旅行习惯。但在与繁忙而烦人的公路交通竞争中,铁路工业陷入衰退。复杂的技术系统需要受过更好的教育和培训的劳动力来运作,但进步却往往导致失业。例如,供水公司在客户家中安装的设备可以自动将数据传输到中央计算机,但这项技术使老式的抄表器绝迹。计算机和网络的奇迹数不胜数,但一个意想不到的结果是,这导致廉价打字机和滑尺的突然消亡,它们是一个更无害的工程技术的谦逊标记。无线电天线也绝迹了。人们尚未充分认识到一个事实:技术系统会产生,也会消亡。

工业文明也有其明显的阴暗面,尤其在战争中。简单列举几例:军事战斗机、轰炸机、军队和武警直升机、坦克和运兵车、海上的航母和驱逐舰、核武器、化学武器、其他大规模杀伤性武器、能够在当地摧毁一架客机或摧毁世界另一端所有人口的火箭和导弹系统、地雷、小型武器和各种破坏性武器。警务和国家安全基础设施技术构成了文明阴暗面的一部分。这些都必然与它们创造的奇迹、福利和舒适生活交织在一起。

但并非"同一个世界"

技术系统的概念成功将人们的注意力从单个实物上转移开来,已然成为一个极其有用的概念,用于思考一般的技术问题和当今世界范围内工业文明的特定基础。不过,技术系统的概念也有局限。很难区分一个系统结束的位置和另一个系统占用的位置。然后,在不同的社会和文化环境中,"相同"技术的实施存在差异。例如,在法国,第戎芥末在麦当劳餐厅供应;由于社会因素,而非技术因素,19世纪50年代和60年代,美国和日本生产的车子尺寸大不相同。然后,我们还要意识到:系统不只是在高歌猛进,而且还要受制于诸多逆流,它们抵抗新技术的引入和扩张,甚至还会破坏系统。对农业转基因食品(GM)的抵制便是一个值得注意的例子。无政府主义和反资本主义运动也是如此。另外,地方转向种植有机产品的例子也佐证了这一观点。

当今工业化的一大显著特征是全球范围内不断扩大的贫富差距。人均收入的相关数据便可体现。世界银行的数据显示,2013年全球人均年收入中位数约为10 500美元(或14 000美元,即购买力平价),这意味着世界上一半的国家人均收入比该平均数多些或少些。而在为数不多的最富裕国家中,人均收入中位数每年约高达10万美元。低收入国家的年收入中位数约为每年1000美元,中等收入国家的收入在1万美元上下浮动,而高收入国家的个人年收入则达到每年4万美元。2013年,美国以人均收入中位数53 000美元位列世界第17。前10%的国家的收入中位数是最贫穷的10%国家的100倍。2014年,联合国的一份报告显示,世界上最富有的85个人拥有与35亿最贫困人口一样多的财富。在这方面,从非洲大陆便可见一斑。非洲大陆上有20个国家人均收入低于每年700美元或每天不到2美元。海地是美洲最贫穷的国家,2013年的人均收入仅上升到每年810美元。我们在前文已经提到的能源消耗非常微不足道的孟加拉国是个南亚国家,每年的人均收入为900美元。这些类似的统计数据都表明,与发展中国家和第三世界国家相比,主要工业化国家与地区的财富扭曲和资源消耗不均。当然,即便是在发达国家内部,经济发展不均衡也很突出。举例来说,美国在过去的30年里,收入分配更加不平等,20%的人的收入超过了80%的人的收入之和,并且越接近前1%,这些数字变得越惊人。手机和电脑等现代奇迹,在许多位列发达国家之内和之外的国家的贫困人口看来,更是遥不可及。

同样地,尽管这些真实存在的差距令人沮丧,但是世界范围内经济活动的活跃似乎已经为越来越多的人们创造了一个更为平等的世界。例如,美国经济的规模在过去的100年里爆炸式增长,人均国内生产总值(GDP)增长了6倍。对于那些从中受益的人来说,财富并不一定会转化为更多的休闲时间,或是减少工业文明中的生活压力。不过,虽然答案很难确定,但我们仍然有充分的理由相信我们正变得越来越富足。

　　大多数不发达国家在经济上仍然依赖于工业化国家。第二次世界大战后的去殖民化运动给许多之前的殖民地国家带来了政治独立。但在大多数情况下,它们在经济上对发达国家的依赖基本没有改变。尽管如此,第二次世界大战后还是出现了一批强大的新工业或工业化国家,特别是太平洋沿岸的国家或地区——日本、中国香港、韩国和中国台湾。一系列"新兴市场"是更成熟工业国家的重要补充,如马来西亚、新加坡、泰国、菲律宾、印度和拉丁美洲国家等市场。在某些情况下,例如波斯湾地区石油工业的发展,或南非的钻石和金矿开采,一个国家只有经济结构中的小部分实现了工业化。从报道的情况中我们可以明显看到,中国以及工业化程度略低的印度目前的工业化(两国人口为25亿,全球总人口为72.5亿),正向世界经济第一梯队飙升。两国将撰写正在进行的工业文明史的新篇章。欧洲和美国注定在未来几年仍然是强大的地区力量,但随着人类走向21世纪,亚洲和蓬勃发展的非洲正在加入它们。

　　数种因素叠加在一起,共同转变了一些更为成熟的工业经济体。人们开始越来越重视服务业、信息管理、电子产业和生物技术等行业。在西方和其他地方,大量女性涌入劳动力市场,已然产生了巨大的社会和经济影响。跨国公司的出现有助于构建相互依存的全球经济体系。这些公司通常富可敌国,同时在很大程度上,它们可以与许多国家和国家经济政策的重要性相媲美。例如,零售业巨头沃尔玛是世界上最大的商业企业。该企业在2014年营业收入为4760亿美元;它拥有220万名员工,市值为2570亿美元。与之对比,2014年,斯洛文尼亚的人口与沃尔玛的员工数量近乎相当(210万人),但其国内生产总值(GDP)仅为574亿美元,不到沃尔玛营收的1/8。同样,埃克森美孚公司、其他石油公司,以及一系列中国银行和国际银行同样是比今天许多国家更大更重要的经济实体。所以,关键仍在于了解工业文明的历史。

　　新技术和新产业需要新的方法来解决技术问题。几个世纪以来,传统技术已经凝练了一套精准的经验法则。但是,对于钢悬索桥、电气设备、飞机、塑料以及许多在19世纪、20世纪和现在21世纪接连出现的创新产品来说,并没有传统的经验法则,也没有足够的时间让它们从经验中推导出法则。反之,那些源于科学的规则逐渐取而代之。现代科学与新技术的融合创造了科学—工业文化。大学纳入技术,政府纳入科学。受过大学训练的工程师在19世纪仍然是少数人,而在20世纪和今天却成为常态。政府对科学研究的支持是必要的,因为"大科学"的成本暴涨,其技术衍生出来的公共福利也证明了这一点。不论是利大于弊还是弊大于利,抗生素和原子弹都是理论科学应用于20世纪实际问题的标志。工业文明的一个关键方面——应用科学本身——将在第十九章单独讨论。

工业革命的各项进程仍然在全球各地不断推进。伴随而来的是中产阶级的不断扩大和生活水平的不断提高。全球化拓宽了人们的眼界,其文化影响也在创建单一的全球文化方面影响巨大。对大多数人来讲,这种影响为他们带来了前所未有的健康而舒适的生活,以及数不胜数的技术制品。但是,许多人在享受物质进步的同时,也为之付出了沉重的代价。例如贫富差距越来越大,生活节奏越来越快。近些年来,发达国家的实际工资水平有所下降,特别是受教育程度较低的阶层。消费主义业已代表世界上许多地区的主导价值观。全球变暖/气候变化、污染、石油泄漏、持续的酸雨、脆弱的臭氧层、废物处理、生物多样性丧失、温室气体排放、大面积森林砍伐等引起的环境问题反映出工业化导致的大规模生态退化,并且这种退化似乎是不可逆的。人口增长及对水、石油和天然气等有限资源日益增长的需求,给环境带来了更大的压力。自工业革命开始以来,人类对地球有了巨大的影响。思想家将人类所处的时代划归为一个全新的地质时代——人类世(Anthropo-cene)。这个时代始于文明,并随着工业化发展腾飞。英国工业革命引发的各种事件的最终结果尚不清楚,但世界似乎不太可能长期维持更进一步的工业集约化。工具制造者已经完成了他们的工作。现在,和平缔造者和地球管理者必须采取行动了。

400

第十八章
新亚里士多德学派

自然哲学的希腊传统，即在古希腊时代就在进行的那种同现实生活毫无关系的对自然的冥思苦想，在20世纪仍然是科学活动的一个重要组成部分。在21世纪，它以惊人的理论洞察力继续令人惊讶。于是，在相当广泛的研究领域产生了一大批新奇的理论成果，从而改变了我们这个时代对世界的看法。如今，理论科学的重要性归根结底并不在于它的自然哲学旨趣，而在于它对社会总体上产生的巨大的实际影响。尽管如此，纯科学传统仍在继续塑造我们的智识文化(intellectual culture)，同时也在塑造世界各地思想人士的生活。

爱因斯坦、相对论和量子物理学

在20世纪，科学思想所产生的最令人瞩目的伟大成果之一，就是推翻了19世纪物理学的经典世界观，代之以一些用来理解物理世界的革命性的新参量。这场革命常常被称为爱因斯坦革命，它在我们今天对自然界的认识中起到了决定性作用。

第十五章曾介绍过被称为经典世界观的那种总体思想认识是如何逐渐形成的。读者应该还记得它的要点：一个牛顿式的绝对时空框架；一个由不变的、不可分割的原子组成的世界；一种为电磁场以及光和辐射热以波动方式传播提供基础的以太基质。以太和物质相互作用，且由"能量"这个抽象概念调节；能量以多种形式展现自身，并遵从用数学公式表述的严格的热力学定律。19世纪下半叶物理学家构建的世界观具有极大的统一性、简明性与谐和性。

亚里士多德的科学观持续时间很长，流传了2000年之久，相比之下经典世界观却非常短命,差不多在它刚建立起来不久就很快解体了。在 19 世纪的最后 10 年,已经陆续出现了一系列难题开始削弱当时物理学的智识框架,一进入 20 世纪,物理科学就遇到了一场严重的危机。

在从 1887 年开始进行的一系列实验中,美国物理学家迈克耳孙(Albert A. Michelson,1852—1931 年)未能检测到地球相对于任何以太的运动。根据理论推断,在相对于一种静止以太运动着的地球上进行测量,光速无论如何总该有一些微小的变化。具体说来,作轨道运动的地球在相隔 6 个月的两段时间是在绕着太阳朝两个相反的方向运动,因此,以固定的以太作参照系,同一个光束,在某一段时间里应该是随地球同方向运动,而在另一段时间里应该是与地球运动的方向相反;按说,这种运动引起的差异是应该能够检测出来的(见图 18.1)。可是,迈克耳孙与他的同事莫雷(E. W. Morley)一起反复进行极其精密的实验,却一再得到否定的结果。事后来看,从那项实验的"失败"结果就应该不难引出爱因斯坦的相对论,这是因为,迈克耳孙—莫雷实验的零结果正是光速同相对运动无关而保持不变这一特性所预言的结论,是能够用光速的不变特性轻而易举加以说明的。然而,爱因斯坦实际上是通过另一条不同的途径来建立起他的相对论的。面对迈克耳孙—莫雷实验的难题,当时的物理学家不是抛弃经典观念,而是急着去"拯救现象",修补现存的体系,拼凑出一些特定的解释来千方百计保留以太。

还有其他一些发现更加重了当时物理学面临的危机。1895 年秋,德国的实验物理学家伦琴(Wilhelm Roentgen,1845—1923 年)使用一套常规实验仪器发现了 X 射线这样一种新型的辐射。发现 X 射线虽然并没有完全超出经典物理学的界限,但却扩展了电磁辐射的范围,因为 X 射线远超通常电磁辐射的波长极限,从而使科学家对传统的关于光谱和公认的实验室程序的看法产生了怀疑。

电子的发现又提出了一个与此有关的更大的难题。早在 19 世纪 70 年代,科学家就已经发现,当电流通过一个真空容器时会产生某种"射线",当时人们把它称为阴极射线。1897 年,英国物理学家 J·J·汤姆孙(J. J. Thomson,1856—1940 年)用实验证明,阴极射线其实是许多运动着的微粒,也就是说,它们是一个个单独的粒子,

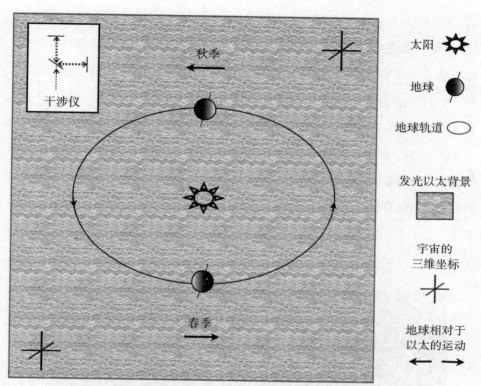

图18.1 **发光的以太。**在19世纪晚期的科学世界观中,一种细微的以太渗透到整个空间,为包括可见光在内的电磁辐射提供了物理基质。两位美国物理学家,迈克耳孙与莫雷研制了一种称为干涉仪的高灵敏仪器,用于测量地球相对于普遍存在的以太的运动。干涉仪分离一束光,然后将其重新组合以测量波长数量级的变化。但是,尽管他们的仪器具有令人满意的灵敏度,但是迈克耳孙与莫雷从未观察到可以证明以太存在的证据。随着爱因斯坦在1905年引起的现代物理学革命,以太自然就消失了。

402

每个粒子的质量只有氢原子——最小的原子——质量的大约1/2000。那项发现表明,传统上不可分割的原子居然不是物质的最小单元。如何把这一发现纳入已有的概念框架呢?

比汤姆孙实验还要早一年,法国物理学家贝克勒耳(Antoine Henri Becquerel,1852—1908年)偶然注意到铀矿石能够在没有曝光的照相底片上产生雾翳,这样,他就又揭示出了一种未曾料到的自然现象。1898年,备受人们尊敬的波兰出生的法国科学家玛丽·居里(Marie Curie,1867—1934年)把这种现象取名为放射性。玛丽·居里成为索邦大学的第一位女教授,也是唯一一位两次获得诺贝尔奖的女性——第一次是物理学领域,与丈夫皮埃尔·居里(Pierre Curie)因放射性方面的工作分享了1903年的诺贝尔物理学奖;第二次是化学领域,因发现放射性元素镭,独享了1911年的诺贝尔化学奖。在她开创性的工作之后,科学家终于查明,有一些重元素能够自发地发出几种不同的辐射,其中包括电子、高能电磁波(γ射线)和称为α粒子的亚原子粒子(包括两个质子和两个中子,是氦原子的原子核)。到1901年,科学家又搞清楚了放射性衰变现象,也就是说,一种元素,譬如说铀,能够通过放射性发射而自行转变为另一种元素,譬如说铅。元素自行转变,这当然违背了最基本的原子不变信念。原子不变性被打破就像物种不变性被打破一样,向科学解释又提出了一个大难题。

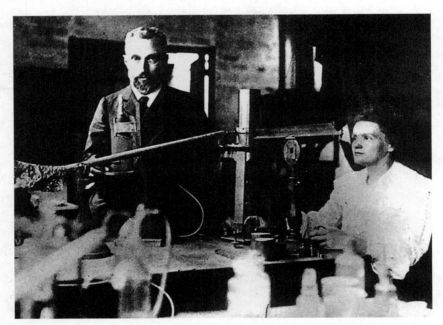

404 **图18.2 放射性。** 1900年,皮埃尔和玛丽·居里在巴黎工业物理与化学学院的"发现小屋"中。他们发现的放射性元素和放射性衰变破坏了原子不变性的概念。

不仅如此,还有两个技术性谜团使得这场危机更显严重,一个是光电效应,另一个是"黑体辐射"的数学表示。光电效应是赫兹在1887年首先发现的。那是一

种似乎十分奇特的现象,当用光线照射某些物质时能够激发出电流,而且只有光波 **404**
短于一定的波长才会出现这种现象。如果波长大于相应的阈值,无论怎样增加光
的强度也触发不出电流。黑体问题所涉及的是一项理论研究,其大概意思是,一个
理想的系统可以发出比它所接收到的辐射能还要多的辐射能量。也就是说,如果
电磁波谱的确是连续的,那么,起初射入的光波或者辐射热(radiant heat)的波就应
该重新分布为无穷多个更小的波,从而产生无限多的能量。根据经典理论导出的
这个结论显然十分荒谬,它既与经验性的实验不符,也同公认的热力学定律相抵
触。科学家们提出种种解释希望能化解这个矛盾,其中最出色的是德国物理学家
普朗克(Max Planck,1858—1947年)在1901年以后发表的那些工作。他认为,光
(更一般地说是辐射)所具有的能量其实是由一个个分立的能量包或者说量子所组
成,并不是如经典物理学所要求的那样呈无限小级次的连续分布。伟大的荷兰和
法国物理学家洛伦兹(Hendrik Lorentz,1853—1928年)与庞加莱(Henri Poincaré,
1854—1912年)在1905年之前的几年里研究了这些问题,引入了保存现有确定性
的修正因子。

在20世纪之交这个令人困惑的时期,爱因斯坦(1879—1955年)在学术上日渐
成熟。爱因斯坦是一位并不成功的商人的儿子,他在儿童时期也没有显示出有什
么与众不同的特殊天分。16岁时,他从慕尼黑的文法学校退学回到家中,随家人一
起移居到了意大利。经过不少挫折,爱因斯坦才进入苏黎世联邦工业大学并于
1900年从那里毕业。他本来想当一名教师,但因为自己有犹太血统而遭拒绝,于是
只好带着他的第一任妻子搬到瑞士的伯尔尼,在那里谋得了瑞士专利局里的一个
低级职位。他在1905年从苏黎世大学拿到物理学博士学位以后仍然留在伯尔尼, **405**
利用业余时间进行物理学研究,直到1909年。爱因斯坦的上述经历反而使他具备
了有可能在当时的物理学领域掀起一场革命的条件:他接受过物理学核心理论的
良好教育,而且又很年轻,所从事的职业又处在物理学的边缘,因而不会墨守成规,
可以做到旁观者清。

1905年是名副其实的"奇迹年"。爱因斯坦在这一年发表了一系列极不寻常的

论文,从而改变了现代物理学的方向。其中影响最大的论文讨论的是狭义相对论,也就是分析相互之间作匀速直线运动的物体的物理特性。关于这个问题的具体分析自然十分深奥,但他所提出的那些新奇的概念却也不难表述。最基本的一条是他假定:没有任何物体运动得能比光速快。爱因斯坦就这样重新构建了牛顿力学,后者原来并没有这样一条限制。这样就导出了狭义相对论——一种对运动的解释。它无须牛顿物理学和古典世界观的绝对时空参考系。狭义相对论预言和解释了时间的减慢和加速——时间膨胀。按照爱因斯坦的解释,宇宙中并没有哪一个参考系更优越,也没有一个起主导作用的时钟。一切观测(譬如一个事件在何时发生,一根直尺有多长,或者一个物体有多重)都是相对的,观测结果取决于观测者的位置和运动速度。作为爱因斯坦的新物理学的一大特征,他提出了一个非常著名的公式 $E = mc^2$,把质量 m 和能量 E 通过一个方程联系了起来;此方程中包含了一个恒量 c,也就是光速。在经典物理学里,质量和能量却是完全不同的两个物理量。

有时候,特别是在物理学教学中,人们会把牛顿物理学简单地说成爱因斯坦物理学的一个特例,说什么低速运动的物体应该遵循牛顿定律,而接近光速运动的物体遵循爱因斯坦物理学。这样一种观点虽然能够使科学教学容易一些,但却歪曲了历史,而且模糊了爱因斯坦1905年的那些论文所引起的巨大转变的革命意义。对于牛顿和经典物理学来说,空间和时间都是绝对的。这意味着,在不知什么地方存在着一个"阿基米德"点,一切运动都可以参照那一点进行测量;又在不知什么地方存在着一个标准钟摆,它永不停息的摆动决定了宇宙的时间;质量和能量不可能互相转化;物体可以运动得比光速还快。关于这些问题,爱因斯坦得到的却是截然不同的结论。因此,千万不要看到在牛顿的公式 $F = ma$ 和爱因斯坦的公式 $E = mc^2$ 中都有同一个符号 m(代表质量),就忘记了那是两个完全不同的质量概念,以及在它们的背后是两种不同的物理学。

爱因斯坦在1905年提出的狭义相对论只涉及匀速直线运动。1915年,他又提出了广义相对论,亦即关于加速运动的物理学。在广义相对论中,他把引力与加速度等同起来,就像在他著名的思想实验中,他将向上加速的电梯与重力进行了比

较。通过对一个极具想象力的思想实验的描述,爱因斯坦指出,在一台升降机里的
人不可能把下方一个假想的行星所施加的引力同因升降机向上加速而产生的那种
力区分开来,这两个事件对升降机里的乘员造成的精神恐惧完全相同。由于存在
着这种等效性,空间的性质就发生了深刻变化。均匀一致的三维欧几里得空间——
那在牛顿物理学和经典世界观中也是绝对不变的——变得过时了,取而代之的是
四维的爱因斯坦时空连续统。按照这种对时空作出的全新描述,物体会使空间的
形状发生弯曲。引力——牛顿力学中的一种"力"——在爱因斯坦广义相对论中仅
仅是一种表观力,不过是位于空间中的重物体引起空间弯曲的一种效应。行星围
绕太阳运行并不是因为受到太阳引力的吸引,而是因为它们必须循着弯曲空间中
的最短路径运动。1919年,科学家对当年出现的一次日全食进行了系统的观测,似
乎证实了爱因斯坦关于太阳的质量会使星光产生弯曲的预言。接着,科学家又对
水星围绕太阳运行的轨道进行了非常精确的计算,所得结果也与爱因斯坦的广义
相对论相符。到20世纪20年代,经典物理学连同它的那些绝对的观念和以太已经
成为过去,以爱因斯坦为首的物理学家们终于构建成一个在概念上完全不同的新
世界。

与此同时,另外一批科学成就则成为相对论的补充,同样也显示出20世纪自
然哲学的成果是何等地辉煌。那就是在原子理论和极小世界物理学领域所取得的
巨大进展。爱因斯坦在这一研究领域同样也作出过重大贡献,尤其是他在1905年
发表的那篇关于光电效应的论文,支持了光是由许多单个包束所组成,而不是连续
波的看法。

电子和放射性一旦被发现,立即就动摇了把经典原子看成不可分和不可变的
那种认识,原子理论很快就成为实验和理论研究关注的焦点。J·J·汤姆孙在他于
1897年发现电子的同时就提出过一种原子模型。在他的那种模型中,带负电的电
子就像嵌在蛋糕里的葡萄干,散乱地分布着。卢瑟福(Ernest Rutherford, 1871—
1937年)利用放射性所产生的粒子研究原子的内部结构,并于1911年宣布原子内
部绝大部分是空无一物的空间。同丹麦物理学家玻尔(Niels Bohr, 1885—1962年)

一样,卢瑟福也提出了一种原子模型,即若干电子围绕着一个坚实的原子核运转,其情形类似于行星围绕太阳运行。在20世纪20年代,为了解决这种原子太阳系模型所引发的困难(例如,电子怎么能够保持稳定的轨道,原子在受到激发时所辐射的能量为什么是不连续的),科学家们发展出被称为量子力学的新理论,从而使我们对自然界的理解又发生了一次根本性的飞跃。

量子力学的那些同常识不符的原理是很难一下子被人接受的,但是经验性的研究都支持该理论。从1918年开始,围绕玻尔和由他领导的位于哥本哈根的理论物理研究所,还形成过一个社交圈,直至1962年玻尔去世。量子力学的"哥本哈根诠释"在数学和技术细节上虽然十分深奥,但其中包含的基本思想却并不难懂。从本质上讲,量子理论抛弃了原来用于描绘原子的那种决定论力学模型,而代之以一种新模型。在那种新模型中,原子——其实是一切物体——并不是在这个世界中具有明确轮廓的实体,而是具有波粒二象性,我们可以把它们的存在理解为一种"概率波"(probability wave)。也就是说,量子力学"波"所预言的是在特定区域内在某一特定地点有可能发现某一个物体—— 一个电子或者一辆汽车——的机会的大小。换句话说,任何东西都是一种概率波。

上述这种同直觉相悖的分析方法,由于在1926年使用了两种不同的数学工具来表达相关的思想,而显得更加有效。那两种工具中,一种是海森伯(Werner Heisenberg,1901—1976年)搞出的矩阵力学,另一种是薛定谔(Erwin Schrödinger,1887—1961年)提出的波动方程,两者后来被证明完全等价。1927年,海森伯又提出了著名的不确定原理,以令人吃惊的方式扩大了量子理论的概念基础。海森伯不确定原理简单说来就是:我们不可能以同样的精确度同时确定一个物体的位置和速度(或者动量)。换句话说,按照经典物理学的决定论,在理论上,只要给出初始条件,我们就肯定可以预言所有粒子在未来的所有行为,然而与此不同的是,量子力学却揭示出自然界本身以及我们对自然界的了解都具有一种不确定性。根据量子力学,偶然性和随机性是自然界的一种本质属性。我们不能非常确定地断言什么,仅能够进行概率预测。从海森伯不确定原理还能进一步引申出一个结论:观测行为本身会干扰观测对象。这个结论的深层含义是：不可能有不受干扰的或者说"客观的"观测；观测对象和观测者构成了一个系统的一部分；一旦进行观测，概率波就会"坍缩"为被观测实体。换句话说，当我们在看时，我们就是在一个确定的范围内寻找；而当我们不在看时，则除了概率云（clouds of possibility）就什么也没有。

但是，量子理论在发展成熟以后引出了许多古怪新奇的结论，譬如说，不可能直接看到现象，对自然界的了解具有一种固有的不确定性，以及粒子的行为受到概率支配。当量子理论的这些深层次内涵显现出来时，爱因斯坦本人却退缩了，并用了一句十分著名的话"上帝不会和宇宙掷骰子"来表示反对。尽管没有这位大师的祈福，量子力学仍然蓬蓬勃勃地不断取得进展。粒子物理学领域更新的研究工作都证实了自然现象的量子力学诠释。

于是，到了20世纪30年代，当这种希奇古怪的量子概率得到了科学界的承认时，19世纪的那种经典世界观就成了历史陈迹，其后，关于亚原子粒子的知识便迅速增加。1930年，泡利（Wolfgang Pauli）提出，很可能还存在着一种几乎没有质量的不带电粒子，他称其为中微子。不久，中微子就被列入新的基本粒子名单，尽管寻找中微子的过程艰难曲折，直到1954年才检测到它。1932年，科学家又发现了中子，那是一种类似于质子的中性粒子，这样，早先发现电子和质子以后留下的一个空缺就补齐了。就在同一年，科学家还检测到了正电子，即一种带正电荷的电子，这样就揭示出反物质的存在。所谓反物质，是指一种十分特别的物质，它如果同正常物质相遇，两者都会湮没，同时放出巨大的能量。热情奔放的美国物理学家费恩曼（Richard Feynman，1918—1988年）对量子理论作了进一步的发展，在他工作的基础上，现在量子理论被称为量子电动力学或者量子场论，它同实验高能物理学相结合，向人们揭示出一个从未料到的如此复杂的基本粒子世界。今天，核物理学家利用能量越来越高的粒子加速器，已经产生并确认出了200多种不同类型的亚原子粒子，它们大多数的寿命都非常短。

物理学家现在把基本粒子分为三大类——强子、轻子和交换粒子，每一类都同时包括有物质粒子和对应的反物质粒子。例如，中子和质子等重粒子被称为强子，目前认为它们是由6种被称为夸克的更小单元组合而成的三合物。1995年,位于伊利诺伊州巴达维亚的费米国家加速器实验室的物理学家检测到了非常难以捉摸的"顶夸克"的存在,从而出色地证实了关于夸克的理论(即量子色动力学)。第二类粒子叫做轻子,其代表是电子,它们通常比中子和质子轻,但仍具有质量,且对强核力没有反应。在2000年,费米实验室的一个研究小组发现了目前已知的最后一种轻子的直接证据,即τ中微子,从而加强了粒子物理学的标准模型。交换粒子是第三类基本粒子,包括光子或光和电磁的量子,它们没有静止质量。交换粒子是矢量粒子,可分别传递4种力,即电磁力、引力、强力和弱力,其中后2种力支配着原子核内粒子的结合,并控制着放射性衰变。2012年,在日内瓦的欧洲核子研究中心(CERN)使用大型强子对撞机的科学家发现了希格斯玻色子,它是人们长期寻找的一种交换粒子,可以赋予质量。诺贝尔奖委员会授予希格斯(Peter Higgs,1929——)和其他理论家2013年诺贝尔物理学奖,因为他们为这一重要发现奠定了基础。使用大粒子加速器和其他精密的实验设备,物理学家们继续寻找难以捉摸的引力子,这是一种推定传递引力的粒子。

409 　　爱因斯坦的精神仍然萦绕着物理学。在21世纪的第二个10年,理论物理学中一个重大而且挥之不去的问题仍然是如何协调宏观物理学(广义相对论与狭义相对论)与微观物理学(粒子物理学与量子力学)。特别是,量子引力理论目前是理论物理学的圣杯。多年来,物理学家一直在开发超弦理论作为量子引力理论的概念基础,并作为弥合物理学宏观与微观之间差距的工具。弦理论起源于20世纪70年代,但其研究一直处于停滞不前的状态。1984年,一种假定带有引力的粒子——引力子——可以用弦理论来描述,且没有常规处理带来的数学上令人不快的副作用。弦理论以"万物理论"之名火爆了一段时间,却被主流物理学家贬低为极其玄幻且不可验证。然而,在20世纪90年代,当看到几个版本的弦理论来自单一的、更一般的公式时,当弦理论揭示了粒子类型之间的新型连接(超对称)时,人们开始认真严肃地对待这一被称为超弦理论的理论。

　　今天,在超弦理论(又称M理论)中,宇宙的基本粒子被认为是难以想象的微小的一维"弦",其存在于 10^{-33} 厘米的普朗克尺度,比我们目前用于证实它们存在的实验能力低许许多多个数量级。在当前版本的理论中,有 11 个时空维度,包括我们熟悉的 4 个维度。(在另一个版本中,有 26 个这样的维度。)弦被认为是压缩或卷曲起来的这些时空维度中的 7 个。根据理论家的说法,弦形成环,并通过它们的振动弦(和相关的"膜")产生在物理学的一般分类中所谓的粒子和力,且不同的振动和共振产生不同的粒子和不同的力。今天的超弦理论引起了相当多专家和大众的关注,但它仍然是一个深奥的、高度数学化的科学研究领域,并且有许多严重的问题威胁到它的可信度。未来的科学史将告诉我们超弦理论是否能像其支持者声称的那样大获全胜:它能够统一物理现象和我们的宇宙理论。

　　探索世界的物质结构是一个古老的课题,早在公元前 5 世纪,米利都的自然哲学家们就开始了这方面的思索。这种探索在我们这个时代达到了前所未有的复杂程度,而且正在以当代量子场论为基础的统一的理论框架内继续进行着积极研究。作为这种努力的组成部分,理论物理学家则在设法以更加深入、更加统一的观点来理解自然界中的这些力。他们已经在这个领域取得了一些成果,尤其是于 20 世纪 70 年代在概念上把电磁力和弱核力统一成所谓的电弱力。尚未完成的大统一理论(Grand Unified Theory)或许能够把强核力也统一进来,但是,要想把宇宙中所有的力都统一起来,搞出一个最终包括了引力量子理论的关于自然界的终极理论,则还有很长的路要走。这样的理论探索虽然有很重要的哲学意义,但从实用角度看,却几乎毫无用处。

410

宇宙学

　　宇宙学是 20 世纪的理论家搞出许多新奇深奥概念的又一个领域,这些概念继续成为当今宇宙学思想的基础。早在 18 世纪,当时的天文学家就曾经提出过银河是一个"岛宇宙"(island universe)。到 19 世纪,通过对星云天体的观测,天文学家又猜想在银河的外面还存在着许许多多星系,共同构成了整个宇宙。同样也是在 19 世纪,天文学家使用一种叫做分光镜的光学仪器分析太阳光和星光的光谱,发现整个宇宙遵从的是一种共同的化学。1870年以后更有了一项重大发现,即摄谱仪所摄得的恒星光谱的谱线似乎在随着恒星运动而发生移动,这一现象表明宇宙有可能正在膨胀。(天文学家在19世纪70年代后期开始使用干版照相,极大地方便了光谱摄像及其相关工作。)然而,直到20世纪20年代,主要是由于有了美国天文学家哈勃(Edwin Hubble,1889—1953年)的工作,宇宙学家才普遍承认"星云"天体是银河系外的星系,它们离我们极其遥远,同时还承认宇宙显然是在膨胀着。

20世纪30年代初,相对论和粒子物理学对宇宙学产生了很大的冲击。爱因斯坦的质能方程和随之而来的对原子核过程的更加深入的了解,不仅带来了在原子弹和氢弹上的实际应用,而且也从理论上搞清楚了热核聚变,并认识到那正是太阳和恒星的能量来源。这些理论研究最后还使科学家明白,比氢和氦复杂的化学元素,包括构成生命的那些必要元素,全都是在恒星的熔炉里炼制出来的,并通过恒星爆炸散布到整个宇宙中。另一方面,热核聚变的发现也使得关于太阳的氧化燃

图18.3 扩大视野。涡状星系(M51)和伴星系(NGC 5195)漂浮在距离地球3100万光年的地方。美国国家航空航天局的哈勃空间望远镜于2005年1月拍摄的照片。直到20世纪,天文学家才掌握了宇宙巨大的时空规模。

烧模型被取代,从而使太阳和太阳系的年龄大为增大,于是开尔文勋爵关于太阳年龄的判断和他以太阳寿命很短为由对达尔文学说的诘难也就不攻自破。换句话说,新一代的物理学家通过提供发生进化所需的全部时间拯救了达尔文模型。

在20世纪50年代,宇宙学家们在如何解释宇宙明显存在膨胀现象的问题上存在着很大的争议。那些理论家基本上分成两派,持有两种相互对立的观点。一种是由英国天文学家霍伊尔(Fred Hoyle,1915—2001年)和其他人一起阐述的"稳恒态"模型,认为在宇宙膨胀时不断有新物质形成,因而宇宙的密度恒定不变。另一种是由比利时天文学家勒梅特(Abbé Georges Lemaître)于1931年最先阐述,后来在20世纪40年代和50年代初又经移居美国的俄国物理学家伽莫夫(George Gamow)及其同事加以发展而形成的所谓"大爆炸"理论。该理论认为,宇宙起源于一次其温度和密度都高得令人难以置信的"大爆炸",并且一直在不停地膨胀。

411

两种观点都有自己的支持者和论据,不过,在20世纪整个上半叶,大多数宇宙学家似乎钟爱的是稳恒态模型。这场争论到1965年以后才终于见了分晓。那一年,贝尔实验室的两位科学家彭齐亚斯(Arno Penzias)和威耳孙(Robert Wilson)差不多是意外地发现了温度为3K的宇宙微波背景辐射。他们的发现得到了非常漂亮的解释。如果宇宙开始于一个发生大爆炸的炽热火球,那么它就会随着时间的推移逐渐"冷却",我们能够通过计算知道如今宇宙的残余温度应该是多少。计算得到今天宇宙的余热应该是在绝对零度以上大约3K(2.73K),在此温度处测量到的一种弥漫背景辐射,正好是彭齐亚斯和威耳孙于偶然间检测到的辐射。精密的天基仪器和观测结果充分证实了他们的这项发现,两人由此获得了1979年的诺贝尔奖,并同时宣告了稳恒态宇宙学理论的死亡。

以3K背景辐射的发现为转机,粒子物理学与宇宙学两者结合起来,立即就显示出巨大的理论威力。极微小世界的科学和对最大天文系统的研究两者配合默契,硕果累累,构建出一种逻辑严谨的宇宙"标准模型"。在那种得到如今的科学家普遍认可的"膨胀"模型中,宇宙开始于大约138亿年以前,是由理论倒推得出的一个其性质奇异到简直无法想象的"奇点"发生剧烈爆炸诞生出来的,在爆炸发生的

412

瞬间,宇宙的大小是无限小。我们现在已知的这些自然定律不适用于宇宙产生的瞬间,但是粒子物理学能够合理地描述从大爆炸开始远小于1微秒的短暂时间以后宇宙的演化情况:起初,能量、物质和自然界的几种力是结合在一起的;接着有一个急速膨胀期,宇宙就像水在沸腾时改变状态那样发生"相移",在此期间宇宙的大小增加75个数量级;再经过相对说来不长的10万年,能量和物质分离,原始宇宙继续膨胀和冷却;在随后的几十亿年间,又慢慢演化出星系和恒星,最后才在大约50亿年前形成我们这个与现在的模样有所不同的太阳系。

上面介绍的这幅图景尚有许多不能确定之处,目前还在对一些关键问题继续进行研究。宇宙的确切年龄到底是多少?专家们正在设法找出所谓哈勃常量的更为准确的数值,以期解决这个问题。宇宙的最终命运是什么?它是否会在某个时候达到极限,在一次"大坍缩"(Big Crunch)中回归原样?换句话说,它真的会像最近的证据所表明的那样,要一直膨胀下去,最后死寂在一种"大冰冻"(Big Chill)中吗?答案部分取决于宇宙的质量究竟有多少,目前科学家正在积极进行研究,希望能够发现"暗物质",即阻止宇宙无限膨胀下去所需的那些丢失的质量。1998年宣布的一项研究使这些探索日益复杂,该研究于2004年在对遥远星系发射出的X射线进行的惊人研究中得到证实。它表明一种神秘的"暗能量"实际上加速了宇宙的膨胀。这些较新的发现提高了宇宙继续加速并最终在"大撕裂"(Big Rip)中爆炸的可能性。

宇宙在大尺度上是极其均匀一致的,那么,我们又该如何解释在小尺度上,在包括我们所在的这个银河系在内的各个星系中出现的那种明显的不均匀?宇宙又怎么能够从虚无开始?为了解释这些问题,目前在量子宇宙学方面进行的那些工作可能是有用的。这些工作包括"虚时间"、"虚粒子"、量子"隧道效应",以及从量子真空生出物质的可能性等。此外,对"黑洞"的研究也可能有助于搞清楚这些终极问题。所谓黑洞,是指一种密度大得惊人的奇异天体,它除了"蒸发"能量以外,其巨大的引力甚至使光都无法逃逸出来。如今,除了上面已经提到的那些概念,宇宙学家们还有一些性质古怪的理论和实体,例如弦理论、平行宇宙(多重宇宙),以及同样很难搞懂的其他一些艰深概念。它们虽然很怪，但在智力上也许颇能激发创造力。所有这些激动人心的研究，都说明理论科学在今天仍然保持着巨大的活力。不过，在这里还是要提到本书中一再强调的一种观点，即上述这些探索的价值主要在于满足智识和精神上的需要，它们既没有潜在的用处，也不是因为有用才进行的研究。它们在21世纪越来越重视科学研究的实用性的潮流中，代表的是那种源远流长的希腊传统的一种延续。

DNA与达尔文进化论的胜利

为了把握我们周围的世界，物理学和宇宙学由于能够提供所需要的基本参考框架而显示出它们的重要意义。然而，如何理解生命也同样重要。在这方面，20世纪的生物学家重新塑造了我们关于活的有机体和地球上生命历史的观念，从根本上改变了我们看待世界的方式以及生命科学和物理科学领域诸多学科的内容和方向。

读者们还记得，1882年，在达尔文生命最后的日子里，他的自然选择进化论在科学界受到质疑。虽然没有被忽视，但达尔文进化论在界定生命和地球上生命的历史方面已经无足轻重。1900年以后，在科学领域又有了许多新的发现，在诸多因素的共同作用下，进化论才以新达尔文学说的面貌重放异彩。放射性的发现和爱因斯坦于1905年提出的质量—能量方程，证明达尔文对开尔文勋爵所估计的地球年龄的质疑是正确的。在20世纪上半叶，科学界所估算的太阳系的年龄一再增加，先是几百万年，后又增加到几十亿年。终于，进化论有了它所需要的足够时间。

20世纪初，有几位研究者又几乎同时再次发现了孟德尔的微粒遗传定律。孟德尔关于植物杂交的实验表明：遗传不是混合过程，而是以离散单位保持特征。1900年，德佛里斯（Hugo de Vries）用宏观突变理论来解决问题。该理论为进化提供了另一种变异机制，并且通过加速进化变化的过程，增加了解释物种在有限的时间里起源的可信度。奇怪的是，在当时，有一些科学家竟会以为不需要达尔文自然选择的作用，仅靠孟德尔遗传定律和突变理论就可以说明进化过程。达尔文学说最终得到普遍承认,并被看成是说明生物多样性的新范式,那已经是到了20世纪40年代的事。直到这时,科学家才普遍认识到,正是基因—— 一个个单独的遗传单元——通过极其复杂的方式组合在一起产生了大量微小的变异,自然选择此后才能够对它们产生作用。

414

在进入20世纪之前,由于染色技术的改进,科学家就已经发现了染色体,即细胞核里的丝状结构。在19世纪80年代,魏斯曼(August Weismann)猜想染色体里就包含着遗传单元,这个猜想在20世纪初和20世纪20年代得到了证实。摩尔根(Thomas Hunt Morgan,1866—1945年)和他的同事们在哥伦比亚大学著名的"果蝇实验室"里用果蝇(*Drosophila melanogaster*)做实验,证实了孟德尔的理论和染色体为遗传特征载体的观点。在英国,费希尔(R. A. Fisher)和其他一些研究种群遗传学的科学家利用数学方法证明,一个个体在得到了有利于生存斗争的某种优良特性的单个变异以后,只要有足够的时间,那种变异就能够变成整个种群的特征。这方面的工作在20世纪30年代和40年代初达到高峰,一系列集大成的著作也先后出版,如杜布赞斯基(Theodosius Dobzhansky)的《遗传学和物种起源》(*Genetics and the Origin of Species*,1937年)、朱利安·赫胥黎(Julian Huxley)的《进化论:现代综合》(*Evolution: The Modern Synthesis*,1942年)、迈尔(Ernst Mayr)的《物种的分类和起源》(*Systematics and the Origin of Species*,1942年)。这些著作以及其他一些有关著作论述了一种非常完整而且极具说服力的进化理论,其内容却与达尔文早在1859年提出的原始框架基本一致。

在20世纪30年代和40年代,研究烟草花叶病毒的斯坦利(W. M. Stanley,1904—1971年)和研究噬菌体病毒的德尔布吕克(Max Delbrück)研究了蛋白质作为基因的物理机制,他们都因此获得了诺贝尔奖,但遗传的具体物质基础和生化基础仍未找到。20世纪40年代,科学家曾推断细胞核里的关键成分可能是一种有机酸,即DNA(脱氧核糖核酸)——含有碳、氢、氮、氧和磷元素的白色粉末。1953年,一位不大合群的年轻的美国博士后詹姆斯·沃森(James Watson)和一位年龄稍大一些的英国研究生克里克(Francis Crick)译解DNA的分子结构获得成功。他们利

图18.4　双螺旋。沃森和克里克于 1953 年发现了 DNA 分子的双螺旋结构,这一划时代的发现不仅揭示出遗传的物质基础,还以这种结构解释了新变异何以能够导致物种改变。他们的发现宣告了一个遗传学和生物化学新时代的到来,并为分子生物学和基因组学的新领域开辟了道路。

415

用物理化学家罗莎琳德·富兰克林(Rosalind Franklin, 1920 — 1958 年)的 X 射线衍射数据发现,DNA 分子是一种双螺旋结构,而那正是实现遗传机制最合适不过的一种分子结构,而且能够产生新的变异。沃森和克里克因他们的这一重大发现而获得了 1962 年的诺贝尔奖。发现 DNA 分子的双螺旋结构意味着长达一个世纪的生命研究终于取得了最为辉煌的成就,也使得生命密码的问题变成了化学问题。

从事生物科学及相关领域研究的人,如今全都接受了达尔文的进化论,进化现已成为许多人从事研究和理解科学问题的指导思想。然而,在其他科学领域,对于进化论的某些影响,直至今天也还存在着争议。

达尔文学说用自然代替了神,因此,它一开始就同宗教精神和《圣经》权威水火不容,尤其是在美国。1925 年在田纳西州进行的那场"猴子审判"官司,就是一个臭名昭著的典型例子。在那场官司中,一位公立中学的教师斯科普斯(John Scopes)被控违反了该州不准教达尔文学说的法律而被判有罪。即使今天,在公立学校里究竟是应该教生物科学还是应该教"科学创世说"(scientific creationism)和"智慧设计论"(intelligent design)的争议仍然没有停止。有的出版商为了避免争议,干脆把生物学教科书里关于进化的内容都删了。在神学界,除了顽固的原教旨主义者外,

415

主要的宗教当局都及时地作出调整,按照伽利略的办法,把他们的教义修改成尽量不与进化论的普遍原则产生矛盾。他们已不再拘泥于《圣经》中的词句,反而让神干预进化过程,说是在人类肉体进化到某一个阶段时神向其中注入了非物质的灵魂。

在社会科学和哲学领域,争论就更加激烈了。争论的焦点在于,是否可以把达尔文学说的基本思想用于说明人的本质。最初的争议是由后来被称为社会达尔文主义的一个派别挑起的。该派别主张,社会的组织结构,尤其是阶级层次,可以用生物学中的生存斗争来加以说明。在美国,社会达尔文主义者认为不仅阶级,连人种也决定了一个人是否能够取得成功,总想以此来粉饰他们的社会和心理学分析。社会达尔文主义的基本意思是,社会中现存的一切,连同它所有的不公正,都是由生物学的遗传特性决定的,很难通过社会改革来加以改善。

各式各样的社会达尔文主义,全都在为某种政治的、经济的和社会的秩序构筑思想基础。例如,美国工业家卡内基(Andrew Carnegie)早年出版过一本书,书名是《财富的福音》(*Gospel of Wealth*,1900年),他在那本书里就根据社会达尔文主义的观点,竭力想证明残酷的自由公平竞争的资本主义的合理性,证明财产和利润的神圣不可侵犯,并想以此科学地反对社会主义和共产主义。其他一些颇有辩才的理论家也提出过种种社会达尔文主义的主张,他们的理由相似,且无一例外地全都表现出理直气壮的样子。例如:有的为纳粹的种族灭绝张目,有的宣传优生运动和主张"劣等"人绝育,还有的在论证男人天生优于女人。但是,自20世纪60年代以来,美国社会科学家的主流却反对如此滥用达尔文的思想,他们已不再参与此类社会科学研究。

416　　古生物学和人类进化历史的诸多重大发现在20世纪生命科学的发展中扮演了极其重要的角色,具有很强的自然哲学意义。尽管达尔文通过研究发现人类是由类人猿经历不同阶段演变而来,并由此推出了人类进化理论,但是,一套完整连贯的人类进化史理论依然是20世纪乃至如今21世纪科学思想的产物。正如本书第一章所说,业已发现的化石至少代表了3个南方古猿物种和2个始祖人类物种。

南方古猿是一种已经灭绝的两足动物，属于生活在500万年前的一种始祖猿过渡到人之间的中间物种；而始祖人则是在我们这个智人物种进化之前紧接着南方古猿出现的一个物种。有关智人的尼安德特人变种和旧石器时代洞穴艺术（由解剖学意义上的现代人所创造）的初步发现直到20世纪初才被广泛接受。第一个直立人的化石于1895年出土，而第一个南方古猿化石是到1925年才得以发现。1908年"发现"声名狼藉的"辟尔唐人"化石，那具化石有较大的脑和像猿一样的强健下颚，被当成是否定人类从大脑较小的更原始的祖先进化而来的有力证据。直到1950年，那项"发现"才被查明是地地道道的骗局，"辟尔唐人"原来是一件人工赝品。从此以后，人类进化的各个阶段的情形就越来越清楚地显现在人们面前：从南方古猿阿法种［即由约翰松（Donald Johanson）在1974年首次发现的"露茜"和她的同类］开始，经过能人、直立人，然后才是智人的各个亚种。这个领域还在进行许多激动人心的研究工作。2013年在格鲁吉亚德马尼西发现"直立人"，人们对180万年前的直立人形象的认识变得更加清晰透彻。在2004年，古人类学家宣布发现全新的人类物种——弗洛勒斯人（Homo floresiensis）。他们生活在印度尼西亚弗洛勒斯的岛屿上，12 000年前尚和当地的现代人共存。此种小型人种被称作"霍比特人"。他们只有1米高，25千克重，头只有现代人的1/4大，但他们拥有非常精巧的工具和老练的打猎方式，甚至还可能有复杂的语言能力。弗洛勒斯人的发现极具内在价值，但它也挫败了标准的人类进化史。该发现同样也受到质疑，因为其他科学家指出在该发现中找到的标本是已经病变或畸形的。这场争论再次显示，科学活动是不断变化演绎的。

这些发现虽然可以被看成是对达尔文进化论的证明，但是，也只是在仅仅涉及人的身体特征的进化时大家的意见才比较一致。人类例外论就说明了这一点。它强烈反对将取自动物世界的科学证据用来研究人类和人类的社会行为。人的精神和行为方面的特征属于社会科学的研究范畴。在这方面，虽然存在着各种各样的观点，但都异口同声地维护意识的尊严，反对基因和自然选择的侵入。针对社会达尔文主义，社会学家涂尔干（Émile Durkheim）阐明过一个原则，即社会状况必须严格地采用社会事件来说明。这样一来,他就在社会科学和生物科学之间筑起了一道高墙。因为社会达尔文主义的科学根基本来就不牢固,所以涂尔干那句警示性的格言在20世纪上半叶产生过很大影响。结果,用生物学方法来研究社会科学和心理学的做法受到了质疑,并被诟病为法西斯主义和意识形态极端主义。

这种情况在20世纪30年代随着达尔文学说自身得到澄清而开始发生变化。当时,奥地利动物学家、诺贝尔奖获得者洛伦茨(Konrad Lorenz,1903—1989年)建立了一门被称为动物行为学的新学科,用科学方法来研究自然条件下动物的行为。他和他的追随者们集中研究了动物的心理及行为特征的遗传基础。受到他们的启发,自然也就有一些科学家开始关注起人类行为的进化。这方面的工作在1975年威尔逊(Edward O. Wilson)出版了《社会生物学》(Sociobiology)一书以后得到了极大加强。他在那本具有里程碑意义的著作中提出,人类的社会和精神生活也可以用达尔文的进化论来进行研究。他的这种观点在意识形态方面招来一片反对之声。反对的基本理由是,人类社会生物学里包含有"生物学决定论"(biological determinism),后者将成为为现存社会中最不如人意的那些现象辩解的借口。有人可以不喜欢社会生物学,但是,强加在搞社会生物学的人身上的那些严厉的政治指责也是不公正的。自20世纪70年代以来,社会生物学和进化心理学的研究一直十分火热,这两个领域假定文化模式可以用来解释达尔文进化原理。大量研究都已经在关注人类行为和文化的社会生物根源,尽管研究的重点是非人动物的社会行为。因此,比如,研究人员试图对以下行为作出进化论解释:利他主义、攻击、合作、乱伦禁忌、酗酒、性别差异、同性恋,以及对儿童和陌生人的态度。20世纪60年代和70年代,这些想法被诟病为冒犯了自由民主理想,因为它们似乎限制了人类的自由和社会变革。尽管《自私的基因》(The Selfish Gene,1976年)的作者、牛津大学公众理解科学教授道金斯(Richard Dawkins,1941—)在1995—2008年期间发表了众多研究作品,威尔逊也出版了开创性的《社会生物学》一书,但问题仍然饱受争议。现在,该研究获得越来越多科学家和有识之士的认可。

达尔文学说在取得最终胜利的过程中还必须战胜它的另一个对手——拉马克

主义,后者的基本观点是,人一生中形成的一些特征可以遗传。拉马克主义有两个
观点颇具吸引力。一是它认为环境对进化过程有直接影响,二是产生新生命形式
的过程可以被加速。前面曾经提到过,达尔文本人在设法说明发生变异的原因时
其实就接受了拉马克的观点。在相当长的一段时间里,拉马克主义总能够得到一
小部分人的青睐,直到进入20世纪。例如,著名心理学家皮亚杰(Jean Piaget)曾经
在一定程度上采用过拉马克的观点。但在苏联农学家李森科(1898—1976年)那
里,拉马克主义导致了骇人的后果。李森科反对孟德尔学派,支持拉马克学派;从
20世纪30年代中期开始,直到40年代末期,他获得政治支持和斯大林政府的正式
许可,误以为种植者介入能加快促进农业发展。但结果是,科学被错误地政治化,
粮食产量降低,饥荒爆发,苏联羽翼未丰的基因研究也毁于一旦。再往后,拉马克
主义就没有了市场,基本上无人理睬了。科学家中已经形成了一种有时被称为"遗
传学中心法则"的信念:DNA分子携带着所有遗传特性的密码,DNA生成RNA,
RNA生成蛋白质和生命的基石,因此,没有任何通过生活经历来改变某一种特性的
机制能够影响产生这种特性的DNA。逆转录病毒,比如HIV,能影响宿主细胞的
DNA,进行病毒自身的转录复制,这种病毒使情况变得更加复杂,基因组学或者其
他围绕DNA和DNA表达的生化进程规律的研究也使情况变得更加复杂。但最终,
双螺旋结构的化学性质成功敲响了拉马克主义的丧钟。

　　1953年沃森和克里克一起发现DNA分子的双螺旋结构,为理解繁殖、遗传的
本质和进化的分子基础提供了概念上的突破。同样也是在1953年,在一系列实验
中,通过给培养基中更简单的合成物进行通电,制造出氨基酸——生命的化学构成
成分,证实了生命本身源自地球早期的原始条件。其他观点指出,生命源自黏土的
催化反应;还有一些科学家指出,生命起源于外太空,这种学说被称作"胚种论",源
于太空的孢子有意或无意地落在了温和的地球表面,由此繁荣发展。彗星上丰富
的有机化学物质为这一学说带来一定的可能性,但疑点在于该学说并未解释生命
在别处是如何出现的。再一次,在审视近代科学的过程中,我们找到的并非最终的
答案,而是一个积极的探究过程。

418

随着分子生物学的发展,地球上生命的历史研究也在完善。过去几十年,对动植物进化细节的研究与日俱增,基本观点依然是达尔文的自然选择进化论。了解遗传的分子基础,为分析进化史和动植物分类带来了重要的新思路。"支序系统学"、"分子钟"等新研究方式和线粒体DNA研究,使科学家们能够衡量进化速率和物种间的进化距离。这样就能让每个人都认同吗?并不是。如今生物学家仍在就一系列话题进行积极辩论。例如,鸟是否由恐龙直接进化而来?进化过程是否像达尔文所说的那样以持续而缓慢的节奏进行?进化稳定期是否被快速变化期"打断"?原教旨主义基督教团体和其他宗教的原教旨主义教派认为,后者的辩论本身就标志着达尔文进化论的失败,但他们这么做忽略了一个事实,即这样的辩论本就是科学领域的正常情况。达尔文学说在今天已经为许多研究领域提供了范式。对于达尔文学说的基本主张,即物种是时间和进化的成果及自然选择代表了进化的主要方法,科学家们的看法其实完全一样,只是在某些细节的解释上存在差异。在过去的一个半世纪里,生物科学界差不多是在重走达尔文本人所走过的道路——从基督学院的神学学生走向承认生命的多样性其实是自然的伟大杰作。

心理学

科学家不会把他们的探索仅仅局限在理解物理世界,或者仅从抽象层面理解生命。几个世纪以来,为点燃自身内在的火花,哲学家和心理学家们都在探寻一面明镜以便让他们在人类大脑、意识、神秘的内心等领域一探究竟。为这些研究贡献一生的哲学家们从柏拉图、亚里士多德,经笛卡儿,一直到18世纪的启蒙运动。然而,一直到19世纪,一种独特的心理科学才出现。之后,心理学与大脑和行为的科学研究开始同其他自然科学学科齐头并进。时至今日,心理学在促进人们对科学和自然哲学的认识方面有着巨大的贡献。物理科学研究人员普遍认同其领域的基本原理,但是,跟物理科学不同,在20世纪以及现在的21世纪,心理学领域都存在多样和对立的思想流派。物理和化学研究领域的多样性不会为了追随者而彼此竞争。但心理学更类似于前苏格拉底时期的自然哲学,不同的体系彼此争夺信徒。

现代心理学的第一个流派是德国实验心理学,它植根于19世纪德国物理科学的实验传统。据说,伟大的德国物理学家亥姆霍兹(Hermann von Helmholtz)通过他在颜色和声音感知方面的实验开创了实验心理学传统。他的学生,有着"当代心理学之父"之称的冯特(Wilhelm Wundt, 1832—1920年)在莱比锡大学建立了第一个实验室,致力于实验心理学研究。他使用内省方式探究人的感知和认识。冯特的学生铁钦纳(Edward Bradford Titchener, 1867—1927年)在莱比锡研究期间,将冯特的《哲学心理学原理》(*Principles of Physiological Psychology*)译成英文,并于1892年将冯特的观点引入美国和康奈尔大学。作为心理学教授,铁钦纳发展了结构理论,将意识定义为单元元素,类似于心理事件的周期表。此前几年,哲学家和哈佛大学心理学教授詹姆斯(William James, 1842—1910年)在管理哈佛大学早期的实验心理学实验室时聘用过冯特的一些学生。他还写过一部极具影响力的作品,名为《心理学原理》(*Principles of Psychology*, 1890年),主张心理学的功能主义,或对意识功能的探查以及研究行为与行为对感觉和意识的影响。跟詹姆斯和冯特一起研究之后,霍尔(G. Stanley Hall, 1844—1924年)于1883年在约翰斯·霍普金斯大学创建了一所实验心理学实验室。霍尔还致力于该学科在美国的专业化,于1887年创办了《美国心理学期刊》(*American Journal of Psychology*),于1892年成立了美国心理学协会。尽管这些早期的研究人员在一些解释方式上存在不同,但他们都致力于用科学和实验来研究大脑和心理事件。

在之后的数十年间,实验心理学更加强调对行为进行客观研究,忽略人类心理经历的主观因素。伟大的俄罗斯实验家,同时也是1904年诺贝尔奖得主的巴甫洛夫(Ivan Petrovitch Pavlov, 1849—1936年)为这方面的发展作出了卓越贡献。巴甫洛夫因其生理学研究和条件反射发现而闻名于世。巴甫洛夫的狗学会了将节拍器的声音与食物的供给联系起来,然后只要听到声音就会流口水。约翰斯·霍普金斯大学实验心理学教授J·B·沃森(J. B. Watson, 1878—1958年)进一步拓展了巴甫洛夫的研究结果。他提出刺激回应模型,并称詹姆斯的学派为功能主义学派。被称为行为主义的一个心理学分支由此诞生。在诸如《行为:比较心理学导论》(*Behav-*

ior: An Introduction to Comparative Psychology,1914年)和《一个行为主义者所认为的心理学》(*Psychology from the Standpoint of a Behaviorist*,1919年)等著作中,沃森将行为主义又推进了一步,将内省也一并舍弃,认为主观思想不可靠,本质上不科学;他不将意识作为研究对象,拒绝将遗传因素作为心理学中可解释的问题,并且认为区分人和动物的只有体温。他视弗洛伊德(Sigmund Freud)的当代作品为通灵主义,纯属无稽之谈。著名的哈佛心理学家斯金纳(B. F. Skinner,1904—1990年)传承了沃森的观点。他同样摒弃了对心理事件的研究,转而关注行为和影响行为的因素。斯金纳对行为的改变非常感兴趣。他发现了操作性条件反射,即正反奖励以不同方式影响行为。他出版了乌托邦小说《瓦尔登第二》(*Walden Two*,1948年)和其他作品来推广行为心理学。他让宝贝女儿在他发明的"婴儿盒"里玩耍和睡觉,因此声名狼藉。

心理学从来就不是一个完全抽象的科学,它在各种应用中的实用性有助于解释其多面性和缺乏概念统一性。在应用心理学的许多领域中,智商测试的发展作为早期应用领域脱颖而出。达尔文的表弟高尔顿(Francis Galton,1822—1911年)在其著作《遗传天才》(*Hereditary Genius*,1869年)中首先提出了该应用研究方法。高尔顿的重要性不仅在于把统计方法引入心理学,而且强调了心理学研究也推动了应用统计学的发展。冯特的另外一名学生,曾在哥伦比亚大学担任多年心理学教授的卡特尔(James McKean Cattell,1860—1944年)是智力量化测试领域的先驱,于1890年首先提出"心理测试"一说。虽然卡特尔的特别测试方法被证实并不可靠,但在促进此类测试方法的开发和心理学的整体发展方面,他确实发挥了关键作用。他出版了几种专业心理学期刊和参考工具书,例如《美国科学人》(*American Men of Science*,后来名为 *American Men and Women of Science*)。1905年,巴黎索邦大学实验心理学实验室主任比奈(Alfred Binet,1857—1911年)开创了第一个公认的能衡量与孩子年龄匹配的智商测试。1916年,美国心理学家、斯坦福大学心理学学院主任特曼(L. M. Terman,1877—1956年)出版了极具影响力的新作,随后被称为"斯坦福—比奈智商测试",其最新版本在100年后的今日依然在用。智商测试自此以后在全球更加标准化,并借此测试将人群区别开。《应用心理学期刊》(*Journal of Applied Psychology*)于1917年问世,当时正值第一次世界大战期间,美国军队对200万雇佣兵进行能力测试,以此判定他们是否适合当士兵以及是否有潜力成为长官。类似的测试在第二次世界大战期间也有所使用,尤其是在挑选飞行员时。

几乎所有家长和大学生都清楚:应用心理学的另一相关领域是教育测试。大学理事会(The College Board)于1900年成立,部分目的是确保申请人适合接受高等教育。它于1947年成立了教育考试服务中心(ETS),以满足对大学理事会学术能力测试(SAT,现称为学术评估测试)日益增长的需求。每年有成百万的学生参与由ETS主办的考试,其中包括SAT、GRE、托福等。2015年,ETS共有3200名员工,其中几百人拥有心理学、统计学、心理测量学(该学科领域致力于测量心理特征、能力和过程)等领域的高等学位。ETS是测试领域的世界研究中心,如今它计算机化的测试具有极高的科技复杂性。教育测试还是一大商业领域。2012年,ETS创造了略超10亿美元的营收。随着该组织在全球层面不断扩张,该数据有望"大幅增长"。此类测试的可信度存在争议。测试成绩高和学业有成之间有多大的关联性并不明朗。有很多院校都不再要求SAT入学成绩。

从很早开始,心理学就在广告领域找到了用武之地。美国西北大学心理学教授斯科特(Walter Dill Scott)在1908年出版了开创性著作《广告心理学》(*Psychology of Advertising*)。该领域另一位著名人物J·B·沃森因为对婚姻不忠,1920年被开除出约翰斯·霍普金斯大学之后花费30年时间专门研究广告行业。工业和组织心理学是另一个相关的分支学科。该学科研究商务管理、领导力、团队建设、培训、生产率提升和其他跟工作相关的问题及人力资源问题。

关于心理学是否已将其灵魂出卖给商业,读者自行判断。但毫无疑问的一点是,各种心理学分支理论在持续地,甚至是多年来遭恶意误用。比如,早期的"智力低能"心理学研究通常给优生学运动和种族主义态度增添了科学可信度。过度使用脑叶切除术、胰岛素休克和电冲击来治疗精神疾病,这也是对心理学的误用。测谎仪,即谎言检测器,其作用尚不明确,但是将心理学应用服务于政治目的,这点似乎特别无耻。发明"吐真剂"、1950年美国创建国家心理战略委员会等,这些都是通过政治宣传打击共产主义。奥本海默(Robert Oppenheimer)曾说道,通过曼哈顿计划,物理学开始了解罪恶。物理学的罪恶可能巨大,但心理学的罪恶可能更加阴险。

怎么评价弗洛伊德(1856—1939年)和弗洛伊德派心理分析呢? 弗洛伊德的作品涵盖了不同学派的心理学思想,在了解人类性格和状况方面开拓出了新领域,并在20世纪大部分时期都产生了深远影响。作为一位医生,弗洛伊德在最初研究催眠术和癔症时有了一些发现。但他很快就放弃了传统医学,在探索精神世界的汪洋大海扬帆起航。1900年他出版了开创性作品《梦的解析》(*Interpretation of Dreams*),随后在1901年出版《日常生活心理病理学》(*Psychopathology of Everyday Life*)。这些作品以及弗洛伊德之后的一系列出版物都为人类认识自己和他人开拓了新视角。弗洛伊德把无意识和无意识动机放在首位,削弱了人类是完全理性的生物这一观点。在弗洛伊德的心理学研究中,他提出了多种理论模型,其中最著名的是本我(潜意识的激情和欲望)、自我(心灵与现实的接口)和超我(内化的道德和行为审查)。

弗洛伊德的观点最终是要人们将人类行为和自身主观心理体验视作不同的相互冲突的心理压力之间动态的斗争。与此类似,他强调性欲和人的性行为会改变人们对心理体验和人类本质的认识。尤其具有影响力的是,他重点指出童年时期的性行为或者童年时期的磨难会影响成年后的性格特征。弗洛伊德观点的核心是童年时期性心理发展的不同阶段(口、肛、阴茎)和恋母情结(即儿子会试图弑父从而占有自己的母亲)。(在弗洛伊德看来,女孩被"阴茎嫉妒"困扰,想要像男孩一样。)弗洛伊德或初创或重新包装一系列心理学概念——压抑、升华、投射、合理化、否认、退行、认同、固着等等,形成了他自己的心理学的基石,也成为大众文化的重要成分。

从一开始,弗洛伊德就对患者使用一种新的治疗方法——精神分析。他相信,心理疾病(尤其是神经症)的病因可能要追溯到儿童时期的心理创伤,尤其是性方面的创伤。弗洛伊德开发出新的技巧进行治疗操作,比如让患者在他办公室的沙发入睡、释梦、用自由联想和口误来探究患者的精神心智。据推测，他们是通过把未解决的冲突和童年时期的阴影"转移"到精神分析师身上进行治疗的。在树立精神分析理论的真正信仰，并将叛逆者扫地出门方面，弗洛伊德本人非常专制。他的精神分析几乎变成一种讽刺，尤其是20世纪50年代和60年代在美国，一些社会人士蜂拥而至狂热地变身为"精神病医师"。精神分析也受到批评指责，因为它有性别歧视、逻辑分析死循环，而且从某种意义上说，它的很多基本原则都不能验证，也没有任何生物学或解剖学基础。尽管如此，弗洛伊德理论可能仍是20世纪最有影响力的心理学理论。如果他的思想遗产能在普遍洞察（甚至可以说是诗意洞察）人类生存状况（而不是像现在这样在科学实践，换句话说在医学领域）上下更多功夫的话，那么弗洛伊德的影响对于所有这一切来说，都极为重要。

　　瑞士心理学家、早期弗洛伊德派代表荣格（Carl Jung, 1875—1961年）在1912年和弗洛伊德分道扬镳，建立了他自己的分析心理学派。荣格学派心理学的显著特点是，它强调所有人类共有的集体无意识，以及集体无意识中的一些原型，它们象征着人类体验中最深刻的共同元素，比如性和死亡。尽管不是直接相关，荣格的心理学理论与格式塔心理学却有一些相似之处。格式塔心理学是由捷克心理学家韦特海默（Max Wertheimer, 1880—1943年）与他的学生柯勒（Wolfgang Köhler, 1887—1967年）和科夫卡（Kurt Koffka, 1886—1941年）提出的。因反对结构主义和行为主义而提出的格式塔心理学的主要主张是：人们通过"完形"（格式塔）模式认知，顿悟是学习的关键。瑞士儿童发展心理学家皮亚杰（1896—1980年）的研究就属于这一范畴。皮亚杰将其研究称作发生认识论。他认为，孩子在成熟的过程中会经历许多不同的认知和道德阶段。因为荣格心理学和格式塔心理学，性格测试应运而生。20世纪40年代，基于荣格理论的迈尔斯-布里格斯类型指标首次从外向-内向、感觉-直觉、思维-情感和判断-知觉4个维度来定义个体性格特征。如今最受欢迎的此类测试于1987年出现，涉及神经质、外向、经验开放性、亲和性和严谨性5个维度的"大五"（Big Five）人格调查。加德纳（Howard Gardner）著名的《多元智能理论》（*Theories of Multiple Intelligence*, 1983年）创造了奇迹，丰富了大众对

424

人类心理体验和潜能多元性的认知。

临床心理学是现代心理学中另一个值得注意的分支学科。它将科学培训和研究与临床实践相融合,治疗患有成瘾性、抑郁症、进食障碍、精神残疾等病症的病患。就像研究大脑与精神生活的神经心理学与其科学定位和研究方法(特别是动物实验法)有重合一样,临床心理学与生理学和临床医学有重合。

基于前述几大领域的认知心理学始于20世纪六七十年代,它是心理学主要的,但相对比较新的分支,其出现的部分原因是回应行为主义。由于侧重于认知和智力对塑造心理体验的积极作用,认知心理学在专业和非专业人士中都越来越受欢迎。如今该分支学科与语言学、人工智能、计算机科学、信息处理、数学模型、神经心理学、神经生理学、脑成像技术和哲学等领域都有交汇。在治疗方面,认知心理学认为,非理性思维是大多数心理疾病的根源;认知心理学试图通过向患者灌输更实际、更正常的想法,来改变他们的感受和行为。基于精细的脑化学研究的药物治疗通常与此共同进行。认知疗法和药物治疗比精神分析或把患者送去疗养院便宜很多,已成为很多保险公司和精神健康机构的首选。

除了上述多种心理学外,我们还要考虑两项心理学:一是发展心理学,研究个体从生到死的认知和情感变化轨迹;二是社会心理学,关注种族、性别、暴力和群体行为等文化和社会问题。2015年,美国心理学协会设立了54个不同的分支机构,包括运动心理学、老年心理学以及和平心理学。这些领域的研究给科学带来新洞见,给人类带来慰藉。但需要重申的是,20世纪的心理学成就得益于并体现了多元的理论视角,而不是单一、公认的理论框架。更成熟的科学学科则往往有一个这样的理论框架来指导研究。

心理学极受欢迎。2012年,被授予的所有学士学位中,约6%为心理学相关专业;被授予的科学与工程学学士学位中,19%为心理学相关专业。1968—2001年,心理学专业本科生数量增长了300%以上;2002—2012年,这一数字又增加了42%;在此期间,心理学硕士和博士的数量也经历了相似的增长。心理学家在工业、咨询机构和学术界都能找到很多就业机会。虽然在学术和职业方面都取得了成功,但由于一系列智识、社会以及资金的缘故,心理学仍缺乏对人类心智和心理体验的整体观念,并且目前还未就此达成共识。

接下来……

现代科学的一个明显特征就是其爆炸式的增长趋势。20世纪,随着科学活动的内容急剧增加,理论创新的范围也扩展至各科学学科和分支学科。以地质学为例,关于各个大陆很可能是漂浮在地幔上面的"板块"的观点,就是一项意义重大的理论创新。当德国地质学家魏格纳(Alfred Wegener, 1880—1930年)在1915年首次提出这种观点后,在很长一段时间里都没有多少人相信。可是,到了20世纪60年代,由于种种技术和社会上的原因,它实际上已经得到普遍承认。搞清板块构造和大陆漂移,科学家就有可能"回放电影",重新展现地球的地质历史。这不仅对于地质学,而且对于生物学,都会产生重大影响。

近几十年来,另一项值得重视的理论创新是在1980年发现的证据似乎表明,在6500万年以前白垩纪时期即将结束时,曾经发生过一次或者是一块大陨石或者是一颗彗星撞击地球的大灾变,导致尤其是恐龙在内的大批生物灭绝。这项发现的意义在于,它说出了意外事件在生命历史中所起的作用,那当然关系到人类的最终命运。同样,行星空间科学的成就,特别是从太空发回的大量照片,包括1991年,"旅行者号"宇宙飞船从40亿英里(约64亿千米)远的太空拍摄到地球这个"暗淡蓝点"的那些美丽的照片,从根本上改变了我们观察地球和邻近行星的方式。

正是由于科学活动的指数增长,如今的理论研究才得以在极小且细分的领域进行。只有这些领域的专家才能意识到各自领域的理论发展。换句话说,如今,理论研究的范围如此广泛却又极碎片化,以至于长久以来,尚未有任何一个人能完全阐明作为自然哲学的科学的方方面面。即便如此,在科学作家和科学记者的推动下,高度专业化的前沿研究理论元素松散地结合起来,就形成了我们今天的科学世界观。

如今,人类对自然的探索产生了令人惊叹的宇宙描述、对世界构成要素蔚为壮观的透彻剖析、激动人心的地球生命史叙述以及对人类社会和人类本质复杂而全面的描绘。尽管在任何时期任何科学文明的智力创造都是如此，但是由于当代自然哲学的范围、细节水平和说服力，这一点在今天以空前的力度适用。我们今天在一定意义上最后认识到的这些东西是真实的吗？显然不是。科学仍然代表的是在描绘世界时我们所能有的最好工具，今天所讲的故事无疑比迄今为止曾经有过的其他解释都更好。当然，说更好，并不意味着这个故事在将来就不会再作修改，实际上，肯定还要修改。

第十九章
核武器、互联网与基因组

　　科学和技术是怎样像我们今天所看到的那样结合为一体的？这是本书一开始就提出的问题。通过重新审视历史，我们现在已经搜集到了回答这个问题的不少线索。最初仅有技术。然后，在6000年以前出现的第一批文明中，有了以文字记载的数学和天文学知识，科学就此发端。不过，这种原始科学只是出现在建立了国家的社会中，在这样的社会里，中央政府要让数学和天文科学以及一般的专业知识服务于复杂的农业经济的需要。不论在哪里出现何种程度的中央集权的国家，国家总会对有用的知识给予支持。在古典希腊，国家弱小，体现在自然哲学里的科学和作为技艺的技术，两者还疏远得很，也得不到国家的资助。在后来的一些受到希腊哲学影响的集权社会，开始把纯科学和应用科学两种传统加以结合，但是，当时的技术仍然没有多少能从其中任何一种传统中受益。一路走来，应用确实诞生在被证明广泛有用的科学界，如制图和火药的发展。但是，只有到了19世纪和20世纪，科学与工业之间才出现了新的联系，并认识到种种可能性：将科学界的研究和理论应用于实际问题和技术发展可能获得些什么。结果是，科学被大规模地应用于技术，从而开始了研究与开发的新时代。

　　本章关注一种特殊的、非典型的"应用科学"的出现，它涉及将理论工作从科学研究的前沿直接转化为政府和工业的实用技术。这种抽象研究的最前沿与技术应用的结合，以及政府和工业界大力支持创造基于科学的新技术等现象在20世纪遍地开花。它代表了一个重要的新事物，是世界史上所有科技研究的顶峰。在这里，最后，与其他要素一道，科学和技术达成了今天在我们身边看到的这种整合。这种整合产生了"技术就是应用科学"这种陈词滥调。

在19世纪出现并在20世纪得以巩固,正如我们所看到的那样,工业化是强大新技术系统增长的代名词,其中一些技术系统,例如电力或无线电广播的产生,源自当代科学界。福特的T型车不是任何应用科学的直接产品,但是该车已经体现了工业和工程部件,这些部件从某些宽松的意义上说是基于科学的。如前所述,在19世纪及之后,许多日益增长的行业明确建立了研发部门以挖掘科学专业知识,为军队或市场开发或改进产品。在第一次世界大战中使用化学武器令人遗憾地提醒人们,在20世纪的前几十年,有多少科学和基于科学的技术被证明对政府和工业有用。然而,在大多数情况下,这些例子更多地代表一种经验主义的和反复试错型的"应用科学",具备不那么全面的理论和被工程方面的教育及实践过滤后的应用。本章探讨的案例则明显不同。

与先前的发展和工业化一样值得注意的是,20世纪中期出现了一种富有成效的应用科学新范式。事实上,尖端和先进的技术和技术系统,为实际和应用目的而采用同样前沿的研究科学,是我们这个时代的一个显著特征。原子弹、计算机和抗生素是尖端科学转化为技术的有力范本。这种来自研究前沿的科学和技术的融合使得对新型应用科学的探求日益制度化,并为一些活动储存了重要资源,这些活动支持因实际效益而去探索科学研究的前沿。此外,理论科学与实际工业应用之间密切的新联系产生了新的高科技产业,如核能或计算机产业。这些产业已经跻身其他具有重要经济意义的产业和成为21世纪生活标配的技术系统之列。实际上,这些融合了人类创造力和工程学且基于科学的发明可以视为工业文明的最高成就,无论好坏。

事实证明,基于科学的技术是社会变革的有力推动者,并彻底革新了人类现有的生活方式。理论最前沿为创新、应用和工业发展(包括原子武器、计算机、医学、生物技术和无线通信)提供基础。如何将尖端科学纳入这些行业和应用中,值得我们关注并提出有关"应用科学"本身概念的问题,这些问题将在本章的结论部分进一步探讨。

对自然界的探究能够而且应该是有用的或是可应用的,该想法至少可以追溯到最早的文明。在这些文明中,受资助的牧师和占星家们在天空中发现了各种征兆。有了17世纪的弗朗西斯·培根,我们注意到出现了一种追求科学效用的鲜明思想体系,以及一种科学和科学家应该利用自然来造福人类的观念。20世纪和21世纪的工业文明令人印象深刻的是政府和工业界在挖掘科学和为了实践目标的研究前沿方面取得的巨大成功。这些成功产生了重大影响。

科学与核武器

美国在第二次世界大战中研制和使用原子弹,标志着现代科学和技术的历史发生了一次大转折。这样讲的理由有两点。第一,制成原子弹引人注目地显示了尖端科学的实用潜力,或者将理论直接转向有用目的能够得到什么。第二,这件事表明,政府如果以充足的资源支持大规模的科学研究与开发的话,将会产生怎样的效果。研制原子弹这件事所体现的新奇之处,是把上述两种因素结合在一起了:政府主动采取大规模的行动去把高水平的科学理论应用于实际目的。它开创了一种新模式,这种新模式不仅改变了科学与政府的传统关系,而且还从总体上改变了我们对应用科学的看法。

原子弹的故事已经是家喻户晓,这里只作一点简单概述。制造原子弹的科学理论是在1938年和1939年才出现的。1938年,德国物理学家哈恩(Otto Hahn,1879—1968年)证明,某些重元素(例如铀)能够发生裂变,也就是分裂为更简单的成分。接着在1939年,迈特纳(Lise Meitner,1878—1968年),一位从纳粹德国移居瑞典的奥地利物理学家,提出了一种对裂变的理论解释,并通过计算指出,从原理上讲,以爆炸方式进行的原子核链式反应能够释放出无比巨大的能量。当欧洲战事正酣之际,同盟国的物理学家考虑到一颗核弹有可能具有的巨大破坏力,又担心德国会把它首先研制出来。于是由爱因斯坦出面给美国总统富兰克林·罗斯福写了那封具有历史意义的信件,签字日期是1939年8月2日。信中说的就是制造原子弹的事情。罗斯福总统收到信以后,批准搞一项试探性的小项目。到1941年秋,即在美国参加第二次世界大战前夕,罗斯福总统下令提前加紧研制原子武器,

430

结果就促成了历史上规模最大的那个基于科学的研究与开发项目。这个项目后来被称为曼哈顿计划,由美国将军格罗夫斯(Leslie Groves)统一指挥。该项目共动用人员 125 000 人,分散工作在全国 37 个不同地点。当任务完成时,总共花去 20 世纪40 年代的 19 亿美元,差不多相当于现在的 300 亿美元。1942 年 12 月,在芝加哥大学一座橄榄球场的地下,流亡美国的意大利科学家费米(Enrico Fermi, 1901—1954年)第一次成功地实现了可控的原子核链式反应。1945 年 7 月 16 日,由美国物理学家奥本海默领导的小组在新墨西哥州洛斯阿拉莫斯实验室附近的特里尼蒂试验

431 **图19.1 原子时代开始了。**奥本海默和格罗夫斯将军在第一次爆炸核弹(新墨西哥州,1945 年 7 月 16日)之后检查了特里尼蒂试验场遗骸。插图:1945 年 8 月 6 日,"小男孩"原子弹在日本广岛爆炸。

场,引发了世界上第一次原子爆炸。8月6日,一架名为埃诺拉·盖伊(Enola Gay)的轰炸机把一枚铀-235原子弹投在了日本广岛的上空,立即使7万人丧命。紧接着在8月9日,一枚钚-239原子弹被投放在长崎。5天后,日本宣布投降。

原子弹使第二次世界大战戏剧般地结束了,同时,也揭开了随后的冷战时期的序幕。美国和苏联在政治、科学和军事工业各领域展开了全面竞争,从1952年开始,双方开始加紧研制破坏力更大的原子武器,甚至研制氢弹,又称热核炸弹。氢弹具有更大得多的威力,它不是利用重元素的裂变来产生能量,而是利用氢聚合为氦的聚变来产生能量。

第二次世界大战也见证了许多由政府提供资金的其他应用科学项目,例如雷达、青霉素生产、喷气发动机和最早的电子计算机。第二次世界大战为科学和政府间的关系建立了一种新的范式,这种范式一直延续到冷战结束,并且今天仍以这样或那样的形式继续存在,即政府以较大的规模投资纯科学和应用科学研究,希望能在工业、农业、医学和军事技术等方面获得丰厚的回报。曼哈顿计划的成功——理论的新成果立即就派上了用场——同样在科学和技术之间的联系方面树立了新的形象。理论工作和应用实践,在许多方面——历史的、组织机构上的、社会学上的——长期以来一直是基本上分离的活动,现在在现实中、更在公众的心目中已经融合为一项重要的举措。自第二次世界大战以来,人们已经普遍把技术视为应用科学了。

1961年,美国总统艾森豪威尔(Dwight Eisenhower)警告不断增长的"军工复合体"有不合理的影响。今天,尤其在美国(不仅仅在美国),出于军事和国家安全目的,对科学研究和基于科学的技术的支持已经发展壮大。尽管自1991年苏联解体以来,核武器的发展可能已经缩减,但科学军事研究(其中大部分是秘密的)仍被政府自身或通过政府与工业和大学签订的合同,以创纪录的水平进行着。这种研发在各种深奥的科学领域迅速发展。在世界各地武装部队技术系统中的无数其他应用科学实例中,这些领域涉及世界上最致命和最尖端的武器——环球无线电通信、远程作战、"智能"武器以及为战场上的士兵精心打造的装备。显而易见,军事以及

431

与军事相关的研究推动了科学和技术领域理论与应用的现代结合。今天对安全和反恐事宜的研究也是由一系列相同的考虑因素推动的。

核电工业是冷战研究的一个分支,它将物理学与电气化相结合。虽然核电站的增长率近几十年来有所下降,但一些国家(特别是法国)仍然依赖核能发电。20世纪下半叶和今天的太空探索是科学与军事之间不断发展的相互联系的独特产物。在第二次世界大战后期,冯·布劳恩(Werner von Braun,1912—1977年,柏林大学物理学博士)和他的德国同事成功地向英格兰发射了武装 V-2 火箭。涉及火箭和弹道导弹的高强度研发成为冷战期间研究的一个重要组成部分,特别是当导弹可以补充,然后取代远程轰炸机来运送核武器时。1957年10月4日,苏联和苏联军方的技术导弹系统将第一颗人造卫星"斯普特尼克1号"(Sputnik Ⅰ)送入轨道;1961年4月12日,同样的系统将加加林(Yuri Gagarin)送入地球轨道,这是人类首次进入太空。这些伟大的成就推动了太空竞赛。肯尼迪(Kennedy)总统在1961年晚些时候宣布美国将"在10年内让人类登陆月球",这戏剧性的宣言源自美苏之间的太空霸权之争。由此产生的阿波罗计划以及人类在1969年登陆月球的事实是人类技术成就的历史性胜利。大多数阿波罗计划之后的空间努力——航天飞机、国际空间站和预计的火星载人任务——都有冷战背景。包括法国、中国、日本和印度在内的一些国家以及欧盟现在都有国家太空计划,并且它们似乎更多地享有政治和经济的优先权,而不仅仅是科学事务。人类进入太空似乎特别受这些因素的驱动。在商业通信卫星和商业发射系统的背景下,太空计划已经商业化。毫无疑问,空间传输系统、卫星、空间探测器以及维持人类在太空生活和工作的复杂系统体现了基于科学并应用科学的先进技术。今天,空间科学仅依托于国家/军事和商业航天工业。远程探测器对太空的科学探索比送人类进入太空花费更少、更有效。

芯片与互联网

计算机代表了近几十年来应用科学从根本上改变了技术和社会的另一个主要领域。现代电子计算机的历史根源可以追溯到自动提花机(1801年),它使用穿孔卡来控制编织图案。这条技术变革之河的另一条溪流源于工业化社会的计算需求，特别是巴比奇（Charles Babbage，1791—1871年）的机械"计算引擎"。他与拜伦勋爵（Lord Byron）的女儿、英国数学家阿达·洛夫莱斯（Ada Lovelace，1815—1852年）构思了通用计算机。改进的机械和电子机械计算器贯穿20世纪30年代；这些由美国人口普查局部分承保，用于生成数字表格和数据处理。不出所料，第二次世界大战推动了计算机技术的发展，催生了1944年的Mark Ⅰ计算机和1946年由海军赞助的ENIAC。战争结束后，出现了一系列更加复杂的通用型存储程序数字电子计算机，包括UNIVAC，这是第一台商用并大规模生产的中央计算机。它于1951年在市场上出现。这种由程序运行的通用计算机基于1937年图灵（Alan Turing，1912—1954年）阐述的原则，并由图灵和冯·诺伊曼（John von Neumann，1903—1957年）等人在20世纪50年代发扬光大。

433

计算机发展的关键科技创新是1947年由机械工程师肖克利（William Shockley）和贝尔实验室的科学家团队研发的第一只固态晶体管。这一成就使肖克利获得了1956年的诺贝尔物理学奖。这种固态器件取代了真空管（经常出现故障），使20世纪50年代和60年代第一批实用大型计算机的工业和商业研发成为可能，例如早期标准，IBM 360。晶体管的小型化和半导体计算机芯片的发明是材料科学家和工程师的联手杰作。计算机革命的指数增长正在进行中，这是1965年被摩尔（Gordon Moore）的"摩尔定律"清晰阐明的增长模式，该定律表明半导体电子开关的数目每18个月增加一倍。50年后，当物理学家探索纳米（10^{-9}米）级水平的计算可能性时，这种预测仍然成立。从20世纪60年代开始，由IBM公司、数字设备公司和其他公司制造的大型计算机在军事、银行和新兴信用卡行业、航空公司预订系统、股票市场及周边，以及与中央多重处理、分时机器和打印机相联的大学校园等领域开始广泛应用。计算机中心成为一个新的社交空间。

434

在诸多领域，物理科学家、计算机科学家和计算机工程师都在努力提升计算机的惊人技术：软件和编程语言；硅"芯片"本身和更复杂、更快速的集成电路；量产的高科技方法；日益复杂的磁介质和数据存储技术（"软盘"、光盘、现在无处不在的

433　　**图 19.2　早期的计算机。**ENIAC 电子计算机(1946 年)是一个拥有 18 000 个真空管的庞然大物。它占据了一个大房间并消耗了大量的电力。(注意女操作员。)

USB 闪存驱动器);改进的信息显示方式;总体的行业标准。然而,在完全释放计算机和信息革命巨大的能量方面,没有什么比在 20 世纪 70 年代和 80 年代引入个人计算机更重要的事情了。20 世纪 70 年代早期,业余爱好者们开始用套件、商用微处理器和软盘制造个人计算机。1976 年,大学辍学生乔布斯(Steve Jobs)和沃兹尼亚克(Steve Wozniak)将 Apple Ⅱ 推向市场。1981 年,IBM 将自己的机器称为 PC,该机器运行的是由微软公司和年轻的比尔·盖茨(Bill Gates)共同授权的 DOS(磁盘操作系统)软件。个人计算机的改进包括鼠标及带有窗口和图标的图形用户界面,这些都是在施乐(Xerox)公司的帕洛阿尔托研究中心开发的。改进后的操作系统和用于文字处理、电子表格和数据库的更复杂的软件包将这个新玩具转变为办公室、家庭和现代生活中不可或缺的机器。计算机成为一个强大且昂贵的新消费品。那些在技术上投资缓慢的企业感到不妙。1981年,柯摩多尔(Commodore)公司的VIC-20机型就出售了100万台。1989年微软公司的销售额达到10亿美元。一场全新的转变正在进行中。

无须告知今天的读者计算机设备呈爆炸式增长,因为计算机无处不在。它们处于工业文明的核心,没有它们,我们所知道的工业文明是不可能出现的。然而,基本上没有人预料到计算机,或者它将如何改变社会。但是,计算机和个人计算机已深入到经济和社会中,计算机革命在短短二三十年内实现了巨大的社会变革。各种个人计算机和计算机系统的数量是巨大的并且呈指数增长,更不用说近年来连接到因特网的个人设备在激增。但计算机革命是一场进行中的革命。例如,在2013年,计算机化程度最高的国家是美国,有3.1亿台个人计算机。这是一个重要的数字,基本上代表在美国,人手一台计算机。中国在2000年全球排名第四,仅有2000万台计算机,然后惊人地上升到2013年的世界第二,拥有1.95亿台个人计算机。个人计算机在中国的人均普及率从1.5%增长到大约15%。在世界范围内,2014年大约有20亿台个人计算机正在使用,换句话说,大约每3个或4个人就有一台个人计算机,而在2000年大约每7个人有一台计算机。这个数字表明了进步,也可能进一步推动计算机的社会普及。值得注意的是,计算机行业的各种品牌如苹果、IBM、联想、索尼、戴尔等都是大企业。例如,IBM宣布计划在2014—2019年的时间段内投入30亿美元用于芯片开发。尽管如此,考虑到计算机越来越普遍并且可以通过这么多不同的平台访问,独立PC的主导地位似乎已经停滞不前。

一个非凡的新观念是:将计算机连接成网络,这也许是理解计算机作为社会变革的技术媒介的关键。首先,可以使用电话调制解调器通过电话线连接远程终端和大型计算机。然后,由DARPA(国防高级研究计划局)资助,第一个真正的计算机网络阿帕网（ARPANET）在1969年围绕着少数几个节点出现。阿帕网逐渐成长，连接了越来越多的大学和研究实验室。网络的效用开始展示，尤其是在新的电子邮件模式中。万维网（WWW）——可通过互联网访问的梦幻般的网页——于1991年出现。互联网和万维网已经准备好进行商业开发。在过去的20年中，世界目睹了令人难以置信的变革性全球信息系统的发展，也就是当代互联网呈现出来的样子。

互联网仅部分涉及构成物理系统的路由器或服务器，并且仅部分涉及互联网服务提供商（ISPs）和基于网络销售或服务的经济因素。互联网主要涉及通信和信息获取。互联网和万维网是个人通信和信息获取的技术基础。现在，全球各地的人们可以通过电子邮件和社交媒体对彼此实现即时访问。但同样重要的是，作为一个通用图书馆，互联网也将世界的信息瞬间带到家中的视频屏幕以及全球各地的办公室和个人设备上。商业搜索引擎梳理网络并满足每一个最一般意义上的信息请求，并且由我们任意处理这些信息。与当今全球互联网上按需提供的信息库相比，亚历山大的古代图书馆并不算什么。现在，计算机和互联网通过点击鼠标为我们提供了难以想象的丰富信息。其中一些信息具有特殊性和不可靠性，但其中大部分信息具有可信性和权威性；其中一些可能在道德上或其他方面令人反感，但这些信息全都在那里。

有了计算机，互联网俨然已成为各种娱乐……音乐、视频游戏和各种视频剪辑的平台。社交媒体的发展是互联网的一个显著产物，因为真正的社交生活已经转移到网络和Facebook（脸书）等应用程序。在Facebook上，家庭、朋友和社区可以通过以太网连接来保持沟通。Facebook 2004年才开始运营，但Facebook及其同类（中国的微博）已渗透了整整一代人。他们通过社交媒体连接在一起。我们保持联系并通过Twitter（推特）重新定义社区。借助Skype，我们可以通过互联网连接与世界上任何地方的大多数人进行即时面对面沟通。现在，我们过着自己的生活，并以新的方式与他人分享我们的生活，例如通过照片分享应用Instagram或Snapchat进行社交摄影。约会网站将人们聚集在一起。任何人和每个人都可以在一个以前根本不存在的公共社交空间——一个新的城镇广场——中发表博客文章并争夺关注度。所有这一切都方便极了，更不用说我们可以找到在视频网站YouTube、微博客Tumblr、新闻网站Reddit或类似网站上发布的内容，或咨询维基百科（Wikipedia）或询问谷歌（Google）或必应（Bing）。在这方面，人们还考虑通过Steam进行游戏和视频游戏的数字发行，其中数百万玩家同时在线。是的，互联网甚至为你的笔记本电脑或其他设备带来了图书馆和丰富的数据库。色情业的市场也很大。现在全球都有电子竞技和电子竞技比赛。微妙的代际差异和群体差异使用户和集体分类，但在许多方面，这却提供了前所未有的选择和自由。在许多方面，个人、社会和家庭生活已经被互联网和社交媒体所改变。这些技术将如何促进和维持社会关系，其最终结果还有待观察。

互联网也成为一个新的全球市场，拥有近乎无限的零售市场，包括亚马逊网站（Amazon.com）、iTunes音乐或Netflix电影和流媒体视频等诸多网络营销选择。像易趣网（eBay）这样的在线拍卖和购物网站已成为我们电子世界中熟悉的地标。实体店，特别是书店，已经从不久前的零售全盛时期大幅度下降，主要靠公民自豪感和购物需求来维持，或者服务于当地商场的娱乐活动。

虽然有一些事项需要注意，但计算机革命和互联网的作用是让信息自由而民主地流通。能使用计算机的人可以获取信息并能自己作出判断；他们不再受传统专家和信息保管人的控制。当然，那些没有计算机、无法访问互联网及无法感受万维网奇迹的人被剥夺了这种能力。互联网强大的全球化能力和全球化技术是把双刃剑，不是通过限制人们的选择来支配他们，而是允许个人根据自己的偏好（而非根据任何"威权人士"或政治权威的意见）自由地使用互联网。互联网在具有共同兴趣的用户之间培养了一种社区意识，以至于有可能导致人们根据变幻莫测的兴趣组建四分五裂的派别。由于同样的原因，政府推行的防火墙系统限制并控制了互联网言论和入口，限制了互联网技术提供的民主开放。

我们要牢记互联网的另一面是基于用户作出的选择以及按键敲击动作而进行的持续的信息收集工作。广告似乎不会买大多数网站的账，因此商业模式已经转移到监视用户的习惯并以被监视为代价来提供诱人的服务。收集来的信息会出售给公司、广告商和政治团体。大数据是"老大哥"和大公司的工具,它扩大了上述隐私问题。互联网比电视更具互动性和亲密性。电视是一种更为被动的媒介,因其遥控器和沙发土豆(老泡在电视机前的人)的形象,长期以来一直被人嘲笑。

计算机和数字录音彻底改变了音乐产业。音乐产业现在是基于计算机处理和数字存储及检索。激光读写磁盘现在已经让位于从云端下载的音乐,存储已经转移到固态灰驱动器。由于可以通过计算机私下接触在万维网上传播的色情图片和视频,色情业蓬勃发展。而且,还需要谈论计算机和视频游戏。自1976年由雅达利(Atari)公司引入简单游戏PONG以来,随着对速度、处理能力和存储的无比渴求,计算机游戏一直是计算机革命的主要推动力。计算机游戏深深植根于世界各地的青年亚文化。随着图形表象能力的不断提高,计算机游戏变得异常复杂。如今,开发和推出新的计算机游戏需花费5000万美元,而一款成功游戏的费用还要高出数百万美元。整个新游戏系统(如微软的Xbox系统或索尼的PlayStation系统)的赌注甚至更高。沿着这些方向,最初为超级计算机的军用和超级计算而设计的一些开发,可对图像信息和视觉表象的处理进行改进。如今,更大更快的个人计算机有能力执行这些密集的计算任务,包括游戏、数字摄影和数字家庭视频。过去那些超级计算机解决不了的处理需求问题,现在的增压个人计算机组合可以应对。这些机器为人工智能和数据挖掘的相关发展提供了计算基础。最后,在这方面,计算机和计算能力已经加入了电影业。数字投影系统现在很常见,并且出现了数字动画和数字增强电影的整个子类型。今天,许多电影都包含了数字和基于计算机所作的图像,而这些图像在计算机出现之前是不可能做到的。有关计算机的发展都是近期的事,几乎算是当前的事。它们再次证明了21世纪高科技产业的地位和工业文明的突飞猛进。

无线电通信与生活方式

计算机与电影和音乐产业的整合说明了工业文明的技术系统如何并肩作战来

改变社会，并为少数特权国家和阶级带来全新的文化存在方式。思考无线电通信技术和"有线"生活方式的出现之间的关系最明显地体现了这点。

通信速度的不断提高本身就是工业文明的标志。随着电报、汽船、电话、无线电通信、跨洋电缆、通信卫星以及现在互联网的出现，人类社会在过去的200年里接触得越来越紧密，工业文明的生活节奏也相应地加快了。

移动蜂窝电话代表了一种具有里程碑意义的基于科学的通信技术，其效果加速了工业文明的发展趋势。到20世纪80年代，电话意味着硬连线的，通常是由AT&T——美国电话电报公司（"贝尔公司"）等垄断公司控制的固定电话。电话连接的是地方，而不是人。第一部手机，摩托罗拉大哥大（Dyna-Tac）的历史可以追溯到1973年。可以跟踪和维护多个漫游呼叫的"蜂窝"系统于1977年在芝加哥进行首次试验，有2000名客户。日本人1979年在东京建立了第一个商用蜂窝电话系统。早期的手机是花费高达数千美元的昂贵物品。新技术的成功植入不仅取决于成本的降低，还取决于1982年美国电话业的管制放松，以及联邦通信委员会在同一年引入的许可变更。手机迅速成为现代生活不可或缺的工具。1987年，美国首次拥有100万手机用户；2004年，全球共有13亿部手机在使用。到2014年，全球手机的数量有望达到与世界人口的数量相等的程度——换句话说，基本上每个人都拥有或即将拥有一部手机。不出所料，当今中国是手机数量最多的国家，超过了12亿（比2006年的3亿增长了4倍）。手机使用的激增发生在仅仅20年左右的时间内，这个事实证明了基础设施和商业创造的巨大发展——它们建立了完整的技术系统来支持手机的使用。手机行业是一个价值数十亿美元的行业。现在全世界移动电话用户比固定电话用户多很多。手机和智能手机，以及其他设备，在其制造过程中加入了稀土金属。这种需求刺激了采矿业务、商业贸易和全球供应链。

手机本身已经是小型化的奇迹。手机系统的覆盖范围正在扩大，并将很快涵盖世界上大多数地区。电话号码现在是可以迁移的，它们可能具有社会保障或国家识别号码等实际重要性。"呼叫"不再意味着"拨号"，生物识别指标更可能是未来的浪潮。

439

"切断电线"的影响是巨大的。今天的通信越来越多地连接人,而不是连接地方。随之而来的生活方式的改变在各地都很明显。手机带来了即时通信,它提供了一种不同形式的人与人之间的沟通。与传统电话相比,它有着不同的行为后果和社会后果。当人们争先恐后地处理如今在会议和其他社交环境中不停丁零作响的铃声时,人们的礼仪和心态都已经发生了变化。人们已经知道,开车时使用手机的驾驶员是危险因素,结果车祸和死亡人数不断上升。手机促进了家人、朋友和商业伙伴之间更密切的沟通,但这项技术也增加了我们的集体异化,因为手机使我们远离公民社会,并朝私人群体内化。更民主的付费电话实际上已经绝迹,但手机技术的一个明显优势是:它允许发展中国家"跃过"延伸极其昂贵的陆地线路的阶段而直接建造尽管并不便宜的手机系统,这会使欠发达国家有可能实现与发达国家某种平等的通信。在智能手机中,手机技术与互联网和万维网的结合证明了一种激动人心的融合。互联网及其在信息和功能方面提供的一切以及最初作为电话通信技术的东西已融入当今智能手机的卓越设备中,即让世界触手可及的手持个人通信工具,它结合了诸多功能:电话、高品质定格画面和摄像机、电视、社交媒体平台、音乐播放器、GPS设备、个人数字助理(PDA)和台式计算机等。我们可以将极其丰富的应用程序(apps)下载到手机上,根据个人品味和个人体验来定制属于自己的世界。如果不考虑1952年迪克·崔西(Dick Tracy)的双向腕式收音机,智能手机背后的概念和此处所讨论的连接类型可以追溯到20世纪70年代。智能手机是搭载在手机系统和互联网上,但其大规模使用却要等候移动无线技术的成熟以及互联网背后的技术系统。专为商业用户设计的第一款黑莓手机于2003年上市。苹果公司于2007年推出了第一款iPhone,并与其他制造商和无线提供商提供的复杂的安卓系统(Android)一道,控制了一个不断扩大的市场。2014年,近60%的美国人拥有智能手机;世界上智能手机的数量超过10亿,而且还在增加。

基因组魔鬼

沃森和克里克于1953年发现了DNA双螺旋结构,这标志着科学理解生命和遗传本质的里程碑。今天,有关遗传学和DNA的新兴领域,包括医学、农业和法医学的应用,证明了沃森和克里克的发现具有重大的社会和经济意义。DNA技术代表了21世纪应用科学的前沿,具有重大的经济和其他效果。

一系列融合的技术突破向我们逐渐展现了来自研究前沿的某些DNA深奥知识的简明化过程,并阐明了这些知识的哲学和实践意义。1962年的诺贝尔奖授予了DNA结构的发现。在那一年,科学家们首次"破解"了基因密码并将DNA序列与蛋白质的产生联系起来。这是任何基因应用工作的关键步骤。从1972年开始的基因重组技术使得研究人员可以将DNA的一条链"切割并粘贴"到另一条链上。这是一个强大的技术,可以将DNA序列从一种生命形式拼接到另一种生命形式。同时开发的凝胶电泳技术为这个不断增长的DNA工具包提供了另一个强大的新工具,该技术允许基因和DNA样本的分子比较。然后在1985年,在生物技术公司赛图斯(Cetus)工作的穆利斯(Kary B. Mullis)发明了聚合酶链反应(PCR)。该技术使大量扩增任何DNA样本成为可能;它可以在几小时内产生数十亿份基因序列拷贝,从而为工业规模的应用科学和遗传学打开了大门。穆利斯赢得了1993年的诺贝尔化学奖,这充分说明有很多遗传学和生物技术是来自科学研究的前沿。美国有10 000多个国家和商业实验室专门研究这些DNA分析技术。

人类基因组计划是该领域发展的光辉典范。该项目始于1990年,其雄心勃勃的目标是对人体DNA中的30亿个碱基对进行测序,并对估计的100 000个人类基因进行编目。这个13年的项目由美国国会承保,最初由美国能源部和国立卫生研究院协调。1998年,由文特尔(J. Craig Venter)博士领导的私人公司塞莱拉基因公司(Celera Genomics)进入竞争,承诺使用先进的自动化测序技术在3年内对整个人类基因组进行测序。历经一些关于所编制信息的所有权和使用权的冲突之后,公共部门和私人公司最终合作。2001年,科学家完成了人类基因组的第一幅草图,并于2003年4月得到了整个人类基因组的最终目录,减少到大约20 000个基因。这是一项昂贵的"大科学"项目,耗资30亿美元。由于DNA测试的单位成本迅速下降以及出现了刺激开发的公共—私人之间的罕见竞争,该项目显得开始得有点早且预算不足。人类基因研究的巨大潜力不言而喻,人类基因组计划的结果将为未来几十年的研究和应用奠定基础。

其他物种DNA图谱的绘制也紧随其后。这很大程度上是因为研究所需的基础设施已经到位。研究目标是其他生物的基因组,通常是对人类重要的生物,如牛、狗、老鼠、蜜蜂、蚊子和各种病毒。对灵长类动物的研究有助于增进我们与其他生物进化关系的理解。基因组学,或者说对整个基因序列化学和功能的研究是一个引人注目的研究领域,具有潜在的重要医学收益。有了日益高效的研究技术,解码任何物种或个体的基因组将花费甚少。沿着这些方向,1998年一家名叫解码(deCODE)的私营生物技术公司与冰岛政府合作,开始建立一个涵盖岛上所有275 000名居民的遗传信息数据库,以便剔除特定疾病的基因。这种信息正显示出其强大、利益和问题。

正如上述塞莱拉基因和解码这两家公司所表明的那样,基因和DNA的知识已经大量商业化,而且生物技术产业已经开始利用这些专有知识并从中获利。事实上,一些公司已经获得人类DNA序列(基因)的专利。大约有1500家生物技术公司活跃在美国。他们雇用了数千名科学家和技术人员。许多是小型初创类型的企业,但很多都是价值数十亿美元的大公司。其中最早的一家是成立于1981年的基因泰克公司(Genentech)。2012年,基因泰克公司成为瑞士制药巨头罗氏公司(Roche)的一个部门,聘请了12 000多名员工(20%拥有高级学位);罗氏公司当年的销售额为500亿美元。应注意这些行业的所在地,它们毗邻硅谷、旧金山、纽约、波士顿和圣迭戈及其周边地区的大学和科学中心。研究人员及其支持机构,尤其是大学,越来越关注建立和保护知识产权。

然而,迄今为止,农业是最能感受到应用遗传学影响的领域。转基因作物和转基因食品已经实现了历史性的农业革命,远远超过了20世纪60年代培育新品种(尤其是水稻新品种)的所谓的绿色革命。在这场新的革命中,转基因生物(GMOs)——玉米、大豆、小麦、棉花、甜菜等许多作物——已被引入世界各地广泛种植,但欧洲除外。转基因马铃薯和转基因鲑鱼正在开发中。现在正在进行田间试验,以种植药用转基因植物。阿根廷和美国等国家的农业——或换个更准确的说法,农业综合企业——受到了广泛的影响。例如,农业综合企业巨头孟山都公司出售经过基因改造以抵抗害虫和除草剂的种子。转基因作物的一个结果是降低了对环境污染农药的依赖,但在过去20年中,除草剂的使用增加了10倍。孟山都公司不仅销售种子,而且销售在农民田地上浇灌的除草剂,还以合同的方式禁止农民播种私人种子,并要求他们每年购买新的专利种子。

由转基因种子和转基因作物生产的食物现在进入了人类消费的大部分加工食品。例如,大多数商业早餐谷物、薯片和蛋白质棒都是用转基因生物配制而成,而且这个列表还在继续。全世界有60个国家现在要求使用转基因生物标签,但美国没有。一场与此相关却悄无声息的革命正在进行中。它涉及化学强化食品及其添加剂,例如叶酸,现在人们将其常规添加到谷物中以防止出生缺陷。这种人类自我修修补补的行为,其长期生态和健康影响尚不清楚,并且随着非转基因食品需求暴涨,对转基因生物的强烈抵制已经形成。

疾病的基因检测是遗传研究应用的另一个组成部分。例如,泰-萨克斯病,一种导致儿童中枢神经系统渐进性破坏的致命遗传疾病,是由人类15号染色体上的异常引起的。通过对携带者的测试和建议,现在这种疾病实际上已经根除了。很多测试可以检查子宫内唐氏综合征和其他遗传异常,这使一些父母可以做点准备:要么养育遗传畸形的孩子,要么决定终止妊娠。这种基因测试还能做到让父母选择其后代的性别,一种新的优生运动正在进行。与20世纪上半叶的准国家运作不同,这种“新优生学”是消费者需求、技术驱动和医师施行三者结合的新模式。尽管基因检测可能会带来许多好处,但这种检测会威胁到医疗和保险覆盖差别*。

克隆是一种相关技术,可以生成基因相同的个体拷贝。1996年,绵羊多莉(Dolly)成为第一只克隆哺乳动物。总的来说,尽管畜牧业具有巨大的经济潜力,但克隆技术还没有证明自己。克隆技术可能证明其重要性的一个领域是保护濒危物

443

---

* 某些人可能因检测到某种疾病而被拒绝购买保险。——译者

种。克隆人类的问题得到了一些关注。克隆一个人在技术上是可能的,但是这种可能性是否会变成一种超越狂想的东西还有待观察。

创建用于刑事取证和执法的DNA数据库很常见。聚合酶链反应技术可以比较任何两个DNA片段,比如一个从犯罪现场获取,另一个从可能的嫌疑人身上获取。在美国,DNA数据库现在存储了刑事司法系统中所有被定罪的重罪犯和军队中所有人的DNA档案。这些数据库很快就会取代指纹作为追捕犯罪分子和恐怖分子的主要(且更可靠的)工具。当然,这些发展引起了人们对隐私、公民自由以及公民控制自己遗传信息的自由等问题的严重关切。事实上,DNA技术及其应用科学已经形成了一个具有卓越能力和恐怖可能性的"美丽新世界"。此时,DNA犹如科技激起的可怕女巫酿造的知识,在其黑暗面隐藏着生物恐怖主义的可能性。

医学技术

在整个发达国家,今天的医学是高科技应用科学的重要舞台。特别是近几十年来,医学应用的科学开发取得了无可比拟的成功,并且在生物学、化学和物理学的基础研究应用于药物、医学技术和医学实践方面取得了惊人的发展。高度复杂且基于科学的医学技术已经出现。这些技术改变了医学并改善了人们对疾病的识别、理解和治疗。这些应用科技改变了患者和医生的意义。

几个世纪以来,许多不同的医疗技术在抚慰人类。在伊斯兰世界和西方,在中国和印度,精致的理论系统既可以解释疾病,也可以指出治疗方法。提供的治疗方案具有不同程度的功效,但将知识与实践、自然哲学与健康结合起来始终是个夙愿。在17世纪的欧洲,笛卡儿阐述了科学的医学的现代图景,即通过研究和提高科学认知持续推进并完善医学实践。在19世纪,正如我们所看到的,随着麻醉、抗菌术、疾病的细菌理论和现代化医院的出现,科学的医学理念开始成为现实。但是,只有在最近的时期,笛卡儿的愿景,起码来说,似乎是部分地实现了,科学的医学和基于科学的医疗技术在今天的工业文明中全面开花。

医疗实践一直是一种技术,或者更恰当地讲,是一整套技术。当代科学的医学已经被技术彻底殖民。这种传统只是名义上属于西方，因为现代组织化、制度化的医学类型在世界各地的医院和医疗中心都可以找到。事实上，当代科学的医学是一个基于科学的技术系统，因为任何人都知道谁曾是医院的病人或去看过医生。当然，用于监测和改善个人和社会健康的技术是工艺实践的结果，但仅限于高度专业化的、基于科学的以及工业化之前医学史上的其他技术。

医生对患者进行治疗并提出建议，这样的临床实践的传统模式不再是常态，并且人们观察到：现代医学技术机器内的个体越来越去人格化。今天，医生用一些临床数据来评估患者的状况，这些数据是从与特定疾病相关的诊断测试中获得的。并且疾病通常被定义为偏离某些标准的测试结果。（不要忽视现在患者和医生使用的基于科学的、精细复杂的血液检查与其他常规筛查测试。）患者的主观体验不太重要，通常确是如此。同时，医生接受多年的特殊培训，部分是为了培养使用科学化技术所必需的知识和技能，而这些科学化技术将提供诊断和治疗需要的结果。因此，医生必然不可能全程治疗患者。

医生日益专业化也与工业化密切相关。类似工厂的医院为医生提供了稳定的"临床材料"。由于患者人数众多，医生可以开发各种专业，并且机构可以为医生提供技术设备，因为这些设备既太麻烦又太昂贵，当地医院或医生自己无力维护。在很大程度上，医生自身已经被剥夺了医疗服务的实施权和管理权（尽管"医嘱"持续存在），取而代之的是由错综复杂且层级分明的诊疗决策图来指导的精细的诊疗步骤，这些均由政府社保机构和保险公司参与制定并监督。许多时候，医疗服务是基于营利的，这个事实成为令我们所有人的内心都不得安宁的道德负担。

在当今发达国家，医院已成为以科学为基础的技术的高级中心。普通医院手术室简直就是现代技术的奇迹。在这种惊人的技术环境中，世界各地的外科医生负责拯救生命并增加人类的幸福感。高深莫测且富含高科技含量的手术推高了标准。在20世纪50年代，先锋医生使用人工心肺设备完善了心脏手术和心肺转流术。如今，曾经非常特殊的操作已成为常规心脏手术，以修复先天缺陷，更换心脏瓣膜，并且切口更小，但插入支架和施行其他手术在技术上也同样精巧。1967年，南非外科医生巴纳德(Christiaan Barnard)博士进行了第一例心脏移植手术,而如今心脏、肺、肾和其他器官移植并不少见。取代原始心脏的人工心脏于1982年首次植入人体,但目前该技术仍处于试验阶段且还在持续发展。然而,人工泵和人工辅助设备对心脏虚弱或受伤的人来说大有希望。当今手术的趋势是使用体现先进性的腹腔镜技术进行微创手术。现在,可以使用机器人设备进行精细手术,从而允许远程操作。并且,真正错综复杂的手术有着惊人的技术复杂性,例如子宫内手术或连体双胞胎的分离。这些技术奇迹提出了一些社会和伦理问题,这些问题有关正在实现的目标和有限资源的分配。

446

今天的医学广泛依赖基于科学的技术和设备。X射线在1895年刚一被发现,差不多立即就用在了医学上。并且一经由医学界使用,X射线便成为起源植根于科学研究的众多强大诊断和成像工具中的第一个。今天,X射线的医疗用途在各种情况下都很常见:从乳房X线照片、牙科诊所到高级诊断程序。数字X射线技术现已成为常态,并且为了证明计算机和计算机技术在医学中的作用,CAT扫描(计算机轴向断层扫描)通过使用X射线和计算机来生成三维图像,将成像技术提升到了新的水平。沿着核物理领域开辟的新航道,MRI(磁共振成像)和PET扫描(正电子发射断层扫描)利用原子核和放射性物质的特性来产生用于研究和临床应用的图像和信息(见图19.3)。2003年诺贝尔生理学或医学奖授予创建MRI技术的基础科学研究。同时,让我们不要忘记在世界各地的医疗设施中满负荷运行的其他基于科学的机器军团:自动脉冲、血压和氧合测量仪器、ECG(或EKG,心电图)、EEG(脑电图)、超声波、骨扫描仪,甚至是不起眼的温度计(现在是一种通过感应红外辐射来测量温度的电子设备)。

药物的开发及其背后的化学反应代表了另一个领域。在这个领域,来自科学领域的知识发现了在医学和经济上都有价值的应用。这些应用对人类的健康和福祉贡献极大。英国医生弗莱明(Alexander Fleming, 1881—1955年)在1928年偶然发现了青霉素;他于1944年被封为爵士并于1945年获得诺贝尔生理学或医学奖。青霉素是一种由医学和科学研究共同开发的抗生"神奇药物"。我们很难想象抗生

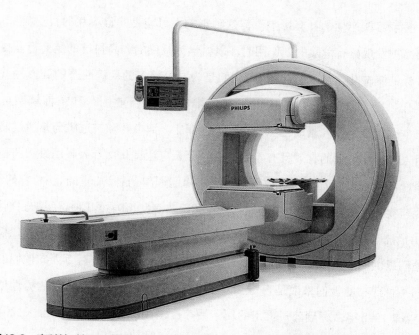

图19.3　高科技，基于科学的医学。 如图所示的SPECT-CT成像机结合了来自360°X
射线扫描的3D CT（计算机断层扫描）图像和来自核医学SPECT（单光子发射计算机断层
扫描）扫描的图像。在后者中，给患者注射放射性同位素，并且核医学γ相机围绕患者旋转
360°，测量电离γ射线辐射并在三维中创建另一图像。在特殊设施中，核医学技术人员操
作机器并将图像组合在一个单独的站点，然后由核医学专家"读取"图像。

素时代之前的生命和药物是怎样糟糕的状况，而抗生素仅出现在不到一个世纪之
前。第二次世界大战加速了青霉素和其他药物的大规模生产，此后制药行业爆炸
性增长，2013年全球销售额达到8390亿美元。制药行业现在由少数几家跨国公司
主导，这些公司几乎负责广泛使用的所有新药。从研发新药到推向市场将耗资数
亿美元。2014年全球医药行业投入1350亿美元用于药物研发。

　　在这种投资和研究热情高涨的背景下，通过系统实验、"设计师"化学和精心的
试验等手段，许多新的抗生素和药物被开发出来了。20世纪60年代成功引入口服
避孕药是该过程中一个里程碑式的例子。"避孕药"让女性更好地控制她们的生育
状况，并且它被证明是20世纪60年代性革命的关键因素。化学或激素分娩控制继
续影响着数百万妇女（和男性）的生活。该案例极好地说明了应用科学和制药业务

这种关系可能产生的社会影响。但这种影响也可能是非常不利的,比如当市场上的药品被发现具有危险的副作用时。以科学为基础的和高科技的制药行业提供各种各样的制造化学和生物化合物,它们是为同等繁多的疾病而开的处方并被市场所消化。随着百忧解(Prozac)于1986年推出,制药行业生产和销售新型抗抑郁药。今天有数千万人通过化学方法避免抑郁症。消炎药和抗过敏药是通过制药工业引入的其他类别的有效且有益的产品。今天究竟有几百万人服用过敏药物并用类固醇治疗自己呢? 今天有数百万人服用降胆固醇药物;儿童的"注意障碍"是由其他药物治疗的;胃灼热,现在升高为"胃酸反流病",可通过几种胃酸抑制剂缓解,如H_2拮抗剂和质子泵抑制剂(PPI)。医疗机构和制药行业有时似乎会创造"疾病",而他们提供化学品作为治疗方法。处方药的广泛宣传促使数百万人向他们的医生询问某种药物对他们来说是否"正确"。在这方面,全球数以千万计的男性使用伟哥,这是1998年由辉瑞公司推出的用于治疗所谓性功能障碍的药物。在2013年,其美国销售额超过3亿美元,全球销售额略低于20亿美元。

不仅仅是药物。在现代科学的医学史的另一篇章中,1911年维生素的发现导致了维生素缺乏症的预防和治疗。而且,在巴斯德的工作基础上,20世纪针对伤寒、破伤风、白喉和麻疹的疫苗开发极大地降低了死亡率并改善了公共健康。20世纪50年代由索尔克(Jonas Salk)和萨宾(A. B. Sabin)开发的针对脊髓灰质炎的疫苗创造了巨大的公共健康效益并引起了巨大的关注。

围绕体外受精的技术同样也是当今高科技医学和实践的例证。人体体外受精的历史可以追溯到1978年,它体现了一套非常复杂和昂贵的科学化医疗技术和程序,可以为那些想要生孩子的人带来福祉。1996—2001年,通过体外受精和辅助生殖技术出生的儿童数量几乎翻了一番,2001年有41 000名新生儿。2014年出生的婴儿总数超过500万。改善不育症的治疗方法引发了许多涉及孩子、代孕母亲以及血缘和非血缘双亲权利的前所未有的伦理和法律问题。

材料科学和生物医学工程是另一类学科,这些学科的科学研究已经转向科学家、工程师、内科医生和外科医生们的富有成效的医学应用。人工关节、假肢、透析设备、起搏器、助听器（现在已经数字化）、人工耳蜗以及类似的仿生部件或扩展的发展进一步改变了医学并帮助了数百万人。让我们不要忘记牙科以及源自同一知识和产业基础的牙科技术的惊人范围。今天的牙冠，是当代技术和材料科学的奇迹，正在成为人类科技成就的见证。

未来会怎样？越来越复杂且昂贵的高科技技术正在进行医学研究。实用的人造血液即将出现。干细胞研究具有微观器官移植的希望，干细胞治疗为神经再生提供了逆转脊髓麻痹的前景。如今，新疫苗始终处于医学研究和发展的最前沿。从物理学和材料科学的先锋出发，纳米技术是一门应用科学学科，它设想建造的医疗器械，其尺寸是人类一根头发直径的十万分之一。由纳米级机器驱动的分子医学用于药物的定向输送甚至人体内部显微手术的前景都并不奇怪。此外还有药物基因组学，这是一个应用科学领域，它将传统的药物开发与遗传学的独立研究相结合，提供个性化的药物，以适应从个人遗传信息中获得的个体特征。在药物相关研究中越来越多地使用另一种值得注意的"交叉"技术，它涉及嵌入计算机芯片微阵列中的生物敏感材料，可以广泛且快速地测试作为潜在药物的化学品。

现代科学的医学的成功是不可否认的。事实上根除脊髓灰质炎和技术上消灭天花可以添加在消除人类痛苦的非凡成就清单中。今天的科学和医学提供了前所未有的健康和长寿前景，这些在工业化之前是不可能的。2014年在日本出生的女性其预期寿命为87.3岁！在美国出生的人，预期寿命在1901年仅为49岁；1930年升至59.7岁，2014年这一数字为79.8岁（男性为77.2岁，女性为82.4岁）。2014年，日本近26%的人口超过65岁，60岁以上人口占33%。预计到2025年，年龄在65岁以下的日本人与年龄在65岁以上的日本人，其比率将仅为2比1。寿命延长的另一个后果是，完全意义上的老年人的数量激增。发达国家百岁老人数量增加，特别是日本近几十年来暴涨。到2050年，这一数字预计将增加18倍，主要是在发达国家。这些人口趋势的社会后果是巨大的，表现在提供社会服务、资助国家社会保障和健康计划、代表富人与穷人以及发达国家与发展中国家之间另一种鸿沟等方方面面。这些后果仍有待充分感受到。

　　然而,这里讨论的那种制度化的科学的医学和医学实践提供了复杂的遗产,许多基本前提都受到了质疑。自从20世纪50年代末和60年代初的沙利度胺药物灾难以来,一种能够用药丸消灭疾病的全能科学药物的愿景受到了挑战。沙利度胺于1956年作为镇静药引入并用来对抗孕妇的孕吐。人们逐渐意识到沙利度胺会引起严重的出生缺陷,然后在许多方面都抵制该产品。沙利度胺直到1961年才退出市场。这是一场在46个国家造成了5000名沙利度胺受害者畸变的灾难。人们会怀疑新药的长期效果未能得到充分的评估,更不用说考虑治疗疾病的非药物替代品。而经常召回药物或事后认识到一种治疗或另一种治疗是不明智的,例如对更年期妇女采用普遍规定的激素替代疗法,这两种做法在减轻人们的怀疑方面几乎没有作用。

450　　事实上,工业文明本身就是当今世界面临一些医疗挑战的原因。耐药细菌或抗除草剂带来的超级杂草问题就直接导致抗生素和杀虫剂的过度使用。国际旅行为疾病迅速蔓延创造了条件,如SARS或埃博拉疫情。偏远地区的开放促进了人类免疫缺陷病毒(HIV)和艾滋病等外来新疾病的传播。研究人员使用抗病毒药物并没有取得与抗细菌药物一样的成功,迄今为止医学基因治疗效果不佳。糖尿病和肥胖等流行病直接源于大众广告鼓励的不健康的生活方式和消费主义。

　　使这些缺点更加复杂的是,制药公司的主导地位和对利润的追求已经扭曲了研究和医疗护理的供给。科学-药理学-医学机构(大型制药公司)在全球范围内已经牢固地组织化和制度化;它代表强大的经济利益,不会消失。人们担心的是:健康的构成因素是什么以及如何促进个人和集体健康等其他观点一般都没有得到探究,因为这种努力无利可图。例如,我们并没有以追求更有经济效益的药物那样的支持力度来探索预防医学或公共卫生措施领域的社会导向性投资,还有那些似乎没有利润的研究领域,例如维生素和疫苗。人们越来越怀疑高科技的、基于科学的"西方"医学。这种局限性,而不是现代医学的荣耀,解释了为什么即使在发达国家,人们也在转向其他医学传统和治疗方法,以过上更理性、更健康的生活。

　　最令人担忧的是,以科学和技术为基础的医疗手段,其费用在不断增加。这使富国和穷国之间泾渭分明。同样,这种差距将工业社会划分为负担得起和负担不起发达医疗的人群。今天,地球上绝大多数人很少或根本没有机会获得发达国家普遍存在的医疗服务。这种分歧引发了与有限资源如何分配相关的严重的政治和伦理问题。这就是当今工业文明中医学的悖论。

应用科学的多样性

一个最重要的结论凸现:利用科学创造新技术是一种现代现象。应用科学的威力早在公元前第四个千年出现早期文明时,就由于政府支持科学和科学专家而显现出来,但是直到19世纪,知识界和工艺界仍然大部分是隔离的,正如我们所看到的那样。同样地,在17世纪之前并没有出现自然知识应该用来提升大众福祉的理念。正如我们现在所看到的那样,这种理想只是在19世纪才付诸实践,在20世纪才得以充分兑现。政府和工业界对科学和应用知识的支持力度,总算加大到使长期以来不停被提及的"科学有用"不再是一句空话。作为应用科学的技术是21世纪工业文明的一个决定性因素。同时,这也提供了我们开篇想要审视的那种陈腐思想(所谓技术从来就是应用科学)。随着技术和科学之间在智识、技术和社会等方面的关系越来越典型、越来越重要,当代科学与技术之间究竟怎样链接才最好,仍然是需要加以深入探索的问题。

显而易见,今天的科学和技术证明了一系列联系。正如本章所示,科学研究最前沿的理论进展可以很好地应用于实用技术。但即使在这里,我们也可以辨认出不同的联系。例如,在原子弹的案例中,理论创新和实际发明之间仍有一个延迟,尽管是一个短暂的延迟。我们还要考虑科学家和工程师有时在不同的机构环境中,他们经常是分头行动的,或者只参与研究,或者只参与开发和应用。这种划分保留了纯科学研究与独立知识应用之间的经典区分。相比之下,古尔德(Gordon Gould)于1957年发明激光的案例模糊了发现和应用之间的区别,因为基础物理学和实用工具同时"一瞬间"出现,正如古尔德所说的那样。古尔德当时是哥伦比亚大学的研究生。他放弃了学业,着手开发激光并使其商业化。这件事削弱了科学家、工程师和企业家这样整齐划一的类别区分,并进一步增加了应用科学概念的细微差别。

然而,在许多其他领域,即使在今天,仍然存在一种误解,把技术简单地或直接地视为"应用科学"。例如,在工程师和技术人员的教育和在职培训中,总喜欢东拼西凑出分量不少的科学内容,可是在那些内容中却难得见到一点出自研究前沿的先进理论科学。一般情况下,对于一位从事实际工作的工程师或受过科学教育的技术人员来说,"煮熟了的"科学就足够了。美国国家航空航天局的科学家和工程师在启动阿波罗登月任务或出色完成美国空间计划的其他任务时,不必掌握也不会用到相对论或量子力学的那些尖端研究。他们计算空间任务的轨道,只需要用到牛顿早在17世纪就已提出,后来又由拉普拉斯在进入19世纪之际加以完善的古老的天体力学。

即使有的设备或技术非要用到科学知识不可,通常还会涉及大量其他内容,因此人们常常还是会误以为新技术只是简单的应用科学。例如,1938年,具有化学背景的专利律师切斯特·A·卡尔森(Chester A. Carlson)利用他所掌握的"煮熟了的"光学和光化学知识,发明了静电复印,一种干式复印方法。在这个例子中,就不好说需求是发明之母了,因为卡尔森有好几十年一直拿着自己的发明在寻找买主,包括竭力说明顾虑重重的国际商业机器公司(IBM)用他的发明去取代复写纸,结果全都落空。最后,为完善一台实用的复印机对工艺和设计所进行的改进:经验、直觉和灵感,同科学简直毫无关系;并且,反而是一个开拓市场的策略,即不是把复印机卖出去,而是把它们租出去,成了20世纪60年代第一批施乐复印机取得惊人成功的关键。只有到了那时,才有越来越多的人认识到他们很需要复印件,复印机也才成为一件日常技术用品。在这个例子中,发明再一次成为需求之母。

今天我们在市场上可以看到各种风格和各种品牌的不同打印机、复印机、电视或计算机,这一事实反映了当代科学和技术的一个关键差异。也就是说,对于一个特定的科学难题或问题,科学界一般只承认一种解决方案。例如,一种特殊的蛋白质只可能有一种公认的化学组成和结构。相比之下,技术的情形就不是这样,即使是依赖科学的技术，有多种设计和多种施工工艺是十分常见的现象。有时候，搞出不同设计是为了满足不同的用途，例如有个人使用的复印机，也有办公室使用的大型复印机。其他时候，音乐播放器或者个人设备有各式各样的类型，搞出那么多设计往往只是为了促销。女性使用粉红色剃刀，而男性则采用蓝色或黑色的多叶片男款。

科学和技术的确结合起来形成了多种具有历史意义的新型链接（interaction）。在这些新型链接中，有对科学理论的所谓"强有力的"直接应用，有像激光或原子弹那样的应用科学产品或工艺，有卡尔森和他的复印机反映出来的那种科学和技术之间"微弱的"或者说"煮熟了的"链接。与此同时，技术同科学和自然哲学传统上那种互不相干的情况，即使在今天也还有存在。仍然有许多技术创新是在同科学界或理论没有关系的背景下产生出来的，这种情况是技术、工程和具有技术特征的技艺的那种从史前就沿袭下来的独立传统的延续。例如，一位海军退伍军人基布克（Theodore M. Kiebke）在1994年收到了美国专利局寄给他的编号为5361719的专利证书，从法律上得到了对他的一种用麦秸制成的新型猫砂的发明权的承认。在2015年，他的发明对年产值超过20亿美元的行业具有潜在的重大影响，可是，我们无论如何也找不到理由可以说基布克先生的新型猫砂代表了哪一种应用科学。同样的道理也适用于：福特在20世纪20年代和30年代开发的木炭型煤（可以用于处理汽车制造的废木），或者由明尼苏达州卡哈斯森城的林德尔（Michael J. Lindell）发明并制造的"世界上最舒适的枕头"（2015年宣传用的广告词）。

453

技术史家休斯（Thomas Parke Hughes）从系统的角度总结了怎样以最好的方式思考现代应用科学以及如何最好地将自然知识转化为实用技术：

> 工程师和科学家之间以及技术和科学之间的关系长期以来一直受到历史学家，特别是科学史家的关注。从系统的角度来看，这些区别往往会消失……一些人在情感和智力上都致力于解决那些与系统创建和发展相关的问题。他们很少注意到学科界限。

因此,在各种各样的联系中,现代应用科学以其多种形式改变了人类的生存,并将工业文明带到了现在的状态。科学和基于科学的技术从未像现在这样深入人类社会和世界经济之中。

技术史表明,预测技术变革的过程有多么困难,更不用说预测它的社会影响了。我们只能说:许多源于19世纪和20世纪的伟大技术,特别是基于科学的技术,将会继续融合,在21世纪逐渐形成工业文明的超级系统。当今的技术是否让人们更幸福或更聪明则是另一个问题,但无论如何,总结一下:我们应该把科学进展当作当今世界的一种社会制度来研究。

第二十章
当代法老之下

　　欣赏对社会有用的知识,自古如此,从文明一开始就是这样。通过本书的分析,我们已经看到,不论何时,也不论在什么地方,政府、统治者、国家和其他政治实体虽然通常对抽象知识漠不关心,却都很重视有用的知识,并会对掌握有(或者声称掌握有)这种知识的专家给予资助。有用的标准是服务于国家。在一定意义上,古代和中世纪君主花在那些专家身上的钱也没有白花,他们能够进行各种登记、统计收成、计算日期和季节、跟踪太阳和月亮、收税、建造祭坛、预测未来、治疗疾病、告知时间、设计制造并指导公共工程、管理财产、绘制地图、确定麦加的方位等等,这些还仅仅是在数千年里专家们所做工作的一部分。这些工作对于科学和社会的发展当然起到了一定作用,但是,在19世纪以前,科学和医学对国家和社会的组织和效能都没有产生太大的总体影响。那就是说,专家们的活动,比如计算、治疗和预测是重要的,或许还是必要的,但是文明却一直是建立在主要依靠传统的社会之上,在那样的社会里,农业和世代相传的技艺才是文明生活的主要动力。虽然“科学”可能在实际事务中发挥了一部分重要作用,但是就在不久以前,这一部分作用仍然占比很小,并且国家对科学活动的支持也一直保持在比较低的水平。

　　作为一个例子,这里考察一下太阳王路易十四统治时期的法国,他在位的时间是从1661年到1715年。那时候,法国在技术和文化上即使算不上全世界最先进,也代表了欧洲最先进的文明。在同一时期,还没有任何其他国家像法国那样重视自然科学。巴黎的皇家科学院是当时世界上最好的科学机构。它专门从事科学研究,其成员名册就像是17世纪后期和18世纪科学的一本名人录。它所进行的探险活动和科学工作一直是举世无双,出版物也是出类拔萃。尽管如此,科学院在17

世纪的后几十年仍然面临严重的财政危机,即使还能勉强付出工资,也要经常拖欠。当时,艺术学院和文学院拿到的拨款要比科学院多得多,科学院院士的社会地位也要比艺术学院和文学院的大师们低。比较起来,当时的一个较小的没有存在多久的技术学院倒是能够得到政府的更多支持,科学院经常感受到压力,被要求更多地关注实际问题。科学院控制着专利授予,因此在这方面,学院的科学家们监督着技术,虽然其自身对创新鲜有贡献,且科学院对当时法国的经济生活亦几无影响。我们虽然把政府支持科学的现代方式确定为起源于17和18世纪的法国,同时也要注意到,直到不久以前,科学对实际事务的影响还是相当有限的。

19世纪科学与工业的结合是一个伟大的新事物,并且只有在20世纪,科学活动才能完全脱离其具有历史局限性的作为政府婢女的社会角色。如前几章所述,当代科学已经成为工业文明运作的基本要素。虽然科学尚未与政府剥离,但它已经与技术和工业结合起来,并且已经在现代世界中扮演着生产力的重要角色。

作为生产方式的科学

科学和技术已经成为塑造现代世界的重要力量,其重要性无可质疑。事实上,当今世界的一个典型特征是科学与技术、科学与经济生产引擎的完全融合。苏联的马克思主义思想家们意识到这种发展的革新意义,把它称作20世纪的"科技革命"。该术语未被普遍采用,但它确实抓住了问题的本质:20世纪科学和技术的有效融合,21世纪基于科学的技术和基于技术的科学,两者与日俱增的重要性。这不仅是文明的文化点缀,更是在发达国家经济社会核心运作的强大力量,进而加速扩展到全球范围。

我们之前已经明确了3种不同的模式来定义社会中的科学:巴比伦模式,即国家聘用训练有素的专家服务于各种治理;希腊模式,即在社会边缘对自然进行无功利的探究;希腊化模式,即出于功利目的的政府资助,如巴比伦模式,同时对一些纯理论和无直接用途的研究给予一定的自由度,如希腊化自然哲学。我们在近代史中看到的现象需要一个新的术语。科学和工业的现代结合发生在19世纪,正如我们所看到的那样,希腊化模式在20世纪还一直存在于西方社会。我们现在熟悉的科学、政府、技术和工业等更大规模更剧烈的融合出现在工业革命如火如荼之时,尤其伴随着战争的工业化进程。第二次世界大战后,这种政府和工业支持科学的新模式变得尤为明显。对纯科学和应用科学的资助规模是前所未有的;科学与技术、发展、发现、发明和创新之间的界限已经变得模糊,几乎无法识别。新事物已经呈现在历史档案中。正如希腊自然哲学一样,跟社会经济的核心相比,这个新事物也不是边缘;它虽非必需,却能使诸事运行,如巴比伦模式或希腊化模式对专家骨干的支持。不! 科学、技术以及政府和工业新秩序的建立,这些要素的融合是全新的现象,是现代经济中的关键力量,也是工业文明的一个典型特征。因此,我们发现了将科学和技术置于社会情境之中的另一种模式和另一种方式,这是与工业文明相关的第四种模式。

　　科学在社会中扮演的这个新角色,其重要性充分体现在分配给研究和开发的资源中。例如,2014年政府和工业界在研发方面的支出总额为1.618万亿美元(见图20.1)。美国仍然以4650亿美元或全球研发费用的约30%引领全球,但美国的比

458

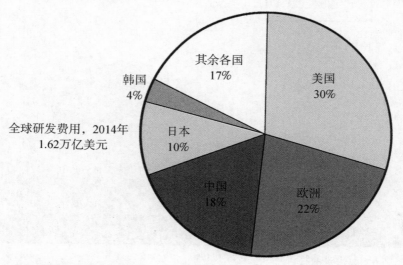

图20.1　全球科技支出。由美国领衔,工业化国家现在每年用于科学研究和新技术开发的费用超过 1.6万亿美元。美国研发支出所占的总体百分比一直在稳步下降。相对于其经济而言,美国当前此类支出排名世界第八。中国的研发支出正在快速增长,尽管这些资金更多地用于应用方面的研发。

456

例从2000年的41%和2003年的38%急剧下降。按经济体占比的标准划分,欧洲紧随其后占22%。中国以18%排名第三,但在全球几个主要的投资研发的单个国家中,中国仅次于美国,同时中国也在这一类别(按单个国家占比的标准划分)中崛起。2003年中国以9%仅次于日本,但中国和韩国研发支出的增长速度超过其他任何国家,预计到2020年中国的研发支出总额将超过美国。日本已跌至第三位,排在中国之后,占世界总量的10%。接下来是韩国,占4%。按在各国国内生产总值(GDP)中占比的标准划分,2014年以色列处于领先地位,其研发支出占国内生产总值的4.2%,其次是韩国(3.6%)、芬兰(3.5%)、日本和瑞典(3.4%)。无独有偶,这些

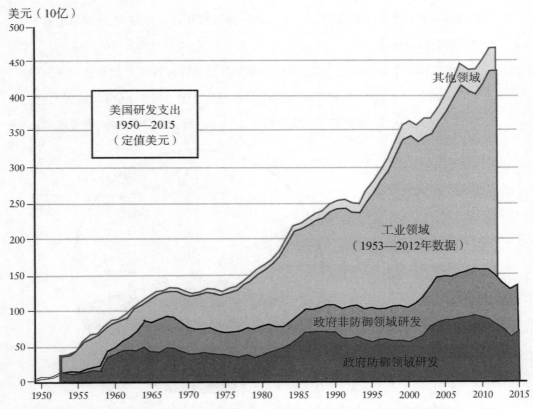

美元(10亿)

图20.2 **对科技的支持日益增长。**冷战期间,美国在研发方面的开支大幅增加,特别是在1957年苏联发射人造卫星之后。在20世纪70年代中期,美国政府提供了大部分资金,但随后私营企业的资金开始飙升。

国家的科学家和工程师占比也更高。美国排在第八位,其国内生产总值的2.8%用于研发。

在政府和工业界资助科学和科学研究这方面,我们回溯历史也会发现当前的水平更高一等。例如,在1930年,美国政府支持科学的费用仅有1.6亿美元,仅占当时所谓国民生产总值(GNP)的0.2%。到1945年,这两个数字分别是15.2亿美元和国民生产总值的0.7%。随着冷战在20世纪50年代全面展开,美国的公共和私人研发资金开始稳步增长,如附图所示。根据通货膨胀调整后,自1965年以来,美国在研发方面的总支出翻了两番。在过去的半个世纪里,受益于政府和工业界承诺给予科学研发以创历史新高的优先度,翻天覆地的变化已经发生。

如果将其视为联邦预算总额的一部分,那么在20世纪60年代早期的后人造卫星时代达到近12%的高位后,政府投入研发的百分比常年徘徊在3%—5%的范围。如果将其视为联邦政府自由支配资金的一部分,其研发支出甚至更高,自20世纪70年代中期以来在11%—14%的范围内浮动。

整个20世纪80年代,军事和防御需求压倒性地推动了美国政府对科学的资助。自2010年9·11事件后的峰值以来,美国国防部的研发预算下降了近30%,但2015年,美国国防部的研发预算(640亿美元)仍然高居联邦政府科学支出榜首,是第二名的2.25倍。第二名为美国国立卫生研究院(卫生和人类服务部的一个单位),支出为290亿美元。在所有机构中,国防相关的科学支出持续占据所有联邦研发科学资金的一半以上。在这方面,从国防部到美国国立卫生研究院、能源部、美国国家航空航天局和国家科学基金会的资金递减顺序发人深省。在国家科学基金会(1950年成立,一个名义上负责推动科学研究的机构)介入之前,国防、卫生、能源和太空项目(该项目通常承载重大的政治和就业任务)等方面的资助进展良好。2015年,仅有4%的联邦研发预算给了国家科学基金会。美国国家科学基金会的预算理念将研究资金越来越多地引入所谓的战略领域,例如国家纳米技术,与国家需求相联系,并利用科学促进经济增长。

当人们考察美国政府随时间推移对不同学科领域进行资助的趋势时,一些值

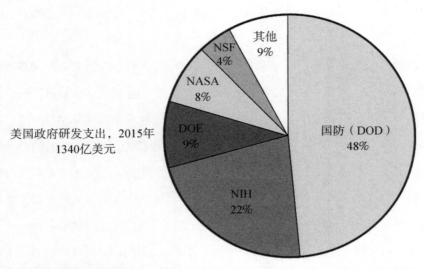

图20.3 希腊化模式的优先级排序。 美国政府在科技研究方面的支出几乎一半用于军事防务。几乎所有涉及国防的支出都支持应用科技,只有一小部分联邦资金用于非应用研究,这特别显示在美国国家科学基金会(NSF)一栏。(图中NASA:美国国家航空航天局,DOE:美国能源部,NIH:美国国立卫生研究院,DOD:美国国防部)

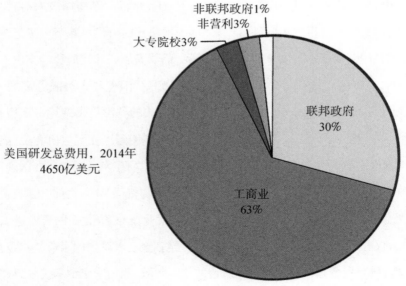

图20.4 行业驱动。 私营企业现在以多于2:1的比例超过联邦政府的研发资金,这类资金绝大部用于产品开发和应用研究,特别是在生命科学领域。以希腊传统来推进知识的研究只发生在大学、政府和工业界。

得注意的观点开始涌现。整个20世纪70年代,政府在物理科学、生命科学和工程学等非国防研究上的补助大致相等。然而,从20世纪70年代开始,生物学和生命科学的研发资金开始超过对其他学科的支持。从20世纪90年代中期开始,生命科学基金如雨后春笋般涌现,而对其他学科的支持基本上停滞不前。到2015年,以自1990年以来的绝对美元计算,美国国立卫生研究院的预算翻了一番以上。时至今日,联邦政府非国防研发支出的将近一半用于健康和生命科学研究。这种支持力度是其他任何学科研究的两倍多,工程学居第二位,占联邦研发资金的11%。出于可以理解的国家安全原因,数学和计算机科学呈现出指数增长的模式,自20世纪80年代以来增长了5倍,但在2012年,这些领域只获得了生命科学资金的1/10。同样,在2001年9月11日之后的两年内,致力于反恐的联邦研发增加了6倍。在不透明的国家安全和国家监督领域的研发支出很难追查,但这个数字似乎在增加,未来几年可能会增加更多。

460

　　关于联邦政府对科学研发的资助,两个结论将从这些统计数据中得出。其一,苏联的垮台和1991年冷战的结束,是美国科学与政府的分水岭。在那之前,科学研发资助的核心是物理科学和军事硬件。在那之后,重点转移到前一章讨论的生命科学以及生物学和遗传学革命。这场革命的深刻影响是值得注意的第二个结论。如今,由于其在健康和经济领域的潜力,生命科学和生物医学已经取代了物理科学成为政府财政的主要受益者。向健康和生命科学转变是一个显著的进程。跟这个转变一样显著,我们不应该忘记仍然需要为军队研发划拨巨额资金。

　　政府对科学研究的支持一直并且将继续如此。同等重要的是,总体数据显示,自冷战结束以来,科学资助的拓扑结构发生了剧变。20世纪90年代,一个新的时代开始了:商业和工业取代政府成为研发资金的主要来源。在当今几乎每个发达国家,工业支持科学研究的程度远远超过政府,通常至少两倍!例如,在美国,2014年63%的研发资金来自工商业,而日本和韩国的数字则高达70%。鲜为人知的是,虽然工业界资助科学研发借鉴了20世纪80年代的政府资助模式,但工业界资助体系开始迅速起飞。1970—2014年,工业界研发预算增加了6倍,达到

3000亿美元。

我们不禁要询问这儿究竟有什么样的研究,谁来做。"开发"包括原型制作、定标、营销以及将发现或创新转化为现实的诸多要素。毫不奇怪,"开发"这部分获得了美国研发费用的大部分资金,总体上约占60%,剩下的分别划拨给应用研究(22%)和基础研究(18%)。联邦政府的资助款项在研究和开发之间几乎是平均分配,在应用研究和基础研究之间也是均分,联邦对基础研究的资助占联邦研发总支出的23%。具体到实际开展研发工作的部门(政府、工业、大学),工业占主导地位,占美国研发投入的70%。比照全球范围的工业开发,北美目前占全球工业资助研发总量的35%,其次是亚洲(31%)和欧洲(28%)。工商业研发投资绝大部分(71%)用于开发本身;只有21%的工业自有资金用于应用研究,而在美国,工业在基础研究方面的总体支持份额一直不到工业研发总量的4%。换句话说,虽然美国的工商业现在已经超越政府成为科学和技术研究的主要承保者,但它们的导向几乎完全是为了开发直接有用且有利可图的应用知识。相较于私营部门而言,政府是创新的孵化器。工业的这一新角色对人力资本和科学家的就业产生了巨大的影响,使他们远离大学和政府的传统职业。

美国政府本身开展的研发工作相对较少(2012年占美国总数的9%)。如果加上联邦政府资助的研究中心,这一数字将高出3%。迄今为止,国防部开展了大部分(近90%)的政府研发工作。联邦政府,虽然在投入上占比较小,但仍然是支持基础研究的主要参与者。约占总数的50%的美国国立卫生研究院是基础研究和应用研究的主要参与者。高校的科学家和其他研究人员在美国开展了13%的研发工作,并且大多数基础研究都是由研究型大学进行的。学院和大学仍然是许多有巨大应用潜力的重大科学的发现中心。换句话说,虽然工商业现在负责大多数研发支出,但其利润通常依赖的基础研究还是在大学和联邦研究中心进行。基础研究仍然很合时宜,开展研究也很便利,并且很大程度上是在纳税人不知情的情况下开展的。

在通过政府和工业补助金支持科学研究的其他国家,这些相同的模式和压力也很明显。在中国,超过80%的研发资金用于开发,其中较小的部分用于应用研究或基础研究。稍微强调应用研究的欧洲在政府和工业研发资金方面与美国平行。虽然政府和工业资助科学在目前达到了前所未有的水平,但自古巴比伦以来,这种资助的基本原理本质上没有改变——人们希望可以从科学和专业知识中得到现实的利益,当然,现在的我们还希望能够有丰厚的利润。

462

技术职业

如今,一个精心设计的制度和社会实践体系围绕着科学家和工程师的活动。在美国,涉及科学和工程的人力资本现已接近600万。1950年这个数字不到20万,从那时起,科学和工程劳动力已超过美国所有就业的增长,是其速度的4倍。预计这一数字在未来10年内将继续以比其他职业更快的速度增长,但速度稍慢。毫不奇怪,自20世纪80年代以来,数学和计算机科学超越了其他科学和工程学领域,生命科学和数学/计算机科学家将成为未来发展的领导者。科学、技术、工程和数学教育(STEM领域)是全球的重中之重。

根据美国劳工统计局的数据,2013年,1 135 000人专门从事科学家工作,另有632 000人从事互补性科学研究和开发服务。工程师人数为1 547 580,另有900 590人从事工程服务。此外,计算机和数学职业(与科学家和工程师的就业类别重叠)增加了惊人的370万人。在专门从事研究和开发工作的人员中,工程学学位持有者占该人口的1/3以上,拥有计算机科学和数学学位的人占17%。

在19世纪早期,科学活动是偶然的,只涉及少数人。虽然在科学就业中存在着广泛的自由,但科学家的社会角色和成为科学家的社会路径却是非常狭窄且被严格限定的。从许多方面来看,一个人能否成为一名科学家在他中学时代就已确定了。普遍而言,一个人必须从高中毕业,学习必要的科学课程;接下来上大学,完成科学领域的本科专业;然后,通常必须攻读研究生,并在创新研究的基础上,获得博士学位。研究型科学家通常会在获得博士学位后不久,在博士后的职位上继续训练数年。博士后职位越来越普遍,尤其是学术界的终身职位空缺有限。博士学

463　位是科学家的执照,之后科学家的职业道路开始不同。传统上,典型的去处一直是在大学谋求研究和教学的学术职位。但是,越来越多的科学青年在私营企业和政府服务中找到了有价值的生活。

虽然科学家和工程师需要大致相同的初始本科训练,但工程职业有不同的路径,科学世界与工程师和技术人员的训练和实践之间的对比仍然是意义深远且发人深省的。例如,在教育方面,大学的工程师培训在19世纪才出现。如今,工程学学士学位是进入专业队伍,成为职业工程师的终极门槛。工程或技术领域的硕士学位是从业者最常寻求的完善他们教育背景的高级学位,但很少有人进一步获得工程领域的博士学位。那些获得工程领域博士学位的人通常回到了学术界担任工程学教授;极少数拥有博士学位的工程师受聘于工业界和政府。专业工程师(P.E.)所必需的持证上岗和公共实践则是少数工程师的另一个职业进阶。

工商业聘用了大量的科学家和工程师,并仰仗他们的专业知识。私营营利性公司几乎占科学和工程(S&E)总劳动力的70%,但值得注意的是,他们只聘用了持有S&E博士学位人员的35%。(非营利领域仅有几个百分点。)作为基础研究和应用研究的中心,大学拥有18%的科学家和工程师,以及41%的S&E博士学位拥有者。各级政府聘用了12%的S&E劳动力。科学和工程人员在美国联邦政府的就业情况反映了我们之前看到的政府对研发资金的分配。在这种情况下,国防部占主导地位。2012年政府聘用的科学家和工程师中,43%供职国防部。美国国立卫生研究院、美国国家航空航天局、核管理委员会(NRC)、国家科学基金会和美国能源部则紧随其后。科学家和工程师及相关职业的人员通常报酬很高,收入高于其他领域的同等职位人员,并且失业率也低;2010年,生命科学家、物理科学家、计算机和数学科学家的平均工资为78 000美元;对于工程师来说,这个数字是87 000美元。

如今,科学家们开展的工作横跨诸多业务:从大学或专业研究机构的无功利纯粹研究到工业或公共服务领域的应用科学工作。一般来说,无论在学术界、工业界还是政府机构,青年科学家往往是更积极的科学知识生产者。如今,人们在科学职业生涯中提升得越快,就越倾向于离开活跃的研究一线,转向管理岗位,指导其他人的科研工作。

20世纪下半叶,女性在科学中的地位发生了巨大变化。她们从未彻底缺席科学社会史或科学思想史,随着她们在19世纪被允许进入大学,越来越多的女性成为科学家。英雄式的叙述通常且恰如其分地,挑选出玛丽·居里、罗莎琳德·富兰克林和芭芭拉·麦克林托克(Barbara McClintock,1902—1992年)等女性作为标志性人物。她们的职业生涯确实体现了女性在现代科学中日益增强的存在感和专业性。但这些女性却得面对她们的男性同行从未有过的磨难。例如,尽管1903年获得诺贝尔奖为玛丽·居里赢得了国际声誉,但她却被法国科学院拒之门外,主要是因为她的性别,并且她陷入了一场恶性公共丑闻:有人诽谤她第三者插足,导致物理学家朗之万(Paul Langevin)的婚姻破裂。英国物理化学家罗莎琳德·富兰克林为1953年DNA双螺旋结构的发现作出了重要贡献,但她的经历也颇有警示意味,因为20世纪50年代英国科学的社会制度几乎不欢迎她,也不给她的工作以相应的荣誉;她不允许与男同事一起喝茶,只能跟清洁工一起。芭芭拉·麦克林托克因发现可动遗传因子而获得1983年诺贝尔奖,她的案例提供了一个更积极的,但并非完美无缺的例子。麦克林托克二十多年来主要在纽约州长岛的冷泉港研究实验室工作。女性在学术界和工业界从事研究和应用科学的职业仍然很艰难,尤其是因为生育问题。但是,跟过去半个世纪西方社会的其他变化一样,女性的机会多了起来,来自女性科学家的思想也很普遍。

然而,女性在科学和工程领域仍然人数偏少。在该领域工作的女性人数从1980年的12%增加到1993年的21%,以及2013年的28%。女性在科学和工程领域获得40%的博士学位,但在工作中比例较低,只有28%,这意味着女性倾向于不从事科学和工程职业。美国科学家和工程师的年龄中位数为41岁。科学和工程领域的女性往往比男性同行更年轻,而婴儿潮那一代科学家和工程师的退休正朝着积极的方向进一步改善性别平衡。女性在科学和工程各领域的分布也明显不均衡:妇女占社会科学的大多数(52%),尤其是心理学领域(67%)。她们在生物和医学领域也几近大多数(现在为48%,比2006年略有下降)。另一方面,只有23%的计算机或数学科学工作者是女性,而这一数字在过去20年中还有所下降。女性只占工程工作的13%,但这一数字正在增加。视教育程度而定,科学和工程领域的女性比男性收入低25%—35%。

科学和工程的世界正变得越来越多样,但它仍然是一个由白人男性主导的堡垒。要特别指出的是,2013年,白人男性占美国科学和工程劳动力的50%。以种族和民族来看,白人(男性和女性)占70%,但这一比例跟2001年的80%和1993年的84%比还是下降了。亚洲人是美国科学家和工程师中的第二大群体,占18%,无论是美国出生的亚洲人还是移民来的。亚洲人占美国总人口的比例为4.7%,相比之下,他们在科学和工程方面的比例较高,并且他们更多地集中在计算机、计算机工程和信息科学职业(从22%到40%不等)。黑人或非洲裔美国人的比例不到5%,西班牙裔和拉丁裔的科学家和工程师仅占科学和工程劳动力的5%多一点。与人口总数相比,黑人和西班牙裔在科学和工程方面的人数偏少,其中黑人占12%,西班牙裔占17%。黑人和西班牙裔工程师和科学家的数量正在上升,但在工程方面,黑人只占4%,西班牙裔只占工程师的6%。只有少数美洲原住民和混血民族专家在科学和工程领域工作。与美国其他领域相比,作为一个社会机构,科学和工程领域在性别或种族方面还有很长的路要走。

外籍科学家和工程师是美国科学和工程工作人员中一个重要组成部分。他们占总数的25%,占科学和工程博士学位拥有者的40%。外籍科学家和工程师可能已经在国外或美国接受过部分或全部的技术和科学教育。在美国获得博士学位的外国学生,大概有一半的人最终会留在美国并加入其科学和工程同行。美国的H-1B签证允许公司聘用具有专业知识的外国员工,并且在2010年签发的所有H-1B签证中,许多——39%——给了印度公民,其次是中国,占10%;如果只计算向博士学位拥有者签发的H-1B签证,那么情况将反过来:中国为29%,印度次之,为16%。

涉及科学和工程的工作遍及全世界,从业人员总共可能有650万人。全球范围内,科学家、工程师、相关骨干和支持人员的数量从1995年的280万开始猛增,随着政府和企业继续在科学和工程领域进行投资,这一数字将继续增加。从各方面来看,美国和欧洲仍然是世界领导者,并且在很大程度上旗鼓相当,尽管欧洲科学博士产出量几乎是美国的3倍。但正如其他指标所显示的,中国在这些方面并不落后。中国的大学和技术学院产出了比其他任何国家都多的工程博士,在获取科学和工程学学士学位的学生人数方面,中国远远超过其他任何国家,跟日本和美国的工程学学位产出量相比,大约为7∶1。数据显示,中国、日本和亚洲其他地区占所有科学学士学位的45%,占工程学学士学位的56%。美国落在后面,分别以10%(科学学士学位)和4%(工程学学士学位)居第四和第五位。出版模式也在世界范围内发生变化。欧洲是科学和工程期刊文章最大的产出地,其次是美国,两者在过去20年中都是稳定的。整体而言,亚洲紧随其后,位列第三。2007年,快速崛起的中国在原创文章发表方面已超过日本。

人们期待主流科学家在科学期刊上发表研究成果。"要么发表成果,要么淘汰出局"(publish or perish)的古老格言同样适用于当代科学生活,尽管我们认为出版物在学术界比在工业界更重要。期刊按其"影响因子"来评级。论文作者积累所谓的h指数来衡量他们的总体科学生产率和严肃度。作为科学领域其他变化的表征,自20世纪50年代以来,多作者论文的数量急剧增加,今天多作者论文是科学出版物的标准。例如,美国首屈一指的科学期刊《科学》(Science)仅发表提交给它的报告和文章中的10%。希望在该期刊上发表论文的作者拥有极好的自我筛选能力和极高的资历。有鉴于此,10%的发表率确实非常低。与此类似,今天申请国家科学基金会资助的总体成功率约为20%,尽管更具竞争力的计划通常仅为15%的提案提供资金。这些数字说明了科学世界的竞争性有多强,它们有助于解释科学社会金字塔顶端巨大自我的存在。

参加科学社团和科学会议是当今科学生活的另一个必要部分。通常,科学家是好几个社团的成员,代表其专业兴趣和大致的专业地位。例如,除了加入与专业研究领域有关的小型组织之外,物理学家无疑会加入美国物理学会(1899年),化学家会加入美国化学会(1876年),天文学家会加入美国天文学会(1899年),并且他们都会加入美国科学促进会(1848年)。这些组织通常举办年度会议,科学家们聚在一起展示他们的研究,参与社团的组织生活和聚会。

467　　　今天的大多数科学研究是一项代价高昂的事业,获取拨款是正常科学实践的另一个重要方面。特别是搞学术的科学家们在获得拨款的枯燥流程上花费了很多时间:要求他们撰写提案以获得资金开展研究,从而能够撰写更多的提案和开展更多的研究。拨款通常涵盖主要研究员的薪水,研究生和博士后资助以及设备购买和维护。相当于政府和基金会对机构的补贴,拨款预算的一个重要成分是所谓的管理费用或间接费用,约为总拨款预算的一半到1/3,不资助研究工作,而是用来维持资金保管机构的运转。无论是私人机构,还是公共机构,如国家科学基金会,都会通过复杂的程序来征求提案并对其进行评判。程序涉及外部评审、内部研究小组和专家组的意见以及官员和理事会项目部的财务决策。随着竞争的加剧,科学家获得第一笔大额拨款的平均年龄通常来说已上升至45岁。对于科学社会学来说,这种趋势的含义是:职业生涯现在要从博士学位延伸开来,在成为一名主要研究基金的资深科学家和首席研究员(PI)之前,还要经过博士后、初级职位和论文初级作者等一番历练。

　　　美国国家科学院(1863年)等荣誉组织和其他国家的机构一样,精心设计了当代科学的社会组织。许多国际组织和委员会,如国际科学联合会(1931年),在世界范围内协调科学事宜。至少在公众心目中,处于当代科学社会和制度体系最顶端的是诺贝尔奖。从1901年开始,每年都会颁发物理学、化学、生理学或医学方面的诺贝尔奖。(其他的诺贝尔奖授予了文学与和平,并且从1968年开始授予经济学。)像爱迪生一样,瑞典人诺贝尔(Alfred Nobel,1833—1896年)是个多产的发明家,并且以化学家、工程师和工业家的身份发了大财。他最著名的成就是发明了炸药。在他的遗嘱中,他遗赠了相当于现在近2亿美元的资金来设立该奖项。诺贝尔奖为获奖者带来极高的声望,并获得价值近150万美元的现金奖励。拥有同样声望但报酬较低的菲尔兹奖(15 000美元),有时被称为数学界的诺贝尔奖,每4年授予

40岁以下的数学家。作为衡量科学工作者专业成就的标度,诸如此类的奖项和奖励还有很多。

科学慈善事业是科学社会学和科学研究的一个值得注意的新方面。现在,美国的超级富豪正将数十亿美元投入到科学研究中。最好的例子是比尔及梅琳达·盖茨基金会,它以盖茨作为微软公司联合创始人积累的巨额财富为基础,在全球卫生计划上投入了100亿美元。另一位联合创始人艾伦(Paul Allen)捐赠5亿美元在华盛顿州建立了一个大脑研究所。私人捐助者现在占顶级研究型大学研究资金的30%。这些慈善家和他们创建的慈善机构设立了拨款和奖项,并资助全部研究机构。捐赠者对某种特定病症(如糖尿病或黑色素瘤)的特别关注,似乎会改变科学研究的无功利方向,但出于某种矛盾心理,研究人员对此类资金亦表示欢迎。

工程现在也是一个高度专业化的职业,与科学界有着相似之处。工程和科学都是涉及研究工作且竞争激烈的事业,进入工程专业通常需要先进的技术教育和培训。工程学与科学一样,被组织成一系列专业的社团,如美国机械工程师协会(1880年)和美国国家工程院(1964年),而大量的专业期刊也满足了一线工程师的需求和兴趣。

工程师或技术人员以及科学家都从事研究工作,但即使在今天,科学和技术在这方面也有重大的差异,使两者区分开来。例如,科学研究通常侧重于非常狭窄的问题,例如特定蛋白质的结构或太阳南极的磁场强度。这种研究通常仅考虑数量有限的最近发表的其他科学论文,并且通常针对研究从业者形成保密的“隐形学院”。相比之下,工程和技术研究通常包含更广泛的问题集合(例如,为视频会议或电动汽车研发实用技术)。解决方案通常涉及更多样化的元素——材料选择、设计美学、制造方面的考虑、融资和营销等。并且,在工程方面寻求解决方案的消费者通常不是其他工程师或科学家,更常见的是政府、企业和公众。

更多地了解并利用以应用为目的的科学,使科学和技术在20世纪更加紧密地结合在一起。但是,换句话说,将纯科学与融为一体的应用科学和技术区分开来可能更具分析价值。也就是说,当代存在的社会和制度上的隔绝不像过去那样存在

468

于科学与技术之间,而是存在于理论科学探究与科学家技术化了的应用科学之间。例如,科学研究的产物是新知识。而另一方面,应用科学家、技术人员和工程师努力生产有用的物质或工艺。科学研究的结果通常不具有直接的经济价值。因为当其他人引用和使用他们的作品时,他们获得了专业的信誉,所以,大学里的科学家们倾向于"放弃"他们的研究成果,让他人免费获取已发表的论文。他们期望以这种形式获得非金钱的社会奖励和专业回报。相比之下,工程师和应用科学家的产品具有实际的经济价值。因此,工程师和聘用他们的公司往往会对其工作保密,直到他们获得确保其经济权利的专利。这种在工作产出(论文与专利)上的差异正在表明纯科学界与应用科学和技术界之间的差异。

科学与技术的融合在生物技术和计算机等尖端行业中日益显现。如今,新的科学发现经常是获得专利而不是发表并免费提供给其他研究人员。因此,科学界正在发生文化转变:为知识自身而无功利地探求知识的行为,正让位于拥有并保护知识产权、发现各种专利以及基于科学研究的创业孵化。该趋势的一个迹象是美国专利局发布的专利数量近年来增长迅速。2013年,专利申请数量超过570 000,这一数字自2000年以来翻了一番,自1990年以来翻了两番。在2000—2013年期间,授予专利的数量增加了76%,达到近278 000。自20世纪80年代中期以来,向外国人发放的专利数量保持稳定,约占总数的50%。2010年,在给非美国籍发明人的拨款中,近90%授予了来自日本、欧洲、韩国和亚洲其他地区的公民。绝大多数专利(2013年为92%)给了私营公司;2013年,个人占专利总数的比例不到7%,美国和外国政府占剩下的1%。20世纪90年代后期,授予学院和大学的发明专利百分比基本上翻了一番。今天,随着知识产权观念及其认证制度深入人心,11%的专利由学院和大学持有。这些和类似的统计都证明了一个强有力的转变,即从传统的科学发现模式和科学的公共传播转向知识的私有化及商业用途。这一结论与我们已经注意到的科学领域就业状况和科学发现在技术中的应用情况相一致。

爆炸性增长

在评估当代科学时,我们要认识到,其中所涉及的不仅仅是科学思想的线性演化或科学的社会发展和专业发展的各个阶段。科学的指数增长是现代科学史的另一个显著特征。各种迹象表明,科学自17世纪以来就以这种方式发展,超过了人口等其他社会指标。例如,在随之而来的1961年的经典数字中,人们可以看到自17世纪以来,科学活动的规模增加了100万倍,大约每15年增加一倍。 最近的研究工作证实:科学活动以倍增的速率呈指数增长,贯穿2000年及之后的8—9年,尽管到2012年这一增长率可能已最终趋于平稳。

470

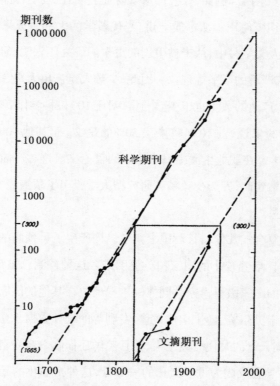

图20.5　**指数增长**。这幅经典的对数图展示了自17世纪以来科学期刊数量的增长情况,增长曲线表明,在科学革命后的3个世纪中,科学活动呈指数增长。对影响科学的那些因素进行定量分析,能够很好地理解科学活动的本质。

现代科学的指数增长带来了一些矛盾的后果。例如,在有史以来的所有科学家中,据说有很大比例的人——大约80%到90%——今天依然健在。而且,考虑到指数增长,科学活动显然不能无限膨胀下去,因为这种增长迟早会消耗掉所有的人力、财力和其他资源。事实上,正如预测的那样,自20世纪60年代和70年代以来,科学的指数增长率没有维持下去。尽管科学活动继续扩张,但这种增长趋于平稳。然而,在科学中任一特定领域——尤其是基因组学或脑科学等新的热门领域——指数增长达到最终的平稳状态仍然是典型的模式。

其他指标,尤其是论文引用方面的研究,有助于深化对当代科学特征的基本理解。科学家通过参考其他论文来支持自己的研究成果,而我们从研究论文引用方式中可以学到很多东西。例如,社会计量学研究表明:已发表作品中的很大一部分从未被引用或被积极使用。从本质上讲,当代科学的大部分成果都消失在文献的"黑洞"之中。(在人文学科中,从未被引用的更多。)研究还表明:研究人员在科学产出能力上,存在着严重的不平等现象。因此,少数人是产出大户,而绝大多数人,即使他们能有作品,产出的数量也很少。通常,对于100位科学作者,其中2位将写出25%的论文。总的来说,前10名将产出50%的论文,而其他90名将产出剩下的50%。大多数科学家在职业生涯中只产出一两篇论文。这种产能差异带来的必然后果也影响着科学建制,因为少数精英研究型大学吸引了顶级论文生产者,并主导着科学知识的产量。

科学活动的复合式几何增长对国家科学机构产生了可预测的影响。扩大现有的大型科学机构比培养较小的国家精英更困难。这种预测已被证实。特别是,美国作为世界领先的国家级科学家共同体的主导地位在其他的国家传统影响下已经开始削弱。有关诺贝尔奖、博士学位数量、专利等的统计数据也是如此。在科学技术领域,美国雄霸天下的时代已经结束,并且美国还面临着自身科学人才流失的问题。随着自然科学愈发成为世界文化的一部分,这种全球化的趋势无疑将继续下去,不仅在思想史意义上,也在社会史和制度史意义上。

论文引用方面的研究还显示了科学信息特殊的"半衰期"。也就是说,科学方面的新工作通常是从最近的其他工作中展开的,因此论文征引的频度和科学知识的效用很可能随着时间的推移而下降。与较近期的科学相比,较早的科学成果对前沿领域的科学家用处不大,因此,与传统的人文科学相比,科学活动表现出一种特有的现代意识。例如,莎士比亚(Shakespeare)或荷马(Homer)的作品今天仍然能与读者、作家和文学评论家们对话,而牛顿的作品,更不用说亚里士多德的作品,对前沿领域的科学家来说根本没有价值。结果,在科学教学中始终忽视旧科学。科学领域的教科书用来向学生传达科学的内容——而不是科学的历史。科学领域的教师和教科书经常将一些历史人物与科学定律联系在一起,例如分析以胡克定律为名的弹簧的形变,但胡克与其定律之间公认的历史联系却从未被考察过。总之,在论文引用研究中揭示出的科学信息的半衰期现象、科学变革的事实、在世科学家的人口优势以及教学方面的实践等,都清楚地表明了一个独特的事实:科学摒弃过去。

472

大科学与技术化科学

享有工业级别的配置,由专业工人操作大型昂贵仪器进行科学研究,这些所谓的大科学,并非源于20世纪。中国古代的司天监、16世纪第谷·布拉赫创建的大型天文台、18世纪观察金星凌日的国际考察等在某种程度上可以被理解为大科学。然而,这些例子在20世纪和21世纪非凡的进展面前显得苍白无力,这些进展只能被称为科学研究的工业化。

19世纪,独自开展工作或在一个小实验室中与几个同事一起工作的个体科学家代表了科学知识生产的主导模式。然而,随着20世纪核物理学的发展,这种古老的模式发生了变化。“粒子加速器”代表了研究的工业化。位于伊利诺伊州巴达维亚的费米国家加速器实验室(费米实验室)的太伏质子加速器(Tevatron)是国家支持的大科学中一个典型的例子。这台巨型机器在美国能源部的支持下于1983年开始运行,于2011年关闭。它使用了1000台冷却到−268℃(−450℉)的超导磁体,盘踞着方圆4英里(约6千米)的环形空间,并且达到了1万亿电子伏特的惊人

473

的能量水平。在物理学的其他方面,20世纪和现在21世纪的许多学科的研究开始需要巨大的装置和昂贵的设备,越来越多地超出个体实验者甚至大学或私人研究机构拥有的资源。科学研究团队开始取代个体科学家的工作。每个团队成员都成为一名专业科学工作者,负责复杂研究工作的一个方面。这种科学团队发表的科学论文有时会署名数百人。例如,1995年"顶夸克"的发现是由费米实验室两个独立团队作出的。每个团队由450名科学家和技术人员组成,同时配备两台探测器,每台探测器耗资1亿美元。

欧洲核子研究中心位于日内瓦附近的法国—瑞士边境。其大型强子对撞机(LHC)是继伊利诺伊州的太伏质子加速器之后,2008年世界上体量最大且能量最强的粒子加速器。30个国家资助了这台大型强子对撞机,最终成本接近20亿美

图20.6　自然哲学和大科学。欧洲核子研究中心的大型强子对撞机(LHC)位于瑞士日内瓦附近,是世界上最强大的高能粒子加速器。图为深埋27千米(17英里)地下环的一部分,使用超导磁体将粒子束加速到几乎达到光速,然后在壮观的碰撞中使它们对撞在一起,帮助物理学家探测宇宙的最终成分。2012年,大型强子对撞机的科学家们得到了确认希格斯玻色子存在的数据,希格斯玻色子是一种在创造质量方面发挥作用的基本粒子。使用LHC的科学研究是工业规模的大科学,但似乎没有什么实际应用。

元。4000名科学家、工程师和支持人员在欧洲核子研究中心工作；2013年该中心年度预算超过13亿美元。来自100多个国家的10 000名科学家和工程师参与了LHC的建设。该仪器建于地下100米，由一个长达27千米（17英里）的环组成。它使用了数千台超导电磁体，超导电磁体通过超导电缆连接到电网。LHC在相反方向上加速两束重粒子（质子或铅核）至几乎光速，然后引导它们对撞在一起。超导磁体必须冷却到接近绝对零度，承载离子束的管子保持在超高真空。4台大型粒子探测器的大小与6层建筑物相当，可以捕捉到碰撞的惊人的效果。该装置的电力需求庞大，与附近的日内瓦市相当。从2008年到2012年，LHC的功率水平为4万亿电子伏特，是美国太伏质子加速器功率的4倍。通过利用这台机器及其无与伦比的分布式计算能力，由来自44个不同机构的700名科学家和技术人员组成的团队于2012年证实了难以捉摸的被称作希格斯玻色子的粒子的发现。这样，研究人员就以重要的方式扩展了粒子物理学的标准模型，并为进一步的研究打开了大门。两位理论家希格斯和恩格勒特（François Englert）由此获得了2013年的诺贝尔物理学奖。LHC随后关闭进行维护，并于2015年以接近其7万亿电子伏特的设计功率重新启动。LHC是世界上最大的机器，也是最大的技术成就。在此项有关人类技术和人类才智的巨大成就中，令人鼓舞的是，其主要目的只是为了推进我们对自然的认识。希腊自然哲学在LHC的大科学装置中找到了卓越的现代传人。个体研究者或小型研究团队在某些领域仍可继续，如植物学、数学和古生物学，但在其他领域，如粒子物理学、生物医学和太空探索，大科学代表了20世纪以及现在21世纪科学的实质和特征。

474

　　这里举两个同为政府资助的大科学项目的例子，它们截然不同的命运清楚地表明左右今天这类研究的那些力量是如何在起作用的。第一个例子是1994年下马的超导超级对撞机，那是一台政府投资的巨大的粒子加速器，建在得克萨斯州，按照设计，所获得的能量将会比伊利诺伊州费米实验室的那台太伏质子加速器大20倍。有关科学家曾经比较含糊地、有时甚至是不感到脸红地谈到过它的潜在用途（譬如"治疗癌症"），但是大多数人还是认为，那样一台怪机器建成后的价值主要是对自然哲学有用，有助于产生一些关于宇宙历史及其基本构成的重要的新知识。当那台超级对撞机的建造成本追加到110亿美元时，政治家们不再同意花这样一大笔钱了，尽管那是一项公共工程，但他们最后仍然决定将其停建。相比之下，另一个例子，即上一章讨论过的第二项大科学成就，价值数十亿美元的人类基因组计划，则从未受到被取消的威胁。这倒不是因为它比超导超级对撞机便宜，其成功的原因在于，绘制人类DNA全套图谱的努力有望为整个社会发挥巨大的实际效用，发现某些诸如亨廷顿病、囊性纤维化和肌营养不良等遗传性疾病的根源，并可能将其治愈，以及它应用于农业科学领域的种种显而易见的可能性。政治家们的诉求得往后排。

　　并非所有大科学项目都仅因其直接的社会或经济效用而成功或失败。在这里，人们想到了太空探索领域伟大而昂贵的大科学努力。例如，哈勃空间望远镜于1990年发射，用于建造、服务并在1990—2014年期间运营的总费用约为30亿美元。旨在2018年取代哈勃空间望远镜的韦布空间望远镜（JWST）姗姗来迟。在其生命周期内，它的成本为87亿美元。2003年升空的"火星探索漫步者计划"项目的初始成本为8.2亿美元，5项任务扩展使费用总额达到近10亿美元。[发送引人注目的图片和数据，漫步者"勇气号"一直工作到2010年；漫步者"机遇号"2015年仍然可以工作，在火星表面累计行驶距离超过25英里（40千米）。]更先进的漫步者"好奇号"于2012年登陆火星，并以25亿美元的代价继续探索这个红色星球。美国国家航空航天局筹划在2020年发射另一款预算在19亿美元的漫步者。1997年发射的多国探索土星和土卫六的"卡西尼-惠更斯任务号"探测器旨在从2004年至2008年对土星及其光环和卫星进行轨道研究。该任务已经延长过两次，而在整个2017年，该探测器还将以现役科学仪器的身份继续服役。该项目的总费用为33亿美元。哈勃空间望远镜、火星探测器和"卡西尼号"任务的科学与自然哲学价值是无法估量的；但这些努力的实际效用实际上是零。与小规模研究相比，大科学项目明显展现了对科学探究的无功利追求与产出有用结果的压力之间的紧张关系，尤其是研究需要公共资金时，而这正是大科学的应有之义。这种紧张关系一直是亚历山大大帝时代和希腊化时期科学社会史的一个典型特征,并且至今仍在继续,特别是在大科学项目中。

这里值得提及的是各个国家的和国际的空间计划。50个国家有这样的民用和科学项目,最著名的包括美国国家航空航天局、欧洲空间局以及俄罗斯、法国、日本和中国的航天机构。这些机构的非军事太空预算总计达每年450亿美元。美国航天飞机计划的终结使俄罗斯成为唯一能够为国际空间站提供服务的国家。该空间站是1998年启动的多国合作项目,目前已耗资1500亿美元。太空已经私有化,许多卫星和通信公司都参与其中。对于超级富豪来说,让太空旅游成为现实是迫在眉睫的事情。太空已经变得非常军事化,各国的间谍卫星从太空俯视我们;军事世界的通信穿越太空;而导弹可以在太空中发射。这些科学技术或其中涉及的科学技术都不便宜。顺着这些方向思考,我们也不应该忽视点缀山顶的地面望远镜,特别是在智利和夏威夷。更大、更复杂的望远镜正在上线。它们同样是昂贵的大科学尝试,其主要目标是拓展人类自然知识的边界。

大科学依赖复杂设备和操纵机器的骨干技术人员,这引发了现代科学活动中值得关注的相关问题。这有时被称为“技术化科学”(technoscience)。该术语是一个松散术语,包括含义上有细微差别的两种类型。一类是上一章考察过的(原子武器、基因工程、计算机等)科学化的技术;一类是大科学固有的技术化的科学,其中巨大的仪器对研究至关重要。关于技术化科学的后一方面,我们认为科学仪器技术不仅是研究实施的必要工具,而且还改变了科学实践的本质,并且在某种意义上它们还创造了研究的现象。当然,自17世纪以来,实验科学一直是一种至关重要的科学追求,因为越来越多的复杂仪器已经成为研究事业的核心。从这个意义上说,例如,从伽利略1609年的原始望远镜到即将到来的韦布空间望远镜,天文学研究一直依赖于望远镜作为研究工具。然而,对于技术化科学而言,在某一时刻,仪器数量和复杂性的增加使研究本身的性质发生了质的变化。换句话说,我们不再适合将实验室视为这样一个地方:在这个地方,一个叫做科学家的人直接利用一个仪器来做研究,并汇报出一些关于自然界显而易见的事实。今天,研究实验室是一

476

个复杂的知识生产工厂,引发了关于社会学和知识技术的诸多问题。

技术现在推动了研究,如今的实验室实质上是集结了非常复杂的共聚焦显微镜、质谱仪、激光器等等仪器的大型仓库,这里还没有列出令人眼花缭乱的分析仪、控制器、计数器、仿真器、指示器、仪表、调制器、调节器、采样器、传感器、模拟器、合成器,以及研究所需的测试仪。其中许多仪器耗资数十万美元,整个行业都在为研究界提供设备和物资。美国物理联合会甚至出版了一本期刊《科学仪器评论》(*Review of Scientific Instruments*),旨在追踪科学仪器的发展。仅在基因研究领域,所有仪器都致力于细胞凋亡、生物信息学、免疫印迹法、信号转导等专业研究领域。例如,斯特拉塔基因公司(Stratagene)自豪地宣传其两步法Prolytica™ ^{18}O试剂套装,该套装"高效且节省地定量[原文如此]蛋白质[和]不同于传统的^{18}O标记方法,使您的标记效率达到≥98%"。这样的仪器只对个人(且通常都是实验室的专家,其工作就是操作同样的仪器)有用。

研究技术化科学的学者们恰如其分地将科学仪器阐释为"铭文破解器",这意味着:基于某些输入,仪器产生"数据"的某些输出。此外,科学仪器是"黑盒子",这意味着它们的内部运作不再受到科学界的质疑或争议。研究界的每个人都接受标准仪器的输出结果毫无疑问地与任何输入它们的信息相对应,并且它们会产出可靠的信息,否则它们根本就不能叫做科学仪器。然而,对于技术化科学的学生来说,一系列精心设计且不易察觉的社会流程围绕着科学仪器的运作和有用信息的提取。输入从来都不完全相同,从仪器中产出的原始数据必须先进行处理,然后才能提交发表,并供科学界的其他人使用;这项活动没有任何邪恶或不道德的行为,因为来自仪器的曲线和其他铭文本身毫无意义。它们必须通过研究人员的头脑和智慧进行过滤,并且数据在学术共同体的语境下呈现意义之前,虚假或无关的信息会被擦除。

从这些观点来看,实验室研究中会出现不同的情况。传统的、独自一人的科学家被研究的工业化和实验室内的等级分工所取代。科学工作者像蜜蜂一样服务着仪器并将仪器分泌物向上传递给实验室社会阶梯上消化着同样数据的中级和高级科学家。反过来,这些中高级科学家们一方面重新引导工作者和仪器,另一方面又产出手稿并申请科研经费。从这个角度来看,实验室本身就是一个实体,是分析的关键功能单元。实验室是一个需要出资建造并加以维护的实体场所。实验室部分由人员、部分由机器组成,两者通过复杂的社会和技术实践运作起来。实验室的输入形式包括什么走进门、什么进入邮件和以电子的方式接收到了什么。这些输入是人、供应、报告、论文和想法。实验室也有产出,特别是发送给各种期刊的科学论文和提交给资助机构的捐赠许可。因此,与特定隐形学院相关的实验室被视为通过构成当今技术化科学的复杂社会和制度体系向外跟科学设备制造商、科学期刊、政府办公室、基金会等互动的单元。这种实验室和科学研究的概念需要一些人习惯,但它确实抓住了当今科学活动本质的重要特征。

工业文明及其缺陷

在1961年的告别讲话中,艾森豪威尔总统对美国公民发出了著名的告诫,要他们警惕"军工复合体"以及它对美国民主造成的危险。但艾森豪威尔还发表了另一个警告,一个不太友好的记忆,反对"科技精英"。他的言论概括了本章所说的大部分内容:

> 与此相似,近几十年来的技术革命一直是我们工业军事态势全面变化的主要原因。在这场革命中,研究已成为核心;它也变得更加正式、复杂和昂贵。稳定增加的份额是服务于联邦政府、由联邦政府开展或在联邦政府指导下开展的。如今,在实验室和测试场里的科学家特遣部队面前,在自家店里随意捣鼓、形单影只的发明家黯然失色。同样,自由的大学在历史上是自由思想和科学发现的源泉,它也经历了一场研究行为的革命。部分原因是研究涉及巨大的成本。政府合同几乎取代了求知欲。现在,数百台新电子计算机取代了每块旧黑板。通过联邦就业、项目分配和货币权力来控制国家学者的问题一直存在,并且值得严肃思考。然而,在进行有关科学研究和发现时,职责所

478

在,我们也必须警惕一个同等且反向的危险,即公共政策本身可能被科技精英所挟持。

艾森豪威尔担心政府资金会对不受约束的科学研究和可能弄巧成拙的科学家们产生扭曲的影响,并且在1961年他也没有预见到技术化科学与工商业的融合将在今天遍地开花。他对这种科技精英的焦虑似乎也只是局限于对"公共政策"的影响。然而,他对科技精英的观点仍然是有先见之明的,并且这些观点也预言了其后数年针对科技的重大社会和智识批判。

在第二次世界大战之后的时期,科学享有无可质疑的道德、智识和技术权威。通过其貌似独特的"科学方法"的运作,理论科学似乎提供了一条绝对可靠的知识路径,与此同时应用科学以各种形式承诺改善人类的生存。自相矛盾的是,或许不是,随着科学—技术融合文化的后果开始以炸弹、电视、州际高速公路、计算机和避孕药来重塑先进的社会,从20世纪60年代开始,一波社会反应使得许多人质疑科学和技术代表了人类进步的胜利。一位有影响力的20世纪中叶评论家埃吕尔(Jacques Ellul, 1912—1994年)于1964年创造了"技术社会"一词,以描述现代技术,尤其是科学化技术的混合特征。在他看来,我们已经与技术进行了一个浮士德式的交易:技术迎合了我们的每一次闪念,却奴役了我们。出于对酸雨、工业污染、全球变暖、臭氧层枯竭以及生物多样性丧失的担忧,环保运动代表了与此相关的批评流派。其他批评者对作为发达国家主导价值观的消费主义和日益紧张的生活节奏持保留意见。还有一些人对国与国之间日益扩大的差距表达了道德反感,即在科技方面的富强国家与当今无法负担科学文化奢侈品的贫穷国家之间的差距。20世纪60年代和70年代嬉皮反主流文化的回归自然运动同样体现了这些趋势,并且与19世纪早期的浪漫反科学运动之间存在很强的历史相似度。核电站的技术故障,例如2011年福岛核电站的核心熔毁或1986年切尔诺贝利核反应堆的爆炸,使许多人怀疑科技的物质回报。新疾病的传播引起同样的焦虑。对生态、回收、"适当技术"和"绿色"政治等问题的社会关切与日俱增。这些关切源于这些怀疑,并推动了这些怀疑。

20世纪60年代出现的对科学的智识批判必须在那些时代反科学的背景下理解。迄今为止，科学哲学、科学社会学和科学知识本身的详细工作挑战了如下说法，即作为宣称了解或确保所有终极真理的手段，科学占据唯一的特权地位。许多思想家现在认识到，科学知识的许多断言在某种程度上是相对的、错误的、人为的，而不是关于客观自然界的最终陈述。虽然有些人会抓住这个结论来宣扬知识的无政府状态或神学的至高无上，但矛盾的是，对于理解我们周围的自然界而言，没有比科学活动和自然哲学更好的机制了。

从大多数历史角度来看，当今科技所处的社会和智识环境似乎是独一无二的。虽然把科学看作有用的知识，对其进行资助并将其制度化起源于文明一开始的时候，但当代的政府和企业却汇集了前所未有的资源，以极高的水准来支持纯科学和应用科学，而科学作为一种社会制度也起着更为重要的作用。作为自然哲学的科学起源于希腊人，虽然这个活动今天仍在继续，但今天科学的内容不仅与古代希腊人的思想截然不同，而且更加重要的是，它跟稍近的20世纪初普遍认为的基本科学观念也截然不同。正如我们所看到的，技术更加植根于我们的生物遗产和史前时代，但18和19世纪的工业革命以工业文明的形式创造了一种全新的人类生存模式。工业文明的未来是当今人类面临的最紧迫和最不确定的议题。

后　记
历史的媒介

　　我们所进行的研究已经证明，在人类历史中，技术起到了基本推动力的作用。历史表明，在旧石器时代和新石器时代，以及在此后的任何一种文明中，技术都是塑造和维持人类社会的决定性因素，而且今天的工业文明完全由技术支撑。毫无疑问，只要人类还存在，只要人类还住在地球这颗行星上，人类必定还将继续利用他们掌握的技术去改造世界。

　　我们同时还看到，自从出现首批文明以后，政府吸收专家和专门知识为其管理国家服务，这样才有了以科学为基础的技术活动。那些知识包括数学、天文学/占星术、工程、金丹术、医学以及晚些时候的绘图学。但我们今天十分熟悉的科学和工业之间的那种更紧密的结合，则是在工业革命以后才形成的一种相对较新的关系。正如我们每个人差不多从日常生活中就能够感受到的那样，这种科学与工业的结合代表着一种潜力巨大的历史创新，它会同时产生正面和负面的影响。例如，应用生物医学所产生的知识无疑已经改善了人类的生存条件，但是化学工业或者以科学为基础的军事工业从长远来说就存在着太多的问题。简单说来，在这些领域，"进步"的步伐多半不会停止，而应用科学在工业和军事方面以及国家安全机构从长期来看今后会走向何方，则还是一团迷雾，在某种程度上不能不令人担忧。

　　科学本身将来会怎样？这个问题会使人立即想起19世纪末当经典世界观破灭时曾经有过的议论，现在我们又再次听到了所谓"科学的终结"这种类似于当时的说法，通常，这种说法隐含着这样一个前提，即科学应该能够轻而易举地解决一切问题，得到某种概念上的结论。说"科学的终结"，是在拿某些学科尚待解决的难题去为难既有的科学家。但是，那种做法并不能说明科学在智识活动方面未来究竟会如何。更何况，我们目前还不知道，在生物学、物理学、宇宙学或者别的什么学科中存在着哪个有问题的领域会导致全然不同于今天的全新理论，并且，此外，今天的科学能告诉我们什么是重力吗？既然科学是人类以理性讲述的关于自然界的故事，那么，只要自然哲学还是一种社会和智识活动，这个故事就肯定要继续修改。其实，科学史就告诉了我们一个铁的事实，目前任何一种科学理论事实上都会被抛弃，正待被更好的理论所替代。

　　因其实用性，科学受到高度重视并得到社会良好的支持。如果没有高度发达的科学活动相助，工业文明难以想象。除非世界文明陷入灾难性的崩溃，否则科学作为一种社会事业应该努力继续下去。但是，政府、工业界和整个社会一直希望从科学中获得的是专业知识和权力，而不是价值观。这就解释了为什么随着时间的推移，科学能在许多不同的政治、意识形态和文化背景下蓬勃发展。关于世俗化的自然哲学的延续，看来也未必是一种必然现象。事实上，放眼全球，今天的自然科学阐明的那种对世界和人类的认识有可能不过是少数人的看法，而且也相当脆弱。如果如此众多的大众的思想从科学传统和重视人类破解我们周围世界的努力转向了其他方面，那么，科学就很可能会失去它今天在高层文化中的中心地位。

　　我们在本书中的讨论，基本上没有涉及历史学科和相关研究总会考虑的那些内容，因而我们是这样来讲述历史的，而不是别种讲法。我们有意作这样的省略也是出于迫不得已，为的是能够简化叙述以适合特定的读者。但是，在读过本书以后，那些喜欢认真思考的读者务必明白，我们所讲的这些关于历史上的科学和技术的内容，并不是通过对完全不存在疑点的过去的事实进行某种纯客观的或者最后

482

的研究所得到的结论,而是根据历史学家所采用的生动阐释历史的方法。读者若查阅过本书所附的"进一步的读物"中列出的著作,那么就会发现,他看到的不是真相和一致的意见,而是各显其能的探索、关于历史变化解释的热烈争论和种种复杂的分析研究,历史学家正是以这种方式来表达他们对这种或那种观点的支持或反对。因此,我们不可能告诉读者事情肯定就是那样一堆永远不会改变的结论。相反,我们倒要提醒读者注意我们的史料来源和书中观点的倾向性,以及整个叙述肯定会存在的局限性。

历史学研究过去,它对于思考未来提供的指导是靠不住的。哲学家桑塔亚纳(George Santayana,1863—1952年)说过一句常被人引用的格言:"忘记过去,将会重蹈覆辙。"这句话得到欣赏是因为它既认定历史研究是有用的,同时又否定了以为历史学家仅仅是出于好奇才去探究历史的看法。历史对于了解现在至关重要,对此我们可以放心,但归根结底,桑塔亚纳的告诫听起来很空洞,因为它断定过去发生的事情可以改变未来的状况。现在的评论员倾向于挑选过去的例子来支持一些观点,而这些观点无助于理解过去,只是跟当前事件有关。历史本身会给我们教训吗?克利俄,这位掌管历史的缪斯女神,始终沉默不语。历史肯定不会重复循环,今天不同于过去,将来也不同于今天,因此,我们从过去学到的东西仅仅能够在一定限度内帮助我们了解将来,而不是影响将来。

18世纪的启蒙运动思想家曾经传播过一种观点:历史有一种世俗的、进步的趋向。人类总要进步和社会总会越来越好这种启蒙运动的观点直到20世纪下半叶还十分流行,科学和技术的历史就被用来当作进步的例证。然而,按照今天的批判眼光,通过研究科学史和技术史得到的长期观察来看,"进步"这个概念相当含混或者毫无意义。毋庸置疑,巨大的变化将人类提升到了前所未有的高度。但我们该如何确切地定义"进步"呢?我们所知道的这种"进步"是必然的吗?它是可逆的吗?它可持续吗?尤其是,在过去的3个世纪,工业革命及其后果以如此迅猛的速度和如此深刻的方式改变了历史环境,当前这种高强度的工业化生存方式似乎不可能持久。

进一步的读物

全书总论

由于本书是为普通读者编写的一本科学技术史导论,一般认为最好不要在书末加上注释和参考文献,以免使书的内容看起来过于繁杂。但是,我们在这里提供的这个"进一步的读物",是想为那些希望就书中的某一个专题作深入研究的读者,以及那些想澄清书中的某一个历史事实的读者,提供一些帮助。本书付印之时,以下给出的所有网址都是能访问的。但是,如今网络发展一日千里,众所周知,网上的信息转瞬即逝,信息质量和可靠性也时时变化。(本书2006年版列出的网址中,大约50%在2015年还可以访问。)此外,我们还认为,如果本书有任何使读者感兴趣的东西,他们的第一反应就是在谷歌上搜索,而不是输入下面列出的网址。这如果属实的话,则揭示了当前的情况。尽管如此,我们还是提出了这些建议,希望它们有用。在列出网络资源时,我们可以利用上述我们的困境,并强调一个分析点,指出未来的读者将在这里找到一个生动的简介用以描述这项技术在21世纪第二个10年的状态。在W·伯纳德·卡尔森(W. Bernard Carlson)主编的《世界史上的技术》(*Technology in World History*, New York: Oxford University Press, 2005)的第七卷末尾,格塞洛维茨(Michael N. Geselowitz)提供了一个类似的推荐网站列表。本书现在的这个"进一步的读物"即对该列表的摘录和更新。

最好的科学史入门书籍仍然是:

David C. Lindberg and Ronald L. Numbers, general editors, *The Cambridge History of Science*, 8 vols, Cambridge: Cambridge University Press, 2002- .

Charles C. Gillispie, ed., *Dictionary of Scientific Biography*, 16 vols, New York: Scribner's, 1970–1980.

这是一部覆盖了20世纪70年代的科学史(在某些方面也包括技术史)的优秀著作,可以在许多图书馆中找到。

其他权威的一般性资料来源,包括:

J. L. Heilbron, ed., *The Oxford Companion to the History of Modern Science*, Oxford: Oxford University Press, 2003.

Helge Kragh, *An Introduction to the Historiography of Science*, Cambridge: Cambridge University Press, 1987.

R. C. Olby, G. N. Cantor, J. R. R. Christie, and A. M. S. Hodge, eds., *Companion to the History of Modern Science*, London: Routledge, 1990.

William F. Bynum, ed., *Dictionary of the History of Science*, Princeton: Princeton University Press, 1985.

Ivor Grattan-Guinness, ed., *Companion Encyclopedia of the History and Philosophy of the Mathematical Sciences*, 2 vols, Baltimore: Johns Hopkins University Press, 2003.

William H. Brock, *The Fontana History of Chemistry*, London: HarperCollins, 1992.

两本由伊德(Andrew Ede)和科马克(Lesley B. Cormack)编著的书值得关注:

A History of Science in Society: A Reader, Peterborough, Ont.: Broadview Press, 2007.

A History of Science in Society: From Philosophy to Utility, 2nd ed., Toronto: University of Toronto Press, 2012.

也可参阅 *ISIS, Official Journal of the History of Science Society*(USA)及其年鉴 *Critical Bibliography*。

科学研究方面的著作,可参阅:

Sheila Jasanoff, Gerald E. Markle, James C. Petersen, and Trevor Pinch, eds., *Handbook of Science and Technology Studies*, Thousand Oaks, Calif.: Sage Publications, 1995.

Mario Biagioli, ed., *The Science Studies Reader*, New York and London: Routledge, 1999.

Steve Fuller, *The Philosophy of Science and Technology Studies*, New York: Routledge, 2006.

西方科学传统和更多现代科学方面的著作可参阅:

Frederick Gregory, *Natural Science in Western History*, Boston: Houghton Mifflin, 2008.

Todd Simmons, *Makers of Western Science: The Works and Words of 24 Visionaries from Copernicus to Watson and Crick*, Jefferson, N.C.: McFarland & Co., 2012.

John Henry, *A Short History of Scientific Thought*, New York: Palgrave Macmillan, 2012.

David C. Lindberg, *The Beginnings of Western Science*, 2nd ed., Chicago: University of Chicago Press, 2007.

Edward Grant, *A History of Natural Philosophy from the Ancient World to the Nineteenth Century*, Cambridge: Cambridge University Press, 2007.

Helaine Selin, *Science Across Cultures: An Annotated Bibliography of Books on Non-Western Science, Technology, and Medicine*, New York: Garland Publishing, 1992. 该书有着可贵的全球视野。

强烈推荐她的另一本书:*Encyclopedia of the History of Science, Technology, and Medicine in Non-Western Cultures*, Dordrecht: Kluwer Academic Publishers, 1997.

John North, *The Norton History of Astronomy and Cosmology*, New York and London: W.W. Norton & Co., 1995.

Marcia Ascher, *Mathematics Elsewhere: An Exploration of Ideas Across Cultures*, Princeton: Princeton University Press, 2002.

这两本书有着相似的多元文化视角。

相关的著述包括：

H. Floris Cohen, *How Modern Science Came into the World: Four Civilizations, One 17th-Century Breakthrough*, Amsterdam: Amsterdam University Press, 2010.

Patricia Fara, *Science: A Four Thousand Year History*, Oxford: Oxford University Press, 2010.

关于技术和技术史方面的著作，可参阅：

Donald Cardwell, *The Norton History of Technology*, New York: Norton, 1995.

Thomas J. Misa, *Leonardo to the Internet: Technology and Culture from the Renaissance to the Present*, 2nd ed., Baltimore: Johns Hopkins University Press, 2011.

Daniel Headrick, *Technology: A World History*, Oxford and New York: Oxford University Press, 2009.

Jolyon Goddard, *National Geographic Concise History of Science and Invention: An Illustrated Time Line*, Washington, D.C.: National Geographic, 2010.

Neil MacGregor, *A History of the World in 100 Objects*, New York: Viking, 2011.

W. Bernard Carlson, ed., *Technology in World History*, 7 vols, New York: Oxford University Press, 2005.

该书是有着精美插图的百科全书，附有专家撰写的注释章节，为"世界文化中的技术"领域提供了便捷入门。

参阅学术期刊：

Technology and Culture: The International Quarterly of the Society for the History of Technology.

Merritt Roe Smith and Leo Marx, eds., *Does Technology Drive History: The Dilemma of Technological Determinism*, Cambridge, Mass.: The MIT Press, 1994.

由A&E电视网制作的2006年系列视频 *Engineering an Empire* 重现了许多文明中古老的实践工程。

对本书主题感兴趣的读者也会对戴蒙德（Jared Diamond）的两本书感兴趣：

Guns, Germs, and Steel: The Fates of Human Societies, New York: W.W. Norton & Co, 1997.

Collapse: How Societies Choose to Fail or Succeed, New York: Viking, 2005.

我们强烈推荐读者阅读库恩（Thomas S. Kuhn）的著作。其开创性的著作 *The Structure of Scientific Revolutions*（1962）改变了人们对科学及其历史的认识。要了解他的作品，可参阅：

Kuhn, "The History of Science," in *The Essential Tension: Selected Studies in Scientific Tradition and Change*, Chicago: University of Chicago Press, 1977.

Diederick Raven, Wolfgang Krohn, and Robert S. Cohen, eds., *Edgar Zilsel. The Social Origins of Modern Science*, Dordrecht/Boston: Kluwer Academic Publishers, 2000.

该书为科学的编史学打开了更多维度。

Harold Dorn, *The Geography of Science,* Baltimore: Johns Hopkins University Press, 1991. 在该书中,本书中反复出现的地理学论点将全面展开。

还有一类为"青少年"编写的非虚构科技史。举例来说,塞缪尔斯(Charlie Samuels)为年轻读者写了十来本此类主题的小书。比如 *Ancient Science: Prehistory—A.D. 500* 或 *Revolutions in Science: 1500-1700,* New York: Gareth Stevens Publishers, 2011-2014。他的书有多元文化、全球视野、精准、信息量大等特点并且有着精美的插图。这些书及类似的作品老少咸宜。

网络资源

Virtual Library. History: Science, Technology and Medicine:

vlib.iue.it/history/topical/science.html

Society for Social Studies of Science (4S):

www.4sonline.org

History of Science Society:

www.hssonline.org

Society for the History of Technology (SHOT):

www.shot.jhu.edu

STS Wiki: Department of Social Studies of Science, University of Vienna:

http://www.stswiki.org

4000 Years of Women in Science:

https://www.astr.ua.edu/4000WS

Center for History and New Media:

http://chnm.gmu.edu

National Library of Medicine, History of Medicine:

www.nlm.nih.gov/hmd

History of Mathematics:

aleph0.clarku.edu/~djoyce/mathhist/mathhist.html

http://www.math.tamu.edu/~dallen/masters/hist_frame.htm

History of Early Mathematics:

http://www.history.mcs.st-and.ac.uk/Indexes/HistoryTopics.html

HPSTM: A Selection of Web and Other Resources (Thomas Settle):

www.imss.fi.it/~tsettle

Knowledge Web: A Project of the James Burke Institute

www.k-web.org

Library of Congress:

http://www.loc.gov/rr/scitech/tracer-bullets/historyoftechtb.html

Museum of the History of Science, Oxford, U.K.:

http://www.mhs.ox.ac.uk

National Museum of Industry and Science, London, U.K. (interactive):

http://www.nmsi.ac.uk

http://www.sciencemuseum.org.uk/online_science.aspx

Time Measurement（National Institute of Standards and Technology）:

　　http://physics.nist.gov/GenInt/Time/time.html

第一章　人类的出现

　　人类的起源和进化本身就非常吸引人,有关这一主题目前有几本写得很棒的半通俗性著作。在过去的50年间,随着一系列非凡的化石发现以及分子生物学的发展,这一研究领域取得了跨越性发展。

Ian Tattersall, *The Human Odyssey: Four Million Years of Human Evolution*, New York: Prentice Hall, 1993.

Jean Guilaine, ed., *Prehistory: The World of Early Man*, New York: Facts on File, 1991.
这两本书的介绍相当翔实可靠。

Donald Johanson and Maitland Edey, *Lucy: The Beginnings of Humankind*, New York: Warner Books, 1981.
此书讲述了一次最具轰动效应的化石发现。

V. Gordon Childe, *Man Makes Himself*, New York: NAL/Dutton, 1983.
对史前时代——旧石器时代和新石器时代——作了第一流的阐述。

Alexander Marshack, *The Roots of Civilization*, Wakefield: Moyer Bell, 1992.
对于旧石器时代的人类留下的表明其天文学兴趣方面的最早记录,该书作者进行了开创性研究。

Robert J. Wenke, *Patterns in Prehistory: Mankind's First Three Million Years*, 5th ed., New York: Oxford University Press, 2007.
它对全世界在这一领域的进展作了可靠的概述。

如果细分领域的话,*Archaeoastronomy* 杂志是一个有价值的资料来源。

Lydia V. Pyne and Stephen J. Pyne, *The Last Lost World: Ice Ages, Human Origins, and the Invention of the Pleistocene*, New York: Penguin Books, 2012.
该书重新叙述了旧石器时代晚期的科学和科学史。

也可参阅:

Brian Fagan, *People of the Earth: An Introduction to World Prehistory*, 14th ed., Boston: Pearson, 2014.

Michael Chazan, *World Prehistory and Archaeology: Pathways Through Time*, Boston: Pearson, 2014.

网络资源

ArchNet: WWW Archaeology:
　　http://ari.asu.edu/archnet

Human Evolution:
　　www.archaeologyinfo.com/index.html

3-D Gallery of Human Ancestors:
　　www.anth.ucsb.edu/projects/human

Stone Tool Technologies:

　　http://humanorigins.si.edu/evidence/behavior/tools

Paleolithic art:

　　www.paleolithicartmagazine.org

　　http://www.britishmuseum.org/whats_on/past_exhibitions/2013/ice_age_art.aspx

The Caves of Lascaux:

　　http://www.culture.fr/Actualites/Architecture−Patrimoine/Lascaux

　　http://www.bradshawfoundation.com/lascaux/

第二章　农民时代

新石器时代主要是考古学家们的研究领域。

Colin Renfrew and Paul Bahn, *Archaeology: Theories, Methods, and Practice*, New York: Thames & Hudson, 1991.

该书对这一领域作了权威性的概述。

Anthony Aveni, *World Archaeoastronomy*, Cambridge: Cambridge University Press, 1989.

在尚未出现文字的新石器时代, 我们只能通过遗留下来的建筑遗址去了解当时的天文学。该书对这一主题进行了详细阐述。

对于英国的巨石阵, 可参阅以下图书:

Jean-Pierre Mohen, *The World Megaliths*, New York: Facts on File, 1990.

Christopher Chippindale, *Stonehenge Complete*, New York: Thames & Hudson, 1983.

Gerald S. Hawkins and John B. White, *Stonehenge Decoded*, New York: Delta, 1963.

该书仍然是有价值的研究。

Jo Anne Van Tilburg, *Easter Island: Archaeology, Ecology, and Culture*, Washington, D.C.: Smithsonian Institution Press, 1994.

该书对复活节岛作了权威性的介绍。

网络资源

Easter Island:

　　http://www.bradshawfoundation.com/easter

Stone Pages: A Guide to European Megaliths:

　　www.stonepages.com

How the Shaman Stole the Moon by William H. Calvin:

　　faculty.washington.edu/wcalvin/bk6

The Agricultural Revolution (Washington State University):

　　http://richard-hooker.com/sites/worldcultures/AGRI/INDEX.HTM

Virtual Archaeology (links by John W. Hoopes):

　　http://people.ku.edu/~hoopes

Marija Gimbutas—Life and Work (Pacifica Graduate Institute):

　　http://pacifica.edu/innercontent-m.aspx?id=1762

The Origins of Agriculture:

　　http://www.adbio.com/science/agri-history.htm

Stonehenge:

　　http://www.christiaan.com/stonehenge/

第三章　法老与工程师

文明的来临要看集权制国家、大型城市和较高学问的出现。这是"历史"时期的开始,也就是说,历史学家第一次可以通过查考人类文明产出的文献来研究历史。

C. C. Lamberg-Karlovsky and Jeremy A. Sabloff, *Ancient Civilizations: The Near East and Mesoamerica*, Prospect Heights, Ill.: Waveland Press, 1987.

这本书对全世界的早期文明作了综述,资料非常丰富。

Ronald Cohen and Elman R. Service, eds., *Origins of the State*, Philadelphia: Institute for the Study of Human Issues, 1978.

该书展示了解释最早的国家起源的各种理论。

Haicheng Wang, *Writing and the Ancient State: Early China in Comparative Perspective*, New York: Cambridge University Press, 2014.

在一项主要的研究中,该书揭示了所有原始文明史中书写、专业知识和中央集权之间的联系。

Karl Wittfogel, *Oriental Despotism*, New Haven: Yale University Press, 1957.

此书观点有些与众不同,有一定的学术价值。

集权制国家的大型建筑在复杂性和规模上都超过了新石器时代的建筑。要了解埃及的建筑情况,可参阅:

J.-P. Lepre, *The Egyptian Pyramids: A Comprehensive, Illustrated Reference*, Jefferson, N.C.: McFarland and Co., 1990.

Zahi A. Hawass, *The Pyramids of Ancient Egypt*, Pittsburgh: Carnegie Museum of Natural History, 1990.

Kurt Mendelssohn, *Riddle of the Pyramids*, New York: Thames & Hudson, 1986.

这是一位物理学家在尝试解释古代法老实施其伟大的建筑工程的目的。

关于这一时期的科学,可参阅:

Otto Neugebauer, *The Exact Sciences in Antiquity*, 2nd ed., New York: Dover Publications, 1969.

它对该主题提供了专家级的解释。

Marshall Clagget, *Ancient Egyptian Science*, 2 vols., Philadelphia: American Philosophical Society, 1989–1995.

该书对古埃及的建筑作了更为详尽的透视。

希望看到印刷精美的古代原始文献的读者,可参阅:

Gay Robins and Charles Shute, *The Rhind Mathematical Papyrus: An Ancient Egyptian Text*, New York: Dover Publications, 1987.

O. A. W. Dilke, *Mathematics and Measurement*, London: British Museum Publications, 1987.

John Steele, ed., *Calendars and Years II: Astronomy and Time in the Ancient and Medieval World*, Oxford: Oxbow, 2011.

网络资源

The Egyptian Pyramids（NOVA）:

　　www.pbs.org/wgbh/pages/nova/pyramid/

The Oriental Institute:

　　www.oi.uchicago.edu

The Ancient Indus Valley:

　　www.harappa.com/har/har0.html

Exploring Ancient World Cultures:

　　eawc.evansville.edu/index.htm

Mesopotamia: Washington State University, World Civilizations:

　　http://public.wsu.edu/~brians/world_civ/worldcivreader

Egyptology Resources（Newton Institute）:

　　www.newton.cam.ac.uk/egypt

The Ancient World Web:

　　www.julen.net/ancient

Near-East and Middle East Archaeology:

　　www.cyberpursuits.com/archeo/ne-arch.asp

Smith College Museum of Ancient Inventions:

　　www.smith.edu/hsc/museum/ancient_inventions/hsclist.htm

第四章　得天独厚的希腊

第五章　亚历山大及之后

希腊科学是许多学术研究的主题。

G. E. R. Lloyd, *Early Greek Science: Thales to Aristotle*, New York: Norton, 1970.

G. E. R. Lloyd, *Greek Science after Aristotle*, New York: Norton, 1973.

这两本书提供了一个标准的通俗性介绍。

G. E. R. Lloyd, *Adversaries and Authorities: Investigations into Ancient Greek and Chinese Science*, Cambridge: Cambridge University Press, 1996.

这是一部划时代的对比研究。

Geoffrey Lloyd and Nathan Sivin, *The Way and the Word: Science and Medicine in Early China and Greece*, New Haven: Yale University Press, 2003.

这本书也是如此。

Marshall Clagett, *Greek Science in Antiquity*, rev. ed., Mineola, N.Y.: Dover Publications, 2001; original edition, 1955.

这本书也很有价值。

需要更为详尽地了解相关内容的读者，可参阅：

George Sarton, *Ancient Science through the Golden Age of Greece*, New York: Dover, 1993.

George Sarton, *Hellenistic Science and Culture in the Last Three Centuries B.C.*, New York: Dover, 1993).

James Evans, *The History and Practice of Ancient Astronomy*, New York and Oxford: Oxford University Press, 1998.

该书提供了古代天文学家们使用的有价值的技术细节。

Joseph Ben-David, *The Scientist's Role in Society: A Comparative Study*, Chicago: University of Chicago Press, 1984.

该书详细介绍了一种定位古代及之后知识的社会学方法。

Lois N. Magner, *A History of the Life Sciences*, New York: Marcel Dekker, 1994.

该书给出了一个古代关于生物学的观点概述。

关于古代技术方面的著作，可参阅：

John W. Humphrey, John P. Oleson, and Andrew N. Sherwood, eds., *Greek and Roman Technology: A Sourcebook*, New York: Routledge, 2002.

J. G. Landels, *Engineering in the Ancient World*, Berkeley: University of California Press, 1978).

L. Sprague de Camp, *The Ancient Engineers*, New York: Ballantine Books, 1988.

Jason König et al. eds., *Ancient Libraries*, New York: Cambridge University Press, 2013.

在希腊罗马世界的图书馆方面，这本书提供了一个有启发性的、全面的、最新的学术性概述。

网络资源

Ancient Greece Web Sites:

    http://www.bbc.co.uk/schools/primaryhistory/ancient_greeks

The Perseus Project:

    www.perseus.tufts.edu

The Internet Classics Archive:

    classics.mit.edu

Diotima: Women and Gender in the Ancient World:

    http://mcl.as.uky.edu/classics

    www.stoa.org/diotima

Hypatia of Alexandria:

    cosmopolis.com/people/hypatia.html

Classics and Mediterranean Archaeology Page:

    http://homes.chass.utoronto.ca/~kloppen/Classics.htm

Technology Museum of Thessaloniki: Ancient Greek Scientists:

    http://www.tmth.edu.gr/en/aet.html

Archimedes:

http://www.mcs.drexel.edu/~crorres/Archimedes/contents.html

The Antikythera Machine:

www.math.sunysb.edu/~tony/whatsnew/column/antikythera-0400/kyth1.html

Roman Catapult（The Discovery Channel）:

http://www.sciencechannel.com/tv - shows/what - the - ancients - knew/videos /what - the - an-cients-knew-catapult-balista.htm

History of the Roman Empire:

http://www.roman-empire.net/index.html

第六章　永恒的东方

希望深入了解伊斯兰科学和文明的读者，可以参阅以下文献：

Jim Al-Khalili, *The House of Wisdom: How Arabic Science Saved Ancient Knowledge and Gave Us the Renaissance*, New York: Penguin Books, 2010.

John Freely, *Aladdin's Lamp: How Greek Science Came to Europe Through the Islamic World*, New York: Alfred A. Knopf, 2009.

Seyyed Hossein Nasr, *Science and Civilization in Islam*, New York: Barnes and Noble Books, 1992.

George Saliba, *A History of Arabic Astronomy*, New York: New York University Press, 1994.

George Saliba, *Islamic Science and the Making of the European Renaissance*, Cambridge, Mass.: MIT Press, 2011.

Aydin Sayili, *The Observatory in Islam*, New York: Arno Press, 1981.

Michael Adas, ed., *Islamic and European Expansion: The Forging of a Global Order*, Philadel-phia: Temple University Press, 1993.

想了解伊斯兰技术，可参阅：

Ahmad Y. al-Hassan and Donald R. Hill, *Islamic Technology: An Illustrated History* , Lan-ham: UNIPUB, 1992.

Donald R. Hill, *Islamic Science and Engineering*, Chicago: Kazi Publications, 1996.

A. Mark Smith, *From Sight to Light: The Passage from Ancient to Modern Optics*, Chicago: University of Chicago Press, 2014.

拉希德（Rushdi Rashid）正在出版一个五卷本的著作：*A History of Arabic Sciences and Mathematics,* London and New York: Routledge, 2012–　.

专家们也很欣赏 Muzaffar Iqbal, *New Perspectives on the History of Islamic Science*, Burling-ton, Vt.: Ashgate, 2012.

也可参阅：

Fuat Sezgin, *Science and Technology in Islam*, Frankfurt am Main: Institute für Geschichte der Arabisch-Islamischen Wissenschaften an der Johann Wolfgang Goethe-Universität, 2011.

Michael Hamilton Morgan, *Lost History: The Enduring Legacy of Muslim Scientists, Thinkers, and Artists*, Washington, D.C.: National Geographic, 2007.

Toby E. Huff, *The Rise of Early Modern Science: Islam, China, and the West*, 2nd ed., New

York: Cambridge University Press, 2003.

这本书将伊斯兰科学放在一个更为广阔的背景下考察，具有特殊的价值。

也可参阅：

Ekmeleddin Ihsanoglu, *Science, Technology, and Learning in the Ottoman Empire*, Aldershot, Hampshire, UK: Ashgate, 2004.

网络资源

Middle East Studies Internet Resources:
  http://files.eric.ed.gov/fulltext/EJ854295.pdf

Muslim Scientists and Scholars:
  www.ummah.net/history/scholars/

Early Islam:
  eawc.evansville.edu/ispage.htm

The Alchemy Website:
  www.levity.com/alchemy

Muslim Heritage:
  www.muslimheritage.com

Sassanid Empire:
  www.iranchamber.com/history/sassanids/sassanids.php

Byzantine Studies on the Internet:
  www.fordham.edu/halsall/byzantium

第七章　中央帝国

任何学习科学史的学生都不应该忽视李约瑟（Joseph Needham）的多卷本皇皇巨著：

Joseph Needham, *Science and Civilization in China*, 24 vols. to date, Cambridge: Cambridge University Press, 1954– .

Colin A. Ronan, *The Shorter Science and Civilization in China: An Abridgement of Joseph Needham's Original Text*, 5 vols., Cambridge: Cambridge University Press, 1978–1995.

这是由罗南（Colin A. Ronan）编辑的李约瑟的权威著作的简写本。

Derk Bodde, *Chinese Thought, Society, and Science: The Intellectual and Social Background of Science and Technology in Pre-Modern China*, Honolulu: University of Hawaii Press, 1991.

这本书虽然不像李约瑟的著作那样令人望而生畏，但在价值上却毫不逊色。

采用比较方法创作的富有洞见的著作包括：

Huff, *The Rise of Early Modern Science: Islam, China, and the West*, 2nd ed., New York: Cambridge University Press, 2003.

G. E. R. Lloyd, *Adversaries and Authorities: Investigations into Ancient Greek and Chinese Science*, Cambridge: Cambridge University Press, 1996.

Geoffrey Lloyd and Nathan Sivin, *The Way and the Word: Science and Medicine in Early China and Greece*, New Haven: Yale University Press, 2003.

Dagmar Schäfer, *Cultures of Knowledge: Technology in Chinese History*, Leiden and Boston: Brill, 2012.

这本书考查了传统中国社会的社会学和技术知识传播,是一部重要的文集。同样值得关注的是:

R. Po-chia Hsia, *A Jesuit in the Forbidden City: Matteo Ricci, 1552–1610*, Oxford: Oxford University Press, 2010.

网络资源

The Joseph Needham Research Institute:
www.nri.org.uk/

Ancient China Web Sites:
eawc.evansville.edu/www/chpage.htm

The China Page:
www.chinapage.com/china-rm.html

History of China:
www-chaos.umd.edu/history/toc.html

China and East Asian Chronology:
http://www.metmuseum.org/toah/ht/index-east-asia.html

Condensed China:
http://condensedchina.com

Chinese Philosophy Page（Links）:
http://www.iep.utm.edu/mod-chin

Oriental Medicine:
http://www.orientalmedicine.com

第八章　印度河、恒河及其他

关于前殖民地时期印度的科学史和技术史的作品非常有限,其中属于纵览性的著作包括:

S. Balaachandra Rao, *Indian Mathematics and Astronomy*, Bangalore: Jnana Deep Publications, 1994.

Debiprasad Chattopadhyaya, ed., *Studies in the History of Science in India*, 2 vols., New Delhi: Editorial Enterprises, 1982.

Irfan Habib, *Technology in Medieval India: c. 650–1750*, New Delhi: Tulika Books, 2008.

O. P. Jaggi, *History of Science, Technology, and Medicine in India*, 15 vols., Delhi: Atma Ram and Sons, 1969–1986.

该书有着不同版本、不同标题和副标题。

David Pingree, "History of Mathematical Astronomy in India" in *Dictionary of Scientific Biography*, ed. C. C. Gillispie, New York: Scribner's, 1978, 15: 533–633.

这篇文章虽然比较专业,但还是属于基础性读物。类似的有:

Toke Lindegaard Knudsen, *The Siddhantasundara of Jnanaraja: An English Translation with Commentary*, Baltimore: Johns Hopkins University Press, 2014.

B. S. Yadav and Man Mohan, eds., *Ancient Indian Leaps into Mathematics*, Birkhäuser, 2011.

此外，还可参阅 *The Indian Journal of History of Science*。

关于高棉帝国，可参阅：

Eleanor Mannikka, *Angkor Wat: Time, Space, and Kingship*, Honolulu: University of Hawaii Press, 1996.

Charles Higham, *The Civilization of Angkor*, London: Phoenix, 2003.

Michael D. Coe, *Angkor and the Khmer Civilization*, London: Thames & Hudson, 2003.

网络资源

Links Relating to Ancient India:

    eawc.evansville.edu/www/inpage.htm

India's History:

    www.geographia.com/india/india02.htm

History of India: Philosophy, Science, and Technology:

    http://www.indianscience.org

Ancient India:

    http://www.ancientindia.co.uk

Indian (Wootz) Steel:

    http://www.tms.org/pubs/journals/JOM/9809/Verhoeven-9809.html

What is Ayurveda?:

    www.ayur.com/about.html

Khmer Civilization:

    www.cambodia-travel.com/khmer-civilization.htm

第九章　新大陆

古代美洲文明已经变成了特别活跃的研究领域。可特别参阅：

Jeremy A. Sabloff, *The Cities of Ancient Mexico*, London: Thames & Hudson, 1989.

Jeremy A. Sabloff, *The New Archaeology and the Ancient Maya*, New York: W. H. Freeman, 1990.

Michael D. Coe, *The Maya*, 8th ed., New York: Thames & Hudson, 2011.

Brian M. Pagan, *Kingdoms of Gold, Kingdoms of Jade: The Americas Before Columbus*, London: Thames & Hudson, 1991.

Craig Morris and Adriana von Hagen, *The Inka Empire and Its Andean Origins*, New York: American Museum of Natural History/Abbeville Press, 1993.

Michael E. Moseley, *The Incas and Their Ancestors*, London: Thames & Hudson, 1993.

Craig Morris and Adriana von Hagen, *The Incas: Lords of the Four Quarters*, New York: Thames & Hudson, 2011.

Linda Schele and Mary Ellen Miller, *The Blood of Kings*, New York: George Braziller, 1986.

这本书有助于改变人们的看法，使人们看到在这些文明中存在的侵略和暴力。以前人们总以为这些文明中只存在和平。

关于阿纳萨兹人，可参阅：

David Muench and Donald G. Pike, *Anasazi: Ancient People of the Rock*, New York: Harmony Books, 1974.

Lynne Sebastian et al., eds., *The Chaco Anasazi: Sociopolitical Evolution in the Prehistoric Southwest*, Cambridge and New York: Cambridge University Press, 1996.

David E. Stuart, *Anasazi America: Seventeen Centuries on the Road from Center Place*, 2nd ed. Albuquerque: University of New Mexico Press, 2014.

要了解哥伦布到达之前的美洲的科学和实践，可参阅：

Anthony F. Aveni, *Empires of Time: Calendars, Clocks, and Cultures*, New York: Basic Books, 1989.

Bernard R. Ortiz de Montellano, *Aztec Medicine, Health, and Nutrition*, New Brunswick, N.J.: Rutgers University Press, 1990.

Anna Sofaer and contributors to The Solstice Project, *Chaco Astronomy: An Ancient American Cosmology*, Santa Fe, New Mexico, 2014.

William L. Fash, *Scribes, Warriors, and Kings: The City of Copan and the Ancient Maya*, London: Thames & Hudson, 1991.

Maria Longhena, *Mayan Script: A Civilization and Its Writing*, New York: Abbeville Press, 2000.

Michael D. Coe and Mark Van Stone, *Reading the Maya Glyphs*, London: Thames & Hudson, 2001.

网络资源

Maya Links:
www.ruf.rice.edu/~jchance/link.html

Mesoamerican Archaeology:
http://www.angelfire.com/zine/meso
http://pages.ucsd.edu/~dkjordan/arch/mexchron.html

The Maya Astronomy Page:
www.michielb.nl/maya/astro.html

The Mayan Epigraphic Database Project:
www.iath.virginia.edu/med/

NOVA Online: Ice Mummies of the Inca:
http://www.pbs.org/wgbh/nova/icemummies

Chaco Canyon National Monument:
www.nps.gov/chcu/home.htm

Cahokia Mounds Links:
http://cahokiamounds.org

http://whc.unesco.org/en/list/198

第十章　犁、马镫、枪炮与黑死病

在过去的50年里，中世纪和近代欧洲早期的技术史一直是个非常繁荣的研究领域。因此，希望进一步了解这一主题的读者有大量的出版物可供选择。

Lynn White, Jr., *Medieval Technology and Social Change*, Oxford: Oxford University Press, 1966.

这是一部经典著作，根据技术革新解释了欧洲封建主义的兴起。

Arnold Pacey, *The Maze of Ingenuity: Ideas and Idealism in the Development of Technology*, 2nd ed., Cambridge, Mass.: The MIT Press, 1992.

此书专门研究了近代欧洲的早期阶段。

Jean Gimpel, *The Medieval Machine: The Industrial Revolution of the Middle Ages*, New York: Penguin Books, 1983.

该书仍然有价值。

Frances and Joseph Gies, *Cathedral, Forge, and Waterwheel: Technology and Invention in the Middle Ages*, New York: HarperCollins, 1994.

这是一部颇具可读性的纵览性著作。

也可参阅：

Roberta J. Magnusson, *Water Technology in the Middle Ages: Cities, Monasteries, and Waterworks after the Roman Empire*, Baltimore: Johns Hopkins University Press, 2001.

Vibeke Olson, ed., *Working with Limestone: The Science, Technology, and Art of Medieval Limestone Monuments*, Burlington, Vt.: Ashgate, 2011.

Michael Roberts, *The Military Revolution, 1560–1660*, Belfast: Queen's University Press, 1956.

这部著作开创了一个全新的研究领域，专门研究近代欧洲早期的军事技术及其产生的社会影响。该领域其他历史学家的相关著作包括：

Geoffrey Parker, *The Military Revolution: Military Innovation and the Rise of the West, 1000–1800*, New York: Cambridge University Press, 1988.

Carlo M. Cipolla, *Guns, Sails, and Empires: The Technological Innovation and the Early Phases of European Expansion, 1400–1700*, New York: Pantheon Books, 1966.

William H. McNeill, *The Pursuit of Power: Technology, Armed Force, and Society since A.D. 1000*, Chicago: University of Chicago Press, 1984.

该主题更近期的作品有：

Bert S. Hall, *Weapons and Warfare in Renaissance Europe: Gunpowder, Technology, and Tactics*, Baltimore: Johns Hopkins University Press, 2001.

Alfred W. Crosby, *Throwing Fire: Projectile Technology through History*, Cambridge: Cambridge University Press, 2002.

Clifford J. Rogers, ed., *The Oxford Encyclopedia of Medieval Warfare and Military Technology*, New York: Oxford University Press, 2010.

关于中世纪的科学本身,参阅:

David C. Lindberg, ed., *Science in the Middle Ages*, Chicago: University of Chicago Press, 1978.

Edward Grant, *The Nature of Natural Philosophy in the Late Middle Ages*, Washington, D.C.: Catholic University of America Press, 2010.

Edward Grant, *The Foundations of Modern Science in the Middle Ages*, New York: Cambridge University Press, 1996.

Edward Grant, *Physical Science in the Middle Ages*, New York: Cambridge University Press, 1977.

Hunt Janin, *The University in Medieval Life*, Jefferson, N.C.: McFarland & Co., 2008.

Jeffrey R. Wigelsworth, *Science and Technology in Medieval European Life*, Westport, Conn.: Greenwood Press, 2006.

John Freely, *Before Galileo: The Birth of Modern Science in Medieval Europe*, New York, London: Overlook Duckworth, 2012.

这是一部更近期的力作。

网络资源

Medieval Europe Web Sites:

eawc.evansville.edu/www/mepage.htm

Medieval Crusades:

www.medievalcrusades.com

The Black Death:

http://www.eyewitnesstohistory.com/plague.htm

Medieval Science:

https://explorable.com/middle-ages-science

Medieval Technology Pages:

scholar.chem.nyu.edu/tekpages/Technology.html

people.clemson.edu/~pammack/lec122/medag.htm

Gothic Architecture:

http://www.elore.com/gothic.htm

Medieval Science:

http://physics.ucr.edu/~wudka/Physics7/Notes_www/node40.html

https://explorable.com/middle-ages-science

第十一章至第十三章　科学革命——总论

科学革命的历程是科学史的核心篇章之一。

H. Floris Cohen, *The Scientific Revolution: A Historiographical Inquiry*, Chicago: University of Chicago Press, 1994.

此书对关于科学革命的丰富文献作了全面介绍。

I. B. Cohen, *Puritanism and the Rise of Modern Science: The Merton Thesis*, New Brunswick, N.J.: Rutgers University Press, 1990.

这是一部非常重要的编年史。

最近的一些重述和重新阐释,可参阅:

Wilbur Applebaum, ed., *Encyclopedia of the Scientific Revolution: From Copernicus to Newton*, New York: Garland Publishing, 2008.

Margaret C. Jabob, *The Scientific Revolution: A Brief History with Documents*, Boston: Bedford/St. Martin's, 2010.

Steven Shapin, *The Scientific Revolution*, Chicago: University of Chicago Press, 1996.

David Knight, *Voyaging in Strange Seas: The Great Revolution in Science*, New Haven, Conn.: Yale University Press, 2014.

John Henry, *The Scientific Revolution and the Origins of Modern Science*, 2nd ed., Houndmills, Hampshire, UK: Palgrave Macmillan, 2001.

David C. Lindberg and Robert S. Westman, eds., *Reappraisals of the Scientific Revolution*, Cambridge: Cambridge University Press, 1990.

Roy Porter and Mikuláš Teich, eds., *The Scientific Revolution in National Context*, Cambridge: Cambridge University Press, 1992.

Norriss S. Hetherington, *Cosmology: Historical, Literary, Philosophical, Religious, and Scientific Perspectives*, New York: Garland Publishing, 1993.

稍早一些的优秀论著包括:

Arthur Koestler, *The Sleepwalkers: A History of Man's Changing Vision of the Universe*, New York: Viking Penguin, 1990.

Herbert Butterfield, *The Origins of Modern Science, 1300–1800*, rev. ed., New York: Free Press, 1965.

I. Bernard Cohen, *The Birth of a New Physics, Revised and Updated*, New York: Norton, 1985.

Richard S. Westfall, *The Construction of Modern Science: Mechanism and Mechanics*, 2nd ed., Cambridge: Cambridge University Press, 1977.

其他对科学革命进行新的诠释的著作包括:

William Eamon, *Science and the Secrets of Nature: Books of Secrets in Medieval and Early Modern Culture*, Princeton, N.J.: Princeton University Press, 1994.

Pamela H. Smith, *The Business of Alchemy: Science and Culture in the Holy Roman Empire*, Princeton, N.J.: Princeton University Press, 1994.

Pamela O. Long, *Artisan/Practitioners and the Rise of the New Sciences, 1400–1600*, Corvallis, Ore.: Oregon State University Press, 2011.

Ofer Gal and Raz Chen-Morris, *Baroque Science*, Chicago and London: University of Chicago Press, 2013.

David C. Goodman, *Power and Penury: Government, Technology, and Science in Philip II's Spain*, Cambridge: Cambridge University Press, 1988.

Frank J. Swetz, *Capitalism and Arithmetic: The New Math of the 15th Century*, LaSalle, Ill.: Open Court, 1987.

Carolyn Merchant, *The Death of Nature: Women, Ecology, and the Scientific Revolution*, San Francisco: HarperSanFrancisco, 1990.

也可参阅：

Toby E. Huff, *Intellectual Curiosity and the Scientific Revolution: A Global Perspective*, Cambridge and New York: Cambridge University Press, 2011.

Dan Falk, *The Science of Shakespeare: A New Look at the Playwright's Universe*, New York: St. Martin's Press, 2014.

Mordechai Feingold and Victor Navarro-Brotons, *Universities and Science in the Early Modern Period*, Dordrecht: Springer, 2006.

第十一章 哥白尼掀起一场革命

有关哥白尼、第谷和开普勒的著作，可参阅：

Owen Gingerich, *The Book That Nobody Read: Chasing the Revolutions of Nicolaus Copernicus*, New York: Penguin, 2005.

Bruce Stephenson, *Kepler's Physical Astronomy*, Princeton, N.J.: Princeton University Press, 1994.

Bruce Stephenson, *The Music of the Heavens: Kepler's Harmonic Astronomy*, Princeton, N.J.: Princeton University Press, 1994.

Max Caspar, *Kepler*, New York: Dover Publications, 1993. 由赫尔曼（C. Doris Hellman）翻译并编辑，金格里奇（Owen Gingerich）撰写新的导言和参考文献。

James A. Connor, *Kepler's Witch: An Astronomer's Discovery of Cosmic Order Amid Religious War, Political Intrigue, and the Heresy Trial of His Mother*, New York: HarperCollins, 2004.

Victor E. Thoren, *The Lord of Uraniborg: A Biography of Tycho Brahe*, Cambridge: Cambridge University Press, 1990.

Thomas S. Kuhn, *The Copernican Revolution*, Cambridge: Harvard University Press, 1957.

该书仍然富有洞见。

更近期的著作包括：

André Goddu, *Copernicus and the Aristotelian Tradition: Education, Reading, and Philosophy in Copernicus's Path to Heliocentrism*, Leiden and Boston: Brill, 2010.

Robert S. Westman, *The Copernican Question: Prognostication, Skepticism, and Celestial Order*, Berkeley: University of California Press, 2011.

Arthur Mazer, *Shifting the Earth: The Mathematical Quest to Understand the Motion of the Universe*, Hoboken, N.J.: Wiley, 2011.

Dava Sobel, *A More Perfect Heaven: How Copernicus Revolutionized the Cosmos*, New York: Walker, 2011.

网络资源

The Scientific Revolution（Links）：

www.historyteacher.net/APEuroCourse/WebLinks/WebLinks-ScientificRevolution.htm

Museum of the History of Science (Oxford):

www.mhs.ox.ac.uk

De Revolutionibus Orbium Coelestium:

webexhibits.org/calendars/year-text-Copernicus.html

Tycho Brahe:

www.tychobrahe.com/uk/om_museet.html

Museum of Science: Leonardo:

www.mos.org/leonardo

第十二章 伽利略的罪与罚

伽利略的科学著作是科学史上普通读者可以阅读欣赏的为数不多的珍贵文献。

Stillman Drake, *Discoveries and Opinions of Galileo*, Garden City, N.Y.: Doubleday Anchor, 1990.

该书提供了样板。

可以见到的伽利略的主要著作包括：

Galileo on the World Systems: A New Abridged Translation and Guide, trans. and ed. Maurice A. Finocchiaro, Berkeley: University of California Press, 1997.

Two New Sciences, trans. S. Drake, Madison: University of Wisconsin Press, 1992.

Dialogue Concerning the Two Chief World Systems, trans. S. Drake, Berkeley: University of California Press, 1967.

有关伽利略的科学工作的论述，可参阅：

Stillman Drake, *Galileo at Work: His Scientific Biography*, New York: Dover Publications, 1995.

该书是标准的来源。也可参阅：

Stillman Drake, *Galileo: A Very Short Introduction*, New York: Sterling Pub., 2009.

最近的伽利略传记是：

David Wootton, *Galileo: Watcher of the Skies*, New Haven: Yale University Press, 2010.

菲诺基亚罗（Maurice Finocchiaro）创作了大量关于伽利略的作品。

Maurice Finocchiaro, *The Galileo Affair: A Documentary History*, Berkeley: University of California Press, 1989.

该书对宗教裁判所迫害伽利略一事提供了一个绝佳的起点。也可参阅：

Maurice Finocchiaro, *Retrying Galileo, 1633–1992*, Berkeley and Los Angeles: University of California Press, 2005.

Maurice Finocchiaro, *Defending Copernicus and Galileo: Critical Reasoning in the Two Affairs*, Dordrecht and New York: Springer, 2010.

Maurice Finocchiaro, *The Routledge Guidebook to Galileo's Dialogue*, New York: Routledge-Taylor and Francis, 2014.

Eileen Reeves, *Galileo's Glassworks: The Telescope and the Mirror*, Cambridge, Mass.: Harvard University Press, 2008.

该书也可作参考。

Thomas F. Mayer, ed., *The Trial of Galileo, 1612–1633*, North York, Ont.: University of Toronto Press, 2012.

该书是一部最新力作。

Georgio de Santillana, *The Crime of Galileo*, Alexandria, Va.: Time-Life Books, 1981.

该书仍然是有价值的叙述。同样有价值的著作有：

Mario Biagioli, *Galileo Courtier: The Practice of Science in the Culture of Absolutism*, Chicago: University of Chicago Press, 1993.

Pietro Redondi, *Galileo Heretic*, Princeton, N.J.: Princeton University Press, 1987.

Michael Segré, *In the Wake of Galileo*, New Brunswick, N.J.: Rutgers University Press, 1991.

Dava Sobel, *Galileo's Daughter: A Historical Memoir of Science, Faith, and Love*, New York: Penguin, 2000.

该书为伽利略著述之外增添了浓墨重彩的新话题。

Bertolt Brecht, *Life of Galileo*, New York: Penguin Books, 2008.

该剧作仍然是一部经典的伽利略文学作品。

网络资源

The Galileo Project:

　　es.rice.edu/ES/humsoc/Galileo

Museum of the History of Science, Florence:

　　http://www.museogalileo.it/en/index.html

"Galileo's Battle for the Heavens":

　　www.pbs.org/nova/galileo

Jesuit Scientists:

　　http://www.faculty.fairfield.edu/jmac/sjscient.htm

　　http://innovation.ucdavis.edu/people/publications/Biagioli_Texts_Contexts_Jesuits.pdf

Descartes, Discourse on Method:

　　www.literature.org/authors/descartes-rene/reason-discourse

　　http://www.earlymoderntexts.com/pdfs/descartes1637.pdf

第十三章 "上帝说，'让牛顿出世！'"

牛顿的科学及经历属于学术研究领域的一大主题。

Richard S. Westfall, *Never at Rest: A Biography of Isaac Newton*, Cambridge: Cambridge University Press, 1983.

该书是科学传记方面的名著，是从事相关研究的基本起点。读者还可参阅其删节本：

The Life of Isaac Newton, Cambridge: Cambridge University Press, 1993.

A. Rupert Hall, *Isaac Newton, Adventurer in Thought*, Oxford: Blackwell, 1992.

Rob Iliffe, *Newton: A Very Short Introduction*, Oxford and New York: Oxford University Press, 2007.

James Gleick, *Isaac Newton*, New York: Vintage, 2004.

这两本书也给出了标准叙述。

I. Bernard Cohen and Richard S. Westfall, eds., *Newton: Texts, Backgrounds, Commentaries: A Norton Critical Edition*, New York: W. W. Norton, 1995.

这也是一部很重要的介绍性著作。

Mordechai Feingold, *The Newtonian Moment: Isaac Newton and the Making of Modern Culture*, New York and Oxford: The New York Public Library/Oxford University Press, 2004.

这是一本通俗易懂的关于牛顿生活、工作及影响的绝佳著作。

John Fauvel et al., *Let Newton Be!*, Oxford: Oxford University Press, 1988.

该书是关于该主题的另一部吸引人的通俗作品。

Patricia Fara, *Newton: The Making of Genius*, New York: Columbia University Press, 2002.

该书创造性地追踪了随着时间的推移牛顿声誉的变化情况。

B. J. T. Dobbs, *The Janus Faces of Genius: The Role of Alchemy in Newton's Thought*, Cambridge: Cambridge University Press, 1991.

该书对牛顿秘密研究的科学进行了开创性的学术探讨。

I. B. Cohen and Anne Whitman, *Isaac Newton: The Principia: Mathematical Principles of Natural Philosophy*, Berkeley, Los Angeles, and London: University of California Press, 1999.

该书提供了牛顿《原理》的新译本。这部具有划时代意义的著作现已成为英译本的标准,书中还有科亨(Cohen)所写的370页的"Guide to Newton's Principia"。

Colin Pask, *Magnificent Principia: Exploring Isaac Newton's Masterpiece*, Amherst, N.Y.: Prometheus Books, 2013.

此书也是对牛顿《原理》的深入研究。

也可参阅:

Jed Z. Buchwald and I. Bernard Cohen, eds., *Isaac Newton's Natural Philosophy*, Cambridge, Mass.: MIT Press, 2001.

Jed Z. Buchwald and Mordechai Feingold, *Newton and the Origin of Civilization*, Princeton: Princeton University Press, 2013.

对于当时总的历史背景,可参阅:

Margaret C. Jacob, *The Newtonians and the English Revolution*, New York: Gordon and Breach, 1990.

Betty Jo Teeter Dobbs and Margaret C. Jacob, *Newton and the Culture of Newtonianism*, Atlantic Highlands, N.J.: Humanities Press, 1995.

该书为许多主题提供了便捷的介绍。

Sarah Dry, *The Newton Papers: The Strange and True Odyssey of Isaac Newton's Manuscripts*, Oxford and New York: Oxford University Press, 2014.

作者所作的这项研究讲述了一个重要的故事。

想了解更多的历史背景及牛顿的主要同代人和竞争者之一,可参阅:

Lisa Jardine, *The Curious Life of Robert Hooke: The Man Who Measured London*, New York: HarperCollins, 2003.

也可参阅:

Lisa Jardine, *On a Grander Scale: The Outstanding Career of Sir Christopher Wren*, London: HarperCollins, 2002.

Michael Hunter, *Boyle: Between God and Science*, New Haven, Conn.: Yale University Press, 2009.

关于牛顿直接的社会影响和文化影响，可参阅：

Dorinda Outram, *The Enlightenment*, 3rd ed., Cambridge and New York: Cambridge University Press, 2013.

以及第十五章列出的"进一步的读物"。

网络资源

The Newton Project:

www.newtonproject.sussex.ac.uk

The Newton Project Canada:

www.isaacnewton.ca

Newton Biographies:

www.newton.cam.ac.uk/newtlife.html

galileoandeinstein.physics.virginia.edu/lectures/newton.html

The Alchemy Virtual Library:

www.levity.com/alchemy/home.html

第十四章　纺织业、木材、煤与蒸汽

近些年来，对工业革命及其产生的全球性影响的研究愈来愈深入。相关文献可参阅：

George Basalla, *The Evolution of Technology*, Cambridge: Cambridge University Press, 1989.

Arnold Pacey, *Technology in World Civilization*, Cambridge: The MIT Press, 1992.

Peter N. Stearns, *The Industrial Revolution in World History*, 4th ed., Boulder, Colo.: Westview Press, 2013.

The ABC-CLIO World History Companion to the Industrial Revolution, Santa Barbara, Calif.: ABC-CLIO, 1996.

Vaclav Smil, *Energy in World History*, Boulder, Colo.: Westview Press, 1994.

Alfred Crosby, *Ecological Imperialism: The Biological Expansion of Europe, 900-1900*, New York: Cambridge University Press, 1993.

Daniel Headrick, *Tools of Empire: Technology and European Imperialism in the Nineteenth Century*, New York: Oxford University Press, 1981.

Wolfgang Schivelbusch, *The Railway Journey: The Industrialization of Time and Space in the Nineteenth Century*, Berkeley, Calif.: University of California Press, 2014.

该书增加了新前言。

T. S. Ashton, *The Industrial Revolution, 1760-1830*, Oxford: Oxford University Press, 1998.

该书增加了赫德森(Pat Hudson)所写的新前言和新参考书目。

E. J. Hobsbawm, *Industry and Empire: The Birth of the Industrial Revolution*, New York: The

New Press, 1999.

E. P. Thompson, *The Making of the English Working Class*, New York: Pantheon Books, 1964. 在关于工业革命的文献中,该书仍是具有重大影响的力作。

David Landes, *The Unbound Prometheus: Technological Change and Industrial Development in Western Europe, 1750 to the Present*, 2nd ed., Cambridge: Cambridge University Press, 2003. 这是经典叙述的升级版本。关于工业化进程中科学的文化冲击,可参阅:

Margaret C. Jacob, *Scientific Culture and the Making of the Industrial West*, New York: Oxford University Press, 1997.

Margaret C. Jacob, *The First Knowledge Economy: Human Capital and the European Economy, 1750–1850*, Cambridge: Cambridge University Press, 2014.

Joel Mokyr, *The Gifts of Athena: Historical Origins of the Knowledge Economy*, Princeton: Princeton University Press, 2002.

新近著作中,可参阅:

Christine Rider, ed., *Encyclopedia of the Age of the Industrial Revolution, 1700–1920*, Westport, Conn.: Greenwood Press, 2007.

Jeff Horn, Leonard N. Rosenband, and Merritt Roe Smith, eds., *Reconceptualizing the Industrial Revolution*, Cambridge, Mass.: MIT Press, 2010.

Emma Griffin, *Liberty's Dawn: A People's History of the Industrial Revolution*, New Haven: Yale University Press, 2013.

Robert C. Allen, *The British Industrial Revolution in Global Perspective*, Cambridge and New York: Cambridge University Press, 2009.

David Philip Miller, *James Watt, Chemist: Understanding the Origins of the Steam Age*, London: Pickering & Chatto, 2009.

Peter M. Jones, *Industrial Enlightenment: Science, Technology, and Culture in Birmingham and the West Midlands, 1760–1820*, Manchester and New York: Manchester University Press, 2008.

Carroll W. Pursell, *The Machine in America: A Social History of Technology*, 2nd ed., Baltimore: Johns Hopkins University Press, 2007.

Michael Andrew Zmolek, *Rethinking the Industrial Revolution: Five Centuries of Transition from Agrarian to Industrial Capitalism in England*, Leiden; Boston: Brill, 2013.

网络资源

Library of Congress: Economic History:
http://www.loc.gov/teachers/additionalresources/relatedresources/ushist/special/economic.html
Railroad History:
www.rrhistorical.com/index.html
National Railway Museum:
http://www.nrm.org.uk
Isambard Kingdom Brunel (1806–1859):

http://www.brunel.ac.uk/about/history/isambard-kingdom-brunel

Internet Modern History Source Book:

www.fordham.edu/halsall/mod/modsbook.html

Timeline of Modern Agriculture:

http://www.ars.usda.gov/is/timeline/comp.htm

American Textile History Museum:

http://www.athm.org

第十五章　革命的遗产：从牛顿到爱因斯坦

本章提出的解释是从库恩的一篇论文展开的，参见：

Thomas S. Kuhn, "Mathematical versus Experimental Traditions in the Development of Physical Science," in *The Essential Tension: Selected Studies in Scientific Tradition and Change*, Chicago: University of Chicago Press, 1977.

有关后牛顿时代科学的观点，可参阅：

I. Bernard Cohen, *Revolution in Science*, Cambridge: Belknap Press of Harvard University Press, 1985.

I. Bernard Cohen, *Franklin and Newton: An Inquiry into Speculative Newtonian Experimental Science*, Philadelphia: American Philosophical Society, 1956.

Mary Terrall, *The Man Who Flattened the Earth: Maupertuis and the Sciences in the Enlightenment*, Chicago: University of Chicago Press, 2002.

要想进入19世纪科学的复杂殿堂，可参阅：

Christa Jungnickel and Russell McCormmach, *Intellectual Mastery of Nature*, 2. vols., Chicago: University of Chicago Press, 1990.

Crosbie Smith and M. Norton Wise, *Energy and Empire: William Thomson, Lord Kelvin, 1824–1907*, Cambridge: Cambridge University Press, 1989.

Ursula DeYoung, *A Vision of Modern Science: John Tyndall and the Role of the Scientist in Victorian Culture*, New York: Palgrave Macmillan, 2011.

Robert H. Kargon, *Science in Victorian Manchester: Enterprise and Expertise*, New Brunswick, N.J.: Transaction Publishers, 2010.

Bruce J. Hunt, *Pursuing Power and Light: Technology and Physics from James Watt to Albert Einstein*, Baltimore: Johns Hopkins University Press, 2010.

Stephen G. Brush, *A History of Modern Science: A Guide to the Second Scientific Revolution, 1800–1950*, Ames: Iowa State University Press, 1988.

Edmund Whittaker, *A History of the Theories of Aether and Electricity*, New York: Dover Publications, 1989.

该书仍然有价值。

Lewis Pyenson and Susan Sheets-Pyenson, *Servants of Nature: A History of Scientific Institutions, Enterprises, and Sensibilities*, New York and London: W. W. Norton, 2000.

该书追踪了那个时代的科学社会史。也可参阅：

David M. Knight, *The Making of Modern Science: Science, Technology, Medicine, and Modernity, 1789–1914*, Cambridge, UK; Malden, Mass.: Polity Press, 2009.

其他的相关著作，可参阅：

George N. Vlahakis et al., *Imperialism and Science: Social Impact and Interaction*, Santa Barbara, Calif.: ABC–CLIO, 2006.

John Tresch, *The Romantic Machine: Utopian Science and Technology after Napoleon*, Chicago and London: University of Chicago Press, 2012.

Christine MacLeod, *Heros of Invention: Technology, Liberalism, and British Identity, 1750–1914*, Cambridge and New York: Cambridge University Press, 2007.

Ross Thomson, *Structures of Change in the Mechanical Age: Technological Innovation in the United States, 1790–1865*, Baltimore: Johns Hopkins University Press, 2009.

James Essinger, *A Female Genius: How Ada Lovelace, Lord Byron's Daughter, Started the Computer Age*, London: Gibson Square, 2014.

Renée L. Bergland, *Maria Mitchell and the Sexing of Science: An Astronomer Among the American Romantics*, Boston: Beacon Press, 2008.

David N. Livingstone and Charles W. J. Withers, eds., *Geographies of Nineteenth-Century Science*, Chicago and London: University of Chicago Press, 2011.

关于18和19世纪的科学技术，更近期的作品包括：

Tom Shachtman, *Gentlemen Scientists and Revolutionaries: The Founding Fathers in the Age of Enlightenment,* New York: Palgrave Macmillan, 2014.

Keith Steward Thomson, *Jefferson's Shadow: The Story of His Science*, New Haven: Yale University Press, 2012.

Jim A. Bennett and Sofia Talas, *Cabinets of Experimental Philosophy in Eighteenth-Century Europe*, Leiben: Brill, 2013.

Stephen Gaukroger, *The Collapse of Mechanism and the Rise of Sensibility: Science and the Shaping of Modernity, 1680–1760*, Oxford: Clarendon Press, 2010.

Richard Holmes, *The Age of Wonder: How the Romantic Generation Discovered the Beauty and Terror of Science*, New York: Vintage Books, 2010.

Larrie D. Ferreiro, *Ships and Science: The Birth of Naval Architecture in the Scientific Revolution, 1600–1800*, Cambridge, Mass.: MIT Press, 2007.

Christoph Irmscher, *Louis Agassiz: Creator of American Science*, Boston: Houghton Mifflin Harcourt, 2013.

Robert Fox, *The Savant and the State: Science and Cultural Politics in Nineteenth-Century France*, Baltimore: Johns Hopkins University Press, 2012.

网络资源

Chemical Heritage Foundation:

www.chemheritage.org

http://www.chemheritage.org/discover/online-resources/chemistry-in-history

Panopticon Lavoisier:

moro.imss.fi.it/lavoisier/main.asp

Victorian Science (Links):

http://www.victorianweb.org/science/index.html

Famous Physicists:

cnr2.kent.edu/~manley/physicists.html

The Royal Institution, Heritage:

http://www.rigb.org/about/heritage-and-collections

A Concise History of Thermodynamics:

www.thermohistory.com

第十六章　生命自身

与伽利略的情况一样,达尔文的著作可读性极强,尤其是《物种起源》,可以见到许多不同的版本。可参阅:

Janet Browne, *Darwin's Origin of Species: A Biography*, New York: Grove Press, 2007.

Michael Ruse and Robert J. Richards, eds., *The Cambridge Companion to the "Origin of Species"*, Cambridge: Cambridge University Press, 2009.

布朗(Janet Browne)是达尔文传记领域才华横溢的作家,主要体现在两部著作中:

Charles Darwin: Voyaging, Princeton, N.J.: Princeton University Press, 1996.

Charles Darwin: The Power of Place, London: Jonathan Cape, 2002.

其他关于达尔文的著作可参阅:

Philip Appleman, ed., *Darwin: A Norton Critical Edition*, 3rd ed., New York: Norton, 2001.

Thomas E. Glick and David Kohn, eds., *Darwin on Evolution*, Indianapolis, Ind.: Hackett Publishing, 1996.

其他入门级读物包括:

Michael Ruse, ed., *The Cambridge Encyclopedia of Darwin and Evolutionary Thought*, Cambridge: Cambridge University Press, 2013.

Ronald K. Wetherington, *Readings in the History of Evolutionary Theory: Selections from Primary Sources*, New York: Oxford University Press, 2012.

Russell Re Manning, ed., *The Oxford Handbook of Natural Theology*, Oxford: Oxford University Press, 2013.

Peter J. Bowler, *Charles Darwin: The Man and His Influence*, Cambridge: Cambridge University Press, 1996.

Peter J. Bowler, *Evolution: The History of an Idea*, rev. ed., Berkeley: University of California Press, 1989.

这两部著作对达尔文和进化论的发展提供了坚实的历史观察,也是进入恢弘的达尔文学术研究殿堂的基石。

需要了解19世纪和20世纪生物学理论及其发展的读者,可参阅:

Maitland A. Edey and Donald C. Johanson, *Blueprints: Solving the Mystery of Evolution*, New York: Penguin Books, 1989.

David Kohn, ed., *The Darwinian Heritage*, Princeton, N.J.: Princeton University Press, 1985.
这是一本有关这一主题的主要的论文集。

Richard Dawkins, *The Blind Watchmaker: Why the Evidence of Evolution Reveals a Universe Without Design*, New York: Norton, 1996.
该书对自然选择原理进行了大胆解释。与此类似但哲学味更浓一点的著作可参阅：

Daniel C. Dennet, *Darwin's Dangerous Idea*, New York: Simon and Schuster, 1995.

Jonathan Weiner, *The Beak of the Finch: A Story of Evolution in Our Time*, New York: Knopf, 1994.
该书对进化的作用进行了温文尔雅的描述。

Carl N. Degler, *In Search of Human Nature: The Decline and Revival of Darwinism in American Social Thought*, New York: Oxford University Press, 1991.
该书对社会科学领域中围绕达尔文主义争论的情况进行了全面阐述。

Edward O. Wilson, *On Human Nature*, Cambridge, Mass.: Harvard University Press, 1978.
该书对社会生物学进行了较为通俗的讨论，这一领域是进化论具有争议的结果之一。

网络资源

Darwin and Darwinianism（Links）：
 www.human-nature.com/darwin
 darwin.baruch.cuny.edu/index.html
 www.aboutdarwin.com
Darwin Online：
 http://darwin-online.org.uk
Darwin Manuscripts Project：
 http://www.amnh.org/our-research/darwin-manuscripts-project
On the Origin of Species：
 www.bartleby.com/11
Voyage of the Beagle：
 www.bartleby.com/29
Enter Evolution: Theory and History：
 www.ucmp.berkeley.edu/history/evolution.html
Darwin—American Museum of Natural History：
 http://www.amnh.org/exhibitions/past-exhibitions/darwin
Evolution: PBS/NOVA：
 http://www.pbs.org/wgbh/evolution
Darwin's Tree of Life（Natural History Museum, U.K.）：
 http://www.nhm.ac.uk/nature-online/evolution/tree-of-life/darwin-tree

第十七章　工具制造者掌控全局

本章涉及的有关20世纪和21世纪的技术，其文献众多。研究包括：

David Edgerton, *The Shock of the Old: Technology and Global History since 1900*, Oxford and New York: Oxford University Press, 2007.

Thomas P. Hughes, *American Genesis: A Century of Invention and Technological Enthusiasm, 1870–1970*, New York: Viking, 1989.

Thomas P. Hughes, *Networks of Power: Electrification in Western Society, 1880–1930*, Baltimore: Johns Hopkins University Press, 1983.

Christopher Cumo, *Science and Technology in 20th-Century America*, Westport, Conn.: Greenwood Press, 2007.

Mark H. Rose, *Cities of Light and Heat: Domesticating Gas and Electricity in Urban America*, University Park, Penn.: Penn State University Press, 1995.

David E. Brown, *Inventing Modern America: From the Microwave to the Mouse*, Cambridge, Mass., and London: MIT Press, 2003.

Douglas Brinkley, *Wheels for the World: Henry Ford, His Company, and a Century of Progress, 1903–2003*, New York: Penguin, 2004.

Paul Israel, *Edison: A Life of Invention*, John Wiley & Sons, 1998.

Robert Friedel and Paul Israel with Bernard S. Finn, *Edison's Electric Light: The Art of Invention*, revised and updated edition, Baltimore: Johns Hopkins University Press, 2010.

W. Bernard Carlson, *Tesla: Inventor of the Electrical Age*, Princeton, N.J.: Princeton University Press, 2013.

Matthew Josephson, *Edison: A Biography*, New York: Wiley, 1992.

Jonathan Metcalf, ed., *Flight: 100 Years of Aviation*, London: DK ADULT, 2002.

Robert E. Gallamore and John R. Meyer, *American Railroads: Decline and Renaissance in the Twentieth Century*, Cambridge, Mass.: Harvard University Press, 2014.

James J. Flink, *The Automobile Age*, Cambridge, Mass.: MIT Press, 1990.

Susan Strasser, *Waste and Want: A Social History of Trash*, New York: Metropolitan Books/Henry Holt and Co., 1999.

Michelle Hilmes and James Loviglio, eds., *Radio Reader: Essays in the Cultural History of Radio*, New York and London: Routledge, 2001.

Geoffrey Nowell-Smith, ed., *The Oxford History of World Cinema*, Oxford: Oxford University Press, 1999.

James Lastra, *Sound Technology and the American Cinema*, New York: Columbia University Press, 2000.

Kenneth Bilby, *The General: David Sarnoff and the Rise of the Communications Industry*, New York: HarperCollins, 1986.

Daniel Stashower, *The Boy Genius and the Mogul: The Untold Story of Television*, New York: Broadway Books, 2002.

关于全球化,可参阅:

Thomas L. Friedman, *The Lexus and the Olive Tree: Understanding Globalization*, updated and expanded ed., New York: Anchor Books, 2000.

Thomas L. Friedman, *The World Is Flat: A Brief History of the Twenty-First Century*, New

York: Farrar, Straus and Giroux, 2005.

Eric Chaline, *Fifty Machines That Changed the Course of History*, Buffalo, N.Y.: Firefly Books, 2012.

该书聚焦于19世纪和20世纪的著名机器。

也可参阅如下力作：

Ruth Schwartz Cowan, *A Social History of American Technology*, New York: Oxford University Press, 1997.

Ruth Schwartz Cowan, *More Work for Mother: The Ironies of Household Technology from the Open Hearth to the Microwave*, New York: Basic Books, 1985.

Carolyn M. Goldstein, *Creating Consumers: Home Economists in Twentieth-Century America*, Chapel Hill, N.C.: University of North Carolina Press, 2012.

Nellie Oudshoorn and Trevor Pinch, eds., *How Users Matter: The Co-Construction of Users and Technology*, Cambridge, Mass.: MIT Press, 2005.

Nina E. Lehrman, Ruth Oldenziel, and Arwen P. Mohun, *Gender and Technology: A Reader*, Baltimore: Johns Hopkins University Press, 2003.

James Essinger, *Jacquard's Web: How a Hand-loom Led to the Birth of the Information Age*, New York: Oxford University Press, 2004.

网络资源

Smithsonian Institution, Transportation History:

    http://amhistory.si.edu/onthemove

History of Radio:

    http://transition.fcc.gov/omd/history/radio/documents/short_history.pdf

Spark Museum of Electrical Invention:

    http://www.sparkmuseum.org/collections/dawn-of-the-electrical-age-（1600–1800）

IEEE Virtual Museum:

    www.ieee-virtual-museum.org

IEEE Global History Network:

    http://www.ieeeghn.org/wiki/index.php/Special:Home

IEEE History Center:

    www.ieee.org/organizations/history_center

Henry Ford Museum and Greenfield Village:

    http://www.hfmgv.org

Ford Motor Company Heritage:

    www.ford.com/en/heritage

Household Technologies（Library of Congress）:

    http://www.loc.gov/rr/scitech/tracer-bullets/householdtb.html

Modern Transportation（National Museum of American History）:

    http://amhistory.si.edu/onthemove/themes/story_47_1.html

The Aviation History Online Museum:

www.aviation-history.com

History of Flight Timeline (American Institute of Aeronautics and Astronautics—AIAA):

https://www.aiaa.org/HistoryTimeline/

Military Technologies:

www.aeragon.com/01/index.html

National Inventors Hall of Fame:

www.invent.org

The History of Sound Recording Technology:

http://www.recording-history.org

http://www.recording-history.org/HTML/tech.php

Television History: The First 75 Years:

www.tvhistory.tv

The Globalization Website:

www.sociology.emory.edu/globalization

U.S. Energy Information Administration:

www.eia.gov

International Energy Agency:

www.iea.org

World Bank: World Development Indicators Database

www.worldbank.org/data/countrydata/countrydata.html

World Fact Book:

https://www.cia.gov/library/publications/the-world-factbook/index.html

第十八章　新亚里士多德学派

在许多通俗和半通俗的著作里,20世纪的物理科学得到了相当多的介绍。下面列出一小部分:

Gerard Piel, *The Age of Science: What Scientists Learned in the Twentieth Century*, New York: Basic Books, 2001.

Russell McCormmach, *Night Thoughts of a Classical Physicist*, Cambridge: Harvard University Press, 1982.

Stephen W. Hawking, *The Illustrated A Brief History of Time*, updated and expanded, New York: Bantam Books, 1996.

Steven Weinberg, *The First Three Minutes: A Modern View of the Origin of the Universe*, updated ed., New York: Basic Books, 1993.

George Gamow, *Thirty Years That Shook Physics: The Story of Quantum Theory*, New York: Dover, 1985.

David Lindley, *The End of Physics: The Myth of a Unified Theory*, New York: Basic Books, 1993.

更学术的和详细的介绍,可参阅:

Jed Z. Buchwald and Robert Fox, eds., *The Oxford Handbook of the History of Physics*, Oxford and New York: Oxford University Press, 2014.

此书涵盖了17世纪以来与该主题相关的内容。也可参阅：

Helge Kragh, *Quantum Generations: A History of Physics in the Twentieth Century*, Princeton: Princeton University Press, 1999.

Simon Singh, *Big Bang: The Origin of the Universe*, New York: HarperCollins, 2004.

Cornelia Dean, ed., *"The New York Times" Book of Physics and Astronomy: More Than 100 Years of Covering the Expanding Universe*, New York: Sterling, 2013.

James Kakalios, *The Amazing Story of Quantum Mechanics*, New York: Gotham Books, 2011.

关于科学的终结，可参阅：

John Horgan, *The End of Science: Facing the Limits of Knowledge in the Twilight of the Scientific Age*, Reading, Mass.: Helix Books, 1996.

Russell Stannard, *The End of Discovery*, Oxford and New York: Oxford University Press, 2010.

Siegmund Brandt, *The Harvest of a Century: Discoveries of Modern Physics in 100 Episodes*, Oxford and New York: Oxford University Press, 2009.

有关爱因斯坦的很有价值的作品，可参阅：

Michel Janssen and Christoph Lehner, *The Cambridge Companion to Einstein*, New York: Cambridge University Press, 2014.

David C. Cassidy, *Einstein and Our World*, Atlantic Highlands, N.J.: Humanities Press, 1995.

Ronald William Clark, *Einstein: The Life and Times*, New York: Wings Books, 1995.

Abraham Païs, *"Subtle is the Lord ...": The Science and Life of Albert Einstein*, Oxford: Oxford University Press, 1982.

Jeremy Bernstein, *Albert Einstein and the Frontiers of Physics*, New York: Oxford University Press, 1996.

Jeremy Bernstein, *Einstein*, New York: Penguin, 1976.

Richard Staley, *Einstein's Generation: The Origins of the Relativity Revolution*, Chicago: University of Chicago Press, 2008.

Richard Reeves, *A Force of Nature: The Frontier Genius of Ernest Rutherford*, New York: W. W. Norton, 2008.

Alan Lightman, *Einstein's Dreams: A Novel*, New York: Warner Books, 1994.

该书是对爱因斯坦世界观的诗意洞察。

沃森发现DNA双螺旋结构的故事详述了这一20世纪科学发展的里程碑，以及当代科学实践中的现实。这方面的最佳读物是：

James Watson, *The Double Helix: A Personal Account of the Discovery of the Structure of DNA*, A Norton Critical Edition, ed. Gunther S. Stent, New York: Norton, 1980.

也可参阅：

James D. Watson and Andrew Berry, *DNA: The Secret of Life*, New York: Knopf, 2003.

Brenda Maddox, *Rosalind Franklin: The Dark Lady of DNA*, New York: HarperCollins, 2002.

Evelyn Fox Keller, *A Feeling for the Organism: The Life and Work of Barbara McClintock*, New York: Owl Books, 2003.

David Joravsky, *The Lysenko Affair*, Chicago: University of Chicago Press, 1970.

该书描述了20世纪生命科学史的著名事件。

Edward O. Wilson, *Consilience: The Unity of Knowledge*, New York: Alfred A. Knopf, 1998.

这是一部跟当代自然哲学相关的著作。

关于心理学史，可参阅：

Duane P. Schultz and Sydney Ellen Schultz, *A History of Modern Psychology*, 8th ed., Belmont, Calif.: Wadsworth Publishing, 2004.

David Hothersall, *History of Psychology*, 4th ed., Columbus, Ohio: McGraw Hill, 2004.

C. James Goodwin, *A History of Modern Psychology*, 5th ed., Hoboken, N.J.: John Wiley & Sons, 2015.

Bernard J. Baars, *The Cognitive Revolution in Psychology*, New York: Guilford Press, 1986.

Roger E. Backhouse and Philippe Fontaine, *The History of the Social Sciences since 1945*, Cambridge and New York: Cambridge University Press, 2010.

网络资源

Albert Einstein Online (Links)：

www.westegg.com/einstein

American Institute of Physics, Center for the History of Physics：

www.aip.org/history-programs/physics-history

Modern Science：

http://undsci.berkeley.edu/article/modern_science

Nobel Laureates：

http://ddd.uab.cat/pub/ppascual/ppascualcor/1997/ppascualcor_07_234@benasque.pdf

Nobel Prizes：

nobelprize.org

www.almaz.com

Marie Curie：

http://www.nobelprize.org/nobel_prizes/physics/laureates/1903/marie-curie-facts.html

History of the Lawrence Livermore National Lab：

https://www.llnl.gov/str/Hacker.html

Center for Evolutionary Psychology：

www.psych.ucsb.edu/research/cep

Linus Pauling and the Race for DNA：

osulibrary.orst.edu/specialcollections/coll/pauling/dna/index.html

History of the Heredity Molecule：

www.mun.ca/biology/scarr/2250_History.html

Edwin Hubble：

www.edwinhubble.com

http://www.pbs.org/wgbh/aso/databank/entries/bahubb.html

The Official String Theory Website:

superstringtheory.com/index.html

Black Holes and Neutron Stars:

antwrp.gsfc.nasa.gov/htmltest/rjn_bht.html

Sources for the History of Quantum Physics:

http://www.amphilsoc.org/guides/ahqp

第十九章 核武器、互联网与基因组

学者们已经对20世纪科学和技术的融合从各个角度进行了探讨。有关原子弹的发明与制造的典型事例,可参阅:

Richard Rhodes, *The Making of the Atomic Bomb,* New York: Simon and Schuster, 1986.

Richard Rhodes, *Dark Sun: The Making of the Hydrogen Bomb*, New York: Touchstone, 1996.

Ray Monk, *Robert Oppenheimer: A Life inside the Center*, New York: Doubleday, 2013.

Kai Bird, *American Prometheus: The Triumph and Tragedy of J. Robert Oppenheimer*, New York: Vintage Books, 2006.

想了解更多二战期间的科学和技术,可参阅:

Ad Maas and Hans Hooijmaijers, *Scientific Research in World War II: What Scientists Did in the War*, New York: Routledge/Taylor & Francis: 2009.

Brian J. Ford, *Secret Weapons: Technology, Science, and the Race to Win World War II*, Oxford and Long Island City, N.Y.: Osprey, 2011.

Jordynn Jack, *Science on the Home Front: American Women Scientists in World War II*, Urbana: University of Illinois Press, 2009.

关于科学与工业,可参考商业史家小钱德勒(Alfred D. Chandler, Jr.)的著作:

Shaping the Industrial Century: The Remarkable Story of the Evolution of the Modern Chemical and Pharmaceutical Industries, Cambridge, Mass.: Harvard University Press, 2005.

Inventing the Electronic Century: The Epic Story of the Consumer Electronics and Computer Science Industries, New York: Free Press, 2001.

editor with James W. Cortada, *A Nation Transformed by Information: How Information Has Shaped the United States from Colonial Times to the Present*, Oxford and New York: Oxford University Press, 2000.

遗传学方面,可参阅:

A. H. Sturtevant, *A History of Genetics*, Cold Spring Harbor, N.Y.: Cold Spring Harbor Laboratory Press, 2001.

Henry Gee, *Jacob's Ladder: The History of the Human Genome*, New York: W. W. Norton, 2004.

Philip R. Reilly, *Is It in Your Genes? How Genes Influence Common Disorders and Diseases That Affect You and Your Family*, Cold Spring Harbor, N.Y.: Cold Spring Harbor Laboratory Press, 2004.

Philip R. Reilly, *Orphan: The Quest to Save Children with Rare Genetic Disorders*, Cold Spring Harbor, NY: Cold Spring Harbor Laboratory Press, 2015.

Paul Lawrence Farber, *Mixing Races: From Scientific Racism to Modern Evolutionary Ideas*, Baltimore: Johns Hopkins University Press, 2011.

计算机领域,可参阅:

Andrew L. Russell, *Open Standards and the Digital Age: History, Ideology, and Networks*, New York: Cambridge University Press, 2014.

Martin Campbell-Kelly, William Aspray, Nathan Ensmenger, and Jeffrey R. Yost, *Computer: A History of the Information Machine*, 3rd ed., Boulder, Colo.: Westview Press, 2014.

Thomas J. Misa, *Digital State: The Story of Minnesota's Computing Industry*, Minneapolis: University of Minnesota Press, 2013.

Michael R. Williams, *A History of Computing*, 2nd ed., New York: Wiley-IEEE Computer Society Press, 1997.

Paul E. Ceruzzi, *A History of Modern Computing*, 2nd ed., Cambridge, Mass.: MIT Press, 2003.

James Wallace and Jim Erickson, *Hard Drive: Bill Gates and the Making of the Microsoft Empire*, New York: HarperCollins, 1993.

Michael A. Hiltzik, *Dealers of Lightning: Xerox PARC and the Dawn of the Computer Age*, New York: HarperBusiness, 2000.

Subrata Dasgupta, *It Began with Babbage: The Genesis of Computer Science*, Oxford: Oxford University Press, 2014.

本章涉及的其他领域,可参阅:

Joan Lisa Bromberg, *NASA and the Space Industry*, Baltimore: Johns Hopkins University Press, 2000.

Richard Ling, *The Mobile Connection: The Cell Phone's Impact on Society*, San Francisco: Morgan Kaufmann, 2004.

Nick Taylor, *Laser: The Inventor, the Nobel Laureate, and the Thirty-Year Patent War*, New York: Citadel Press, 2000.

网络资源

A-Bomb WWW Museum:
    http://atomicbombmuseum.org
The Nuclear Weapon Archive:
    nuclearweaponarchive.org
The NUKEMAP by Alex Wellerstein:
    nuclearsecrecy.com/nukemap
Leo Szilard Online:
    www.dannen.com/szilard.html
Human Genome Project History:
    www.ornl.gov/sci/techresources/Human_Genome/project/hgp.shtml

The Internet Society（History and Links）:

www.isoc.org/internet/history

Telecom History:

www.privateline.com/history.html

第二十章 当代法老之下

对当今科学的社会学分析可参阅：

Ben-David, *The Scientist's Role in Society: A Comparative Study*, Chicago: University of Chicago Press, 1984.

Derek J. da Solla Price, *Little Science, Big Science ... and Beyond*, New York: Columbia University Press, 1986.

Daniel S. Greenberg, *The Politics of Pure Science*, 2nd ed., Chicago: University of Chicago Press, 1999.

David Dickson, *The New Politics of Science*, Chicago: University of Chicago Press, 1988.（有新前言）

John Ziman, *The Force of Knowledge*, Cambridge: Cambridge University Press, 1976.
该书作为一部导论仍然有价值。

Peter L. Galison and Bruce Hevly, eds., *Big Science: The Growth of Large-Scale Research*, Stanford: Stanford University Press, 1992.

Mario Biagioli and Peter Galison, eds., *Scientific Authorship: Credit and Intellectual Property in Science*, New York and London: Routledge, 2003.

Peter Galison and Emily Thompson, *The Architecture of Science*, Cambridge, Mass.: MIT Press, 1999.

关于当代科技研究的创新方法，可参阅：

Bruno Latour and Steve Woolgar, *Laboratory Life: The Construction of Scientific Facts*, Princeton, N.J.: Princeton University Press, 1986.

Bruno Latour, *Science in Action*, Cambridge, Mass.: Harvard University Press, 1987.

Wiebe E. Bijker, Thomas P. Hughes, and Trevor Pinch, *The Social Construction of Technological Systems*, Cambridge, Mass.: MIT Press, 1989.

Weibe E. Bijker and John Law, *Shaping Technology/Building Society: Studies in Sociotechnical Change*, Cambridge, Mass.: MIT Press, 1991.

Donald MacKenzie and Judy Wajcman, eds., *The Social Shaping of Technology*, 2nd ed., Buckingham, U.K. and Philadelphia: Open University Press, 1999.

关于科学中的女性，可参阅：

Barbara Betsch-McGreyne, *Nobel Women in Science: Their Lives, Struggles, and Momentous Discoveries*, 2nd ed., Washington, D.C.: National Academies Press, 2001.

Yu Xei and Kimberlee A. Shauman, *Women in Science: Career Processes and Outcomes*, Cambridge, Mass.: Harvard University Press, 2003.

Sue V. Rosser, *The Science Glass Ceiling: Academic Women Scientists and the Struggle to Suc-

ceed, New York: Routledge, 2004.

Monique Frize, *The Bold and the Brave: A History of Women in Science and Engineering*, Ottawa: University of Ottawa Press, 2009.

Tiffany K. Wayne, *American Women of Science since 1900*, Santa Barbara, Calif.: ABC-CLIO, 2011.

Margaret W. Rossiter, *Women Scientists in America: Forging a New World since 1972*, Baltimore: Johns Hopkins University Press, 2012.

本章涉及的其他领域，可参阅：

Martin Beech, *The Large Hadron Collider: Unraveling the Mysteries of the Universe*, New York: Springer, 2010.

Benjamin A. Elman, *A Cultural History of Modern Science in China*, Cambridge, Mass.: Harvard University Press, 2009.

Audra J. Wolfe, *Competing with the Soviets: Science, Technology, and the State in Cold War America*, Baltimore: Johns Hopkins University Press, 2013.

Philip Mirowski, *Science-Mart: Privatizing American Science*, Cambridge, Mass.: Harvard University Press, 2011.

Mark Solovey, *Shaky Foundations: The Politics-Patronage-Social Science Nexus in Cold War America*, New Brunswick, N.J.: Rutgers University Press, 2013.

也可参阅：

Bureau of Labor Statistics, U.S. Department of Labor, *Occupational Outlook Handbook, 2014–15 Edition*, New York: Skyhorse Publishing, 2014.

National Science Foundation / National Center for Science and Engineering Statistics, *Science and Engineering Indicators 2012*, Arlington, Va.: NSF/NCSES, 2012.

网络资源

National Science Foundation, Division of Science Resource Statistics:
www.nsf.gov/sbe/srs/stats.htm

U.S. Patent and Trademark Office, Patent Activity:
www.uspto.gov/web/offices/ac/ido/oeip/taf/h_counts.htm

R&D Funding Data（American Association for the Advancement of Science）:
http://www.aaas.org/page/historical-trends-federal-rd
http://www.aaas.org/program/rd-budget-and-policy-program

Bureau of Labor Statistics:
http://www.bls.gov

World Bank data:
data.worldbank.org/data-catalog

OECD（Organisation for Economic Co-operation and Development）Main Science and Technology Indicators 2013:
http://www.oecd.org/sti/msti.htm

Batelle Corporation forecasts:

http://www.battelle.org/docs/tpp/2014_global_rd_funding_forecast.pdf?sfvrsn=4

Center for the Study of Technology and Society:

www.tecsoc.org

American Physical Society, Careers and Employment:

www.aps.org/jobs/index.cfm

Science and Technology in the People's Republic of China:

http://www.loc.gov/rr/scitech/tracer-bullets/scitechchinatb.html

The Virtual Nuclear Tourist:

www.nucleartourist.com

The Public Library of Science:

http://www.plos.org

American Institute of Physics:

www.aip.org

Association for Women in Science:

www.awis.org

Committee on Women in Science and Engineering:

http://sites.nationalacademies.org/pga/cwsem

译 后 记

　　这是供非科学史专业读者阅读的一本通史性质的世界科学技术史著作,译者正好属于原作者为这本书预定的外行读者。我翻译此书,大概也就是我国最早逐字认真地阅读过它的一名读者。根据我读后的感受和收获,我可以负责地说,不搞科学史的人,尤其是科技人员、科技管理人员和科普工作者(包括大众媒体的有关人员),花不多时间读一下这本书肯定值得。

　　因为原作者把叙述的重点放在科学和技术的社会史上,亦即关注的是科学和技术所处的社会环境,这样,普通读者便根本无须去记忆那些自己未必关心或未必用得着的史料,也无须把作者的观点当作权威结论,阅读时只当是在了解科学史家们为什么和怎样在进行科学史研究(这已能吸引外行的兴趣了),就能够加深甚至更正自己对科学和技术本质的认识。作者在"序言和致谢"中开宗明义,明确交代:"本书是为非专业的读者和大学生们编写的一本世界科学技术史导论,旨在提供一幅'全景图',以满足那些受过良好教育的人士的需要。"这是诚实的界定,他没有像有的作者那样拔高自己东西的学术成就,也没有不实地扩大自己作品的读者范围。

　　经过半年的伏案劳作,如今总算可以交差了。我对科学史是外行,倒也不是全无接触，更知道科学史研究的重要性。不过，我早先接触的科技史故事，大多是大讲"第一"，而知道我的老祖宗的"第一"越多，我越不能像阿Q那样自豪起来，这大约是孩童时在家乡常听到的"好汉不提当年勇"那句老话对我影响太深。关于科学和技术的发展，作为与科技沾上边的普通中国人，我头脑中有许多"为什么"，我国的科学史专家却偏偏似乎不大肯向我"普及"我感兴趣的那些东西。翻译了这本书，我觉得豁亮多了，不是它给了我什么结论性答案，而是书中的故事启发了我的思考。

作者在全书中贯串了他们的一个观点，那就是，那种流行的普遍看法，即"技术依赖科学乃是一种亘古通今的关系"，是"没有历史事实根据"的，虽然科学和技术在20世纪的确结合得非常好，但是，"在20世纪以前的大多数历史条件下，科学和技术一直是处在彼此要么部分分离要么完全分离的状况向前发展，而且在智识上和社会学上都是如此。""在人类历史中，技术起到了基本推动力的作用。"我知道，这在科学史界只能算一家之言（例如，有学者认为中国古代就没有科学，阿西莫夫也说过"在没有科学的时代"一类话），而"科学推动技术发展"也不仅仅是普通人的流行认识，实在也是有学者的科技史研究在支持着的另一派的观点。不过，作者为了论证他们的观点，把注意力集中在科学和技术所处的历史条件上，也就是同时代的社会环境上，这就更能吸引我这个外行人的兴趣，而国内科技史著作（至少就普及而言）如此着眼的，我还尚未见到。谈科学和技术的发展，只谈这一个小圈子里的人和事，不谈同时代社会为之提供的环境或条件以及它反过来对社会思想观念的影响（不只是有用），恐怕既不符合事实，也是不搞科技史的读者会感到枯燥乏味的。

作者明白无误地指出，在古代相当长的时期科学与神秘学问不可区分，甚至宗教情结也曾经驱使过一些人去探索自然，这种观点在从没有接触过科学史的人看来，或许有些新奇，其实在一本导论性质的科学史著作中绝不可能是什么标新立异，外行读者在读过作者的分析以后肯定能获得启迪。原来，科学研究虽然是迄今为止所能有的最好的了解自然的方法，但它走的并不是一条逻辑线路，而只能是在一个更大的社会文化背景的影响下摸索着前进。科学既然是探索，它就从没有告诉过我们什么"终极"结论，而只有科学家在当时所能得到的较为接近"真象"的认识（摹写）。尊重科学却不该迷信科学，译过这本书，更加深了我的这种认识。事实上，宣称得到了"终极"结论，恰好是一切伪科学不同于科学的共同特征。例如，关于宇宙演化历史的"大爆炸"理论无疑是一个用科学方法作出的科学假说，然而，因为它偏离常识显得怪异，便被当作科普的热门话题，常常把这种实际上是时空均有限的人类对在时空上无限的宇宙所作的猜测（或阶段性认识）炒作得就像是一个"终极"结论，用不可能准确的常识比喻手法描绘得"事实就是那样"；据我看，这样的"科普"只能引导人们对科学产生误解。至于关于地外智慧生物的"科普"，实际上已经产生了误导，并被多种歪门邪说加以利用，使"外星人"充当了"神"的替身。

　　这本书可以说是一本关于科学和技术的世界通史，空间是全球，时间则是从人类起源一直谈到 20 世纪结束，自然就不能不涉及人类文明的起源。作者采用的是一种"环境决定论"：文明在全世界范围各自独立发生，而且有着许多共同的特征，那是由"水文地理和生态的因素"决定的。意思是，人口的增加超过了环境的承载极限，迫使人们不得不改变自己的生存方式。这似乎是一种流行的观点。不过，我这个外行在按照作者的意思一句一句翻译时，头脑中总是要闪出好些疑问。"生存"这个词，不同时期和在同一时期的不同人就有不同的理解和相差极为悬殊的忍受力，所谓"人有不同的活法"。穷，未必思变。就我从懂事起的这几十年所见，倒是人们在吃窝窝头的时候不想变，现在生活好一些了，反而不安于现状，更愿意作新的追求。虽然文明起源问题与现实问题不同，难道历史学家真的能够摆脱今天的经历去理解过去么？作者当然也说了，这"尚无定论"，而且在书中某处也提到了还存在着从文化上寻找原因的研究。我期待着有关的学者能给我们这些普通读者一个更为可信的说法。

　　科学是一个探索过程，作者自己坦率承认他们写作这本书也是如此。作者写道："既然科学是人类以理性讲述的关于自然界的故事，那么，只要自然哲学还是一种社会和智识活动，这个故事就肯定要继续修改。其实，科学史就告诉了我们一个铁的事实,目前任何一种科学表述事实上都会被抛弃,正待被更好的表述所替代。"关于他们自己的书,则说:善于思考的读者"……看到的不是真相和一致的意见,而是各显其能的探索、关于历史变化解释的热烈争论和种种复杂的分析研究,历史学家正是以这种方式来表达他们对这种或那种观点的支持或反对。因此,我们不可能告诉读者事情肯定就是那样一堆永远不会改变的结论。相反,我们倒要提醒读者注意我们的史料来源和书中观点的倾向性,以及整个叙述肯定会存在的局限性。"早就有学者指出教科书有不可避免的局限性,它们常常会使学生感到"事情就是那样",从而导致思想僵化。阅读这本书,由于作者大致沿着实际研究工作的思路叙述,读者能够有参与感,进入对所讨论问题的思考,并会根据自己的知识和阅历情不自禁地对书中的观点进行积极的"支持或反对"的思索。在这里,外行读者丝毫感觉不到是在接受权威的"训导",就像在与比自己在有关课题上知道得更多的学者一起讨论问题。这当然是一种愉快的阅读经历,比起只读到一大堆对于自己未必有用的死知识更有收获。

最后提一下翻译的事情。译者既然是科学史外行,翻译起来拦路虎自然不会少,除了要克服同中文英文水平有关的困难以外,最难办的是作者不可避免地总会有少数"不尽其意,不尽其理"的表达文字。这时候,按字面直译糊弄过去,实在觉得对不起读者,必得联系前后文(包括作者的文字习惯),查资料,请教有关专家,进行一番有根据的揣测,才能够尽量接近原作者想表达的意思。古代外国人名地名对于我也是一个困难,不但难查,难找到对口的专家请教,更难判断查到的哪一种译法算是已经"约定俗成"。例如,中美洲的 Olmec 文化,《辞海》里是"奥尔密克",而在中央台最近的有关电视谈话节目中打出的字幕是"奥尔梅克"。我的处理办法基本是:人名译名选取的次序是《辞海》→《古今科技名人辞典》(阿西摩夫著,科学出版社)→《英语姓名译名手册》(辛华编,商务印书馆);地名选取次序是《辞海》→《外国地名译名手册》(中国地名委员会编,商务印书馆),少数实在查不到的,才参考其他未必可靠的资料,参照同源其他人名地名的已有译法径直音译。

我知道，没有一个译本（原作也一样）不会留下遗憾，翻译既然是"再创造"，就不可能没有译者带进的理解上或疏忽上的错误。全书译完正式自校两次，都曾经发现过一两处足以使自己大吃一惊的错译，为此自己又反复翻阅检查了多次，大概总能达到及格标准的吧。尽管如此，上海科技教育出版社的责任编辑仍然发现和纠正了我的若干处错译，更不用说对全书人名、地名的译法进行了进一步的标准化（依的是俗成原则）和统一，使译文的正确性得到进一层的保证。这再次证明，出版物的质量必须经译者和出版者共同努力，才有望提高。

恳望细心的读者把发现的或者是有所怀疑的问题（不必管是翻译上的还是原文就有的）及时反映给出版社，那就有可能使此书在再印时得到更正，而且，也只有读者的反馈，才能够真正帮助译者和出版者改进自己的工作，那是提高我国出版物质量在当前比较缺乏而又最需要的东西。

王鸣阳

2002 年 6 月

重版附记：

吴国盛先生阅读初版后，指出初版一处译文意思的错误，并若干不妥或值得商榷之处，译者在认真考虑之后作了不同的处理。在此对吴国盛先生表示深切的谢意。然而，我自知现在的译文也难保证没有遗留下错误或不妥，这均应由译者负责。另外，索引是责任编辑殷晓岚代劳的。

王鸣阳

2007 年 2 月

第三版译后记：

作为经典的世界科学技术通史著作,本书由职业科学史家写就,数次再版,广受赞誉。最新版吸收了国际科学史界最新的研究成果:鲜明的编史观念、更新的事实数据、清晰的谋篇布局等亮点闪烁其中。本书以技术史为基本叙述框架,巧妙地完成了"科学技术"的"世界"通史。一方面,科学与技术如何"通"。作者首先展示了技术和科学各自相对独立的历史(显然,技术史更为漫长),接着描绘了技术跟科学在历史中的相遇,分分合合,最后是如何形成今日之紧密关系的。尤其展示了传统技术是如何转变,从而进入现代世界的。另一方面,西方与非西方如何"通"。倘若以科学为叙述框架,则无论讲古代希腊理性科学,还是讲近代基督教欧洲数理实验科学,恐怕多多少少会落入"西方中心主义"的陷阱。以技术史为基本叙述框架,强调"技术不是应用科学",使本书有了真正辽阔的世界视野。尤其在科学与技术两者紧密联系的当代,科技更应被视为整个互联互通世界的要素,为全人类共享。全书思想史与社会史编排有序,史料功夫扎实,展示了科学史这门学科的魅力。

本书初版由王鸣阳先生翻译。先生译文忠实流畅,为本书在国内学界及公众中大受欢迎立下了汗马功劳。此次新的第三版,由我在初版译文的基础上增补而成。第三版中大幅新增内容应当译出,初版中一些谬误也应当修订。翻译过程中,我吸收了国内科学史界最新的研究成果,希望通过本书的广泛阅读来传播一些科学史新知。当然,译文中必定还存在不少错误及可改进之处,恳请广大读者不吝指正,使这个译本更加完善。审校及出版过程中,本书的责任编辑——上海科技教育出版社殷晓岚老师体现出的对作者、读者的负责和对译者的尊重,令人感动。

感谢恩师吴国盛教授,且言传且身教,自由之风吹拂;感谢师兄张卜天教授,这世上真有如此纯净的灵魂;感谢女儿陈雪菲儿,她是多么珍贵呀!

陈多雨

2020年4月12日于清华园

索　引

（以汉语拼音为序。页码，系本书边码）

E

图书在版编目(CIP)数据

世界科学技术通史:第三版/(美)詹姆斯·E·麦克莱伦第三,(美)哈罗德·多恩著;王鸣阳,陈多雨译.—上海:上海科技教育出版社,2020.7(2023.4重印)

书名原文:Science and Technology in World History: An Introduction(Third Edition)

ISBN 978-7-5428-7278-4

Ⅰ.①世… Ⅱ.①詹… ②哈… ③王… ④陈…
Ⅲ.①自然科学史–世界 Ⅳ.①N091

中国版本图书馆CIP数据核字(2020)第056919号

责任编辑 洪星范 殷晓岚
装帧设计 杨 静

地图由中华地图学社提供,地图著作权归中华地图学社所有

世界科学技术通史(第三版)

詹姆斯·E·麦克莱伦第三 哈罗德·多恩   著

王鸣阳 陈多雨   译

出版发行   上海科技教育出版社有限公司
              (上海市闵行区号景路159弄A座8楼   邮政编码201101)

网 址	www.sste.com www.ewen.co
经 销	各地新华书店
印 刷	常熟文化印刷有限公司
开 本	720×1000 1/16
印 张	40
版 次	2020年7月第1版
印 次	2023年4月第5次印刷
审 图 号	GS(2020)1085
书 号	ISBN 978-7-5428-7278-4/N·1092
图 字	09-2017-705号
定 价	108.00元

Science and Technology in World History: An Introduction
Third Edition
by James E. McClellan III and Harold Dorn
© 2015 Johns Hopkins University Press
Chinese (Simplified Characters) Edition Copyright © 2020 by
Shanghai Scientific & Technological Education Publishing House
Published by arrangement with
Johns Hopkins University Press, Baltimore, Maryland